建筑施工企业关键岗位技能图解系列丛书

U0874343

施工员（安装工程）

本书编委会　编

哈尔滨工程大学出版社
Harbin Engineering University Press

内容简介

本书采用技能图解的形式，依据安装工程现行国家标准，详细阐述了安装工程施工员工作时应掌握的相关知识。本书主要内容包括施工员概述、建筑电气工程施工、建筑给水排水及采暖工程施工、通风与空调工程施工、电梯工程施工、智能建筑工程施工等。

本书内容一目了然，重点突出，可供安装工程施工员参考使用。

图书在版编目（CIP）数据

施工员．安装工程/《建筑施工企业关键岗位技能图解系列丛书》编委会编．—哈尔滨：哈尔滨工程大学出版社，2008.2

（建筑施工企业关键岗位技能图解系列丛书）

ISBN 978-7-81133-180-6

Ⅰ．施… Ⅱ．建… Ⅲ．建筑安装工程—工程施工—图解 Ⅳ．TU758-64

中国版本图书馆 CIP 数据核字（2008）第 022374 号

出版发行：哈尔滨工程大学出版社
社　　址：哈尔滨市南岗区东大直街 124 号
邮　　编：150001
发行电话：0451－82519328
传　　真：0451－82519699
经　　销：新华书店
印　　刷：北京通州京华印刷制版厂
开　　本：787mm×1092mm　1/16
印　　张：23
字　　数：665 千字
版　　次：2008 年 5 月第 1 版
印　　次：2008 年 5 月第 1 次印刷
定　　价：50.00 元
http：//press.hrbeu.edu.cn
E-mail：heupress@hrbeu.edu.cn
网上书店：www.kejibook.com
对本书内容有任何疑问及建议，请与本书责编联系。邮箱：dayi88@sina.com

出版说明

近些年来，为了适应建筑业的发展需要，国家对建筑设计、建筑结构、施工质量验收等一系列标准规范进行了大规模的修订。同时，各种建筑施工新技术、新材料、新设备、新工艺已得到广泛的应用。作为建筑施工企业关键岗位的管理人员（如施工员、质检员、安全员、预算员、材料员等），他们既是工程项目经理进行工程项目管理命令的执行者，同时也是广大建筑施工工人的领导者。他们的管理能力、技术水平的高低，直接关系到建设项目能否有序、高效率、高质量完成，同时也关系到工程建设单位的信誉、前途和发展，甚至于整个建筑业的发展。

如何提高这些关键岗位管理人员的管理能力和技术水平，已经成为建筑施工企业继续发展的一个重要课题。同时，这些管理人员自己也十分渴望参加培训、学习，迫切需要一些可供工作时参考并具有较高实用价值的知识性、资料性读物。为满足建筑施工企业关键岗位管理人员对技术和管理知识的需求，提高他们的管理能力和技术水平，我们组织了一批长期工作在工程施工一线的专家学者，并在走访了大量的施工现场，征询施工现场管理人员的意见和要求的基础上，精心编写了《建筑施工企业关键岗位技能图解系列丛书》。

本套丛书共包括以下分册：

1.《施工员》（建筑工程）

2.《施工员》（安装工程）

3.《预算员》（建筑工程）

4.《预算员》（安装工程）

5.《监理员》（建筑工程）

6.《监理员》（安装工程）

7.《质检员》

8.《安全员》

9.《材料员》

10.《测量员》

11.《资料员》

12.《现场电工》

与市面上已经出版的同类书籍相比，本套丛书具有如下特点。

(1) 本套丛书将建筑施工企业关键岗位的管理工作拆分为若干个技能要点来进行阐述，每一个技能要点都用框线图对其主要内容进行归纳总结，随后对关键岗位管理人员必备的业务知识和操作技能进行具体的描述。从面到线，从线到点，所有内容一目了然，便于读者随时查找，解决工作中遇到的问题。

(2) 本套丛书将建筑施工企业关键岗位的管理人员工作时涉及的工作职责、专业技术知识、业务管理和质量管理实施细则以及有关的专业法规、标准和规范等知识全部融为一体，内容翔实，解决了管理人员工作时需要到处查阅资料的问题。

(3) 丛书从建筑施工企业关键岗位管理人员的需求出发，既重视对施工管理理论知识的阐述，又在收集整理工程施工现场管理经验的基础上，注重对工程施工管理人员实际工作能力的培养，做到深入浅出，通俗易懂。

(4) 本套丛书资料翔实、内容丰富、图文并茂、编撰体例新颖，注重对建筑施工企业关键岗位管理人员管理水平和专业技术知识的培养，力求做到文字通俗易懂、叙述的内容一目了然。

本套丛书的编写人员均是多年从事建筑施工企业管理的技术人员，丛书是他们长期从事建筑工程施工管理工作的经验积累与总结。丛书主要编写人员有：皮振毅、郭智多、瞿义勇、卜永军、张学贤。另外，刘超、梁贺、胡丽光、彭顺、卢晓雪、杜翠霞、吴丽娜、王景文、陈海霞、韩国栋等也参加了丛书的部分编写工作。

本套丛书在编写过程中得到了许多工程施工单位和工程施工人员的支持与帮助，参考并引用了有关部门、单位和个人的资料，在此一并表示深切的感谢。由于编者的水平有限，书中错误及疏漏之处在所难免，恳请广大读者和专家批评。

丛书编委会

目　　录

第一章　概　　述

技能图解 1　施工员的地位和特征

技能结构框线图

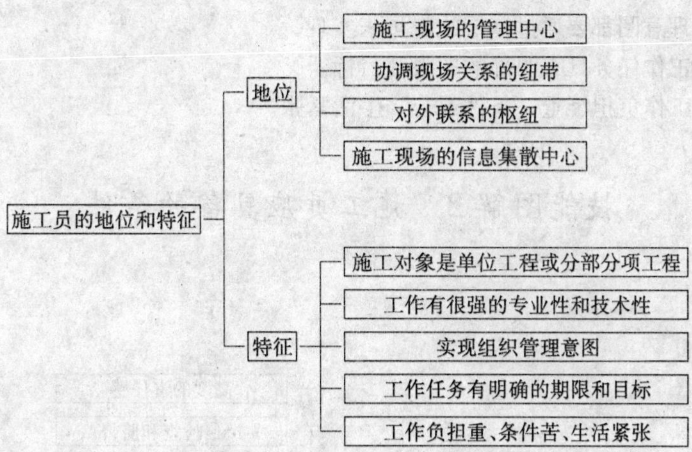

图 1-1　施工员的地位和特征

技能要点 1：施工员的地位

（1）施工员是建筑施工企业各项组织管理工作在基层的具体实践者，是完成建筑安装施工任务的最基层的技术和组织管理人员。

施工员是施工现场生产一线的组织者和管理者，在建筑施工过程中具有极其重要的地位，具体表现在以下几个方面：

1）施工员是单位工程施工现场的管理中心，是施工现场动态管理的体现者，是单位工程生产要素合理投入和优化组合的组织者，对单位工程项目的施工负有直接责任。

2）施工员是协调施工现场基层专业管理人员、劳务人员等各方面关系的纽带，需要指挥和协调好预算员、质量检查员、安全员、材料员等基层专业管理人员相互之间的关系。

3）施工员是其分管工程施工现场对外联系的枢纽。

4）施工员对分管工程施工生产和进度等进行控制，是单位施工现场的信息集散中心。

（2）施工员的独特地位决定了他与相关部门之间存在着密切的关系，主要表现在以下几个方面：

1）施工员与工程建设监理　监理单位与施工单位存在着监理与被监理的关系，所以施工员应积极配合现场监理人员在施工质量控制、施工进度控制、工程投资控制等三方面所做的各种工作和检查，全面履行工程承包合同。

2）施工员与设计单位　施工单位与设计单位之间存在着工作关系，设计单位应积极配合施工，负责交代设计意图，解释设计文件，及时解决施工中设计文件出现的问题，负责设计变更和修改预算，并参加工程竣工验收。同时，施工员在施工过程中发现了没有预料到的新情况，使工程或其中的任何部位在数量、质量和形式上发生了变化，应及时向上反映，由建设单位、设计单位和施工单位三方协商解决，办理设计变更与洽商。

3）施工员与劳务关系　施工员是施工现场劳动力动态管理的直接责任者，负责按计划要求向项目经理或劳务管理部门申请派遣劳务人员，并签订劳务合同；按计划分配劳务人员，并下达施工任务单或承包任务书；在施工中不断进行劳动力平衡、调整，并按合同支付劳务报酬。

技能要点 2：施工员的特征

（1）施工员的工作场所在工地，施工员工作的对象是单位工程或分部分项工程。

（2）施工员从事的是基层专业管理工作，是技术管理和施工组织与管理工作。工作有很强的专业性和技术性。

（3）施工员的工作繁杂，在基层中需要管理的工作很多，项目经理和项目经理部各部门以及有关方面的组织管理意图都要通过基层施工员来实现。

（4）施工员的工作任务具有明确的期限和目标。

（5）施工员的工作负担沉重，条件艰苦，生活紧张。

技能图解 2　施工员应具备的条件

技能结构框线图

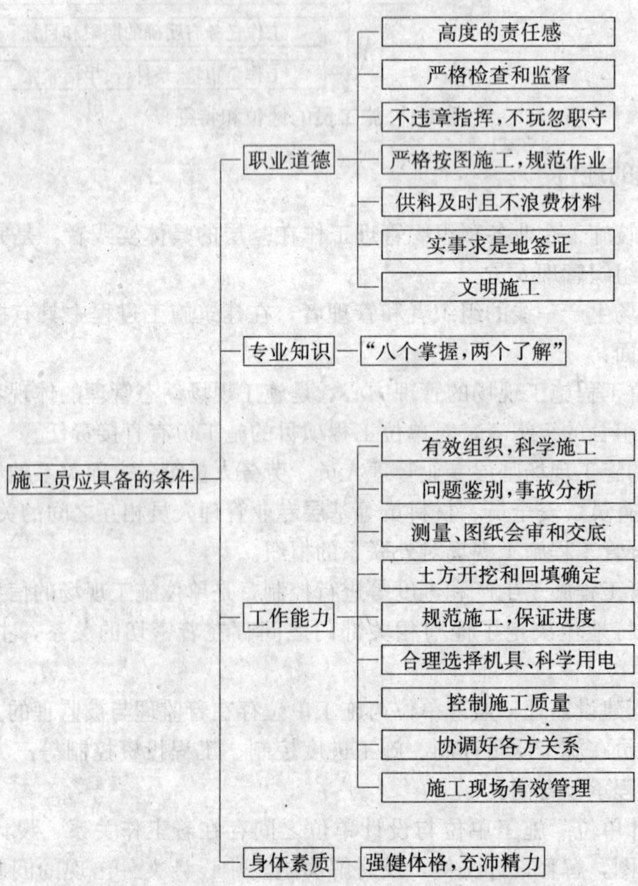

图 1-2　施工员应具备的条件

技能要点1：施工员应具备的职业道德

加强建筑行业职工道德建设，对于提高行业的质量和效益，树立行业新风，培养“有理想、有道德、有文化、有纪律”的建筑队伍，建设社会主义精神文明具有重要意义。

施工员作为建筑施工现场管理人员，应具备的职业道德可归纳为以下几点：

(1) 施工员应以高度的责任感，对工程建设的各个环节根据技术人员的交底，做出周密、细致的安排，并合理组织好劳动力，精心实施作业程序，使施工有条不紊地进行，防止盲目施工和窝工。

(2) 以对人民生命安全和国家财产极端负责的态度，时刻不忘安全和质量，严格检查和监督，把好关口。

(3) 不违章指挥，不玩忽职守，施工做到安全、优质、低耗，对已竣工的工程要主动回访保修，坚持良好的施工后服务，信守合同，维护企业的信誉。

(4) 施工员应严格按图施工，规范作业。不使用无合格证的产品和未经抽样检验的产品，不偷工减料，不在钢材用量、混凝土配合比、结构尺寸等方面做手脚，谋取非法利益。

(5) 在施工过程中，时时处处要精打细算，降低能源和原材料的消耗，合理调度材料和劳动力，准确申报建筑材料的使用时间、型号、规格、数量，既保证供料及时，又不浪费材料。

(6) 施工员应以实事求是、认真负责的态度准确签证，不多签或少签工程量和材料数量，不虚报冒领，不拖拖拉拉，完工即签证，并做好资料的收集和整理归档工作。

(7) 做到施工不扰民，严格控制粉尘、施工垃圾和噪声对环境的污染，做到文明施工。

技能要点2：施工员应具备的专业知识

(1) 掌握建筑制图原理、识图方法以及常用的建设工程测量方法。

(2) 掌握常用建筑材料（包括水泥、钢材、木材、砂石等）的性能和质量标准。

(3) 掌握一般建筑结构的基本构造、建筑力学和简单施工计算方法。

(4) 掌握一般工业与民用建筑施工的标准、规范和施工技术。

(5) 掌握地基处理、基础施工的一般原理和方法。

(6) 了解一般房屋中水、暖、电、卫设备和设施的基本知识。

(7) 了解一定的建筑机械知识和电工知识。

(8) 掌握一定的质量管理知识。

(9) 掌握一定的经济与经营管理知识，能编制施工预算，能进行工程统计和现场经济活动分析。

(10) 掌握一定的施工组织和科学的施工现场管理方法。

技能要点3：施工员应具备的工作能力

(1) 能有效地组织、指挥人力、物力和财力进行科学施工，取得最佳的经济效益。

(2) 能够对施工中的稳定性问题（包括缆风绳设置、脚手架架设、吊点设计等）进行鉴别，对安全质量事故进行初步的分析。

(3) 能比较熟练地承担施工现场的测量、图纸会审和向工人交底的工作。

（4）能在不同地质条件下正确确定土方开挖、回填夯实、降水、排水等措施。

（5）能正确地按照国家施工规范进行施工，掌握施工计划的关键线路，保证施工进度。

（6）能根据施工要求，合理选用和管理建筑机具，具有一定的电工知识，科学管理施工用电。

（7）能运用质量管理方法指导施工，控制施工质量。

（8）能根据工程的需要，协调各工种、人员、上下级之间的关系，正确处理施工现场的各种社会关系，保证施工能按计划高效、有序地进行。

（9）能编制施工预算、进行工程统计、劳务管理、现场经济活动分析，对施工现场进行有效管理。

技能要点 4：施工员应具备的身体素质

施工员长期工作在施工现场第一线，工作强度相当繁重，而且工作条件与生活条件也相对艰苦，因此要求施工员必须具有强健的体格，充沛的精力，才能胜任其工作。

技能图解 3　施工员的主要任务

技能结构框线图

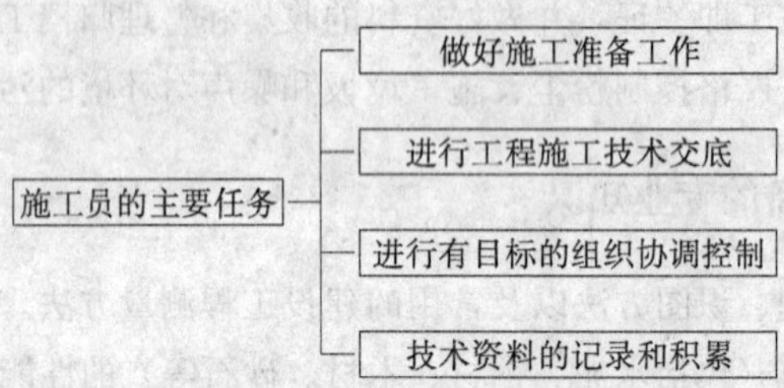

图 1-3　施工员的主要任务

技能要点 1：做好施工准备工作

1. 技术准备

（1）熟悉审查施工图纸、有关技术规范和操作规程，了解设计要求及细部、节点做法，并放必要的大样，做配料单，弄清有关技术资料对工程质量的要求。

（2）调查搜集必要的原始资料。

（3）熟悉或制订施工组织设计及有关技术经济文件对施工顺序、施工方法、技术措施、施工进度及现场施工总平面布置的要求；并清楚完成施工任务时的薄弱环节和关键工序。

（4）熟悉有关合同、招标资料及有关现行消耗定额等，计算工程量，弄清人、财、物在施工中的需求消耗情况，了解和制定现场工资分配和奖励制度，签发工程任务单、限额领料单等。

2. 现场准备

（1）现场“四通一平”（即水、电供应、道路、通信通畅、场地平整）的检验和试用。

（2）进行现场抄平、测量放线工作并进行检验。

（3）根据进度要求组织现场临时设施的搭建施工；安排好职工的住、食、行等后勤保障工作。

（4）根据进度计划和施工平面图，合理组织材料、构件、半成品、机具进场，进行检验和试运转。

（5）安排做好施工现场的安全、防汛、防火措施。

3. 组织准备

（1）根据施工进度计划和劳力需要量计划安排，分期分批组织劳动力的进场教育和各工种技术工人的配备等。

（2）确定各工种工序在各施工段的搭接，流水、交叉作业的开工、完工时间。

（3）全面安排好施工现场的一、二线，前、后台，施工生产和辅助作业，现场施工和场外协作之间的协调配合。

技能要点 2：进行工程施工技术交底

（1）施工任务交底　向工人班组重点交代清楚任务大小、工期要求、关键工序、交叉配合关系等。

（2）施工技术措施和操作要领交底　交代清楚与工程有关的技术规范、操作规程和重点施工部位、细部、节点的做法以及质量和技术措施。

（3）施工消耗定额和经济分配方式的交底　交代清楚各施工项目劳动工日、材料消耗、机械台班数量、经济分配和奖罚制度等。

（4）安全和文明施工交底　提出有关的防护措施和要求，明确责任。

技能要点 3：进行有目标的组织协调控制

在施工过程中，依照施工组织设计和有关技术、经济文件以及当地的实际情况，围绕着质量、工期、成本等既定施工目标，在每一阶段、每一工序实施综合平衡、协调控制，使施工中的各项资源和各种关系能够配合最佳，以确保工程的顺利进行。为此，要抓好以下几个环节：

（1）检查班组作业前的各项准备工作。

（2）检查外部供应、专业施工等协作条件是否满足需要，检查进场材料和构件质量。

（3）检查工人班组的施工方法、施工操作、施工质量、施工进度以及节约、安全情况，发现问题，应立即纠正或采取补救措施解决。

（4）做好现场施工调度，解决现场劳动力、原材料、半成器，周转材料、工具、机械设备、运输车辆、安全设施、施工水电、季节施工、施工工艺技术及现场生活设施等出现的供需矛盾。

（5）监督施工中的自检、互检、交接检制度和工程隐检、预检的执行情况，督促做好分部分项工程的质量评定工作。

技能要点 4：技术资料的记录和积累

在施工过程中，施工员应做好每项技术的记录和积累。

（1）做好施工日志，隐蔽工程记录，填报工程完成量，办理预算外工料的签订。

（2）做好质量事故处理记录。

（3）混凝土砂浆试块试验结果，质量“三检”情况记录的积累工作，以便工程交工验收、决算和质量评定的进行。

技能图解 4　施工员的职责、权利与义务

技能结构框线图

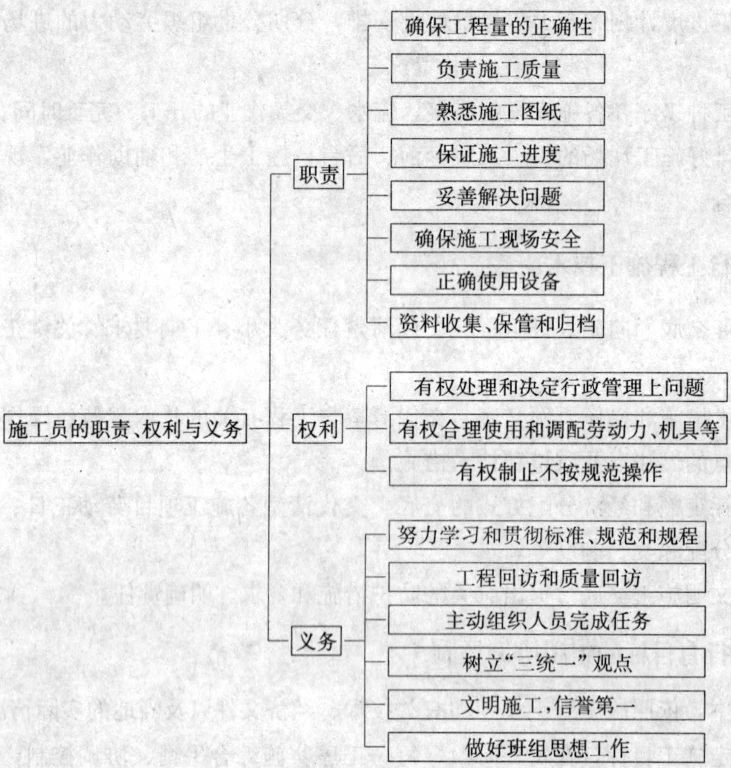

图 1-4　施工员的职责、权利与义务

技能要点 1：施工员的职责

在工程施工阶段，施工员代表施工单位与业主、分包单位联系、协商问题，协调施工现场的施工、设计、材料供应、工程预算等各方面的工作。施工员对项目经理负责，负责对工程项目的全面管理，保证工程的顺利完成。施工员的主要职责有：

（1）在项目经理领导下，深入施工现场，协助搞好施工监理，与施工班组一起复核工程量，确保工程量的正确性。

（2）负责本工程项目的施工质量，对工程技术质量、安全工作负责。

（3）熟悉施工图纸，了解工程概况，绘制现场平面布置图，搞好现场布局。对设计要求、质量要求、具体作法要有清楚的了解和熟记，组织班组认真按图施工。

（4）全面负责本工程施工项目的施工现场勘察、测量、施工组织和现场交通安全防护设置等具体工作，组织班组完成开路口、路面破复、临时道路修筑等工程任务，对施工中的有关问题及时解决，向上报告并保证施工进度。

（5）参加图纸会审，审理和解决图纸中的疑难问题，碰到大的技术问题负责与业主和设计部门联系，妥善解决。坚持按图施工，分项工程施工前，应写出书面技术交底。

（6）参与班组技术交底、工程质量、安全生产交底、操作方法交底。严守施工操作规程，严抓质量，确保安全，负责对新工人上岗前培训，教育督促工人不违章作业。

(7) 编制单位工程生产计划。填写施工日志和隐蔽工程的验收记录，配合质检员整理技术资料和施工质量管理，按时下达各部位混凝土配合比。

(8) 对原材料、设备、成品或半成品、安全防护用品等质量低劣或不符合施工规范规定和设计要求的，有权禁止使用。

(9) 按照安全操作规程规定和质量验收标准要求，组织班组开展质量、安全自检互检，努力提高工人技术素质和自我防护能力。对施工现场设置的交通安全设施和机械设备等安全防护装置经组织验收合格后方可进行工程项目的施工。

(10) 认真做好隐蔽工程分部、分项及单位工程竣工验收签证工作，收集整理、保存技术的原始资料，办理工程变更手续。负责工程竣工后的决算上报。

(11) 协助项目经理做好工程资料的收集、保管和归档。

技能要点 2：施工员的权利

(1) 在分部分项、单位工程施工中，在行政管理上（如对劳动人员组合、人员调动、规章制度等）有权处理和决定，发现问题，应及时请示和报告有关部门。

(2) 根据施工要求，对劳动力、施工机具和材料等，有权合理使用和调配。

(3) 对上级已批准的施工组织设计、施工方案和技术安全措施等文件，要求施工班组认真贯彻执行，未经有关人员同意，不得随意变动。

(4) 对不服从领导和指挥，违反劳动纪律和违反操作规程人员，经多次说服教育不改者，有权停止其工作，并作出严肃处理。

(5) 发现不按施工程序施工，不能保证工程质量和安全生产的现象，有权加以制止，并提出改进意见和措施。

(6) 督促检查施工班组做好考勤日报，检查验收施工班组的施工任务书，发现问题进行处理。

技能要点 3：施工员的义务

(1) 努力学习和认真贯彻建筑施工方针政策和有关部门规定，学习好国家和建设部等有关部门的技术标准、施工规范、操作规程和先进单位的施工经验，不断提高施工技术和施工管理水平。

(2) 牢固树立“百年大计，质量第一”的思想，以为用户服务和对国家、对人民负责的态度，坚持工程回访和质量回访制度，虚心听取用户的意见和建议。

(3) 对上级下达的各项经济技术指标，应积极、主动地组织施工人员完成任务。

(4) 正确树立经济效益和社会效益、环境效益统一的观点。

(5) 信守合同、协议，做到文明施工，保证工期，信誉第一，不留尾巴，工完场清。

(6) 主动、积极做好施工班组的思想政治工作，关心职工生活。

第二章　建筑电气工程施工

技能图解 5　架空线路及杆上电气设备安装

技能结构框线图

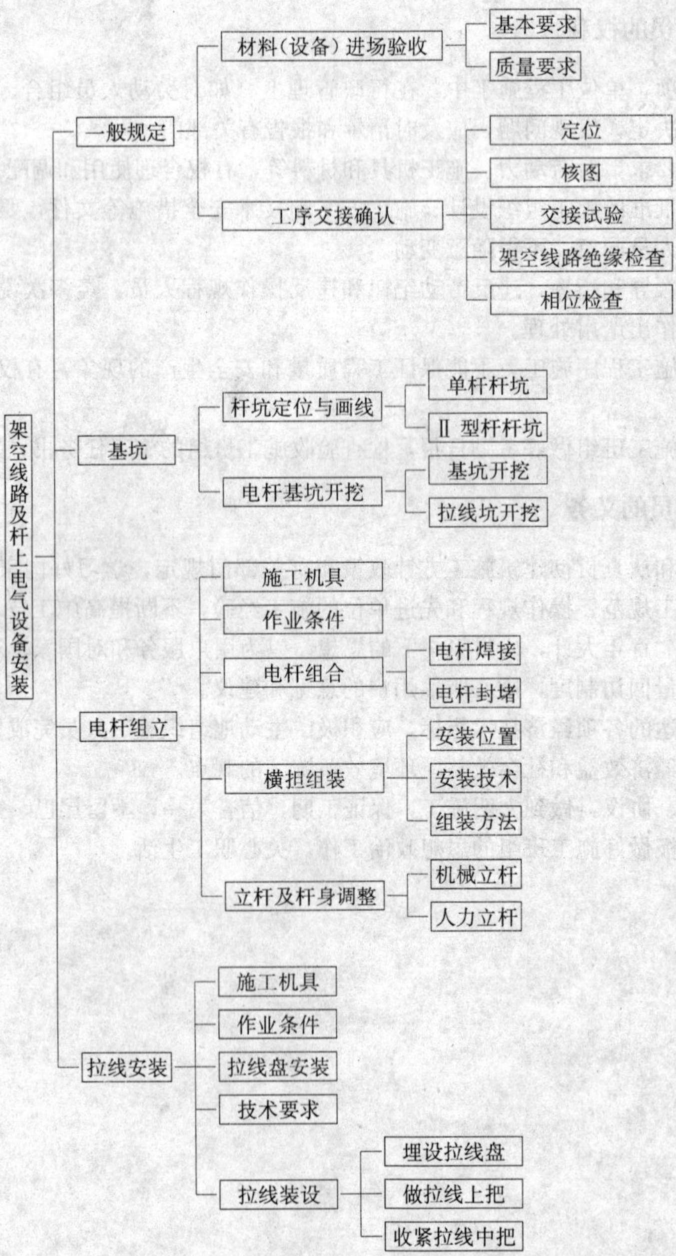

图 2-1　架空线路及杆上电气设备安装（一）

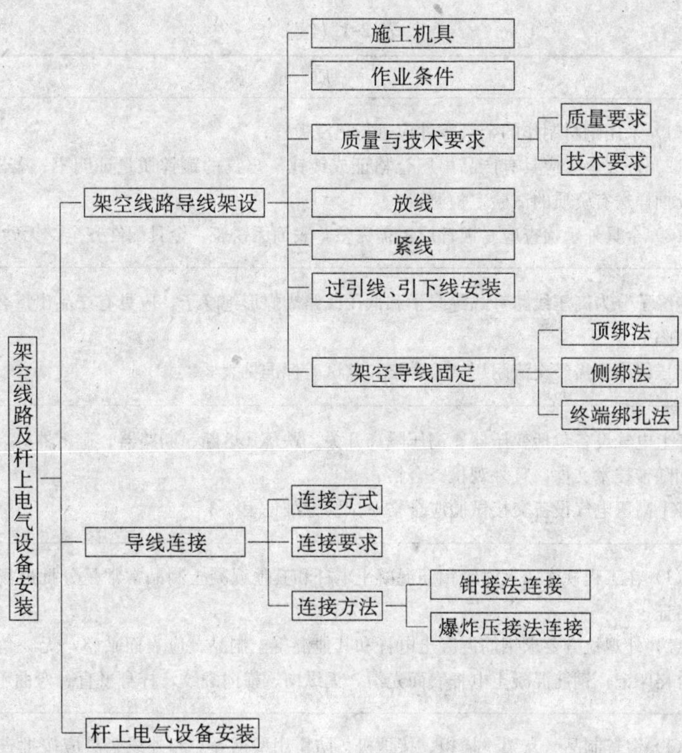

图 2-1　架空线路及杆上电气设备安装（二）

技能要点 1：一般规定

1. 材料（设备）进场验收

（1）基本要求　架空电力线路施工前应对原材料、器材进行检验，使问题暴露在安装之前，以保证工程质量，材料及设备应满足下列基本要求：

1）凡所使用的器材及设备均应符合国家或部颁的现行技术标准，并有合格证明。设备应有铭牌。

2）设备安装用的紧固件，除地脚螺栓外，应采用镀锌制品。采用黑色金属制造的金具零件应热镀锌。

3）当采用无正式标准的新型器材和对合格证件有疑问时，安装前应经过技术鉴定或试验，证明质量合格后方可使用。避免安装后发现造成返工。对此应有足够的认识，必须把好质量检验关。

（2）材料质量要求。

架空线路及杆上电气设备安装材料（设备）质量要求及进场验收见表 2-1。

表 2-1　材料（设备）质量要求与验收

项　目	质 量 要 求
电　杆	（1）钢筋混凝土电杆表面应光滑，内外壁厚均匀，不应有露筋、跑浆等现象。不应出现纵向裂纹，横向裂纹的宽度不应超过 0.2mm，长度不应超过 1/3 周长。 （2）钢圈连接的混凝土电杆，焊缝不得有裂纹、气孔、结瘤和凹坑。 （3）混凝土杆顶应封口，防止雨水浸入。杆身弯曲不应超过杆长的 2/1000。 （4）钢制灯柱应有出厂合格证，表面涂层完整，根部接线盒盒盖紧固件和内置熔断器、开关等器件齐全，盒盖密封垫片完整。钢柱内设有专用接地螺栓，地脚螺孔位置按提供的附图尺寸，允许偏差为±2mm

表 2-1（续）

项　目	质　量　要　求
外线金具	（1）采用钢材制作的金具零件应进行热浸镀锌； （2）外线金具应具有产品出厂合格证或镀锌厂出具的镀锌质量证明书；若对镀锌质量有异议时，按批抽样送有资质的试验室检测； （3）金具外观检查应是镀锌层覆盖完整，表面无锈斑，金具配件齐全，无砂眼
绝缘子	绝缘子分为高压线路针式绝缘子和低压线路蝴蝶形绝缘子，应具有产品出厂合格证，外观检查合格无缺陷； 高压绝缘干需经交流耐压试验合格，其试验标准见表 2-2
杆上电气设备	杆上电气设备包括变压器、高压隔离开关、跌落式熔断、断路器、避雷器等，应具有产品出厂合格证和随带技术文件，且外观检查合格； 杆上高压电气设备交接试验应合格，试验标准见表 2-3
钢筋混凝土电杆和其他混凝土制品	（1）在工程规模较大时，钢筋混凝土电杆和其他混凝土制品常常是分批进场的，所以要按批查验合格证； （2）外观检查要求钢筋混凝土电杆和其他混凝土制品，应表面平整，无缺角露筋，每个制品表面有合格印记；钢筋混凝土电杆表面光滑，无纵向、横向裂纹，杆身平直、弯曲不大于杆长的 1/1000
镀锌制品和外线金具	（1）镀锌制品（支架、横担、接地极、防雷用型钢等）和外线金具应按批查验合格证或镀锌厂出具的质量证明书。对进入现场已镀好锌的成品，只要查验合格证书即可；对进货为未镀锌的钢材，经加工后，出场委托进行热浸镀锌后再进现场，这样就既要查验钢材的合格证，又要查验镀锌厂出具的镀锌质量证明书。 （2）电气工程使用的镀锌制品，在许多产品标准中均规定为热浸镀锌工艺而制成。热浸镀锌的工艺镀层厚，制品的使用年限长，虽然外观质量比镀锌工艺差一些，但电气工程中使用的镀锌横担、支架、接地极和避雷线等以使用寿命为主要考虑因素，况且室外和埋入地下时较多，故要求使用热浸镀锌的制品。外观检查，镀锌层覆盖完整、表面无锈斑，金具配件齐全，无砂眼。 （3）当对镀锌质量有异议时，按批抽样送有资质的试验室检测
裸导线	（1）裸导线应查验合格证； （2）外观检查应包装完好，裸导线表面无明显损伤，不松股、扭折和断股（线），测量线径符合制造标准

表 2-2　绝缘子耐压试验标准

额定电压（kV）	交流耐压试验电压（kV）	额定电压（kV）	交流耐压试验电压（kV）
3	25	10	42
6	32		

表 2-3　高压电气设备试验标准

额定电压（kV）	交流耐压试验电压（kV）		
	电力变压器	油断路器	隔离开关
3	15	22	24
6	21	28	32
10	30	38	32

2. 工序交接确认

(1) 定位　架空线路的架设位置既要考虑到地面道路照明、线路与两侧建筑物和树木之间的安全距离，以及接户线接引等因素，又要顾及到电杆杆坑和拉线坑下有无地下管线，且要留出必要的各种地下管线检修移位时因挖土防电杆倒伏的位置，只有这样才能满足功能要求，也是安全可靠的。因而在架空线路施工时，线路方向及杆位、拉线坑位的定位是关键工作，如不依据设计图纸位置埋桩确认，后续工作是无法展开的。因此，必须在线路方向和杆位及拉线坑位测量埋桩后，经检查确认后，才能挖掘杆坑和拉线坑。

(2) 核图　杆坑、拉线坑的深度和坑型，关系到线路抗倒伏能力，所以必须按设计图纸或施工大样图的规定进行验收，经检查确认后，才能立杆和埋设拉线盘。

(3) 交接试验　杆上高压电气设备和材料均要按分项工程中的具体规定进行交接试验合格，才能通电。即高压电气设备和材料不经试验不准通电。至于在安装前还是安装后试验，可视具体情况而定。通常的做法是在地面试验再安装就位，但必须注意在安装的过程中不应使电气设备和材料受到撞击和破损，尤其是注意防止电瓷部件的损坏。

(4) 架空线路绝缘检查　架空线路的绝缘检查，主要是以目视检查，检查的目的是要查看线路上有无树枝、风筝和其他杂物悬挂在上面，经检查无误后，必须是采用单相冲击试验合格后，才能三相同时通电。这一操作要求是为了检查每相对地绝缘是否可靠，在单相合闸的涌流电压作用下是否会击穿绝缘，如首次贸然三相同时合闸通电，万一发生绝缘击穿，事故的危害后果要比单相合闸绝缘击穿大得多。

(5) 相位检查　架空线路的相位检查确认后，才能与接户线连接。这样才能使接户线在接电时不致接错，不使单相220V入户的接线，错接成380V入户，也可对有相序要求的保证相序正确，同时对三相负荷的均匀分配也有好处。

技能要点2：基坑

1. 杆坑定位与画线

(1) 单杆杆坑的定位与画线

1) 直线单杆杆坑的定位与画线要求

①杆位标桩检查。在需要检查的标桩及其前后相邻的标桩中心点上各立一根测杆，从一侧看过去，若三根测杆都在线路中心线上，则被检查的标桩位置正确；此时，在标桩前后沿线路中心线各钉一辅助标桩，以确定其他杆坑位置。

②用大直角尺找出线路中心线的垂直线，将直角尺放在标桩上，使直角尺中心 A 与标桩中心点重合，并使其垂边中心线 AB 与线路中心线重合，此时直角尺底边 CD 即为路线中心线垂直线（图2-2），在此垂直线上于标桩的左右侧各钉一辅助标桩。

③根据表2-4中的公式计算出坑口宽度和周长（坑口四个边的总长度），用皮尺在标桩的左右侧沿线路中心线的垂直线各量出坑口宽度的一半（即为坑口宽度），钉上两个小木桩，再用皮尺量取坑口周长的一半，折成半个坑口形状，将皮尺的两个端头放在坑宽的小木桩上，拉紧两个折点，使两折点与小木桩的连线平行于线路中心线，此时两折点与小木桩和两折点间的连接即为半个坑口尺寸，依此画线后，将尺翻过来按上述方法画出另半个坑口尺寸，这样即完成了坑口画线工作，如图2-2所示。

表 2-4 坑口尺寸加大的计算公式

土质情况	坑壁坡度	坑口尺寸
一般黏土、砂质黏土	10%	$B=b+0.4+0.1h\times2$
砂砾、松土	30%	$B=b+0.4+0.3h\times2$
需用挡土板的松土	—	$B=b+0.4+0.6$
松石	15%	$B=b+0.4+0.15h\times2$
坚石	—	$B=b+0.4$

注：表中 B 为坑口尺寸，m；h 为坑的深度，m；b 为杆根宽度（不带地中横木、卡盘或底盘者），m；或地中横木或卡盘长度者（带地中横土或卡盘者），m；或底盘宽度（带底盘者），m。

2）转角单杆杆坑的定位与画线要求

①检查转角杆的标桩时，在被检查的标桩前、后邻近的四个标桩中心点上各立直一根测杆，从两侧各看三根测杆（被检查标桩上的测杆从两侧看都包括它），若转角杆标桩上的测杆正好位于所看二直线的交叉点上，则表示该标桩位置正确，然后沿所看二直线上的标桩前后侧的相等距离处各钉一辅助标桩，以备电杆及拉线坑画线和校验杆坑挖掘位置是否正确之用。

②将大直角尺底边中点 A 与标桩中心点重合，并使直角尺底边与二辅助标桩连线平行，画出转角二等分线 CD 和转角二等分线的垂直线（即直角尺垂边中心线 AB，此线与横担方向一致），然后在标桩前后左右于转角等分线的垂直线和转角等分角线各钉一辅助标桩，以备校验杆坑挖掘位置是否正确和电杆是否立直之用。

③根据表 2-4 中的公式计算出坑口宽度和周长，用皮尺在转角等分角线的垂直线上量出坑宽并画出坑口尺寸，其方法与直线单杆相同，如图 2-3 所示。

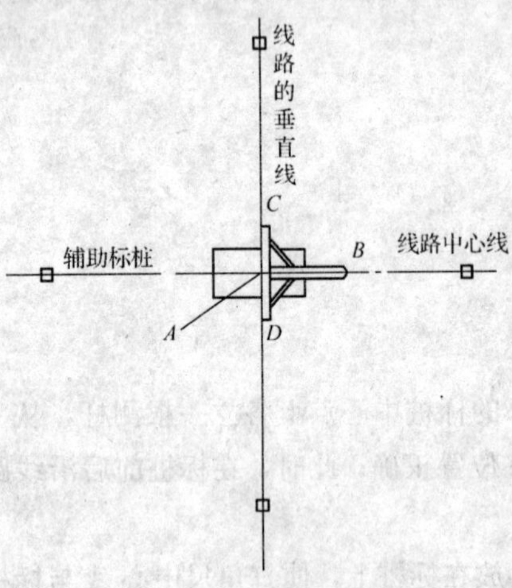

图 2-2 直线单杆杆坑定位

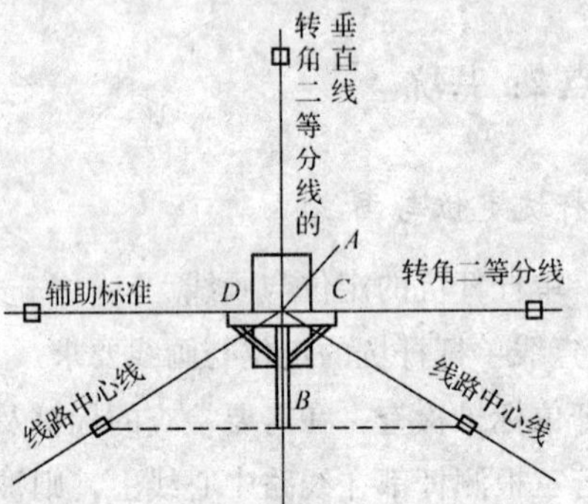

图 2-3 转角杆杆坑的定位与画线

④如为接腿杆时，则使杆坑中心线向转角内侧移出主杆与腿杆中心线间的距离。

（2）Ⅱ型杆杆坑的定位与画线

1）直线Ⅱ型杆杆坑的定位与画线要求

①检查杆位标桩，其方法同前所述。

②找出线路中心线的垂直线，其方法同前所述。

③用皮尺在标桩的左右侧沿线路中心线的垂直线各量出根开距离（两根杆中心线间的距离）的一半，各钉一杆中心桩。

④根据表 2-4 中的公式计算出坑口宽度和周长后，将皮尺放在两杆坑中心桩上，量出每个坑口的宽度，然后按前述方法画出两坑口尺寸，如图 2-4 所示。

⑤如为接腿杆时，根开距离应加上主杆与腿杆中心线间的距离，以使主杆中心对正杆坑中心。

2）转角Ⅱ型杆杆坑的定位与画线要求

①检查杆位标桩，其方法与转角单杆相同。

②找出转角等分角线和转角等分角线的垂直线，其方法与转角单杆相同。

③画出坑口尺寸，其方法与直线Ⅱ型杆相同，如图 2-5 所示。

④如为接腿杆时，根开距离应加上主杆与腿杆中心线间的距离。

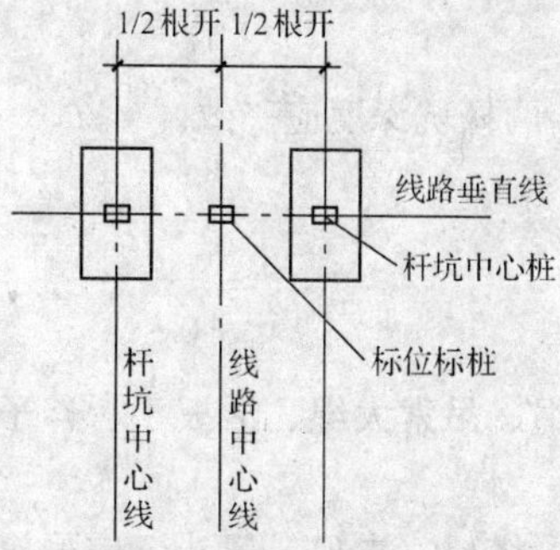

图 2-4　直线Ⅱ型杆杆坑定位

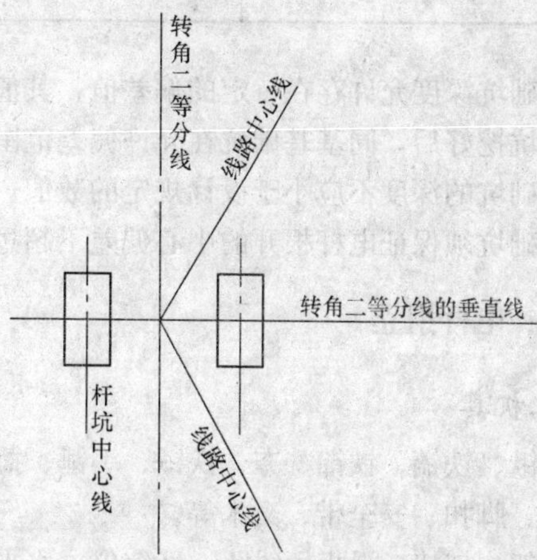

图 2-5　转角Ⅱ型杆杆坑的定位与画线

2. 电杆基坑开挖

（1）基坑开挖

1）杆坑开挖要求。立杆需挖的坑有杆坑和拉线坑。电杆的基坑有圆形坑和梯形坑，可根据所使用的立杆工具和电杆是否加装底盘，确定挖坑的形状。

①圆形坑开挖。对于不带卡盘或底盘的电杆，可用螺旋钻洞器、夹铲等工具，挖成圆形坑。挖掘时，将螺旋钻洞器的钻头对准杆位标桩，由两人推动横柄旋转，每钻进 150～200mm，拔出钻洞器，用夹铲清土，直到钻成所要求的深度为止。圆坑直径比电杆根径大 100mm 为宜。

②梯形坑开挖。用于杆身较高较重及带卡盘和底盘的杆坑或拉线坑。梯形坑可分为二阶坑和三阶坑，两种坑深在 1.8m 及以下者采用两阶坑；坑深在 1.8m 以上用三阶坑。

无底盘的用汽车吊立杆的钢筋混凝土杆坑，通常挖圆形坑，圆形坑的土方量小，对电杆的稳定性也好，施工方便。用人力和抱杆等工具立杆的，应开挖成带有马道的梯形坑，主杆中心线在设计杆位的中心，马道应开挖在立杆的一侧。拉线坑应开挖在标定拉线桩位处，其中心线及深度应符合设计要求。在拉线引入一侧应开挖斜槽，以免拉线不能伸直，影响拉力。马道尺寸可根据坑深和立杆施工的需要而定。直线杆塔应开在顺线路方向上，转角杆的马道应垂直于内侧角的二等分线。一般马道长 1～1.5m，深 0.6～1.2m，宽 0.4～0.6m。通常，用固定抱杆立杆的圆坑可不开马道，只有采用倒落式抱杆立杆时才开马道。

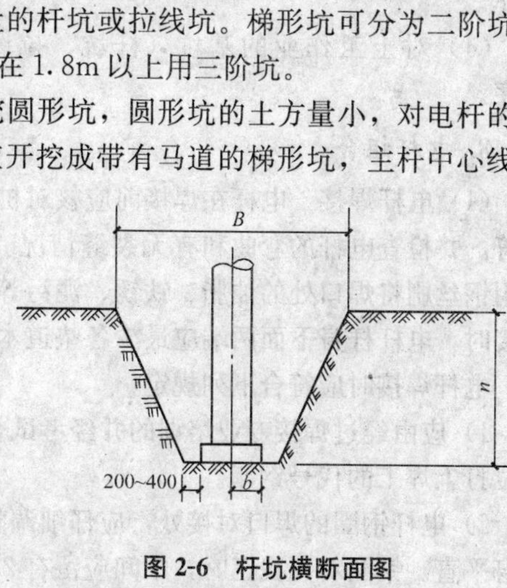

图 2-6　杆坑横断面图

2）杆坑开挖尺寸。坑口横断面见图 2-6，坑宽 B 值根据土质情况按表 2-4 中的公式计算。

（2）拉线坑开挖　拉线坑深度应根据拉线盘埋设深度确定，拉线盘埋设深度应符合工程设计规定，工程设计无规定时，可参照表2-5数值确定。

表2-5　拉线盘埋设深度

拉线棒长度（m）	拉线盘（长×宽）（mm）	埋深（m）
2	500×300	1.3
2.5	600×400	1.6
3	800×600	2.1

电杆基础坑深度允许存在一定的偏差值，其值为＋100mm、－50mm。

电杆杆坑挖好后，同基基础坑在允许偏差范围内应按最深一坑操平。

岩石基础坑的深度不应小于设计规定的数值。

双杆基础坑须保证电杆根开的中心偏差不超过±30mm。两杆坑深度应一致。

技能要点3：电杆组立

1. 施工机具

（1）铁锹、铁镐、铁镩、夯、铁锤、手锤、撬棍、钢丝绳、吊索大绳、活扳手、斧子、抹子、卡环、卡扣、脚扣、安全带、叉木等。

（2）支架、扛棒、滑板、线坠、经纬仪、水平仪、花杆、塔尺、皮尺、墨斗、信号旗、口哨、手推车等。

（3）机械组立电杆时，应有汽车吊；人力组立电杆时，应有绞磨或卷扬机、人字抱杆、地锚钎子、滑轮、钢丝绳等。

2. 作业条件

（1）熟悉已经会审的施工图和有关的设计文件（并已掌握地下管道、电缆等设施的情况），将图纸标定杆位周围的障碍物全部清除干净。

（2）高压绝缘子按规定做完交流耐压试验已按规定做完。

（3）按已审批的施工组织设计中的施工方案、质量要求和安全措施，做好技术交底工作。

（4）对土工作业的基坑（杆坑、拉线坑和底盘安装等）经验收合格后，方可进行下道工序。

3. 电杆组合

（1）电杆焊接　电杆在焊接前应核对桩号、杆号、杆型与水泥杆杆段编号、数量、尺寸是否相符。并检查电杆的弯曲和有无裂缝情况。用直角尺检查分段杆的钢圈平面与杆身平面应垂直。并用钢丝刷将焊口处的油脂、铁锈、泥污等物清除干净。钢圈连接的钢筋混凝土电杆，进行焊接连接时，电杆杆身下面两端应最少各垫道木一块。

电杆焊接时应符合下列规定：

1）应由经过焊接专业培训的并经考试合格的焊工操作，焊完后的电杆经自检合格后，在规定部位打上焊工的代号钢印。

2）电杆钢圈的焊口对接处，应仔细调整对口距离，达到钢圈上下平直一致，同时又保持整个杆身平直。钢圈对齐找正时，中间应留有2～5mm的焊口缝隙。当钢圈有偏心时，其错口不应大于2mm缝隙。当钢圈有偏心时，其错口不应大于2mm。杆身调直后，从两端的上、下，左、右向前方目测均应成一直线，才能进行施焊。

3）钢圈焊口上的油脂、铁锈、泥垢等物应清除干净。焊口符合要求后，先点焊3～4处，然后对称交叉施焊。点焊所用焊条应与正式焊接用的焊条相同。

4）钢圈厚度大于6mm时，应采用V形坡口多层焊接，焊接中应特别注意焊缝接头和收口质量。多层焊缝的接头应错开，收口时应将熔池填满。焊缝中严禁堵塞焊条或其他金属。

5）焊缝应有一定的加强面，其高度和遮盖宽度应符合表2-6和图2-7的规定。

表2-6 焊缝加强面尺寸 (mm)

项目	钢圈厚度 s	
	<10	10～20
高度 c	1.5～2.5	2～3
宽度 e	1～2	2～3

6）焊缝表面应美观呈平滑的细鳞状熔融金属与基本金属平缓连接，无褶皱、间断、漏焊及未焊满的陷槽，并不应有裂纹。基本金属的咬边深度不应大于0.5mm；且不应超过圆周长的10%。当钢材厚度超过10mm时，不应大于1.0mm，仅允许有个别表面气孔。

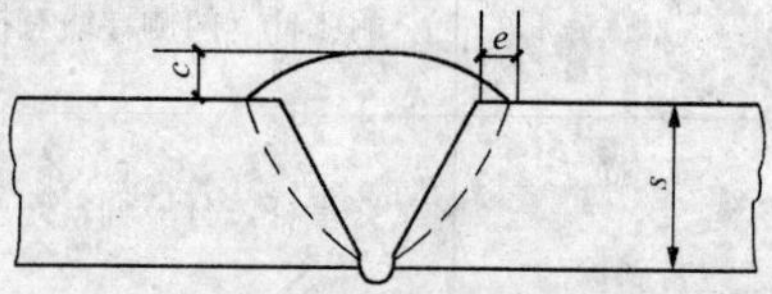

图2-7 焊缝加强面尺寸

7）雨、雪、大风时应采取妥善防护措施。施焊中杆内不应有穿堂风。当气温低于－20℃时，应采取预热措施，预热温度为100～120℃。焊后应使温度缓慢下降。严禁用水降温。

8）焊接时转动杆身可用绳索，也可用木棒及铁钎在下面垫以道木橇拔，不准用铁钎穿入杆身内撬动。

9）焊完后的电杆其分段弯曲度及整杆弯曲度均不得超过对应长度的2/1000，超过时，应割断重新焊接。

10）电杆的钢圈焊接头应按设计要求进行防腐处理。设计无规定时，可将钢圈表面铁锈和焊缝的焊渣与氧化层除净，先涂刷一层红樟丹，干燥后再涂刷一层防锈漆处理。

11）焊接完成后的电杆自检合格后，在上部钢圈处打上焊工代号钢印。

（2）电杆封堵 钢筋混凝土电杆顶端要封堵良好。电杆上端的封堵，主要是为防止电杆投入运行后，杆内积水，侵蚀钢筋，导致电杆损伤。

关于钢筋混凝土电杆下端封堵问题，由于一些地区或某一地段，地下水位较高，且气候寒冷，电杆底部不封堵，进水后，在寒冷的季节中，有造成电杆冻裂、损坏现象，应考虑地区情况，按设计要求进行。当设计无要求时，电杆下端可不封堵。

4. 横担组装

（1）安装位置要求 横担组装，一般都在地面上将电杆顶部横担、金具等全部组装完毕，然后整体立杆。如果电杆竖起后组装，则应从电杆的最上端开始。杆上横担安装的位置，应符合下列要求：

1）直线杆的横担，应安装在受电侧。

2）转角杆、分支杆、终端杆以及受导线张力不平衡的地方，横担应安装在张力的反方向侧。

3）多层横担均应装在同一侧。

4）有弯曲的电杆，横担均应装在弯曲侧，并使电杆的弯曲部分与线路的方向一致。

横担的长度选择见表2-7，横担类型及其受力情况见表2-8。

表 2-7 横担长度选择表 (mm)

横担材料	低压线路			高压线路		
	二线	四线	六线	二线	水平排列四线	陶瓷横担头部铁
铁	700	1500	2300	1500	2240	800

表 2-8 横担类型及其受力情况

横担类型	杆 型	承 受 荷 载
单横担	直线杆，15°以下转角杆	导线的垂直荷载
双横担	15°～45°转角杆，耐张杆（两侧导线拉力差为零）	导线的垂直荷载
	45°以上转角杆，终端杆，分岐杆	(1) 一侧导线最大允许拉力的水平荷载 (2) 导线的垂直荷载
	耐张杆（两侧导线有拉力差），大跨越杆	(1) 两侧导线拉力差的水平荷载 (2) 导线的垂直荷载
带斜撑的双横担	终端杆，分岐杆，终端型转角杆	(1) 两侧导线拉力差水平荷载 (2) 导线的垂直荷载
	大跨越杆	(1) 两侧导线的拉力差的水平荷载 (2) 导线的垂直荷载

(2) 横担安装技术要求

1) 横担的安装应根据架空线路导线的排列方式而定，具体要求如下：

①钢筋混凝土电杆使用U形抱箍安装水平排列导线横担。在杆顶向下量200mm，安装U形抱箍，用U形抱箍从电杆背部抱过杆身，抱箍螺扣部分应置于受电侧，在抱箍上安装好M形抱铁，在M形抱铁上再安装横担，在抱箍两端各加一个垫圈用螺母固定，先不要拧紧螺母，留有调节的余地，待全部横担装上后再逐个拧紧螺母。

②导线进行三角排列时，杆顶支持绝缘子应使用杆顶支座抱箍。由杆顶向下量取150mm，使用a形支座抱箍时，应将角钢置于受电侧，将抱箍用M16×70方头螺栓，穿过抱箍安装孔，用螺母拧紧固定。安装好杆顶抱箍后，再安装横担。横担的位置由导线的排列方式来决定，导线采用正三角排列时，横担距离杆顶抱箍为0.8m；导线采用扁三角排列时，横担距离杆顶抱箍为0.5m。

2) 横担安装应平整，安装偏差不应超过下列规定数值：

①横担端部上下歪斜 20mm；

②横担端部左右扭斜 20mm。

3) 带叉梁的双杆组立后，杆身和叉梁均不应有鼓肚现象。叉梁铁板、抱箍与主杆的连接牢固、局部间隙不应大于50mm。

4) 导线水平排列时，上层横担距杆顶距离不宜小于200mm。

5) 10kV线路与35kV线路同杆架设时，两条线路导线之间垂直距离不应小于2m。

6) 高、低压同杆架设的线路，高压线路横担应在上层。架设同一电压等级的不同回路导线时，应把线路弧垂较大的横担放置在下层。

7) 同一电源的高、低压线路宜同杆架设。为了维修和减少停电，直线杆横担数不宜超过4层（包括路灯线路）。

8）螺栓的穿入方向的规定

①对平面结构　顺线路方向，单面构件由送电侧穿入或按统一方向；横线路方向，两侧由内向外，中间由左向右（面向受电侧）或按统一方向；双面构件由内向外。垂直方向，由下向上。

②对立体结构　水平方向由内向外；垂直方向，由下向上。

9）以螺栓连接的构件规定

①螺杆应与构件面垂直，螺头平面与构件间应无空隙；

②螺栓紧好后，螺杆螺纹露出的长度：单螺母应不少于 2 扣；双螺母可平扣。

③必须加垫圈者，每端垫圈应不超过两个。

10）瓷横担安装的规定

①垂直安装时，顶端顺线路歪斜不应大于 10mm；

②水平安装时，顶端应向上翘起 5°～10°，顶端顺线路歪斜不应大于 20mm。

③全瓷式瓷横担的固定处应加软垫。

④电杆横担安装好以后，横担应平正，双杆的横担，横担与电杆的连接处的高差不应大于连接距离的 5/1000；左右扭斜不应大于横担总长度的 1/100。

⑤同杆架设线路横担间的最小垂直距离见表 2-9。

表 2-9　同杆架设线路横担间的最小垂直距离　　(m)

架设方式	直线杆	分支或转角杆
1～10kV 与 1～10kV	0.80	0.50
1～10kV 与 1kV 以下	1.20	1.00
1kV 以下与 1kV 以下	0.60	0.30

(3) 直线横担组装方法

1）混凝土电杆横担组装方法见图 2-8。

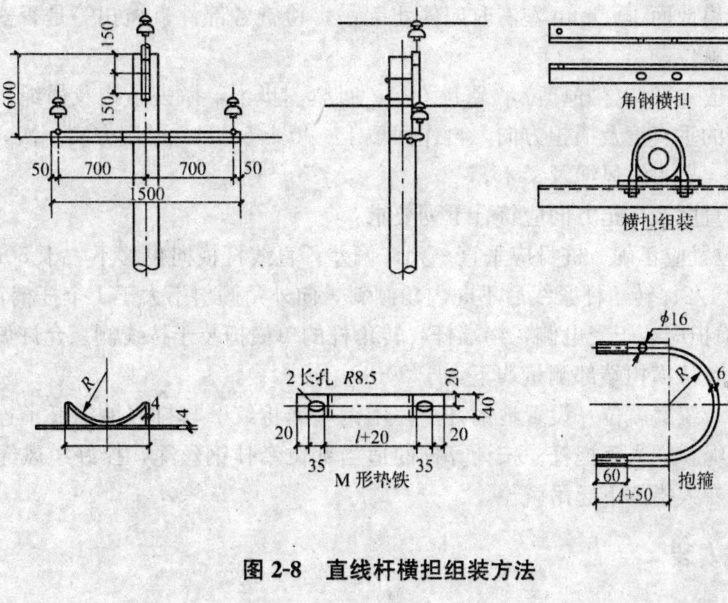

图 2-8　直线杆横担组装方法

2）混凝土电杆瓷横担组装方法见图 2-9。

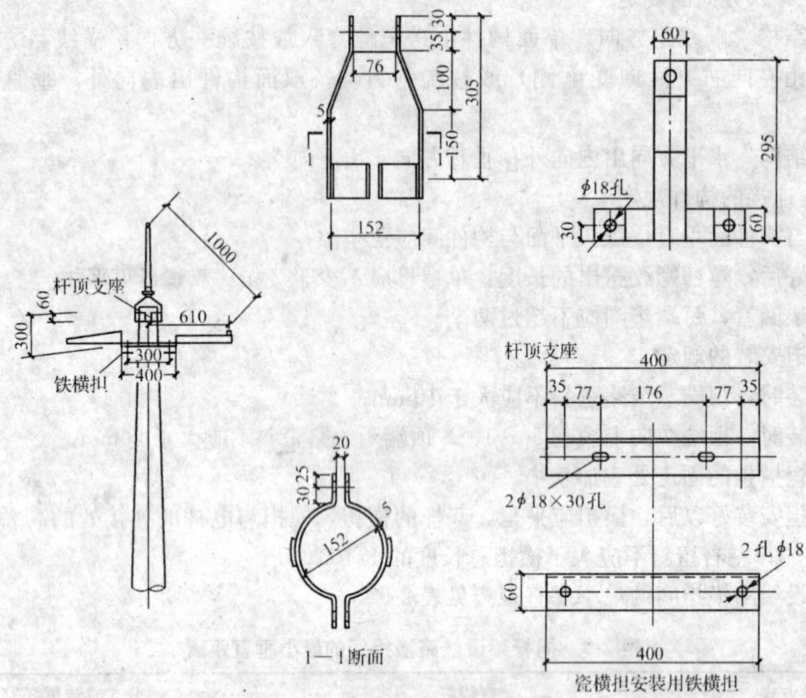

图 2-9　混凝土电杆（梢径 ϕ150）瓷横担组装方法

5. 立杆及杆身调整

（1）机械立杆　吊机就位后，按计算在杆上绑扎吊绳的部位挂上钢丝绳，吊索拴好缆风绳，挂好吊钩，在专人指挥下起吊就位。

起吊后杆顶部离地面 1000mm 左右时应停止起吊，检查各部件、绳扣等是否安全，确认无误后再继续起吊使杆就位。

电杆起立后，应立即调整好杆位，架上叉木，回填一步土，撤去吊钩及吊绳。然后用经纬仪和线坠调整好杆身的垂直度及横担方向，再作回填土。填土 500mm 厚度夯实一次，夯填土方填到卡盘安装部位为止。撤去缆风绳及叉木。

杆位、杆身垂直度及横担方向应符合下列要求：

1）电杆组立位置应正确，桩身应垂直。允许偏差：直线杆横向位移不大于 50mm，杆梢偏移不大于杆梢直径的 1/2；转角杆紧线后不向内角倾斜，向外角倾斜不大于 1 个杆梢直径。

2）直线杆单横担应装于受电侧，终端杆、转角杆的单横担装于拉线侧。允许偏差：横担的上下歪斜和左右扭斜，从横担端部测量均不大于 20mm。

（2）人力立杆　绞磨就位。设置地锚钎子，用钢丝绳将绞磨与打好地锚钎子连接好。再组装滑轮组，穿好钢丝绳，立人字抱杆。按计算杆的适当部位牵挂钢丝绳，拴好缆风绳及前后控制横绳，挂好吊钩，在专人指挥下起吊就位。

技能要点 4：拉线安装

1. 施工机具

铁镐、铁锹、绳子、紧线器、剪线钳、夯、倒链、活扳手、脚扣、安全带、安全帽等。

2. 作业条件

(1) 拉线安装各种材料备齐，经验收符合设计要求。

(2) 电杆组立完毕，经验收符合设计要求和验收规范有关条文的规定。

(3) 绝缘子的耐压试验符合施工质量验收规范的规定。

(4) 按已审批的施工组织设计，施工技术措施，已做好技术交底（工艺标准、操作方法、质量要求和安全措施等）。

3. 拉线盘安装

(1) 拉线盘的埋设深度和方向，应符合设计要求，拉线棒与拉线盘应垂直，连接处应采用双螺母，其外露地面部分的长度为500～700mm。

(2) 拉线坑应有斜坡，回填土应将土块打碎后夯实。拉线坑宜设防沉层。

4. 拉线安装技术要求

(1) 拉线与电杆的夹角不宜小于45°，当受地形限制时，不应小于30°。

(2) 终端杆的拉线及耐张杆承力拉线应与线路方向对正，分角拉线应与线路分角线方向对正，防风拉线应与线路方向垂直。

(3) 拉线穿公路时，对路面中心的垂直距离不应小于6m。

(4) 采用绑扎固定的拉线安装时。

(5) 拉线两端应设置心形环。

(6) 钢绞线拉线可采用直径不小于3.2mm的镀锌钢丝绑扎固定。绑扎应整齐、紧密，缠绕长度不能小于表2-10所列数值。

表2-10 缠绕长度最小值

钢绞线截面 (mm^2)	缠绕长度 (mm)				
	上端	中端有绝缘子的两端	与拉棒连接处		
			下端	花缠	上端
25	200	200	150	250	80
35	250	250	200	300	80
50	300	300	250	250	80

(7) 合股组成的镀锌钢丝拉线可采用直径不小于3.2mm镀锌钢丝绑扎固定，绑扎应整齐紧密，缠绕长度为：五股以下者，下缠150mm，花缠250mm，上缠100mm。

(8) 合股组成的镀锌钢丝拉线采用自身缠绕固定时，缠绕应紧密，缠绕长度：三股线不应小于80mm，五股线不应小于150mm。

(9) 拉线在地面上下各300mm部分，为了防止腐蚀，应涂刷防腐油，然后用浸过防腐油的麻布条缠卷，并用镀锌钢丝绑牢。

(10) 镀锌钢丝与镀锌钢绞线换算见表2-11。

表2-11 ϕ4.0镀锌钢丝与镀锌钢线换算表

ϕ4.0镀锌钢丝根数	3	5	7	9	11	13	15	17	19
镀锌钢绞线截面 (mm^2)	25	25	35	50	70	70	100	100	100

(11) 采用UT型线夹及楔形线夹固定的拉线安装时的要求

1) 安装前螺纹上应涂润滑剂；

2) 线夹舌板与拉线接触应紧密，受力后无滑动现象，线夹的凸度应在尾线侧，安装时不得损伤导线；

3）拉线弯曲部分不应有明显松股，拉线断头处与拉线主线应可靠固定。线夹处露出的尾线长度不宜超过 400mm；

4）同--组拉线使用双线夹时，其尾线端的方向应作统一规定；

5）UT 型线夹或花篮螺栓的螺杆应露螺纹，并应有不小于 1/2 螺杆螺纹长度可供调紧。调整后，UT 型线夹的双螺母应并紧，花篮螺栓应封固。

(12) 采用拉桩杆拉线的安装规定

1）拉杆桩埋设深度不应小于杆长的 1/6；

2）拉杆桩应向张力反方向倾斜 15°～20°；

3）拉杆坠线与拉桩杆夹角不应小于 30°；

4）拉桩坠线上端固定点的位置距拉桩杆顶应为 0.25m，距地面不应小于 4.5m；

5）拉柱坠线采用镀锌钢丝绑扎固定时，缠绕长度可参照表 2-10 所列数值。

(13) 合股组成的镀锌钢丝用作拉线时，股数不应少于三股，其单股直径不应小于4.0mm，绞合均匀，受力相等，不应出现抽筋现象。

(14) 当一基电杆上装设多股拉线时，拉线不应有过松、过紧、受力不均匀等现象。

(15) 埋设拉线盘的拉线坑应有滑坡（马道），回填土应有防沉土台，拉线棒与拉线盘的连接应使用双螺母。

(16) 居民区、厂矿内，钢筋混凝土电杆的拉线从导线之间穿过时，应装设拉线绝缘子。在断线情况下，拉线绝缘子距地面不应小于 2.5m。

5. 拉线装设

做拉线的基本操作有三点，即埋设拉线盘，做拉线上把和收紧拉线中把。

(1) 埋设拉线盘。在埋设拉线盘之前，首先应将下把拉线组装好，然后再进行整体埋设。拉线坑应有斜坡，回填土时应将土块打碎后夯实。拉线坑宜设防沉层。

目前，普遍采用圆钢拉线棒（下把棍）。它的下端套有螺纹，上端有拉环，安装时拉线棒穿过水泥拉线盘孔，放好垫圈，拧上双螺母即可。拉线棒与拉线盘应垂直，其外露地面部分长度应为 500～700mm。

拉线盘选择及埋设深度，以及拉线底把所采用的镀锌钢丝和镀锌钢绞线与圆钢拉线棒的换算，可参照表 2-12。

表 2-12　拉线盘的选择及埋设深度

拉线所受拉力(kN)	选用拉线规格		拉线盘规格(m)	拉线盘埋深(m)
	ϕ4.0 镀锌钢丝(股数)	镀锌钢绞线(mm^2)		
15 及以下	5 及以下	25	0.6×0.3	1.2
21	7	35	0.8×0.4	1.2
27	9	50	0.8×0.4	1.5
39	13	70	1.0×0.5	1.6
54	2×3	2×50	1.2×0.6	1.7
78	2×13	2×70	1.2×0.6	1.9

下把拉线棒装好之后，将拉线盘放正，使底把拉环露出地面 500～700mm，随后就可分层填土夯实。拉线棒地面上下 200～300mm 处，都要涂以沥青，泥土中含有盐碱成分较多的地方，还要从拉线棒出土 150mm 处起，缠卷 80mm 宽的麻带，缠到地面以下 350mm 处，并浸透沥青，以防腐蚀。涂油和缠麻带，都应在填土前做好。

(2) 做拉线上把。拉线上把装在钢筋混凝土电杆上，须用拉线抱箍及螺栓固定。其方法是用一只螺栓将拉线抱箍抱在电杆上，然后，把预制好的上把拉线环放在两片抱箍的螺孔间，穿入螺栓拧上螺母固定之，上把拉线环的内径，以能穿入16mm螺栓为宜，但不能大于25mm。在来往行人较多的地方，拉线上应装设拉线绝缘子。其安装位置，应使拉线断线而沿电杆下垂时，绝缘子距地面的高度在2.5m以上，不致触及行人。同时，应使绝缘子距电杆最近，也保持2.5m，以避免人在杆上操作时触及接地部分，如图2-10所示。

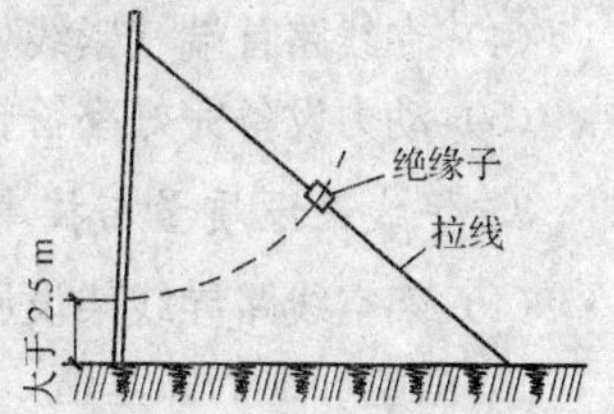

图 2-10 拉紧绝缘子安装位置

(3) 收紧拉线做中把。下部拉线盘埋设完毕，上把做好后可以收紧拉线，使上部拉线和下部拉线连接起来，成为一个整体。收紧拉线可使用紧线钳，其方法如图2-11所示。在收紧拉线前，先将花篮螺栓的两端螺杆旋入螺母内，使它们之间保持最大距离。以备继续旋入调整。然后将紧线钳的钢丝绳伸开，一只紧线钳夹握在拉线高处，再将拉线下端穿过花篮螺栓的拉环，放在三角圈槽里，向上折回，并用另一只紧线钳夹住，花篮螺栓的另一端套在拉线棒的拉环上，所有准备工作做好之后，将拉线慢慢收紧，紧到一定程度时，检查一下杆身和拉线的各部位，如无问题后，再继续收紧，把电杆校正。见图2-11 (b)。对于终端杆和转角杆，拉线收紧后，杆顶可向拉线侧倾斜电杆梢径的1/2。最后用自缠法或另缠法绑扎。为了防止花篮螺栓螺纹倒转松退，可用一根ϕ4.0镀锌钢丝，两端从螺杆孔穿过，在螺栓中间绞拧二次，再分向螺母两侧绕3圈，最后将两端头自相扭结，使调整装置不能任意转动，如图2-12所示。

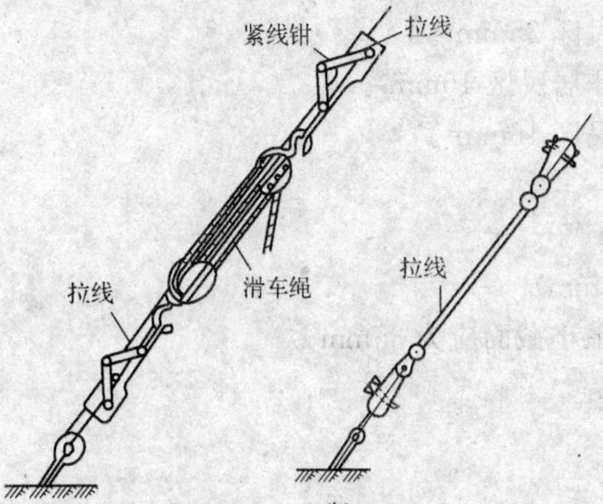

图 2-11 收紧拉线中把方法

图 2-12 花篮螺栓的封缠

技能要点5：架空线路导线架设

1. 施工机具

倒链、开口滑轮、放线架、紧线器、压线钳、活扳手、刀锯、钢锯、手锤、斧子、挑杆、梯子、望远镜、安全带、安全帽、脚扣、钢线、大小尼龙绳、手推车、汽车等。

2. 作业条件

(1) 按已审批的施工组织设计，做好技术交底（施工措施、操作工艺、质量标准、文明施工及安全技术措施等）。

(2) 杆组立和拉线安装已经验收，达到合格标准。

(3) 线路上障碍物处理完毕，放线需通道路的越线保护架搭设完毕。

(4) 在线路首端（紧线处）打好紧线用的地锚钎子。

(5) 动力设备完好率符合施工要求。

3. 导线架设质量与技术要求

(1) 架空线路导线架设质量要求

1) 架空导线的弧垂值，其允许偏差不应超过设计弧垂值的±5%，水平排列的同档导线间弧垂值偏差不大于50mm。

测定导线弧垂，应符合以下要求：

①测试应与紧线工作观测相配合进行。

②测试方法，有等长法和张力法两种。弧垂的测定通常应用等长法，并选在耐张段的中部来测定其弧垂值。

2) 导线架设后，导线无断股、扭绞和死弯，与绝缘子固定可靠，金具规格与导线规格相匹配。

3) 线路的跳线、过引线、接户线的线间和对地间的安全距离，电压等级为6～10kV的，应大于300mm；电压等级为1kV及以下的，应大于150mm。用绝缘导线架设的线路，因接续、连接导致绝缘破口，应将绝缘修补完整。

(2) 架空线路架设技术要求

1) 架空线路应沿道路平行敷设，并宜避免通过各种起重机频繁活动地区。应尽可能减少同其他设施的交叉和跨越建筑物。

2) 架空线路导线的最小截面为：

6～10kV线路：铝绞线　居民区35mm^2；非居民区25mm^2。

钢芯铝绞线　居民区25mm^2；非居民区16mm^2。

铜绞线　居民区16mm^2；非居民区16mm^2。

1kV以下线路：铝绞线　16mm^2。

钢芯铝绞线　16mm^2。

铜绞线　10mm^2（绞线直径3.2mm）。

但1kV以下线路与铁路交叉跨越挡处，铝绞线最小截面应为35mm^2。

3) 6～10kV接户线的最小截面

铝绞线　25mm^2。

铜绞线　16mm^2。

4) 接户线对地距离，不应小于下列数值：

6～10kV接户线　4.5m。

低压绝缘接户线　2.5m。

5) 跨越道路的低压接户线，至路中心的垂直距离，不应小于下列数值：

通车道路　6m。

通车困难道路、人行道　3.5m。

6) 架空线路的导线与建筑物之间的距离，不应小于表2-13所列数值。

表2-13　导线与建筑物间的最小距离　(m)

线路经过地区	线路电压	
	6～10kV	<1kV
线路跨越建筑物垂直距离	3	2.5
线路边线与建筑物水平距离	1.5	1

注：架空线不应跨越屋顶为易燃材料的建筑物，对于耐火屋顶的建筑物也不宜跨越。

7）架空线路的导线与道路行道树间的距离，不应小于表 2-14 所列数值。

表 2-14　导线与街道行道树间的最小距离　　(m)

线路经过地区	线路电压	
	6～10kV	<1kV
线路跨越行道树在最大弧垂情况的最小垂直距离	1.5	1
线路边线在最大风偏情况与行道树的最小水平距离	2	1

8）架空线路的导线与地面的距离，不应小于表 2-15 所列数值：

表 2-15　导线与地面的最小距离　　(m)

线路经过地区	线路电压	
	6～10kV	<1kV
居民区	6.5	6
非居民区	5.5	5
交通困难地区	4.5	4

注：1. 居民区指工业企业地区、港口、码头、市镇等人口密集地区。

2. 非居民区指居民区以外的地区，均属非居民区。有时虽有人，有车到达，但房屋稀少，亦属非居民区。

3. 交通困难地区指车辆不能到达的地区。

9）架空线路的导线与山坡、峭壁、岩石之间的距离，在最大计算风偏情况下，不应小于表 2-16所列数值。

表 2-16　导线与山坡、岩石间的最小净空距离　　(m)

线路经过地区	线路电压	
	6～10kV	<1kV
步行可以到达的山坡	4.5	3
步行可以到达的山坡、峭壁和岩石	1.5	1

10）架空线路与甲类火灾危险的生产厂房，甲类物品库房及易燃、易爆材料堆场，以及可燃或易燃液（气）体贮罐的防火间距，不应小于电杆高度的 1.5 倍。

11）在离海岸 5km 以内的沿海地区或工业区，视腐蚀性气体和尘埃产生腐蚀作用的严重程度，选用不同防腐性能的防腐型钢芯铝绞线。

4. 放线

一般的放线施工可以采用人力或汽车和拖拉机作为放线的牵引动力在地面上拖，也可以将线盘架设在汽车上，在行进中展放导线。放线如图 2-13 所示。

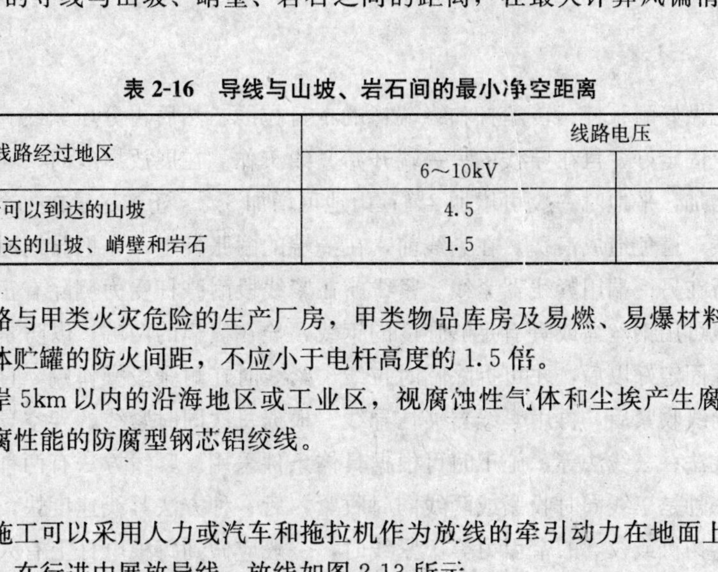

图 2-13　放　线

1—放线架；2—线轴；3—第一组横担；4—导线放线滑轮；

5—第二组横担；6—牵引绳

当导线沿线路展放在电杆根旁的地面上以后，可由施工人员登上电杆，将导线用绳子提升至电杆横担上，分别摆放好，对截面较小的导线，可将一个耐张段全长的四根导线一次吊起提升至横担上；导线截面较大时，用绳子提升时，可一次吊起两根。线路的相序排列应统一，对设计、施工、安全运行以及检修维护都是有利的。高压线路面向负荷从左侧起，导线排列相序为 L_1、L_2、L_3；低压线路面向负荷从左侧起，导线排列相序为 L_1、N、L_2、L_3。

拖放导线前应沿线路清除障碍物，石砾地区应垫以隔离物（草垫），以免磨损导线。放线通常按每个耐张段进行。放线前，应选择合适位置，放置放线架和线盘，线盘在放线架上要使导线从上方引出。在放线段内的每根电杆上挂一个开口放线滑轮（滑轮直径应不小于导线直径的 10 倍）。铝导线必须选用铝滑轮或木滑轮，这样既省力又不会磨损导线。

在放线过程中，线盘处应有专人看守，负责检查导线的质量和防止放线架的倾倒。放线速度应尽量均匀，不宜突然加快。当发现导线存在问题，而又不能及时进行处理时，应作显著标记，如缠绕红布条等，以便导线展放停止后，专门进行处理。展放导线时，还必须有可靠的联络信号，沿线还须有人看护导线不受损伤，不使导线发生环扣（导线自己绕成小圈）。当导线在跨越道路和跨越其他线路处也应设人看守。在展放导线的过程中，对已展放的导线应进行外观检查，导线不应发生磨伤、断股、扭曲、金钩、断头等现象。可根据导线的不同损伤情况进行修补处理。1kV 以下电力线路采用绝缘导线架设时，展放中不应损伤导线的绝缘层和出现扭、弯等现象，对破口处应进行绝缘处理。

5. 紧线

紧线前必须先做好耐张杆、转角杆和终端杆的本身拉线，然后再分段紧线。首先，将导线的一端套在绝缘子上固定好，再在导线的另一端开始紧线工作。在展放导线时，导线的展放长度应比挡距长度略有增加，平地时一般可增加 2%；山地可增加 3%。还应尽量在一个耐张段内，导线紧好后再剪断导线，避免造成浪费。在紧线前，在一端的耐张杆上，先把导线的一端在绝缘子上做终端固定，然后在另一端用紧线器紧线。紧线前在紧线段耐张杆受力侧除有正式拉线外，应装设临时拉线。一般可用钢丝绳或具有足够强度的钢线，拴在横担的两端，以防紧线时横担发生偏扭。待紧完导线并固定好以后，才可拆除临时拉线。紧线时在耐张段操作端，直接或通过滑轮组来牵引导线，使导线收紧后，再用紧线器夹住导线。根据每次同时紧线的架空导线根数，紧线方式有单线法、双线法、三线法等，施工时可根据具体条件采用。紧线方法有两种：一种是导线逐根均匀收紧，另一种是三线同时收紧或两线同时收紧，后一种方法紧线速度快，但需要有较大的牵引力，如利用卷扬机或绞磨的牵引力等。紧线时，一般应做到每根电杆上有人，以便及时松动导线，使导线接头能顺利地越过滑轮和绝缘子。一般中小型铝绞线和钢芯铝绞线可用紧线钳紧线。先将导线通过滑轮组，用人力初步拉紧，然后将紧线钳上钢丝绳松开，固定在横担上，另一端夹住导线（导线上包缠麻布）。紧线时，横担两侧的导线应同时收紧，以免横担受力不均而歪斜。

6. 过引线、引下线安装

搭接过引线、引下线：在耐张杆、转角杆、分支杆、终端杆上搭接过引线或引下线。

搭接过引线、引下线应符合下列要求：

（1）过引线应呈均匀弧度、无硬弯、必要时应加装绝缘子。

（2）搭接过引线、引下线、应与主导线连接，不得与绝缘子回头绑扎在一起。铝导线间的连接一般应采用并沟线夹，但 70mm² 及以下的导线可以采用绑扎连接，绑扎长度不应小于表 2-17 所列数值。

表 2-17　过引线绑扎长度值

导线截面（mm^2）	绑扎长度（mm）
LJ—35 及以下	150
LJ—50	290
LJ—7	2500
TJ—16 及以下	100
TJ—25～35	150
TJ—50～95	200

注：不同截面导线连接时，绑扎长度以小截面导线为准。

（3）铜、铝导线的连接应使用铜铝过渡线夹，或有可靠的过渡措施。

（4）裸铝导线在线夹上固定时应缠包铝带，缠绕方向应与导线外层绞股方向一致，缠绕长度应超出接触部分 30mm。

（5）过引线、引下线的导线间及导线对地间的最小安全距离不应小于表 2-18 所列数值。

表 2-18　过引线、引下线的导线间及导线对地间的最小安全距离

线　别	电压等级（kV）	距离（mm）
每相过引线、引下线与邻相过引线、引下线或导线之间	1～10	300
	1 以下	150
导线与拉线、电杆或物架之间	1～10	200
	1 以下	50
1～10kV 引下线与 1kV 以下线路间		200

7. 架空导线固定

导线在绝缘子上通常用绑扎方法来固定，绑扎方法因绝缘子形式和安装地点不同而各异，常用的有以下几种：

（1）顶绑法　直线杆针式绝缘子上的绑扎，如图 2-14 所示。绑扎时，首先在导线绑扎处绑铝带 150mm。所用铝带宽为 10mm，厚为 1mm。绑线材料应与导线的材料相同，其绑扎步骤如下：

1）把绑线绕成卷，在绑线一端留出一个长为 250mm 的短头，用短头在绝缘子左侧的导线上绑 3 圈，方向是从导线外侧经导线上方，绕向导线内侧，如图 2-14（a）所示。

2）用绑线在绝缘子颈部内侧绕到绝缘子右侧的导线上绑 3 圈，其方向是从导线下方，经外侧绕向上方，如图 2-14（b）所示。

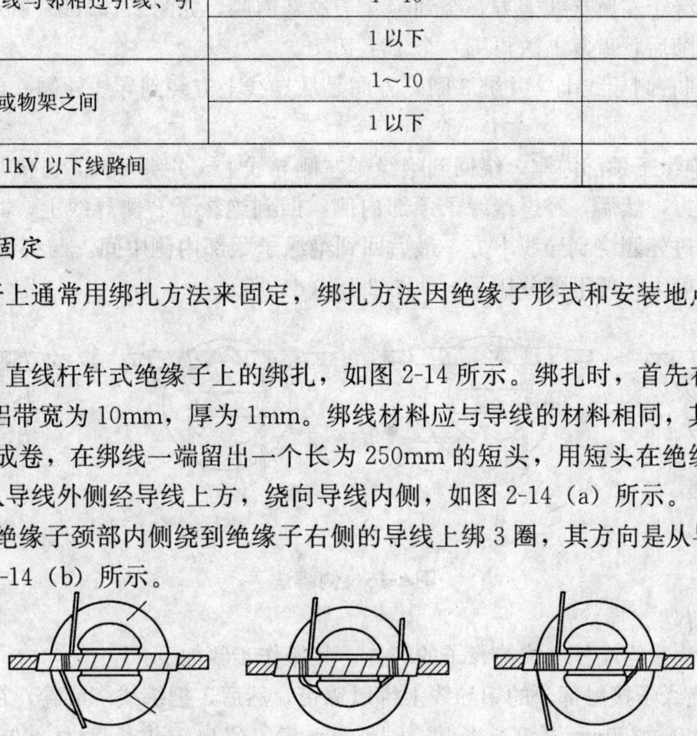

图 2-14　顶绑法

3）用绑线在绝缘子颈部外侧，绕到绝缘子左侧导线上再绑 3 圈，其方向是由导线下方经内侧绕到导线上方，如图2-14（c)所示。

4）用绑线从绝缘子颈部内侧，绕到绝缘子右侧导线上，并再绑 3 圈，其方向是由导线下方经外侧绕向导线上方，如图 2-14（d）所示。

5）用绑线从绝缘子外侧绕到绝缘子左侧导线下面，并从导线内侧上来，经过绝缘子顶部交叉压在导线上，然后，从绝缘子右侧导线内侧绕到绝缘子颈部内侧，并从绝缘子左侧导线的下侧，经导线外侧上来，经过绝缘子顶部交叉压在导线上，此时在导线上已有一个十字叉。

6）重复以上方法再绑一个十字叉，把绑线从绝缘子右侧导线内侧，经下方绕到绝缘子颈部外侧，与绑线另一端的短头，在绝缘子外侧中间扭绞成 2～3 圈的麻花线，余线剪去，留下部分压平，如图 2-14（e）所示。

（2）侧绑法　转角杆针式绝缘子上的绑扎，导线应放在绝缘子颈部外侧。若由于绝缘子顶槽太浅，直线杆也可以用这种绑扎方法，侧绑法如图 2-15 所示。在导线绑扎处同样要绑以铝带。操作步骤如下：

1）把绑线绕成卷，在绑线一端留出 250mm 的短头。用短头在绝缘子左侧的导线绑 3 圈，方向是从导线外侧，经过导线上方，绕向导线内侧，如图 2-15（a）所示。

2）绑线从绝缘子颈部内侧绕过，绕到绝缘子右侧导线上方，交叉压在导线上，并从绝缘子左侧导线的外侧，经导线下方，绕到绝缘子颈部内侧，接着再绕到绝缘子右侧导线的下方，交叉压在导线上，再从绝缘子左侧导线上方，绕到绝缘子颈部内侧，如图 2-15（b）所示。此时导线外侧形成一个十字叉。随后，重复上法再绑一个十字叉。

3）把绑线绕到右侧导线上，并绑 3 圈，方向是从导线上方绕到导线外侧，再到导线下方，如图 2-15（c）所示。

4）把绑线从绝缘子颈部内侧，绕回到绝缘子左侧导线上，并绑 3 圈，方向是从导线下方，经过外侧绕到导线上方，然后，经过绝缘子颈部内侧，回到绝缘子右侧导线上，并再绑 3 圈，方向是从导线上方，经过外侧绕到导线下方，最后回到绝缘子颈部内侧中间，与绑线短头扭绞成 2～3 圈的麻花线，余线剪去，留下部分压平，如图 2-15（d）所示。

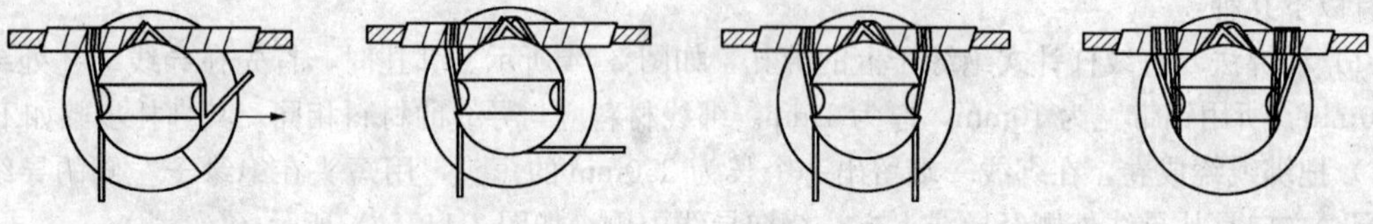

图 2-15　侧绑法

（3）终端绑扎法　终端杆蝶式绝缘子的绑扎。其操作步骤如下：

1）首先在与绝缘子接触部分的铝导线上绑以铝带，然后，把绑线绕成卷，在绑线一端留出一个短头，长度为 200～250mm（绑扎长度为 150mm 者，留出短头长度为 200mm；绑扎长度为 200mm 者，短头长度为 250mm）。

2）把绑线短头夹在导线与折回导线之间，再用绑线在导线上绑扎，第一圈应离蝶式绝缘子表面 80mm，绑扎到规定长度后与短头扭绞 2～3 圈，余线剪断压平。最后把折回导线向反方向弯曲，如图2-16所示。

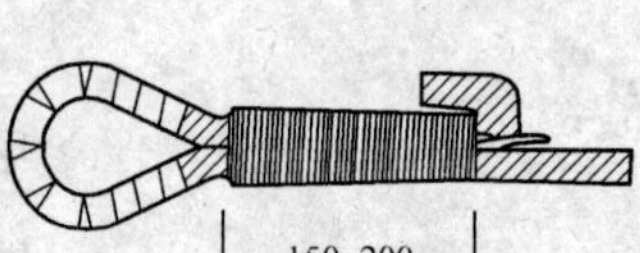

图 2-16　终端绑扎法

技能要点6：导线连接

架空线路导线连接，必须可靠地将导线连接起来。连接后的握着力与母体导线拉断力比，应符合设计要求静载和动载的握着力，确保架空配电线路正常运行。

导线连接质量，直接影响导线的机械强度和电气性能，所以必须严格按照工艺标准，精心操作，认真仔细做好接头。

1. 架空导线连接方式

（1）跳线处接头，常规采用线夹连接法。

（2）其他位置接头，通常采用钳接（压接）法、单股线缠绕法和多股线交叉缠绕法，以及特殊地段和部位利用爆炸压接法。

2. 架空导线连接要求

（1）不同金属、不同规格、不同绞向的导线，严禁在挡距内连接。

（2）在一个挡距内，每根导线不应超过1个接头。距越线（道路、河汊、通信线路、电力线路）和避雷线均不允许有接头。

（3）接头距导线的固定点，不应小于500mm。

（4）导线接头处的机械强度，不应低于原导线强度的90%，电阻不应超过同长度导线的1.2倍。

3. 连接方法

（1）钳接法连接

1）导线与钳接用连接管的配合见表2-19。

表2-19 钳压接用连接管与导线的配合表

型号	截面积（mm^2）	型号	截面积（mm^2）	型号	截面积（mm^2）
QLG－35	35	QL－16	16	QT－16	16
QLG－50	50	QL－25	25	QT－25	25
QLG－70	70	QL－35	35	QT－35	35
QLG－95	95	QL－50	50	QT－50	50
QLG－120	120	QL－70	70	QT－70	70
QLG－150	150	QL－95	95	QT－95	95
QLG－185	185	QL－120	120	QT－120	120
QLG－240	240	QL－150	150	QT－150	150
		QL－185	185		

注："QLG"、"QL"、"QT"分别适用于钢芯铝绞线、铝线和铜线。

2）将准备连接的两个线头，用绑线扎紧再锯齐。

3）导线连接部分表面，连接管内壁用汽油清洗干净，清洗导线长度等于可连接部分长度的1.25倍。

4）清除导线表面和连接管内壁的氧化膜。由于铝在空气中氧化速度很快，在短时间内即可形成一层表面氧化膜，这样就增加了连接处的接触电阻，故在导线连接前，需清除氧化膜。在清除过程中，为防止再度氧化，应先在连接管内壁和导线表面涂上一层电力复合脂，再用细钢丝刷在油层下擦刷，使之与空气隔绝。刷完后，如果电力复合脂较为干净，可不要擦掉；如电力复合脂已被沾污，则应擦掉重新涂一层擦刷，最后带电力复合脂进行压接。

5）当压接钢芯铝绞线时，连接管内两导线间要夹上铝垫片，填在两导线间，可增加接头握着力，并使接触良好。被压接的导线，应以搭接的方法，由管两端分别插入管内，使导线的两端露出管外25～30mm，并使连接管最边上的一个压坑位于被连接导线断头旁侧。压接时，导线端头应用绑线扎紧，以防松散。

6）根据导线截面选择压模，调整压接钳上支点螺钉，使适合于压模深度，压缩处椭圆槽（凹口）距管边的高度 h 值如图2-17所示。每个压坑间距尺寸、压坑数，如图2-17和表2-20所示。

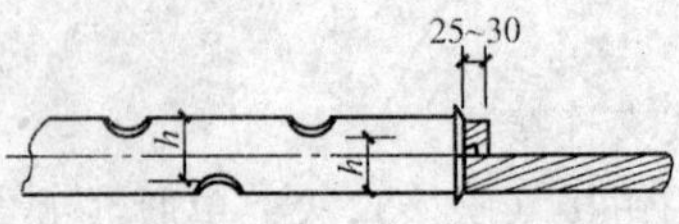

图2-17 压缩后的高度

表2-20 导线钳压接技术数据 (mm)

导线型号		钳接部位尺寸 a_1	钳接部位尺寸 a_2	钳接部位尺寸 a_3	压后尺寸 h	压口数
钢芯铝绞线	LGJ－16	28	14	28	12.5	12
	LGJ－25	32	15	31	14.5	14
	LGJ－35	34	42.5	93.5	17.5	14
	LGJ－50	38	48.5	105.5	20.5	16
	LGJ－70	46	54.5	123.5	25.0	16
	LGJ－95	54	61.5	142.5	29.0	20
	LGJ－120	62	67.5	160.5	33.0	24
	LGJ－150	64	70	166	36.0	24
	LGJ－185	66	74.5	173.5	39.0	26
	LGJ－240	62	68.5	161.5	43.0	2×14
铝绞线	LGJ－16	28	20	34	10.5	6
	LGJ－25	32	20	36	12.5	6
	LGJ－35	36	25	43	14.0	6
	LGJ－50	40	25	45	16.5	8
	LGJ－70	44	28	50	19.5	8
	LGJ－95	48	32	56	23.0	10
	LGJ－120	52	33	59	26.0	10
	LGJ－150	56	34	62	30.0	10
	LGJ－185	60	35	65	33.5	10
铜绞线	LGJ－16	78	14	28	10.5	6
	LGJ－25	32	16	32	12.0	6
	LGJ－35	36	18	36	14.5	6
	LGJ－50	40	20	40	17.5	8
	LGJ－70	44	22	44	20.5	8
	LGJ－95	48	24	48	24.0	10
	LGJ－120	52	26	52	27.5	10
	LGJ－150	56	28	56	31.5	10

压缩管的压缩处高度 h 值的允许误差为：钢芯铝导线连接管±0.5mm；铝芯连接管±0.1mm；铜连接管±0.5mm。

7）压接铝绞线时，压接顺序由连接管的一端开始；压接钢芯铝绞线时，压接顺序从中间开始分别向两端进行。压接铝绞线时，压接顺序由导线断头开始，按交错顺序向另一端进行，如图2-18所示。当压接 240mm² 钢芯铝绞线时，可用两只连接管串联进行，两管间的距离不应少于15mm。每根压接管的压接顺序是由管内端向外端交错进行，如图2-19所示。每次压接时，当压接钳上杠杆碰到顶住螺钉为止。不动保持1min后，如能放开上杠杆，以保证压坑深度准确。压完一个，再压第二个，直到压完为止。压接后的压接管，不能有弯曲，其两端应涂以樟丹油，压后要进行检查，如压管弯曲，要用木锤调直，压管弯曲过大或有裂纹的，要重新压接。

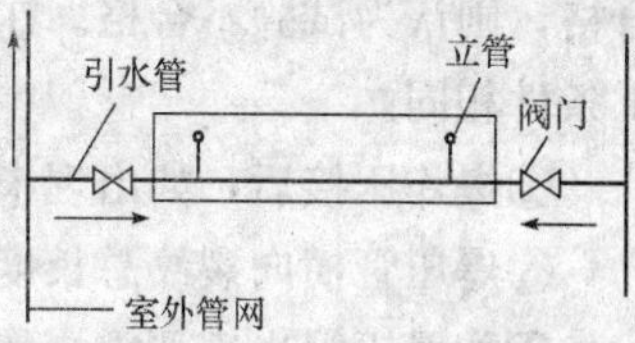

图 2-18　导线压接顺序

(a) 钢芯铝绞线压接顺序；

(b) 铝绞线压接顺序

铜导线可仿照铝导线压接方法进行压接。

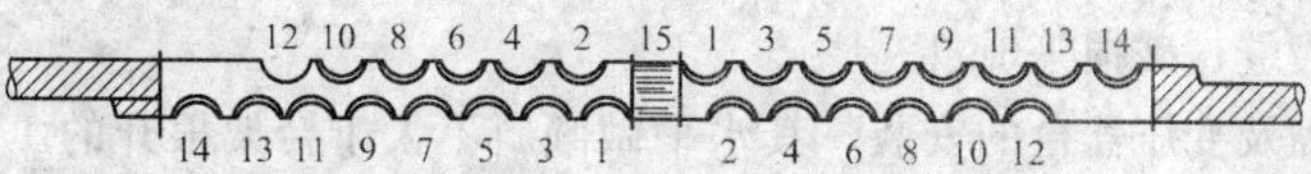

图 2-19　240mm² 钢芯铝绞线压接顺序

(2) 爆炸压接法连接

1）主要材料

①炸药。应用最普通的岩石2号硝铵炸药。炸药如存放过期，需检查是否合乎标准，如受潮结块变质及炸药中混有石块、铁屑等坚硬物质时，不得使用。

②雷管。应使用8号纸壳工业雷管。

③导火线。应使用正确燃速为180～210cm/min；缓燃速为100～120cm/min的导火线。导火线不得有破损、曲折和沾有油脂及涂料不均等现象。

④爆压管。钢芯铝线截面为50～95mm²，所用爆压管的长度为钳压管长的1/3；导线截面为120～240mm² 时，为钳压管长的1/4。

2）药包制作步骤

①用0.35～1.0mm厚的黄板纸（即马粪纸）做成锥形外壳箱。

②用黄板纸做一小封盖，并糊在锥形外壳的小头上。

③将爆压管从小盖的预留孔穿入锥形外壳内，两端应各露出10mm。

④将炸药从外壳的大头装入爆压管与壳筒的中间。

装药时要边装边捣实，边用手轻轻敲打外壳筒，使外壳筒成为椭圆形。必须保持爆压管位于外壳的中心，并防止炸药进入爆压管内。

⑤炸药装满后，再将用黄板纸做成的大封盖糊在外壳筒的大头上。

制好的药包，应坚固成形，接缝结实，形式尺寸准确，其误差不得超过规定值的±10mm。

3）爆炸压接的操作要点

①药包运到现场后，在穿线前应清除爆压管内的杂物、灰尘、水分等。

②将连接的导线调直，并从爆压管两端分别穿过，导线端头应露出压管20mm。

③将已穿好导线的炸药包，绑在1.5mm高的支架上。并用破布将靠近药包100mm处的导线包缠好，以防爆炸时损伤导线。

④将已连好导火线的雷管，插入药包靠近外壳的大头内10～15mm，并做好点燃准备，然后

点火起爆。起爆时，人应距起爆点 30m 以外。

4）爆炸压接的质量标准和注意事项

①爆压前，对其接头应进行拉力和电阻等质量检查试验，试件不得少于三个，若其中一个不合格，则认为试验不合格。在查明原因后再次试验，但试件不得少于五个，试件制作条件应与施工条件相同。

②爆炸压接后，如出现未爆部分时，应割掉重新压接。

③爆压管横向裂纹总长度超过爆压管周长 1/8 时，应割掉重新压接。

④如爆压管出现严重烧伤或鼓包时，应割掉重新压接。

⑤炸药、雷管、导火线应分别存放，妥善保管。应遵守炸药、雷管、导火线等存放与使用的有关规定。

技能要点 7：杆上电气设备安装

（1）电杆上电气设备安装应牢固可靠；电气连接应接触紧密；不同金属连接应有过渡措施；瓷件表面光洁，无裂缝、破损等现象。

（2）杆上变压器及变压器台的安装，其水平做倾斜不大于台架根开的 1/100；一、二次引线排列整齐、绑扎牢固；油枕、油位正常，外壳干净。

接地可靠，接地电阻值符合规定；套管压线螺栓等部件齐全；呼吸孔道畅通。

（3）跌落式熔断器的安装，要求各部分零件完整；转轴光滑灵活，铸件不应有裂纹，砂眼锈蚀。

瓷件良好，熔丝管不应有吸潮膨胀或弯曲现象。

熔断器安装牢固、排列整齐，熔管轴线与地面的垂线夹角为 15°～30°。

熔断器水平相间距离不小于 500mm；操作时灵活可靠。接触紧密。

合熔丝管时上触头应有一定的压缩行程；上、下引线压紧；与线路导线的连接紧密可靠。

（4）杆上断路器和负荷开关的安装，其水平倾斜不大于担架长度的 1/100。

引线连接紧密，当采用绑扎连接时，长度不小于 150mm。

外壳干净，不应有漏油现象，气压不低于规定值；操作灵活，分、合位置指示正确可靠；外壳接地可靠，接地电阻值符合规定。

（5）杆上隔离开关的瓷件良好，操作机构动作灵活，隔离刀刃合闸时接触紧密，分闸后应有不小于 200mm 的空气间隙；与引线的连接紧密可靠。

水平安装的隔离刀刃，分闸时，宜使静触头带电。

三相运动隔离开关的三相隔离刀刃应分、合同期。

（6）杆上避雷器的瓷套与固定抱箍之间加垫层；安装排列整齐、高低一致；相间距离为：1～10kV 时，不小于 350mm；1kV 以下时，不小于 150mm。避雷器的引线短而直、连接紧密，采用绝缘线时，其截面要求为：

1）引上线：铜线不小于 $16mm^2$，铝线不小于 $25mm^2$。

2）引下线：铜线不小于 $25mm^2$，铝线不小于 $35mm^2$，引下线接地可靠，接地电阻值符合规定。与电气部分连接，不应使避雷器产生外加应力。

（7）低压熔断器和开关安装要求各部分接触应紧密，便于操作。低压保险丝（片）安装要求无弯折、压偏、伤痕等现象。

（8）变压器中性点应与接地装置引出干线直接连接。由接地装置引出的干线，以最近距离直接与变压器中性点（N 端子）可靠连接，以确保低压供电系统可靠、安全地运行。

技能图解 6 变压器安装

技能结构框线图

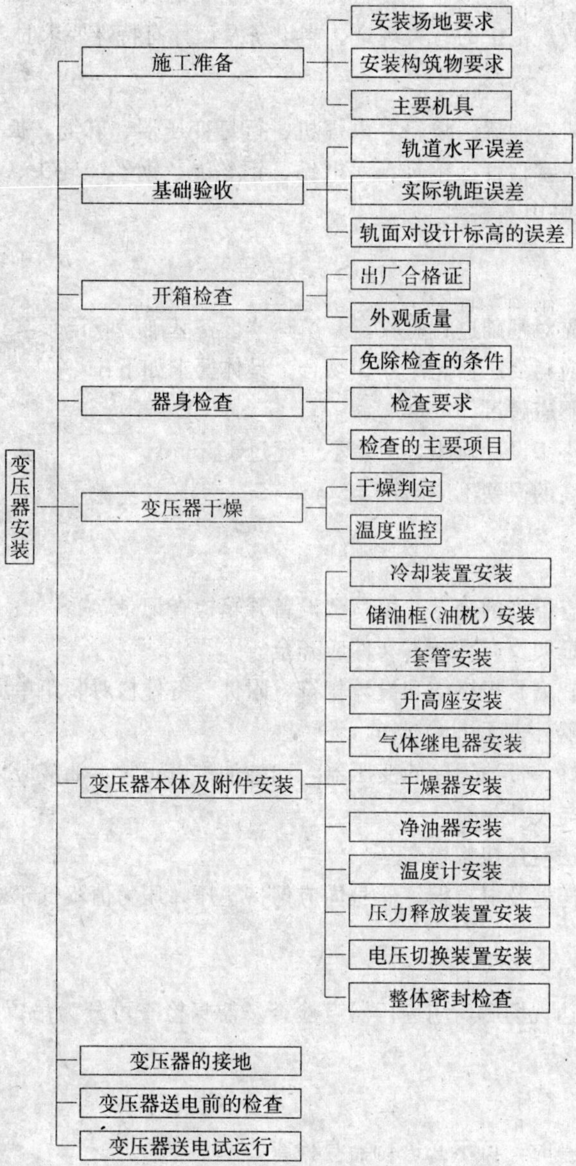

图 2-20 变压器安装

技能要点 1：施工准备

1. 安装场地要求

(1) 屋顶、楼板、门窗等均已施工完毕，并且无渗漏；有可能损坏设备与屏柜，安装后不能再进行施工的装饰工作应全部结束。

(2) 室内地面的基层施工完毕，并在墙上标出地面标高。

（3）混凝土基础及构架达到允许安装的强度，焊接构件的质量符合要求。

（4）预埋件及预留孔符合设计，预埋件牢固。

（5）模板及施工设施拆除，场地清理干净。

（6）具有足够的施工用场地，道路畅通。

2. 安装构筑物要求

与电力变压器、电抗器、互感器安装有关的建筑物、构筑物的建筑工程质量，应符合国家现行的建筑工程施工及验收规范中的有关规定。当设备及设计有特殊要求时，还须符合有关要求。

3. 主要机具

空气压缩机、滤油机、油罐、烘箱、电焊机、行灯变压器、麻绳、扳手、冲击电钻、电工用梯、起重滑车、绞磨、人字抱杆、钢钎、手电钻、钢丝绳、钢丝绳轧头、钢丝绳套环、摇表、钢卷尺、玻璃温度计。

技能要点2：基础验收

变压器就位前，要先对基础进行验收，并填写“设备基础验收记录”。基础的中心与标高应符合工程设计需要，轨距应与变压器轮距互相吻合。具体要求如下：

（1）轨道水平误差不应超过5mm。

（2）实际轨距不应小于设计轨距，误差不应超过＋5mm。

（3）轨面对设计标高的误差不应超过±5mm。

技能要点3：开箱检查

开箱后，应重点检查下列内容，并填写“设备开箱检查记录”。

（1）设备出厂合格证明及产品技术文件应齐全。

（2）设备应有铭牌，型号规格应和设计相符，附件、备件核对装箱单应齐全。

（3）变压器、电抗器外表无机械损伤，无锈蚀。

（4）油箱密封应良好，带油运输的变压器，油枕油位应正常，油液应无渗漏。

（5）变压器轮距应与设计相符。

（6）油箱盖或钟罩法兰连接螺栓齐全。

（7）充氮运输的变压器及电抗器，器身内应保持正压，压力值不低于0.01MPa。

技能要点4：器身检查

变压器、电抗器到达现场后，应进行器身检查。器身检查可分为吊罩（或吊器身）或不吊罩直接进入油箱内进行。

1. 免除器身检查的条件

当满足下列条件之一时，可不必进行器身检查。

（1）制造厂规定可不作器身检查者。

（2）容量为1000kV·A及以下、运输过程中无异常情况者。

（3）就地生产仅作短途运输的变压器、电抗器，如果事先参加了制造厂的器身总装，质量符合要求，且在运输过程中进行了有效的监督，无紧急制动、剧烈震动、冲撞或严重颠簸等异常情况者。

2. 器身检查要求

（1）周围空气温度不宜低于0℃，变压器器身温度不宜低于周围空气温度。当器身温度低于周围空气温度时，应加热器身，宜使其温度高于周围空气温度10℃。

（2）当空气相对湿度小于75%时，器身暴露在空气中的时间不得超过16h。

（3）调压切换装置吊出检查、调整时，暴露在空气中的时间应符合表2-21规定。

表2-21　调压切换装置露空时间

环境温度（℃）	>0	>0	>0	<0
空气相对湿度（%）	<65	65～75	75～85	不控制
持续时间（h）	≤24	≤16	≤10	≤8

（4）时间计算规定：带油运输的变压器、电抗器，由开始放油时算起；不带油运输的变压器、电抗器，由揭开顶盖或打开任一堵塞算起，到开始抽真空或注油为止。空气相对湿度或露空时间超过规定时，必须采取相应的可靠措施。

（5）器身检查时，场地四周应清洁和有防尘措施；雨雪天或雾天，不应在室外进行。

3. 器身检查的主要项目

（1）运输支撑和器身各部位应无移动现象，运输用的临时防护装置及临时支撑应予拆除，并经过清点作好记录以备查。

（2）所有螺栓应紧固，并有防松措施；绝缘螺栓应无损坏，防松绑扎完好。

（3）铁芯应无变形，铁轮与夹件间的绝缘垫应良好；铁芯应无多点接地；铁芯外引接地的变压器，拆开接地线后铁芯对地绝缘应良好；打开夹件与铁轮接地片后，铁轮螺杆与铁芯、铁轮与夹件、螺杆与夹件间的绝缘应良好；当铁轮采用钢带绑扎时，钢带对铁轮的绝缘应良好；打开铁芯屏蔽接地引线，检查屏蔽绝缘应良好；打开夹件与线圈压板的连线，检查压钉绝缘应良好；铁芯拉板及铁轮拉带应紧固，绝缘良好（无法打开检查铁芯的可不检查）。

（4）绕组绝缘层应完整，无缺损、变位现象；各绕组应排列整齐，间隙均匀，油路无堵塞；绕组的压钉应紧固，防松螺母应锁紧。

（5）绝缘围屏绑扎牢固，围屏上所有线圈引出处的封闭应良好。

（6）引出线绝缘包扎紧固，无破损、折弯现象；引出线绝缘距离应合格，固定牢靠，其固定支架应紧固；引出线的裸露部分应无毛刺或尖角，且焊接应良好；引出线与套管的连接应牢靠，接线正确。

（7）无励磁调压切换装置各分接点与线圈的连接应紧固正确；各分接头应清洁，且接触紧密，引力良好；所有接触到的部分，用规格为0.05mm×10mm塞尺检查，应塞不进去；转动接点应正确地停留在各个位置上，且与指示器所指位置一致；切换装置的拉杆、分接头凸轮、小轴、销子等应完整无损；转动盘应动作灵活，密封良好。

（8）有载调压切换装置的选择开关、范围开关应接触良好，分接引线应连接正确、牢固，切换开关部分密封良好。必要时抽出切换开关芯子进行检查。

（9）绝缘屏障应完好，且固定牢固，无松动现象。

（10）检查强油循环管路与下轮绝缘接口部位的密封情况；检查各部位应无油泥、水滴和金属屑末等杂物。

注：变压器有围屏者，可不必解除围屏，由于围屏遮蔽而不能检查的项目，可不予检查。

技能要点5：变压器干燥

1. 新装变压器是否干燥判定

（1）带油运输的变压器及电抗器

1）绝缘油电气强度及微量水试验合格。

2）绝缘电阻及吸收比（或极化指数）符合现行国家标准《电气装置安装工程电气设备交接试

验标准》的相应规定。

3）介质损耗角正切值 tanδ（%）符合规定（电压等级在 35kV 以下及容量在 4000kV · A 以下者，可不作要求）。

(2) 充气运输的变压器及电抗器

1）器身内压力在出厂至安装前均保持正压。

2）残油中微量水不应大于 30×10^{-6}。

3）变压器及电抗器注入合格绝缘油后：绝缘油电气强度微量水及绝缘电阻应符合现行国家标准《电气装置安装工程电气设备交接试验标准》（GB 50150）的相应规定。

(3) 当器身未能保持正压，而密封无明显破坏时，则应根据安装及试验记录全面分析作出综合判断，决定是否需要干燥。

2. 干燥时各部温度监控

(1) 当为不带油干燥利用油箱加热时，箱壁温度不宜超过 110℃，箱底温度不得超过 100℃，绕组温度不得超过 95℃。

(2) 带油干燥时，上层油温不得超过 85℃。

(3) 热风干燥时，进风温度不得超过 100℃。

(4) 干式变压器进行干燥时，其绕组温度应根据其绝缘等级而定：

A 级绝缘	80℃
B 级绝缘	95℃
E 级绝缘	100℃
F 级绝缘	120℃
H 级绝缘	145℃

(5) 干燥过程中，在保持温度不变的情况下，绕组的绝缘电阻下降后再回升，110kV 及以下的变压器、电抗器持续 6h 保持稳定，且无凝结水产生时，可认为干燥完毕。

(6) 变压器、电抗器干燥后应进行器身检查，所有螺栓压紧部分应无松动，绝缘表面应无过热等异常情况。如不能及时检查时，应先注以合格油，油温可预热至 50～60℃，绕组温度应高于油温。

技能要点 6：变压器本体及附件安装

变压器安装位置应正确，变压器基础的轨道应水平，轮距与轨距应配合；装有气体继电器的变压器、电抗器，应使其顶盖沿气体继电器气流方向有 1%～1.5%的升高坡度（制造厂规定不需安装坡度者除外）。当须与封闭母线连接时，其套管中心线应与封闭母线安装中心线相符。

1. 冷却装置安装

(1) 冷却器装置在安装前应按制造厂规定的压力值用气压或油压进行密封试验，并应符合下列要求：

1）散热器可用 0.05MPa 表压力的压缩空气检查，应无漏气；或用 0.07MPa 表压力的变压器油进行检查，持续 30min，应无渗漏现象。

2）强迫油循环风冷却器可用 0.25MPa 表压力的气压或油压，持续 30min 进行检查，应无渗漏现象。

3）强迫油循环水冷却器用 0.25MPa 表压力的气压或油压进行检查，持续 1h 应无渗漏；水、油系统应分别检查渗漏。

(2) 冷却装置安装前应用合格的绝缘油经净油机循环冲洗干净，并将残油排尽。

(3) 冷却装置安装完毕后应即注满油，以免由于阀门渗漏造成本体油位降低，使绝缘部分露出油面。

(4) 风扇电动机及叶片应安装牢固，并应转动灵活，无卡阻现象；试转时应无震动、过热；叶片应无扭曲变形或与风筒擦碰等情况，转向应正确；电动机的电源配线应采用具有耐油性能的绝缘导线；靠近箱壁的绝缘导线应用金属软管保护；导线排列应整齐；接线盒密封良好。

(5) 管路中的阀门应操作灵活，开闭位置应正确；阀门及法兰连接处应密封良好。

(6) 外接油管在安装前，应进行彻底除锈并清洗干净；管道安装后，油管应涂黄漆，水管涂黑漆，并应有流向标志。

(7) 潜油泵转向应正确，转动时应无异常噪音、震动和过热现象；其密封应良好，无渗油或进气现象。

(8) 差压继电器、流速继电器应经校验合格，且密封良好，动作可靠。

(9) 水冷却装置停用时，应将存水放尽，以防天寒冻裂。

2. 储油柜（油枕）安装

(1) 储油柜安装前应清洗干净，除去污物，并用合格的变压器油冲洗。隔膜式（或胶囊式）储油柜中的胶囊或隔膜式储油柜中的隔膜应完整无破损，并应和储油柜的长轴保持平行、不扭偏。胶囊在缓慢充气胀开后应无漏气现象。胶囊口的密封应良好，呼吸应畅通。

(2) 储油柜安装前应先安装油位表；安装油位表时应注意保证放气和导油孔的畅通；玻璃管要完好。油位表动作应灵活，油位表或油标管的指示必须与储油柜的真实油位相符，不得出现假油位。油位表的信号接点位置正确，绝缘良好。

(3) 储油柜利用支架安装在油箱顶盖上。油枕和支架、支架和油箱均用螺栓紧固。

3. 套管安装

(1) 套管在安装前的检查

1) 瓷套管表面应无裂缝、伤痕。

2) 套管、法兰颈部及均压球内壁应清擦干净。

3) 套管应经试验合格。

4) 充油套管的油位指示正常，无渗油现象。

(2) 当充油管介质损失角正切值 tanδ（%）超过标准，且确认其内部绝缘受潮时，应予干燥处理。

(3) 高压套管穿缆的应力锥进入套管的均压罩内，其引出端头与套管顶部接线柱连接处应擦拭干净，接触紧密；高压套管与引出线接口的密封波纹盘结构（魏德迈结构）的安装应严格按制造厂的规定进行。

(4) 套管顶部结构的密封垫应安装正确，密封应良好，连接引线时，不应使顶部结构松扣。

4. 升高座安装

(1) 升高座安装前，应先完成电流互感器的试验；电流互感器出线端子板应绝缘良好，其接线螺栓和固定件的垫块应紧固，端子板应密封良好，无渗油现象。

(2) 安装升高座时，应使电流互感器铭牌位置面向油箱外侧，放气塞位置应在升高座最高处。

(3) 电流互感器和升高座的中心应一致。

(4) 绝缘筒应安装牢固，其安装位置不应使变压器引出线与之相碰。

5. 气体继电器（又称瓦斯继电器）安装

(1) 气体继电器应作密封试验，轻瓦斯动作容积试验，重瓦斯动作流速试验，各项指标合格后，并有合格检验证书方可使用。

(2) 气体继电器应水平安装，观察窗应装在便于检查一侧，箭头方向应指向储油箱（油枕），其与连通管连接应密封良好，其内壁应擦拭干净，截油阀应位于储油箱和气体继电器之间。

（3）打开放气嘴，放出空气，直到有油溢出时，将放气嘴关上，以免有空气进入使继电保护器误动作。

（4）当操作电源为直流时，必须将电源正极接到水银侧的接点上，接线应正确，接触良好，以免断开时产生飞弧。

6. 干燥器（吸湿器、防潮呼吸器、空气过滤器）安装

（1）检查硅胶是否失效（对浅蓝色硅胶，变为浅红色即已失效；对白色硅胶一律烘烤）。如已失效，应在115～120℃温度下烘烤8h，使其复原或换新。

（2）安装时，必须将干燥器盖子处的橡皮垫取掉，使其畅通，并在盖子中装适量的变压器油，起滤尘作用。

（3）干燥器与储气柜间管路的连接应密封良好，管道应通畅。

（4）干燥器油封油位应在油面线上；但隔膜式储油柜变压器应按产品要求处理（或不到油封，或少放油，以便胶囊易于伸缩呼吸）。

7. 净油器安装

（1）安装前先用合格的变压器油冲洗净油器，然后同安装散热器一样，将净油器与安装孔的法兰连接起来。其滤网安装方向应正确并在出口侧。

（2）将净油器容器内装满干燥的硅胶粒后充油。油流方向应正确。

8. 温度计安装

（1）套管温度计安装，应直接安装在变压器上盖的预留孔内，并在孔内适当加些变压器油，刻度方向应便于观察。

（2）电接点温度计安装前应进行计量检定，合格后方能使用。油浸变压器一次元件应安装在变压器顶盖上的温度计套筒内，并加适当变压器油；二次仪表挂在压变压器一侧的预留板上。干式变压器一次元件应按厂家说明书位置安装，二次仪表装在便于观测的变压器护网栏上。软管不得有压扁或死弯，富余部分应盘圈并固定在温度计附近。

（3）干式变压器的电阻温度计，一次元件应预埋在变压器内，二次仪表应安装在值班室或操作台上，温度补偿导线应符合仪表要求，并加以适当的附加温度补偿电阻校验调试后方可使用。

9. 压力释放装置安装

（1）密封式结构的变压器、电抗器，其压力释放装置的安装方向应正确，使喷油口不要朝向邻近的设备，阀盖和升高座内部应清洁，密封良好。

（2）电接点应动作准确，绝缘应良好。

10. 电压切换装置安装

（1）变压器电压切换装置各分接点与线圈的连线压接正确，牢固可靠，其接触面接触紧密良好，切换电压时，转动触点停留位置正确，并与指示位置一致。

（2）电压切换装置的拉杆、分接头的凸轮、小轴销子等应完整无损，转动盘应动作灵活，密封良好。

（3）电压切换装置的传动机构（包括有载调压装置）的固定应牢靠，传动机构的摩擦部分应有足够的润滑油。

（4）有载调压切换装置的调换开关触头及铜辫子软线应完整无损，触头间应有足够的压力（一般为8～10kg）。

（5）有载调压切换装置转动到极限位置时，应装有机械联锁与带有限开关的电气联锁。

（6）有载调压切换装置的控制箱，一般应安装在值班室或操作台上，连线应正确无误，并应调整好，手动、自动工作正常，档位指示准确。

11. 整体密封检查

(1) 变压器、电抗器安装完毕后，应在储油柜上用气压或油压进行整体密封试验，所加压力为油箱盖上能承受0.03MPa的压力，试验持续时间为24h，应无渗漏。油箱内变压器油的温度不应低于10℃。

(2) 整体运输的变压器、电抗器可不进行整体密封试验。

技能要点7：变压器的接地

变压器的接地既有高压部分的保护接地，又有低压部分的工作接地；而低压供电系统在建筑电气工程中普遍采用TN－S或TN－C－S系统，即不同形式的保护接零系统。且两者共用同一个接地装置，在变配电室要求接地装置从地下引出的接地干线，以最近的路径直接引至变压器壳体和变压器的中性母线N（变压器的中性点）及低压供电系统的PE干线或PEN干线，中间尽量减少螺栓搭接处，决不允许经其他电气装置接地后，串联连接过来，以确保运行中人身和电气设备的安全。油浸变压器箱体、干式变压器的铁芯和金属件，以及有保护外壳的干式变压器金属箱体，均是电气装置中重要的经常为人接触的非带电可接近裸露导体，为了人身及动物和设备安全，其保护接地要十分可靠。

接地装置引出的接地干线与变压器的低压侧中性点直接连接；变压器箱体、干式变压器的支架或外壳应接PE线。所有连接应可靠，紧固件及防松零件齐全。

技能要点8：变压器送电前的检查

(1) 变压器试运行前应做全面检查，确认符合试运行条件时方可投入运行。

(2) 变压器试运行前，必须由质量监督部门检查合格。

(3) 变压器试运行前的检查

1) 各种交接试验单据齐全，数据符合要求。

2) 变压器应清理、擦拭干净，顶盖上无遗留杂物，本体及附件无缺损，且不渗油。

3) 变压器一、二次引线相位正确，绝缘良好。

4) 接地线良好。

5) 通风设施安装完毕，工作正常；事故排油设施完好；消防设施齐备。

6) 油浸变压器油系统油门应打开，油门指示正确，油位正常。

7) 油浸变压器的电压切换装置及干式变压器的分接头位置放置正常电压档位。

8) 保护装置整定值符合设计规定要求；操作及联动试验正常。

9) 干式变压器护栏安装完毕。各种标志牌挂好，门装锁。

技能要点9：变压器送电试运行

(1) 变压器第一次投入时，可全压冲击合闸，冲击合闸时一般可由高压侧投入。

(2) 变压器第一次受电后，持续时间不应少于10min，无异常情况。

(3) 变压器应进行3～5次全压冲击合闸，并无异常情况，励磁涌流不应引起保护装置误动作。

(4) 油浸变压器带电后，检查油系统不应有渗油现象。

(5) 变压器试运行要注意冲击电流，空载电流，一、二次电压和温度，并做好详细记录。

(6) 变压器并列运行前，应核对好相位。

(7) 变压器空载运行24h，无异常情况，方可投入负荷运行。

技能图解 7　成套配电柜、控制柜（屏、台）和动力照明配电箱（盘）安装

技能结构框线图

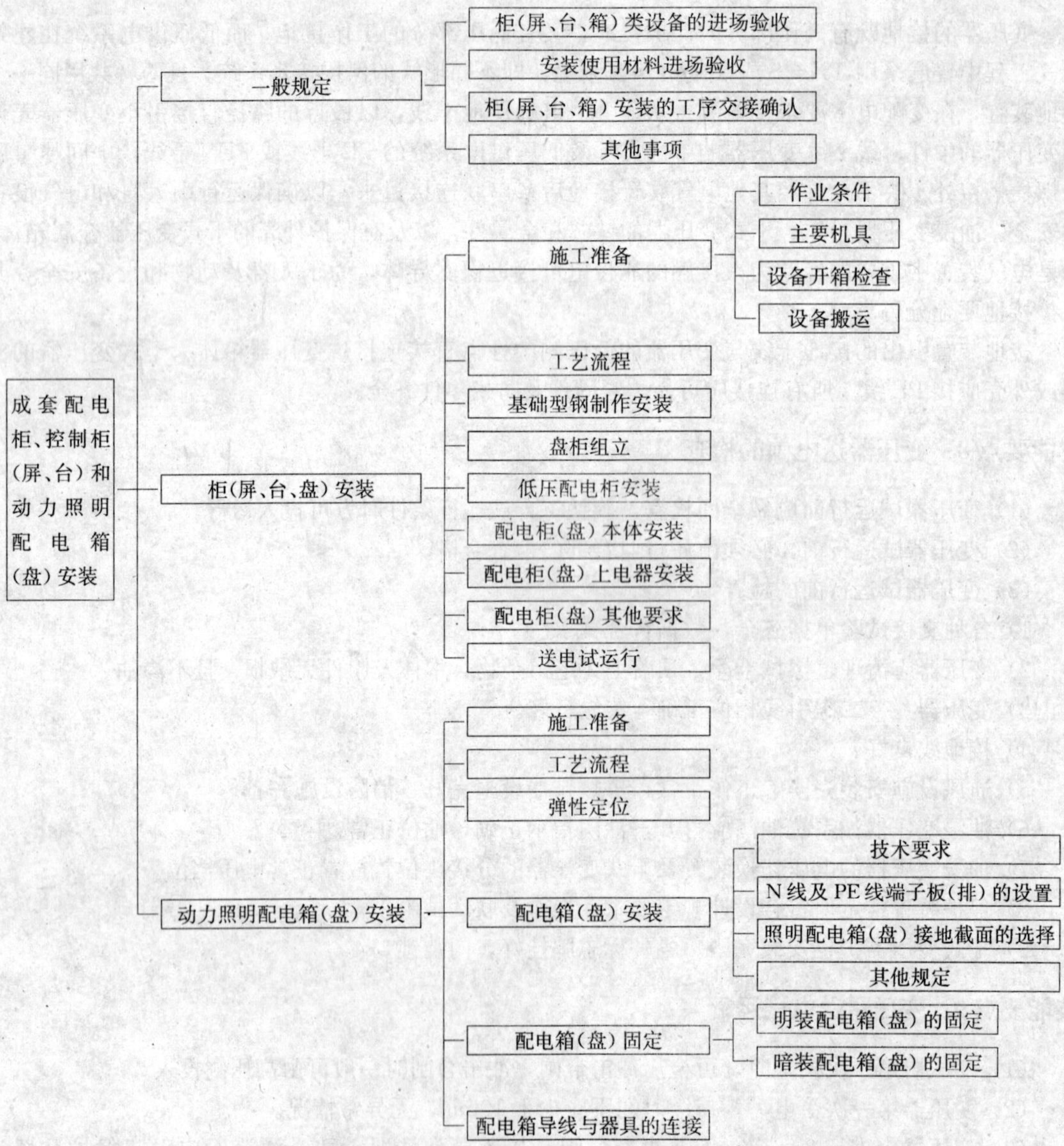

图 2-21　成套配电柜、控制柜（屏、台）和动力照明配电箱（盘）安装

技能要点 1：一般规定

1. 柜（屏、台、箱）类设备的进场验收

（1）应查验高低压成套配电柜、蓄电池柜、控制柜（屏、台）及电力、照明配电箱（盘）等设备合格证和随带技术文件，实行生产许可证和安全认证制度的产品，有许可证编号和安全认证标志。成套柜要有出厂试验记录，目的是为了在设备进行交接试验时作对比用。

(2) 成套配电柜、屏、台、箱、盘在运输过程中，因受振动使螺栓松动或导线连接脱落脱焊是经常发生的，所以进场验收时要注意检查，以利于采取措施，使其正确复位。在外观检查时应验有无铭牌，柜内元器件应无损坏丢失、接线无脱落脱焊，蓄电池柜内壳体无碎裂、漏液，充油、充气设备无泄漏，涂层完整，无明显碰撞凹陷。

2. 安装使用材料进场验收

(1) 型钢表面无严重锈斑，无过度扭曲、弯折变形，焊条无锈蚀，有合格证和材质证明书。

(2) 镀锌制品螺栓、垫圈、支架、横担表面无锈斑，有合格证和质量证明书。

(3) 其他材料，铅丝、酚醛板、油漆、绝缘胶垫等均应符合质量要求。

(4) 配电箱体应有一定的机械强度，周边平整无损伤。铁制箱体二层底板厚度不小于1.5mm，阻燃型塑料箱体二层底板厚度不小于8mm，木制板盘的厚度不应小于20mm，并应刷漆作好防腐处理。

(5) 导线电缆的规格型号必须符合设计要求，有产品合格证。

3. 柜（屏、台、箱）安装的工序交接确认

(1) 埋设的基础型钢和柜、屏、台下的电缆沟等相关建筑物检查合格，才能安装柜、屏、台。如果相关的建筑物不符合要求，安装后对建筑物的修补或处理操作难度很大，也对安装好的柜、屏、台带来不利影响。

(2) 室内外的落地动力配电箱的基础验收合格，且对埋入基础的电线导管电缆导管进行检查，才能安装箱体。

(3) 墙上明装的动力、照明配电箱（盘）的预埋件（金属埋件、螺栓），抹灰前预留、预埋；暗装的动力、照明配电箱的预留孔和动力、照明配线的线盒及电线导管等，经检查确认到位，才能安装配电箱（盘）。

(4) 接地（PE）或接零（PEN）连接完成后，核对柜、屏、台、箱、盘内的元件规格、型号，且交接试验合格，才能投入运行。

4. 其他事项

(1) 不间断电源按产品技术要求试验调整，应检查确认，才能接至馈电网络。

(2) 动力成套配电（控制）柜、屏、台、箱、盘的主流工频耐压试验，保护装置的动作实验合格，才能通电。

技能要点2：柜（屏、台、盘）安装

1. 施工准备

(1) 作业条件

1) 土建工作的条件

①屋顶、楼板施工完毕，不得有渗漏。

②结束室内地面工作。

③预埋件及预留孔符合设计要求，预埋件应牢固。

④门窗安装完毕。

⑤凡进行装饰工作时有可能损坏已安装设备，或设备安装后不能再进行施工的装饰工作全部结束。

2) 必须具有全套正式施工图纸（包括施工说明）和有关施工规程、规范、标准和标准图册等。

3) 凡所使用的设备和器材，均应符合国家或部颁的现行技术标准，并有合格证件。设备应有铭牌。

4) 设备到达现场后应作下列验收检查，并填写“设备开箱检查记录”。

①制造厂的技术文件应齐全。

②型号、规格应符合设计要求，附件备件齐全，元件无损坏情况。

5）与盘、柜安装有关的建筑物、构筑物的土建工程质量应符合国家现行的建筑工程施工及验收规范中的规定。

（2）主要机具

1）吊装机具：汽车吊、叉车、卷扬机、吊装龙门架、倒链、钢丝绳、麻绳索具等。

2）安装工具：台钻、手电钻、电锤、砂轮、电焊机具、气焊机具、台钳、案子、锉刀、钢锯、扳手、锤子、电工刀、改锥、克丝钳、压接钳、电炉、喷灯、锡锅、锡勺等。

3）测试检验工具：兆欧表、万用表、水平板、试电笔、钢卷尺、方尺、水平尺、钢板尺、线坠等。

4）防护用具：高压绝缘靴、绝缘手套、粉末灭火器等。

5）其他工具：桶、刷子、灰铲、工具箱、高凳等。

（3）设备开箱检查

1）设备开箱检查由安装施工单位执行，供货单位、建设单位、监理单位参加，并做好检查记录。

2）按设计图纸，设备清单核对设备件数。按设备装箱单核对设备本体及附件，备件的规格、型号。核对产品合格证及使用说明书等技术资料。

3）柜（屏、台、盘）体外观检查应无损伤及变形，油漆完整，色泽一致。

4）柜内电器装置及元件齐全，安装牢固，无损伤无缺失。

5）开箱检查应配合施工进度计划，结合现场条件，吊装手段和设备到货时间的长短可灵活安排。设备开箱后应尽快就位，缩短现场存放时间和开箱后保管时间。可先作外观检查，柜内检查待就位后进行。

（4）设备搬运

1）柜（屏、台）搬运，吊装由起重工作业，电工配合。

2）设备吊点，柜顶设吊点者，吊索应利用柜顶吊点；未设有吊点者，吊索应挂在四角承力结构处，吊装时宜保留并利用包装箱底盘，避免索具直接接触柜体。

3）柜（屏、台）室内搬运、位移应采用手动插车，卷扬机、滚杠和简易马凳式吊装架配倒链吊装，不应采用人力撬动方式。

2. 工艺流程

基础型钢制作安装→柜（屏、台、盘）搬运吊装→母线电缆压接→柜内配线校线→柜盘调试→试运行

3. 基础型钢制作安装

（1）根据设计图进行基础测量划线。

（2）对型钢进行调直、除锈后，下料钻孔、焊接框架。

（3）将型钢框架准确地放置在测量位置上，并测出型钢的中心线、标高尺寸等。用水平尺找出误差每米不超过1mm，全长不超过5mm。水平偏低时，可用铁片垫高，埋设的型钢可高出地表面10mm（型钢是否需要高出地面应根据设计规定或产品实物情况而定），水平调好后，可将型钢焊在预埋底座上，以使其固定。

（4）一般型钢基础应可靠接地，做法是用扁钢将其与接地网焊接，接地点不应少于两边，焊接面为扁钢宽度的两倍，应将三个棱边焊牢。露出地面的型钢部分应涂防腐漆。

4. 盘柜组立

立柜应在浇注基础型钢的混凝土凝固后进行。

（1）立柜前，先按图纸规定的顺序将配电柜作标记，然后用人力将其搬放在安装位置。

（2）立柜时，可先把每个柜调整到大致的水平位置，然后再精确地调整第一个柜，再以第一个柜为标准将其他柜逐次调整，调整顺序，可以从左到右，或从右到左，也可以先调中间一柜，然后分开调整。

（3）配电柜的水平调整，可用水平尺测量。垂直情况的调整，可在柜顶放一木棒，沿柜面悬挂一线垂，测量柜面上下端与吊线的距离，如果上下的距离相等，表示柜已垂直；如果距离不等，可用薄铁片加垫，使其达到要求。调整好的配电柜，应盘面一致，排列整齐；柜与柜之间应用螺栓拧紧，应无明显缝隙。配电柜的水平误差不应大于 1/1000，垂直误差不应大于其高度的 1.5/1000。

（4）调整完毕后再全部检查一遍，是否都合乎质量要求，然后用电焊（或连接螺栓）将配电柜底座固定在基础型钢上。

（5）如用电焊，每个柜的焊缝不应少于四处，每处焊缝长约 100mm 左右。为了美观，焊缝应在柜体的内侧。焊接时，应把垫于柜下的垫片也焊在基础钢上。

盘、柜安装允许偏差值见表 2-22。

表 2-22　盘、柜安装的允许偏差值

项　次	项　目		允许偏差（mm）
1	垂直度（每米）		<1.5
2	水平偏差	相邻两盘顶部	<2
		成列盘顶部	<5
3	盘面偏差	相邻两盘边	<5
		成列盘面	<5
4	盘间接缝		<2

（6）低压成套配电柜、控制柜（屏、台）和电力、照明配电箱（盘）应有可靠的电击保护。柜（屏、台、箱、盘）内保护导体应有裸露的连接外部保护导体的端子，当设计无要求时，柜（屏、台、箱、盘）内保护导体最小截面积 S_P，不应小于表 2-23 的规定。

表 2-23　保护导体的截面积

相线的截面积 S（mm^2）	相应保护导体的最小截面积 S_P（mm^2）
$S \leqslant 16$	S
$16 < S \leqslant 35$	16
$35 < S \leqslant 400$	$S/2$
$400 < S \leqslant 800$	200
$S > 800$	$S/4$

注：S 指柜（屏、台、箱、盘）电源进线相线截面积。相线和相应保护导体的材质相同。

5. 低压配电柜安装

（1）低压配电柜骨架中所有钢网采用菱形网眼，其网眼边长不得大于 20mm，网丝 $\phi \geqslant 1.2$mm。

（2）所有紧固件包括螺钉、螺母、垫圈等均应有防腐层。

（3）低压配电柜的门应有内锁或暗门，并应转动灵活。开启角度不得小于 90°，但不宜过大。门在开启过程中不应使电器受到冲击和破坏。

（4）低压配电柜内零件的边缘和开孔处应平整光滑，无毛刺及裂口。

（5）为保修安全，低压柜骨架应具有接地装置。骨架涂漆前，接地装置的螺栓螺纹应涂上油脂，并不应沾漆或有黄锈。接地装置应有明显的接地符号。

（6）所有电器及附件（如附加电阻等）均应牢固地固定在骨架或支件上，不得悬吊在其他电器的接线端子或连接线上。

（7）母线连接应严密，接触良好，配置整齐美观，不同金属母线或母线与电器端子连接时，在结构上应采取防止电化腐蚀的措施。并保证铝母线连接受压后不致变形。

（8）低压柜内的一次回路电器设备及母线与其他带电导体布置的最小距离，不应小于表 2-24 的规定。

表 2-24　一次设备及母线与其他带电体间的最小距离　　(mm)

类　别	电气间隙	漏电距离
交直流低压配电柜、电容器屏、动力箱	12	20
照明箱	10	15

（9）低压柜内导体相互连接处，当通过额定电流（对铝母线通过最大工作电流）时，最高温度及允许温升不得超过表 2-25 所列数值。

表 2-25　导线连接处温升极限

<table>
<tr><th colspan="2">测温位置</th><th>最高允许温度（℃）</th><th>周围介质温度为 40℃时允许温升（℃）</th><th>测量方法</th></tr>
<tr><td rowspan="4">分支母线相互连接处及分支母线与电器端子连接处</td><td>铜一铜</td><td>90</td><td>50</td><td rowspan="8">温度计法及热电偶法</td></tr>
<tr><td>铜镀锡一铜镀锡</td><td>100</td><td>60</td></tr>
<tr><td>铜镀银一铜镀银</td><td>120</td><td>80</td></tr>
<tr><td>铝一铜　铝一铝</td><td>(70)</td><td>(30)</td></tr>
<tr><td colspan="2">母体本体</td><td>70</td><td>30</td></tr>
<tr><td colspan="2">柜内抽屉一次隔离触头</td><td>90</td><td>50</td></tr>
<tr><td colspan="2">低压二次回路中活动触头</td><td>85</td><td>45</td></tr>
<tr><td colspan="2">低压二次回路中固定接触部分</td><td>90</td><td>50</td></tr>
</table>

（10）二次回路带电体间或带电体与金属骨架间的电气间隙不应小于 4mm，漏电距离不应小于 6mm。

（11）二次配线应采用截面不小于 1.5mm^2 的铜芯绝缘线，导线的绝缘应按工作电压不低于 500V 来选择；在经常受到弯曲的地方（如门上电器与屏间的连线），则应使用多芯软绝缘线。二次配线的线束，不应直接靠钢板敷设。

（12）绝缘导线穿过金属板孔，应在板孔上装绝缘套。

6. 配电柜（盘）本体安装

（1）柜（盘）在室内的位置按图施工

如果图纸无明确标注时：

对于后面或侧面有出线的高压柜，距离墙面不得小于 600mm。

如果后面或侧面无出线的高压柜，距离墙面也不得小于 200mm。

靠墙安装的低压柜，距墙不小于 25mm。

巡视通道宽不小于 1m。

(2) 在距离配电柜顶和底各 200mm 高处，按一定的位置绷两根尼龙线作为基准线，将柜（盘）按规定的顺序比照基准线安装就位，其四角可采用开口钢垫板找平找正。

(3) 找平找正完成后，即可将柜体与基础槽钢、柜体与柜体、柜体与两侧挡板固定牢固柜体与柜体，柜体与两侧挡板采用螺栓连接。柜体与基础槽钢最好是采用螺栓连接，如果图纸说明是采用点焊时，按图纸制作。

7. 配电柜（盘）上电器安装

(1) 规格、型号应符合设计要求，外观应完整，且附件完全、排列整齐，固定可靠，密封良好。

(2) 各电器应能单独拆装更换而不影响其他电器及导线束的固定。

(3) 发热元件宜安装于柜顶。

(4) 熔断器的熔体规格应符合设计要求。

(5) 电流试验柱及切换压板装置应接触良好；相邻压板间应有足够距离，切换时不应碰及相邻的压板。

(6) 信号装置回路应显示准确，工作可靠。

(7) 柜（盘）上的小母线应采用 $\phi \geqslant 6$mm 的铜棒或铜管，小母线两侧应有标明其代号或名称的标志牌，字迹应清晰且不易脱色。

(8) 柜（盘）上 1000V 及以下的交、直流母线及其分支线，其不同极的裸露载流部分之间及裸露载流部分与未经绝缘的金属体之间的电气间隙和漏电距离应符合表 2-26 的规定。

表 2-26　1000V 及以下柜（盘）裸露母线的电气间隙和漏电距离　(mm)

类　别	电气间隙	漏电距离
交直流低压盘、电容屏、动力箱	12	20
照明箱	10	15

(9) 配电箱（盘）上电器，仪表应牢固、平正、整洁、间距均匀；铜端子无松动，启闭灵活，零部件齐全，其排列间距应符合表 2-27 的要求。

表 2-27　电器、仪表排列间距要求

<table>
<tr><th>间　距</th><th colspan="3">最小尺寸（mm）</th></tr>
<tr><td>仪表侧面之间或侧面与盘边</td><td colspan="3">60</td></tr>
<tr><td>仪表顶面或出线孔与盘边</td><td colspan="3">50</td></tr>
<tr><td>闸具侧面之间或侧面与盘边</td><td colspan="3">30</td></tr>
<tr><td>上下出线孔之间</td><td colspan="3">40（隔有卡片柜）20（不隔卡片柜）</td></tr>
<tr><td rowspan="3">插入式熔断器顶面或底面与出线孔</td><td rowspan="3">插入式熔断器规格（A）</td><td>10～15</td><td>20</td></tr>
<tr><td>20～30</td><td>30</td></tr>
<tr><td>60</td><td>50</td></tr>
<tr><td rowspan="2">仪表、胶盖闸顶间或底面与出线孔</td><td rowspan="2">导线截面（mm^2）</td><td>10</td><td>80</td></tr>
<tr><td>16～25</td><td>100</td></tr>
</table>

8. 配电柜（盘）其他要求

(1) 柜（盘）安装在振动场所，应采取防振措施（如开防振沟、加弹性垫等）。

(2) 柜（盘）本体及柜（盘）内设备与各构件间连接应牢固。主控制柜、继电保护柜、自动装置柜等不宜与基础型钢焊死。

(3) 端子箱安装应牢固，封闭良好，安装位置应便于检查；成列安装时，应排列整齐。

(4) 柜（盘）的接地应牢固良好。装有电器的可开启的柜（盘）门，应以软导线与接地的金属构架可靠地连接。

成套柜应装有供携带式接地线使用的固定设施（手车式配电柜除外）。

(5) 抽屉式配电柜的安装的要求

1) 抽屉推拉应灵活轻便，无卡阻、碰撞现象。

2) 动触头与静触头的中心线应一致，触头接触应紧密。

3) 抽屉的机械联锁或电气联锁装置应动作正确可靠，断路器分闸后，隔离触头才能分开。

4) 抽屉与柜体间的接地触头应接触紧密；当抽屉推入时，抽屉的接地触头应比主触头先接触，拉出时程序应相反。

(6) 柜（盘）的漆层应完整、无损伤，固定电器的支架等应刷漆。安装于同一室内、且经常监视的盘、柜，其盘面颜色宜和谐一致。

(7) 柜间隔板和柜侧挡板。高低压配电柜的柜间隔板和柜侧挡板必须齐全，不齐全者应在现场配制完善，可事先向建设单位办理“技术变更核定（洽商）单”。

隔板和挡板的材料一般采用 2mm 厚的钢板，但 GG－IA 高压柜柜顶母线分段隔板最好采用 10mm 厚的酚醛层压板。

高压配电柜侧面或背面出线时，应装设保护网。保护网全部为金属结构。

低压柜的侧面靠墙安装时，挡板可以取消。

(8) 柜门、网门及门锁应调整得开闭灵活；检修灯要完好，有门开关的检修灯应能随着门的开闭而正常明灭。

(9) 二次回路结线要求

1) 按图施工，接线正确。

2) 电气回路的连接（螺栓连接、插接、焊接等）应牢固可靠。

3) 电缆芯线和所配导线的端部均应标明其回路编号，编号正确，字迹清晰且不易脱色。

4) 配线整齐、清晰、美观，导线绝缘良好，无损伤。

5) 柜、盘（屏）内的导线不应有接头。

6) 每个端子板的每侧接线一般为一根，不得超过两根。

(10) 柜、盘（屏）内的配线应采用截面不小于 $1.5mm^2$、电压不低于 400V 的铜芯导线，但对电子元件回路、弱电回路采用锡焊连接时，在满足载流量和电压降及有足够机械强度的情况下，可使用较小截面的绝缘导线。

(11) 引进柜、盘（屏）内的控制电缆及其芯线的要求

1) 引进盘、柜的电缆应排列整齐，避免交叉，并应固定牢固，不使所接的端子板受到机械应力。

2) 铠装电缆的钢带不应进入盘、柜内；铠装钢带切断处的端部应扎紧。

3) 用于晶体管保护、控制等逻辑回路的控制电缆，当采用屏蔽电缆时，其屏蔽层应予接地；如不采用屏蔽电缆时，则其备用芯线应有一根接地。

4) 橡胶绝缘芯线应外套绝缘管保护。

5）柜、盘内的电缆芯线，应按垂直或水平有规律地配置，不得任意歪斜交叉连接，备用芯应留有适当余度。

(12) 直流回路中，具有水银接点的电器，应使电源正极接到水银侧接点的一端。

(13) 在绝缘导线可能遭到油类污浊的地方，应采用耐油的绝缘导线，或采取防油措施，橡皮或塑料绝缘导线应防止日光直射。

(14) 柜（盘）面装饰。配电柜（盘）装好后，柜（盘、屏）面油漆应完好。如漆层破坏或成列的屏（柜）面颜色不一致，应重新喷漆，使成列配电柜（盘）整齐。漆面不能出现反光炫目现象。

柜（盘）的正面及背面各电器应标明名称和编号。

9. 送电试运行

(1) 送电前的准备工作：安装作业全部完毕，质量检查部门检查全部合格后着手组织试运行工作。明确试运行指挥者，操作者和监护人。明确职责和各项操作制度。由建设单位备齐试验合格的验电器、绝缘靴、绝缘手套、临时接地编织铜线、绝缘胶垫、干粉灭火器等。彻底清扫全部设备及变配电室、控制室的灰尘。用吸尘器清扫电气、仪表元件。清除室内杂物，检查母线上，设备上有无遗留下的工具、金属材料及其他物件。查验试验报告单，试验项目全部合格，继电保护动作灵敏可靠；控制、连锁、信号等动作准确无误。

(2) 送电：由供电部门检查合格后，将电源送进配电室，经过验电校相无误。安装单位合进线柜开关受电，检查 PT 柜上电压表三相是否电压正常，并按以下步骤给其他柜送电。

合进线柜开关⟶合变压器柜开关⟶合低压柜进线开关

每次合闸后均要查看电压表三相是否电压正常。

(3) 校相：在低压联络柜内，在开关的上下侧（开关未合状态）进行同相校核。用电压表或万用表电压档 500V，用表的两个测针分别接触两路的同相，此时电压表无读数，表示两路电同一相。用同样方法检查其他两相。

(4) 验收：送电空载运行 24h 无异常现象，办理验收手续，交建设单位使用。同时提交产品合格证，说明书，变更洽商记录，试验报告单等技术资料。工业项目在变配电交验后，经双方协商，由安装单位进行一段时间的保运。

技能要点 3：动力照明配电箱（盘）安装

1. 施工准备

照明配电箱（盘）安装施工准备参见相关内容。

2. 工艺流程

弹线定位→明（暗）装配电箱→铁架固定→盘面组装→箱内配线→箱体固定→绝缘摇测

3. 弹线定位

在照明配电箱（盘）安装的施工过程中，配电箱（盘）的设置位置是十分重要的，位置不正确不但会给安装和维修带来不便，安装配电箱还会影响建筑物的结构强度。

根据设计要求找出配电箱（盘）位置，并按照箱（盘）外形尺寸进行弹线定位。配电箱安装底口距地一般为 1.5m，明装电度表板底口距地不小于 1.8m。在同一建筑物内，同类箱盘高度应一致，允许偏差 10mm。为了保证使用安全，配电箱与采暖管距离不应小于 300mm；与给排水管道不应小于 200mm；与煤气管、表不应小于 300mm。

普通砖砌体墙，在门、窗、洞口旁设置配电箱时，箱体边缘距门、窗框或洞口边缘不宜少于

0.37m。当条件受限制时，过梁支座的长度不应小于墙体厚度，否则应与土建专业配合，适当加长箱体上方的门窗过梁长度。

在钢筋混凝土剪力墙上设置配电箱，须与土建结构专业协商，考虑到墙内钢筋的配置情况，这样才能不破坏土建结构强度。一般情况下，配电箱应布置在剪力墙中间，避免布置的端部或紧靠柱边，配电箱至柱边的距离，不宜小于二倍墙厚。

框架工程中设置配电箱，当箱内立管需要在梁内垂直通过时，配电箱位置应选择在梁受剪力较小的下方墙体内设置，使箱内立管在梁的净跨度的1/3中跨的区域内通过，防止影响梁的结构强度。

4. 配电箱（盘）安装

(1) 技术要求

1) 安装配电箱（盘）所需的木砖及铁件等均应预埋。挂式配电箱（盘）应采用金属膨胀螺栓固定。

2) 铁制配电箱（盘）均需做好明显可靠的接地。带有器具的铁制盘面和装有器具的门及电器的金属外壳均应有明显可靠的PE线接地。PE线不允许利用箱、盒体串接。

3) 配电箱（盘）上配线需排列整齐，并绑扎成束，在活动部位应该两端固定。盘面引出及引进的导线应留有适当余度，以便于检修。

4) 导线剥削处不应伤线芯或线芯过长，导线压头应牢固可靠，多股导线不应盘圈压接，应加装压线端子（有压线孔者除外）。如必须穿孔用顶丝压接时，多股线应涮锡后再压接，不得减少导线股数。

5) 配电箱（盘）的盘面上安装的各种刀闸及自动开关等，当处于断路状态时，刀片可动部分均不应带电（特殊情况除外）。

6) 垂直装设的刀闸及熔断器等电器上端接电源，下端接负荷。

7) 配电箱（盘）上的电源指示灯，其电源应接至总开关的外侧，并应装单独熔断器（电源侧）。

8) 零母线在配电箱（盘）上应用专用零线端子板分路，其端子板应按零线截面布置，零线入端子板不能断股，多股线入端子板还应做处理后再入端子。零线端子板分支路排列布置并应与图纸中各种开关相对应。

9) 磁插式熔断器底座中心明露螺丝孔应填充绝缘物。磁插保险不得裸露金属螺丝，应填满火漆，以防止对地放电。

10) 配电箱（盘）上的小母线应按要求涂色，A相（黄）、B相（绿）、C相（红）、工作零线（淡蓝），PE线（保护线）为黄绿相间双色线。

(2) N线及PE线端子板（排）的设置

1) 公用建筑物照明配电箱、盘、板应设置N线及PE线端子板（排）。

2) 民用住宅建筑照明总配电箱、盘、板内应设置N线和PE线端子板（排），各照明支路N线及PE线应经端子板（排）配出。层箱及户箱、盘不宜设PE线端子板（排），各用电器具PE线支线与PE线干线采用直接连接，并包好绝缘放于二层板后。

3) 在照明配电工程中，当采用TN—C系统供电时，N线干线不应设接线端子板（排）。当采用TN—C—S系统时，一般应在建筑物进线口的配电箱内分别设置N母线和PE母线，并自此分开。电源进线的PEN线应先接到PE母线上，再以连接板或其他方式与N母线相连，N线应与地绝缘，PE线宜采用专门的导线，并应尽量靠近相线敷设。

(3) 照明配电箱（盘）接地截面的选择

1）建筑电气工程中安装的低压配电设备（盘、柜、台、箱）等的接地应牢固良好。

2）低压成套开关设备及动力箱、盘等的保护接地线截面按设计要求规格的规定选择，并应与接地端子可靠连接。

3）照明配电箱体及二层金属覆板的保护接地线截面按设计规定选择。并应与其专用的接地螺丝有效连接。

4）低压照明配电盘、板的金属盘面的保护接地线应与盘面上不可拆卸的螺丝有效连接，其截面按设计规定的规格选择。

5）低压成套开关设备及独立的低压配电柜台、箱等装有超过 50V 电器设置可开启的门、活动面板、活动台面，必须用裸铜软线与接地保护线做可靠电气连接，其截面不小于从电源到所属电器最大引线的截面积。

（4）其他规定

照明配电箱（盘）安装还应符合下列规定：

1）箱（盘）不得采用可燃材料制作。

2）箱体开孔与导管管径适配，边缘整齐，开孔位置正确，电源管应在左边，负荷管在右边。照明配电箱底边距地面为 1.5m，照明配电板底边距地面不小于 1.8m。

3）箱（盘）内部件齐全，配线整齐，接线正确无绞接现象。回路编号齐全，标识正确。导线连接紧密，不伤芯线，不断股。垫圈下螺丝两侧压的导线的截面积相同，同一端子上导线连接不多于 2 根，防松垫圈等零件齐全。

箱（盘）内接线整齐，回路编号、标识正确是为方便使用和维修，防止误操作而发生人身触电事故。

（5）箱（盘）内开关动作灵活可靠，带有漏电保护的回路，漏电保护装置的设置和选型由设计确定，保护装置动作电流不大于 30mA，动作时间不大于 0.1s。

（6）照明箱（盘）内，分别设置中性线（N）和保护线（PE）汇流排，N 线和 PE 线经汇流排配出。

因照明配电箱额定容量有大小，小容量的出线回路少，仅 2～3 个回路，可以用数个接线柱（如绝缘的多孔瓷或胶木接头）分别组合成 PE 和 N 接线排，但决不允许两者混合连接。

（7）箱（盘）安装牢固，安装配电箱箱盖紧贴墙面，箱（盘）涂层完整，配电箱（盘）垂直度允许偏差为 1.5‰。

5. 配电箱（盘）固定

（1）明装配电箱（盘）的固定　在混凝土墙上固定时，有暗配管及暗分线盒和明配管两种方式。如有分线盒，先将分线盒内杂物清理干净，然后将导线理顺，分清支路和相序，按支路绑扎成束。待箱（盘）找准位置后，将导线端头引至箱内或盘上，逐个剥削导线端头，再逐个压接在器具上。同时将保护地线压在明显的地方，并将箱（盘）调整平直后用钢架或金属膨胀螺栓固定。在电具、仪表较多的盘面板安装完毕后，应先用仪表核对有无差错，调整无误后试送电，并将卡片柜内的卡片填写好部位，编上号。如在木结构或轻钢龙骨护板墙上固定配电箱（盘）时，应采用加固措施。配管在护板墙内暗敷设并有暗接线盒时，要求盒口应与墙面平齐，在木制护板墙处应做防火处理，可涂防火漆进行防护。

（2）暗装配电箱的固定　在预留孔洞中将箱体找好标高及水平尺寸。稳住箱体后用水泥砂浆填实周边并抹平齐，待水泥砂浆凝固后再安装盘面和贴脸。如箱底与外墙平齐时，应在外墙固定金属网后再做墙面抹灰，不得在箱底板上直接抹灰。安装盘面要求平整，周边间隙均匀对称，贴脸（门）平正，不歪斜，螺丝垂直受力均匀。

6. 配电箱导线与器具的连接

（1）配电箱导线与器具的连接，指导线与针孔式接线桩的连接，连接时应把导线线芯插入接线桩头针孔内，芯线线头要露出针孔 1～2mm，线芯绝缘层距接线桩末端外露不应大于 2mm。

（2）接线桩头针孔直径较大时，将导线的芯线折成双股或在针孔内垫铜皮，如果是多股芯线上缠绕一层导线，以增大芯线直径使芯线与针孔直径相适应。

导线与针孔或接线桩头连接时，应拧紧接线桩上螺钉，顶压平稳牢固且不伤芯线。

技能图解8　低压电动机、低压电器安装

技能结构框线图

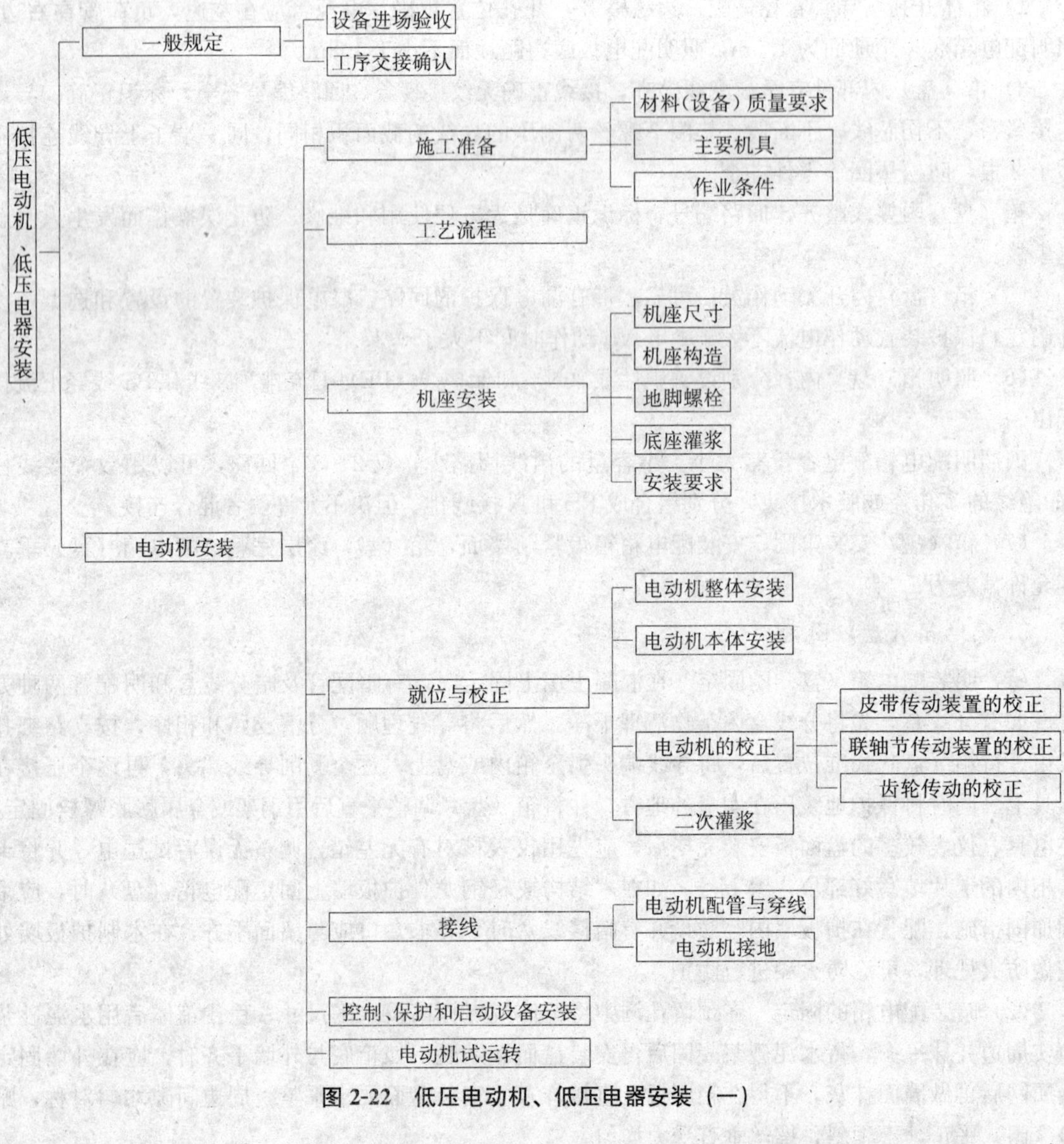

图 2-22　低压电动机、低压电器安装（一）

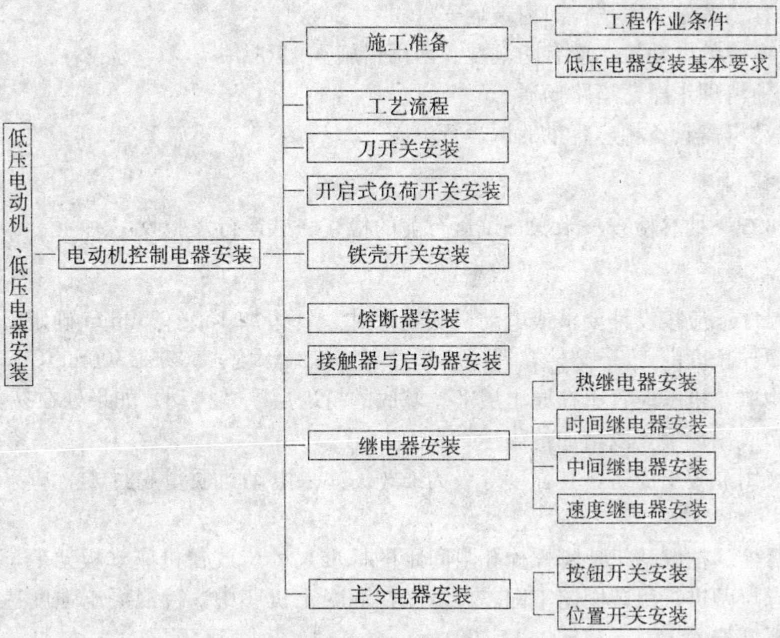

图 2-22　低压电动机、低压电器安装（二）

技能要点 1：一般规定

1. 设备进场验收

（1）主要设备、材料、成品和半成品进场检验结论应有记录，确认符合《建筑电气工程施工质量验收规范》（GB 50303—2002）规定，才能在施工中应用。

（2）查验合格证和随带技术文件，实行生产许可证和安全认证标志。

（3）外观检查：有铭牌，附件齐全，电气接线端子完好，设备器件无缺损，涂层完整。

（4）与电动机配套的控制、保护、启动设备完好齐全，且符合设计要求。

2. 工序交接确认

低压电动机、电加热器及电动执行机构应绝缘电阻测试合格再与机械设备完成连接，经手动操作符合工艺要求，才能接线。

在进行这些操作工序时，要十分注意电气设备的动作方向且应符合机械或建筑设备的工艺要求。如电动机正转打开阀门，反转关闭阀门；温度控制器接通，电加热器通电加温，反之断电停止加温。若与工艺要求不一致，轻则不能达到预期功能要求，重则损坏电气设备或其他机械、建筑设备，也可能给智能化系统联动调校带来麻烦。

技能要点 2：电动机安装

1. 施工准备

（1）材料（设备）质量要求。

（2）主要机具

1）机具：卸轮工具——拉码、梅花扳手、套筒扳手、活络扳手、电吹风机，吊链，龙门架。

2）测试器具：钢卷尺、钢板尺、塞尺、水平尺、线坠、兆欧表、万用表、转速表、电子点温计、测电笔、卡钳电流表、相序指示仪。

（3）作业条件

1）施工图及技术资料齐全无误。

2）土建工程基本施工完毕，门窗玻璃安好。

3）在室外安装的电动机，应有防潮湿、防雨措施。

4）安装场地清理干净，道路畅通。

5）大型电动机需具备相应容量的试运行电源。

2. 工艺流程

安装前的检查→抽芯检查→干燥→试运行前的检查→试运行及验收

3. 电动机机座安装

（1）机座尺寸　应按设计要求或电动机底盘尺寸、每边加 150～250mm 确定。基座埋置深度为电动机底脚螺栓长度的 1.5～2 倍，埋深应超过当地冻结深度，500～1500mm。

（2）机座构造　机座应置于在原土层上，基底的持力层严禁挠动。如果处在易受震动的地方。机座底盘还应做成锯齿形，以增加抗震性。

机座常规采用混凝土浇筑，其强度等级为 C20。如果电动机质量超过 1t，应采用钢筋混凝土机座。

（3）地脚螺栓　按电动机地脚螺栓孔眼间距的标准尺寸，放在机座木板架上，将螺栓按线板架上的位置标志点距进行组装固定牢固，再浇固在混凝土机座中，待混凝土强度达到设计强度等级后，才能将螺栓拧紧。

（4）底座灌浆　待混凝土机座达到设计强度等级后，按设计要求的标高，进行抄平放线，标志出标准标高和中心线。再用 1∶1 水泥砂浆平涂一层，并应压光，确保机座的顶面光滑、平整。

（5）安装要求

1）首先应按机座设计要求或电动机外形的平面几何尺寸、底盘尺寸、基础轴线、标高、地脚螺栓（螺孔）位置等，弹出宽度中心控制线和纵横中心线，并根据这些中心线放出地脚螺栓中心线。

2）按电动机底座和地脚螺栓的位置，确定垫铁放置的位置，在机座表面画出垫铁尺寸范围，并在垫铁尺寸范围内砸出麻面，麻面面积必须大于垫铁面积；麻面呈麻点状，凹凸要分布均匀，表面成水平，最后应用水平尺检查。

3）垫铁应按砸完的麻面标高配制，每组垫铁总数常规不应超过三块，其中包含一组斜垫铁。

①垫铁加工。垫铁表面应平整，无氧化皮，斜度一般为 1/10、1/12、1/15、1/20。

②垫铁位置及放法。垫铁布置的原则为：在地脚螺栓两侧各放一组，并尽量使垫铁靠近螺栓。斜垫铁必须斜度相同才能配合成对。将垫铁配制完后要编组作标记，以便对号入座。

③垫铁与机座、电动机之间的接触面积不得小于垫铁面积的 50%；斜铁应配对使用，一组只有一对。配对斜铁的搭接长度不应小于全长的 3/4，相互之间的倾斜角不大于 30°。垫铁的放置应先放厚铁，后放薄铁。

4）地脚螺栓的长度及螺纹质量必须符合设计要求，螺帽与螺栓必须匹配。每个螺栓不得垫两个以上的垫圈，或用大螺母代替垫圈，并应采用防松动垫圈。螺栓拧紧后，外露丝扣应不少于2～3 扣，并应防止螺帽松动。

5）中小型电动机用螺栓安装在金属结构架的底板或导轨上。金属结构架、底板及导轨的材料的品种、规格、型号及其结构形式均应符合设计要求。金属构架、底板、导轨上螺栓孔的中心必须与电动机机座螺栓孔中心相符。螺栓孔必须是机制孔，严禁采用气焊割孔。

4. 电动机就位与校正

（1）电动机整体安装

1）基础检查：外部观察，应没有裂纹、气泡、外露钢筋以及其他外部缺陷，然后用铁锤敲打，声音应清脆，不应瘖哑，不发“叮㖊”声。再经试凿检查，水泥应无崩塌或散落现象，然后检查基础中心线的正确性，地脚螺栓孔的位置、大小及深度，孔内是否清洁，基础标高、装定子用凹坑尺寸等是否正确。

2）在基础上放上楔形垫铁和平垫铁，安放位置应沿地脚螺栓的边沿和集中负载的地方，应尽可能放在电动机底板支撑筋的下面。

3）将电动机吊到垫铁上，并调节楔形垫铁使电动机达到所需的位置、标高及水平度。电动机水平面的找正可用水平仪。

4）调整电动机与连接机器的轴线，此两轴的中心线必须严格在一条直线上。

5）通过上述3）、4）项内容的反复调整后，将其与传动装置连接起来。

6）二次灌浆，5～6d后拧紧地脚螺栓。

（2）电动机本体的安装

1）定子为两半者，其结合面应研磨、合拢并用螺栓拧紧，其结合处用塞尺检查应无间隙。

2）定子定位后，应装定位销钉，与孔壁的接触面积不应小于65%。

3）穿转子时，定子内孔应加垫保护。

4）联轴节的安装的要求

①联轴节应加热装配，其内径受热膨胀比轴径大0.5～1.0mm为宜，位置应准确。

②弹性连接的联轴节，其橡皮栓应能顺利地插入联轴节的孔内，并不得妨碍轴的轴向窜动。

③刚性连接的联轴节，互相连接的联轴节各螺栓孔应一致，并使孔与连接螺栓精确配合，螺帽上应有防松装置。

④齿轮传动的联轴节，其轴心距离为50～100mm时，其咬合间隙不大于0.10～0.30mm；齿的接触部分应不小于齿宽的2/3。

⑤联轴节端面的跳动允许值一般应为：刚性联轴节0.02～0.03mm；半刚性联轴节0.04～0.05mm。

（3）电动机的校正　电动机的校正有纵向及横入水平校正和传动装置校正。

电动机吊上基础以后，可用普通的水准器（水平仪）进行水平校正，如图2-23所示。如果不平，可用0.5～5mm厚的钢片垫在电动机机座或安装底板下面，来调整电动机的水平，直至符合要求为止。垫片与基础面接触应严密，稳装电动机的垫片一般不超过三片。

在电动机与被驱动的机械通过传动装置互相连接之前，还必须对传动装置进行校正。由于传动装置的种类不同，校正方法也有差异，通常有皮带传动、联轴节传动和齿轮传动三种传动装置。

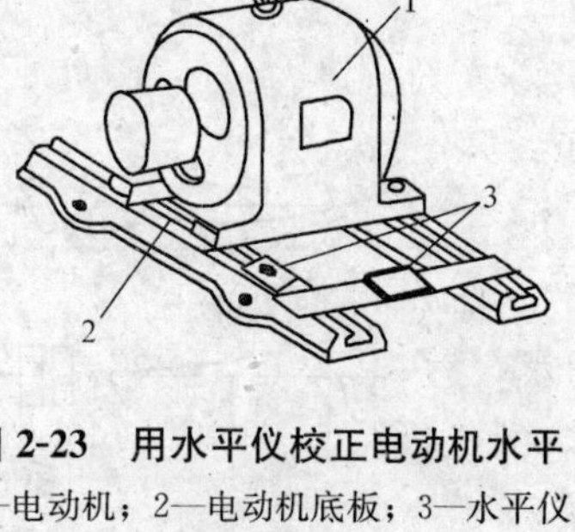

图2-23　用水平仪校正电动机水平

1—电动机；2—电动机底板；3—水平仪

1）皮带传动装置的校正　以皮带作传动时，电动机皮带轮和被驱动的皮带轮的两个轴应平行。两个皮带轮宽度的中心线应在同一条直线上。

如果两个皮带轮的宽度相同，校正时可在皮带轮的侧面进行。利用一根细绳，一人拿细绳的一端，另一人将细绳拉直，使细绳靠近轮缘，如果两轮已平行，则细绳必然同时碰触到，如图2-24所示，两轮的A、B、C、D四点上，如果两轴不平行，则会成为图中实线所示位置，应进一步进行调整。

假如皮带轮的宽度不同，可先准确地量出两个皮带轮宽度的中心线，并在轮上用粉笔做出记号，如图2-25所示的1、2和3、4所示的两根线，然后再用细绳对准1、2这根线，并将细绳向3、4处拉直，如果两轴已平行，则细绳与皮带轮上3、4那根线应重合。

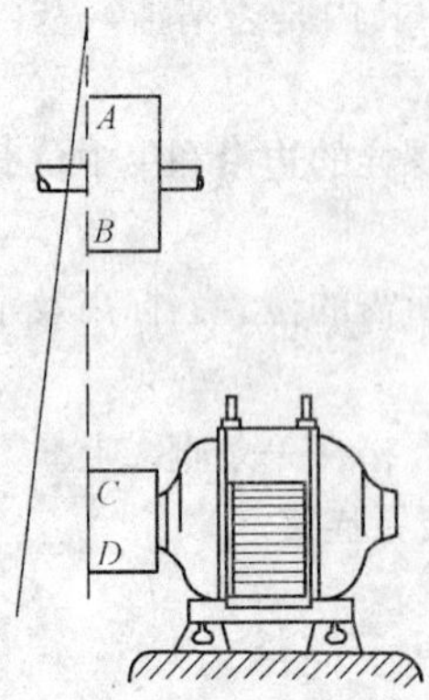

图 2-24 宽度相同的皮带轮校正法

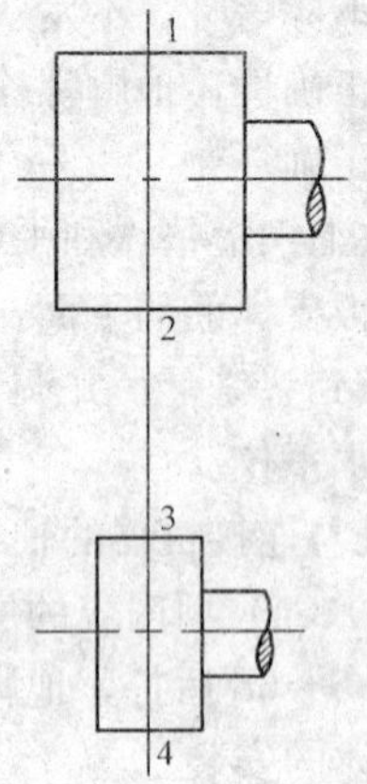

图 2-25 宽度不同的皮带轮校正法

采用皮带传动的电动机轴及传动装置的轴除了中心线应平行外，电动机及传动装置的皮带轮，自身垂直度全高不宜超过 0.5mm，并且两皮带轮的相对应槽应在同一直线上。

2）联轴节传动装置的校正　联轴节俗称靠背轮，当电动机与被驱动的机械采用联轴节联接时，用联轴节传动的机组其转轴在转子和轴的自身质量作用下，在垂直平面有一挠度使轴弯曲。如果两相连机器的转轴安装得比较水平，那么联轴节的两接触平面将不会平行，处于图 2-26（a）所示的位置上。如此时连接好联轴节，当联轴节的两接触面相接触后，电动机和机器的两轴承将会产生很大的应力，机组在运转时会产生震动。严重时，能损坏联轴节，甚至会扭弯、扭断电动机或被驱动机械的主轴。为了避免此种现象的发生，在安装时必须使两外端轴承轴要比中间轴承略高一些，使联轴节两平面平行，同时还要使这时转轴的轴线在联轴节处重合，如图 2-26（b）所示。

检验联轴节安装是否符合要求，通常是利用两个百分表，分别检测它的径向位移和轴向位移。

如果精度要求不高，也可用钢板尺校准联轴节，校正时先取下连轴节的连接螺栓，用钢板尺测量转轴器的径向间隙 a 和轴向间隙 b，如图 2-27 所示，再把转轴的联轴节转 180°，再测量 a 与 b 的数值。这样反复测量几次，若每个位置上测得的 a、b 值的偏差不超过规定的数值，可以认为联轴节两端面平行，且轴的中心对准，否则，要进一步校正。

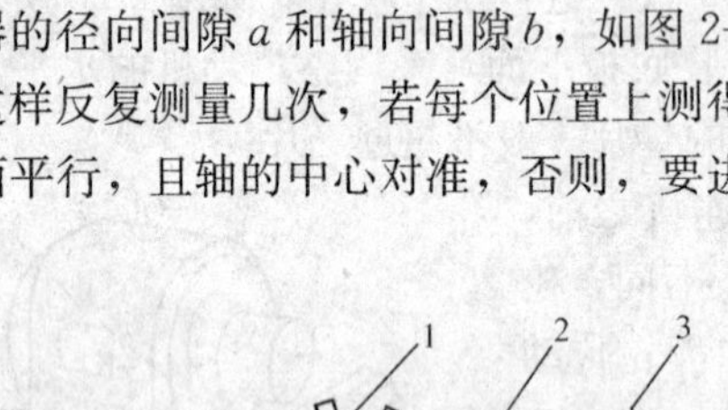

图 2-26 轴的弯曲

（a）联轴节接触面不平行；（b）联轴节接触面平行

1—联轴节；2—轴承；3—轴封

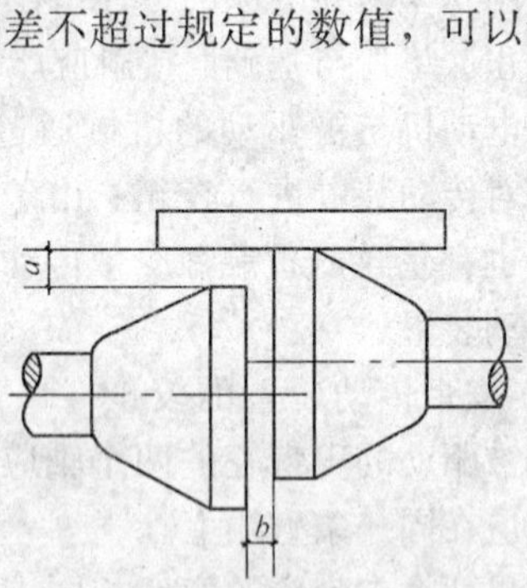

图 2-27 用钢板尺校正联轴节

采用联轴节（靠背轮）传动装置，轴向与径向允许偏差，采用弹性连接时，均不应小于 0.05mm，刚性连接的均不应大于 0.02mm。互相连接的联轴节螺栓孔应一致，螺母应有防松装置。

3）齿轮传动的校正 当电动机通过齿轮与被驱动的机械连接时，圆齿轮必须使两轴中心线保持平行，两齿轮应啮合良好，接触部分不应小于齿宽的 2/3。伞形齿轴中心线应按规定角度交叉，咬合程度应一致。

在校正时，可用颜色印迹法来检查两齿轮啮合是否良好。也可用塞尺测量两齿轮间的齿间间隙，应间隙适当、均匀。

（4）二次灌浆

1）对电动机及地脚螺栓进行校正验收后，进行二次灌浆，灌浆的配合比根据设计要求的强度等级以试验为准。其强度等级应高于机座强度的一个等级。

2）灌浆前要处理好机座预留孔，孔内不能有杂物，地脚螺栓与孔壁距离须大于 15mm。用水刷洗孔壁使其干净湿润，地脚螺栓杆不能有油污。

3）浇灌的混凝土应采用细石混凝土。

4）浇灌时采用人工捣固，并应固定好地脚螺栓以防止螺栓位移，发现位移，应随时扶正。对地脚螺栓的四周应均匀捣实，并确保地脚螺栓垂直地位于地脚螺栓孔中心，对垂直度的偏移不得超过 10/1000。

5）施工作业时应作好记录，并应做好养护。

5. 电动机接线

（1）电动机配管与穿线 电动机配管管口应在电动机接线盒附近，从管口到电动机接线盒的导线应用塑料管或金属软管保护；在易受机械损伤及高温车间，导线必须用金属软管保护，软管可用尼龙接头连接；室外露天电动机进线，管子要做防水弯头，进电动机导线应由下向上翻，要做滴水弯；三相电源线要穿在一根保护管内，同一电动机的电源线、控制线、信号线可穿在同一根保护管内；多股铜芯线在 $10mm^2$ 以上应焊铜接头或冷压焊接头，多股铝芯线 $10mm^2$ 以上应用铝接头与电动机端头连接，电动机引出线编号应齐全。裸露的不同相导线间和导线对地间最小距离应符合下列规定：

1）额定电压在 500～1200V 之间时，最小净距应为 14mm。

2）额定电压小于 500V 时，最小净距应为 10mm。

（2）电动机接地 电动机外壳应可靠接地（接零），接地线应接在电动机指定标志处；接地线截面通常按电源线截面的 1/3 选择，但最小铜芯线不小于 $1.5mm^2$，铝芯线不小于 $2.5mm^2$，最大铜芯线不大于 $25mm^2$，铝芯线不大于 $35mm^2$。

6. 控制、保护和启动设备安装

（1）电动机的控制和保护设备安装前应检查其型号、规格、性能是否与电动机容量相匹配。

（2）控制和保护设备的安装应按设计要求和相关技术标准的规定进行。一般应装在电动机附近便于操作的位置。

（3）电动机、控制设备和所拖动的设备应对应编号就位。

（4）引至电动机接线盒的明敷导线长度应小于 0.3m，并应加强绝缘，易受机械损伤的地方应套保护管。高压电动机的电缆终端头应直接引进电动机的接线盒内。达不到上述要求时，应在接线盒处加装保护措施。

（5）直流电动机、同步电动机与调节电阻回路及励磁回路的连接，应采用铜导线。导线不应有接头。调节电阻器应接触良好，调节均匀。

（6）电动机应装设过流和短路保护装置，并应根据设备需要装设相序断相和低电压保护装置。

（7）电动机保护元件的选择

1）采用热元件时，热元件一般按电动机额定电流的1.1～1.25倍来选。

2）采用熔丝（片）时，熔丝（片）一般按电动机额定电流的 1.5～2.5 倍来选。

7. 电动机试运转

安装好的电动机试运转是安装工作的最后一道工序，是对安装质量的检查，电动机试运转时，应遵守下列规定：

(1) 电动机开始转动至并入系统保持铭牌出力连续运行 72h 所经历的全部过程，称发电机和调相机的启动运行，如非电动机本身原因，不能达到额定负荷时，则允许按最大可能负荷进行 72h 运行。

水内冷电动机应在水质符合启动要求，水回路系统正常通水情况下，才允许进行试行。

氢气直接冷却的电动机在充空气状态下不得带励磁运行。

(2) 电动机试运行前的检查

1) 土建工程全部结束，并符合建筑工程施工及验收规范中的规定。

2) 电动机本体安装检查结束，现场清扫整理完毕。

3) 冷却、调速、润滑等附属系统安装完毕，验收合格，分部试运行情况良好。

4) 电动机的保护、控制、测量、信号励磁等回路的调试完毕，运行正常。

5) 测定电动机定子线圈、转子线圈及励磁回路的绝缘电阻，应符合要求；对有绝缘的轴承座，其绝缘板、轴承座及台板的接触面应清洁干燥，用 1000V 兆欧表测量，绝缘电阻值不小于 0.5MΩ。

6) 电刷与换向器或集电环的接触应良好。

7) 盘动电动机转子时应转动灵活，无碰卡现象。

8) 电动机引出线应相位正确，固定牢固，连接紧密。

9) 电动机外壳油漆完整，接地良好。

10) 照明、通信、消防装置应齐全。

(3) 电动机试运行的检查

1) 电动机的旋转方向符合要求，无异声。

2) 换向器、集电环及电刷的工作情况正常。

3) 检查电动机各部温度，不应超过产品技术条件的规定。

4) 电动机振动的双倍振幅值不应大于表 2-28 的规定。

5) 滑动轴承温升不应超过 80℃，滚动轴承温升不应超过 95℃。

表 2-28 电动机的振动标准

同步转速（r/min）	3000	1500	1000	750 及以下
双倍振幅值（mm）	0.05	0.085	0.10	0.12

(4) 交流电动机的带负荷连续启动次数，如无产品规定时，可按下列要求进行：

1) 在冷态时，可启动 2 次。每次间隔时间不得小于 5min。

2) 在热态时，可启动 1 次。当在处理事故以及电动机启动时间不超过 2～3s 时，可再启动 1 次。

技能要点 3：电动机控制电器安装

1. 施工准备

(1) 工程作业条件

1) 土建应具备的条件

①结束屋顶、楼板工作，不得有渗漏现象。

②混凝土基础达到允许安装的强度。

③现场模板、杂物清理完毕。

④预埋件是预留孔符合设计要求，预埋件牢固。

2）低压电器安装应按已批准的设计进行施工。

3）低压电器安装前土建工程的条件

①拆除对电器安装有妨碍的模板、脚手架等，场地清理干净。

②室内地面基层施工完毕，并在墙上标出抹灰（面）标高。

③设备基础和构架达到允许安装的强度；焊接构件的机械强度符合设计要求。

④预埋件、预留孔的位置和尺寸符合设计要求，预埋件牢固。

4）设备、材料按施工方案的要求已组织进场，并经过检查、清点，符合设计要求，附件、备件齐全；电器技术文件齐全。

5）室外安装的低压电器应有防止雨、雪、风沙侵入的措施。

（2）低压电器安装基本要求

1）安装支架或配电箱（板）

①核对预埋（留）线路所留的低压电器安装位置，要符合设计图纸的要求位置。

②制作（或订购的）支架或配电箱（板）进行就位安装。

2）低压电器及其操作机构的安装高度、固定方式，如设计无规定，可按下列要求进行：

①用支架或垫板（木板无绝缘板）固定在墙或柱子上。

②落地安装的电器设备，其底面一般应高出地面 50～100mm。

③操作手柄中心距离地面一般为 1200～1500mm；侧面操作的手柄距离建筑物或其他设备不宜小于 200mm。

④成排或集中安装的低压电器应排列整齐，便于操作和维护。

⑤紧固的螺栓规格应选配适当，电器固定要牢固，不得采用焊接。

⑥电器内部不应受到额外应力。

⑦有防震要求的电器要加设减震装置，紧固螺栓应有防松措施，如加装锁紧螺母、锁钉等。

2. 工艺流程

低压电器的安装应与配线工作密切配合，尤其是配合土建的预留、预埋工作，一定要保证设计位置、配管（线）到位。一般操作工艺流程如下：

开箱→预留（预埋）→摆位→划线→钻孔→固定→配线→检查→调试→通电试验

3. 刀开关安装

（1）刀开关应垂直安装在开关板上（或控制屏、箱上），并要使夹座位于上方。如夹座位于下方，则在刀开关打开的时候，如果支座松动，闸刀在自重作用下向下掉落而发生误动作，会造成严重事故。

（2）刀开关用作隔离开关时，合闸顺序为先合上刀开关，再合上其他用以控制负载的开关；分闸顺序则相反。

（3）严格按照产品说明书规定的分断能力来分断负荷，无灭弧罩的刀开关一般不允许分断负载，否则有可能导致稳定持续燃弧，使刀开关寿命缩短，严重的还会造成电源短路，开关烧毁，甚至发生火灾。

（4）刀片与固定触头的接触良好，大电流的触头或刀片可适量加润滑油（脂）；有消弧触头的刀开关，各相的分闸动作应迅速一致。

（5）双掷刀开关在分闸位置时，刀片应能可靠地接地固定，不得使刀片有自行合闸的可能。

（6）直流母线隔离开关安装

1）开关无论垂直或水平安装，刀片应垂直板面上；在混凝土基础上时，刀片底部与基础间应有不小于50mm的距离。

2）开关动触片与两侧压板的距离应调整均匀。合闸后，接触面应充分压紧，刀片不得摆动。

3）刀片与母线直接连接时，母线固定端必须牢固。

4. 开启式负荷开关安装

手柄向上合闸，不得倒装或平装。以防止闸刀在切断电流时，刀片和夹座间产生电弧。

接线时，应把电源接在开关的上方进线接线座上，电动机的引线接下方的出线座。

安装时应使刀片和夹座成直线接触，并应接触紧密，支座应有足够压力，刀片或夹座不应歪扭。

5. 铁壳开关安装

（1）铁壳开关安装应垂直安装。安装的位置应便于操作和安全为原则。

（2）铁壳开关外壳应做可靠接地和接零。

（3）铁壳开关进出线孔均应有绝缘垫圈或护帽。

（4）接线。电源线与开关的静触头相连，电动机的引出线与负荷开关熔丝的下桩头相连，开关拉断后，闸刀与熔丝不带电，便于维修和更换熔丝。

6. 熔断器安装

（1）熔断器及熔体的容量设计要求

1）对于变压器、电炉和照明等负载，熔体的额定电流应略大于或等于负载电流。

2）对于输配电线路，熔体的额定电流应略小于或等于线路的安全电流。

3）熔断器的选择：额定电压应大于或等于线路工作电压；额定电流应大于或等于所装熔体的额定电流。

（2）安装位置及相互间距应便于更换熔体；更换熔丝时，应切断电源，更不允许带负荷换熔丝，并应换上相同额定电流的熔丝。

（3）有熔断指示的熔芯，其指示器的方向应装在便于观察侧。

（4）瓷质熔断器在金属底板上安装时，其底座应垫软绝缘衬垫。安装螺旋式熔断器时，应将电源线接至瓷底座的接线端，以保证安全。如是管式熔断器应垂直安装。

（5）安装应保证熔体和插刀以及插刀和刀座接触良好，以免因熔体温度升高发生误动作。安装熔体时，必须注意不要使它受机械损伤，以免减少熔体截面积，产生局部发热而造成误动作。

7. 接触器与启动器安装

（1）安装前的检查

1）电磁铁的铁芯表面应无锈斑及油垢，将铁心板面上的防锈油擦净，以免油垢粘住造成接触器断电不释放。触头的接触面应平整、清洁。

2）接触器、启动器的活动部件动作灵活，无卡阻；衔铁吸合后应无异常响声，触头接触紧密，断电后应能迅速脱开。

3）检查接触器铭牌及线圈上的额定电压、额定电流等技术数据是否符合使用要求；电磁启动器热元件的规格应按电动机的保护特性选配；热继电器的电流调节指示位置，应调整在电动机的额定电流值上，如设计有要求时，尚应按整定值进行校验。

（2）安装时，接触器的底面与地面垂直，倾斜度不超过5°。安装CJ0系列接触器时，应使有孔的两面放在上下位置，以利散热，降低线圈的温度。

（3）自耦减压启动器的安装

1）启动器应垂直安装。

2）油浸式启动器的油面不得低于标定的油面线。

3）减压抽头（65%～80%额定电压）应按负荷的要求进行调整，但启动时间不得超过自耦减压起动器的最大允许启动时间。

4）连续启动累计或一次启动时间接近最大允许启动时间时，应待其充分冷却后方能再启动。

（4）可逆电磁启动器防止同时吸合的联锁装置动作正确、可靠。

（5）星一三角启动器，应在电动机转速接近运行转速时进行切换；自动转换的应按电动机负荷要求正确调节延时装置。

8. 继电器安装

（1）热继电器安装

1）热继电器的型号、规格应符合设计要求。

2）安装时应清除触头表面尘污，以免因接触电阻太大或电路不通而影响动作性能。

3）热继电器出线端子的连接导线的截面必须符合设计要求。以确保热继电器动作准确。

（2）时间继电器安装

1）进行整定时间范围取得精确的延时。对断电延时继电器，调节整定延时时间必须在接通离合电磁铁线圈电源时才能进行。

2）安装位置应符合设计要求，固定点应完整齐全，牢固可靠。

（3）中间继电器安装

1）中间继电器的型号、规格应根据控制电路的电压等级，所需触头数量、种类、容量等选定。

2）调定触头确保触头到位，活动部件应无卡阻、动作灵活准确，各触点应接触良好。

3）安装的位置应符合设计要求，中间继电器安装牢固、稳定。

4）出线端子的连接导线相位准确。

5）安装时应清除触头表面尘污，以防影响动作的功能。

（4）速度继电器安装

1）速度继电器的型号、规格选择，必须符合机械转速需要。

2）安装时应控制速度继电器的轴用联轴节与受控制电动机的轴连接和弹性联轴垫圈的间隙，并应整定准确的额定工作转速。

3）触头动作应灵活、准确、可靠，使其被驱动机械设备工作正常。

9. 主令电器安装

（1）按钮开关安装

1）按钮开关的型号、规格和性能必须符合设计要求。

2）安装在面板上时，应布置整齐，排列合理，便于操作和维修。

3）相邻按钮间距为50～100mm。

4）按钮安装应牢固，接线相位准确，接线螺丝应紧固。

5）按钮操作应灵活、可靠、无卡阻。

6）主控按钮应有鲜明的标记（红色按钮），安装在醒目而便于操作的位置。

（2）位置开关安装

1）位置开关的型号、规格，应符合设计要求。

2）控制滚轮的方向不能装反，挡铁碰撞的位置必须符合控制电路要求。

3）调整挡铁的碰撞的压力要适中。要使挡铁（碰块）对开关的作用力及开关的动作行程，必须符合设计要求的允许值。

4）安装的位置不得影响机械部件的运作，并能使开关正常准确动作。

技能图解9　柴油发电机组安装

技能结构框线图

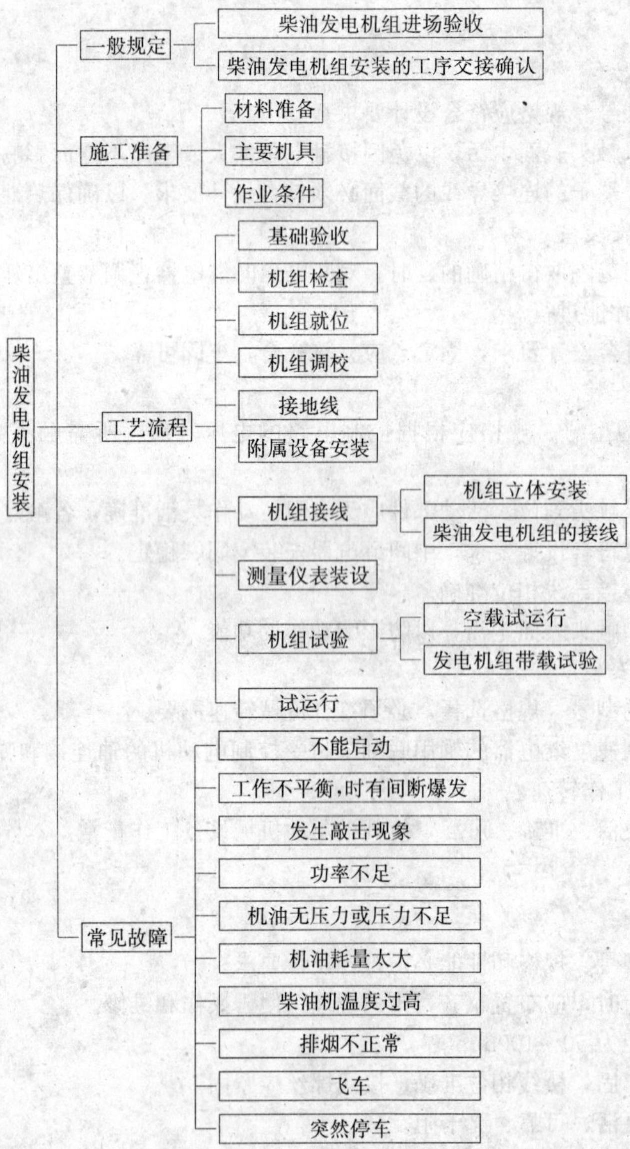

图2-28　柴油发电机组安装

技能要点1：一般规定

1. 柴油发电机组进场验收

（1）柴油发电机组供货时，零部件较多，要依据装箱单逐一清点，核对主机、附件、专用工具、备品备件和随带技术文件，查验合格证和出厂试运行记录，发电机及其控制柜有出厂试验记录。

通常发电机是由柴油机厂向电动机厂订货后，统一组装成发电机组，有电动机制造厂的出厂试验记录，可在交接试验时作对比用。

(2) 外观检查要有铭牌，机身无缺件，涂层完整。

2. 柴油发电机组安装的工序交接确认

(1) 基础验收合格后，才能安装机组。

(2) 地脚螺栓固定的机组经初平、螺栓孔灌浆、精平、紧固地脚螺栓、二次灌浆等机械安装程序；安放式的机组将底部垫平、垫实。

(3) 油、气、水冷、风冷、烟气排放等系统和隔振防噪声设施安装完成，经检查无油、不泄漏，且机构运转平稳、转速自动或手动控制符合要求。为了防止空载试运行时发生意外，燃油外漏，引发火灾事故，所以要按设计要求或消防规定配齐灭火器材，同时还应做好消防灭火预案。柴油发电机组安装工作当发电机的静态试验、随机的配电盘、控制柜接线检查合格，才具备条件做下一步的发电机空载试验。

(4) 柴油机空载试运行和试验调整合格，才能做发电机空载试验，否则盲目的带上发电机负荷，是不安全的。

(5) 一幢建筑物配有柴油发电机等备用电源，目的是当市电因故中断供电时，建筑物内的重要用电负荷仍能够得到电能，可以持续运行，成为选择电源容量的依据。正因为备用电源的重要性和提供人们安全感的需要，所以在投入备用状态前，要在规定时间内，连续无故障负荷试运行合格，然后才能投入备用状态。

技能要点 2：施工准备

1. 材料准备

(1) 各种规格的型钢：型钢应符合设计要求、无明显的锈蚀，并有材质证明。

(2) 螺栓：均采用镀锌螺栓，并配有相应的镀锌平垫圈、弹簧垫。

(3) 导线与电缆：各种规格的导线与电缆，要有出厂合格证。

(4) 其他材料：绝缘带、电焊条、防锈漆、调和漆、变压器油、润滑油、清洗剂、氧气、乙炔。

2. 主要机具

汽车吊、卷扬机、钢丝绳、吊链、龙门架、绳扣、台钻、滚杠、砂轮机、手电钻、联轴节顶出器、台虎钳、油压钳、千斤顶、扳手、电锤、板锉、锤子、钢板尺、圆钢套丝板、电焊机、气焊工具、塞尺、水准仪、水平尺、转速表、摇表、万用表、卡钳电流表、测电笔、试铃、电子点温计、水电阻、真空泵、油桶、撬杠、相序表等。

3. 作业条件

(1) 施工图和技术资料齐全

(2) 土建工程基本施工完毕、门窗封闭好。

(3) 在室外安装的柴油发电机组应有防雨措施。

(4) 柴油发电机组的基础、地脚螺栓孔、沟道、电缆管线的位置应符合设计要求。

(5) 柴油发电机组的安装场地应清理干净、道路畅通。

技能要点 3：工艺流程

1. 基础验收

柴油发电机组本体安装前应根据设计图纸、产品样本或柴油发电机组本体实物对设备基础进行全面检查，是否符合安装尺寸要求。

2. 机组检查

(1) 设备开箱点件应有安装单位、供货单位、建设单位、工程监理共同进行，并做好记录。

(2) 依据装箱单，核对主机、附件、专用工具、备品备件和随带技术文件，查验合格证和出厂试运行记录，发电机及其控制柜有出厂试验记录。

(3) 外观检查，有铭牌，机身无缺件，涂层完整。

(4) 柴油发电机组及其附属设备均应符合设计要求。

(5) 发电机组随带的控制柜接线应正确，紧固件紧固状态良好，无遗漏脱落。开关、保护装置的型号、规格正确，验证出厂试验的锁定标记应无位移，有位移应重新按制造厂要求试验标定。

3. 机组就位

(1) 柴油发电机组就位之前，应对机组进复查、调整和准备工作。

(2) 发电机组各联轴节的连接螺栓，机座地脚螺栓和底脚栓的紧固情况。

(3) 所设置的仪表应完好齐全，位置应正确。操纵系统的动作灵活可靠。

4. 机组调校

(1) 机组就位后，应调整机组的水平度，找正找平，紧固地脚螺栓牢固、可靠，并应设有防松措施。

(2) 调校油路、传动系统、发电系统（电流、电压、频率)、控制系统等。

(3) 发电机、发电机的励磁系统、发电机控制箱调试数据，应符合设计要求和技术标准的规定。

5. 接地线

(1) 发电机中性线（工作零线）应与接地母线引出线直线连接，螺栓防松装置齐全，有接地标识。

(2) 发电机本体和机械部分的可接近导体均应保护接地（PE）或接地线（PEN)，且有标识。

6. 附属设备安装

发电机控制箱（屏）是同步发电机组的配套设备，主要是控制发电机送电及调压。小容量发电机的控制箱一般（经减震器）直接安装在机组上，大容量发电机的控制屏，则固定在机房的地面上，或安装在与机组隔离的控制室内。

开关箱（屏）或励磁箱，各生产厂家的开关箱（屏）种类较多，型号不一，一般500kW以下的机组有柴油发电机组相应的配套控制箱（屏)，500kW以上机组，可向机组厂家提出控制屏的特殊订货要求。

7. 机组接线

(1) 机组主体安装

1) 如果安装现场允许吊车作业时，用吊车将机组整体吊起，把随机配的减震器装在机组的底下。

2) 在柴油发电机组施工完成的基础上，放置好机组。一般情况下，减震器无须固定，只需在减震器下垫一层薄薄的橡胶板。如果需要固定，应确定减震器的地脚孔的位置，吊起机组，埋好螺栓后，放好机组，最后拧紧螺栓。

3) 现场不允许吊车作业，可将机组放在滚杠上，滚至选定位置。

4) 用千斤顶（千斤顶规格根据机组质量选定）将机组一端抬高，注意机组两边的升高一致，直至底座下的间隙能安装抬高一端的减震器。

5) 释放千斤顶，再抬机组另一端，装好剩余的减震器，撤出滚杠，释放千斤顶。

（2）柴油发电机组的接线　核对相序是两个电源向同一供电系统供电的必经手续，虽然不出现并列运行，但相序一致才能确保用电设备的性能和安全。

1）柴油发电机馈电线路连接后，两端的相序必须与原供电系统的相序一致。

2）发电机中性线（N线）应与接地干线直接连接，螺栓防松零件齐全，且有标识。

3）发电机本体和机械部分的可接近裸露导体应与PE线或PEN线连接可靠，且有标识。

4）根据厂家提供的随机资料，检查和校验随机控制屏的接线是否与图纸一致。

8. 测量仪表装设

柴油发电机组应按下述要求装设测量仪表以保证机组的正常运行和设备的安全。

（1）发电机控制屏上电气测量仪表的装设规定

1）交流电流表3只，交流电压表、频率表、有功功率表、功率因数表、有功电度表和直流电流表各1只，其准确度等级均不低于1.5级。

2）测量仪表及电度表与继电保护装置应分开装设电流互感器。

3）并列运行的发电机应装设组合式整步表1只。

（2）柴油机附属管道系统装设监视运行的温度计、压力表和保护装置（随机配套的仪表和保护除外）时的要求

1）对下列温度和压力应进行监测

①冷却水温度、各汽缸排气温度、润滑油进机和出机温度。

②润滑油进机压力。

2）有下列情况之一时，保护装置应可靠动作于声光信号

①冷却水温度过高。

②冷却水进水压力过低或中断。

③润滑油出机温度过高。

④润滑油进机压力过低。

⑤柴油机转速过高。

⑥日用燃油箱油面（位）过低。

（3）测量表计的安装和工作条件，应符合仪表技术条件的要求。

对于母管制燃油系统的计量装置，应设在每台柴油机的进油管路上；对于单元制燃油系统的计量装置，应设在燃油罐与日用燃油箱之间的燃油管路上。

9. 柴油发电机组的试验

由柴油发电机至配电室或经配套的控制柜至配电室的馈电线路，应使用绝缘电线或电力电缆，通电前应按规定进行试验；如馈电线路是封闭母线，则应按封闭母线的验收规定进行检查和试验。柴油发电机在安装后应按表2-29所列的内容做交接试验。

（1）发电机组空载试运行

1）断开柴油发电机组负载侧的断路器或ATS。

2）将机组控制屏的控制开关设定到“手动”位置，按启动按钮。

3）检查机组电压、电池电压、频率是否在误差范围内，否则进行适当调整。

4）检查机油压力表。

5）以上一切正常，可接着完成正常停车与紧急停车试验。

（2）发电机组带载试验

1）发电机组空载运行合格以后，切断负载“市电”电源，按“机组加载”按钮，由机组向负载供电。

2）检查发电机运行是否稳定、频率、电压、电流、功率是否保持在正常允许范围。

3）按设计预案，使柴油发电机带上预定负荷，经12h连续运转，无机械和电气故障，无漏油、漏水、漏气等不正常现象方可认为这个备用电源是可靠的。发电机停机，控制屏的控制开关打到“自动”状态。

表2-29　发电机交接试验

序号	部位		试验内容	试验结果
1	静态试验	定子电路	测量定子绕组的绝缘电阻和吸收比	绝缘电阻值大于0.5MΩ。沥青浸胶及烘卷云母绝缘吸收比大于1.3环氧粉云母绝缘吸收比大于1.6
2			在常温下，绕组表面温度与空气温度差在±3℃范围内测量各相直流电阻	各相直流电阻值相互间差值不大于最小值2%，与出厂值在同温度下比差值不大于2%
3			交流工频耐压试验1min	试验电压为$1.5U_n+750V$，无闪络击穿现象，U_n为发电机额定电压
4		转子电路	用1000V兆欧表测量转子绝缘电阻	绝缘电阻值大于0.5MΩ
5			在常温下，绕组表面温度与空气温度差在±3℃范围内测量绕组直流电阻	数值与出厂值在同温度下比差值不大于2%
6			交流工频耐压试验1min	用2500V摇表测量绝缘电阻替代
7		励磁电路	退出励磁电路电子器件后，测量励磁电路的线路设备的绝缘电阻	绝缘电阻值大于0.5MΩ
8			退出励磁电路电子器件后，进行交流工频耐压试验1min	试验电压1000V，无击穿闪络现象
9		其他	有绝缘轴承的用1000V兆欧表测量轴承绝缘电阻	绝缘电阻值大于0.5MΩ
10			测量检温计（埋入式）绝缘电阻，校验检温计精度	用250V兆欧表检测不短路，精度符合出厂规定
11			测量灭磁电阻，自同步电阻器的直流电阻	与铭牌相比较，其差值为±10%
12	运转试验		发电机空载特性试验	按设备说明书比对，符合要求
13			测量相序	相序与出线标识相符
14			测量空载和负荷后轴电压	按设备说明书比对，符合要求

10. 试运行

(1) 柴油机的废气可用外接排气管引至室外，引出管不宜过长，管路转弯不宜过急，弯头不宜多于3个。外接排气管内径应符合设计技术文件规定，一般非增压柴油机不小于75mm，增压型柴油机不小于90mm，增压柴油机的排气背压不得超过6kPa（$600mmH_2O$），排气温度约450℃，排气管的走向应能够防火。

(2) 受电侧的开关设备、自动或手动切换装置和保护装置等试验合格，应按设计的备用电源使用分配方案，进行负荷试验，机务和电气装置连续运行12h无故障。方可做交接验收。

技能要点4：柴油机常见故障处理

1. 不能启动

（1）原因分析

1）柴油机不能转动或旋转无力。

①蓄电池电力不足，接线柱与导线接触不良。

②启动电动机电刷与整流子接触不良，电刷磨损，弹簧压力不足。

③启动电动机轴承磨损过大。

④电枢与激磁线圈短路。

⑤启动按钮损坏、接触不良，继电器短路（断路）、接触不良。

2）启动电动机上的齿轮与飞轮齿圈咬合不上，启动电动机离合片扭矩不够。

启动电动机齿轮钢套松脱、传动齿杆折断、与柴油机齿圈中心线不平行。

3）排气管无烟或有时冒小股烟。

①无燃油。

②燃油管路有水分，油内有水。

③喷油嘴阻塞，喷油压力太低，滤清器阻塞。

④喷油时间过迟或过早。

⑤燃烧室内积油太多。

4）排白色浓烟，但不能启动。

①气温太低，预热不充分。

②供给系统管路中有空气。

③喷油嘴质量不好。

④进气量不足。

（2）处理方法

1）更换电力充足的蓄电池或增加蓄电池并联使用，清理接线柱并涂凡士林，紧固接头。

①擦净整流子表面，修理或更换电刷，调节弹簧压力或更换弹簧。

②更换轴承。

③排除短路。

④修理或更换。

2）增加离合器垫片并调整好。检修钢套，更换齿杆，重新安装调整。

3）添加燃油或打开关闭的油箱阀门。

①检修漏气处并排除水分，排出油箱底部杂质和水检修、清洗喷油嘴，清洗滤清器。

②调好喷油提前角度。

③排尽积油。

4）按低温环境下的电机启动要求操作，使用低温蓄电池，充分预热整机、预热进气等。

①检修漏气部位，排除系统内空气。

②清理或更换。

③排除空气滤清器的堵塞。

2. 工作不平衡，时有间断爆发

（1）原因分析

1）各缸供油量不均匀、喷油间隔角不一致、喷油泵体内零件损坏或卡住，各缸压缩力不一致。

2）燃油质量不好或油中有水。

3）燃油供给系统漏气，冷却水漏入汽缸。

4）调速器工作不正常。

5）气门间隙不对。

（2）处理方法

1）检查各缸工作情况并调整，检修（更换）密封件、泵体内调整杆、弹簧等零件。

2）检查，必要时更换。

3）检查裂纹或连接不紧密处，排除空气，更换已损坏的零件。

4）调整修理。

5）检查调整。

3. 发生敲击现象

（1）原因分析

1）喷油提前角过大。

2）气门、连杆轴承、曲轴主轴承、齿轮轴、活塞销等处间隙过大。

（2）处理方法

1）调整喷油提前角。

2）调整间隙，更换已磨损的零件。

4. 功率不足

（1）原因分析

1）供油量不足。

①燃油滤清器或输油管受阻。

②喷油泵、喷油嘴零件磨损严重，压力不够。

2）空气滤清器堵塞。

3）喷油提前角不正确。

4）柴油机转速太低。

5）气门弹簧坏了。

6）汽缸压缩不良。

（2）处理方法

1）清洗。检修更换磨损件，调整喷油压力。

2）清洗。

3）检查调整。

4）调整调速器弹簧弹力。

5）更换调整。

6）检修、调整汽缸套、垫、盖、活塞环、气门及相关零件间隙，拧紧连接螺丝或更换已损坏的零件。

5. 机油无压力或压力不足

（1）原因分析

1）油壳中机油太少，机油太稀。

2）油压表等失灵。

3）油道进气、受阻，或机油压力调节器的油门阻塞、弹簧折断。

4）机油泵齿轮、各轴瓦等间隔太大。

5）油管接头不紧，油道有裂纹。

（2）处理方法

1）加注机油或更换。

2）清洗油管、检查电路，更换损坏的仪表等。

3）清洗油道、油门，更换清洁机油，更换损坏了的零件。

4）调整间隙，更换已磨损的齿轮或轴瓦。

5）检修油管、油道，紧固或更换。

6. 机油耗量太大

（1）原因分析

1）活塞与汽缸等处间隙增大。

2）活塞环胶结、装反或损坏。

3）机油压力过高。

4）柴油机温度过高。

5）油管漏油。

（2）处理方法

1）更换活塞等磨损件。

2）清洗、调整、更换。

3）调整压力调节器，检修有故障的压力表，更换黏度太高的机油。

4）加强冷却，提高散热效率。

5）紧固接头，更换油管。

7. 柴油机温度过高

（1）原因分析

1）冷却水量不足或存在漏水。

2）散热功能差。

3）长期超负荷运行。

4）水温表等失灵。

5）机油黏度太高，润滑不良。

（2）处理方法

1）加冷却水，清洗冷却系统或调整检修。

2）排除漏水清除散热器上的污物。

3）降低负荷。

4）更换水温表。

5）更换机油。

8. 排烟不正常

（1）原因分析

1）排黑烟（燃烧不良）。

①负载过大。

②柴油质量差。

③各缸供油量不同。

④喷油器滴油或雾化不良。

⑤喷油时间过晚。

⑥空气滤清器阻塞。

2）冒白烟（燃烧室温度太低）。

①柴油机预热不够。

②燃油内有水，汽缸垫密封不严等。

③喷油时间太早。

④汽缸压缩不良。

3）冒蓝烟（汽缸内有机油燃烧）。

①空气滤清器等处加机油太多。

②活塞、活塞环磨损过多，零件配合间隙过大。

（2）处理方法

1）减轻负载，适当调整减速器。

①更换。

②调整。

③更换喷油器磨损件。

④调整喷油提前角。

⑤清洗。

2）预热，并逐渐增加负载。

①更换燃油、更换防水圈，或改善密封性能。

②调整喷油提前角。

③见“功率不足”部分的相应处理方法。

3）放出多余机油。

检修、更换活塞、活塞环，调整有关零件的配合间隙。

9. 飞车

（1）原因分析

1）调速器工作不正常，齿杆卡死在最高速位置。

2）供油量过大。

3）柴油中混入汽油。

（2）处理方法

1）检修调速器，检修、清洗齿杆。

2）减少供油量。

3）更换燃油。

10. 突然停车

（1）原因分析

1）断油。

2）连杆轴瓦与曲轴咬死。

（2）处理方法

1）加燃油，或疏通油路。

2）检修或更换，改善润滑。

技能图解 10 不间断电源安装

技能结构框线图

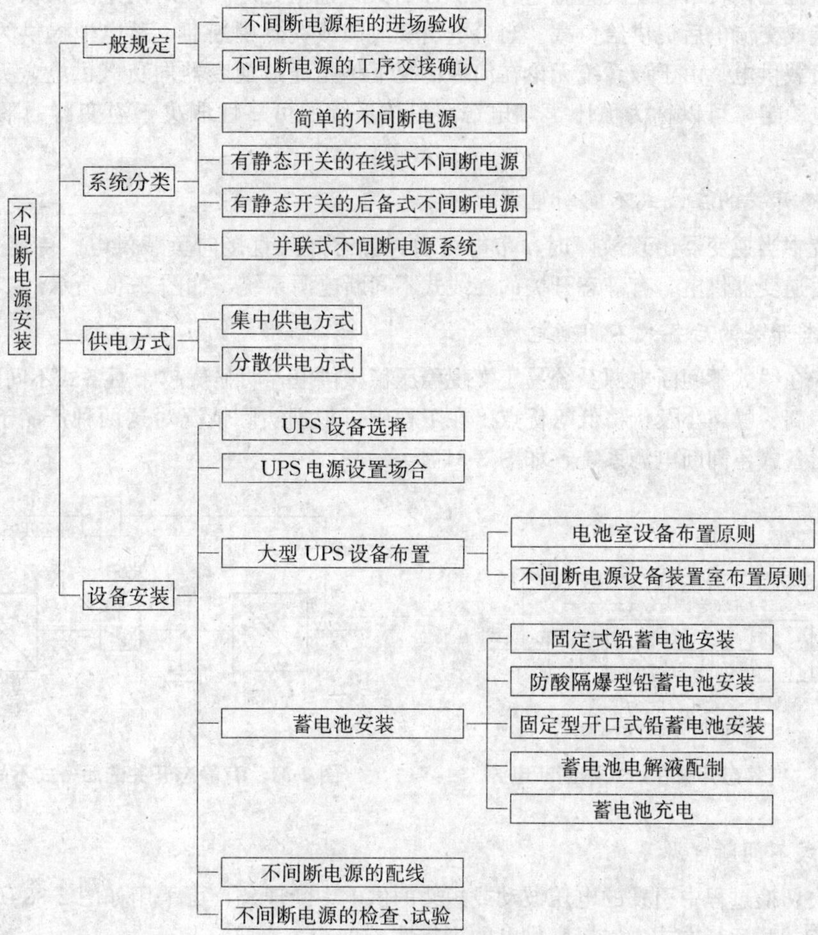

图 2-29 不间断电源安装

技能要点 1：一般规定

1. 不间断电源柜的进场验收

(1) 查验合格证和随带技术文件，实行生产许可证和安全认证制度的产品，有许可证编号和安全认证标志。不间断电源柜有出厂试验记录，其目的是在交接试验时作对比用。

(2) 外观检查：有铭牌，柜内元器件无损坏丢失、接线无脱落脱焊，蓄电池柜内电池壳体无碎裂、漏液，充油、充气设备无泄漏，涂层完整，无明显碰撞凹陷。

2. 不间断电源的工序交接确认

不间断电源主要供给计算机和智能化系统，其输出的电压或电流的质量要求高，要满足需求，所以要按产品技术要求试验调整，调试后经检查确认，才能接至馈电网路，否则会导致整个智能化系统失灵损坏，甚至崩溃。

技能要点 2：不间断电源系统分类

不间断电源主要有在线式（动态）和后备式（静态）两种类型。不间断电源系统一般由整流器、蓄电池、逆变器及静态开关四部分组成。

1. 简单的不间断电源

在正常情况下，将市电变成直流电后，一方面给蓄电池充电，同时向逆变器供电，由逆变器将直流电变换成交流电后提供给负载。当市电出现故障或突然中断后，蓄电池提供的储能通过逆变器继续对负载供电。由于该系统无论在何种情况下均是通过逆变器向负载供电，所以其频率和幅值均比市电稳定，可以称为恒压恒频电源。但该系统的可靠性取决于逆变器的平均故障周期(约半年左右)。

2. 有静态开关的在线式不间断电源

在此系统中当逆变器出现故障时，市电可通过静态开关直接向负载供电。待逆变器正常后，可重新切换由逆变器供电。有静态开关的在线式不间断电源系统，如图 2-30 所示。

3. 有静态开关的后备式不间断电源

通常由于在线式不间断电源系统易于实现稳压稳频供电，明显优越于后备式不间断电源系统。但后者有效率高、噪声小及价格低等优点。在工程中可根据实际情况对这两种产品予以选用。有静态开关的后备式不间断电源系统，如图 2-31 所示。

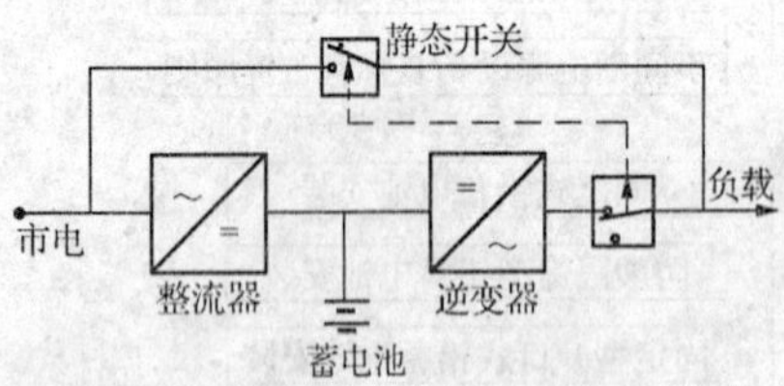

图 2-30　有静态开关在线式不间断电源

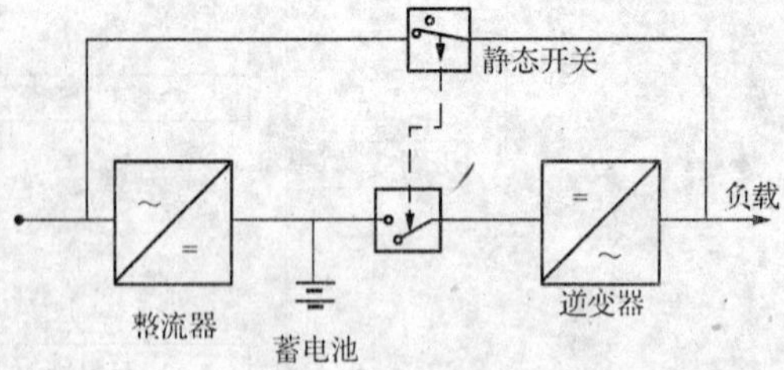

图 2-31　有静态开关的后备式不间断电源

4. 并联式不间断电源系统

为了解决切换过程中引发的电压波动或短暂的供电中断现象，可采用如图 2-32 所示的两台不间断电源系统并联运行方式，以提高供电的可靠性。

技能要点 3：不间断电源系统供电方式

按 UPS 的布置位置可分为集中供电和分散供电两种方式。

(1) 集中供电方式　将蓄电池及直流电源装置仍按机房方式设计在一起（可以在交流低压配电室附近），给分布在楼内的各类电讯设备、电脑及办公设备供电。总 UPS 机房的电源应有双路交流电，可以互投，有大型的整流设备、充电装置、蓄电池、逆变器等。

(2) 分散供电方式　分散供电方式就是将可靠的交流电源直接送到各用电设备用房，有保证电源可靠供电的整流逆变，蓄电池设备（即小型 UPS）设置在用电设备机房内或者设备旁边。有时，一台设备可以配置一台小型 UPS 电源装置。

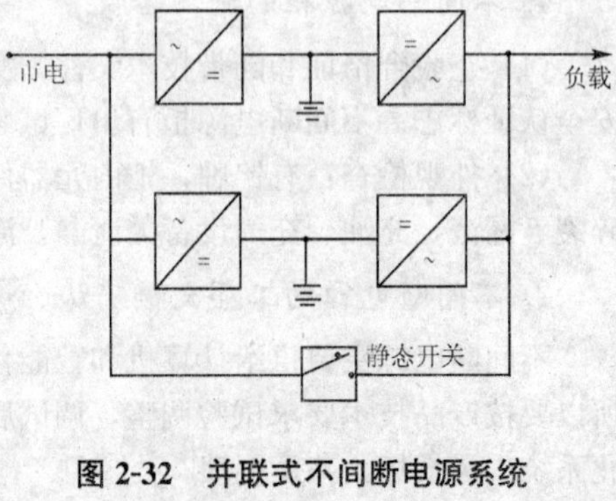

图 2-32　并联式不间断电源系统

技能要点 4：不间断电源设备安装

现行国家标准《不间断电源设备》GB 7260 中明确说明，其功能单元由整流装置、逆变装置、静态开关和蓄电池组四个功能单元组成，由制造厂以柜式出厂供货，有的组合在一起，容量大的分柜供应，安装时基本与柜盘安装要求相同。但有其独特性，即供电质量和其他技术指标是由设计根据负荷性质对产品提出特殊要求，因而对规格型号的核对和内部线路的检查显得十分必要。

1. UPS 设备选择

不间断电源装置的选型，应按负荷大小、运行方式、电压及频率波动范围、允许中断供电时间、波形畸变系数及切换波形是否连续等各项指标确定。

对于 UPS 电源中的逆变器，不是简单地将直流变成交流，尚需符合下列要求：

（1）实现输出电压的自动调节。

（2）输出为工频正弦波，对非线性失真要小，输出电压波形的谐波成分应尽量小。

（3）输出的工频能与市电或另一台逆变器的工频锁相同步，便于进行同步切换或并机运行。

（4）逆变器的效率要高，动态特性要好。

2. UPS 电源设置场合

（1）当用电负荷不允许中断供电时（如用于实时性计算机的电子数据处理装置或计算机系统联网运行时）。

（2）当用电负荷允许中断供电时间要求在 1.5s 以内时。

（3）重要场所（如监控中心）的应急备用电源。

3. 大型 UPS 设备布置

（1）电池室设备布置原则

1）酸性和碱性蓄电池与采暖、散热器的净距不应小于 0.75m。

2）在酸性蓄电池室内敷设的电气线路或电缆应具有耐酸性能。室内地面下不宜有无关的沟道和管线通过。

3）酸性蓄电池室走道宽度和导电部分间距不应小于表 2-30 中所列数据。

表 2-30 酸性蓄电池室走道和导电部分间距

走道宽度		导电部分间距	
布置方式	宽度（m）	正常电压（V）	间距（m）
一侧有蓄电池	0.80	65～250	0.80
两侧有蓄电池	1.00	>250	1.00

4）碱性蓄电池与酸性蓄电池应严格分开使用。

（2）不间断电源设备装置室布置原则

1）整流器柜、逆变器室、静态开关柜等安装距离和通道宽度，不宜小于下列数值：

①柜顶距天棚净距为 1.20m。

②离墙安装时，柜后维护通道为 1m。

③柜前巡视通道为 l.5m。

2）不间断电源装置室与蓄电池室应分开设置，在不间断电源装置附近应设有检修电源。

3）整流器柜、逆变器柜、静态开关柜宜布置在下面有电缆沟或电缆夹层的楼板上。底部周围应采取防止鼠、蛇类小动物进入柜中的措施。

4）不间断电源装置室的控制电缆应与主回路电缆分开敷设。如有困难时，控制线应采用屏蔽线或穿钢管敷设。

5）不间断电源装置室，宜接近负荷中心，进出线方便。

4. 蓄电池安装

(1) 固定式铅蓄电池安装的基本要求

1）蓄电池须设在专用室内，室内的门窗、墙、木架、通风设备等须涂有耐酸油漆保护，地面须铺耐酸砖，并保持一定温度。室内应有上、下水道。

2）电池室内应保持严密，门窗上的玻璃应为毛玻璃或涂以白色油漆。

3）照明灯具的装设位置，需考虑维修方便，所用导线或电缆应具有耐酸性能。应采用防爆型灯具和开关。

4）取暖设备，在室内不准有法兰连接和气门，距离电池不得小于750mm。

5）风道口应设有过滤网，并有独立的通风道。

6）充电设备不准设在电池室内。

7）固定型开口式铅蓄电池木台架的安装应符合下列要求：

①台架应由干燥、平直、无大木节及贯穿裂缝的多树脂木材（如红松）制成，台架的连接不得用金属固定。

②台架应涂耐酸漆或焦油沥青。

③台架应与地面绝缘，可采用绝缘子或绝缘垫。

④台架的安装应平直，不得歪斜。

(2) 防酸隔爆型铅蓄电池安装

1）安装前检查

①蓄电池槽应无裂纹、损伤，槽盖应密封良好。

②蓄电池的正、负端柱应极性正确，并应无变形。

③防酸隔爆栓等部件和零配件应齐全，无损伤。防酸隔爆栓的孔应无堵塞。

④对透明的蓄电池槽，应检查极板有无严重受潮和变形现象，槽内部件应齐全无损伤。

⑤连接条、螺栓及螺母应齐全。

2）安装就位　蓄电池槽就位于台架上的绝缘瓷瓶上，槽和瓷瓶之间要加橡胶垫或铅垫。安装蓄电池时，应使内部装有温度计和比重计的一面朝向便于观察的一方。

3）电池连接　蓄电池安装间距应按制造厂的说明书规定，一般为25mm。正负极用连接条、连接螺栓串联时，应在连接的螺栓上涂以中性凡士林油；螺栓连接应紧固。

4）圆铜母线连接　圆铜母线与蓄电池连接时，可在母线端部焊一块铜接线板，用螺栓连接。铜接线板应搪锡。

5）电缆敷设　蓄电池引出线采用电缆时，除应符合“电缆敷设”有关条款外，尚应满足下列要求：

①宜采用塑料外护套电缆；当采用裸铠装电缆时，其室内部分应剥掉铠装。

②电缆的引出线应用塑料相色带表明正、负极的相色。

③电缆穿出蓄电池室的孔洞及保护管的管口处，应用耐酸材料密封。

6）蓄电池槽　由合成树脂制作的槽，不得沾有芳香烃、煤油等有机溶剂。如需去除槽壁污垢时，可用脂肪烃、酒精等擦拭。

(3) 固定型开口式铅蓄电池安装

1）安装前检查

①蓄电池玻璃槽应透明，厚度均匀，无裂纹及直径5mm以上的气泡，并应无渗漏现象。

②蓄电池的极板应平直，无弯曲、受潮及剥落现象。

③隔板及隔棒应完整无破裂，销钉应齐全。

2）蓄电池安装

①蓄电池槽与台架之间应用绝缘子隔开，并在槽与绝缘子之间垫有铅质或耐酸材料的软质垫片。

②绝缘子应按台架中心线对称安置，并尽可能靠近槽的四角。

③极板的焊接不得有虚焊、气孔；焊接后不得有弯曲、歪斜及破损现象。

④极板之间的距离应相等，并相互平行，边缘对齐。

⑤隔板上端应高出极板，下端应低于极板。

⑥蓄电池极板组两侧的铅弹簧（或耐酸的弹性物）的弹力应充足，以便压紧极板。

⑦组装极板时，每只电池的正、负极片数，应符合产品的技术要求。

⑧注酸前应彻底清除槽内的污垢、焊渣等杂物。

⑨每个蓄电池均应有略小于槽顶面的磨砂玻璃盖板。

3）母线安装　蓄电池室内裸硬母线的安装，除应符合“硬母线安装”的有关条款外，尚应符合下列要求：

①母线支持点的间距不应大于 2m。

②母线的连接应用焊接；母线和电池正、负柱连接时，接触应平整紧密；母线端头应搪锡；母线表面应涂以中性凡士林。

③当母线用绑线与绝缘子固定时，铜母线应用铜绑线，绑线截面不应小于2.5mm^2；钢母线应用铁绑线，绑线截面不宜小于 14$^\#$ 铁线。绑扎应牢固，绑线应涂以耐酸漆。

④母线应排列整齐平直，弯曲度应一致；母线间、母线与建筑物或其他接地部分之间的净距不应小于 50mm。

⑤母线应沿其全长涂以耐酸相色油漆，正极为赭色，负极为蓝色；钢母线尚应在耐酸涂料外再涂一层凡士林；穿墙接线板上应有注明“＋”极的标号。

4）电缆敷设　同“防酸隔爆型铅蓄电池安装”要求。

（4）蓄电池电解液配制

1）酸性蓄电池电解液配制　配制电解液（包括灌注）时，应采用合格的耐酸容器。浓硫酸应缓慢地注入蒸馏水中，严禁将蒸馏水倒入硫酸中。配制时应用玻璃棒或其他耐酸棒将电解液慢慢地搅拌均匀。如电解液温度超过 85℃，应暂停注入硫酸或加强通风，使之冷却。在正常配制情况下，电解液的温度不应高于 35～40℃。浓硫酸与蒸馏水的配合比例可参照表 2-31。

表 2-31　浓硫酸与蒸馏水的配合比例

电解液的密度	体积比		质量比	
	浓硫酸	蒸馏水	浓硫酸	蒸馏水
1.18	1	5.6	1	3.0
1.20	1	4.5	1	2.0
1.21	1	4.3	1	2.5
1.22	1	4.1	1	2.3
1.40	1	1.7	1	0.9

注：1. 环境温度为 20℃。

2. 表列比例为估计量，应以实测的比例为准。

电解液的密度应符合产品的技术规定，在 25℃时，密度为 1.215±0.005，当温度不为 25℃时，可按下式换算：

$$D_{25}=D_t+0.0007(t-25)$$

式中　D_{25}——换算成25℃时的密度；

D_t——t℃时测出的密度；

t——测量时电解液的温度；

0.0007——密度的温度系数（适用于常温时比重为1.2～1.3的稀硫酸）。

2）碱性蓄电池电解液配制。

①碱性镉镍蓄电池电解液按表2-32所列数据配制。

表2-32　镉镍蓄电池电解液配制数据

序号	使用环境温度（℃）	密度（g/ml）	电解液的成分	质量比（碱：水）
1	+10～+45	1.18±0.02	氢氧化钠+20g/l氢氧化锂	1∶5
2	−10～+35	1.20±0.02	氢氧化钾+40g/l氢氧化锂	1∶3
3	−25～+10	1.25±0.01	氢氧化钾	1∶2
4	−40～−15	1.28±0.01	氢氧化钾	1∶2

②配制电解液采用化学用的纯氢氧化钠（或氢氧化钾）和纯水（蒸馏水、软化水、干净的雨水），禁用矿水和海水。即使是蒸馏水，也必须在配制前用试纸测试，确保没有任何酸性反应，方可使用。

③配制时，应将碱放入水中，如为液态碱应缓慢注入水中，不得将水往碱（或碱液）中倾注。

④配制1、2号电解液时，先用少量纯电解液将所需要的氢氧化锂全部溶解，再加入电解液中搅拌均匀。

⑤配制3、4号电解液时，氢氧化钾中的碳酸钾的含量不得高于4%，并严禁混入氢氧化钠。

（5）蓄电池充电

1）蓄电池充放电准备

①酸性蓄电池

a. 劳保用品：护目眼镜、口罩、橡皮手套、围裙等。

b. 器具：比重计（密度1～3），温度计（0～100℃），直流电流表（0～200A），直流电压表（3～0～3V），直流电压表(0～300V)放电电阻（允许电流应大于放电电流的1.2倍，或利用水电阻），硅整流充电装置。

②碱性镉镍蓄电池

a. 劳保用品：护目眼镜、橡胶围裙、橡胶手套、纯棉工作服等。

b. 主要工具：温度计（0～100℃）、直流电压表（3－0－3V；0～300V）、直流电流表（0～100A）、硅整流装置、放电电阻（或水电阻）。

2）蓄电池充放电

①初充电及首次放电应按产品技术文件的技术要求进行，不应过充或过放。初充电期间，应保证电源可靠。在初充电开始后25h内，应保证连续充电，电源不可中断。

②充电前应复查蓄电池内电解液的液面高度。

③电解液注入蓄电池后，应静止3～5h，待液温冷却到30℃以下时，方可充电，但自电解液注入蓄电池内开始至充电之间的放置时间（当产品无要求时），一般不宜超过12h。

④碱性镉镍蓄电池注入电解液后，应静置2h，经检查全部电池上出现电压（大于0.5V），方可充电。

3）酸性蓄电池充电

①初充电　新电池、干藏后或大修（包括极板曾从容器中抽出）后的蓄电池的第一次充电，称为初充电。初充电的好坏直接影响蓄电池容量的大小和寿命的长短，故必须按照制造厂或专业标准规定的方法进行。

初充电前，加液后应让电池静置若干小时（容量较小的静置2～4h，较大的静置3～8h），使极板充分吸收电液。静置期间，电解液的温度先升后降，待降至室温（通常低于35℃）即可充电。充电末期应随时调整电解液的密度和液位，使充电结束时达到规定值（通常液位应高出保护板10～20mm，视不同类型而异）。蓄电池电解液液面产生强烈气泡（沸腾）、单体蓄电池电压≥2.5V和电解液密度符合规定值且连续若干小时无明显变化，则可认为充电结束。

②正常充电　正常充电是使用期间的定期充电、经常充电。充入的安培小时数大约为放出安培小时数的1.3～1.5倍。正常充电可以以恒流方式或恒压方式进行。以固定型蓄电池为例，恒流充电时的充电电流常取10h率放电电流 I_{10}（$=C_{10}/10$）和 $0.5I_{10}$，并分阶段进行，括号中 C_{10} 为蓄电池10h率的额定容量。判断充电是否完成的方法同上。各制造厂对正常充电的方法通常也有规定。

③均衡充电　均衡充电是消除蓄电池之间差别使全组电池均衡所进行的充电。均衡充电不能过于频繁，应针对实际情况进行务使电池过充电，对不能同步充电终了的电池可单独处理。均衡充电充电过程中应做好充电电流、时间和异常情况的记录；充电宜采用较小的电流充电，如 $0.5I_{10}$ 甚至更小一些。

④浮充电　浮充电是蓄电池与浮充电动机并联运行的一种工作方式。正常情况下，浮充电动机既向直流负荷供电，又对蓄电池浮充电，补充电池自放电损失，使其处于充满电的状态；当负荷突然增加或停电时，蓄电池则开始向负荷供电。但要避免蓄电池过充电。

（4）碱性蓄电池充电　镉镍、铁镍蓄电池一般采用0.2C或0.1C等恒定电流充电。对容量已放完的电池，用计算充电时间的方法控制充电的终止，如以0.2C对镉镍电池充电7～8h，或以0.1℃充电14h。对已使用过但不知还剩多少容量的电池，用测量充电电压为方法来控制充电的终止$\left(\frac{1.5\sim1.6\text{V}}{个}\right)$。急需时可用4h快速充电制充电，前2h以0.5C充电，后2h以0.2C充电。初充电或过放电、反充电（极性接反）后，应采用过充制充电。锌银蓄电池不可过充电，当电压充至2.05V时即应停充。

浮充电和均衡充电常采用恒电压制。

蓄电池充电通常在（20±10）℃的环境中进行，低于5℃或高于35℃不宜充电。

碱性电池常以5h率放电为标准。典型的镉镍电池以不同放电制放电所对应的终止电压和放电时间见表2-33。

表2-33　不同放电制的放电时间

放电制度	放电电流（A）	终止电压（V）	放电时间
5h率	0.2C	1.0	≥5h
2h率	0.5C	1.0	≥1h54min
1h率	1C	1.0	≥54min
$\frac{1}{2}$h率	2C	1.0	≥25min
$\frac{1}{5}$h率	5C	1.0	≥8min
$\frac{1}{10}$h率	10C	0.9	≥2min

放电时的电液温度一般不要超过40℃。放电以终止电压或记录的放电量来确定是否终了。放电终了后应及时充电。镉镍、铁镍电池耐过放电；而锌银电池不可过放电，当电池电压降至1.3～1.0V时必须停止放电。

5. 不间断电源的配线

（1）为防止运行中的相互干扰，确保屏蔽可靠，引入或引出不间断电源装置的主回路电线、电缆和控制电线、电缆应分别穿保护导管敷设，在电缆支架上平行敷设应保持150mm的距离；电线、电缆的屏蔽护套接地连接可靠，与接地干线就近连接，紧固件齐全。

（2）不间断电源输出端的中性线（N极），必须与由接地装置直接引来的接地干线相连接，做重复接地。

不间断电源输出端的中性线（N极）通过接地装置引入干线做重复接地，有利于遏制中性点漂移，使三相电压均衡度提高。同时，当引向不间断电源供电侧的中性线意外断开时，可确保不间断电源输出端不会引起电压升高而损坏由其供电的重要用电设备，以保证整幢建筑物的安全使用。

（3）不间断电源装置的可接近裸露导体应与PE线或PEN线连接可靠，且有标识。

6. 不间断电源的检查、试验

（1）不间断电源的整流、逆变、静态开关各个功能单元都要单独试验合格，才能进行整个不间断电源试验。

（2）不间断电源的输入、输出各级保护系统和输出的电压稳定性、波形畸变系数、频率、相位、静态开关的动作等各项技术性能指标试验调整必须符合产品技术文件要求，且符合设计文件要求。

（3）不间断电源试验，根据供货协议可以在工厂或安装现场进行，以安装现场试验为最佳选择，因为如无特殊说明，在制造厂试验一般使用的是电阻性负载。无论采用何种方式，都必须符合工程设计文件和产品技术条件的要求。

（4）不间断电源装置间连线的线间、线对地间绝缘电阻值应大于0.5MΩ。

（5）不间断电源正常运行时产生的A声级噪声，不应大于45dB；输出额定电流为5A及以下的小型不间断电源噪声，不应大于30dB。对噪声的规定，既考核产品制造质量，又维护了环境质量，有利于保护有人值班的变配电室工作人员的身体健康。

技能图解11　裸母线、封闭母线、插接式母线安装

技能结构框线图

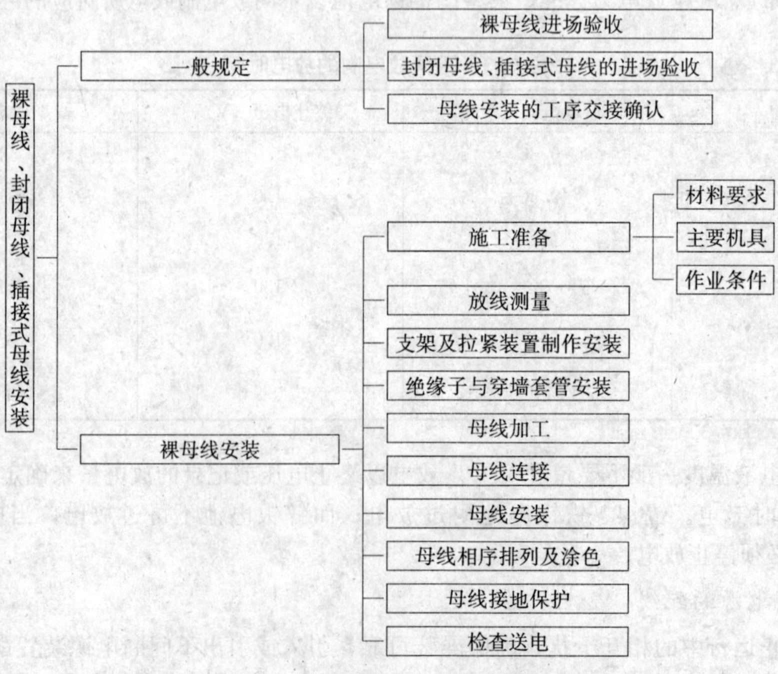

图2-33　裸母线、封闭母线、插接式母线安装（一）

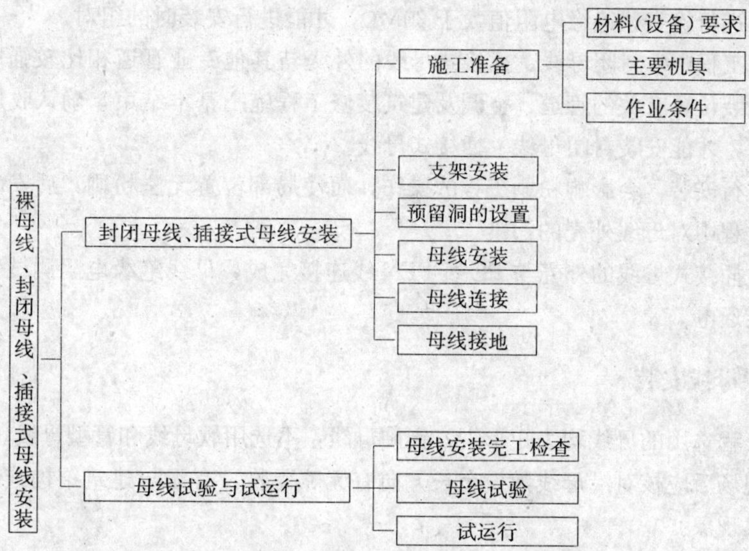

图 2-33　裸母线、封闭母线、插接式母线安装（二）

技能要点 1：一般规定

1. 裸母线的进场验收

（1）裸母线应查验合格证，当铜、铝母线无出厂合格证以及对材质有怀疑时，应进行检测。

（2）外观检查裸母线要包装完好，裸母线平直，表面应光洁平整，无明显划痕，不应有裂纹、折皱、夹杂物及变形和扭曲现象。测量母线厚度和宽度要符合制造标准。

2. 封闭母线、插接式母线的进场验收

（1）查验封闭母线、插接式母线合格证和随带安装技术文件，并验证其编号或安装顺序号，安装注意事项等内容是否与设计相符。

（2）对成套供应的封闭母线、插接式母线应防潮密封良好，各段编号标志清晰，附件齐全，外壳不变形。

外观重点检查母线搭接面和插接式母线静触头表面的镀层质量及平整度是保证母线导电良好的关键。并应检查母线的螺栓搭接面平整、镀层覆盖完整、无起皮和麻面；插接式母线上的静触头应无缺损，表面光滑、镀层完整。

3. 母线安装的工序交接确认

（1）裸母线一般是指矩形铜、铝母线，多用在变压器和高、低压配电室中，在这些环境中，待变压器、高低压成套配电柜、穿墙套管及绝缘子等安装就位，经检查确认合格后，才能安装变压器和高低压成套配电柜的母线。

（2）母线安装需要在母线支架与 PE 线或 PEN 线连接完成，母线绝缘电阻测试和交流工频耐压试验合格后才能通电。

（3）封闭母线、插接式母线是依据建筑结构和母线布置位置分段制造的，而建筑物的实际尺寸和建筑图纸标注尺寸间会有一定的误差，所以要在建筑结构封顶、室内楼（地）面标高及楼层间距已确定的情况下，验证复核实际安装尺寸是否与预期尺寸基本一致，若有差异（指超过预期误差）可及时设法处理，在尺寸复核后，才能确定母线各种支架的设置位置。

（4）封闭母线、插接式母线是分段供货、现场组对连接的，完成后要检查总体交流工频耐压水平和绝缘强度。为了能顺利的通过最终检验，防患于未然，所以安装前要对各段母线的相间和相对地间的绝缘进行检查，绝缘电阻值大于 20MΩ，才能进行安装时的组对。

（5）在安装工程中，封闭母线、插接式母线的外壳与其他专业管道相比较强度要差一些，所以要在与母线安装位置有关的管道、空调及建筑装修工程施工基本结束，确认收尾施工不会影响已安装的母线后，才能安装封闭母线、插接式母线。

如果母线先行安装，会影响粉刷工程的操作，而使局部位置无法粉刷，后安装母线还可以避免建筑物粉刷过程中对母线外壳的污染。

（6）封闭、插接式母线的外壳与 PE 线 PEN 线连接完成，母线绝缘电阻测试和交流工频耐压试验合格，才能通电。

技能要点 2：裸母线安装

建筑电气工程选用的母线均为矩形铜、铝硬母线，不选用软母线和管型母线。

进入安装现场后应核对沿母线敷设全长方向有无障碍物，有无与建筑结构或设备管道、通风等安装部件交叉现象。

1. 施工准备

（1）材料要求

1）铜、铝母线应有产品合格证及材质证明，并符合设计的要求。

2）裸母线包装良好，平直、表面无明显划痕，厚度和宽度符合设计要求。

3）金属紧固件及卡具，均采用热镀锌件。

（2）主要机具

母线煨弯器、电焊、气焊工具、钢锯、电锤、木锤、砂轮、台钻、手电钻、板锉、钢丝刷、力矩扳手、铜丝刷。

皮尺、钢卷尺、钢板尺、水平尺、线坠、摇表、万用表、细钢丝。

（3）作业条件

1）母线装置安装前，建筑工程应具备下列条件：

①基础、构架符合电气设备的设计要求。

②屋顶、楼板施工完毕，不得渗漏。

③室内地面基层施工完毕，并在墙上标出抹平标高。

④基础、构架达到允许安装的强度，焊接构件的质量符合要求，高层构架的走道板、栏杆、平台齐全牢固。

⑤有可能损坏已安装母线装置或安装后不能再进行的装饰工程全部结束。

⑥门窗安装完毕，施工用道路通畅。

⑦母线装置的预留孔、预埋铁件应符合设计的要求。

2）配电屏、柜安装完毕。

3）母线桥架、支架、吊架应安装完毕，并符合设计和规范要求。

4）母线、绝缘子及穿墙套管的瓷件等的材质查核后符合设计要求和规范规定，并具备出厂合格证。

5）主材应基本到齐，辅材应能满足连续施工需要。常用机具应基本齐备。

2. 放线测量

（1）进入现场首先依照图纸进行检查，根据母线沿墙、跨柱、沿梁至屋架敷设的不同情况，核对是否与图纸相符。

(2) 放线测量对母线敷设全方向有无障碍物，有无与建筑结构或设备、管道、通风等工程各安装部件交叉矛盾的现象。

(3) 检查预留孔洞、预埋铁件的尺寸、标高、方位，是否符合要求。

(4) 检查脚手架是否安全及符合操作要求。

3. 支架及拉紧装置制作安装

(1) 按图纸尺寸加工各式支架。支架要用∟50×5角钢制作。角钢断口必须锯断（或冲压断），不得采用气割。

(2) 支架埋入墙内部分必须开叉成燕尾状。

(3) 支架上的螺孔宜加工成长孔，以便于调整。螺孔中心距偏差不大于2mm。

(4) 支架安装距离，当裸母线为水平敷设时，不超过3m，垂直敷设时，不超过2m。

(5) 支架距离要均匀一致，两支架间距离偏差不得大于5cm。

(6) 支架埋入墙内深度要大于150mm，采用螺栓固定时要使用M12×150开尾螺栓。孔洞要用混凝土填实，灌注牢固。支架跨柱、沿梁或屋架安装时所用抱箍、螺栓、撑架等要紧固。应避免将支架直接焊接在建筑物结构上。

(7) 遇有混凝土板墙、梁、柱、屋架等无预留孔洞时，允许采用锚固螺栓方式安装固定支架。有条件时，也可采用射钉枪。

(8) 母线拉紧装置应按设计图纸要求的材料型号、规格，量好尺寸下料制作，应采用机械切割和制孔。钢夹板和钢连接板必须平整、接触面光滑洁净。

4. 母线绝缘子与穿墙套管安装

(1) 母线绝缘子及穿墙套管安装前应进行检查，要求瓷件、法兰完整无裂纹，胶合处填料完整，绝缘子灌注螺丝、螺母等结合牢固。检查合格后方能使用。

(2) 绝缘子及穿墙套管在安装前应按下列项目试验合格：

1) 测量绝缘电阻。

2) 交流耐压试验。

(3) 安装在同一平面或垂直面上的支柱绝缘子或穿墙套管的顶面，应位于同一平面上；其中心线位置应符合设计要求。母线直线段的支柱绝缘子的安装中心线应处在同一直线上。

(4) 支柱绝缘子和穿墙套管安装时，其底座或法兰盘不得埋入混凝土或抹灰层内。

支柱绝缘子叠装时，中心线应一致，固定应牢固，紧固件应齐全。

(5) 绝缘子安装要点

1) 无底座和顶帽的内胶装式的低压绝缘子与金属固定件的接触面之间应垫以厚度不小于1.5mm的橡胶或石棉板等缓冲垫圈。

2) 绝缘子夹板、卡板的安装要紧固。

3) 夹板、卡板的制作规格要与母线的规格相适配。

4) 三角锥形组合支柱绝缘子的安装，除应符合上述规定外，并应符合产品的技术要求。

5) 悬式绝缘子串的安装的要求

①除设计原因外，悬式绝缘子串应与地面垂直，当受条件限制不能满足要求时，可有不超过5°的倾斜角。

②多串绝缘子并联时，每串所受的张力应均匀。

③绝缘子串组合时，连接金具的螺栓、销钉及锁紧销等必须符合现行国家标准，且应完整，其穿向应一致，耐张绝缘子串的碗口应向上，绝缘子串的球头挂环、碗头挂板及锁紧销等应互相

匹配。

④弹簧销应有足够弹性，闭口销必须分开，并不得有折断或裂纹，严禁用线材代替。

⑤均压环、屏蔽环等保护金具应安装牢固，位置应正确。

⑥绝缘子串吊装前应清擦干净。

（6）穿墙套管安装要点

1）安装穿墙套管的孔径应比嵌入部分至少大 5mm，混凝土安装板的最大厚度不得超过 50mm。

2）额定电流在 1500A 及以上的穿墙套管直接固定在钢板上时，套管周围不应形成闭合磁路。

3）穿墙套管垂直安装时，法兰应向上，水平安装时，法兰应在外。

4）600A 及以上母线穿墙套管端部的金属夹板（紧固件除外），应采用非磁性材料，其与母线之间应有金属相连，接触应稳固，金属夹板厚度不应小于 3mm，当母线为两片及以上时，母线本身间应予以固定。

5）充油套管水平安装时，其储油柜及取油样管路应无渗漏，油位指示清晰，注油和取样阀位置应装设于巡回监视侧，注入套管内的油必须合格。

6）套管接地端子及不同的电压抽取端子应可靠接地。

7）安装在潮湿或要求密封的环境中的穿墙套管，其两端应加密封。

8）低压母线穿墙板宜采用硬聚氯乙烯板，板的厚度应大于 7mm。

（7）室内裸母线的最小安全净距要求。安全净距指带电导体与非带电物体或不同相带电导体间的空间最近距离。保持这个距离可以防止各种原因引起的过电压而发生空气击穿现象，诱发短路事故等电气故障。

室内裸母线的最小安全净距应符合表 2-34 和图 2-34、图 2-35 的规定。

表 2-34　室内裸母线最小安全净距　（mm）

符号	适用范围	图号	额定电压（kV）			
			0.4	1～3	6	10
A_1	（1）带电部分至接地部分之间 （2）网状和板状遮拦向上延伸线距地 2.3mm 处与遮拦上方带电部分之间	图 2-34	20	75	100	125
A_2	（1）不同相的带电部分之间 （2）断路器和隔离开关的断口两侧带电部分之间	图 2-34	20	75	100	125
B_1	（1）栅状遮拦至带电部分之间 （2）交叉的不同时停电检修的无遮拦带电部分之间	图 2-34 图 2-35	800	825	850	875
B_2	网状遮拦至带电部分之间	图 2-34	100	175	200	225
C	无遮拦裸导体至地（楼）面之间	图 2-34	2300	2375	2400	2425
D	平行的不同时停电检修的无遮拦裸导体之间	图 2-34	1875	1875	1900	1925
E	通向室外的出线套管至室外通道的路面	图 2-35	3650	4000	4000	4000

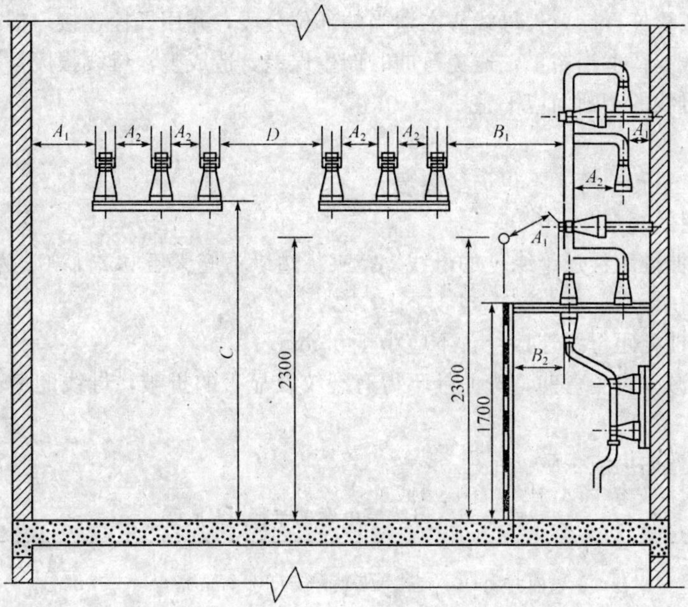

图 2-34　室内 A_1、A_2、B_1、B_2、C、D 值校验

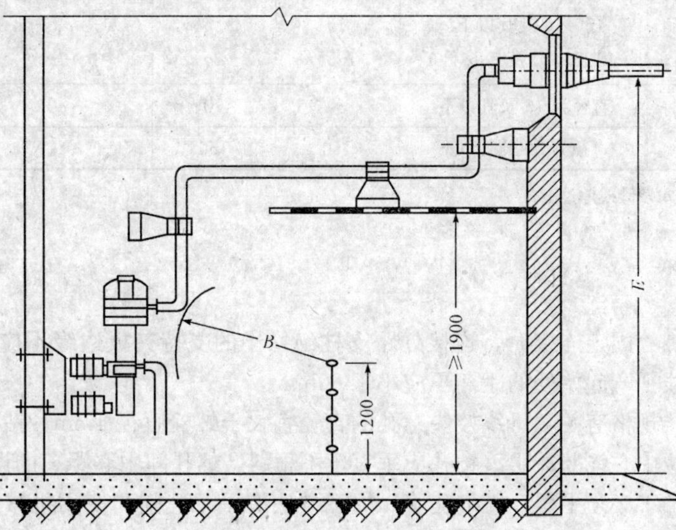

图 2-35　室内 B_1、E 值校验

5. 母线加工

裸母线又称汇流排，是高低压配电装置常用的配电母线。这种母线按材质分有铜、铝、钢三种，目前使用最多的是铝母线。

（1）母线矫直　母线应矫正平直。对弯曲不平的母线，应进行矫直。人工矫直时，先选一段表面平直、光滑、洁净的大型槽钢或工字钢，将母线放在钢面上用木锤敲打。如母线弯曲过大，在弯曲部位放上垫块，如铝板、木板等，然后用铁锤敲打。

（2）母线下料　一般有手工或机械下料两种方法。手工下料可用钢锯；机械下料可用锯床、电动冲剪机等。下料时应注意以下几点：

1）根据母线来料长度合理切割，以免浪费。

2）为便于日久检修拆卸，长母线应在适当的部位分段，并用螺栓连接，但接头不宜过多。

3）下料时母线要留适当裕量，避免弯曲时产生误差，造成整根母线报废。

4）下料时，母线的切断面应平整。

（3）母线弯曲

1）矩形母线应进行冷弯，不得进行热弯。

2）母线弯制时的规定

①母线开始弯曲处距最近绝缘子的母线支持夹板边缘不应大于 0.25L（L 为母线长），但不得小于 50mm。

②母线开始弯曲处距母线连接位置不应小于 50mm。

③矩形母线应减少直角弯曲，弯曲处不得有裂纹及显著的折皱，母线的最小弯曲半径应符合表 2-35 的规定。

④多片母线的弯曲度应一致。

表 2-35　母线最小弯曲半径（*R*）值

母线种类	弯曲方式	母线断面尺寸（mm）	最小弯曲半径（mm）		
			铜	铝	钢
矩形母线	平弯	50×5 及其以下 125×10 及其以下	$2a$ $2a$	$2a$ $2.5a$	$2a$ $2a$
	立弯	50×5 及其以下 125×10 及其以下	$1b$ $1.5b$	$1.5b$ $2b$	$0.5b$ $1b$
棒形母线		直径为 16 及其以下	50	70	50
		直径为 30 及其以下	150	150	150

注：a 为母线宽度；b 为母线厚度。

6. 母线连接

（1）母线搭接

矩形母线采用螺栓固定连接时，连接处距支柱绝缘子的支持夹板边缘不应小于 50mm，上片母线端头与下片母线平弯起始处的距离不应小于 50mm。

螺栓规格与母线规格有关。母线接头螺孔的直径宜大于螺栓直径 1mm；钻孔前，先在连接部位，按规定划好孔位中心线并冲眼。钻孔应垂直，不歪斜，螺孔间中心距离的误差应为±0.5mm。

母线的接触面加工必须平整，无氧化膜。加工方法有手工锉削和使用机械铣、刨和冲压三种方法。经加工后其截面减少值：铜母线不应超过原截面的 3%；铝母线不应超过原截面的 5%。接触面应保持洁净，并涂以电力复合脂。具有镀银层的母线搭接面，不得任意锉磨。

母线与母线，母线与分支线，母线与电器接线端子搭接时，其搭接面的处理应符合下列规定：

1）铜与铜：室外、高温且潮湿或对母线有腐蚀性气体的室内，必须搪锡，在干燥的室内可直接连接。

2）铝与铝：直接连接。

3）钢与钢：必须搪锡或镀锌，不得直接连接。

4）铜与铝：在干燥的室内，铜导体应搪锡，在室外或空气相对湿度接近 100%的室内，应采用铜铝过渡板，铜端应搪锡。

5）钢与铜或铝：钢搭接面必须搪锡。

6）封闭母线螺栓固定搭接面应镀银。

矩形母线的搭接连接，应符合设计的规定；当母线与设备接线端子连接时，应符合现行国家标准《变压器、高压电器和套管的接线端子》的要求。

（2）母线焊接

1）母线焊接所用的焊条、焊丝应符合现行国家标准，其表面应无氧化膜、水分和油污等杂物。

2）焊接前应将母线坡口两侧表面各 50mm 范围内清刷干净，不得有氧化膜、水分和油污；坡口加工面应无毛刺和飞边。

3）焊接前对口应平直，其弯折偏移不应大于 0.2%［图 2-36（b）］；中心线偏移不应大于 0.5mm［图 2-36（a）］。

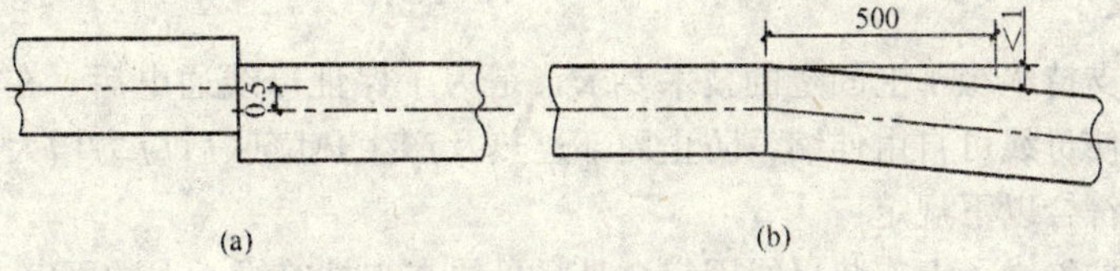

图 2-36　对口中心线允许偏及对口允许弯曲偏移

4）对口焊接的母线，宜有 35°～40°的坡口，1.5～2mm 的钝边。

5）铝及铝合金的管形母线、槽形母线、封闭母线及重型母线应采用氩弧焊。

6）每个焊缝应一次焊完，除瞬间断弧外不得停焊；母线焊完未冷却前，不得移动或受力。

7）母线对接焊缝的上部应有 2～4mm 的加强高度；330kV 及以上电压的硬母线焊缝应呈圆弧形，不应有毛刺、凹凸不平；引下线母线采用搭接焊时，焊缝的长度不应小于母线宽度的两倍；角焊缝的加强高度应为 4mm。封闭母线及其外壳的焊缝应符合设计要求。

8）铝及铝合金硬母线对焊时，焊口尺寸应符合表 2-36 的规定；管形母线的补强衬管的纵向轴线应位于焊口中央，衬管与管母线的间隙应小于 0.5mm。

表 2-36　对口焊焊口尺寸

母线类别	焊口形式	母线厚度 d（mm）	间　隙 c（mm）	钝边厚度 b（mm）	坡口角度 α（°）
矩形母线	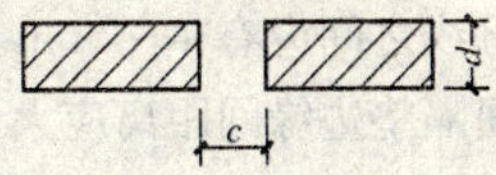	<5	<2		
	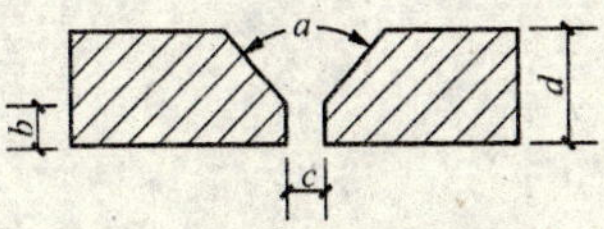	5	1～2	1.5	65～75
		6.3～12.5	2～4	1.5～2	65～75
管形母线	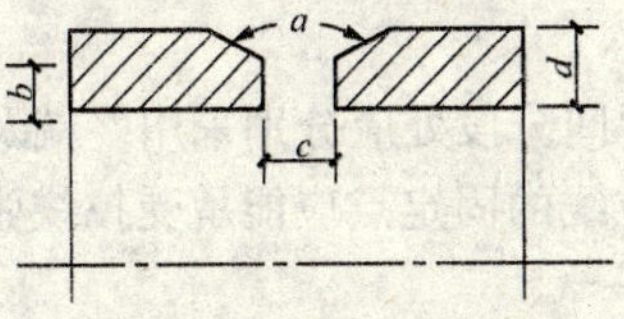	3～6.3	1.5～2	1	60～65
		6.3～10	2～3	1.5	60～75
		10～20	3～5	2～3	65～75

9）母线对接焊缝的部位规定

①离支持绝缘子母线夹板边缘不应小于 50mm。

②母线宜减少对接焊缝。

③同相母线不同片上的对接焊缝，其错开位置不应小于 50mm。

10）母线焊接后的检验标准的要求

①焊接接头的对口、焊缝应符合本章的有关规定。

②焊接接头表面应无肉眼可见的裂纹、凹陷、缺肉、未焊透、气孔、夹渣等缺陷。

③咬边深度不得超过母线厚度（管形母线为壁厚）的 10%，且其总长度不得超过焊缝总长度的 20%。

11）仍采用氧－乙炔气体或碳弧焊焊接的接头，焊完后应以 60～80℃的清水，将残存的焊药和熔渣清洗干净。

7. 裸母线安装

对矩形母线在支持绝缘子上固定的技术要求，是为了保证母线通电后，在负荷电流下不发生短路环涡流效应，使母线可自由伸缩，防止局部过热及产生热膨胀后应力增大而影响母线安全运行。裸母线安装应符合以下规定：

（1）首先在支柱绝缘子上安装母线固定金具。母线在支柱绝缘子上的固定方式有：螺栓固定、卡板固定、夹板固定，详见图 2-37（卡板固定）。螺栓固定是直接用螺柱将母线固定在瓷瓶上。

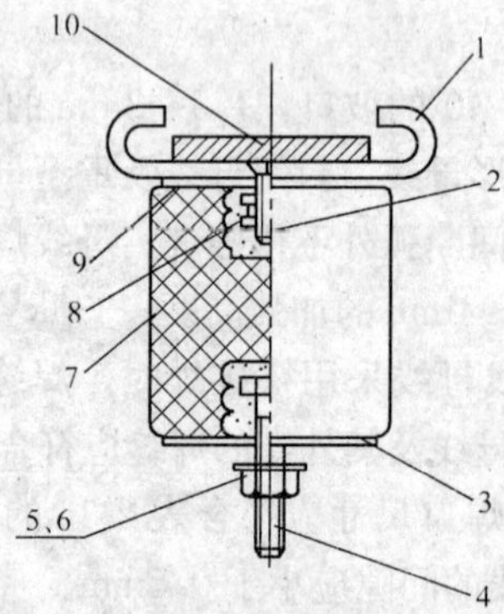

图 2-37　卡板固定母线

1—卡板；2—埋头螺栓；3—红钢纸垫片；4—螺栓；
5、6—螺母、垫圈；7—瓷瓶；8—螺母；9—红钢纸垫片；10—母线

管形母线安装在滑动式支持器上时，支持器的轴座与管形母线之间应有 1～2mm 的间隙。

多片矩形母线间，应保持不小于母线厚度的间隙；相邻的间隔垫边缘间距离应大于 5mm。

（2）母线敷设应按设计规定装设补偿器（伸缩节），设计未规定时，宜每隔下列长度设一个：

铝母线　20～30m；

铜母线　30～50m；

钢母线　35～60m。

母线补偿器由厚度为 0.2～0.5mm 的薄片叠合而成，不得有裂纹、断股和折皱现象；其组装后的总截面不应小于母线截面的 1.2 倍。

（3）硬母线跨柱、梁或跨屋架敷设时，母线在终端及中间分段处应分别采用终端及中间拉紧装置。终端或中间拉紧固定支架宜装有调节螺栓的拉线，拉线的固定点应能承受拉线张力。且同一挡距内，母线的各相弛度最大偏差应小于 10%。

母线长度超过 300～400m 而需换位时，换位不应小于一个循环。槽形母线换位段处可用矩形母线连接，换位段内各相母线的弯曲程度应对称一致。

（4）母线与母线或母线与电器接线端子的螺栓搭接面的安装要求

1）母线接触面加工后必须保持清洁，并涂以电力复合脂。

2）母线平置时，贯穿螺栓应由下往上穿，其余情况下，螺母应置于维护侧，螺栓长度宜露出螺母 2～3 扣。

3）贯穿螺栓连接的母线两外侧均应有平垫圈，相邻螺栓垫圈间应有 3mm 以上的净距，螺母侧应装有弹簧垫圈或锁紧螺母。

4）螺栓受力应均匀，不应使电器的接线端子受到额外应力。

5）母线的接触面应连接紧密，连接螺栓应用力矩扳手紧固，其紧固力矩值应符合表 2-37 的规定。

表 2-37　钢制螺栓的紧固力矩值

螺栓规格（mm）	力矩值（N·m）	螺栓规格（mm）	力矩值（N·m）
M8	8.8～10.8	M16	78.5～98.1
M10	17.7～22.6	M18	98.0～127.4
M12	31.4～39.2	M20	156.9～196.2
M14	51.0～60.8	M24	274.6～343.2

母线与螺杆形接线端子连接时，母线的孔径不应大于螺杆形接线端子直径 1mm。丝扣的氧化膜必须刷净，螺母接触面必须平整，螺母与母线间应加铜质搪锡平垫圈，并应有锁紧螺母，但不得加弹簧垫。

（5）裸母线安装控制技术数据见表 2-38。

表 2-38　母线安装控制技术数据

项　目	控制技术数据
夹板和母线之间的间隙	同一垂直部分其余的夹板和母线之间应留有 1.5～2mm 的间隙
最小安全距离	详见表 2-34 的规定
支持点的间距	对低压母线不得大于 900mm 对高压母线不得大于 1200mm
支持点误差	水平段。二支持点高度误差不大于 3mm，全长不大于 10mm 垂直段。二支持点垂直误差不大于 2mm，全长不大于 5mm 间距。平行部分间距应均匀一致，误差不大于 5mm
螺栓垫圈间距离	相邻螺栓垫圈间应有 3mm 以上的距离

8. 裸母线的相序排列及涂色

为了鉴别相位而规定的母线相序的统一排列方式和涂色规定，是方便维护检修和扩建结线及有助于运行操作及保证人员的安全。

裸母线的相序排列及涂色，当设计无要求时应符合下列规定：

（1）上、下布置的交流母线，由上至下排列为 L_1、L_2、L_3 相；直流母线正极在上，负极在下。

（2）水平布置的交流母线，由盘后向盘前排列为 L_1、L_2、L_3 相；直流母线正极在后，负极在前。

（3）面对引下线的交流母线，由左至右排列为 L_1、L_2、L_3 相；直流母线正极在左，负在右。

（4）母线的涂色：交流，L_1 相为黄色、L_2 相为绿色、L_3 相为红色；直流，正极为赭色、负有为蓝色；在连接处或支持件边缘两侧 10mm 以内不涂色。

9. 裸母线的接地保护

母线是供电主干线，凡与其相关的可接近的裸露导体要接地或接零的理由主要是：发生漏电可导入接地装置，确保接触电压不危及人身安全，同时也给具有保护或讯号的控制回路正确发出讯号提供可能。

母线绝缘子的底座、套管的法兰、保护网（罩）及母线支架等可接近裸露导体应与 PE 线或 PEN 线连接可靠。为防止保护线线间的串联连接，不应将其作为 PE 线或 PEN 线的接续导体。

10. 检查送电

硬母线安装工作完成后，要全面的进行检查，清理好工作现场的工具、杂物。并将场地的门窗关好并上锁，防止设备损坏。

当母线安装场所土建工程需要二次喷漆时，应将母线用塑料布遮盖好，防止被污染。

母线送电前应进行交流耐压试验，对高压套管和 35kV 及以下的支柱绝缘子的耐压试验可与母线耐压试验一起进行，试验电压应符合表 2-39 的规定。35kV 多元件支柱绝缘子的每层浇合处是绝缘的薄弱环节，往往在整个绝缘子交流耐压试验时不可能发现，而在分层耐压试验时引起击穿。在进行耐压试验时，应按每个元件耐压试验电压标准进行交流耐压试验。两个胶合元件的支柱绝缘子，每个元件交流耐压值为 50kV；三个胶合元件的支持绝缘子，每个元件交流耐压值为 34kV。对 500V 以下母线试验电压为 1000V，可采用 2500V 兆欧表代替，试验持续时间为 1min。绝缘电阻值测试，可用 500V 摇表摇测，绝缘电阻值不应小于 0.5MΩ。

经测试符合规定后可进行试运行，母线送电后，不得在母线附近工作或走动，以免造成触电事故。正式送电前应先挂好有电标志牌，并通知有关单位。使用单位在未经正式交工验收前，不得使母线投入运行。

表 2-39　穿墙套管、支柱绝缘子工频耐压试验电压标准

额定电压（kV）	最高工作电压（kV）	1min 工频耐受电压（kV）有效值					
		穿墙套管		支持绝缘子			
		纯瓷和纯瓷充油绝缘	固体有机绝缘				
		出厂	交接	出厂	交接	出厂	交接
3	3.5	18	18	18	16	25	25
6	6.9	23	23	23	21	32	32
10	11.5	30	30	30	27	42	42
15	17.5	40	40	40	36	57	57
20	23.0	50	50	50	45	68	68
35	40.5	80	80	80	72	100	100
63	69.0	140	140	140	126	165	165
110	126.0	185	185	185	180	265	265

技能要点 3：封闭母线、插接式母线安装

封闭母线、插接式母线的固定型式有垂直和水平安装两种，其中水平悬吊式分为直立式和侧卧式两种。垂直安装有弹簧支架固定以及母线槽沿墙支架固定两种。

1. 施工准备

(1) 材料（设备）要求

1）封闭、插接母线应有出厂合格证、“CCC”认证标志及认证复印件、安装技术文件。技术文件应包括额定电压、额定容量、试验报告等技术数据。型号、规格、电压等级、应符合设计要求。

2）母线及外壳外观质量的要求

①每一相母线组件在外壳上应有明显标志，表明所属相段、编号及安装方向。

②母线和外壳不应有裂纹、裂口和严重锤痕和凹凸不平现象。

③母线与外壳的不同心度，允许偏差为±5mm。

④外壳法兰端面应与外壳轴线垂直，法兰盘不变形，法兰加工精度良好。

⑤螺栓连接的接触面加工后镀锡，锡层要求平整、均匀、光洁，不允许有麻面、起皮及未覆盖部分。

⑥外壳内表面及母线外表面涂无光泽黑漆，漆层应良好。需要现场焊接或螺栓连接的部分不涂。

3）各种规格的型钢应无明显锈蚀，卡件、各种螺栓、垫圈应符合设计要求，应是热镀锌制品。

4）其他材料：防腐油漆、面漆、电焊条等应有出厂合格证。

(2) 主要机具

工作台、台虎钳、钢锯、锤子、油压煨弯器、电钻、电锤、电焊机、力矩扳手、钢角尺、钢卷尺、水平尺、绝缘摇表等。

(3) 作业条件

1）施工图纸及产品技术文件齐全。

2）在结构封顶、室内底层地面施工完成或已确定地面标高、场地清理、层间距离复核后，才能确定支架设置位置。

3）电气设备（变压器、开关柜等）安装完毕，且检验合格。

4）与封闭、插接式母线安装位置有关的管道、空调及建筑装修工程施工基本结束，确认扫尾施工不会影响已安装的母线，方可安装母线。

2. 支架安装

(1) 一字形角钢支架安装　一字形角钢支架适用于母线在墙上水平安装，支架采用圬埋的方法埋设在墙体内，角钢支架埋设深度为150mm，角钢外露长度在母线直立式安装时为母线宽度加135mm，当母线在支架上侧卧式安装时为母线尺寸加150mm，如图2-38所示。

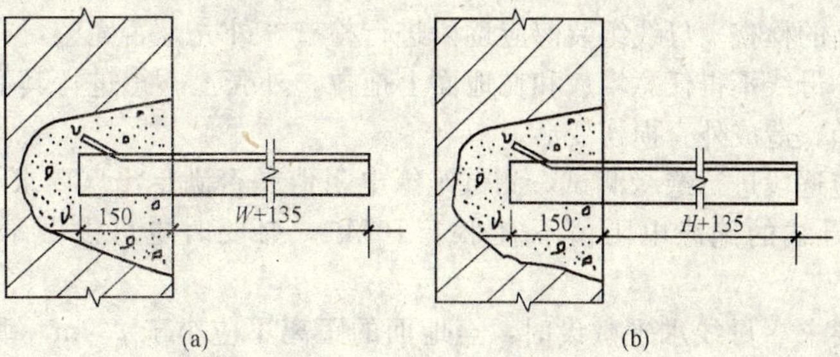

图2-38　一字形支架安装

(a) 母线直立式安装用支架；(b) 母线侧卧式安装用支架

W—母线宽度；H—母线高度

（2）L形角钢支架　L形角钢支架适用于母线在墙或柱上水平安装，L形角钢支架与墙或柱的固定，使用M12×110金属膨胀螺栓固定，如图2-39所示。图中尺寸$W+135$为母线在支架上直立式安装时的支架尺寸，括号内的数值为母线在支架上侧卧式安装的支架尺寸。封闭插接母线如果在有凸出柱的墙上安装时，角钢支架应适当加长。

（3）三角形支架　三角形支架有母线在凸出柱的墙上安装的角钢支架和母线在墙（柱）上安装的单向三角形金具。角钢三角形支架如图2-40所示，图中L为混凝土柱的宽度，W为封闭母线的宽度，H为封闭母线的高度。

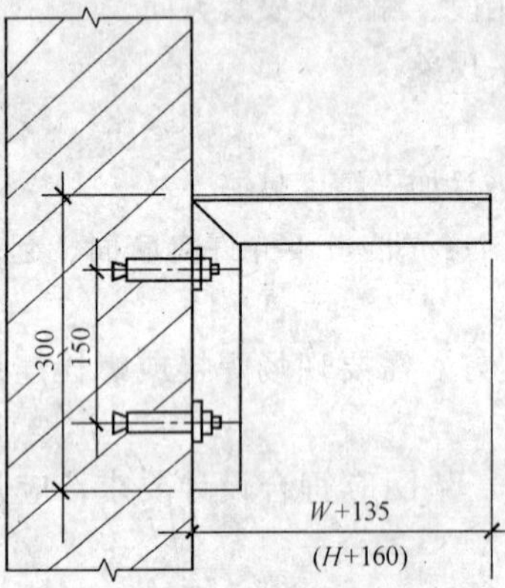

图2-39　L形角钢支架安装

W—母线宽度；H—母线高度

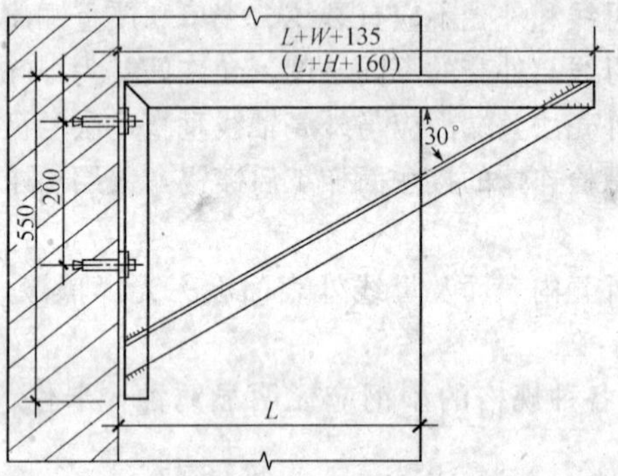

图2-40　三角形角钢支架

L—柱的宽度；W—母线宽度；H—母线高度

3. 封闭母线、插接母线预留洞的设置

封闭插接母线在垂直敷设通过建筑物楼板和水平敷设通过墙壁处应设置预留洞。在设置预留洞时应密切配合土建专业进行施工，预留洞的尺寸可按厂家提供的产品样本标注值。

当对预留洞没有特殊要求时，预留洞的尺寸应根据所选用的电流等级的母线外形尺寸加70mm，并同时放置好预埋件。为防止楼板上的积水进入母线处，预留孔四周应高出楼板或平台板表面50～100mm。

母线在穿过建筑物墙壁时，洞口距地面的距离不应小于2.2m。

4. 封闭母线、插接母线安装

封闭插接母线安装时，在其安装部位的建筑装饰工程应全部结束，门窗齐全。其他专业的管道及空调工程应基本施工完毕，防止其他专业施工时损伤母线。

高空作业脚手架应搭设完毕，并经安全技术部门验收合格。

封闭插接母线水平敷设时，至地面的距离不应小于2.2m；垂直敷设时，距地面1.8m以下部分应采取防止机械损伤措施，但敷设在电气专用房间内（如配电室、电气竖井、技术层等）时除外。

（1）母线组装前的检查　母线组装前应逐段进行检查，外壳是否完整，有无损伤变形。在封闭插接母线安装前，母线不得任意堆放和在地面上拖拉，外壳上不得进行其他作业。应采取措施防止随意堆放、踩踏，造成外壳损伤变形。

母线在组装前应逐段进行绝缘测试，测试绝缘电阻值是否满足出厂要求，可以用500V兆欧表进行测试，每节母线的绝缘电阻值不宜小于10MΩ，必要时也可以做耐压试验，试验电压为1000V。

（2）母线安装要求　母线水平敷设时，至地面的距离不应小于2.2m，垂直敷设时，距地面1.8m以下部分应采取防止机械损伤措施，但敷设在电气专用房间内（如配电室、电气竖井、技术层等）时除外。

由于封闭、插接式母线是定尺寸按施工图订货和供应的，制造商提供的安装技术要求文件，指明了连接程序、伸缩节设置和连接以及其他说明，所以安装时要注意符合产品技术文件要求。

组装前应逐段进行绝缘测试，其绝缘电阻值不得小于 0.5MΩ。

1）封闭、插接式母线组装和固定位置应正确，外壳与底座间、外壳各连接部位和母线的连接螺栓应按产品技术文件要求选择正确，连接紧固。

2）封闭、插接式母线安装的规定

①封闭插接母线应按设计和产品技术文件规定进行组装，每段母线组对接续前绝缘电阻测试合格，绝缘电阻值大于 20MΩ，才能安装组对。

②母线槽，固定距离不得大于 2.5m。水平敷设距地高度不应小于 2.2m。

③母线槽的端头应装封闭罩，各段母线槽的外壳的连接应是可拆的，外壳间有跨接地线，两端应可靠接地。

④母线与设备连接采用软连接。母线紧固螺栓应由厂家配套供应，应用力矩扳手紧固。

⑤母线与外壳同心，允许偏差为±5mm。

⑥当段与段连接时，两相邻段母线及外壳对准，连接后不使母线及外壳受额外应力。

⑦母线槽沿墙水平安装。安装高度应符合设计要求，无要求时距地面不应小于 2.2m，母线应可靠固定在支架上。

⑧母线槽悬挂吊装。吊杆直径按产品技术文件要求选择，螺母应能调节。

⑨封闭式母线的落地安装。安装高度应按设计要求，设计无要求时应符合规范要求。立柱可采用钢管或型钢制作。

⑩封闭式母线垂直安装。沿墙或柱子处，应做固定支架，过楼板处应加装防震装置，并做防水台。

⑪封闭式母线敷设长度超过 40m 时，应设置伸缩节，跨越建筑物的伸缩缝或沉降缝处，宜采取适当的措施。

⑫封闭式母线插接箱安装应可靠固定，垂直安装时，安装高度应符合设计要求，设计无要求时，插接箱底口宜为 1.4m。

⑬封闭式母线垂直安装距地面 1.8m 以下时应采取保护措施（电气专用竖井、配电室、电动机室、技术层等除外）。

⑭封闭式母线穿越防火墙、防火楼板时，应采取防火隔离措施。

（3）母线安装　封闭插接母线应按分段图、相序编号、方向和标志正确放置，不得随意互换。在起吊母线时不应用裸钢丝绳起吊和绑扎。

1）母线垂直安装　母线沿墙垂直安装，可使用前述的⊔形支架安装。母线在⊔形支架上安装有平卧式固定和侧卧式固定两种。母线平卧式固定使用平卧压底，母线侧卧式固定使用侧卧压板，这两种压板均由电线生产厂提供。

封闭母线在建筑物楼板上垂直安装时，安装前先将弹簧支承器安装在母线槽上，然后将该母线槽安装在预先设置的槽钢上，不同型号规格的母线使用的支承器也不相同。

弹簧支承器的作用是固定母线槽并承受每楼层母线槽的质量。只有长度在 1.3m 以上的母线槽才能安装弹簧支承器。安装弹簧支承器时应事先考虑好母线的连接处的位置，一般要求在母线穿过楼板垂直安装时，须保证母线的接头中心高于楼板面 700mm。

2）母线水平安装　母线水平安装的顺序应先由始端开始至中间固定再至终端固定。母线在各种不同类型的支、吊架上水平安装也有平卧式和侧卧式两种安装方式。母线与支、吊架的安装用压板固定，母线平卧式安装用平压板固定，母线侧卧式安装用侧卧式压板固定，压板均由厂家配套供应。母线平卧安装时平卧压板用 M8×45 六角螺栓和六角螺母固定，在螺母一侧应使用 ϕ8 平垫圈和弹簧垫圈。母线侧卧式安装的侧卧式压板用 M8×20 六角螺栓和六角螺母固定，在螺母一侧同样使用 ϕ8 平垫圈和弹簧垫圈。封闭插接母线还可以使用平装抱箍或立装抱箍在角钢支架上固定母线，但这种形式只适用于 BMC－Ⅰ型及 BMZ－Ⅱ型母线。

3）母线靠墙侧装　母线靠墙侧装的方式，适用于 100A 及以下的母线安装，母线使用侧装夹具固定，侧装夹具也由生产厂家提供。在安装母线前先用 $\phi6$ 塑料管和 $\phi6\times40$ 沉头木螺钉固定好夹具的底部，待母线安装调整后再安装侧装夹具的前部压板。

4）母线的吊装　封闭插接母线的悬吊安装，除使用压板固定外，还可用吊装夹板以及吊装夹具安装。

5. 封闭母线、插接母线的连接

封闭母线连接时母线与外壳间应同心，误差不得超过 5mm。段与段连接时，两相邻段母线与外壳应对准，连接后不应使母线及外壳受到机械应力。橡胶伸缩套的连接头、穿墙处的连接法兰、外壳与底座之间、外壳各连接部位的螺栓应采用力矩扳手紧固，各接合面应密封良好。

在焊接封闭母线外壳的相间短路板时，位置必须正确，连接良好，否则将改变封闭母线原来磁路而引起外壳发热，相间支撑板应安装牢固，分段绝缘的外壳应作好绝缘措施。母线在施焊前，封闭母线各段应全部就位，两端设备到齐，电流互感器、盘形绝缘子都经试验合格，并调整好各段间误差，避免造成返工浪费。呈微正压的封闭母线，在安装完毕后检查其密封性应良好。

插接母线的连接是采用高绝缘、耐电弧、高强度的绝缘板 8 块隔开各导电排以完成母线的插接，然后用覆盖环氧树脂的绝缘螺栓紧固，而确保母线连接处的绝缘可靠。

母线段与段连接时，先将连接盖板取下，将两段母线槽对插起来，再将连接螺栓和绝缘套管穿过连接孔，用力矩扳手将连接螺栓拧紧。两相邻段的母线及外壳应对准，母线与外壳间应同心，并且误差不应超过 5mm，连接后不应使母线及外壳受到机械应力。

拧紧接头螺栓是母线槽稳定运行的可靠保证，母线接头和母线外壳均应用力矩扳手紧固，各结合面应连接紧密，紧固力矩值应符合产品要求。

母线插接紧固后，将连接盖板盖上，此时两段母线槽即已连接好。

封闭插接母线的连接处应避开母线支架，母线的连接，不应在穿过楼板或墙壁处进行。

母线在穿过墙及防火楼板时，应采取防火隔离措施，一般在母线周围填充防火堵料如下：

（1）DFD—Ⅱ型电线电缆阻火堵料；

（2）DMT—J 型电缆密封填料；

（3）DMT—G 型电缆密封填料；

（4）DMT—P 型电缆密封填料；

（5）DMT—W 型无机电缆密封填料；

（6）SFD 型速固封堵料。

封闭母线的插接分支点，应设在安全及安装方便的地方。封闭母线的终端无引出、引入线时，端头应使用终端盖（封闭罩）进行封闭或加装终端盒。插接母线引线孔的盖子应完整。

插接分线箱应与带插孔母线槽匹配使用，在封闭插接母线安装中，应将分线箱设在安全、便于操作和维护的地方，分线箱底边距地面 1.4～1.6m 为宜。

封闭插接母线与低压配电屏连接，在母线终端应使用始端进线箱（进线保护箱）连接，进行箱与配电屏之间使用过渡母线进行连接，过渡母线为铜排，母线两端连接处应镀锡，其余部分刷黑漆。

当母线槽始端安装进线箱不着地时，它将悬吊在楼板上，其始端及进线箱、母线槽终端竖在楼（地）面，均可用水平支架安装固定。

封闭插接母线与设备间连接，应在母线插接分线箱处明敷设钢管至设备接线相（盒）内，钢管两端应套扣，在箱（盒）壁内外各用根母、护口将管与箱（盒）紧固。由设备接线盒（箱）至设备电控箱一段可使用普利卡金属软管或金属蛇皮管敷设，敷设的钢管与母线之间的垂直或水平距离，如果超过 2.5m 时，可采用 $\phi6$ 圆钢悬吊或用其他方法以增加稳固性。工艺设备之间的支路，可视具体情况而定。

6. 封闭母线、插接式母线的接地

封闭、插接式母线外壳的接地型式各有不同。有的利用壳体本身做接地线，即当母线连接安装后，外壳已连通成一个接地干线，外壳处焊有接地铜垫圈供接地用。

有的母线带有附加接地装置，即在外壳上附加 3mm×25mm 裸铜带，如图 2-41 所示。每个母线槽间的接地带通过连接组成整体接地带。插接箱通过其底部的接地接触器，自动与接地带接触。还有一种半总体接地装置，如图 2-42 所示。连接各母线槽时，相邻槽的接地铜带自动紧密结合。当插接箱各插座与铜排触及时，通过自身的接地插座先与接地带牢靠接触，确保可靠接地。

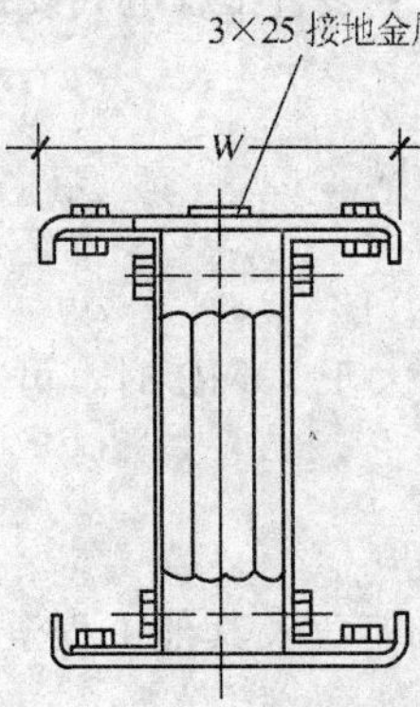

图 2-41 附加接地装置

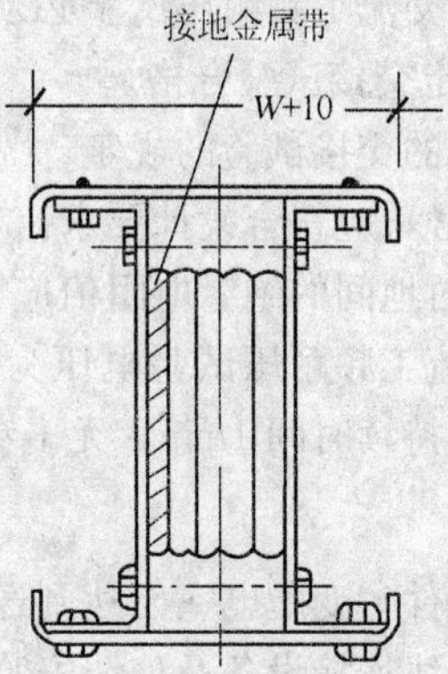

图 2-42 半总体接地装置

(1) 用金属外壳作为保护外壳的封闭、插接式母线，其外壳必须接地，但外壳不得作保护线（PE）和中性保护共用线（PEN）使用；封闭母线、插接式母线支架等可接近裸露导体应与 PE 线或 PEN 线连接可靠。

(2) 封闭、插接式母线，无论采用什么型式接地，均应接地牢固，防止松动，且严禁外壳受到机械应力。

技能要点 4：母线试验与试运行

1. 母线安装完工检查

(1) 金属构件加工、配制、螺栓连接、焊接等应符合国家现行标准的有关规定。

(2) 所有螺栓、垫圈、闭口销、锁紧销、弹簧垫圈、锁紧螺母等应齐全、可靠。

(3) 母线配制及安装架设应符合设计规定，且连接正确，螺栓紧固，接触可靠；相间及对地电气距离应符合要求。

(4) 瓷件应完整、清洁；铁件和瓷件胶合处均应完整无损，充油套管应无渗油，油位应正常。

(5) 油漆应完好；相色正确；接地良好。

2. 母线试验

母线和其他供电线路一样，安装完毕后，要做电气交接试验。必须注意，6kV 以上（含 6kV）的硬母线试验时与穿墙套管要断开，因为有时两者的试验电压是不同的。

(1) 穿墙套管、支柱绝缘子和母线的工频耐压试验，其试验电压标准如下：

35kV 及以下的支柱绝缘子，可在母线安装完毕后一起进行。试验电压应符合表 2-39 的规定。

(2) 母线绝缘电阻。母线绝缘电阻不作规定，也可参照表 2-40 的规定。

表 2-40 常温下母线的绝缘电阻最低值

电压等级（kV）	1 以下	3～10
绝缘电阻（MΩ）	1/1000	＞10

(3) 抽测母线焊（压）接头的直流电阻。对焊（压）接接头有怀疑或采用新施工工艺时，可抽测母线焊（压）接接头的2%，但不少于2个，所测接头的直流电阻值应不大于同等长度母线的1.2倍（对软母线的压接头应不大于1）；对大型铸铝焊接母线，则可抽查其中的20%～30%，同样应符合上述要求。

(4) 高压母线交流工频耐压试验必须按现行国家标准《电气装置工程电气设备交接试验标准》(GB 50150) 的规定交接试验合格。

(5) 低压母线的交接试验的规定

1) 规格、型号，应符合设计要求。

2) 相间和相对地间的绝缘电阻值应大于0.5MΩ。

3) 母线的交流工频耐压试验电压为1kV，当绝缘电阻值大于10MΩ时，可采用2500V兆欧表摇测替代，试验持续时间1min，无击穿闪络现象。

3. 试运行

(1) 试运行条件　变配电室已达到送电条件，土建及装饰工程及其他工程全部完工，并清理干净。与插接式母线连接设备及连线安装完毕，绝缘良好。

(2) 通电准备　对封闭式母线进行全面的整理，清扫干净，接头连接紧密，相序正确，外壳接地（PE）或接零（PEN）良好。绝缘摇测和交流工频耐压试验合格，才能通电。

(3) 试验要求　低压母线的交流耐压试验电压为1kV，当绝缘电阻值大于10MΩ时，可用2500V兆欧表摇测替代，试验持续时间1min，无闪络现象；高压母线的交接耐压试验，必须符合现行国家标准《电气装置安装工程电气设备交接试验标准》(GB 50150) 的规定。

(4) 结果判定　送电空载运行24h无异常现象，办理验收手续，交建设单位使用，同时提交验收资料。

技能图解12　电缆桥架安装和桥架内电缆敷设

技能结构框线图

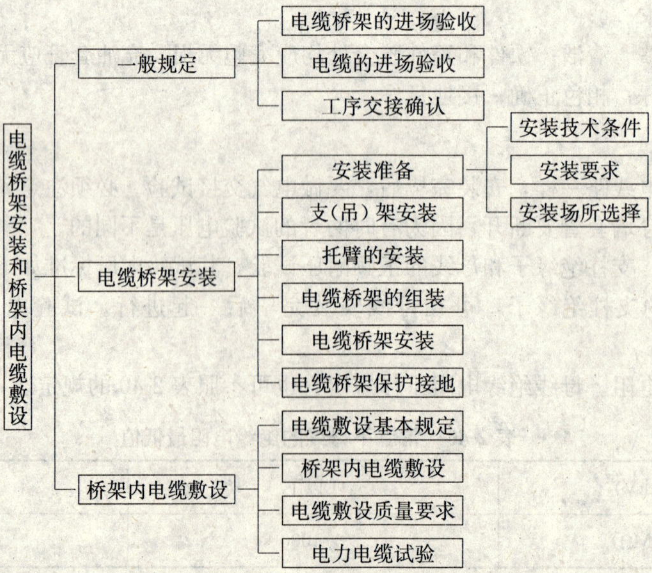

图2-43　电缆桥架安装和桥架内电缆敷设

技能要点 1：一般规定

1. 电缆桥架的进场验收

（1）查验合格证，在电缆桥架的包装箱内应随带装箱清单、产品合格证书及出厂检验报告。

（2）电缆桥架的外观检查应部件齐全，表面光滑、不变形。

由于电缆桥架的材质不同，应用的环境也不尽相同，故防腐蚀的性能也不同，所以对外观质量的要求也各有特点。在外观检查时应注意：钢制电缆桥架涂层完整，无锈蚀；玻璃钢制电缆桥架色泽均匀，无破损碎裂；铝合金电缆桥架涂层完整，无扭曲变形，不压扁，表面不划伤。

2. 电缆的进场验收

（1）查验合格证，合格证有生产许可证编号，按《额定电压 450V/750V 及以下聚氯乙烯绝缘电缆》（GB 5023.1～5023.7）标准生产的产品有安全认证标志。

（2）外观检查包装完好，电缆无压扁、扭曲，铠装不松卷。耐热阻燃的电缆外护层有明显标识和制造厂标。

（3）按制造标准，现场抽样检测绝缘层厚度和圆形线芯的直径；线芯直径误差不大于标称直径的 1%。

（4）仅从电缆的几何尺寸，不足以说明其导电性能、绝缘性能一定能满足要求。电缆的绝缘性能和阻燃性能，除与几何尺寸有关外，更重要的是与构成的化学成分有关，在进场验收时是无法判断的，对电缆绝缘性能、导电性能和阻燃性能有异议时，按批抽样送有资质的试验室进行检测。

3. 电缆桥架安装和桥架内电缆敷设的工序交接确认

（1）电缆桥架安装，应在安装前进行测量定位，安装好桥架的支架，经过检查确认，才能安装电缆桥架。

（2）桥架安装经检查合格，才能够进行电缆的敷设。

（3）桥架内电缆敷设之前，对电缆要做好绝缘测试合格，才能敷设。

（4）电缆电气交接试验合格，且对接线去向、相位和防火隔堵措施等，按照施工设计中的明确的位置和具体要求，检查确认，才能通电。如果电缆防火隔堵措施未实施，电缆不能通电。以防万一发生电气火灾，导致整幢建筑物受损。

技能要点 2：电缆桥架安装

1. 电缆桥架安装准备

（1）电缆桥架安装技术条件

1）相关建筑物、构筑物的建筑工程均完工，且工程质量应符合国家现行的建筑工程质量验收规范的规定。

2）配合土建结构施工过墙、过楼板的预留孔（洞），预埋铁件的尺寸应符合设计规定。

3）电缆沟、电缆隧道、竖井内、顶棚内、预埋件的规格尺寸、坐标、标高、间隔距离、数量不应遗漏，应符合设计图规定。

4）电缆桥架安装部位的建筑装饰工程全部结束。

5）通风、暖卫等各种管道施工已经完工。

6）材料、设备全部进入现场经检验合格。

（2）电缆桥架安装要求

1）电缆桥架水平敷设时，跨距一般为 1.5～3.0m；垂直敷设时其固定点间距不宜大于 2.0m。当支撑跨距≤6m 时，需要选用大跨距电缆桥架；当跨距>6m 时，必须进行特殊加工订货。

2）电缆桥架在竖井中穿越楼板外，在孔洞周边抹5cm高的水泥防水台，待桥架布线安装完后，洞口用难燃物件封堵死。电缆桥架穿墙或楼板孔洞时，不应将孔洞抹死，桥架进出口孔洞收口平整，并留有桥架活动的余量。如孔洞需封堵时，可采用难燃的材料封堵好墙面抹平。电缆桥架在穿过防火隔墙及防火楼板时，应采取隔离措施。

3）电缆梯架、托盘（有孔托盘）水平敷设时距地面高度不宜低于2.5m，垂直敷设时不低于1.8m，低于上述高度时应加装金属盖板保护，但敷设在电气专用房间（如配电室、电气竖井、电缆隧道、设备层）内除外。槽板桥架（无孔托盘）距地高度可降低到2.2m。

4）电缆梯架、托盘多层敷设时其层间距离一般为控制电缆间不小于0.20m，电力电缆间不应小于0.30m，弱电电缆与电力电缆间不应小于0.5m，如有屏蔽盖板（防护罩）可减少到0.3m，桥架上部距顶棚或其他障碍物应不小于0.3m。

5）电缆梯架、托盘上的电缆可无间距敷设。电缆在梯架、托盘内横断面的填充率，电力电缆不应大于40%，控制电缆不应大于50%。电缆桥架经过伸缩沉降缝时应断开，断开距离以100mm左右为宜。其桥架两端用活动插铁板连接不宜固定。电缆桥架内的电缆应在首端、尾端、转弯及每隔50m处设有注明电缆编号、型号、规格及起止点等标记牌。

6）下列不同电压，不同用途的电缆如1kV以上和1kV以下电缆；向一级负荷供电的双路电源电缆；应急照明和其他照明的电缆；强电和弱电电缆等不宜敷设在同一层桥架上，如受条件限制，必须安装在同一层桥架上时，应用隔板隔开。

7）电缆桥架敷设在易燃易爆气体管道和热力管道的下方，当设计无要求时，与管道的最小净距，应符合表2-41的规定。

表2-41　电缆桥架与各种管道的最小净距　(m)

管道类别		平行净距	交叉净距
一般工艺管道		0.40	0.30
具有腐蚀性液体或气体管道		0.50	0.50
热力管道	有保温层	0.50	0.30
	无保温层	1.00	0.50

8）强腐蚀或特别潮湿等环境中的梯架及托盘布线应采取可靠而有效的防护措施。同时，敷设在腐蚀气体管道和压力管道的上方及腐蚀性液体管道的下方的电缆桥架应采用防腐隔离措施。

(3) 桥架按安装场所选择

需电气屏蔽的电缆回路，或有防护油、腐蚀性液体、易燃粉尘等环境要求时，应选用有盖无孔型托盘。

当需要因地制宜组装的场所。宜选用组装式托盘。组装式托盘用于电缆多、截面大、荷载重、又具有成片安装固定条件的场所。组装式托盘通常为单层，它比普通多层的托盘、梯架便于敷设和维护。在大型配电控制中心的地下技术平层，为便于众多的电缆进出也常使用此类托盘。

有孔托盘、梯架多用于一般情况。无屏蔽要求的控制电缆也可用有孔托盘或梯架。

在容易积灰和其他需遮盖的环境或户外场所，托盘或梯架宜带有盖板，以保护电缆。

在有腐蚀或特别潮湿的场所采用电缆桥架时，应根据腐蚀介质的不同，采取相应防腐措施的托盘、梯架及其附件和支吊架。为确保工程质量和标准的一致性，如选用非标准部件时，其技术要求、试验和检验规格等应满足《钢制电缆桥架工程设计规范》(CECE 31：91) 的技术要求和检验的有关规定。

为防止外部机械损伤电缆，在通道或户外跨越道路段使用梯架时，底层梯架上宜加垫板，也可以在该段使用托盘。

低压电力电缆与控制电缆共用同一托盘或梯架敷设时，应选用中间设置隔板的托盘或梯架。

找盘、梯架所需附件品种，可根据托盘、梯架的型号规格、长度、路径、安装方式确定。在托盘、梯架分支、引上、引下处宜有适当的弯通；因受空间条件限制不便装设弯通或有特殊要求时，可选用软接板、铰接板；伸缩缝应设置伸缩板；连接两段不同宽度或高度的托盘、梯架可配置变宽或变高板。

托盘、梯架的支、吊架品种，可根据托盘、梯架的型号规格、长度、路径、安装方式和工作布置条件选择。

2. 支（吊）架安装

(1) 支（吊）架位置确定　电缆桥架的均布荷载与支、吊架跨距的平方成反比，即支、吊架跨距越大，托盘，梯架的承载能力越小。在确定支、吊架支撑距离时，应符合设计的规定，当设计无明确规定时，也可按生产厂家提供的产品特性数据确定。

电缆桥架在水平敷设时，支撑跨距多为1.5～3m之间，并根据具体情况进行检验。

电缆桥架垂直敷设时，固定点间距不宜大于2m。

对于非直线段的支、吊架，当桥架弯通或三通、四通半径不大于300mm时，应在距离非直线段与直线段接合处300～600mm的直线段侧设置一个支、吊架；当桥架弯通或三通、四通半径大于300mm时，还应在弯通或三通、四通中部增设一个支、吊架。

对桥架的支、吊架位置误差，应该严格控制。支、吊架的同层横档应在同一水平面上，防止纵向偏差过大使安装后的托盘、梯架在支、吊点悬空而不能与支、吊架直接接触，其高低偏差不应大于5mm。支、吊架的横向偏差过大可能会使相邻托盘、梯架错位而无法连接或安装后的电缆桥架不直影响美观，支、吊架左右走向不应大于10mm。

(2) 门型角钢支架的制作安装　门型角钢支架是电缆桥架沿墙垂直安装，用以固定托盘、梯架的一种支架。门型角钢支架需要按照标准图自行加工制作，就其制作方法有两种，一种是用整根角钢割角煨制焊接制作，另一种是支架横梁和支架腿进行组装而成。支架角钢的规格应根据托盘、梯架的规格和层数选用，组装式支架的支架腿开孔尺寸应相同，左右两个支架的开孔位置应对称布置，支架角钢掰角长度应与角钢的宽度相同，并向两个方向掰角。

门型角钢支架在建筑物墙体上的安装方式，有直接埋设和用预埋螺栓固定两种方法。单层桥架的支架埋深一般为150mm，多层支架的埋设深度为200～300mm。

门型角钢支架用预埋螺栓固定时，应使用M10×150螺栓，螺栓可随墙砌筑也可将螺栓埋设在预制混凝土砌块内，待墙体施工时，再把预制混凝土砌块随墙砌在给定的位置处。

(3) 梯型角钢固定支架的制作安装　电缆桥架在工业厂房内沿墙、沿柱水平安装时，当柱表面与墙表面不在同一平面时，在柱上可以直接固定安装托臂，而在墙体上则托臂应安装在异型钢或工字钢立柱上，立柱要焊接在梯型角钢固定支架上，支架在墙、柱上安装需用膨胀螺栓固定。梯型角钢固定支架为电缆桥架沿直线走向创造条件。

梯型角钢固定支架可以由厂家供应或用角钢自行煨制。框架的角钢与8mm厚的上、下固定板需焊接固定。

(4) 工字钢立柱侧壁式安装　工字钢立柱沿砖墙侧壁式安装，可先用长度为390mm的$\phi 8$圆钢与120mm×120mm×6mm的钢板焊接作成预埋件，再制成预制混凝土砌块。在土建墙体施工中随墙砌筑在适当的位置处。

工字钢立柱安装时与预制混凝土砌块内预埋件采用焊接的方式固定，焊角高度为6mm。

(5) 异型钢单立柱在墙、柱上侧壁安装　异型钢单立柱在砖墙上侧装，可用固定板与墙体内的M10×200预埋螺栓紧固，异型钢单立柱在砖墙上侧装。

异型钢单立柱在M15砖墙或C15混凝土柱上安装，可以使用膨胀螺栓固定。当托臂层数多于三层时，应对膨胀螺栓的受力进行验算。

（6）工字钢立柱直立式安装　工字钢立柱一端固定直立式，适用于工字钢立柱在混凝土地面上直接安装。工字钢立柱应使用立柱接头与地面固定，待混凝土地面强度达到标准强度后，先将立柱接头与地面内螺栓紧固，然后将工字钢立柱插入到立柱接头内，用 M10×30 螺栓紧固。

（7）圆钢单杆式吊架安装　单层梯架水平敷设时，可用圆钢单杆吊架悬吊安装，圆钢吊杆直径与吊杆长度应视工程设计或实际需要而定。

圆钢单杆吊架，应使用 M12 膨胀螺栓与混凝土楼板固定。吊架下端吊杆与支持梯架的槽钢横担用垫圈及螺母固定。

（8）圆钢双杆式吊架安装　圆钢双杆式吊架安装单层托盘、梯架单层水平悬吊安装时，使用圆钢双杆吊架吊装的方式较多，吊杆的直径及长度，视工程设计或实际需要选用。

托盘用圆钢双杆吊架悬吊安装，吊架下部可用扁钢、角钢、异型钢或槽钢横担支持。

梯架用圆钢双杆吊架悬吊安装，使用夹板夹持固定梯架时，夹板与吊杆的连接，应在夹板的上、下侧使用双垫圈和双螺母固定。

圆钢双杆吊架与楼板的固定方法，可根据不同形式的吊架使用膨胀螺栓固定，也可用 M10×40 连接螺母连接吊杆和膨胀螺栓。

3. 托臂的安装

托臂是直接支承托盘、梯架且单端固定的刚性部件。托臂的种类很多，可根据工程设计和实际需要选用。托臂的固定方法与其安装位置有关，常用的固定型式有螺栓固定式和卡接式等。

（1）托臂的预埋件　托臂在建筑物墙、柱上安装，可根据情况用膨胀螺栓或预埋螺栓固定，也可与墙体内的预埋件，进行焊接固定，预埋螺栓及预埋件可随土建施工预埋，也可将埋好预埋件的预制混凝土砌块随墙砌入。

（2）托臂用预埋螺栓的安装　螺栓固定式托臂的安装是在砌体墙配合土建施工时，找好位置，将预埋有 M10×150 地脚螺栓的尺寸为 120mm×120mm×240mm 的预制混凝土砌块随墙砌入，待安装托臂时进行紧固定。

（3）托臂用膨胀螺栓固定　托臂如采用膨胀螺栓固定时，混凝土构件强度不应小于 C15，在相当于 C15 混凝土强度的砖墙上也允许使用，但不适宜在空心砖建筑物上使用。

膨胀螺栓钻孔前，应先拉通线定好孔、眼的位置，经校验准确无误后，再开始钻孔，钻孔直径误差不应超过－0.5～0.3mm；深度误差不超过 3mm。钻孔后，应将孔内残存碎屑清除干净。

4. 电缆桥架的组装

当托盘、梯架的直线段与直线段之间以及直线段与弯通之间需要连接时，在其外侧应使用与其配套的直线连接板（简称直接板）和连接螺栓进行连接。有的托盘、梯架的直线段之间连接时在侧边内侧还可以使用内衬板进行辅助连接。

电缆桥架水平安装时，其直接板的连接处，不应该置于支撑跨距的 1/2 处或支撑点上。桥架的连接处，应尽量于支撑跨距的 1/4 处。

在同一平面上连接两段需要变换宽度或高度的直线段托盘、梯架，可以配置变宽连接板或变高连接板，连接螺栓的螺母应置于托盘、梯架的外侧。

托盘、梯架需要引上、引下时，宜安装适当的弯通，与托盘、梯架的直线段连接。在托盘、梯架敷设时因受空间条件限制，不便装设弯通或有特殊要求时，可使用铰链连接板，进行连接。

托盘、梯架敷设水平方向需要改变角度时，用水平弯通可以进行 90°转向。当桥架需要在水平方向进行小角度转向时，应使用转弯连接板，在托盘或梯架直线段中间进行连接。

当托盘、梯架需要垂直改变方向时，可以使用上弯通改变敷设角度。托盘、梯架如果需要在垂直方向调节小角度敷设时，可使用上下连接板进行连接。

低压电力电缆与控制电缆共用同一托盘或梯架时，应在托盘或梯架纵向中部两种电缆之间设置隔板，隔板底部有螺孔，可用连接螺栓与托盘或梯架固定。使用隔板分开电力电缆和控制电缆，防止电磁干扰，以确保控制电缆正常运行。

电缆桥架的末端，应使用终端板进行连接封闭。

钢制电缆桥架的托盘或梯架的直线段长度超过30m，铝合金或玻璃钢电缆桥架超过15m时，应有伸缩缝，其连接处宜采用伸缩连接板，简称伸缩板；电缆桥架在跨越建筑物伸缩缝处也应该设伸缩板。

电缆桥架组装好以后，直线段应该在同一条直线上，偏差不应该大于10mm。

由托盘或梯架需要引出配管时，应使用钢管，引出位置可以在底板上也可以在侧边上。当托盘或梯架需要开孔时，应该使用开孔机开孔，底板或侧边不变形，开孔处应切口整齐，管孔径吻合。严禁使用电焊割孔或气焊吹孔。钢管与托盘或梯架连接时，应使用管接头固定。

电缆桥架在穿过防火墙及防火楼板时，应采取防火隔离措施，防止火灾沿线路延燃。

防火隔离段施工中，应配合土建施工预留洞口，在洞口处预埋好护边角钢。施工时，根据电缆敷设的根数和层数用∟50×50×5角钢制作固定框，同时将固定框焊在护边角钢上。电缆过墙处应尽量水平敷设，电缆穿墙时，放一层电缆就垫一层厚60mm的泡沫石棉毡，同时用泡沫石棉毡把洞堵平，再有些小洞就用电缆防火堵料堵塞。墙洞两侧应用隔板将泡沫石棉毡保护起来。在防火墙两侧1m以内对塑料、橡胶电缆直接涂改性氨基膨胀防火涂料3～5次达到厚度0.5～1mm。对铠装油浸纸绝缘电缆，先包一层玻璃丝布，再涂涂料厚度0.5～1mm或直接涂涂料1～1.5mm。

5. 电缆桥架安装

(1) 根据电缆桥架布置安装图，对预埋件或固定点进行定位，沿建筑物敷设吊架或支架。

(2) 直线段电缆桥架安装，在直线端的桥架相互接茬处，可用专用的连接板进行连接，接茬处要求缝隙平密平齐，在电缆桥架两边外侧面用螺母固定。

(3) 电缆桥架在十字交叉、丁字交叉处施工时，可采用定型产品水平四通、水平三通、垂直四通、垂直三通，进行连接，应以接茬边为中心向两端各≥300mm处，增加吊架或支架进行加固处理。

(4) 电缆桥架在上、下、左、右转弯处，应使用定型的水平弯通、转动弯通、垂直凹（凸）弯通。上、下弯通进行连接时，其接茬边为中心两边各≥300mm处，连接时须增加吊架或支架进行加固。

(5) 对于表面有坡度的建筑物，桥架敷设应随其坡度变化。可采用倾斜底座，或调角片进行倾斜调节。

(6) 电缆桥架与盒、箱、柜、设备接口，应采用定型产品的引下装置进行连接，要求接口处平齐，缝隙均匀严密。

(7) 电缆桥架的始端与终端应用堵封牢。

(8) 电缆桥架安装时必须，待整体电缆桥架调整符合设计图和规范规定后，再进行固定。

(9) 电缆桥架整体与吊（支）架的垂直度与横档的水平度，应符合规范要求；待垂直度与水平度合格，电缆桥架上、下各层都对齐后，最后将吊（支）架固定牢固。

(10) 电缆桥架敷设安装完毕后，经检查确认合格，将电缆桥架内外清扫后，进行电缆线路敷设。

(11) 在竖井中敷设合格电缆时，应安装防坠落卡，用来保护线路下坠。

(12) 敷设在电缆桥架内的电缆不应有接头，接头应设置在接线箱内。

6. 电缆桥架保护接地

建筑电气工程中的电缆桥架多数为钢制产品。较少采用在工业工程中为了腐蚀而使用的非金属桥架或铝合金桥架。所以其接地或接零至关重要，目的是为了保证供电干线电路的使用安全。

（1）电缆桥架应装置可靠的电气接地保护系统。外露导电系统必须与保护线连接。在接地孔处，应将任何不导电涂层和类似的表层清理干净。

（2）为保证钢制电缆桥架系统有良好的接地性能，托盘、梯架之间接头处的连接电阻值不应大于 0.00033Ω。

（3）金属电缆桥架及其支架和引入或引出的金属电缆导管必须与 PE 或 PEN 线连接可靠，且必须符合下列规定：

1）金属电缆桥架及其支架全长应不少于 2 处与 PE 线或 PEN 线干线相连接。

2）非镀锌电缆桥架连接板的两端跨接铜芯接地线，接地线最小允许截面积不小于 $4mm^2$。

3）镀锌电缆桥架间连接板的两端不跨接接地线，但连接板两端不少于 2 个有防松螺帽或防松垫圈的连接固定螺栓。

（4）为保证桥架的电气通路，在电缆桥架的伸缩缝或软连接处需采用编织铜线连接，见图 2-44所示。

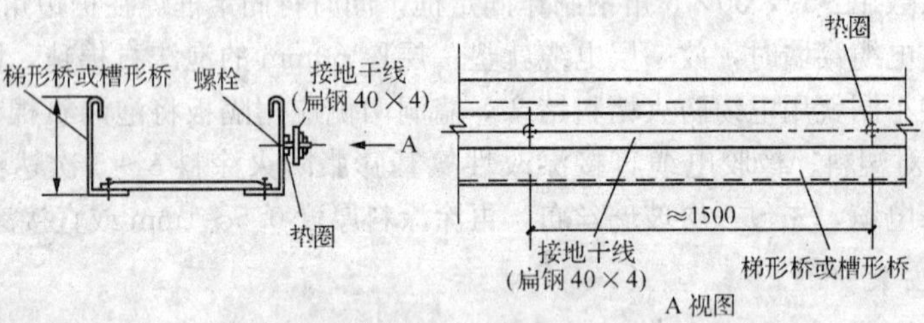

图 2-44　接地干线安装

（5）对于多层电缆桥架，当利用桥架的接地保护干线时，应将各层桥架的端部用 $16mm^2$ 的软铜线并联连接起来，再与总接地干线相通。长距离电缆桥架每隔 30～50m 距离接地一次。

（6）在具有爆炸危险场所安装的电缆桥架，如无法与已有的接地干线连接时，必须单独敷设接地干线进行接地。

（7）沿桥架全长敷设接地保护干线时，每段（包括非直线段）托盘、梯架应至少有一点与接地保护干线可靠连接。

（8）在有振动的场所，接地部位的连接处应装置弹簧垫圈，防止因振动引起连接螺栓松动，中断接地通路。

技能要点 3：桥架内电缆敷设

1. 电缆敷设基本规定

电缆在桥架内敷设时，应保持一定的间距。多层敷设时，层间应加隔栅分隔，以利通风。

为了保障电缆线路运行安全，避免相互间的干扰和影响，下列不同电压、不同用途的电缆，不宜敷设在同一层桥架上：

（1）1kV 以上和 1kV 以下的电缆。

（2）同一路径向一级负荷供电的双路电源电缆。

（3）应急照明和其他照明的电缆。

（4）强电和弱电电缆。

如果受条件限制需要安装在同一层桥架上时，应用隔板隔开。

在有腐蚀或特别潮湿的场所采用电缆桥架布线时，宜选用外护套具有较强的耐酸、碱腐蚀能力的塑料护套电缆。

2. 桥架内电缆敷设

对桥架内的电缆，要在每层电缆敷设完成后，进行检查；全部敷设完毕，经检查后，才能盖上桥架的盖板。

桥架内电缆敷设应符合下列规定：

(1) 电缆沿桥架敷设前，应防止电缆排列不整齐，出现严重交叉现象，必须事先就将电缆敷设位置排列好，规划出排列图表，按图表进行施工。

(2) 拖放电缆时，对于单端固定的托臂可以在地面上设置滑轮施放，放好后拿到托盘或梯架内；双吊杆固定的托盘或梯架内敷设电缆，应将电缆直接在托盘或梯架内安放滑轮施放，电缆不得直接在托盘或梯架内拖拉。

(3) 电缆出入电缆沟、竖井、建筑物、柜（盘）、台处及导管管口处等做密封处理。出入口、导管管口的封堵目的是防火、防小动物入侵、防异物跌入的需要，均是为安全供电而设置的技术防范措施。

(4) 电缆沿桥架敷设时，应单层敷设，电缆与电缆之间可以无间距敷设，电缆在桥架内应排列整齐，不应交叉，并敷设一根，整理一根，卡固一根。

(5) 垂直敷设的电缆每隔 1.5～2m 处应加以固定；水平敷设的电缆，在电缆的首尾两端、转弯及每隔 5～10m 处进行固定，对电缆在不同标高的端部也应进行固定。大于 45°倾斜敷设的电缆每隔 2m 处设固定点。

(6) 电缆固定可以用尼龙卡带、绑线或电缆卡子进行固定。为运行中巡视和方便维护检修，在桥架内电缆的首端、末端和分支处应设标志牌。

3. 电缆敷设质量要求

在桥架内电力电缆的总截面（包括外护层）不应大于桥架有效横断面的 40%，控制电缆不应大于 50%。

对于电缆桥架内敷设的电缆，在拐弯处电缆的弯曲半径应以最大截面电缆允许弯曲半径为准，电缆敷设的弯曲半径与电缆外径的比值不应小于表 2-42 的规定。

表 2-42 电缆弯曲半径与电缆外径比值

电缆护套类型		电力电缆		控制电缆
		单芯	多芯	多芯
金属护套	铅	25	15	15
	铝	30	30	30
	皱纹铝套和皱纹钢套	20	20	20
非金属护套	20	15	无铠装 10	
			有铠装 15	

室内电缆桥架布线时，为了防止发生火灾时火焰蔓延，电缆不应有黄麻或其他易燃材料外护层。

电缆桥架内敷设的电缆，应在电缆的首端、尾端、转弯及每隔 50m 处，设有编号、型号及起止点等标记，标记应清晰齐全，挂装整齐无遗漏。

桥架内电缆敷设完毕后，应及时清理杂物，有盖的可盖好盖板，并进行最后调整。

4. 电力电缆试验

高压的电力电缆的交接试验，必须符合现行国家标准《电气装置安装工程电气设备交接试验标准》(GB 50150) 的规定。

高压电力电缆的试验项目，应包括下列内容：

（1）测量绝缘电阻。

（2）直流耐压试验及泄漏电流测量。

（3）检查电缆线路的相位。

（4）充油电缆的绝缘油试验。

低压电缆，线间和线对地间的绝缘电阻值必须大于0.5MΩ。

技能图解 13　电缆沟内和电缆竖井内电缆敷设

技能结构框线图

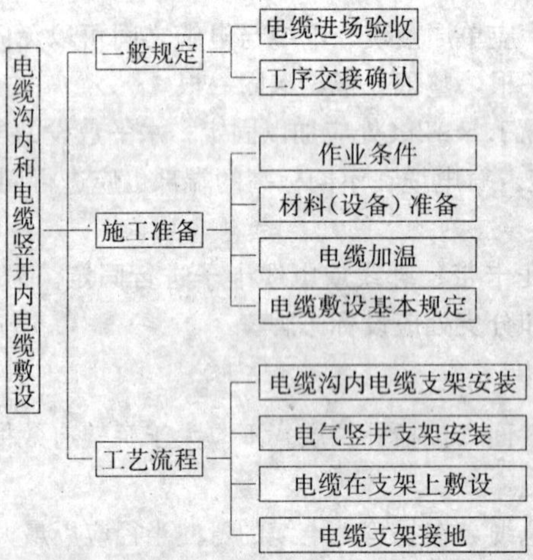

图 2-45　电缆沟内和电缆竖井内电缆敷设

技能要点 1：一般规定

1. 电缆进场验收

（1）查验合格证，合格证有生产许可证编号，按《额定电压 450V/750V 及以下聚氯乙烯绝缘电缆》（GB 5023.1～5023.7）标准生产的产品有安全认证标志。

（2）外观检查包装完好，电缆无压扁、扭曲，铠装不松卷。耐热阻燃的电缆外护层有明显标识和制造厂标。

（3）按制造标准，现场抽样检测绝缘层厚度和圆形线芯的直径；线芯直径误差不大于标称直径的 1%。

（4）仅从电缆的几何尺寸，不足以说明其导电性能、绝缘性能一定能满足要求。电缆的绝缘性能和阻燃性能，除与几何尺寸有关外，更重要的是与构成的化学成分有关，这在进场验收时是无法判断的。对电缆绝缘性能、导电性能和阻燃性能有异议时，按批抽样送有资质的试验室进行检测。

（5）电缆的其他附属材料：电缆盖板、电缆标示桩、电缆标示牌、油漆、酒精、汽油、硬酸酯、白布带、电缆头附件等均应符合要求。

2. 电缆沟内和电缆竖井内电缆敷设的工序交接确认

（1）电缆在沟内、竖井内支架上敷设，需要等待电缆沟、电气竖井内的施工临时设施、模板及建筑废料等清除，测量定位后，才能安装电缆支架。

（2）电缆沟、电气竖井内支架及电缆导管安装结束后，进行电缆支架及导管与PE或PEN线连接完成。经过检查确认，才能敷设电缆。

（3）无论高压、低压建筑电气工程，施工的最后阶段，一般都做交接试验，电缆在沟内，电气竖井内敷设前，应经绝缘测试合格后，才能进行敷设。

（4）电缆敷设后，交接试验合格，且对接线去向、相位和防火隔堵措施等检查确认，才能通电和投入运行。

技能要点2：施工准备

1. 作业条件

（1）与电缆线路安装有关的建筑物、构筑物的土建工程质量，应符合国家现行的建筑工程施工及验收规范中的有关规定。

（2）电缆线路安装前土建工作应具备的条件

1）预埋件符合设计要求，并埋置牢固。

2）电缆沟、隧道，竖井及人井孔等处的地坪及抹面工作结束。

3）电缆层、电缆沟、隧道等处的施工临时设施、模板及建筑废料等清理干净，施工用道路畅通，盖板齐备。

4）电缆线路铺设后，不能再进行土建施工的工程项目应结束。

5）电缆沟排水畅通。

（3）电缆线路敷设完毕后投入运行前土建应完成的工作

1）由于预埋件补遗、开孔、扩孔等需要而由土建完成的修饰工作。

2）电缆室的门窗。

3）防火隔墙。

2. 材料（设备）准备

（1）敷设前，应对电缆进行外观检查及绝缘电阻试验。6kV以上电缆应作耐压和泄漏试验。1kV以下电缆用高阻计（摇表）测试，不低于10MΩ。

所有试验均要做好记录，以便竣工试验时作对比参考，并归档。

（2）电缆敷设前应准备好砖、砂，并运到沟边待用。并准备好方向套（铅皮、钢字）标桩。

（3）工具及施工用料的准备。施工前要准备好架电缆的轴辊、支架及敷设用电缆托架，封铅用的喷灯、焊料、抹布、硬脂酸以及木、铁锯，铁剪，8#、16#铅丝，编织的钢丝网套，铁锹、榔头、电工工具，汽油、沥青膏等。

（4）电缆型号、规格及长度均应与设计资料核对无误。电缆不得有扭绞、损伤及渗漏油现象。

（5）电缆线路两端连接的电气设备（或接线箱、盒）应安装完毕或已就位，敷设电缆的通道应无堵塞。

3. 电缆加温

（1）如冬期施工温度低于设计规定时，电缆应先加温，并准备好保温草帘，以便于搬运时电缆保温用。

电缆加热方法通常采用的有两种：一种是室内加热，即在室内或帐篷里，用热风机或电炉提高室内温度使电缆加温；室内温度为25℃时约需1～2d；40℃时需18h。另法是采用电流加热，将电缆线芯通入电流，使电缆本身发热。

用电流法加热时，将电缆一端的线芯短路，并予铅封，以防进入潮气。并经常监控电流值及电缆表面温度。电缆表面温度不应超过下列数值（使用水银温度计）：

3kV及以下的电缆　　　40℃；

6～10kV 的电缆　　　　35℃；

20～35kV 的电缆　　　　25℃。

加热后，电缆应尽快敷设。

(2) 电缆敷设前应进行的复查

1) 支架应齐全，油漆完整。

2) 电缆型号、电压、规格应符合设计。

3) 电缆绝缘良好；当对油浸纸绝缘电缆的密封有怀疑时，应进行潮湿判断；直埋电缆与水底电缆应经直流耐压试验合格；充油电缆的油样应试验合格。

4) 充油电缆的油压不宜低于 0.15MPa。

4. 电缆敷设基本规定

(1) 电缆敷设时，不应破坏电缆沟和隧道的防水层。

(2) 在三相四线制系统中使用的电力电缆，不应采用三芯电缆另加一根单芯电缆或导线，以电缆金属护套等作中性线等方式。

在三相系统中，不得将三芯电缆中的一芯接地运行。

(3) 三相系统中使用的单芯电缆，应组成紧贴的正三角形排列（充油电缆及水底电缆可除外），并且每隔 1m 应用绑带扎牢。

(4) 并联运行的电力电缆，其长度应相等。

(5) 电缆敷设时，在电缆终端头与电缆接头附近可留有备用长度。直埋电缆尚应在全长上留出少量裕度，并作波浪形敷设。

(6) 电缆各支持点间的距离应按设计规定。当设计无规定时，则不应大于表 2-43 中所列数值。

表 2-43　电缆支持点间的距离　　(m)

<table>
<tr><th colspan="2" rowspan="2">敷设方式
电缆种类</th><th colspan="3">支架上敷设*</th><th>钢索上悬吊敷设</th></tr>
<tr><th>水平</th><th>垂直</th><th>水平</th><th>垂直</th></tr>
<tr><td rowspan="2">电力电缆</td><td>无油电缆</td><td>1.5</td><td>2.0</td><td>—</td><td>—</td></tr>
<tr><td>橡塑及其他油浸纸绝缘电缆</td><td>1.0</td><td>2.0</td><td>0.75</td><td>1.5</td></tr>
<tr><td colspan="2">控制电缆</td><td>0.8</td><td>1.0</td><td>0.6</td><td>0.75</td></tr>
</table>

注：* 包括沿墙壁、构架、楼板等非支架固定。

(7) 电缆的弯曲半径不应小于表 2-44 的规定。

表 2-44　电缆最小允许弯曲半径与电缆外径的比值（倍数）

电缆种类	电缆护层结构	单芯	多芯
油浸纸绝缘电力电缆	铠装或无铠装	20	15
橡皮绝缘电力电缆	橡皮或聚氯乙烯护套	—	10
	裸铅护套	—	15
	铅护套钢带铠装	—	20
塑料绝缘电力电缆	铠装或无铠装	—	10
控制电缆	铠装或无铠装	—	10

(8) 油浸纸绝缘电力电缆最高与最低点之间的最大位差不应超过表 2-45 的规定。

表 2-45　油浸纸绝缘电力电缆最大允许敷设位差

电压等级（kV）		电缆护层结构	铅套（m）	铝套（m）
粘性油浸纸绝缘电力电缆	1～3	无铠装	20	25
		有铠装	25	25
	6～10	无铠装或有铠装	15	20
	20～36	无铠装或有铠装	5	—
充油电缆			按产品规定	—

注：1. 不滴流油浸纸绝缘电力电缆无位差限制。
2. 水底电缆线路的最低点是指最低水位的水平面。

当不能满足要求时，应采用适应于高位差的电缆，或在电缆中间设置塞止式接头。

(9) 电缆敷设时，电缆应从盘的上端引出，应避免电缆在支架上及地面摩擦拖拉。电缆上不得有未消除的机械损伤（如铠装压扁、电缆绞拧、护层折裂等）。

(10) 用机械敷设电缆时的牵引强度不宜大于表 2-46 的数值。

表 2-46　电缆最大允许牵引强度

牵引方式	牵引头		钢丝网套	
受力部位	铜芯	铝芯	铅套	铝套
允许牵引强度（MPa）	0.7	0.4	0.1	0.4

(11) 油浸纸绝缘电力电缆在切断后，应将端头立即铅封；塑料绝缘电力电缆，也应有可靠的防潮封端。充油电缆在切断后还应符合下列要求：

1) 在任何情况下，充油电缆的任一段都应设有压力油箱，以保持油压。

2) 连接油管路时，应排除管内空气，并采用喷油连接。

3) 充油电缆的切断处必须高于邻近两侧的电缆，避免电缆内进气。

4) 切断电缆时应防止金属屑及污物侵入电缆。

(12) 敷设电缆时，如电缆存放地点在敷设前 24h 内的平均温度以及敷设现场的温度低于表 2-47的数值时，应采取电缆加温措施，否则不宜敷设。

表 2-47　电缆最低允许敷设温度　（℃）

电缆类别	电缆结构	最低允许敷设温度
油浸纸绝缘电力电缆	充油电缆	−10
	其他油浸纸绝缘电缆	0
橡皮绝缘电力电荷	橡皮或聚氯乙烯护套	−15
	裸铅套	−20
	铅护套钢带铠装	−7
塑料绝缘电力电缆		0
控制电缆	耐寒护套	−20
	橡皮绝缘聚氯乙烯护套	−15
	聚氯乙烯绝缘、聚氯乙烯护套	−10

(13) 电力电缆接头盒的布置要求

1) 并列敷设电缆，其接头盒的位置应相互错开。

2）电缆明敷时的接头盒，须用托板（如石棉板等）托置，并用耐电弧隔板与其他电缆隔开，托板及隔板伸出接头两端的长度应不小于0.6m。

3）直埋电缆接头盒外面应有防止机械损伤的保护盒（环氧树脂接头盒除外）。位于冻土层内的保护盒，盒内宜注以沥青，以防水分进入盒内因冻胀而损坏电缆接头。

(14) 电缆敷设时，不宜交叉，电缆应排列整齐，加以固定，并及时装设标志牌。

(15) 标志牌的装设要求

1）在下列部位，电缆上应装设标志牌：电缆终端头、电缆中间接头处；隧道及竖井的两端；人井内。

2）标志牌上应注明线路编号（当设计无编号时，则应写明电缆型号、规格及起始和结束地点)；并联使用的电缆应有顺序号；字迹应清晰，不易脱落。

3）标志牌的规格宜统一；标志牌应能防腐，且挂装应牢固。

(16) 直埋电缆沿线及其接头处应有明显的方位标志或牢固的标桩。

(17) 电缆固定时的要求

1）在下列地方应将电缆加以固定：

垂直敷设或超过45°倾斜敷设的电缆，在每一个支架上；

水平敷设的电缆，在电缆首末两端及转弯、电缆接头两端处；

充油电缆的固定应符合设计要求。

2）电缆夹具的形式宜统一。

3）使用于交流的单芯电缆或分相铅套电缆在分相后的固定，其夹具的所有铁件不应构成闭合磁路。

4）裸铅（铝）套电缆的固定处，应加软垫保护。

(18) 沿电气化铁路或有电气化铁路通过的桥梁上明敷电缆的金属护层（包括电缆金属管道)，应沿其全长与金属支架或桥梁的金属构件绝缘。

(19) 电缆进入电缆沟、隧道、竖井、建筑物、盘（柜）以及穿入管子时，出入口应封闭，管口应密封。

(20) 对于有抗干扰要求的电缆线路，应按设计规定作好抗干扰措施。

(21) 装有避雷针和避雷线的构架上的照明灯电源线，必须采用直埋于地下的带金属护层的电缆或穿入金属管的导线。电缆护层或金属管必须接地，埋地长度应在10m以上，方可与配电装置的接地网相连或与电源线、低压配电装置相连接。

技能要点3：工艺流程

1. 电缆沟内电缆支架安装

(1) 电缆在沟内敷设，要用支架支持或固定，因而支架的安装是关键，其相互间距离是否恰当，将影响通电后电缆的散热状况是否良好、对电缆的日常巡视和维护检修是否方便，以及在电缆弯曲处的弯曲半径是否合理。

(2) 电缆支架自行加工时，钢材应平直，无显著扭曲。下料后长短差应在5mm范围内，切口无卷边、毛刺。钢支架采用焊接时，不要有显著的变形。支架上各横撑的垂直距离，其偏差不应大于2mm。支架应安装牢固，横平竖直，同一层的横撑应在同一水平面上，其高低偏差不应大于5mm。在有坡度的电缆沟内，其电缆支架也要保持同一坡度（此项也适用于有坡度的建筑物上的电缆支架)。

(3) 当设计无要求时，电缆支架最上层至沟顶的距离不小于150～200mm；电缆支架最下层至沟底的距离不小于50～100mm。

（4）当设计无要求时，电缆支架层间最小允许距离符合表 2-48 的规定。

（5）支架与预埋件焊接固定时，焊缝应饱满；用膨胀螺栓固定时，选用螺栓要适配，连接紧固，防松零件齐全。

表 2-48　电缆支架层间最小允许距离　(mm)

电缆种类	支架层间最小距离
控制电缆	120
10kV 及以下电力电缆	150～200

（6）当设计无要求时，电缆支持点间距，不小于表 2-49 的规定。

表 2-49　电缆支持点间距　(mm)

电缆种类		敷设方式	
		水平	垂直
电力电缆	全塑型	400	1000
	除全塑型外的电缆	800	1500
控制电缆		800	1000

2. 电气竖井支架安装

电缆在竖井内沿支架垂直敷设，可采用扁钢支架，如图 2-46 所示。支架的长度 W 应根据电缆直径和根数的多少而定。

扁钢支架与建筑物的固定应采用 M10×80 的膨胀螺栓紧固。支架每隔 1.5m 设置一个，竖井内支架最上层距竖井顶部或楼板的距离不小于 150～200mm，底部与楼（地）面的距离不宜小于 300mm。

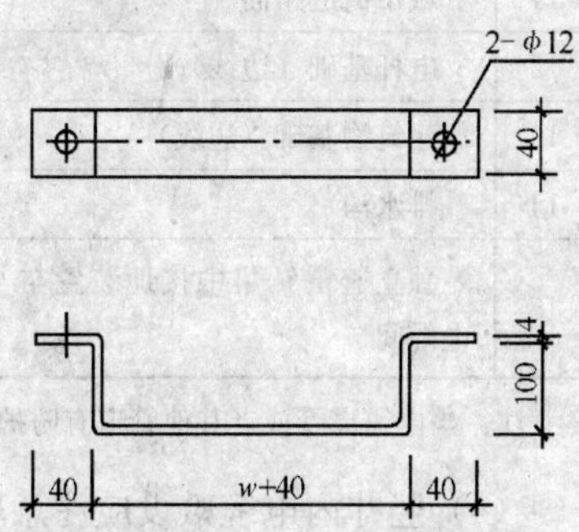

图 2-46　竖井内电缆扁钢支架

3. 电缆在支架上敷设

在电缆沟内和竖井内的支架上敷设电缆，其外观检查，可以在全部敷设完后进行。

（1）敷设在支架上的电缆，按电压等级排列，高压在上面，低压在下面，控制与通信电缆在最下面。如两侧装设电缆支架，则电力电缆与控制电缆、低压电缆应分别安装在沟的两边。电缆支架横撑间的垂直净距，无设计规定时，一般对电力电缆不小于 150mm；对控制电缆不小于 100mm。

（2）在电缆沟内敷设电缆时的注意事项

1）电缆敷设在沟底时，电力电缆间为 35mm，但不小于电缆外径尺寸；不同级电力电缆与控制电缆间为 100mm；控制电缆间距不作规定。

2）电缆表面距地面的距离不应小于 0.7m，穿越农田时不应小于 1m；66kV 及以上的电缆不应小于 1m；只有在引入建筑物、与地下建筑交叉及绕过地下建筑物处，可埋设浅些，但应采取保护措施。

3）电缆应埋设于冻土层以下。当无法深埋时，应采取措施，防止电缆受到损坏。

（3）电缆之间、电缆与其他管道、道路、建筑物等之间平行和交叉时的最小距离，应符合表 2-50的规定。严禁将电缆平行敷设于管道的上面或下面。

表 2-50 电缆之间、电缆与管道、道路、建筑物之间平行和交叉时的最小允许净距

<table>
<tr><th rowspan="2">序号</th><th rowspan="2" colspan="2">项目</th><th colspan="2">最小允许净距（m）</th><th rowspan="2">备　注</th></tr>
<tr><th>平行</th><th>交叉</th></tr>
<tr><td rowspan="3">1</td><td colspan="2">电力电缆间及其与控制电缆间</td><td></td><td></td><td rowspan="5">（1）控制电缆间平行敷设的间距不作规定；序号 1、3 项，当电缆穿管或用隔板隔开时，平行净距可降低为 0.1m。
（2）在交叉点前后 1m 范围内，如电缆穿入管中或用隔板隔开，交叉净距可降低为 0.25m</td></tr>
<tr><td colspan="2">（1）10kV 及以下</td><td>0.10</td><td>0.50</td></tr>
<tr><td colspan="2">（2）10kV 及以上</td><td>0.25</td><td>0.50</td></tr>
<tr><td>2</td><td colspan="2">控制电缆</td><td>—</td><td>0.50</td></tr>
<tr><td>3</td><td colspan="2">不同使用部门的电缆间</td><td>0.50</td><td>0.50</td></tr>
<tr><td>4</td><td colspan="2">热力管道（管沟）及热力设备</td><td>2.0</td><td>0.50</td><td rowspan="12">（1）虽净距能满足要求，但检修管路可能伤及电缆时，在交叉点前后 1m 范围内，尚应采取保护措施。
（2）当交叉净距不能满足要求时，应将电缆穿入管中，则其净距可减为 0.25m。
（3）对序号第 4 项，应采取隔热措施，使电缆周围土壤的温升不超过 10℃。
（4）电缆与管径大于 800mm 的水管，平行间距应大于 1m，如不能满足要求，应采取适当防电化腐蚀措施，特殊情况下，平行净距可酌减</td></tr>
<tr><td>5</td><td colspan="2">油管道（管沟）</td><td>1.0</td><td>0.50</td></tr>
<tr><td>6</td><td colspan="2">可燃气体及易燃液体管道（管沟）</td><td>1.0</td><td>0.50</td></tr>
<tr><td>7</td><td colspan="2">其他管道（管沟）</td><td>0.50</td><td>0.50</td></tr>
<tr><td>8</td><td colspan="2">铁路路轨</td><td>3.0</td><td>1.0</td></tr>
<tr><td rowspan="2">9</td><td rowspan="2">电气化铁路路轨</td><td>交流</td><td>3.0</td><td>1.0</td></tr>
<tr><td>直流</td><td>10.0</td><td>1.0</td></tr>
<tr><td>10</td><td colspan="2">公路</td><td>1.50</td><td>1.0</td></tr>
<tr><td>11</td><td colspan="2">城市街道路面</td><td>1.0</td><td>0.7</td></tr>
<tr><td>12</td><td colspan="2">电杆基础（边线）</td><td>1.0</td><td>—</td></tr>
<tr><td>13</td><td colspan="2">建筑物基础（边线）</td><td>0.6</td><td>—</td></tr>
<tr><td>14</td><td colspan="2">排水沟</td><td>1.0</td><td>0.5</td></tr>
<tr><td>15</td><td colspan="2">独立避雷针集中接地装置与电缆间</td><td colspan="2">5.0</td><td></td></tr>
</table>

注：当电缆穿管或者其他管道有防护设施（如管道保温层等）时，表中净距应从管壁或防护设施的外壁算起。

（4）竖井内电缆敷设应注意事项

敷设在竖井内的电缆，电缆的绝缘或护套应具有非延燃性。通常采用较多的为聚氯乙烯护套细钢丝铠装电力电缆，因为此类电缆能承受的拉力较大。

在多、高层建筑中，一般低压电缆由低压配电室引出后，沿电缆隧道、电缆沟或电缆桥架进入电缆竖井，然后沿支架或桥架垂直上升。

电缆在竖井内沿支架垂直布线所用支架，可在现场加工制作，其长度应根据电缆直径及根数的多少确定。

扁钢支架与建筑物的固定应采用 M10×80 的膨胀螺栓紧固。支架设置距离为 1.5m，底部支架距楼（地）面的距离不应小于 300mm。支架上电缆的固定采用管卡子固定，各电缆之间的间距不应小于 50mm。

电缆在穿过楼板或墙壁时，应设置保护管，并用防火隔板、防火堵料等做好密封隔离，保护管两端管口空隙应做密封隔离。

电缆沿支架的垂直安装。小截面电缆在电气竖井内布线，也可沿墙敷设，此时可使用管卡子或单边管卡子用 $\phi6\times30$ 塑料胀管固定。

电缆布线过程中，垂直干线与分支干线的连接，通常采用“T”接方法。为了接线方便，树干式配电系统电缆应尽量采用单芯电缆。

电缆敷设过程中，固定单芯电缆应使用单边管卡子，以减少单芯电缆在支架上的感应涡流。

对于树干式电缆配电系统为了“T”接方便，也应尽可能采用单芯电缆。

4. 电缆支架接地

(1) 金属电缆支架、电缆导管必须与 PE 线或 PEN 线连接可靠。目的是保护人身安全和供电安全，如整个建筑物要求等电位联结，更毋庸置疑。

(2) 接地线宜使用直径不小于 $\phi12$ 镀锌圆钢，并应该在电缆敷设前与全长支架逐一焊接。

技能图解 14 电线导管、电缆导管和线槽敷设

技能结构框线图

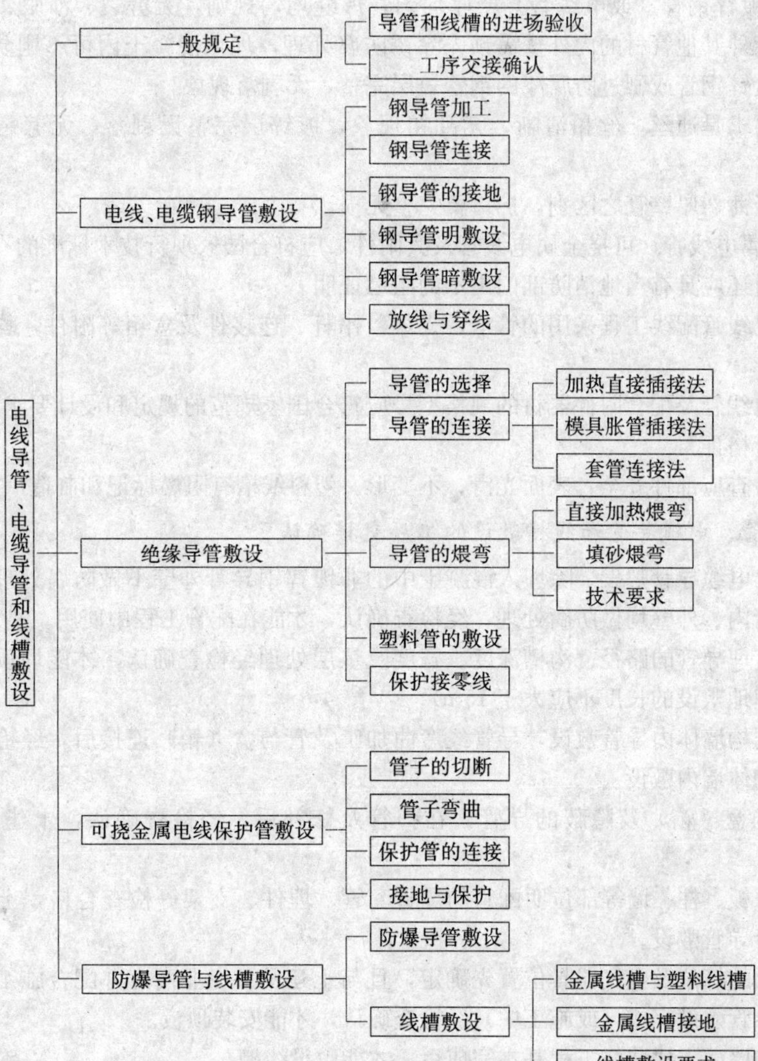

图 2-47 电线导管、电缆导管和线槽敷设

技能要点 1：一般规定

1. 导管和线槽的进场验收

(1) 导管应按批查验合格证。

(2) 电气安装用导管现场验收时的注意事项

1) 硬质阻燃塑料管（绝缘导管） 凡所使用的阻燃型（PVC）塑料管，其材质均应具有阻燃、耐冲击性能，其氧指数不应低于 27%的阻燃指标，并应有检定检验报告单和产品出厂合格证。

阻燃型塑料管外壁应有间距不大于 1m 的连续阻燃标记和制造厂厂标，管子内、外壁应光滑、无凸棱、凹陷、针孔及气泡，内外径的尺寸应符合国家统一标准，管壁厚度应均匀一致。

2) 塑料阻燃型可挠（波纹）管 塑料阻燃型可挠（波纹）管及其附件必须阻燃，其管外壁应有间距不大于 1m 的连续阻燃标记和制造厂标，产品有合格证。管壁厚度均匀，无裂缝、孔洞、气泡及变形现象。管材不得在高温及露天场所存放。

管箍、管卡头、护口应使用配套的阻燃型塑料制品。

3) 钢管 镀锌钢管（或电线管）壁厚均匀，焊缝均匀规则，无劈裂、沙眼、棱刺和凹扁现象。除镀锌钢管外其他管材的内外壁需预先除锈防腐处理，埋入混凝土内可不刷防锈漆，但应进行除锈处理。镀锌钢管或刷过防腐漆的钢管表层完整，无剥落现象。

管箍丝扣要求是通丝，丝扣清晰，无乱扣现象，镀锌层完整无剥落，无劈裂，两端光滑无毛刺。

护口有用于薄、厚壁管之区别，护口要完整无损。

4) 可挠金属电线管 可挠金属电线管及其附件，应符合国家现行技术标准的有关规定，并应有合格证。同时还应具有当地消防部门出示的阻燃证明。

可挠金属电线管配线工程采用的管卡、支架、吊杆、连接件及盒箱等附件，均应镀锌或涂防锈漆。

可挠金属电线管及配套附件器材的规格型号应符合国家规范的规定和设计要求。

线槽查验合格证。

线槽外观检查应部件齐全，表面光滑、不变形。塑料线槽有阻燃标记和制造厂标。

2. 电线导管、电缆导管和线槽敷设的工序交接确认

(1) 电线、电缆导管敷设，除埋入混凝土中的非镀锌钢导管外壁不做防腐处理外，其他场所的非镀锌钢导管内、外壁均做防腐处理，经检查确认，才能在配管工程中使用。

(2) 室外直埋导管的路径、沟槽深度、宽度及垫层处理经检查确认，才能埋设导管（但电线钢导管在室外埋地敷设的长度不应大于 15m）。

(3) 砖混结构墙体内导管敷设，导管经弯曲加工及管与盒（箱）连接后，经检查确认合格才能配合土建在砌体墙内敷设。

(4) 敷设的盒（箱）及隐蔽的导管，在扫管及修补后，经检查确认，土建才能进行装修施工。

(5) 在梁、板、柱、墙等部位明配管的导管套管、埋件、支架等检查合格，土建装修工程完成后，才能进行导管敷设。

(6) 吊顶上的灯位及电气器具位置先确定，且与土建及各专业商定并配合施工，才能在吊顶内敷设导管，导管敷设完成（或施工中）经检查确认，才能安装顶板。

(7) 顶棚和墙面土建装修工程基本完成后，才能敷设线槽。

技能要点 2：电线、电缆钢导管敷设

钢导管按表面是否镀锌又可分为镀锌钢导管和非镀锌钢导管；钢导管按管壁的厚度又区分为厚壁钢导管和薄壁钢导管，壁厚大于 2mm 的钢导管称为厚壁钢导管，壁厚小于等于 2mm 的钢导管称为薄壁钢导管。

1. 钢导管加工

钢导管在加工前，施工人员要对导管进行外观检查，对不合标准的管材，不能再加工，更不能用到工程中去，以防后患。

要先清除导管内的毛刺和杂物，消除管内缺陷，以免电线穿管时，损伤电线的绝缘层。还要根据敷设部位的要求，进行防腐处理和导管加工。

（1）钢管除锈与涂漆　钢管内如果有灰尘、油污或受潮生锈，不但穿线困难，而且会造成导线的绝缘层损伤，使绝缘性能降低，因此在敷设电线管前，应对线管进行除锈涂漆。

钢管内、外均应刷防腐漆，埋入混凝土内的管外壁除外；埋入土层内的钢管，应刷两度沥青或使用镀锌钢管；埋入有腐蚀性土层内的钢管，应按设计规定进行防腐处理。使用镀锌钢管时，在锌层剥落处，也应刷防腐漆。

（2）切断钢管　可用钢锯切断（最好选用钢锯条）或管子切割机割断。

钢管不应有折扁和裂缝，管内无铁屑及毛刺，切断口应锉平，管口应刮光。

（3）套丝　丝口连接时管端套丝长度不应小于管接头长度的 1/2；在管接头两端应焊跨接接地线。

薄壁钢管的连接必须用丝扣连接。薄壁钢管套丝一般用圆板牙扳手和圆板牙铰制。

厚壁钢管，可用管子铰板和管螺纹板牙铰制。铰制完螺纹后，随即清修管口，将管口端面和内壁的毛刺锉光，使管口保持光滑，以免割破导线绝缘层。

（4）弯管　钢管明配需随建筑物结构形状进行立体布置，但要尽量减少弯头。

钢管弯制常用弯管方法有以下几种：

1）弯管器弯管　在弯制管径为 50mm 及以下的钢管时，可用弯管器弯管。制作时，先将管子弯曲部位的前段放入弯管器内，管子焊缝放在弯曲方向的侧面，然后用脚踩住管子，手扳弯管器柄，适当加力，使管子略有弯曲，再逐点移动弯管器，使管子弯成所需的弯曲半径。

2）滑轮弯管器弯管　当钢管弯制的外观、形状要求较高时，特别是弯制大量相同曲率半径的钢管时，要使用滑轮弯管器，固定在工作台上进行弯制。

3）气焊加热弯制　厚壁管和管径较粗的钢管可用气焊加热进行弯制。但需注意掌握火候，钢管加热不足（未烧红）弯不动；加热过火（烧得太红）或加热不均匀，容易弯瘪。此外，对预埋钢管露出建筑物以外的部分不直或位置不正时，也可以用气焊加热整形。

对弯管的要求：

1）钢管弯曲处不应出现凹凸和裂缝，弯扁程度不应大于管外径的 10%。

2）被弯钢管的弯曲半径应符合表 2-51 的规定，弯曲角度一定要大于 90°。

表 2-51　钢管允许弯曲半径

条　　件	弯曲半径与钢管外径之比
明配时	6
明配只有一个弯时	4
暗配时	6
埋设于地下或混凝土楼板内时	10

3）钢管弯曲时，焊缝如放在弯曲方向的内侧或外侧，管子容易出现裂缝。当有两个以上弯时，更要注意管子的焊缝位置。

4）管壁薄、直径大的钢管弯曲时，管内要灌满砂且应灌实，否则钢管容易弯瘪。如果用加热弯曲，要灌用干燥砂。灌砂后，管的两端塞上木塞。

2. 钢导管连接

钢管之间的连接，一般采用套管连接。而套管连接宜用于暗配管，套管长度为连接管外径的1.5～3倍；连接管的对口处应在套管的中心，焊口应焊接牢固、严密。

用丝扣连接时，管端套丝长度不应小于管接头长度的1/2；在管接头两端应焊跨接接地线。薄壁钢管的连接必须用丝扣连接。

钢管与接线盒、开关盒的连接，可采用螺母连接或焊接。采用螺母连接时，先在管子上拧一个锁紧螺母（俗称根母），然后将盒上的敲落孔打掉，将管子穿入孔内，再用手旋上盒内螺母（俗称护口），最后用扳手把盒外锁紧螺母旋紧。

3. 钢导管的接地

金属的导管必须与PE或PEN线可靠连接，这是用电安全的基本要求，以防产生电击现象，并应符合下列规定：

（1）镀锌钢导管和壁厚2mm及以下的薄壁钢导管，不得熔焊跨接接地线。

（2）镀锌钢导管的管与管之间采用螺纹连接时，连接处的两端应该用专用的接地卡固定。

（3）以专用的接地卡跨接的管与管及管与盒（箱）间跨接线为黄绿相间色的铜芯软导线，截面积不小于$4mm^2$。

（4）当非镀锌钢导管采用螺纹连接时，连接处的两端用专用接地卡固定跨接线也可以焊接跨接接地线，焊接跨接接地线的做法，如图2-48所示。

当非镀锌钢导管与配电箱箱体采用间接焊接连接时，可以利用导管与箱体之间的跨接接地线固定管、箱。

跨接接地线直径应根据钢导管的管径来选择，如表2-52所示。管接头两端跨接接地线焊接长度，不小于跨接接地线直径的6倍，跨接接地线在连接管焊接处距管接头两端不宜小于50mm。

连接管与盒（箱）的跨接接地线，应在盒（箱）的棱边上焊接，跨接接地线在箱棱边上焊接的长度不小于跨接接地线直径的6倍，在盒上焊接不应小于跨接接地线的截面积。

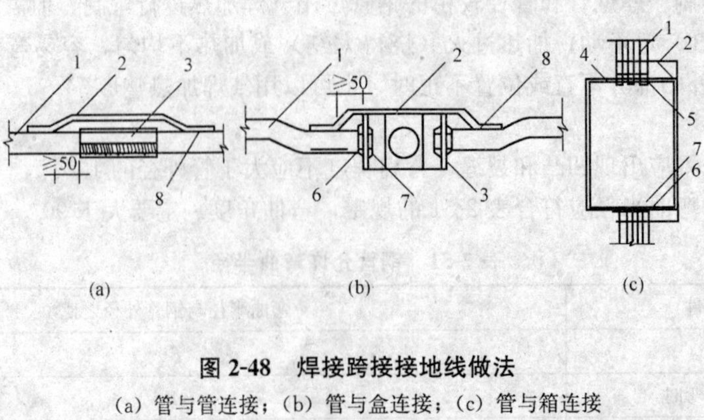

图2-48 焊接跨接接地线做法

（a）管与管连接；（b）管与盒连接；（c）管与箱连接

1—非镀锌钢导管；2—圆钢跨接接地线；3—器具盒；4—配电箱；

5—全扣管接头；6—根母；7—护口；8—电气焊处

表 2-52　跨接接地线选择表

公称直径（mm）		跨接接地线（mm）	
电线管	厚壁钢管	圆　钢	扁　钢
≤32	≤25	ϕ6	
38	≤32	ϕ8	
51	40～50	ϕ10	
64～76	≤65～80	ϕ10 及以上	25×4

（5）套接压扣式薄壁钢导管及其金属附件组成的导管管路，当管与管及管与盒（箱）连接符合规定时，连接处可不设置跨接接地线，管路外壳应有可靠接地；导管管路不应作为电气设备接地线使用。

（6）套接紧定式钢导管及其金属附件组成的导管管路，当管与管及管与盒（箱）连接符合规定时，连接处可不设置跨接接地线。管路外壳应有可靠接地。套接紧定式钢导管管路，不应做为电气设备接地线。

4. 钢导管明敷设

明管用吊装、支架敷设或沿墙安装时，固定点的距离应均匀，管卡与终端、转弯中点、电气器具或按线盒边缘的距离为 150～500mm。中间固定点间的最大允许距离应符合表 2-53 的规定。

表 2-53　钢管固定点间最大间距

敷设方式	钢管名称	钢管直径（mm）			
		15～20	25～30	40～50	65～100
		最大允许距离（m）			
吊架、支架或沿墙敷设	厚壁钢管	1.5	2.0	2.5	3.5
	薄壁钢管	1.0	1.5	2.0	—

（1）钢管进入灯头盒、开关盒、接线盒及配电箱时，露出锁紧螺母的丝扣为 2～4 扣。当在室外或潮湿房屋内，采用防潮接线盒、配电箱时，配管与接线盒、配电箱的连接应加橡皮垫。

（2）钢管配线与设备连接时，应将钢管敷设到设备内，如不能直接进入时，可按下列方法进行连接：

1）在干燥房间内，可在钢管出口处加保护软管引入设备。

2）在室外潮湿房间内，可采用防湿软管或在管口处装设防水弯头。

3）当由防水弯头引出的导线接至设备时，导线套绝缘软管保护，并应有防水弯头引入设备。

4）金属软管引入设备时，软管与钢管、软管与设备间的连接应用软管接头连接。软管在设备上应用管卡固定，其固定点间距不应大于 1m，金属软管不能作为接地导体。

5）钢管露出地面的管口距地面高度不应小于 200mm。

（3）钢导管明敷设在建筑物变形缝处，应设补偿装置。

5. 钢导管暗敷设

钢导管暗敷设，首先要确定好导管进入设备及器具盒（箱）的位置，在计算好管路敷设长度，进行导管加工后，再配合土建施工中将管与盒（箱）按已确定的安装位置连接起来。

暗配的电线管路宜沿最近的路线敷设并应减少弯曲；埋入墙或混凝土内的管子，离表面的净距不应小于 15mm。

（1）暗管敷设步骤

1）确定设备（灯头盒、接线盒和配管引上引下）的位置。

2）测量敷设线路长度。

3）配管加工（弯曲、锯割、套螺纹）。

4）将管与盒按已确定的安装位置连接起来。

5）管口墙上木塞或废纸，盒内填满废纸或木屑，防止进入水泥砂浆或杂物。

6）检查是否有管、盒遗漏或设位错误。

7）管、盒连成整体固定于模板上（最好在未绑扎钢筋前进行）。

8）管与管和管与箱、盒连接处，焊上跨接地线，使金属外壳连成一体。

（2）暗管在现浇混凝土楼板内的敷设　在浇灌混凝土前，先将管子用垫块（石块）垫高 15mm 以上，使管子与混凝土模板间保持足够距离，再将管子用铁丝绑扎在钢筋上，或用钉子卡在模板上。

1）灯头盒可用铁钉固定或用铁丝缠绕在铁钉上。

2）接线盒可用铁丝或螺钉固定，待混凝土凝固后，必须将铁丝或螺钉切断除掉，以免影响接线。

3）钢管敷设在楼板内时，管外径与楼板厚度应配合：当楼板厚度为 80mm 时，管外径不应超过 40mm；厚度为 120mm 时，管外径不应超过 50mm。若管径超过上述尺寸，则钢管改为明敷或将管子埋在楼板的垫层内，此时，灯头盒位置需在浇灌混凝土前预埋木砖，待混凝土凝固后再取出木砖进行配管。

（3）暗管在预制板中的敷设方法　暗管在预制板中的敷设方法同“暗管在现浇混凝土楼板内的敷设”，但灯头盒的安装需在楼板上定位凿孔。

（4）暗管通过建筑物伸缩缝的补偿装置　一般在伸缩缝（沉降缝）处设接线箱，钢管必须断开。

（5）埋地钢管技术要求　管径应不小于 20mm，埋入地下的电线管路不宜穿过设备基础；在穿过建筑物基础时，应再加保护管保护。必须穿过大片设备基础时，管径不小于 25mm。

6. 放线与穿线

（1）放线　对整盘绝缘导线，必须从内圈抽出线头进行放线。

引线铁丝穿通后，引线一端应与所穿的导线结牢。如所穿导线根数较多且较粗时，可将导线分段结扎。外面再稀疏地包上包布，分段数可根据具体情况确定。

（2）穿线　穿线前，钢管口应先装上管螺母，以免穿线时损伤导线绝缘层。穿线时，需两人各在管口一端，一人慢慢抽拉引线铁丝，另一人将导线慢慢送入管内。如钢管较长，弯曲较多穿线困难时，可用滑石粉润滑。但不可使用油脂或石墨粉等作润滑物，因前者会损坏导线的绝缘层（特别是橡皮绝缘），后者是导电粉末，易于粘附在导线表面，一旦导线绝缘略有微小缝隙，便会渗入线芯，造成短路事故。

（3）剪断导线　导线穿好后，剪除多余的导线，但要留出适当余量，便于以后接线。预留长度为：接线盒内以绕盒内一周为宜；开关板内以绕板内半周为宜。

由于钢管内所穿导线的作用不同，为了在接线时能方便地分辨各种作用，可在导线的端头绝缘层上做记号。如管内穿有 4 根同规格同颜色导线，可把 3 根导线用电工刀分别削一道、两道、三道刀痕标出，另一根不标，以免接线错误。

（4）垂直钢管内导线的支持　在垂直钢管中，为减少管内导线本身质量所产生的下垂力，保证导线不因自重而折断，导线应在接线盒内固定接线盒距离，按导线截面不同的规定见表2-54。

表 2-54　钢管垂直敷设接线盒间距

导线截面（mm^2）	接线盒间距（m）
50 及以下	30
70～95	20
120～240	18

技能要点 3：绝缘导管敷设

绝缘导管是指刚性绝缘导管，也称为刚性 PVC 管。

绝缘导管在民用建筑电气安装工程中被广泛用作电线导管。

由于绝缘导管在高温下机械强度下降，老化迅速，且蠕变量大，环境温度在 40℃以上的高温场所不应敷设；绝缘导管在经常发生机械冲击、碰撞、摩擦等易受机械损伤的场所也不应使用。

1. 导管的选择

在施工中一般都采用热塑性塑料（受热时软化，冷却时变硬，可重复受热塑制的称为热塑性塑料，如聚乙烯、聚氯乙烯等）制成的硬塑料管。硬塑料管有一定的机械强度。明敷设塑料管壁厚度不应小于 2mm，暗敷设的不应小于 3mm。

2. 导管的连接

（1）加热直接插接法　适用于 ϕ50 及以下的硬塑料管。操作步骤如下：

1）将管口倒角，外管倒内角，内管倒外角，见图 2-49。

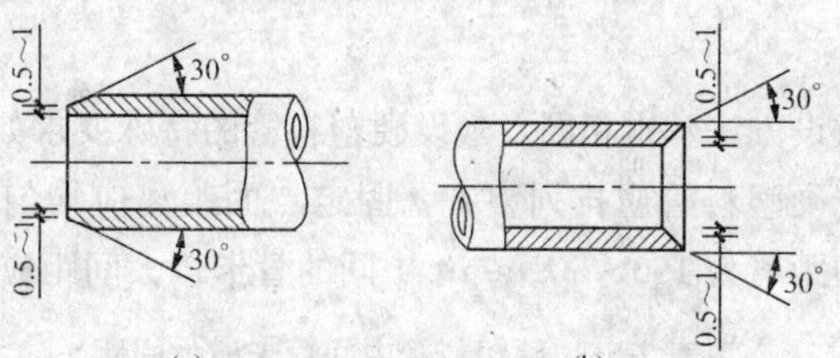

图 2-49　管口倒角（塑料管）

（a）内管；（b）外管

2）将内管、外管插接段的尘埃等污垢擦净，如有油污时可用二氯乙烯、苯等溶剂擦净。

3）插接长度应为管径的 1.1～1.8 倍，用喷灯、电炉、炭化炉加热，也可浸入温度为 130℃左右的热甘油或石蜡中加热至软化状态。

4）将内管插入段涂上胶合剂（如聚乙烯胶合剂）后，迅速插入外管，待内外管线一致时，立即用湿布冷却。

（2）模具胀管插接法　适用于 ϕ65 及以上的硬塑料管。操作步骤如下：

1）将管口倒角。

2）清除插接段的污垢。

3）加热外管插接段。

（上述操作方法与直接插接法相同）

4）待塑料管软化后，将已被加热的金属模具插入，待冷却（可用水冷）至50℃脱模，模具外径需比硬管外径大2.5%左右。当无金属模具时，可用木模代替。

5）在内、外插接面涂上胶合剂后，将内管插入外管插入深度为管内径的1.1～1.8倍，加热插接段，使其软化后急速冷却（可浇水），收缩变硬即连接牢固。

此道工序也可改用焊接连接，即将内管插入外管后，用聚氯乙烯焊条在接合处焊2～3圈。

（3）套管连接法

1）从需套接的塑料管上截取长度为管内径的1.5～3倍（管径为50mm及以下者取上限值；50mm以上者取下限值）。

2）将需套接的两根塑料管端头倒角，并涂上胶合剂。

3）加热套管温度取130℃左右。

4）将被连接的两根塑料管插入套管，并使连接管的对口处于套管中心。

3. 导管的煨弯

（1）直接加热煨弯　管径20mm及以下可直接加热煨弯。加热时均匀转动管身。到适当温度，立即将管放在平木板上煨弯。

（2）填砂煨弯　管径在25mm及以上，应在管内填砂煨弯。先将一端管口堵好，然后将干砂子灌入管内敦实，将另一端管口堵好后，用热砂子加热到适当温度，即可放在模型上弯制成型。

（3）煨弯技术要求　明管敷设弯曲半径不应小于管径的6倍；埋设在混凝土内时不应小于管径的10倍。塑料管加热不得将管烤伤、烤变色以及有显著的凹凸变形等现象。凹偏度不得大于管径的1/10。

4. 塑料管的敷设

硬塑料管与钢管的敷设方法基本相同，敷设硬塑料管的特殊要求如下：

（1）固定间距：明配硬塑料管应排列整齐，固定点的距离应均匀；管卡与终端、转弯中点、电气器具或接线盒边缘的距离为150～500mm；中间的管卡最大间距应符合表2-55的规定。

表2-55　硬塑料管中间管卡最大间距

敷设方法 / 最大允许距离（m）	内　径（mm）		
	20以下	25～40	50以上
吊架、支架或沿墙敷设	1.0	1.5	2.0

（2）易受机械损伤的地方：明管在穿过楼板易受机械损伤的地方应用钢管保护，其保护高度距楼板面不应低于500mm。

（3）与蒸汽管距离：硬塑料管与蒸汽管平行敷设时，管间净距不应小于500mm。

（4）热膨胀系数：硬塑料管的热膨胀系数要比钢管大5～7倍。如30m长的塑料管，温度升高40℃，则长度增加96mm。因此，塑料管沿建筑物表面敷设时，直线部分每隔30m要装设补偿装置（在支架上架空敷设除外）。

（5）配线：塑料管配线，必须采用塑料制品的配件，禁止使用金属盒。塑料线入盒时，可不装锁紧螺母和管螺母，但暗配时须用水泥注牢。在轻质壁板上采用塑料管配线时，管入盒处应采用胀扎管头绑扎。

(6) 使用保护管：硬塑料管埋地敷设（在受力较大处，宜采用重型管）引向设备时，露出地面 200mm 段，应用钢管或高强度塑料管保护。保护管埋地深度不少于 50mm。

5. 保护接零线

用塑料管布线时，如用电设备需接零装置时，在管内必须穿入接零保护线。

利用带接地线型塑料电线管时，管壁内的 1.5mm² 铜接地导线要可靠接通。

技能要点 4：可挠金属电线保护管敷设

可挠金属电线保护管也称普利卡金属套管。此管种类很多，其基本结构是由镀锌钢带卷绕成螺纹状，属于可挠性金属套管。具有搬运方便、施工容易等特点。

可挠金属电线保护管以其优越的性能，不但适用于建筑和装饰工程中，还可在机电、铁路、交通、石油、化工、航空、船舶、电力等行业的电气布线工程中应用。

1. 管子的切断

可挠金属电线保护管，不需预先切断，在管子敷设过程中，需要切断时，应根据每段敷设长度，使用可挠金属电线保护管切割刀进行切断。

切管时用手握住管子或放在工作台上用手压住，将可挠金属电线保护管切割刀刀刃，轴向垂直对准可挠金属电线保护管螺纹沟，尽量成直角切断。如放在工作台上切割时要用力边压边切。

可挠金属电线保护管也可用钢锯进行切割。

可挠金属电线保护管切断后，应清除管口处毛刺，使切断面光滑。在切断面内侧用刀柄绞动一下。

2. 管子弯曲

可挠金属电线保护管在管子敷设时，可根据弯曲方向的要求，不需任何工具用手自由弯曲。

可挠金属电线保护管的弯曲角度不宜小于 90°。明配管管子的弯曲半径不应小于管外径的 3 倍。在不能拆卸、不能检查的场所使用时，管的弯曲半径不应小于管外径的 6 倍。

可挠金属电线保护管在敷设时应尽量避免弯曲。明配管直线段长度超过 30m 时，暗配管直线长度超过 15m 或直角弯超过 3 个时，均应装设中间拉线盒或放大管径。

若管路敷设中出现有 4 处弯曲时，且弯曲角度总和不超过 270°时，可按 3 个弯曲处计算。

3. 可挠金属电线保护管的连接

(1) 管的互接。可挠金属电线保护管敷设，中间需要连接时，应使用带有螺纹的 KS 型直接头连接器（直接头）进行互接。

(2) 可挠金属电线保护管与钢导管连接。可挠金属电线保护管在吊顶内敷设中，有时需要与钢导管直接连接，可挠金属电线保护管的长度在电力工程中不大于 0.8m，在照明工程中不大于 1.2m。管的连接可使用连接器进行无螺纹和有螺纹连接。

可挠金属电线保护管与钢导管（管口无螺纹）进行连接时，应使用 VKC 型无螺纹连接器进行连接。VKC 型无螺纹连接器共有两种型号：VKC－J 型和 VKC－C 型，分别用于可挠金属电线保护管与厚壁钢导管和薄壁钢导管（电线管）的连接。

4. 可挠金属电线保护管的接地和保护

(1) 可挠金属电线保护管必须与 PE 或 PEN 线有可靠的电气连接，可挠金属电线保护管不能做 PE 或 PEN 线的接续导体。

(2) 可挠金属电线保护管，不得熔焊跨接接地线，以专用接地卡跨接的两卡间连线为铜芯软导线，截面积不小于 4mm²。

（3）当可挠金属电线保护管及其附件穿越金属网或金属板敷设时，应采用经阻燃处理的绝缘材料将其包扎，且应超出金属网（板）10mm 以上。

（4）可挠金属电线保护管，不宜穿过设备或建筑物、构筑物的基础，当必须穿过时，应采取保护措施。

技能要点 5：防爆导管与线槽敷设

1. 防爆导管敷设

在建筑电气工程中，需要按防爆标准施工的具有爆炸和火灾危险环境的场所，主要是锅炉房和自备柴油发电机机组的燃油或燃气供给运转室，以及燃料的小额储备室。其配管应按防爆要求执行。

（1）由于防爆线路明确用低压流体镀锌钢管做导管，管子间连接、管子与电气设备器具间连接一律采用螺纹连接，且要在丝扣上涂电力复合酯，使导管具有导电连续性，所以除设计要求外，可以不跨接接地线。同时有些防爆接线盒等器具是铝合金的，也不宜焊接，因而施工设计中通常有专用保护线（PE）与设备、器具及零部件用螺栓连接，使接地可靠连通。

（2）防爆导管不应采用倒扣连接；当连接有困难时，应采用防爆活接头，其接合面应严密。

倒扣连接管螺纹长，接口不严密，尤其是正压防爆，充保护气体防爆，极易发生泄漏现象，破坏防爆性能，是不允许的。且市场上有与防爆等级相适配的各类导管安装用配件供应，是完全可能做到的。

（3）防爆导管应安装牢固顺直，镀锌层锈蚀或剥落处做防腐处理。

（4）防爆导管敷设时导管间及与灯具、开关、线盒等的螺纹连接处紧密牢固，除设计有特殊要求外，连接处不跨接接地线，在螺纹上涂以电力复合酯或导电性防锈脂。

2. 线槽敷设

（1）金属线槽与塑料线槽　金属线槽配线一般适用于正常环境的室内场所明敷，由于金属线槽多由厚度为 0.4～1.5mm 的钢板制成，其构造特点决定了在对金属线槽有严重腐蚀的场所不应采用金属线槽配线。

具有槽盖的封闭式金属线槽，有与金属导管相当的耐火性能，可用在建筑物顶棚内敷设。

塑料线槽一般适用于正常环境的室内场所明敷设，也用于科研实验室或预制板结构而无法暗敷设的工程；还适用于旧工程改造更换线路；同时也用于弱电线路吊顶内暗敷设场所。

（2）金属线槽接地　金属的线槽必须与 PE 或 PEN 线有可靠电气连接，并符合下列规定：

1）金属线槽不得熔焊跨接接地线。

2）金属线槽不应作为设备的接地导体，当设计无要求时，金属线槽全长不少于 2 处与 PE 或 PEN 线干线连接。

3）非镀锌金属线槽间连接板的两端跨接铜芯接地线，截面积不小于 4mm²，镀锌线槽间连接板的两端不跨接接地线，但连接板两端不少于 2 个有防松螺帽或防松垫圈的连接固定螺栓。

（3）线槽敷设要求

1）线槽应安装牢固，无扭曲变形，线槽内的各种连接螺栓，均要由内向外穿，应尽量使螺栓的头部与线槽内壁平齐，以利敷线，不致敷线时损坏导线的绝缘护层。

2）线槽敷设应平直整齐；水平或垂直允许偏差为其长度的 20‰，且全长允许偏差为 20mm；并列安装时，槽盖应便于开启。

3）线槽在建筑物变形缝处，应设补偿装置。

技能图解 15　电线、电缆穿管和线槽敷线

技能结构框线图

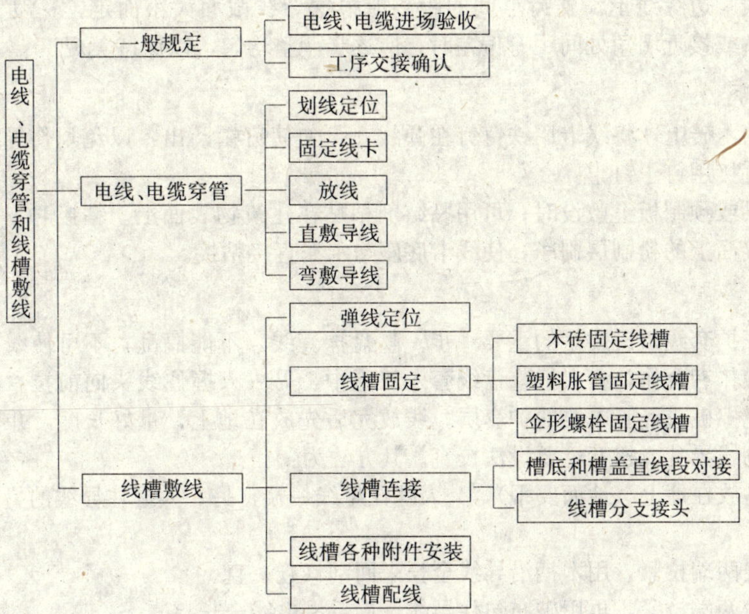

图 2-50　电线、电缆穿管和线槽敷线

技能要点 1：一般规定

1. 电线、电缆进场验收

(1) 电线、电缆按批查验合格证。施行生产许可证的，应在合格证上或所提供的文件上有合格证编号。

按《额定电压 450V/750V 及以下聚氯乙烯绝缘电缆》（GB 5023.1～5023.7）标准生产的产品，均是我国电工产品认证委员会强制认证的产品，所以按此标准生产的均应有安全认证的标志。

(2) 电线、电缆进场外观检查，应查验包装良好，抽验的电线绝缘层完整无损，厚度均匀。电缆无压扁、扭曲、铠装不松卷。

电线、电缆外护层有明显标识和制造厂标。

(3) 按制造标准，现场抽样检测绝缘层厚度和圆形线芯的直径；线芯直径误差不大于标准直径的 1%。

(4) 在外观检查时，对电线、电缆的绝缘性能、导电性能和阻燃性能有异议时，应按批抽样送有资质的试验室检测。

2. 电线、电缆穿管和线槽敷线的工序交接确认

(1) 金属导管及与盒（箱）或线槽 PE 线或 PEN 线及其他焊接施工完成，经检查确认，才能穿入电线、电缆以及线槽内敷线。

(2) 在建筑物抹灰、粉刷及地面等装修工程结束后，管内积水及杂物清理干净，经检查确认，才能穿入电线或电缆以及线槽内敷线。

(3) 电缆穿管前绝缘测试合格，才能穿入导管。

(4) 电线、电缆交接试验合格，且对接线去向和相位等检查确认，才能通电。

技能要点 2：电线、电缆穿管

1. 划线定位

用粉线袋按照导线敷设方向弹出水平或垂直线路基准线，同时标出所有线路装置和用电设备的安装位置，均匀地划出导线的支持点。导线沿门头线和线脚敷设时，可不必弹线，但线卡必须紧靠门头线和线脚边缘线上。支持点间的距离应根据导线截面大小而定，一般为 150～200mm。在接近电气设备或接近墙角处间距有偏差时，应逐步调整均匀，以保持美观。

2. 固定线卡

在安装好的木砖上，将线卡用铁钉钉在弹线上，勿使钉帽凸出，以免划伤导线的外护套。在木结构上，可直接用钉子钉牢。

在混凝土梁或预制板上敷设时；可用黏结剂粘贴在建筑物表面上。粘接时，一定要用钢丝刷将建筑物上粘接面上的粉刷层刷净，使线卡底座与水泥直接粘接。

3. 放线

放线是保证护套线敷设质量的重要一步。整盘护套线，不能搞乱，不可使线产生扭曲。所以放线时，需要操作者合作，一人把整盘线套入双手中，另一人握住线头向前拉。放出的线不可在地上拖拉，以免擦破或弄脏电线的护套层。线放完后先放在地上，量好长度，并留出一定余量后剪断。如果将电线弄乱或扭弯，要设法校直。其方法为：

（1）把线平放在地上（地面要平），一人踩住导线一端，另一人握住导线的另一端拉紧，用力在地上甩直。

（2）将导线两瑞拉紧，用木柄沿导线全长来回刮（赶）直。

（3）将导线两端拉紧，再用破布包住导线，用手沿电线全长捋直。

4. 直敷导线

为使线路整齐美观，必须将导线敷设得横平竖直。几条护套线成排平行敷设时，应上下左右排列紧密，不能有明显空隙。敷线时，应将线收紧。短距离的直线部分先把导线一端夹紧，然后再夹紧另一端，最后再把中间各点逐一固定。长距离的直线部分可在其两端的建筑构件的表面上临时各装一幅瓷夹板，把收紧的导线先夹入瓷夹中，然后逐一夹上线卡。在转角部分，戴上手套用手指顺弯按压，使导线挺直平顺后夹上线卡。中间接头和分支连接处应装置接线盒，接线盒固定应牢固。在多尘和潮湿的场所时应使用密闭式接线盒。

5. 弯敷导线

塑料护套线在同一墙面上转弯时，必须保持垂直。导线弯曲半径应不小于护套线宽度的 3 倍。弯曲时不应损伤护套和芯线外的绝缘层。铅皮护套线弯曲半径不得小于其外径的 10 倍。

技能要点 3：线槽敷线

1. 弹线定位

（1）线槽配线在穿过楼板及墙壁时，应用保护管，而且穿楼板处必须用钢管保护，其保护高度距地面不应低于 1.8m。

（2）过变形缝时应做补偿处理。

2. 线槽固定

（1）木砖固定线槽　配合土建结构施工时预埋木砖；加气砖墙或砖墙剔洞后再埋木砖，梯形木砖较大的一面应朝洞里，外表面与建筑物的表面齐，然后用水泥沙浆抹平，待凝固后，再把线槽底板用木螺丝固定在木砖上。

（2）塑料胀管固定线槽　混凝土墙、砖墙可采用塑料胀管固定塑料线槽。根据胀管直径和长度选择钻头，在标出的固定点位置上钻孔，不应歪斜、豁口，应垂直钻好孔后，将孔内残存的杂物清净，用木锤把塑料胀管垂直敲入孔中，直至与建筑物表面平齐，再用石膏将缝隙填实抹平。

（3）伞形螺栓固定线槽　在石膏板墙或其他护板墙上，可用伞形螺栓固定塑料线槽，根据弹线定位的标记，找好固定点位置，把线槽的底板横平竖直地紧贴建筑物的表面，钻好孔后将伞形螺栓的两伞叶掐紧合拢插入孔中，待合拢伞叶自行张开后，再用螺母紧固即可，露出线槽内的部分应加套塑料管。固定线槽时，应先固定两端再固定中间。

3. 线槽连接

线槽及附件连接处应严密平整，无缝隙。

（1）槽底和槽盖直线段对接　槽底固定点间距不应小于500mm，盖板不应小于300mm，底板离终点50mm及盖板离终端点30mm处均应固定。三线槽的槽底应用双钉固定。槽底对接缝与槽盖对接缝应错开并不小于100mm。

（2）线槽分支接头　线槽附件如直通、三通转角、接头、插口、盒和箱应采用相同材质的定型产品。槽底、槽盖与各种附件相对接时，接缝处应严实平整。

4. 线槽各种附件安装

盒子均应两点固定，各种附件角、转角、三通等固定点不应少于两点（卡装式除外）。接线盒，灯头盒应采用相应插口连接。线槽的终端应采用终端头封堵。在线路分支接头处应采用相应接线箱。安装铝合金装饰板时，应牢固平整严实。

5. 线槽配线

（1）电线在线槽内有一定余量，线槽内电线或电缆的总截面（包括外护层）不应超过线槽内截面积的20%，载流导线不宜超过30根。

控制、信号或与其相类似的线路，电线或电缆的总截面不应超过线槽内截面的50%，电线或电缆根数不限。电线在线槽内不得有接头。为方便识别和检修，电线按回路编号在线槽内进行分段绑扎，绑扎点间距不应大于2m。

（2）同一回路的相线和中性线，敷设于同一金属线槽内。

（3）同一电源的不同回路无抗干扰要求的线路可敷设于同一线槽内；由于线槽内电线有相互交叉和平行紧挨现象，敷设于同一线槽内有抗干扰要求的线路用隔板隔离，或采用屏蔽电线且屏蔽护套一端接地等屏蔽和隔离措施。

技能图解16　钢索配线

技能结构框线图

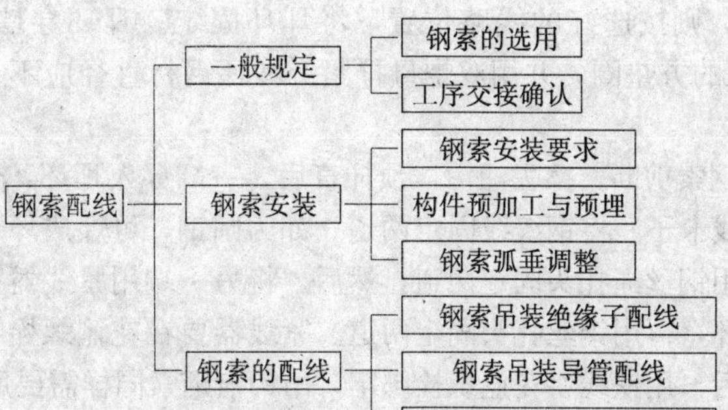

图2-51　钢索配线

技能要点1：一般规定

1. 钢索的选用

（1）为抗锈蚀而延长使用寿命，应采用镀锌钢索，不应采用含油芯的钢索。不采用含油芯的钢索可以避免积尘，便于清扫。

（2）钢索的钢丝直径应小于0.5mm，钢索不应有扭曲和断股等缺陷。规定钢索直径是为使钢索柔性好，且在使用中不会因经常摆动而发生钢丝过早断裂的现象。

2. 钢索配线的工序交接确认

钢索配线的预埋件及预留孔，应预埋、预留完成；装修工程除地面外基本结束，才能吊装钢索及敷设线路。

技能要点2：钢索安装

钢索可以安装在梁上、柱上，也可以安装在建筑物的墙上。

1. 钢索安装要求

（1）固定电气线路的钢索，其端部固定是否可靠是影响安全的关键，所以钢索的终端拉环埋件应牢固可靠，钢索与终端拉环套接处应采用心形环，固定钢索的线卡不应少于2个，钢索端头应用镀锌铁线绑扎紧密。

（2）当钢索长度在50m及以下时，应在钢索一端装设花篮螺栓紧固；当钢索长度大于50m时，应在钢索两端装设花篮螺栓紧固。钢索配线中使用的拉环、花篮螺栓、钢索卡（线卡）及索具套环（心形环）。

（3）必须注意，钢索是电气装置的可接近的裸露导体，为了防止由于配线而造成钢索漏电，为防止触电危险，钢索端头必须与PE或PEN线连接可靠。

钢索配线，一般需在钢索的一端装有明显的保护线，在花篮螺栓处做跨接线连接。

（4）钢索装有中间吊架，可改善钢索受力状态。钢索中间吊架间距不应大于12m，吊架与钢索连接处的吊钩深度不应小于20mm，并应有防止钢索跳出的锁定零件。为防止钢索受振动而跳出破坏整条线路，所以在吊架上要有锁定装置，锁定装置既可打开放入钢索，又可闭合防止钢索跳出。锁定装置和吊架一样，与钢索间无强制性固定。

2. 构件预加工与预埋

（1）按需要加工好吊卡、吊钩、抱箍等铁件（铁件应除锈、刷漆），如钢索采用圆钢时，必须先抻直。

钢索如为钢绞线，其直径由设计决定，但不得小于4.5mm；如为圆钢，其直径不得小于8mm；钢绞线不得有背扣、松股、断股、抽筋等现象；如采用镀锌圆钢，抻直时不得损坏镀锌层。

（2）如未预埋耳环，则按选好的线路位置，将耳环固定。耳环穿墙时，靠墙侧垫上不小于150mm×150mm×8mm的方垫圈，并用双螺母拧紧。耳环钢材直径应不小于10mm，耳环接口处必须焊死。

（3）按需要长度将钢索剪断，擦去油污，预抻直后，一端穿入耳环，垫上心形环。钢索为钢绞线，用钢丝绳扎头（钢线卡子）将钢绞线固定两道；如为圆钢，可煨成环形圈，并将圈口焊牢；当焊接有困难时，也可使用钢丝绳扎头固定两道，然后，将另一端用紧线器拉紧后，煨好环形圈与花篮螺栓相连，垫好心形环，再用钢丝扎头固定两道。紧线器要在花篮螺栓吃力后才能取下，花篮螺栓应紧至适当程度。最后，用铁线将花篮螺栓绑牢，吊钩与钢索同样需要用铁线绑牢，防止脱钩。

钢索中间固定点的间距不应大于12m；中间吊钩宜使用圆钢，其直径不小于8mm；吊钩的深度不应小于20mm。

钢索配线敷设后的弧度不应大于 100mm，如不能达到时，应增加中间吊钩。

3. 钢索弧垂调整

钢索配线的弧垂的大小应按设计要求调整，装设花篮螺栓的目的是便于调整弧垂值。弧垂值的大小在某些场所是个敏感的事，太小会使钢索超过允许受力值；太大钢索摆动幅度大，不利于在其上固定的线路和灯具等正常运行。还要考虑其自由振荡频率与同一场所的其他建筑设备的运转频率的关系，不要产生共振现象，所以要将弧垂值调整适当。

技能要点 3：钢索的配线

钢索配线按所使用的绝缘导线和固定方式不同，可分为钢索吊装绝缘子配线、钢索吊装导管配线、钢索吊装塑料护套线配线等。

1. 钢索吊装绝缘子配线

这种配线方式采用扁钢吊架将绝缘子和灯具吊装在钢索上，安装步骤如下：

(1) 按要求找好灯位，组装好绝缘子的扁钢吊架（图 2-52），固定卡子，按量好的间距固定在钢索上。在终端处，扁钢吊架与固定卡子之间，用镀锌铁丝拉紧；扁钢吊架必须安装垂直、牢固、间距均匀。扁钢厚度不应小于 1.0mm，吊架间距不应大于 1.5m，吊架与灯头盒的最大间距为 100mm，导线间距不应小于 35mm。

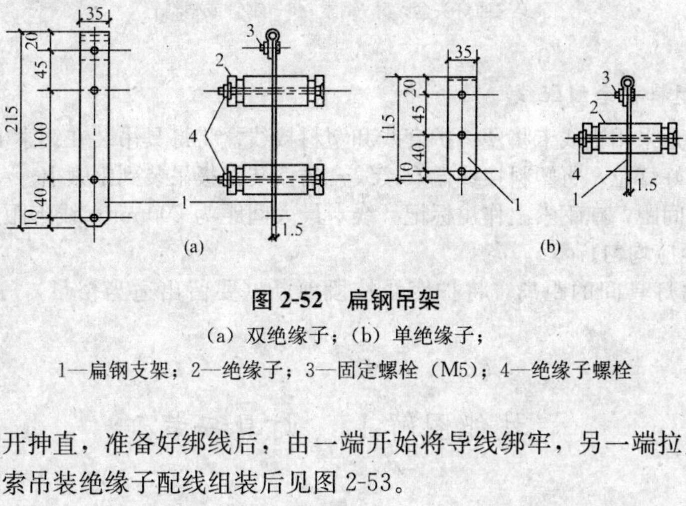

图 2-52　扁钢吊架

(a) 双绝缘子；(b) 单绝缘子；

1—扁钢支架；2—绝缘子；3—固定螺栓（M5）；4—绝缘子螺栓

(2) 将导线放开抻直，准备好绑线后，由一端开始将导线绑牢，另一端拉紧绑扎后，再绑扎中间各支持点，钢索吊装绝缘子配线组装后见图 2-53。

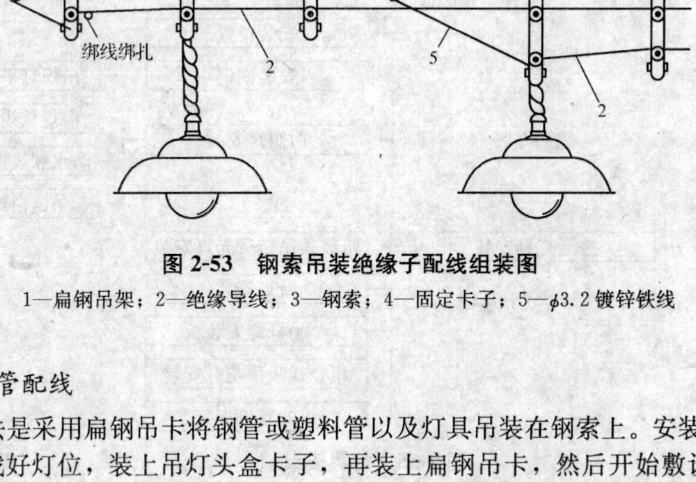

图 2-53　钢索吊装绝缘子配线组装图

1—扁钢吊架；2—绝缘导线；3—钢索；4—固定卡子；5—ϕ3.2 镀锌铁线

2. 钢索吊导管配线

这种配线方法是采用扁钢吊卡将钢管或塑料管以及灯具吊装在钢索上。安装步骤如下：

(1) 按要求找好灯位，装上吊灯头盒卡子，再装上扁钢吊卡，然后开始敷设配管。扁钢吊卡的安装应垂直、牢固、间距均匀；扁钢厚度不应小于1.0mm。对于钢管配线，吊卡距灯头盒距离不应大于200mm，吊卡之间距离不大于1.5m；对塑料管配线，吊卡距灯头盒不大于150mm，吊卡之间距离不大于1m。线间最小距离1mm。

（2）从电源侧开始，量好每段管长，加工（断管、套扣、煨弯等）完毕后，装好灯头盒，再将配管逐段固定在扁钢吊卡上，并作好整体接地（在灯头盒两端的钢管，要用跨接地线焊牢）。当在钢索上吊装硬塑料管配线时，灯头盒应用塑料灯头盒。

钢索吊装管配线的组装见图2-54。图中L，对于钢管取1.5m，对于塑料管取1.0m。

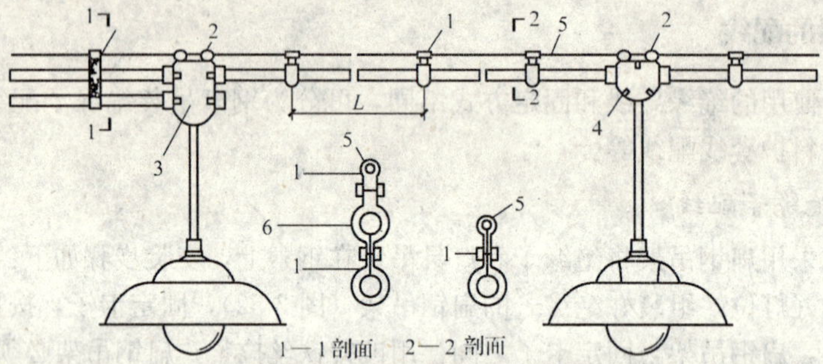

图2-54 钢索吊装管配线组装图

1—扁钢吊卡；2—吊灯头盒卡子；3—五通灯头；

4—三通灯头盒；5—钢索；6—钢管或塑料管

3. 钢索吊装塑料护套线配线

这种配线方式是采用铝线卡将塑料护套线和塑料接线盒将灯具吊装在钢索上。安装步骤如下：

（1）按要求找好灯位，将塑料接线盒及接线盒的安装钢板吊装到钢索上。

（2）均分线卡间距，在钢索上作出标记。线卡最大间距为200mm；线卡距灯头盒间的最大距离为100mm，间距应均匀。

（3）测量出两灯具间的距离，将护套线按段剪断（要留出适当裕量），进行调查，然后盘成盘。

技能图解17　灯具安装

技能结构框线图

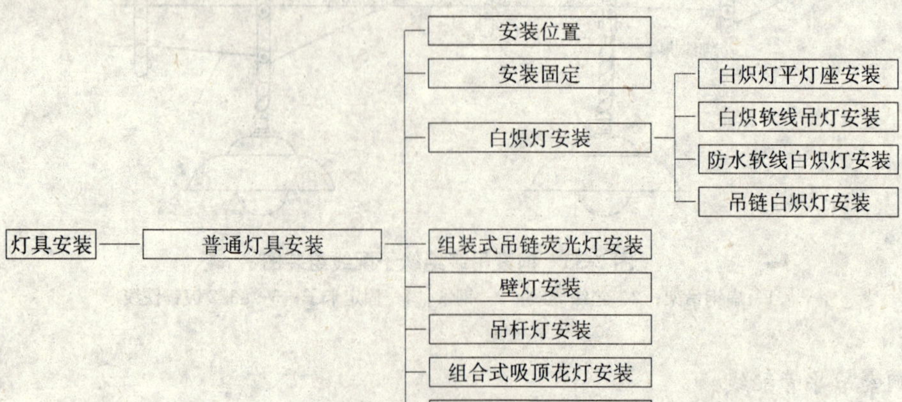

图2-55 灯具安装（一）

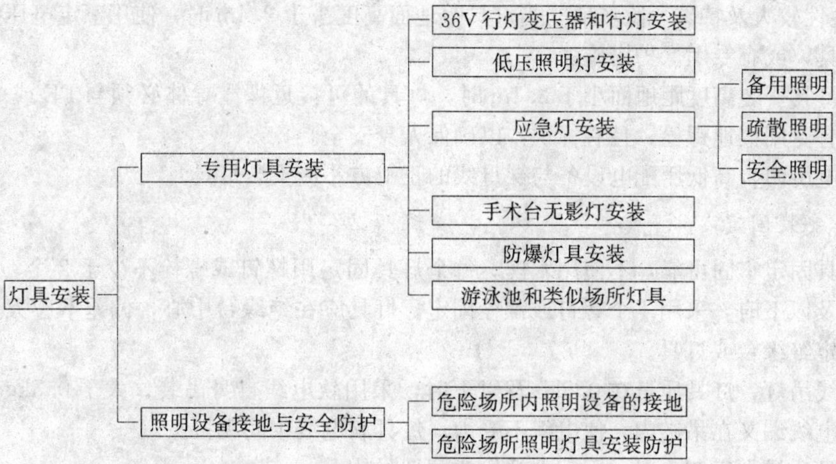

图 2-55　灯具安装（二）

技能要点 1：普通灯具安装

1. 灯具安装位置

在建筑电气照明工程中，灯具的安装位置和高度，以及根据不同场所采用的电压等级，通常由施工设计确定，原则上讲施工时应严格按设计要求执行。

一般情况下，灯具安装位置的选择应遵守以下规定：

（1）室内灯具的设置位置应考虑与建筑结构梁、墙、柱的位置关系，一盏灯时灯位应在梁、墙分格中心；两盏灯应在室内净尺寸的 1/4 处。

（2）当室内有下返梁时，灯位的位置应与室内无梁时的布置有所区别，灯位的布置尺寸，如图 2-56 所示。

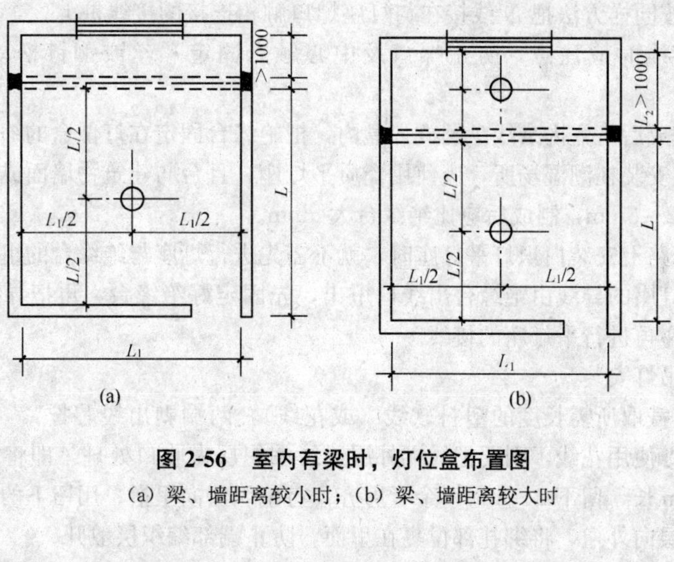

图 2-56　室内有梁时，灯位盒布置图

（a）梁、墙距离较小时；（b）梁、墙距离较大时

（3）当设计无要求时，灯具的安装高度和使用电压等级的规定

1）一般敞开式灯具，灯头对地面距离不小于下列数值（采用安全电压时除外）：

室外：2.5m（室外墙上安装）；

厂房：2.5m；

室内：2m；

软吊线带升降器的灯具在吊线展开后：0.8m。

2）危险性较大及特殊危险场所，当灯具距地面高度小于 2.4m 时，使用额定电压为 36V 及以下的照明灯具，或有专用保护措施。

（4）当灯具安装高度距地面小于 2.4m 时，灯具的可接近裸露导体必须与 PE 或 PEN 线可靠连接，并应有专用接地螺栓，且有标识，以确保人身安全。

（5）变电所内，高低压配电设备与裸母线的正上方不应安装灯具。

2. 灯具安装固定

（1）灯具固定牢固可靠，不使用木楔。每个灯具固定用螺钉或螺栓不少于 2 个；当绝缘台直径在 75mm 及以下时，采用 1 个螺钉或螺栓固定。灯具应在绝缘台中心，偏差不应大于 2mm。不能用钉子固定绝缘台或灯具。

（2）软线吊灯，灯具质量在 0.5kg 及以下时，采用软电线自身吊装；大于 0.5kg 的灯具采用吊链，且软电线编叉在吊链内，使电线不受力；灯具软电线中间无接头。

（3）灯具质量大于 3kg 时，固定在螺栓或预埋吊钩上。

（4）花灯吊钩圆钢直径不应小于灯具挂销直径，且不应小于 6mm。大型花灯的固定及悬吊装置，应按灯具质量的 2 倍做过载试验。

（5）装有白炽灯泡的吸顶灯具，灯泡不应紧贴灯罩；当灯泡与绝缘台间距离小于 5mm 时，灯泡与绝缘台间应采取隔热措施。

（6）安装在重要场所的大型灯具的玻璃罩，应采取防止玻璃罩碎裂后向下溅落的措施。

（7）室内安装在潮湿场所的灯具，除选用防水防潮灯具外，绝缘台与建筑物表面应有防水措施。

3. 白炽灯安装

（1）白炽灯平灯座安装

1）把来自开关控制的相通过绝缘台的穿线孔由平灯座的穿线孔穿出，接到与平灯座中心触相连接的接线桩上；按同样方法把 N 线接在与灯座螺口触相连接的接线桩上。

2）在平灯座接线时应注意，防止螺口及中心触点固定螺丝或铆钉松动，以免发生短路故障。

3）灯座接线完成后将盒内余线盘圆放入盒内，把绝缘台固定在灯位盒的缩口盖上。

4）如果平灯座安装在潮湿场所，应使用瓷质平灯座，且台与建筑物墙面或顶棚之间，要垫橡胶垫防潮，胶垫厚 2～3mm，制成后应比绝缘台大 5mm。

5）在明敷设线路上安装白炽灯平灯座时，就不需先进行灯座与绝缘台的组装了。应在线路上的灯位处，把连接灯座的导线由绝缘台出线口甩出，先固定好绝缘台，再把导线由平灯座的出线孔穿出，固定好灯座再进行平灯座的接线。

（2）白炽软线吊灯安装

1）软线加工　截取所需长度的塑料软线（或花线），两端剥出线芯拧紧（或制成羊眼圈状）挂锡。如果软线吊灯使用花线，则要把线端外层绝缘编织层做收口处理，即将端部外层绝缘编织层破开约 30～40mm 长，留下 2～3 根，余者剪齐，将编织层向里撸；用留下的长线把编织层头部绑扎紧，再把编织层向外撸，将绑扎部位裹在里面，防止端部编织层散开。

2）灯具组装　灯具软线加工好后即可以进行灯具的组装、在灯具组装时拧下吊灯座和吊线盒盖，将吊线盒底与绝缘台固定牢（如果使用带台吊线盒可省掉这一工序），把软线分别穿过灯座和吊线盒盖的孔洞（有自在器的应先穿好自在器），然后打好保险扣，防止灯座和吊线盒螺丝承受拉力。将软线的一端与灯座的接线桩头连接（如使用分色塑料软线或紫花色时，要把此线接在灯座上与中心触点相连的接线桩上），另一端与吊线盒的邻近隔脊的两个接线桩相连接，并紧好灯座螺口及中心触点的固定螺丝，防止松动，再将灯座盖拧好准备到现场安装。

3）灯具安装　在暗配管路灯位盒上安装软线吊灯时，把灯位盒内导线由绝缘台穿线孔穿入吊线盒内，分别与底座穿线孔邻近的接线桩上连接，应把来自开关的电源线接在与灯座中心触点软线相连接的接线桩上，把 N 线接在与灯座螺口触点软线相连接的接线桩上。导线接好后用木螺丝把绝缘台（连同灯具）固定在灯位盒的缩口盖上。

在明敷设线路上安装软线吊灯，在组装灯具时除不需进行吊线盒底与绝缘台固定外，其他工序均相同；在安装灯具时基本上与平灯座在明敷设线路上的安装方法相同，先固定绝缘台再固定吊线盒，接线时应注意相线与 N 线的位置。

(3) 防水软线白炽灯安装

1）灯具组装　首先把吊线盒底座与绝缘台固定好，随后把防水软线直接穿过吊线盒盖做好保险扣接在吊线盒的接线桩上。

使用胶木吊线盒时，同时也可使用瓷质或胶木软线灯座。但要在暗敷设线路上安装时，只把吊线盒与绝缘台先固定好拧上吊线盒盖就可以了。

防水软线吊灯要在明敷设线路上安装，就不必进行吊线盒与绝缘台的组装，可直接在现场安装。

2）灯具安装　瓷质吊线盒在暗敷设线路上，软线防水灯的安装和接线方法与白炽软线吊灯的安装方法一致，只需在绝缘台与建筑物表面垫上橡胶垫即可。

胶木吊线盒在暗敷设线路上时，导线需直接通过吊线盒直接与防水吊灯座软线相连接。且需把盒内电源线通过橡胶垫和绝缘台从吊线盒底座的穿线孔直接穿出吊线盒盖，把绝缘台及橡胶垫（连同吊线盒）固定在灯位盒上。接线时，把电源线与防水吊灯座的软线两个接头错开 30～40mm 接好。

(4) 吊链白炽灯安装

1）软线加工　软线加工所截取所需长度的软线按前述软线加工方法加工，软线两端不需打结。

2）灯具组装　灯具组装要拧下灯座将软线的一端与灯座的接线桩进行连接，把软线由灯具下法兰穿出，拧好灯座。将软线相对交叉编入链孔内，最后穿入上法兰，准备现场安装。

3）灯具安装　灯具安装时把灯具线与电源线进行连接包扎后，将灯具上法兰固定在绝缘台上。注意软线不能绷紧，以免承受灯具质量。

灯具安装后即可以拧上灯泡送电试亮，然后安装好灯罩或灯伞。

4. 组装式吊链荧光灯安装

灯具组装时先把管座、镇流器和启辉器座安装在灯架的相应位置上，安装好吊链。连接镇流器到一侧管座的接线，再连接启辉器座到两侧管座的接线，用软线再连接好镇流器及管座另一接线管，并由灯架出线孔穿出灯架，与吊链叉编在一起穿入上法兰，应注意这两根导线中间不应有接头。各导线连接处均应挂锡。

组装式荧光灯应在组装后安装前集中加工，安装好灯管经通电试验后再进行现场安装，避免安装后再修理就麻烦了。

在灯具安装时由于此种灯具法兰有大小之分，法兰小的应先将电源线接头放在灯头盒内而后固定木台及灯具法兰。法兰大的可以先固定木台接线后，再固定灯具法兰。需要安装电容器时，把电容器两接点，分别接在经灯具开关控制后的电源相线和电源零线上。应注意吊链灯双链平行，不使之出现梯形。

5. 壁灯安装

壁灯装在砖墙上时，可有预埋螺栓或膨胀螺栓固定，但不能用木楔代替木砖。

如果壁灯装在柱上，将绝缘台固定在预埋柱内的螺栓上，也可打眼用膨胀螺丝固定灯具绝缘台。

安装壁灯如需要设置绝缘台时，应根据灯具底座的外形选择或制作合适的绝缘台，把灯具底座摆放在上面，四周留出的余量要对称，确定好出线孔和安装孔的位置，再用电钻在绝缘台上钻孔。当安装壁灯数量较多时，可按底座形状及出线孔和安装孔的位置，预先做一个样板，集中在绝缘台上定好眼位，再统一钻孔。

安装绝缘台时，应将灯具导线一线一孔由绝缘台出线孔引出，在灯位盒内与电源线相连接，将接头处理好后塞入灯位盒内，把绝缘台对正灯位盒将其固定牢固，并使绝缘台不歪斜，紧贴建筑物表面，再将灯具底座用木螺丝直接固定在绝缘台上。

同一工程中成排安装的壁灯，安装高度应一致、高低差不应大于5mm。

6. 吊杆灯安装

灯具组成有吊杆、法兰、灯座或灯架，白炽灯出厂前已是组装好的成品，而荧光吊杆灯需进行组装。采用钢管做灯具的吊杆时，钢管内径一般不小于10mm。

白炽吊杆灯在软线加工后，与灯座连接好（荧光灯接线同上述有关内容），将另一端穿入吊杆内，由法兰（或管口）穿出（导线露出吊杆管口的长度不应小于150mm），准备到现场安装。

灯具安装时先固定木台，然后把灯具用木螺丝固定在木台上。也可以把灯具吊杆与木台固定好再一并安装。超过3kg的灯具，吊杆应吊挂在预埋的吊钩上。灯具固定牢固后再拧好法兰顶丝，应使法兰在木台中心，偏差不应大于2mm，安装好后吊杆应垂直。双杆吊杆荧光灯安装后双杆应平行。

7. 组合式吸顶花灯安装

组合式吸顶花灯组装时，首先将灯具的托板放平，如为多块拼装托板，就要将所有的边框对齐，并用螺丝固定，将其连成一体，然后按照产品样本或示意图把多个灯座安装好。

确定出线和走线的位置，量取各段导线的长度，剪断并剥出线芯，盘好圈后挂锡，然后连接好各个灯座，理顺好各灯座的相线和工作零线，用线卡子分别固定，并按要求分别压入端子板（或瓷接头）。

安装灯具时，可根据预埋的螺栓和灯位盒的位置，在灯具的托板上用电钻开好安装孔和出线孔，如没有预埋螺栓可以根据灯具托板上的安装孔，并考虑预埋灯位盒的位置，采用射钉螺栓固定灯具托板。

准备工作就绪后，将灯具托板托起，把盒内电源线和从灯具出线孔甩出的导线连接并包扎严密，并尽可能地把导线塞入到灯位盒内，然后把托板的安装孔对准预埋螺栓（或射钉螺栓），使托板四周和顶棚贴紧，用螺母将其拧紧。

调整好各个灯座，悬挂好灯具的各种装饰物，并安装好灯泡或灯管。

组合吸顶花灯的安装要特别注意灯具与屋顶安装面连接的可靠性，连接处必须能承受相当于灯具4倍质量的悬挂而不变形。

8. 吊式花灯安装

花灯要根据灯具的设计要求和灯具说明书和样本清点各部件数量后进行组装，花灯内的接线一般使用单路或双路瓷接头进行连接。

接线时将导线根据适当长度一端剥出线芯，盘圈挂锡后与各个灯座连接好，另一端导线从各灯座处穿入到灯具本身的接线盒里，理顺各个灯座的相线和工作零线，根据相序或控制回路方式分别用瓷接头连接，并甩出电源引入线，最后把电源引入线从吊杆穿出或由吊链内交叉编花由灯具上部法兰引出。

花灯固定吊钩的直径，不应小于灯具吊挂销钉的直径，且不得小于6mm。对大型花灯、吊装花灯的固定及悬吊装置，应确保吊钩能承受1.25倍灯具的质量做过载试验。

将在现场内拼装好的成品或半成品灯具托（或吊）起，并把预埋好的吊钩与灯具的吊杆或吊链连接好，连接好导线并应绝缘层包扎严密，理顺后向上推起灯具上部的法兰，将导线的接头扣于其内，并将上法兰紧贴顶棚或绝缘台表面，拧紧固定螺栓，调整好各个灯座，上好灯泡，最后再配上灯罩并挂好装饰部件。

安装在重要场所的大型灯具，应按设计要求采取防止玻璃破碎向下溅落的措施。一般情况下，可采用透明尼龙丝编织的保护网，网孔的规格应根据实际情况确定。

技能要点2：专用灯具安装

在触电危险性较大及工作条件恶劣的场所，局部照明应采用电压不高于24V的低压安全灯。对于钳工、电工及其他工种用的手提照明灯也应采用24V以下的低压照明灯具。在工作地点狭窄、行动不便、接触有良好接地的大块金属面上工作时（如在锅炉内或金属容器内工作），则触电的危险增大，手提照明灯的电压不应高于12V。

1. 36V行灯变压器和行灯安装

在建筑电气工程中，除在有些特殊场所，如电梯井道底坑、技术层的某些部位为检修安全而设置固定的低压照明电源外，大都是作工具用的移动便携式低压电源和灯具。

36V及以下行灯变压器和行灯安装必须符合下列规定：

（1）行灯电压不大于36V，在特殊潮湿场所或导电良好的地面上以及工作地点狭窄、行动不便的场所行灯电压不大于12V。

（2）行灯变压器为双圈变压器，其电源侧和负荷侧有熔断器保护，熔丝额定电流分别不应大于变压器一次、二次的额定电流。

双圈的行灯变压器次级线圈只要有一点接地或接零即可箝制电压，在任何情况下不会超过安全电压，即使初级线圈因漏电而窜入次级线圈时也能得到有效保护。

（3）行灯变压器的固定支架牢固，油漆完整。

（4）变压器外壳、铁芯和低压侧的任意一端或中性点，与PE或PEN连接可靠。

（5）行灯灯体及手柄绝缘良好，坚固耐热耐潮湿；灯头与灯体结合紧固，灯头无开关，灯泡外部有金属保护网、反光罩及悬吊挂钩，挂钩固定在灯具的绝缘手柄上。

（6）携带式局部照明灯电线采用橡套软线。

2. 低压照明灯安装

电源必须用专用的照明变压器供给，并且必须是双绕组变压器，不能使用自耦变压器进行降压。变压器的高压侧必须接近变压器的额定电流。低压侧也应有熔丝保护，并且低压一端需接地或接零。手提式低压安全灯必须符合下列要求：

（1）灯体及手柄必须用坚固的耐热及耐湿绝缘材料制成。

（2）灯座应牢固地装在灯体上，不能让灯座转动。灯泡的金属部分不应外露。

（3）为防止机械损伤，灯泡应有可靠的机械保护。当采用保护网时，其上端应固定在灯具的绝缘部分上，保护网不应有小门或开口，保护网应只能使用专用工具方可取下。

（4）不许使用带开关灯头。

（5）安装灯体引入线时，不应过于拉紧，同时应避免导线在引出处被磨伤。

（6）金属保护网、反光罩及悬吊用的挂钩应固定于灯具的绝缘部分。

（7）电源导线应采用软线，并应使用插销控制。

3. 应急灯安装

应急照明是现代大型建筑物中保障人身安全和减少财产损失的安全设施。

应急照明包括备用照明（供继续和暂时继续工作的照明）、疏散照明和安全照明。

（1）备用照明　备用照明除安全理由以外，正常照明出现故障而工作和活动仍需继续进行时而设置的应急照明。备用照明的照度往往利用部分或全部正常照明灯具来提供。备用照明宜安装在墙面或顶棚部位。

（2）疏散照明　疏散照明系在紧急情况下将人安全地从室内撤离所使用的应急照明。疏散照明按安装的位置又分为应急出口（安全出口）照明和疏散走道照明。

疏散照明要求沿走道提供足够的照明，能看见所有的障碍物，清晰无误地沿指明的疏散路线，迅速找到应急出口，并能容易地找到沿疏散路线设的消防报警按钮、消防设备和配电箱。

疏散照明宜设在安全出口的顶部、疏散走道及其转角处距地 1m 以下的墙面上，当交叉口处墙面下侧安装难以明确表示疏散方向时也可将疏散标志灯安装在顶部。疏散走道上的标志灯应有指示疏散方向的箭头标志。疏散走道上的标志灯间距不宜大于 20m（人防工程不宜大于 10m）。

楼梯间内的疏散标志灯宜安装在休息平台板上方的墙角处或壁装，并应用箭头及阿拉伯数字清楚标明上、下层层号。

（3）安全照明　安全照明在正常照明故障时，能使操作人员或其他人员处于危险之中而设的应急照明。这种场合一般还必须设疏散应急照明。

安全出口标志灯宜安装在疏散门口的上方，在首层的疏散楼梯应安装于楼梯口的里侧上方。安全出口标志灯距地高度不宜低于 2m。

疏散走道上的安全出口标志灯可明装，而厅室内宜采用暗装。安全出口标志灯应有图形和文字符号，左右无障碍设计要求时，宜同时设有音响指示信号。

可调光型安全出口标志灯宜用于影剧院的观众厅。在正常情况下减光使用，火灾事故时应自动接通至全亮状态。

应急照明灯，由于至今未建立统一的国家标准，当前名词术语混乱，产品不够标准，数据不全，质量参差不齐。

目前应急照明灯具厂家提供的灯具数据有名称、型号、规格、光源功率（含平时使用及应急使用）、电压及应急照明时间等，有的厂家还给出接线方法及灯内导线色彩，为用户提供使用指南，在安装应急照明灯时，可根据不同的灯具进行安装、接线。

4. 手术台无影灯安装

手术台上无影灯质量较大，使用中根据需要经常调节移动，子母式的更是如此，所以必须注意其固定和防松。

（1）固定灯座的螺栓数量不少于灯具法兰底座上的固定孔数，且螺栓直径与底座孔径相适配；螺栓采用双螺母锁固。

（2）在混凝土结构上螺栓与主筋相焊接或将螺栓末端弯曲与主筋绑扎锚固。

（3）手术台上无影灯的供电方式由设计选定，通常由双回路引向灯具。其专用控制箱由多个电源供电，以确保供电绝对可靠。配电箱内装有专用的总开关及分路开关，电源分别接在两条专用的回路上，开关至灯具的电线采用额定电压不低于 750V 的铜芯多股绝缘电线。施工中要注意多电源的识别和连接，如有应急直流供电的话要区别标识。

（4）手术台无影灯安装应底座紧贴顶板，四周无缝隙。

（5）手术台无影灯表面应保持整洁、无污染，灯具镀、涂层完整无划伤。

5. 防爆灯具安装

防爆灯具安装时要严格按图纸规定选用规格型号，且不混淆，更不能用非防爆产品替代。

防爆灯具安装应符合下列规定：

(1) 灯具的防爆标志、外壳防护等级和温度组别与爆炸危险环境相适配。

(2) 灯具及开关的外壳完整，无损伤、无凹陷或沟槽，灯罩无裂纹，金属护网无扭曲变形，防爆标志清晰。

(3) 灯具及开关的紧固螺栓无松动、锈蚀，密封垫圈完好。

(4) 灯具配套齐全，不用非防爆零件替代灯具配件（金属护网、灯罩、接线盒等）。

(5) 灯具的安装位置离开释放源，且不在各种管道的泄压口及排放口上下方安装灯具。

(6) 灯具及开关安装牢固可靠，灯具吊管及开关与接线盒螺纹啮合扣数不少于5扣，螺纹加工光滑、完整、无锈蚀，并在螺纹上涂以电力复合酯或导电性防锈酯。

(7) 开关安装位置便于操作，安装高度1.3m。

6. 游泳池和类似场所灯具

游泳池和类似场所灯具采用何种安全防护措施，由施工设计确定，但施工时要依据确定的防护措施执行。

游泳池和类似场所灯具（水下灯及防水灯具）等电位联结应可靠，且有明显标识，其电源的专用漏电保护装置应全部检测合格。自电源引入灯具的导管必须采用绝缘导管，严禁采用金属或有金属护层的导管。

技能要点3：照明设备接地与安全防护

危险性场所、照明设备布线中的钢铁件、支架、配件等材料均应镀锌，或涂上一道防锈漆、两道颜色适合环境的油漆。涂防锈漆前应作防锈处理。在安装配件中，应配合主件的要求，装卸灵活，安装牢固，严禁凑合使用。

1. 危险性场所内照明设备的接地

危险性场所内安装照明设备等金属外壳，必须有可靠的接地装置，除按电力设备有关要求安装外，尚应符合下列要求：

(1) 该接地可与电力设备专用接地装置共用。

(2) 采用电力设备的接地装置时，严禁与电力设备串联，应直接与专用接地干线连接。灯具安装于电气设备上且同时使用同一电源者除外。

(3) 不得采用单相二线式中的零线作为保护接地线。

(4) 如以上要求达不到，应另设专用接地装置。

2. 危险场所的照明灯具安全防护

(1) 灯具安装前，检查和试验布线的连接和绝缘状况。当确认接线正确和绝缘良好时，方可安装灯具等设备，并做书面记录，作为移交资料。

(2) 管盒的缩口盖板，应只留通过绝缘导线孔和固定盖板的螺孔，其他无用孔均应用铁、铅或铅铆钉铆固严密。

(3) 为保持管盒密封，缩口盖或接线盒与管盒间，应加石棉垫。

(4) 绝缘导线穿过盖板时，应套软绝缘管保护，该绝缘管进入盒内10～15mm，露出盒外至照明设备或灯具光源口内为止。

(5) 直接安装于顶棚或墙、柱上的灯具设备等，应在建筑物与照明设备之间，加垫厚度不小于2mm的石棉垫或橡皮板垫。

(6) 灯具组装完后应作通电亮灯试验。

技能图解18 开关、插座、风扇安装

技能结构框线图

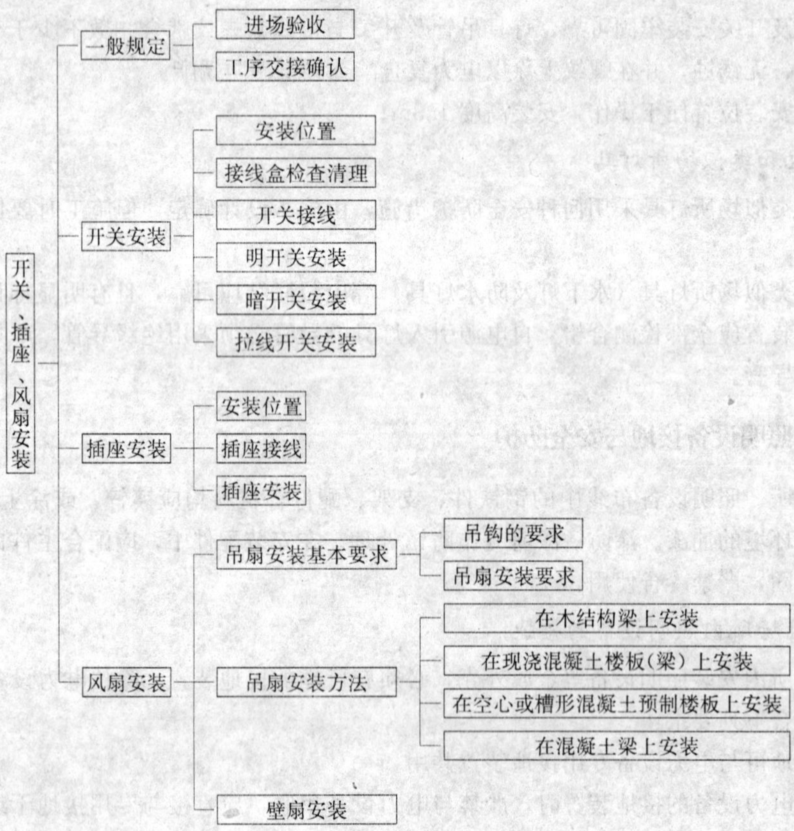

图2-57 开关、插座、风扇安装

技能要点1：一般规定

1. 开关、插座、风扇及其附件进场验收

（1）各型开关：规格型号必须符合设计要求，并有产品合格证和“CCC”认证标志。

（2）各种插座：规格型号必须符合设计要求，并有产品合格证和“CCC”认证标志。

（3）吊扇：其型号、规格必须符合设计要求，扇叶不得有变形现象，吊杆长度适宜，并有产品合格证和“CCC”认证标志。

（4）其他辅材：安全型压接帽、开关插座安装用镀锌机螺丝等均有合格证。

（5）外观检查开关、插座的面板及接线盒盒体完整、无碎裂、零件齐全，风扇无损坏，涂层完整，调速器等附件适配。

2. 开关、插座、风扇安装的工序交接确认

吊扇的吊钩预埋完成；电线绝缘测试合格，建筑物室内装修工程基本完成后，经检查确认，才能安装开关、插座、风扇。

技能要点 2：开关安装

照明的电气控制方式有两种：一种是单灯或数灯控制；另一种是回路控制。单灯控制或数灯控制采用室内照明开关，即通常的灯开关。

1. 开关安装位置

开关的安装位置应便于操作，还应考虑门的开启方向，开关不应设在门后，否则很不方便使用。对住宅楼的进户门开关位置不但要考虑外开门的开启方向，还要考虑用户在装修时，后安装的内开门的开启方向，以防开关被挡在内开门的门后。

《建筑电气工程施工质量验收规范》（GB 50303—2002）规定：开关边缘距门框边缘的距离 0.15～0.2m，开关距地面高度 1.3m。

开关的安装位置，应区别不同的使用场所，选择恰当的安装地点，以利美观协调和方便操作。

2. 接线盒检查清理

用錾子轻轻地将盒子内部残留的水泥、灰块等杂物剔除，用小号油漆刷将接线盒内杂物清理干净。清理时注意检查有无接线盒预埋安装位置错位（即螺丝安装孔错位 90°）、螺丝安装孔耳缺失、相邻接线盒高差超标等现象，如果有应及时修整。如接线盒埋入较深，超过 1.5cm 时，应加装套盒。

3. 开关接线

(1) 先将盒内导线留出维修长度后剪除余线，用剥线钳剥出适宜长度，以刚好能完全插入接线孔的长度为宜。

(2) 对于多联开关需分支连接的应采用安全型压接帽压接分支。

(3) 应注意区分相线、零线及保护地线，不得混乱。

(4) 开关的相线应经开关关断。

4. 明开关安装

明开关的安装位置距地面 1.3m，距门框 0.15～0.2m。拉线开关相邻间距一般不小于 20mm，室外需用防水拉线开关。

5. 暗开关安装

暗开关有扳把开关、跷板开关、卧式开关、延时开关等等。与暗开关相同安装方法还有拉线式暗开关。根据不同布置需要有单联、双联、三联、四联等形式。

照明开关要安装在相线（火线）上，使开关断开时电灯不带电。扳把开关位置应为上合（开灯）下分（关灯）。安装位置一般离地面为 1.3m，距门框为 0.15～0.2m。单极开关的安装较为简单，二极、三极等多极暗开关安装的断面形式，只在水平方向增加安装长度（按所设计开关极数增加而延长）。

安装时，先将开关盒预埋在墙内，但要注意平正，不能偏斜；盒口面要与墙面一致。待穿完导线后，即可接线，接好线后装开关面板，使面板紧贴墙面。

6. 拉线开关安装

槽板配线和护套配线及瓷珠、瓷夹板配线的电气照明用拉线开关，其安装位置离地面一般在 2～3m，离顶棚 200mm 以上，距门框为 0.15～0.2m。拉线的出口朝下，用木螺丝固定在圆木台上。但有些地方为了需要，暗配线也采用拉线开关。

技能要点 3：插座安装

插座是长期带电的电器，是线路中最容易发生故障的地方。插座的接线孔都有一定的排列位置，不能接错，尤其是单相带保护接地插孔的三孔插座，一旦接错，就容易发生触电伤亡事故。

插座接线时，应仔细地辨认识别盒内分色导线，正确地与插座进行连接。

1. 插座安装位置

（1）特殊情况下，当接插有触电危险家用电器的电源时，采用能断开电源的带开关插座，开关断开相线；潮湿场所采用密封型并带保护地线触头的保护型插座，安装高度不低于 1.5m。

（2）当交流、直流或不同电压等级的插座安装在同一场所时，应有明显的区别，且必须选择不同结构、不同规格和不能互换的插座；配套的插头应按交流、直流或不同电压等级区别使用。

（3）住宅内插座的安装数量，不应少于《住宅设计规范》（GB 50096—1999）电源插座的设置数量，见表 2-56 中的规定。

表 2-56　住宅插座设置数量表

部　位	设 置 数 量
卧室、起居室（厅）	一个单相三线和一个单相二线的组合插座两组
厨房、卫生间	防溅水型一个单相三线和一个单相二线的组合插座一组
布置洗衣机、冰箱、排气机械和空调器等处	专用单相三线插座各一个

（4）为安全使用，插座盒（箱）不应设在水池、水槽（盆）及散热器的上方，更不能被挡在散热器的背后。

（5）插座如设在窗口两侧时，应对照采暖图，插座盒应设在与采暖立管相对应的窗口另一侧墙垛上。

（6）插座盒不应设在室内墙裙或踢脚板的上皮线上，也不应设在室内最上皮瓷砖的上口线上。

（7）插座盒也不宜设在小于 370mm 墙垛（或混凝土柱）上。如墙垛或柱为 370mm 时，应设在中心处，以求美观大方。

（8）住宅厨房内设置供排油烟机使用的插座，应设在煤气台板的侧上方。

（9）插座的设置还应考虑躲开煤气管、表的位置，插座边缘距煤气管、表边缘不应小于 0.15m。

（10）插座与给、排水管的距离不应小于 0.2m；插座与热水管的距离不应小于 0.3m。

2. 插座接线

（1）插座接线的线色应正确，盒内出线除末端外应做并接头，分支接至插座，不允许拱头（不断线）连接。

（2）单相两孔插座，面对插座的右孔（或上孔）与相线（L）连接，左孔（或下孔）与中性线（N）连接。

（3）单相三孔插座，面对插座的右孔与相线（L）连接，左孔与中性线（N）连接，PE 或 PEN 线接在上孔。

（4）三相四孔及三相五孔插座的 PE 或 PEN 线接在上孔，同一场所的三相插座，接线相序应一致。

（5）插座的接地端子（E）不与中性线（N）端子连接；PE 或 PEN 线在插座间不串联连接，插座的 L 线和 N 线在插座间也不应串接，插座的 N 线不与 PE 线混同。

（6）照明与插座分回路敷设时，插座与照明或插座与插座各回路之间，均不能混同。

3. 插座安装

（1）插座安装的要求

1）一般距地高度为 1.3m，在托儿所、幼儿园、住宅及小学校等不低于 1.8m；同一场所安装的插座高度应尽量一致。

2）车间及试验室的明、暗插座一般距地不低于 0.3m，特殊场所暗装插座一般不低于 0.15m；同一室内安装的插座不应大于 5mm；并列安装不大于 0.5mm。

3）舞台上的落地插座应有保护盖板。

（2）插座接线的要求

1）单相双孔插座：面对插座的右极接相线，左极接零线。双孔垂直排列时相线在上，零线在下。

2）单相三孔及三相四孔的接地或接零线均应在上方。

3）交、直流或不同电压的插销安装在同一场所时，应有明显区别，且其插头与插座均不能互相插入。

（3）暗设的插座应有专用盒，盖板应紧贴墙面。

技能要点 4：风扇安装

常用的风扇，有吊扇和壁扇两种，吊扇有三叶吊扇及三叶带指示灯吊扇和四叶带指示灯吊扇等。

1. 吊扇安装基本要求

（1）吊钩的要求　吊扇的挂钩不应小于悬挂销钉的直径，且不得小于 10mm，预埋混凝土中的挂钩应与主筋焊接。如无条件焊接时，可将挂钩末端部分弯曲后与主筋绑扎，固定牢固。吊钩挂上吊扇后，一定要使吊扇的重心和吊钩的直线部分处在同一条直线上。

吊钩伸出建筑物的长度应以盖上风扇吊杆护罩后，能将整个吊钩全部遮没为宜。

（2）吊扇安装要求

1）吊杆上的悬挂销钉必须装设防震橡皮垫及防松装置。

2）扇叶距地面高度不应低于 2.5m。

3）吊扇的组装的要求

①严禁改变扇叶角度。

②扇叶的固定螺栓应有防松装置。

③吊杆之间，吊杆与电动机之间，螺纹连接的啮合长度不得小于 20mm，且必须有防松装置。

2. 吊扇安装方法

（1）在木结构梁上安装　木梁有圆形和方形截面梁。在圆梁上安装吊钩时，吊钩要对准梁的中心；在方梁上，吊钩要尽量装在梁的中间位置。如需要偏装，与梁的边缘距离：轻型吊钩不得小于 10mm，重型吊钩不得小于 25mm。

（2）在现浇混凝土楼板（梁）上安装　吊钩应采用预埋的施工方法，一般采用圆钢（T 形或 Γ 形）。预埋时将圆钢的上端横挡绑扎在楼板或梁的钢筋上，待模板拆除后，用气焊把圆钢露出部分加热弯成吊钩（加热时，应用薄钢板与混凝土楼板隔离，防止污染顶棚和烤坏楼板）。

在制作 T 形圆钢时，需特别注意焊接方法，如图 2-58 所示。

（3）在空心或槽形混凝土预制楼板上安装

1）预埋在两块预制板的接缝中。当铺好预制板楼面，做水泥地坪前，把 T 形圆钢的横挡跨在两块预制板上，等水泥地坪做好后就可以固定在水泥地坪内。

2）所需安装部位，将预制板凿一个洞，在洞的上方横置一根圆钢做横挡，再将吊钩的上部做成一个挂钩钩在横挡上，横挡可以和预埋的电线管绑扎或焊接在一起。

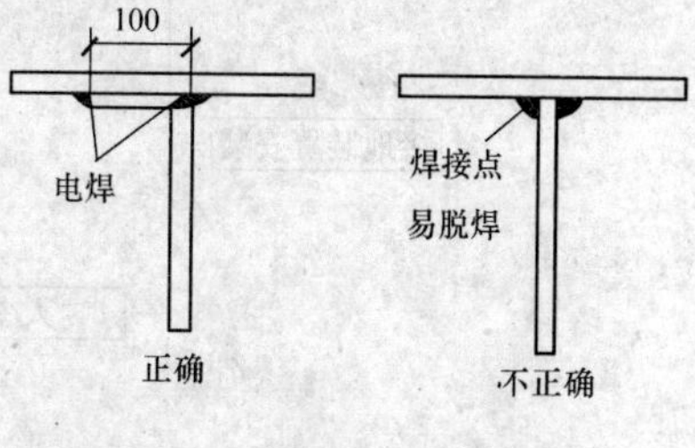

图 2-58　T 形圆钢焊接方法

3）漏埋或增设吊扇安装（图 2-59） 测量空心楼板的孔径 d，按此制作一块中间套有螺纹的 8～10mm 厚的钢板，其长度 A 可以自定，宽度取 $3/5d$。然后在空心楼板有孔的部位凿一条比钢板厚度稍大的缝，使钢板能侧向置入即可。再将钢板侧着由此缝塞进预制板的孔洞内，让长度的方向顺孔道方向放置，把钢板的螺孔调整到能旋入螺钉的位置。最后把螺母、弹簧垫圈、垫圈依次旋套在吊钩上，把吊钩拧进空心板内的钢板螺孔内，插进Ⅱ形座板，拧紧螺母即可。

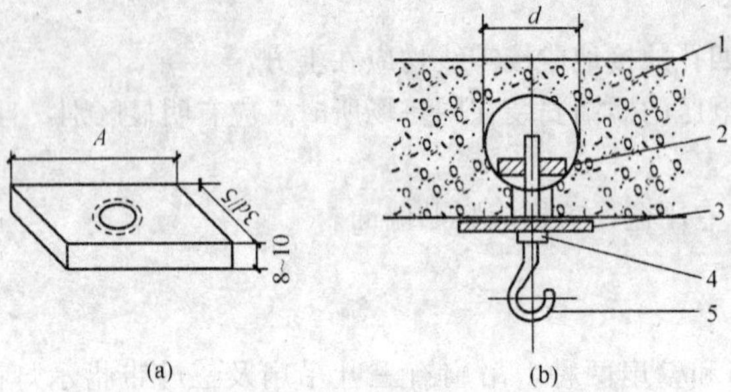

图 2-59 空心楼板施工完成后设置风扇吊钩方法

（a）孔洞内放置钢板尺寸；（b）埋设吊钩方法

1—混凝土空心楼板；2—钢板；3—Ⅱ形座板；4—垫圈；5—吊钩

（4）在混凝土梁上安装 可采用钢吊架方法。钢吊架可用两根扁钢（或角钢），两根 ϕ15mm 的钢管，一根与梁宽相同，焊有吊攀，装在吊架的下面；另一根比梁宽窄 10mm，装在紧靠梁的下面。这两根钢管用穿心螺栓固定于吊架上面，吊架用两个螺钉固定在梁的下方。依靠中间螺钉上的螺母拧紧，把吊架紧箍在梁上，所以在梁上打洞的深度，必须长于螺钉。

3. 壁扇安装

壁扇底座在墙上安装固定，通常在产品设计中已提出要求。壁扇底座采用尼龙塞或膨胀螺栓固定；尼龙塞或膨胀螺栓的数量不少于 2 个，且直径不小于 8mm，固定牢固可靠。

（1）壁扇下侧边缘距地面高度不小于 1.8m。

（2）壁扇防护罩扣紧，固定可靠，当运转时扇叶和防护罩无明显颤动和异常声响。

（3）壁扇应涂层完整，表面无划痕、无污染，防护罩无变形。

技能图解 19 接地装置安装

技能结构框线图

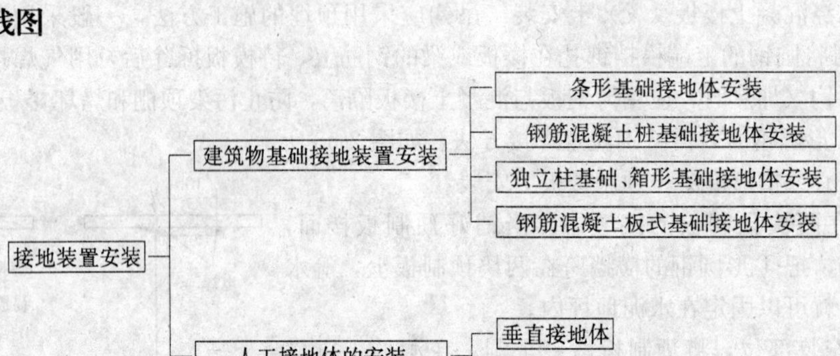

图 2-60 接地装置安装（一）

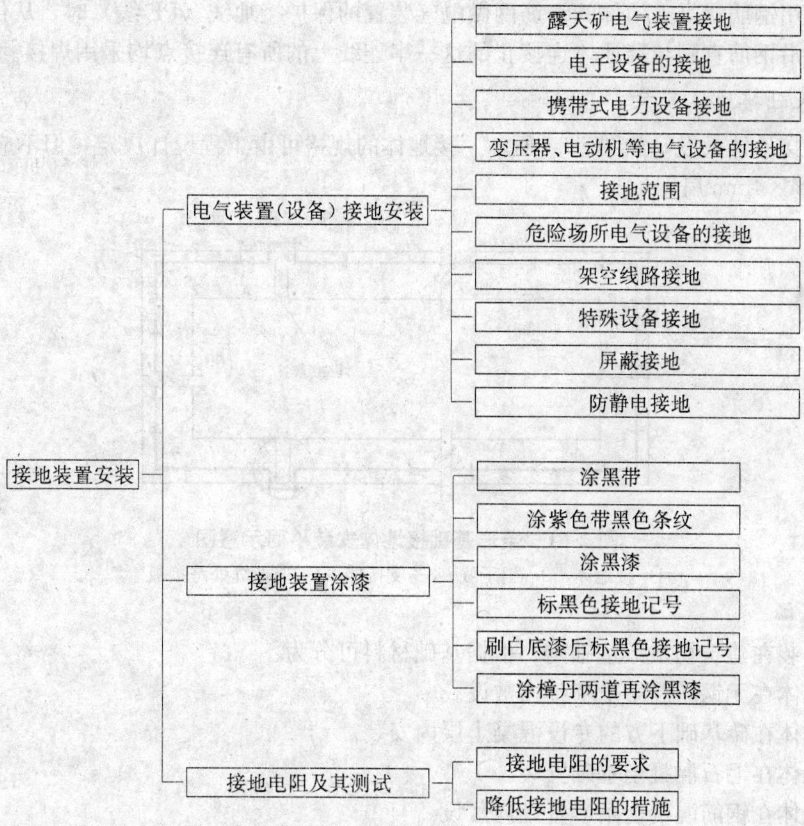

图 2-60　接地装置安装（二）

技能要点 1：建筑物基础接地装置安装

高层建筑大多以建筑物的深基础作为接地装置。在土壤较好的地区，当建筑物基础采用以硅酸盐为基料的水泥（如矿渣水泥、波特兰水泥）和周围土壤当地历史上一年中最早发生雷闪时间以前的含水量不低于 4%以及基础的外表面无防腐层或有沥青质的防腐层时，钢筋混凝土基础内的钢筋都可以做为接地装置。

对于一些用防水水泥（铝酸盐水泥等）做成的钢筋混凝土基础，由于导电性能差，不宜独立做为接地装置。

（1）当建筑物用金属柱子、桁架、梁等建造时，对防雷和电气装置需要建立连续电气通路而言，采用螺栓、铆钉和焊接等连接方法已足够；在金属结构单元彼此不用螺栓、铆钉或焊接法连接的地方对电气装置应采用截面不小于 $100mm^2$ 的钢材跨接焊接，而对防雷装置应采用不小于 $\phi8$ 圆钢或 4mm×12mm 扁钢跨接焊接。

（2）当利用钢筋混凝土构件内的钢筋网做防雷装置时，连续电气通路应满足以下条件：

1）构件内主钢筋在长度方向上的连接采用焊接或用铁丝绑扎法搭接。

2）在水平构件与垂直构件的交叉处，有一根主钢筋彼此焊接或用跨接线焊接，或有不少于两根主筋彼此用通常采用的铁丝绑扎法连接。

3）构架内的钢筋网用铁丝绑扎或点焊。

4）预制构件之间的连接或者按上述 1）、2）款要求处理，或者从钢筋焊接出预埋板再作焊接连接。

5）构件钢筋网与其他的连接（如防雷装置、电气装置等等的连接）是从主筋焊接出预埋板或预留圆钢或扁钢再作连接。

（3）当利用钢筋混凝土构件的钢筋网做电气装置的保护接地线（PE 线）时，从供接地用的预埋连接板起，沿钢筋直到与接地体连接止的这一串连线上的所有连接点均采用焊接。

1. 条形基础接地体安装

条形基础接地体敷设，如图 2-61 所示。接地体的规格可由工程设计决定，但不应小于 ϕ12mm 圆钢或－40mm×4mm 扁钢。

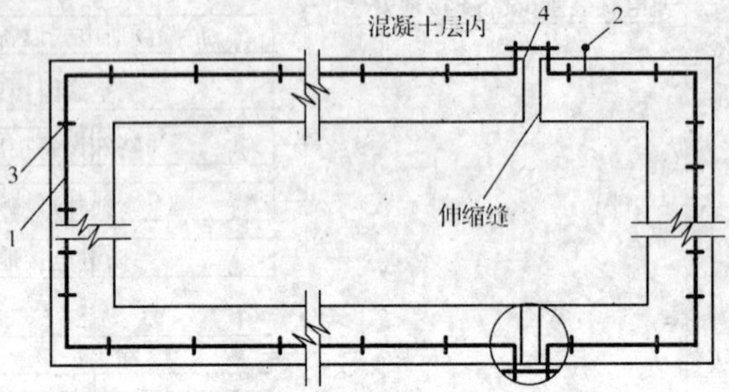

图 2-61　条形基础接地体安装平面示意图

1—接地体；2—引下线；3—支持器；4—变形缝处跨接板

接地体安装在建筑物条形基础内，根据基础材料可分为：

（1）接地体在无钢筋混凝土基础内敷设。

（2）接地体在砖基础下方的专设混凝土层内安装。

（3）接地体在毛石混凝土基础安装。

（4）接地体在钢筋混凝土条形基础内敷设。

接地体与引下线之间的连接采用焊接，搭接长度为扁钢宽度的 2 倍或圆钢直径的 6 倍，圆钢应在两面焊接，扁钢至少在三面焊接，如图 2-62 所示。

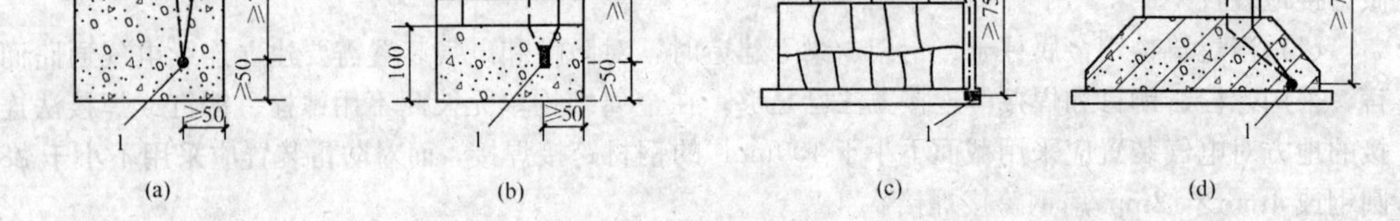

图 2-62　条形基础内接地体安装

（a）素混凝土基础；（b）砖基础下方的专设混凝土层内；

（c）毛石混凝土基础；（d）钢筋混凝土基础

1—接地体；2—引下线

接地体在基础内敷设，使用支持器固定，支持器有圆钢支持器、扁钢支持器和混凝土支持器。支持器的间距，可由工程设计在现场确定，以能使接地体定好位置为准。

条形基础内的接地体，在通过建筑物变形缝处，应在室外或室内装设弓形跨接板。

2. 钢筋混凝土桩基础接地体安装

桩基础接地体一般是在作为防雷引下线的柱子（或者剪力墙内钢筋做引下线）位置处，将桩基础的抛头钢筋与承台梁主筋焊接，如图 2-63 所示，并与上面作为引下线的柱（或剪力墙）中钢筋焊接。如果每一组桩基多于 4 根时，只须连接其四角桩基的钢筋作为防雷接地体。

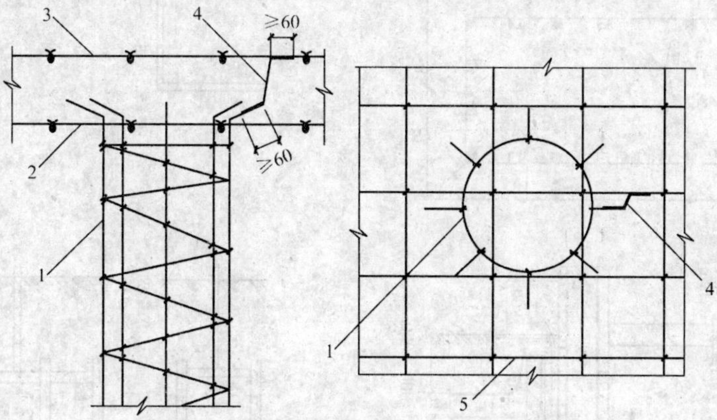

图 2-63 桩基钢筋与承台钢筋的连接

1—桩基钢筋；2—承台下层钢筋；3—承台上层钢筋；
4—连接导体；5—承台钢筋

3. 独立柱基础、箱形基础接地体安装

钢筋混凝土独立柱基础接地体，如图 2-64 所示；钢筋混凝土箱形基础接地体，如图 2-65 所示。

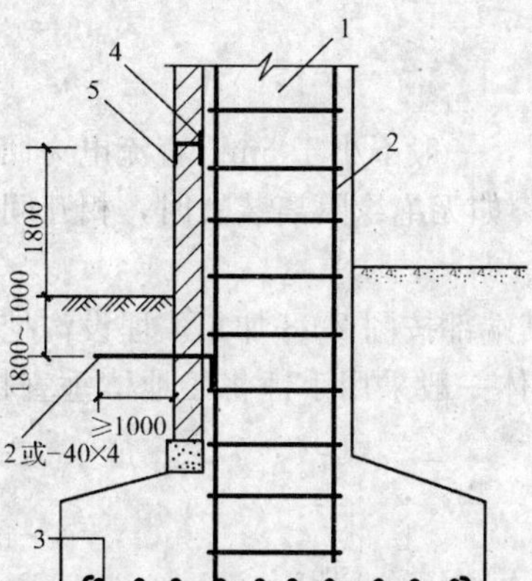

图 2-64 独立柱基础接地体安装

1—现浇混凝土柱；2—柱主筋；3—基础底层钢筋网；
4—预埋连接板；5—引出连接板

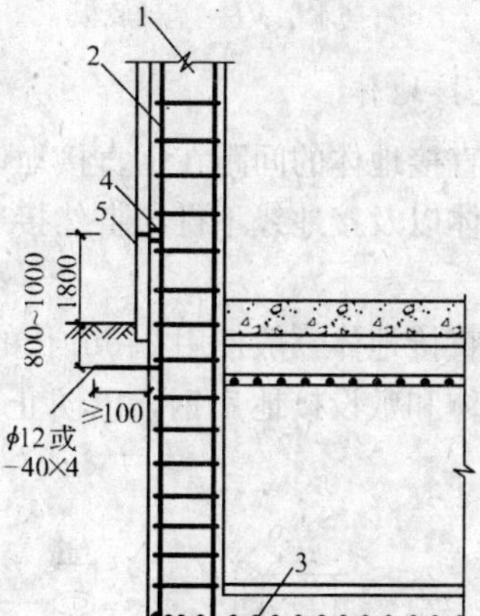

图 2-65 箱形基础接地体安装

1—现浇混凝土柱；2—柱主筋；3—基础底层钢筋网；
4—预埋连接板；5—引出连接板

4. 钢筋混凝土板式基础接地体安装

当利用无防水层底板的钢筋混凝土板式基础做接地体时，应将柱主筋与底板的钢筋进行焊接连接。

在进行接地体安装时，当板式基础设有防水层时，应将符合规格和数量的可以用来做防雷引下线的柱内主筋，在室外自然地面以下的适当位置处，利用预埋连接板与外引的 ϕ12 或－40mm×4mm 的镀锌圆钢或扁钢相焊接做连接线，同有防水层的钢筋混凝土板式基础的接地装置连接，如图 2-66 所示。

技能要点 2：人工接地体的安装

人工接地体的安装分垂直和水平两种，常见形式见图2-67。

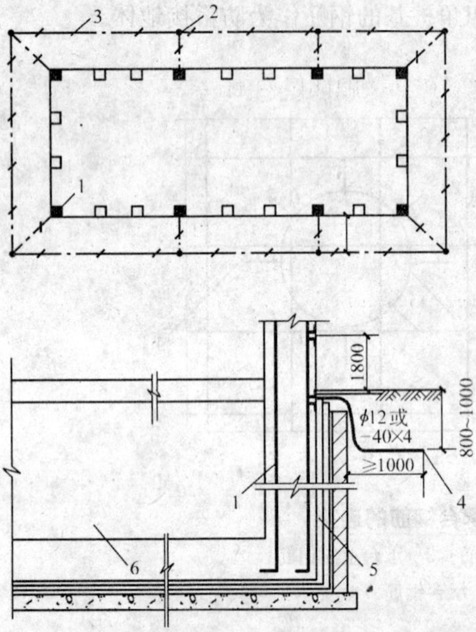

图 2-66　钢筋混凝土板式（有防水层）基础接地体安装图

1—柱主筋；2—接地体；3—连接线；4—引至接地体；5—防水层；6—基础底板

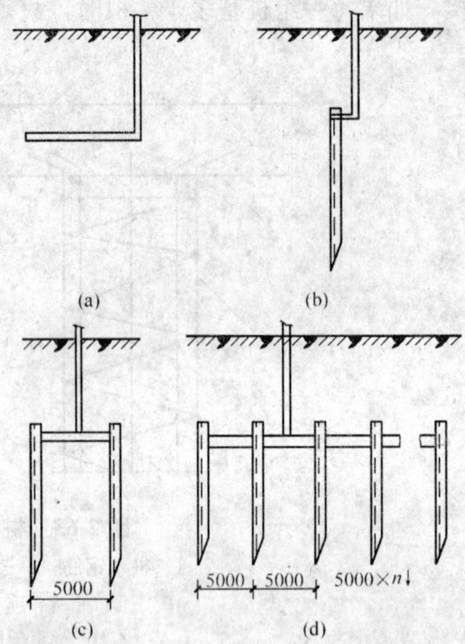

图 2-67　常见的几种人工接地装置

（a）水平带式；（b）单极；（c）双极；（d）多极

1. 垂直接地体

（1）垂直接地体的间距在垂直接地体长度为 2.5m 时，一般不小于 5m。直流电力回路专用的中线、接地体以及接地线不得与自然接地体有金属连接；如无绝缘隔离装置时，相互间的距离不应小于 1m。

（2）垂直接地体一般使用 2.5m 长的钢管或角钢，其端部按图 2-68 加工。埋设沟挖好后应立即安装接地体和敷设接地扁钢，以防止土方侧坍。接地体一般采用手锤将接地体垂直打入土中，见图 2-69。

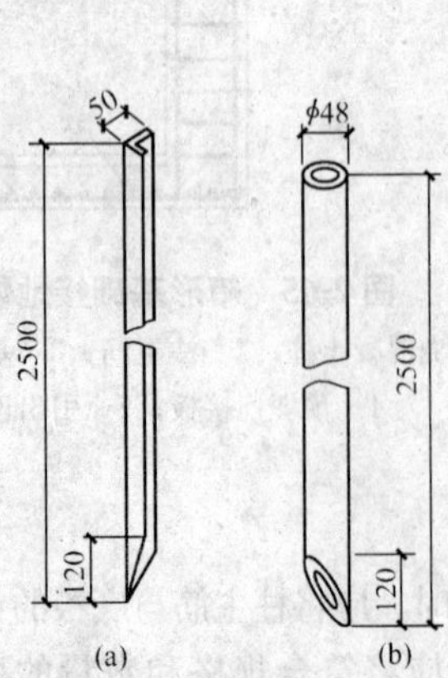

图 2-68　垂直接地体端部

（a）角钢；（b）钢管

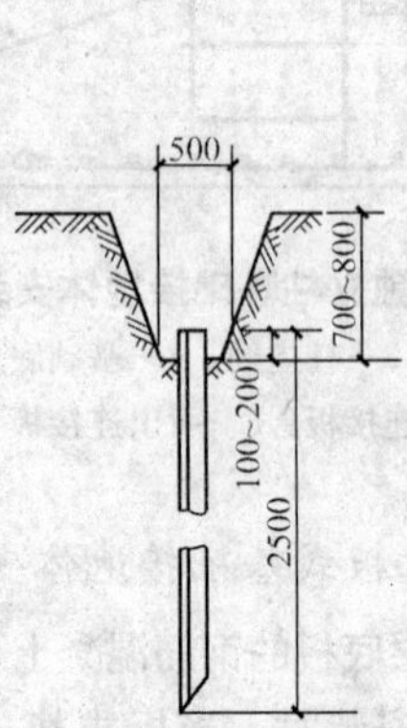

图 2-69　接地体的埋设

接地体顶面埋设深度不应小于 0.6m。角钢及钢管接地体应垂直配置。

接地体与建筑物的距离不宜小于 1.5m。

(3) 接地体一般使用扁钢或圆钢。接地体的连接应采用焊接（搭接焊），其焊接长度必须为：

1) 扁钢宽度的两倍（且至少有三个棱边焊接）。

2) 圆钢直径的 6 倍。

3) 圆钢与扁钢连接时，为了达到连接可靠，除应在其接触部位两侧进行焊接外，并应焊以由钢带弯成的弧形或直角形卡子，或直接由钢带本身弯成弧形（或直角形）与钢管（或角钢）焊接。

2. 水平接地体

水平接地体多用于环绕建筑四周的联合接地，常用— 40mm×40mm 镀锌扁钢，要求最小截面不应小于 $100mm^2$，厚度不应小于 4mm。由于接地体垂直放置时，散流电阻较小，因此当接地体沟挖好后，应垂直敷设在地沟内（不应平放）。顶部埋设深度距地面不小于 0.6m，如图 2-70 所示。水平接地体多根平行敷设时水平间距不小于 5m。

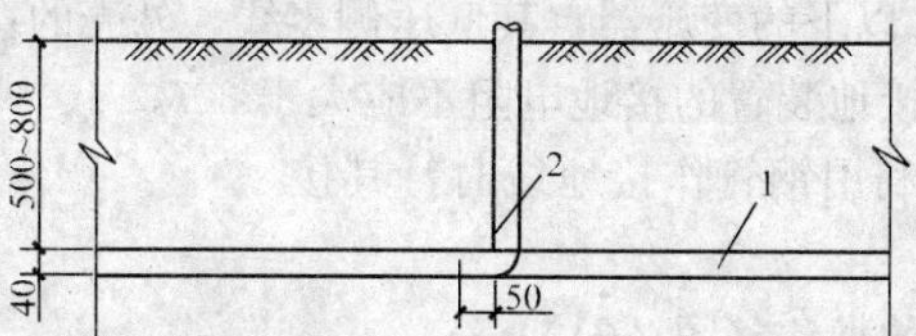

图 2-70　水平接地体安装

1—接地体；2—接地线

对于沿建筑物外面四周敷设成闭合环状的水平接地体，可埋设在建筑物散水及灰土基础以外的基础槽边。

技能要点 3：电气装置（设备）接地安装

1. 电气装置的接地范围

(1) 电气装置中必须可靠接地或接零的部分

1) 电动机、变压器、电器、携带式或移动式用电器具等的金属底座和外壳；电垫设备外壳。

2) 电气设备的传动装置；配电、控制、保护用的屏（柜、箱）及操作台等的金属柜架和底座；装在配电线路杆上的电力设备。

3) 屋内外配电装置的金属或钢筋混凝土构架以及靠近带电部分的金属遮拦和金属门。

4) 交、直流电力电缆的接头盒、终端头和膨胀器的金属外壳和电缆的金属护层、可触及的电缆金属保护管和穿线的钢管。

5) 电缆桥架、支架和井架；控制电缆的金属护层。

6) 装有避雷线的电力线路杆塔。

7) 在非沥青地面的居民区内，无避雷线的小接地电流架空电力线路的金属杆塔和钢筋混凝土杆塔。

8) 电除尘器的构架。

9) 封闭母线的外壳及其他裸露的金属部分。

10) 六氟化硫封闭式组合电器和箱式变电站的金属箱体。

(2) 电气装置中可不接地或不接零的部分

1) 与已接地的机床、机座之间有可靠电气接触的电动机和电器的外壳。在木质、沥青等不良导电地面的干燥房间内，交流额定电压为380V及以下或直流额定电压为440V及以下的电气设备的外壳；但当有可能同时触及上述电气设备外壳和已接地的其他物体时，则仍应接地。在干燥场所，交流额定电压为127V及以下或直流额定电压为110V及以下的电气设备的外壳。

2）安装在配电屏、控制屏和配电装置上的电气测量仪表、断电器和其他低压电器等的外壳，以及当发生绝缘损坏时，在支持物上不会引起危险电压的绝缘子的金属底座等。

3）安装在已接地金属构架上的设备，如穿墙套管等。

4）额定电压为220V及以下的蓄电池室内的金属支架。

5）由发电厂、变电所和工业、企业区域内引出的铁路轨道。

2. 变压器、电动机等电气设备的接地

(1) 变压器中性点和外壳接地

1）总容量为100kV·A以上的变压器，其低压侧零线、外壳应接地，电阻值不应大于4Ω，每个重复接地装置的接地电阻值不应大于10Ω。

2）总容量为100kV·A以下的变压器，其低压侧零线、外壳的接地电阻不应大于10Ω；重复接地不少于三处，每个重复接地装置的接地电阻不应大于30Ω。

(2) 电动机外壳接地　利用钢管作接地线时，其接地线连接在机壳的螺栓上。

(3) 电器金属外壳接地的做法（图2-71）

1）交流、在中性点不接地的系统中，电气设备金属外壳应与接地装置作金属连接。

2）交、直流电力电缆接线盒、终端盒的外壳、电力电缆、控制电缆的金属护套、非铠装和金属护套电缆的1～2根屏蔽芯线、敷设的钢管和电缆支架等均应接地。穿过零序电流互感器的电缆，其电缆头接地线应穿过互感器后接地；并应将接地点前的电缆头金属外壳、电缆金属包皮及接地线与地绝缘。

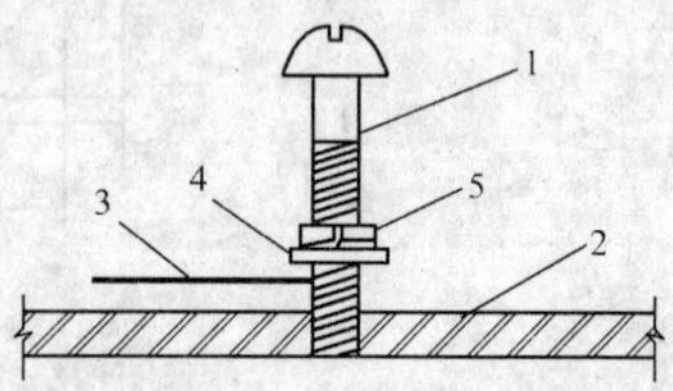

图2-71　电器金属外壳接地做法

1—连接螺栓；2—电器金属外壳；3—接地线；4—镀锌垫圈；5—弹簧垫图

3）井下电气装置的电气设备金属外壳的接触电压不应大于40V。接地网对地和接地线的电阻值：当任一组主接地极断开时，接地网上任一点测得的对地电阻值不应大于2Ω。

(4) 装有电器的金属构架接地　交流电气设备的接地线可利用金属结构，包括起重机的钢轨、走廊、平台、电梯竖井、起重机与升降机的构架、运输皮带的钢梁等。

(5) 多台设备安装在一起　电气装置的每个接地部分应以单独的接地线与接地干线相连接。不得在一个接地线上串接几个需要接地部分。

3. 携带式电力设备接地

(1) 携带式电力设备如手电钻、手提照明灯等，应选用截面不小于1.5mm² 的多股铜芯线作专用接地线，单独与接地网相连接，且不可利用其他用电设备的零线接地，也不允许用此芯线通过工作电流。

(2) 由固定的电源或由移动式发电设备供电的移动式机械，应和这些供电源的接地装置有金属的连接。在中性点不接地的电网中，可在移动式机械附近装设若干接地体，以代替敷设接地线，并应首先利用附近所有的自然接地体。

(3) 携带式用电设备严禁利用其他用电设备的零线接地；零线和接地线应分别与接地网相连接。

(4) 移动式电力设备和机械的接地应符合固定式电气设备的要求，但下列情况一般可不接地：

1）移动式机械自用的发电设备直接放在机械的同一金属框架上，又不供给其他设备用电。

2）当机械由专用的移动式发电设备供电，机械数量不超过两台，机械距移动式发电设备不超过 50m，且发电设备和机械的外壳之间有可靠的金属连接。

4. 电子设备的接地

电子设备的逻辑、功率、安全、信号等的设置除应符合设计规定外，还应符合下述规定：

(1) 接地母线的固定应与盘、柜体绝缘。

(2) 大中型计算机应采用铜芯绝缘导线，其截面按设计施工。

(3) 高出地坪 2m 的一段设备，应用合成树脂管或具有相同绝缘性能和强度的管子加以保护。

(4) 接地网或接地体的接地电阻值应不大于 4Ω。

(5) 一般工业电子设备应有单独的接地装置，接地电阻值应不超过 10Ω，与设备的距离应不大于 5m；但可与车间接地干线相连。

5. 露天矿电气装置接地

(1) 露天采矿场或排废物场的高、低压电气设备可共用同一接地装置，其接地电阻值应按设计规定；采矿场的主接地电极不应少于两组；排废物场可设一组。主接地极一般应设在环形线附近或土壤电阻率较低的地方。

(2) 高土壤电阻率的矿山，接地电阻值不得大于 30Ω，且接地线和设备的金属外壳的接地电压不得大于 50V。

(3) 架空接地线应采用截面不小于 $35mm^2$ 的钢绞线或钢芯铝绞线，并且与导线的垂直距离不应小于 0.5m。

(4) 每台设备不得串联接地，必须备有单独引线，连接处应设断接卡板。

6. 爆炸和火灾危险场所电气设备的接地

(1) 电气设备的金属外壳和金属管道、容器设备及建筑物金属结构均应可靠的接地或接零；管道接头处应作跨接线。

(2) 0 区及 10 区范围内所有电气设备及 1 区范围内除照明灯具外的其他电气设备，均应使用专用的接地或接零线；接地或接零线与相线同管敷设时，则其绝缘电阻应与相线相同。

爆炸危险场所内的金属管线及电缆的金属外皮，只能做辅助接地线。

(3) 1 区范围内的照明灯具和 2 区、11 区范围内所有电气设备，可利用与地线有可靠电气连接的金属管线或金属框架作接地或接零；但不得利用输送爆炸危险物质的管道做接地或接零线。

(4) 爆炸危险场所内电气设备的专用接地线应符合下列规定：

1）引向接地干线的接地线应是铜芯导线，其截面要求见表 2-57。

表 2-57　电动机容量与绝缘铜芯接地线截面对照表

电动机容量（kW）	≤1	≤5	≤10	≤15	≤20	≤50	≤200	≤500	≤750	≤750
接地线截面（mm^2）	2.5	4	6	10	16	25	35	50	70	95
接地螺栓规格	M8		M10	M12						

若采用裸铜线时，其截面不应小于 $4mm^2$。

2）接地线是多股铜芯时，与接地端子的连接宜采用压接，压接端子的规格与被压接的导线截面相符合。

(5) 在爆炸危险场所内的不同方向上，接地和接零干线与接地装置相连应不少于两处；一般应在建筑物两端分别与接地体相连。

1）接地连接板应用不锈钢板、镀锌板或接触面搪锡、覆铜的钢板制成；连接面应平整、无污物、有金属光泽并应涂电力脂。

2）连接用螺栓应是镀锌螺栓，弹簧垫圈及两侧的平垫圈应齐全，拧紧后弹簧垫圈应被压平。

（6）在爆炸危险场所内，中性点直接接地的低压电力网中，所有的电气装置的接零保护，不得接在工作零线上，应接在专用的接零线上。

（7）爆炸危险场所防静电接地的接地体、接地线、接地连接板的设置除应符合设计要求外，还应符合下述规定：

1）防静电接地线应单独与接地干线相连，不得相互串联接地。

2）接地线在引出地面处，应有防损伤、防腐蚀措施；铜芯绝缘导线应有硬塑料管保护；镀锌扁钢宜有角钢保护；若该处是耐酸地坪时，则表面应涂耐酸油漆。

7. 架空线路接地

（1）架空线路重复接地

1）接零系统在接户线处重复接地。

2）低压架空线路零线重复接地。

3）在架空线干线和分支线终端，长度超过 200m 的架空线分支处应重复接地。

4）在干线没有分支的直线段中，每隔 1km 的零线应重复接地。

5）高、低压线路共杆架设时，在共杆架设段的两终端杆上，低压线路的零线应重复接地。

（2）架空输电线路的接地和杆塔的接地规定

1）3～35kV 线路：有避雷线的铁塔或钢筋混凝土杆均应接地；如土壤电阻率较高，接地电阻不小于 30Ω。

2）3～10kV 线路：在居民区无避雷线的铁塔和钢筋混凝土杆的应接地。

3）接地杆塔上的避雷线：金属横担、绝缘子底座均应接地。

8. 特殊设备接地

（1）高频电热设备接地

1）电源滤波器处应进行一点接地。

2）设专用接地体，接地电阻值不大于 4Ω。

（2）电弧炉设备接地

1）由中性点不接地系统供电时，设备外壳和炉壳均应接地，接地电阻值不大于 4Ω。

2）由中性点接零系统供电时，则设备外壳和炉壳应接零。

3）接地线应用软铜线，其截面不小于 $16mm^2$。

（3）六氟化硫组合电器的接地

1）各接口法兰之间应用铜带跨接接地线。

2）其底座、支架应接地。

（4）电除尘设备接地

1）两台以上的电除尘设备，其接地线严禁串联，必须每台接地线单独引向接地装置。

2）在酸碱盐腐蚀比较严重的地方，其接地装置应做防腐处理。

3）接地电阻值应符合设计规定。

（5）调试用电子仪器的接地

1）调试时，试验用的电子电路和电子仪器应接零。

2）测量高频电源波形及参数的工业电子设备，宜用独立接地装置，不应与车间接地干线相连，二者之间应离开 2.5m 以上。

3）直流信号地应与交流地分开。

（6）高压试验设备接地

1）对于10kV以下便携式高压试验电气设备，在工作台上也应可靠接地。

2）接地电阻值应小于4Ω。

（7）X光机等高压电子设备接地

1）X光机、心电图机、脑电图等电子器械元件、电子电路应有统一的基准电位，然后从机壳上接地。

2）X光机的高压电子管的金属外壳、操作台、高压电缆金属护套、电动床、管式立柱等的铁壳均应接地，可与电气设备、管道接地相连接；也可与水箱连接作辅助接地。

3）应单独设立接地装置，接地电阻值应小于10Ω。

9. 屏蔽接地

（1）屏蔽电缆在屏蔽体入口处，其屏蔽层应接地。

（2）若用屏蔽线或屏蔽电缆接仪器时，则屏蔽层应有一点接地或同一接地点附近多点按地。

屏蔽的双绞线、同轴电缆在工作频率小于1MHz时，屏蔽层应采用单端接地（两端接地，可能造成感应电压短路环流，烧坏屏蔽层）。

（3）接地电阻不应大于4Ω。

10. 防静电接地

（1）车间内每个系统的设备和管道应作可靠的金属连接，并至少要有两处接地点。

（2）接地线一般采用绝缘线，其最小截面为6～8mm^2。

（3）输送油的软橡皮管的金属管口，与装油用的金属槽必须进行金属连接。

（4）从一个金属容器往另一个金属容器移注油液时，事先应将两个容器进行金属连接并接地。

（5）油罐车在车上，用金属链子从车体起直接垂到路面上进行接地。

（6）构造物（如烟囱、油槽、房屋、煤气管道、氧气管道、煤气罐等）的接地应按设计要求施工，接地应牢靠。

技能要点4：接地装置（接地线）涂漆

明敷接地线涂漆一为标志，二为防腐，应按下列规定进行。

1. 涂黑漆

明敷的接地线表面应涂黑漆。如因建筑物的设计要求，需涂其他颜色，则应在连接处及分支处涂以各宽为15mm的两条黑带，其间距为150mm，见图2-72。

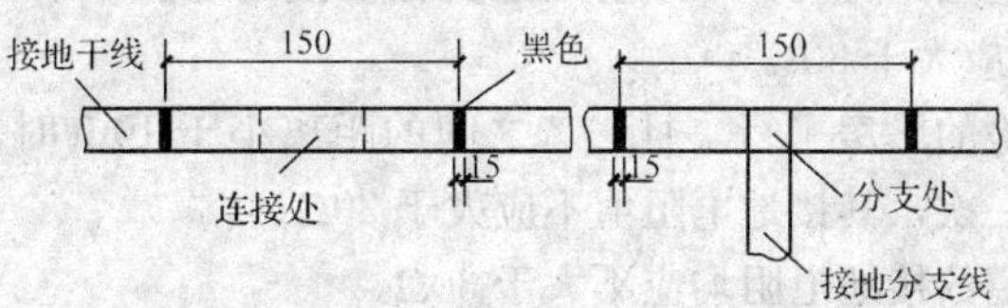

图2-72　室内明敷接地线的涂色

2. 涂紫色带黑色条纹

中性点接于接地网的明设接地导线，应涂以紫色带黑色条纹。条纹的间距未作规定。

3. 涂黑带

在三相四线网络中，如接有单相分支线并用其零线作接地线时，零线在分支点应涂黑色带以便识别。

4. 标黑色接地记号

在接地线引向建筑物内的入口处，一般应标以黑色接地记号“⏚”，标在建筑物的外墙上。

5. 刷白底漆后标黑色接地记号

室内干线专门备有检修用临时接地点处，应刷白色底漆后标以黑色接地记号“⏚”。

6. 涂樟丹两道再涂黑漆

接地引下线垂直地面的上、下侧各 300～500mm 段，应涂刷樟丹两道，然后再涂黑漆。涂刷前要将引线的表面锈污等擦刷干净。

技能要点 5：接地电阻及其测试

接地装置的接地电阻是接地体的对地电阻和接地线电阻的总和。接地电阻的数值等于接地装置对地电压与通过接地体流入地中电流的比值。

接地体的对地电阻又称为流散电阻，它的数值比接地线的电阻大得多，所以接地电阻一般可认为等于流散电阻。

根据通过接地体流入地中的电流性质不同，又可将接地电阻分为工频接地电阻（流入地中的电流为工频电流时，求得的接地电阻）与冲击接地电阻（流入地中的电流为雷电流时，求得的接地电阻）两种。

1. 接地电阻的要求

（1）低压电力网的电力装置对接地电阻的要求

1）低压电力网中，电力装置的接地电阻不宜超过 4Ω。

2）由单台容量在 1000kV·A 的变压器供电的低压电力网中，电力装置的接地电阻不宜大于 10Ω。

3）使用同一接地装置并联运行的变压器，总容量不超过 100kV·A 的低压电力网中，电力装置的接地电阻不宜超过 10Ω。

4）在土壤电阻率高的地区，要达到以上接地电阻值有困难时，低压电力设备的接地电阻允许提高到 30Ω。

（2）重复接地的接地电阻一般不超过 10Ω。

（3）测量接地装置的接地电阻，应接设计规定。

（4）测量企业的建筑物及构筑物防雷接地装置的接地电阻，如设计无要求时可参照下列要求检查：

1）管道进入有爆炸危险厂房时，距厂房最近支柱的接地电阻，第一根不应大于 5Ω，第二根不应大于 10Ω，第三根不应大于 30Ω。

2）当管道与爆炸危险的厂房平行，且二者之间的距离小于 10m 时，应沿管道每隔 30～40m（靠近厂房的一段）接地一次，其接地电阻值不应大于 20Ω。

3）在其他场合，管道的接地电阻均应不大于 30Ω。

4）贮存易燃液体并带有呼吸阀，且壁厚小于 4mm 的密闭贮罐（如汽油、氢气、煤气的贮存罐），接地电阻应不大于 10Ω，壁厚大于 4mm 的密闭贮罐，接地电阻应不大于 30Ω。

5）高炉、煤气洗涤塔、煤气管道的煤气放散管、氧气管道，可以用作防雷接地装置，但必须可靠接地，且接地电阻应不大于 10Ω。

（5）在土壤电阻率 $\rho>15\times10^4\Omega\cdot cm$ 的地区，小接地短路电流系统以及低压系统电气设备的接地装置，如要求达到规定值确有困难时，允许将规定的接地电阻值提高为 $\frac{\rho}{5\times10^4}$ 倍，但其值应不超过 20Ω。而对大接地短路电流系统则不应超过 5Ω。

2. 降低接地电阻的措施

(1) 换土：用电阻率较低的土壤（如黏土、黑土等）换电阻率较高的土壤。在接地体上部1/3处和周围1m处的范围内换土。

(2) 深埋：在含砂土壤中，含砂层一般都在表面层，地层深处土壤电阻率较低。应采用接地体深埋，一般应埋进地层深处2～3m以下。

(3) 使用化学降阻剂：在垂直接地体的周围充填一层适当厚度的低电阻系数的降阻剂来增加土壤的导电性能，从而降低接地电阻。

降阻剂的种类很多，各种牌号的降阻剂有不同的使用方法。

垂直接地体施工时，用机械打孔，孔径在ϕ150～200左右，孔深按设计要求施工。孔打好后把接地体放入孔中心，然后注入按使用说明配制好的降阻剂，待凝固之后，填土夯实。

在无机械打孔时，可利用人工挖孔，再用直径200mm的钢管作模，垂直放入坑内，周围用湿土夯实后，拔出的钢管处形成地孔，然后把接地体放入孔中心，再注入配制的降阻剂，待凝固以后，填土夯实。

技能图解20 建筑物等电位联结

技能结构框线图

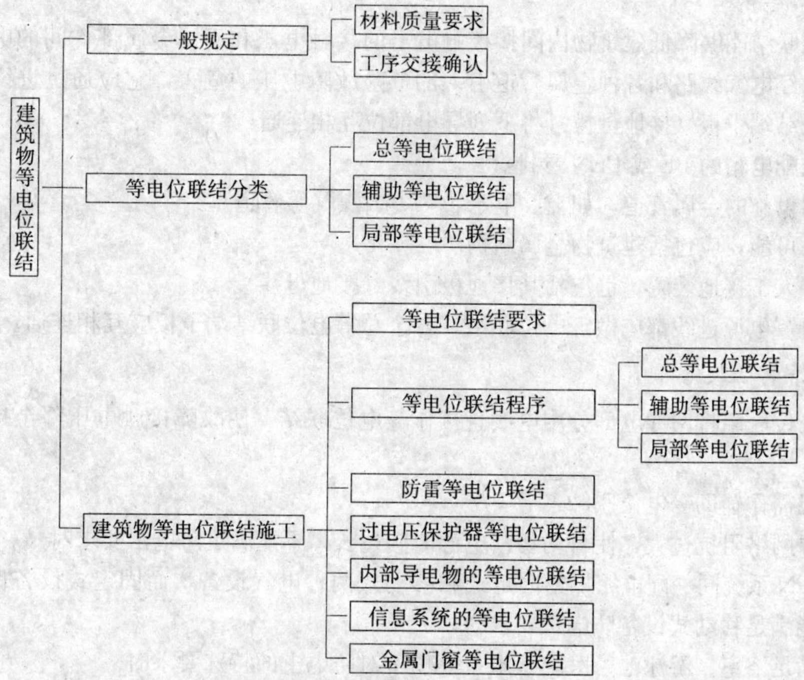

图2-73 建筑物等电位联结

技能要点1：一般规定

1. 等电位联结材料质量要求

(1) 等电位联结线和等电位联结端、子板宜采用铜质材料。

(2) 等电位联结端子板的截面不得小于所接等电位联结线截面。

（3）等电位联结用的螺栓、垫圈、螺母等进行热镀锌处理。

（4）在土壤中，应避免使用铜线或带铜皮的钢线作为联结线；如果用铜线作联结线，也应用放电间隙与管道钢容器或基础钢筋相联结。

（5）与基础钢筋联结时，建议联结线选用钢材，这种钢材最好也用混凝土保护，联结部位应采用焊接，并在焊接处作以相应的防腐保护，这样与基础钢筋的电位基本一致，不会形成电化学腐蚀。

（6）在与土壤中钢管等联结时，也应采取防腐措施，如选用塑料电线或铅包电线或电缆。

（7）等电位联结线应有黄绿相间的色标，在等电位联结端子板上应刷黄色底漆并标黑色记号，其符号为“▽”。

2. 等电位联结的工序交接确认

（1）总等电位联结：对可作导电接地体的金属管道入户处和供总等电位联结的接地干线的位置检查确认，才能安装焊接总等电位联结端子板，按设计要求做总等电位联结。

（2）辅助等电位联结：对供辅助等电位联结的接地母线位置检查确认，才能安装焊接辅助等电位联结端子板，按设计要求做辅助等电位联结。

（3）对特殊要求的建筑金属屏蔽网箱，网箱施工完成，经检查确认，才能与接地线联结。

技能要点 2：等电位联结的分类

等电位联结可分为总等电位联结、辅助等电位联结、局部等电位联结。

1. 总等电位联结

总等电位联结能够降低建筑物内间接接触电击的接触电压和不同金属部件间的电位差，并消除自建筑物外经电气线路和各种金属管道引入的危险故障电压的危害，它应通过进线配电箱近旁的总等电位联结端子板（接地母排）将下列导电部位互相连通：

（1）进线配电箱的 PE 或 PEN 母排。

（2）公用设施的金属管道，如上、下水，热力、煤气等管道。

（3）如果可能，应包括建筑物金属结构。

（4）当有人工接地装置，也包括其接地极引线（接地母线）。

建筑物每一电源进线都应做等电位联结，各个总等电位联结端子板应互相连通。

2. 辅助等电位联结

辅助等电位联结将两导电部分用电线直接作等电位联结，使故障接触电压降至接触电压限值以下。

下列情况需作辅助等电位联结：

（1）电源网络阻抗过大，使自动切断电源时间过长，不能满足防电击要求时。

（2）自 TN 系统同一配电箱供给固定式和移动式两种电气设备，而固定式设备保护电器切断电源时间不能满足移动式设备防电击要求时。

（3）为满足浴室、游泳池、医院手术室等场所对防电击的特殊要求时。

3. 局部等电位联结

当需要在一局部场所范围内作多个辅助等电位联结时，可通过局部等电位联结端子板将下列部分互相连通，以简便地实现该局部范围内的多个辅助等电位联结，被称作局部等电位联结。

（1）PE 母线或 PE 干线。

（2）公用设施的金属管道。

（3）如果可能，包括建筑物金属结构。

技能要点3：建筑物等电位联结施工

1. 等电位联结要求

（1）所有进出建筑物的金属装置、外来导电物、电力线路、通信线路及其他电缆均应与总汇流排做好等电位金属连接。

计算机机房应敷设等电位均压网，并应和大楼的接地系统相连接。

（2）穿过各防雷区交界处的金属物和系统，以及一防雷区内部的金属物和系统都应在防雷区交界处做等电位联结。

（3）等电位网宜采用M形网络，各设备的直流接地以最短的距离与等电位网相连接。

（4）如因条件需要，建筑物应采用电涌保护器（SPD）做等电位联结，见图2-74，图中的接地线也做等电位联结。

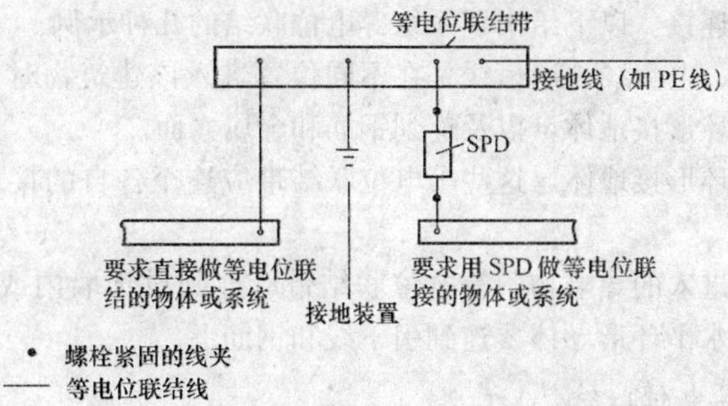

图2-74　导电物体或电气系统连到等电位联结带的等电位联结

（5）实行等电位联结的主体应为：设备所在建筑物的主要金属构件和进入建筑物的金属管道；供电线路含外露可导电部分；防雷装置；由电子设备构成的信息系统。

（6）有条件的计算机房六面应敷设金属蔽网，屏蔽网应与机房内环形接地母线均匀多点相连，机房内的电力电缆（线）、通信电缆（线）宜尽量采用屏蔽电缆。

（7）架空电力线由终端杆引下后应更换为屏蔽电缆，进入大楼前应水平直埋50m以上，埋地深度应大于0.6m，屏蔽层两端接地，非屏蔽电缆应穿镀锌铁管并水平直埋50m以上，铁管两端接地。

（8）不论是等电位联结还是局部等电位联结，每一电气装置外的其他系统可只连接一次，并未规定必须作多次连接。

（9）除水表外管道的接头不必做跨接线，因连接处即使缠有麻丝或聚乙烯薄膜，其接头也仍然是导通的。但施工完毕后必须进行上述检测，对导电不良的接头需作跨接处理。

（10）等电位联结只限于大型金属部件，孤立的接触面积小的例如放水按钮就不必连接，因它不足以引起电击事故，而以手持握的金属部件，因电击危险大必须纳入等电位联结内。

（11）门框、窗框如不靠近电器设备或电源插座不一定连接，反之应作连接。离地面20m以上的高层建筑的窗框，如果防雷需要也应连接。

（12）离地面2.5m的金属部件因位于伸臂范围以外不需作连接。

（13）浴室被列为电击危险大的特殊场所。由于人在沐浴时遍体湿透，人体阻抗大大下降，沿金属管道导入浴室的一二十伏电压即足以使人发生心室纤维性颤动而死亡。因此，在浴室范围内还需要用铜线和铜板作一次局部等电位联结。

2. 等电位联结程序

（1）总等电位联结　对可作导电接地体的金属管道入户处和供总等电位联结的接地干线的位置检查确认，才能安装焊接总等电位联结端子板，按设计要求做总等电位联结。

（2）辅助等电位联结　对供辅助等电位联结的接地母线位置检查确认，才能安装焊接辅助等电位联结端子板，按设计要求做辅助等电位联结。

（3）局部等电位联结　对特殊要求的建筑金属屏蔽网箱，网箱施工完成经检查确认后，才能与接地线连接。

3. 防雷等电位联结

穿过各防雷区交界的金属部件和系统，以及在一个防雷区内部的金属部件和系统，都应在防雷区交界处做等电位联结。应采用等电位联结线和螺栓紧固的线夹在等电位联结带做等电位联结，而且当需要时，应采用避雷器做暂态等电位联结。

在防雷界处的等电位联结要考虑建筑物内的信息系统，在那些对雷电电磁脉冲效应要求最小的地方，等电位联结带最好采用金属板，并多次连接钢筋或者其他屏蔽物件上。对于信息系统的外露导电物应建立等位连接网，原则上一个电位连接网不需要直接连在大地，但实际上所有等电位联结网都有通大地的连接。以下给出了系统等电位联结的几种示例。

（1）当外来导电物、电力线、通信线是在不同位置进入该建筑物时，则需要设若干等电位联结带，它们应就近连到环形接地体，以及连到钢筋和金属立面。

（2）如果没有安装环形接地体，这些等电位联结带应连至各自的接地体并用一内部环形导体将其互相连起来。

（3）对在地面以上进入的导电物，等电位联结带应连到设于墙内或墙外的水平环形导体上，当有引下线和钢筋时该水平环形导体要连到引下线和钢筋上。

4. 过电压保护器等电位联结

过电压保护器的等电位联结见图 2-75。

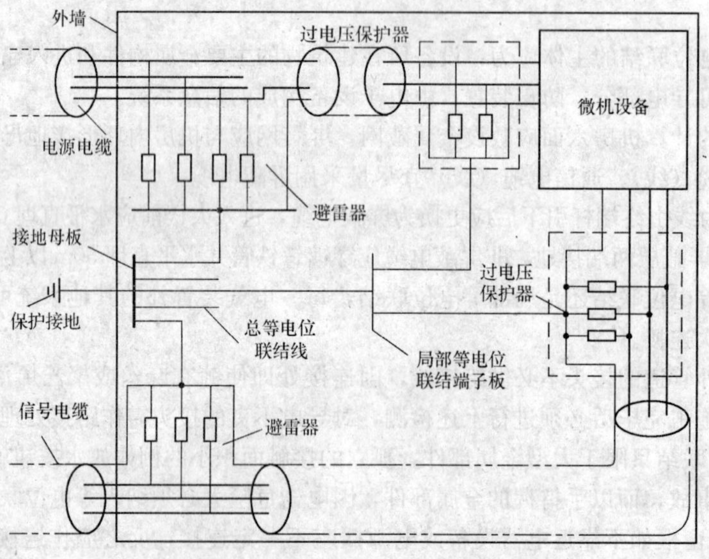

图 2-75　过电压保护器的等电位联结图

5. 内部导电物的等电位联结

所有大尺寸的内部导电物（如电梯导轨、吊车、金属地面、金属门框、服务性管子、电缆桥架）的等电位联结应以最短的路线连到最近的等电位联结带或其他已做了等电位联结的金属物。各导电物之间的附加多次互相连接是有益处的。

等电位联结线的截面按表选取。在等电位联结的各部件中，预期仅流过较小部分的雷电流。

6. 信息系统的等电位联结

在设有信息系统设备的室内应敷设等电位联结带，机柜、电气及电子设备的外壳和机架、计算机直流接地（逻辑接地）、防静电接地、金属屏蔽线缆外层、交流地和对供电系统的相线、中性线进行电涌保护的SPD接地端等均应以最短的距离就近与这个等电位联结带直接连接。连接的基本方法应采用网型（M）结构或星型（S）结构。小型计算机网络采用S型连接，中、大型计算机网络采用M型网络。在复杂系统中，两种型式（M型和S型）的优点可组合在一起。网型结构的电位连接带应每隔5m经建筑物墙内钢盘、金属立面与接地系统连接，参见图2-76所示。

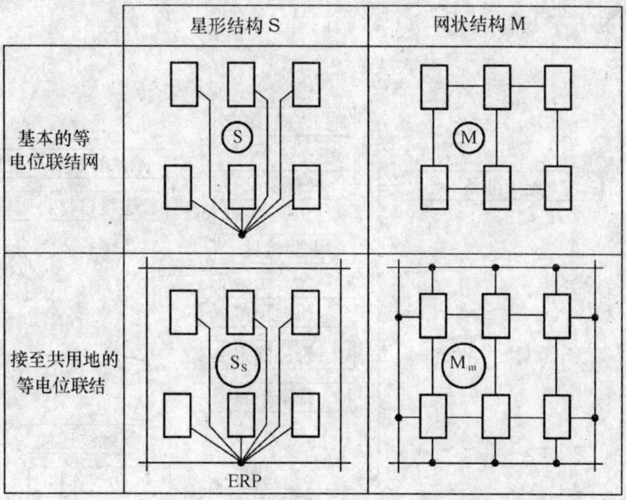

图2-76　信息系统等电位联结的基本方法

7. 金属门窗等电位联结

金属门窗的等电位联结参见图2-76，且应符以下规定：

（1）连接导体宜暗敷，并应在窗框定位后，墙面装饰层或抹灰层施工之前进行。

（2）当柱体采用钢柱时，将连接导体的一端直接焊于钢柱上。

（3）根据具体情况选用图中所示三种方法之一进行窗框的连接。

（4）ϕ10的圆钢与钢筋或窗框等建筑物金属构件焊接长度不小于100mm。

（5）搭接板应预埋，具体部位由设计确定，其与窗框门框可螺栓连接或焊接。

第三章　建筑给水排水及采暖工程施工

技能图解 21　室内给水系统安装

技能结构框线图

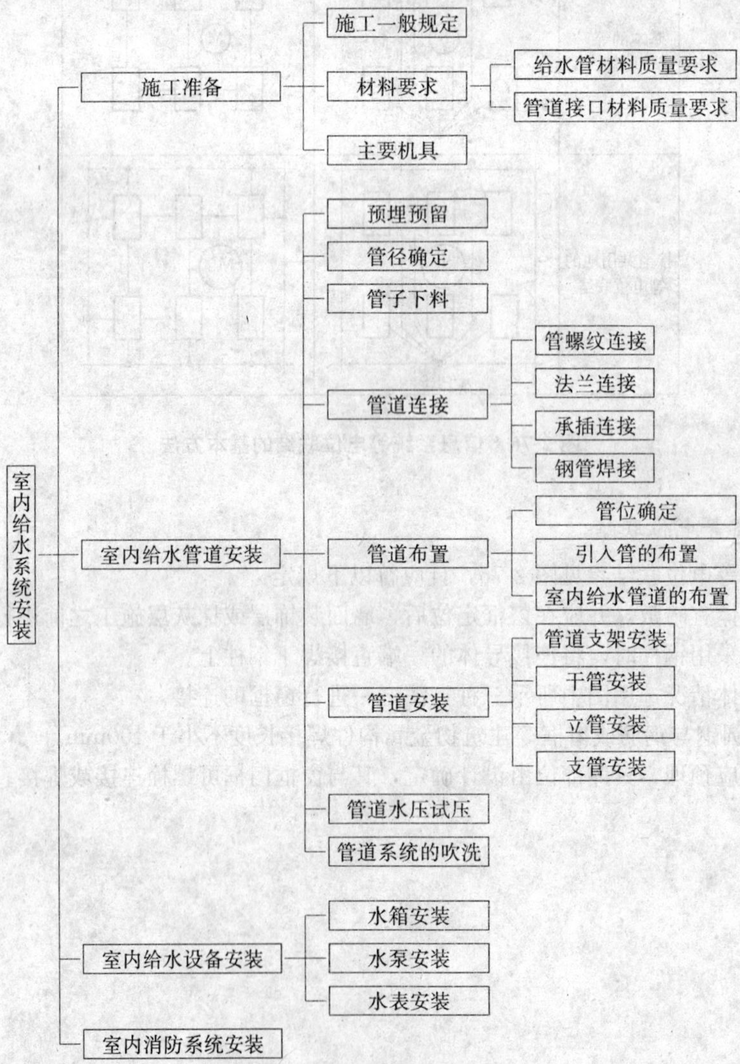

图 3-1　室内给水系统安装

技能要点 1：施工准备

1. 施工一般规定

(1) 给水管道必须采用与管材相适应的管件。生活给水系统所涉及的材料必须达到饮用水卫生标准。

(2) 管径小于或等于100mm的镀锌钢管应采用螺纹连接，套丝扣时破坏的镀锌层表面及外露螺纹部分应做防腐处理；管径大于100mm的镀锌钢管应采用法兰或卡套式专用管件连接，镀锌钢管与法兰的焊接处应二次镀锌。

(3) 给水塑料管和复合管可以采用橡胶圈接口、粘接接口、热熔连接、专用管件连接及法兰连接等形式。塑料管和复合管与金属管件、阀门等的连接应使用专用管件连接，不得在塑料管上套丝。

(4) 给水铸铁管管道应采用水泥捻口或橡胶圈接口方式进行连接。

(5) 铜管连接可采用专用接头或焊接，当管径小于22mm时宜采用承插或套管焊接，承口应迎介质流向安装；当管径大于或等于22mm时宜采用对口焊接。

(6) 给水立管和装有3个或3个以上配水点的支管始端，均应安装可拆卸的连接件。

(7) 冷、热水管道同时安装的规定

1) 上、下平行安装时热水管应在冷水管上方。

2) 垂直平行安装时热水管应在冷水管左侧。

2. 材料要求

(1) 给水管材料的质量要求

1) 室内给水系统管材应符合设计要求。

2) 给水管道必须采用与管材相适应的管件。

3) 生活给水系统所涉及的材料必须达到饮用水卫生标准。

4) 管材及阀门应有符合国家或部门现行标准的技术质量鉴定文件或产品合格证。

钢管表面不能有显著锈蚀、凹陷和扭曲等疵病，通常管壁厚度$\delta\leqslant3.5$mm时，钢管表面不准有0.5mm深的伤痕；管壁厚度$\delta>3.5$mm时，伤痕深不准超过1mm。

5) 管道、管件、配件和阀件在使用前的外观检查

①对于钢管，要求其表面无裂纹、缩孔、夹渣、折叠、重皮等缺陷，管壁不能有麻点及超过壁厚负偏差的锈蚀或凹陷。

②铸铁管内外表面不得有裂纹、冷隔、瘪陷和错位等缺陷，且承插口部位不得有粘砂及凸起，承口根部不得有凹陷，其他部分不得有大于2mm厚的粘砂及大于5mm的凸起或凹陷。

③铜管的纵向划痕深度不大于0.3mm，横向的凸出高度或凹入深度不大于0.35mm，面积不超过管子表面积的0.5%。

④镀锌钢管用螺纹法兰，其规格及压力等级应符合铸铁螺纹法兰标准，法兰材质为灰口铸铁，法兰表面应光滑，不得有气泡、裂纹、斑点、毛刺及其他降低法兰强度和连接可靠性的缺陷。法兰端面应垂直于螺纹中心线。

⑤塑料管和复合管的管材和管件的内外壁应光滑平整，无气泡、裂口、裂纹、脱皮，且色泽基本一致。

⑥水表表壳铸造规矩，无砂眼、裂纹，表玻璃盖无损坏，铅封完整。

(2) 管道接口材料的质量要求

1) 螺纹接口填料　给水管道螺纹接口填料为麻丝和厚白漆或聚四氟乙烯生料带。麻丝应采用纤维长的亚麻，厚白漆应不含杂质和垃圾、洁净而不干结的。聚四氟乙烯生料带应采用经过鉴定的专业生产厂生产的成卷包装的合格产品。

2) 法兰连接垫料及螺栓

①法兰垫片一般采用橡胶板，其质地应柔软，无老化变质现象，表面不应有折损、皱纹等缺陷。

②螺栓及螺母的螺纹应完整，无伤痕、毛刺等缺陷。螺栓与螺母应配合良好，无松动或卡涩现象。

3. 主要机具

室内给水系统安装的主要机具见表 3-1。

表 3-1　主要机具

设备名称		规格、型号	组成	适用范围
电焊机	交流电焊机	BX2－500、BX1－125 BX3－200、BX1－330 BX6－120、BX5－500	降压变压器、电抗器	用于管道焊接
	直流电焊机	AX－165、AX－320、 AX－3300、AX3－1500、 AX3－500、AX7－500、 AP－1000、AXQ3－300	三相电源、电动机、直流发电机、电缆、焊钳、工件	用于管道工程
塑料焊接设备	电热空气焊枪		手柄、电阻丝、压缩空气接头、出风口、电源线	
	多功能塑料焊枪	H－3 型		
	热塑性塑料焊接机	SH－2 型		焊接塑料管道、板材、卫生设备、容器等
氧割（焊）设备	减压器	QD－1、QD－2A、 QD－3A、QD－20	高压气室、氧进气口、低压气室、薄膜、减压阀座、弹簧、保安阀、高（低）压表、丁字螺丝	
	中压乙炔发生器	Q3－0.5、Q3－1、 Q3－3、Q4－5、Q4－10		
	射吸式焊炬	H01－2、H01－6、 H01－12、H01－20		使氧与乙炔均匀混合
	割炬	射吸式割炬、 等压式割炬	氧气接头、乙炔接头、把手、喷射嘴、混合室（内）外割嘴、开关	
	电锯			切割管径较大的管子
射钉器	射钉枪	SDZ－A201、SDZ－202、 SDQ603、SDT－A301、 SDT－A302		前两种用在钢锭模上装挂绝热板，后三种适于多种作用
	射钉弹	S_1、S_2、S_3		推动射钉达到紧固目的
	射钉	YD、HYD、M4、M8、 ZD52J36、HYD1358、 GD45、DDA87		型号字母前带“H”的用于金属基体上固定被固件，不带“H”的用于非金属基体上固定被固件
其他设备	钢 锯	可调式、固定式		
	管子台虎钳			夹紧管子作攻制螺纹或锯割管子
	管子扳手			夹持和旋转各种管子和管路附件
	活动扳手			拧紧或松开多种规格的零件
	管子割刀			切割各种金属管道

技能要点 2：室内给水管道安装

1. 预埋预留

配合土建预留、预埋。安装图上有而土建图上未设计的，由安装单位负责配合土建预留预埋；但开工前应与土建协商划分清楚，明确各自的范围与责任，以免发生错误和遗漏；在配合土建预埋作业中，要进一步核对位置和尺寸，确认无误后，经土建、安装双方施工人员（必要时还要请建设单位参加）办理签证手续后，再进入下一道工序；在浇灌混凝土过程中，安装单位要有专人监护，以防预埋件移位或损坏。

2. 管径确定

室内给水管道的经济流速控制范围是：

接卫生器具的支管为 0.6～1.2m/s；干管、立管及横管为 1.0～1.8m/s。

生活或生产给水管道流速应≤2.0m/s；消防管道一般不超过 2.5m/s。

对于仅供给生活用水的建筑物，无论其性质如何，室内用水量最终是通过卫生器具配水龙头的出水量来体现的。但各种器具配水龙头的出流流量和出流特性不尽相同，为简化计算，通常以污水盆用的一般球形阀配水龙头在出流水头为 2m 时全开的流量 0.2L/s 为 1 个当量（N），其他各种卫生器具配水龙头的流量以此为准换算成相应的当量数。表 3-2 为各种卫生器具的当量、流量、支管管径和流出水头值。使用时可根据表中的规定和建筑物内卫生设备的数量，计算出单个建筑物卫生器具给水当量总数，再从表 3-3 直接查出所需给水管管径的大小。

表 3-2　卫生器具给水的额定流量、当量、支管管径和流出水头值

卫生器具给水配件名称	额定流量（L/s）	当量	支管管径（mm）	流出水头（kPa）
污水盆（池）水龙头	0.20	1.0	15	19.6
家用厨房洗涤盆（池）水龙头				
一个阀开	0.14	0.7	15	14.7
两个阀开	0.20	1.0	15	14.7
普通水龙头	0.20	1.0	15	14.7
住宅集中给水龙头	0.30	1.5	20	19.6
食堂厨房洗涤盆（池）水龙头				
一个阀开	0.24	1.2	15	19.6
两个阀开	0.32	1.6	15	19.6
普通水龙头	0.44	2.2	20	39.2
洗脸盆（有塞）盥洗槽水龙头				
一个阀开	0.16	0.8	15	14.7
两个阀开	0.20	1.0	15	14.7
普通水龙头	0.20	1.0	15	14.7
洗脸盆（无塞）洗手盆水龙头	0.10	0.5	15	14.7
浴盆水龙头				
一个阀开	0.2	1.0	15	19.6
	0.2	1.0	20	14.7
两个阀开	0.3	1.5	15	19.6
	0.3	1.5	20	14.7
普通水龙头	0.3	1.5	15	19.6
	0.3	1.5	20	14.7

表 3-2（续）

卫生器具给水配件名称	额定流量 (L/s)	当量	支管管径 (mm)	流出水头 (kPa)
大便器				
冲洗水箱浮球阀	0.10	0.5	15	19.6
自闭式冲洗阀	1.20	6.0	25	按产品要求
淋浴器				
一个阀开	0.10	0.5	15	24.5～39.2
两个阀开	0.15	0.75	15	24.5～39.2
大便槽冲洗水箱进水阀	0.10	0.5	15	19.6
小便器				
手动冲洗阀	0.05	0.25	15	14.7
自闭式冲洗阀	0.05	0.25	15	14.7
自动冲洗水箱进水阀	0.10	0.5	15	19.6
小便槽多孔冲洗管（每米长）	0.05	0.25	15～20	14.7
化验盆				
单联鹅颈水龙头	0.07	0.35	15	19.6
双联鹅颈水龙头	0.15	0.75	15	19.6
三联鹅颈水龙头	0.20	1.0	15	19.6
妇女卫生盆冲洗龙头				
一个阀开	0.07	0.35	15	29.4
两个阀开	0.10	0.5	15	29.4
饮水器喷嘴	0.05	0.25	15	19.6
洒水栓	0.20	1.0	15	按使用要求
	0.40	2.0	20	
	0.70	3.5	25	
家用洗衣机给水龙头	0.24	1.2	15	19.6

注：1.“一个阀开”是指单独龙头或混合龙头只开冷水或热水；“两个阀开”是指单独龙头或混合龙头冷热水同时开放。

2. 单独计算冷热水流量时，按表内的一个阀开的给水额定流量及当量值采用；计算冷热水总流量时，按表内两个阀开的给水额定流量及当量值采用。

表 3-3　按用水设备当量数估算管径

建筑物类型 \ 当量总数 \ 管径（mm）		15	20	25	32	40	50	70	80	100
住宅	无淋浴设备	1	2～3	4～8	9～39	40～94	96～219	220～480	481～809	810～1043
	有淋浴设备	1	2～3	4～9	10～42	43～101	102～236	237～521	522～880	881～1043
	有淋浴有热水	1	2～4	5～9	10～44	45～107	108～254	255～563	564～955	956～1240
幼儿园		1	2	3～7	8～37	38～108	109～306	307～850	851～1736	1737～2500
门诊、诊疗所		1	2	3～5	6～29	30～80	81～225	226～625	626～1276	1277～1837
办公楼、商场		1	2	3～5	6～25	26～69	70～196	197～544	545～1111	1111～1600
学校		1	2	3	4～17	18～48	49～136	137～378	379～772	773～1111
医院、疗养室		1	2	3	4～14	15～39	40～110	111～306	307～625	626～900
集体宿舍旅馆		1	2	3	4～9	10～25	26～71	72～196	197～400	401～576
部队营房		1	2	3	4～6	7～18	19～49	50～136	137～278	279～400

3. 管子下料

干管、立管和支管安装中，都要预先对管段长度进行测量，并计算出管子加工时下料尺寸。管段的长度包括该段管子长度加上阀件或管件长度，因而管子下料长度就要除去阀件和管件的占用长度，同时加螺纹拧入配件内或插入法兰内的长度。

管道下料方法常见的有以下几种：

(1) 锯割　锯割是常用的一种切断管道的方法。手工切断即用手锯切断钢管。在使用齿锯条时，因齿距小，只有几个锯齿同时与管壁的断面接触，锯齿吃力小，而不致卡掉锯齿，较省力，但切断速度慢，适于切断 *DN*40 以下的管材。使用粗齿锯条时，锯齿与管壁面接触的齿数较少，锯齿的吃刀量大，容易卡掉锯齿，较费力，但切断速度快，适用于切断 *DN*50～*DN*150 的钢管。为了防止将管口锯偏，可在管壁上预先划好线。划线方法是用整齐的厚纸板或油毡（样板）紧贴在管壁上，用石笔或铅笔在管子上沿样板画一圈即可。

切断时，锯条应保持与管子轴线垂直，才能使切口平直。如发现锯偏时，应将锯弓转换方向再锯。锯口要锯到底部，不应把剩下的一部分折断，防止管壁变形。

使用电锯切断时，将管子固定在锯床上，锯条对准切断线即可切断。

(2) 磨割　即使用砂轮切割机（无齿锯）切割，效率较高，比手工锯割工效提高 10 倍以上。切断的管子端面光滑，只有少数飞边，再用锉刀轻轻一锉就可以除去。

(3) 刀割　即用管子割刀切断管子。一般用于切割 *DN*50 以下的管子。此种割法比锯条切割管子速度快，切割断面也较平直，缺点是受挤压管径缩小，因此在刀割后，须用铰刀刮去其缩小部分。但切割时如进刀浅，则管径收缩较小，便可以用三角刮刀修刮管口代替铰刀。

(4) 气割　是利用氧气和乙炔燃烧产生的热量，使被切割的金属在高温下熔化（也称氧-乙炔焰切割），然后用高压气流将熔化的金属吹离，使得金属管子被切断，并产生氧化铁熔渣。一般用在 *DN*100 以上的钢管上。但镀锌钢管不允许用气割。

(5) 凿切　凿切主要用于铸铁管。采用的工具为扁凿（或窄凿）及锄头。将管子切断处垫上木条，转动管子用凿子沿切线轻凿一、两圈以刻出线沟，然后沿线沟以木棍用力敲打，同时不断地转动管子，连续敲打几圈后直至管子折断为止。凿切时人站在管子侧面。大口径管子可由两人操作，一人打锤，一人掌握凿子；手握凿子要端正，凿子与被切割管子角度要正确，千万不要偏斜，以免打坏凿子。管子的两端不应站人。操作的人应戴防护眼镜，以避免飞溅出的铁片碰伤脸或眼睛。

(6) 等离子切割　等离子弧的温度高达 15000～33000℃，热量比电弧更加集中。现有的高熔点金属和非金属材料，在等离子弧的高温下都能被熔化，切割效率高，热影响区小，变形小，质量高。

不论用哪种方法切割管子，其切口表面都应平整，不得有裂纹、重皮。如有毛刺、凹凸、缩口、熔渣、氧化铁、铁屑等都应清除；切口平面偏差为管径的 10%，但不得超过 3mm。

4. 管道连接

(1) 管螺纹连接　管螺纹连接时，一般均加填料，填料的种类有铅油麻丝、铅油、聚四氟乙烯生料带和一氧化铅甘油调合剂等几种。可根据介质的种类进行选择。螺纹加工和连接的方法要正确。不论是手工或机械加工，加工后的管螺纹都应端正、清楚、完整、光滑。断丝和缺丝总长不得超过全螺纹长度的 10%。

管螺纹连接要点：螺纹连接时，应在管端螺纹外面敷上填料，用手拧入 2～3 扣，再用管子钳一次装紧，不得倒回。装紧后应留有螺尾；管道连接后，应把挤到螺栓外面的填料清除掉。填料不得挤入管道，以免阻塞管路；一氧化铅与甘油混合后，需在 10min 内完成，否则就会硬化，不得再用。各种填料在螺纹里只能使用一次，若螺纹拆卸，重新装紧时，应更换新填料。螺纹连接应选用合适的管钳，不得在管子钳的手柄上加套管增长手柄来拧紧管子。

（2）法兰连接

1）在较大管径的管道上（50mm 以上），常将法兰盘焊接或用螺纹连接在管端，再以螺栓连接之。法兰连接一般用在连接闸门、止回阀、水泵、水表等处，以及需要经常拆卸、检修的管段上。

2）法兰的各部分加工尺寸应符合标准或设计要求，法兰表面应光滑，不得有砂眼、裂纹、斑点、毛刺等降低法兰强度和连接可靠性的缺陷。法兰垫片是成品件时应检查核实其材质，尺寸应符合标准和设计要求，软垫片质地柔韧，无老化变质现象，表面不应有折损皱纹缺陷，法兰垫片无成品件时，应现场根据需要自行加工，加工方法有手工剪制和工具切割两种。手工剪制时，常剪成手柄式，以便安装调整垫片位置。螺栓及螺母的螺纹应完整，无伤痕、毛刺等缺陷，螺栓、螺母应配合良好、无松动和卡涩现象。

3）法兰与管子组装前对管子端面应进行检查，管口端面倾斜尺寸不得小于 1.5mm；法兰与管子组装时要用角尺检查法兰的垂直度，法兰连接的平行度偏差尺寸当设计无明确规定时，则不应大于法兰外径的 1.5mm，且不应大于 2mm；法兰与法兰对接时，密封面应保平衡，见表 3-4。

表 3-4　法兰密封面的平行度及平行度允许偏差值　(mm)

法兰公称直径 DN	在下列标称压力下的允许偏差（最大间隙－最小间隙）		
	P_N<1.6MPa	1.6≤P_N≤6.0MPa	P_N>0.6MPa
≤100	0.2	0.10	0.05
>100	0.3	0.15	0.06

4）为了便于装拆法兰紧固螺栓，法兰平面距支架和墙面的距离不应小于 200mm；拧紧螺栓时应对称成十字交叉进行，以保障垫片各处受力均匀，拧紧后螺栓露出丝扣的长度不应大于螺栓直径的一半，也不应小于 2mm。

（3）承插连接　承插连接方法与室外大口径管道相同，主要接口有以下几种：铅接口、石棉水泥接口、沥青水泥砂浆接口、膨胀性填料接口、水泥砂浆接口等。

给水铸铁管的承插连接是在承口与插口的间隙内加填料，使之密实。并达到一定的强度，以达到密封压力介质为目的。承插口填料分为两层，内层用油麻或胶圈，外层用石棉水泥接口或自应力水泥砂浆接口或石膏氧化钙水泥接口或青铅接口内层填料的操作方法，承插口的内层填料使用油麻或胶圈。将油麻拧成直径为接口间隙 1.5 倍的麻辫，其长度应比管外径周长长 100～150mm，油麻辫同接口下方开始逐渐塞入承插口间隙内，且每圈首尾搭接 50～100mm，一般嵌塞油麻辫两圈，并依次用麻凿打实，填麻深度约为承口深度的 1/3；当管径大于或等于 300mm 时，可用胶圈代替油麻，操作时可由下而上逐渐用捻凿贴插口壁把胶圈打入承口内，在此之前，宜把胶圈均匀滚动到承口内水线处，然后分2～3 次使其到位。对于有凸台的管端（砂型铸铁管），胶圈应捻至凸台处，对于无凸台的插口（连续铸铁管），胶圈应捻至距边缘 10～20mm 处，捻入胶圈时应使其均匀滚动到位，防止扭曲或产生“麻花”、疙瘩。当采用青铅接口时，为防止高温液态钻把胶圈烫坏，必须在捻入胶圈后再捻打 1～2 圈油麻。

（4）铜管焊接　在安装过程中，应轻拿轻放，防止碰撞及表面被硬物划伤。

弯管的管口至起弯点的距离应不小于管径，且不小于 30mm。采用螺纹连接时，螺纹应涂石墨甘油。法兰连接时，垫片采用橡胶制品等软垫片。采用翻边松套法兰连接时，应保持同轴。*DN*≤50mm 时，其偏差≤1mm；*DN*>50mm 时，其偏差≤2mm。除此之外，还应遵循镀锌钢管安装的有关规定。

铜管焊接时，在焊前必须清除焊丝表面和焊件坡口两侧约 30mm 范围内的油污、水分、氧化物及其他杂物。常用汽油或乙醇擦拭。焊丝清洗后，置于含硝酸 35%～40%或含硫酸 10%～15%的水溶液中，浸蚀 2～3min 后用钢丝刷清除氧化皮，并露出金属光泽。

坡口制备时，当 $\delta<3$mm 时，采用卷边接头，卷口高度 1.5～2mm；当$\delta>3$～6mm 时，纯铜可不开坡口，当 $\delta>6$mm 时，采用 V 形坡口；当 $\delta\geqslant14$mm 时，采用 U 形坡口或 X 形坡口。

5. 管道布置

(1) 管位确定　先了解和确定干管的标高、位置、坡度、管径等，正确地按图纸（或标准图）要求几何尺寸制作并埋好支架或挖好地沟。待支架牢固（或地沟开挖合格）后，就可以安装。立管用线坠吊挂在立管的位置上，用“粉囊”（灰线包）在墙面上弹出垂直线，依次埋好立管卡。

凡正式建筑物的管道支架和固定不准再使用钩钉。

(2) 引入管的布置　建筑物给水引入管，应从靠近用水量最大或不允许间断供水的地方引入，这样可使大口径管道最短，供水较可靠。如室内用水点分布较均匀，则从建筑物的中部引入，以利于水压平衡。

布置引入管时，应考虑水表的安装位置，如水表设在室外，需设置水表井。在寒冷地区还需考虑引入管和水表的防冻措施，且要考虑不受污染，不易受损坏。引入管与其他管道应保持一定的距离，如与室内污水排出管平行敷设，其外壁水平间距不小于 1.0m；如与电缆平行敷设，其间距不小于 0.75m。

如建筑物内不允许中断供水，可设两根引入管，而且应由室外环形管网的不同侧引入。若不可能，也可由同侧引入，但两根引入管的间距应在 10m 以上，并在两接点间安装一个闸门，以便当一面管道损坏时，关闭闸门后，另一面仍可继续供水。

引入管穿过承重墙或基础时，应预留孔洞，其尺寸见表 3-5。管顶上部净空不得小于建筑物的沉降量，一般不小于 0.1m；当沉降量较大时，应由结构设计人员提交资料决定。图 3-2 为引入管穿过带形基础剖面图。当引入管穿过地下室或地下构筑物的墙壁时，应采取防水措施，如图3-3所示。

表 3-5　引入管穿过承重墙基础预留孔洞尺寸规格　(mm)

管　径	≤50	50～100	125～150
孔洞尺寸	200×200	300×300	400×400

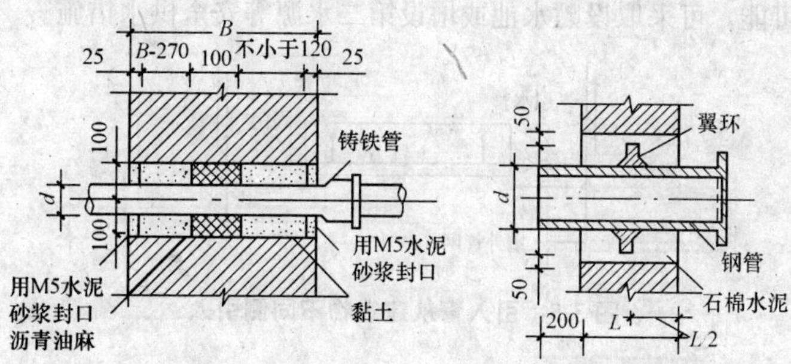

图 3-2　引入管穿过带形基础剖面图

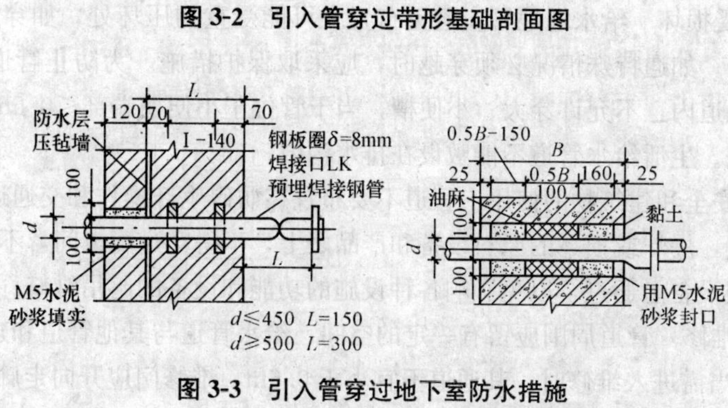

图 3-3　引入管穿过地下室防水措施

引入管的敷设深度要根据土壤冰冻土深度及地面负荷情况决定。通常敷设在冰冻线以下20cm，覆土不小于0.7～1.0m深度。

图3-4为引入管穿越砖墙基础的剖面图，孔洞与管道的空隙应用油麻、黏土填实，外抹M5级水泥砂浆，以防雨水渗入。

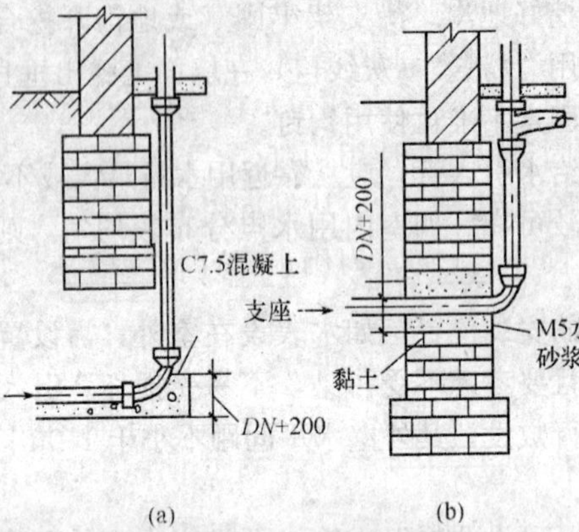

图3-4　引入管穿越墙基础图

（a）浅基础；（b）深基础

（3）室内给水管道的布置　给水管道的布置受建筑结构、用水要求、配水点和室外给水管道的位置以及其他设备工程管线位置等因素的影响。进行管道布置时，不但要处理和协调好与各种相关因素的关系，还应符合以下基本要求。

1）确保供水安全和良好的水力条件，力求经济合理　管道尽可能与墙、梁、柱平行，呈直线走向，宜采用枝状布置力求管线简短，以减小工程量，降低造价。不允许间断供水的建筑，应从室外环状管网不同管段设2条或2条以上引入管，在室内将管道连成环状或贯通树枝状进行双向供水如图3-5，若无可能，可采取设贮水池或增设第二水源等安全供水措施。

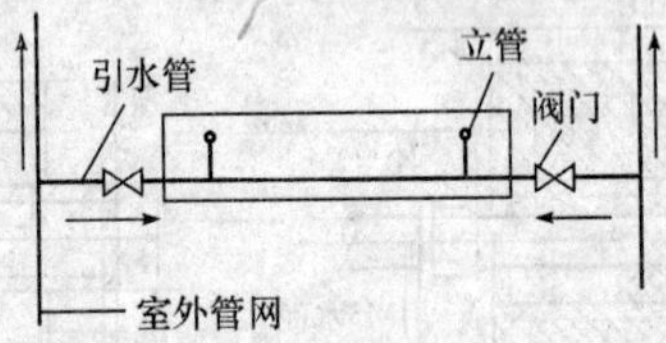

图3-5　引入管从建筑物不同侧引入

2）保护管道不受损坏　给水埋地管应避免布置在可能受重物压坏处，如穿过生产设备基础、伸缩缝、沉降缝等处。如遇特殊情况必须穿越时，应采取保护措施。为防止管道腐蚀，给水管不允许布置在烟道、风道内，不允许穿大、小便槽，当干管位于小便槽端部≤0.5m时，在小便槽端部应有建筑隔断措施。生活给水管道不能敷设在排水沟内。

3）不影响生产安全和建筑物的使用　管道不要布置在妨碍生产操作和交通运输处，也不要布置在遇水易引起燃烧，爆炸或损坏的原料设备和产品之上，不得穿过配电间，不宜穿过橱窗壁柜，吊柜等设施和从机械设备上通过，以免影响各种设施的功能和设备的起吊维修。

4）利于安装、维修　管道周围应留有一定的空间，给水管道与其他管道和建筑结构的最小净距见表3-6。管道井当需进入维修时，其通道不宜小于0.6m，维修门应开向走廊。

表 3-6　给水管与其他管道和建筑结构之间的最小净距　(mm)

给水管道名称		室内墙面	地沟壁和其他管道	梁、柱、设备	排水管		说　明
					水平净距	垂直净距	
引入管					1000	150	在排水管上方
横干管		100	100	50 此处无焊缝	500	150	在排水管上方
立管	管径						
立管	<32	25					
立管	32～50	35					
立管	75～100	50					
立管	125～150	60					

管线布置主要有两种形式：水平干管沿建筑内高层（各区高层）顶棚布置，由上向下供水的称上行下给式；水平干管埋地或布置在建筑内地下室中，底层（各区底层）走廊内由下往上供水的称上行上给式。同一栋建筑其管线布置也可兼有以上两种形式。

给水横管宜有 0.002～0.005 的坡度坡向泄水装置。

室内给水管道与排水管道平行埋设和交叉埋设时，管外壁的最小距离分别为 0.5m 和 0.15m。交叉埋设时，给水管应布置在排水管上面；当地下管道较多，敷设有困难时，可在给水管道外面加设套管，再由排水管下面通过。

给水管道可与其他管道同沟或共架敷设，但给水管应布置在排水管、冷冻管上面，热水管或蒸气管的下面。给水管道不宜与输送易燃易爆或有害的气体及液体的管道同沟敷设。

6. **管道安装**

(1) 管道支架安装

1) 管道支架、支座的制作应按照图样要求进行施工，代用材料应取得设计者同意；支吊架的受力部件，如横梁、吊杆及螺栓等的规格应符合设计及有关技术标准的规定；管道支吊架、支座及零件的焊接应遵守结构件焊接工艺。焊缝高度不应小于焊件最小厚度，并不得有漏焊、结渣或焊缝裂纹等缺陷，制作合格的支吊架，应进行防腐处理和妥善保管。

2) 管道支架的放线定位。首先根据设计要求定出固定支架和补偿器的位置；根据管道设计标高，把同一水平面直管段的两端支架位置画在墙上或柱上。根据两点间的距离和坡度大小，算出两点间的高度差，标在末端支架位置上；在两高差点拉一根直线，按照支架的间距在墙上或柱上标出每个支架位置。如果土建施工时，在墙上如预留有支架孔洞或在钢筋混凝土构件上预埋了焊接支架的钢板，应采用上述方法进行拉线校正，然后标出支架实际安装位置。

3) 管道支架安装方法：支架结构多为标准设计，可按国标图集《给水排水标准图集》S161要求集中预制。现场安装中，托架安装工序较为复杂。结合实际情况可用栽埋法、膨胀螺栓法、射钉法、预埋焊接法、抱柱法安装。

(2) 干管安装　室内给水管一般分下供埋地式（由室外进到室内各立管）和上供架空式（由顶层水箱引至室内各立管）两种。

1) 埋地式（下供）干管安装　首先确定干管的位置、标高、管径等，正确地按设计图纸规定的位置开挖土（石）方至所需深度，若未留墙洞，则需要按图纸的标高和位置在工作面上划好打眼位置的十字线，然后打洞；十字线的长度应大于孔径，以便打洞后按剩余线迹来检验所定管道的位置正确与否。埋地总管一般应坡向室外，以保证检查维修时能排尽管内余水。

给水引入管与排水排出管的水平净距不得小于1m；室内给水管与排水管平行铺设时，两管间的最小水平净距为500mm。交叉铺设时，垂直净距150mm，给水管应铺设在排水管上方，如给水管必须铺设在排水管下方时应加套管，套管长度不应小于排水管径的3倍。

对埋地镀锌钢管被破坏的镀锌表层及管螺纹露出部分的防腐，可采用涂铅油或防锈漆的方法；对于镀锌钢管大面积表面破损则应调换管子或与非镀锌钢管一样，按三油两布的方法进行防腐处理。

2）架空式干管安装　首先确定干管的位置、标高、管径、坡度、坡向等，正确地按图示位置、间距和标高确定支架的安装位置，在应栽支架的部位画出长度大于孔径的十字线，然后打洞栽支架。

干管安装，一般在支架安装完毕后进行。可先在主干管中心线上定出各分支主管的位置，标出主管的中心线，然后将各主管间的管段长度测量记录并在地面进行预制和预组装（组装长度应以方便吊装为宜），预制时同一方向的主管头子应保证在同一直线上，且管道的变径应在分出支管之后进行。组装好的管子，应在地面进行检查，若有歪斜曲扭，则应进行调直。

上管时，应将管道滚落在支架上，随即用预先准备好的U形卡将管子固定，防止管道滚落伤人。干管安装后，还应进行最后的校正调直，保证整根管子水平面和垂直面都在同一直线上并最后固定牢。

（3）立管安装　首先根据图纸要求或给水配件及卫生器具的种类确定支管的高度，在墙面上画出横线，再用线坠吊在立管的位置上，在墙上弹出或画出垂直线，并根据立管卡的高度在垂直线上确定出立管卡的位置并画好横线，然后再根据所画横线和垂直线的交点打洞栽卡。立管的管卡的安装，当层高小于或等于5m时，每层须安装一个；当层高大于5m时，每层不得少于两个；管卡的安装高度，应距地面1.5～1.8m；两个以上的管卡应均匀安装，成排管道或同一房间的立管卡和阀门等的安装高度应保持一致。

管卡栽好后，再根据干管和支管横线，测出各立管的实际尺寸进行编号记录，在地面统一进行预制和组装，在检查和调直后方可进行安装。上立管时，应两人配合，一人在下端托管，一人在上端上管，上到一定程度时，要注意下面支管头方向，以防支管头偏差或过头。上好的立管要进行最后检查，保证垂直度（允许偏差：每米4mm，10m以上不大于30mm）和离墙距离，使其正面和侧面都在同一垂直线上。最后把管卡收紧，或用螺栓固定于立管上。

竖井内立管安装的卡件宜在管井口设置型钢，上下统一吊线安装卡件。安装在墙内的立管应在结构施工中预留管槽，立管安装后吊直找正，用卡件固定。支管的甩口应露明并加好临时丝堵。

（4）支管安装

1）支管明装　安装支管前，先按立管上预留的管口在墙面上画出（或弹出）水平支管安装位置的横线，并在横线上按图纸要求画出各分支线或给水配件的位置中心线，再根据横线中心线测出各支管的实际尺寸进行编号记录，根据记录尺寸进行预制和组装（组装长度以方便上管为宜），检查调直后进行安装。

给水立管和装有3个或3个以上配水点的支管始端，以及给水闸阀后面按水流方向均应设置可装拆的连接件（油任）。

2）支管暗装　确定支管高度后画线定位，剔出管槽，将预制好的支管敷在槽内，找平、找正定位后用勾钉固定。卫生器具的冷热水预留口要做在明处，加好丝堵。

7. 管道水压试压

室内管道安装完毕即可进行试压，试验压力不小于0.6MPa。生活饮用水和生产、消防合用的管道，试验压力为工作压力的1.5倍，但不得超过1MPa。减压时应注意以下几点：

（1）试压时一定要排尽空气，若管线过长可在最高处（多处）排空。

(2) 若自来水等于或大于试验压力时，可只开闭阀1、阀3进行。

(3) 试压时，应保证阀2（压力表阀）呈开启状态，直至试压完毕。

(4) 试压时，如发现螺纹或零件有小的渗漏，可上紧至不漏为合格，如有大漏需要更换零件时，则应将水排除后再进行修理。

(5) 若气温低于5℃，则应采取防冻措施。试压合格后，应将系统内的存水排除干净。

8. 管道系统吹洗

(1) 由给水入户管控制阀的前面，接上临时水源，向系统供水。

(2) 关闭其他立支管控制阀门，只开启干管末端最底层的阀门，由底层放水并引至排水系统。

(3) 临时供水，启动增压泵加压，由专人观察出水口处水质变化。必须符合下列规定，出水口处的管径载面不得小于被吹洗管径截面的3/5，即出水口管径只能比吹洗管的管径小1号。如果出口管径截面大，出水流速低，无吹洗力；出水口的管径截面过小，出水流速太大，不便观察和排除杂质、污物。出口的水色和透明度与入口处目测水色一致为合格。如设计无规定，出水口流速不小于1.5m/s。

(4) 底层主干管吹洗合格后，再依工艺流程顺序吹洗其他各干、立、支管，直至全系统管路吹洗完毕为止。

(5) 吹洗后，如实填写吹洗记录存档。

(6) 仪表及器具件复位，将拆下的部件等复位。

(7) 检查验收，检查系统与设计图应一致。验收、签字。

技能要点3：室内给水设备安装

1. 水箱的安装

水箱的安装高度与建筑物高度、配水管道长度、管径及设计流量有关。水箱的安装高度应满足建筑物内最不利配水点所需的流出水头，并经管道的水力计算确定。根据构造上要求，水箱底距顶层板面的高度最小不得小于0.4m。

当水箱利用管网压力进水时，其进水管上应装设浮球阀，安装要求如图3-6所示。图中进、出水管和溢水管也可以从底部进出水箱；出水管管口应高出水箱内底100mm。

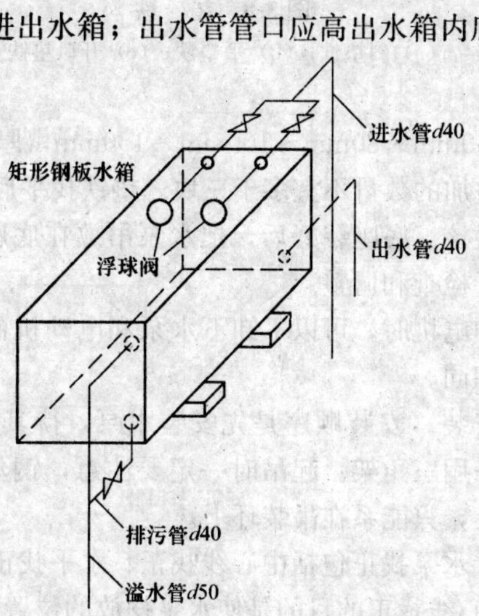

图3-6　水箱管道安装示意图

溢水管由水箱壁到与泄水管相连接处的管段的管径，一般应比进水管大1～2号，与泄水管合并后可用与进水管相同的管径。由底部进入的溢水管管口应做成喇叭口，喇叭口的上口应高出最高水位20mm。溢水管上不得设任何阀门，与排水系统相接处应做空气隔断和水封装置，如图3-7所示。

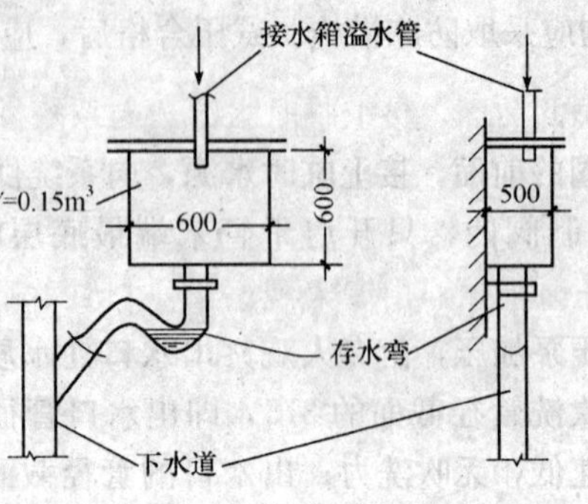

图3-7 溢水管空气隔断及水封装置

2. 水泵安装

（1）带底座水泵的安装 安装带底座的小型水泵时，先在基础面和底座面上划出水泵中心线，然后将底座吊装在基础上，套上地脚螺栓和螺母，调整底座位置，使底座上的中心线和基础上的中心线一致，然后用水平仪在底座加工面上检查是否水平。不水平时，可在底座下承垫垫铁找平。垫铁的种类如图3-8所示。

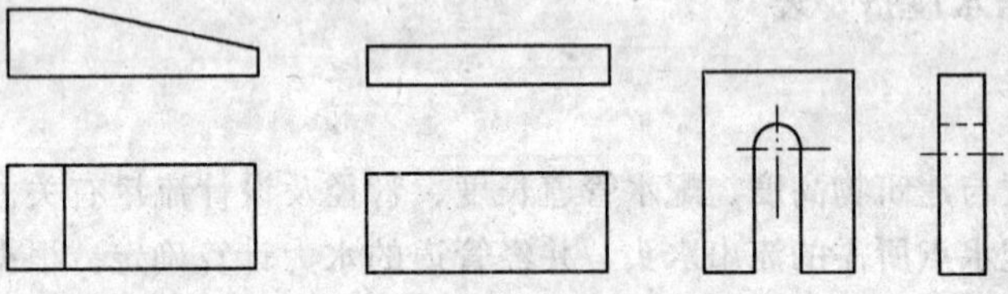

(a) (b) (c)

图3-8 垫 铁

（a）斜垫铁；（b）平垫铁；（c）开口垫铁

垫铁的平面尺寸一般为60mm×80mm～100mm×150mm，厚度为1～20mm。垫铁一般放置在底座的四个角下面，每处叠加的数量不宜多于三块。垫铁找平后，拧紧设备地脚螺栓上的螺母，并对底座水平度再进行一次复核。底座装好后，把水泵吊放在底座上，并对水泵的轴线、进出水口中心线和水泵的水平度进行检查和调整。

如果底座上已装有水泵和电机时，可以不卸下水泵和电动机而直接进行安装，其安装方法与无共用底座水泵的安装方法相同。

（2）无共用底座水泵的安装 安装顺序是先安装水泵，待其位置与进出水管的位置找正后，再安装电动机。吊装水泵可采用三角架。起吊时一定要注意，钢丝绳不能系在泵体上，也不能系在轴承架上，更不能系在轴上，只能系在吊装环上。

水泵就位后应进行找正。水泵找正包括中心线找正、水平找正和标高找正。

1）中心线找正：水泵中心线找正的目的是使水泵摆放的位置正确，不歪斜。找正时，用墨线在基础表面弹出水泵的纵横中心线，然后在水泵的进水口中心和轴的中心分别用线坠吊垂线，移动水泵，使线锤尖和基础表面的纵横中心线相交。

2）水平找正：水平找正可用水准仪或 0.1～0.3mm/m 精度的水平尺测量。小型水泵一般用水平尺测量。操作时，把水平尺放在水泵轴上测其轴向水平，调整水泵的轴向位置，使水平尺气泡居中，误差不应超过 0.1mm/m，然后把水平尺平行靠在水泵进出水口法兰的垂直面上，测其径向水平。

大型水泵找水平可用水准仪或吊垂线法进行测量。吊垂线法是将垂线从水泵进出口吊下，如用钢板尺测出法兰面距垂线的距离上下相等，即为水平；若不相等，说明水泵不水平，应进行调整，直到上下相等为止。

3）标高找正：标高找正的目的是检查水泵轴中心线的高程是否与设计要求的安装高程相符，以保证水泵能在允许的吸水高度内工作。标高找正可用水准仪测量；小型水泵也可用钢板尺直接测量。

水泵找正找平后，方可向地脚螺栓孔和基础与水泵底座之间的空隙内灌注水泥砂浆。待水泥砂浆凝固后再拧紧地脚螺栓，并对水泵的位置和水平进行复查，以免水泵在二次灌浆或拧紧地脚螺栓过程中发生移动。

（3）电动机安装　安装电动机时以水泵为基准，将电动机轴中心调整到与水泵的轴中心线在同一条直线上。通常是靠测量水泵与电动机连接处两个联轴器的相对位置来完成，即把两个联轴器调整到既同心又相互平行。调整时，两联轴器间的轴向间隙，应符合下列要求：

小型水泵（吸入口径在 300mm 以下）间隙为 2～4mm。

中型水泵（吸入口径 350～500mm）间隙为 4～6mm。

大型水泵（吸入口径在 600mm 以上）间隙为 4～8mm。

两联轴器的轴向间隙，可用塞尺在联轴器间的上下左右四点测得；塞尺片最薄为 0.03～0.05mm。各处间隙相等，表示两联轴器平行。测定径向间隙时，可把直角尺一边靠在联轴器上，并沿轮缘圆周移动。如直角尺各点都和两个轮缘的表面靠紧，则表示联轴器同心。

电动机找正后，拧紧地脚螺栓和联轴器的连接螺栓，水泵机组即安装完毕。

（4）水泵在安装过程中，应同时填写“水泵安装记录”。

3. 水表安装

水表的安装地点应选择在查看管理方便、不受冻不受污染和不易损坏的地方，分户水表一般安装在室内给水横管上，住宅建筑总水表安装在室外水表井中，南方多雨地区亦可在地上安装。

技能要点 4：室内消防系统安装

（1）消防系统所用的管材、喷头、报警阀、水力警铃、水流指示器及供水设备的材质、规格、型号应符合设计要求及国家现行标准，并且应具有产品质量合格证及商标。

（2）消防系统所用的设备及组成配件外观检查应无裂纹、缩孔、夹渣、折叠和重皮及加工缺陷。喷头、报警阀、压力开关、水流指器等主要组件，应经国家消防产品质量监督检验中心检测合格。

（3）室内消防管道安装前，应先清理内部杂物，并作防腐处理。当管子公称直径 $DN \leqslant 100$mm时，采用螺纹连接；当管子公称直径 $DN > 100$mm 时，采用法兰连接或焊接连接。连接后不能减小管道通水横截面面积。

（4）管道的支、吊架、防晃支架的型式、位置、材质、加工尺寸及焊接质量应符合国家现行标准规定，且不能妨碍喷头效果。

（5）水平管道宜设 0.002～0.005 的坡度，坡向排水管。配水干管及配水支管应做出红色或红色圈标志。

（6）喷头安装应在系统冲洗、试压合格后进行；且应采用专用的弯头、三通；安装时，不能对喷头拆装、改变及加涂任何装饰性的涂层。闭式喷头安装前应进行严密性试验，以无渗漏、无损伤为合格。当喷头直径小于 10mm 时，应在配水管上加过滤器；当喷头位于易损伤处时，应加喷头防护罩。

（7）报警信号阀安装时应先安装水源控制阀、报警阀，然后再进行报警阀辅助管道的连接。水源控制阀、报警阀与配水干管的连接，应使水流方向一致。压力表应安装在便于观察的位置；排水管和试验阀应安装在便于操作的位置；水源控制阀应安装在便于操作位置，且应有明显开启标志和可靠的锁定设施。

（8）湿式报警阀前后管道中能顺利充满水，压力波动时，水力警铃不应发生误报警。报警水流通道上过滤器应安装在延迟器前，而且便于排渣操作的位置。

（9）干式报警阀组应安装在不发生冰冻的位置；安装完后，应向报警阀气室内注入高度为50～100mm的清水；充气连接管接口应在报警阀气室充注水位以上部位，且直径$DN \geqslant 15mm$；止回阀、截止阀应安装在充气连接管上。安全阀应安装在气源与报警阀之间，且应靠近报警阀。加速排气装置应安装在靠近报警阀的位置，且应有防水进入的措施。低气压预报警装置应安装在配水干管一侧。在报警阀充气一侧和充水一侧，空气压缩机的气泵和贮气罐上及加速排气装置上均应安装压力表。

（10）雨淋阀组的电动开启、传导开启或手动开启的阀组，其传导管的安装应按湿式系统有关要求进行。开启控制装置的安装应安全可靠；预作用系统雨淋阀组后的管道若需充气，其安装应按干式报警阀组有关要求进行；雨淋阀组的观测仪表及操作阀门的安装位置应符合设计要求，并应便于观测和操作；雨淋阀组手动开启装置的安装位置应符合设计要求，且在发生火灾时应能安全开启和便于操作；压力表应安装在雨淋阀的水源一侧。

（11）水力警铃应安装在公共通道或值班室附近的外墙上，且应安装检修、测试用的阀门。水力警铃和报警阀的连接应采用镀锌钢管。当镀锌钢管的公称直径为15mm时，其长度不应大于6m；当镀锌钢管的公称直径为20mm时，其长度不应大于20m；安装后的水力警铃启动压力不应小于0.05MPa。

（12）水流指示器的安装应在管道试压和冲洗合格后进行。水流指示器的规格、型号应符合设计要求；水流指示器应竖直安装在水平管道上侧，其动作方向应和水流方向一致；安装后的水流指示器的桨片、膜片应动作灵活，不应与管壁发生碰擦。

（13）信号阀应安装在水流指示器前的管道上，与水流指示器之间的距离不应小于300mm。

（14）排气阀的安装应在系统管网试压和冲洗合格后进行；排气阀应安装在配水干管顶部，配水管的末端，且应确保无渗漏。

（15）控制阀的规格、型号和安装位置均应符合设计要求；安装方向应正确，控制阀内应清洁、无堵塞、无渗漏；主要控制阀应加设启闭标志；隐蔽处的控制阀应在明显处设有指示其位置的标志。

（16）节流装置应安装在公称直径不小于50mm的水平管段上；减压孔板应安装在管道内水流转弯处下游一侧的直管上，且与转弯处的距离不应小于管子公称直径的2倍。

（17）压力开关应竖直安装在通往水力警铃的管道上，且不应在安装中拆装改动。

（18）消防系统管道安装完毕后应进行强度试验和严密性试验　对于不能参与试压的设备、仪表、阀件及附件应加以隔离或拆除。强度试验及严密性试验应用水进行。干式喷水灭火系统及预作用喷水灭火系统应做水压试验和气压试验，气压试验采用空气或氮气。水压试验及气压试验的试验压力应符合设计要求或规范规定。

（19）管网试压合后应进行水冲洗　冲洗时，管网内水流方向应与灭火时水流方向一致。冲洗完毕后，应将水排放干净，必要时用压缩空气吹扫。

（20）消防系统安装完毕后，应进行系统调试　调试应在供电、供水正常及报警系统处于工作状态下进行。调试时，应对水源、供水设备、稳压设备、报警阀、排水装置、联动装置全面进行调整试验，以达到设计要求为合格。

技能图解 22　室内排水系统安装

技能结构框线图

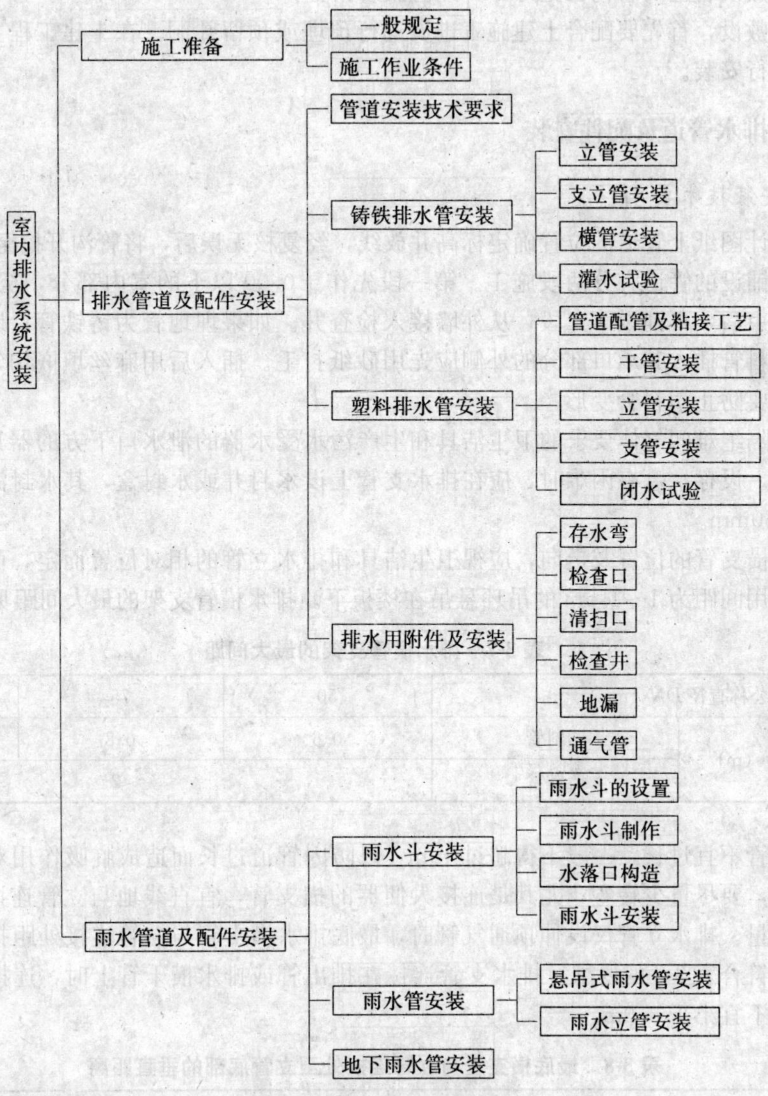

图 3-9　室内排水系统安装

技能要点 1：施工准备

1. 施工一般规定

(1) 生活污水管道应使用塑料管、铸铁管或混凝土管（由成组洗脸盆或饮用喷水器到共用水封之间的排水管和连接卫生器具的排水短管，可使用钢管）。

(2) 雨水管道宜使用塑料管、铸铁管、镀锌和非镀锌钢管或混凝土管等。

(3) 悬吊式雨水管道应选用钢管、铸铁管或塑料管。易受振动的雨水管道（如锻造车间等）应使用钢管。

2. 施工作业条件

（1）根据设计图纸编制的管材、管件、辅料计划均已按质量要求备齐。

（2）应该作防腐处理的管材及管件已经完成，并可以安装。

（3）室内下水管道和管件按设计图纸和建筑物结构实况先进行实物排列，经核实各部位标高、位置、甩口尺寸以及与其他管道间距确实准确无误。

（4）埋地敷设管道的管沟已挖好，并经验收合格。

（5）明管敷设，首先要配合土建施工进展进行预埋或预留孔洞。在土建工程主体结构已基本完成时，可进行安装。

技能要点 2：排水管道及配件安装

1. 管道安装技术要求

（1）按设计图纸上管道的位置确定标高并放线，经复核无误后，将管沟开挖至设计深度。

（2）埋地铺设的管道宜分两段施工。第一段先作±0.00 以下的室内部分，至伸出外墙为止。待土建施工结束后，再铺设第二段，从外墙接入检查井。如果埋地管为铸铁管，地面以上为塑料管时，底层塑料管插入其承口部分的外侧应先用砂纸打毛。插入后用麻丝填嵌均匀，以石棉水泥捻口。操作时要防止塑料管变形。

（3）凡有隔绝难闻气体要求的卫生洁具和生产污水受水器的泄水口下方的器具排水管上，均需设置存水弯。设存水弯有困难时，应在排水支管上设水封井或水封盒，其水封深度应分别不小于 100mm 和 50mm。

（4）排水横支管的位置及走向，应视卫生洁具和排水立管的相对位置而定，可以沿墙敷设在地板上，也可用间距为 1～1.5m 的吊环悬吊在楼板下。排水横管支架的最大间距见表 3-7。

表 3-7　排水横管支架的最大间距

公称直径 DN（mm）		50	75	100
支架最大间距（m）	塑料管	0.6	0.8	1.0
	铸铁管	≤2		

排水横支管不宜过长，一般不得超过 10m，以防因管道过长而造成虹吸作用对卫生洁具水封的破坏；同时，要尽量少转弯，尤其是连接大便器的横支管，宜直线地与立管连接，以减少阻塞及清扫口的数量。排水立管仅设伸顶通气管时，最底排水横支管与立管连接处距排水立管管底的垂直距离，应符合表 3-8 的要求。排水支管连接在排出管或排水横干管上时，连接点距立管底部的水平距离，不宜小于 3.0m。

表 3-8　最底横支管与立管连接处至立管底部的垂直距离

立管连接卫生器具的层数（层）	垂直距离（m）
≤4	0.45
5～6	0.75
7～19	3.00
≥20	6.00

（5）按各受水口位置及管道走向进行测量，绘制实测小样图并详细注明尺寸。

（6）埋地管道的管沟，应底面平整，无突出的尖硬物；对塑料管一般可做 100～150mm 砂垫层，垫层宽度应不小于管径的 2.5 倍，坡度与管道坡度相同。

（7）清除管道及管件承口、插口的污物，铸铁管有沥青防腐层者要用气焊设备（或喷灯）将防腐层烤掉。

(8) 在管沟内安装的要按图纸和管材、管件的尺寸，先将承插口、三通、阀门等位置确定，并挖好操作坑；如管线较长，可逐段定位。

(9) 排水管安装，一般为承插管道接口，即以麻丝（用线麻在5%的30号石油沥青、95%的汽油溶剂中浸泡后风干而成）填充，用水泥或石棉水泥打口（捻口），不得用一般水泥砂浆抹口。

(10) 地面上的管道安装：按管道系统和卫生设备的设计位置，结合设备排水口的尺寸与排水管管口施工要求，在墙柱和楼地面上划出管道中心线，并确定排水管道预留管口坐标，作出标记。

(11) 按管道走向及各管段的中心线标记进行测量，绘制实测小样图，详细注明尺寸。管道距墙柱尺寸为立管承口外侧与饰面的距离应控制在20～50mm之间。

(12) 按实测小样图选定合格的管材和管件，进行配管和断管。预制的管段配制完成后，应按小样图核对节点间尺寸及管件接口朝向。

(13) 排水立管宜靠近杂质最多、最脏和排水量最大的卫生洁具设置，以减少管道堵塞的机会，并尽量使各层对应的卫生洁具中的污水借同一立管排出。排水立管一般不允许转弯，当上下层位置错开时，宜用乙字管或两个45°弯头连接；错开位置较大时，也可有一段不太长的水平管段。

立管管壁与墙、柱等表面应有35～50mm的安装净距。立管穿楼板时，应加段套管，对于现浇楼板应预留孔洞或镶入套管，其孔洞尺寸较管径大50～100mm。

立管的固定常采用管卡，管卡的间距不得超过3m，但每层必须设一个管卡，宜设于立管接头处。为了便于管道清通，排水立管上应设检查口，其间距不宜大于10m；若采用机械疏通时，立管检查口的间距可达15m。

(14) 选定的支承件和固定支架的形式应符合设计要求。吊钩或卡箍应固定在承重结构上。

铸铁管的固定间距：横管不得大于2m，立管不得大于3m；层高小于或等于4m，立管可安设一个固定件，立管底部的弯管处应设支墩。

塑料管支承件的间距：立管外径为50mm的应不大于1.5m；外径为75mm及以上的应不大于2m。横管应不大于表3-9中的规定。

表3-9 塑料横管支承件的间距 (mm)

外 径	40	50	75	110	160
间 距	400	500	750	1100	1600

(15) 将材料和预制管段运至安装地点，按预留管口位置及管道中心线，依次安装管道和伸缩节（塑料管），并连接各管口。管道安装一般自下向上分层进行，先安装立管，后横管，连续施工。

(16) 为了保证水流畅通，排水横干管要尽量少转弯，横干管与排出管之间、排出管与其同一检查井内的室外排水管之间的水流方向的夹角不得小于90°；当跌落差大于0.3m时，可以不受此限制。排出管与室外排水管连接时，其管顶标高不得低于室外排水管管顶标高，以利于排水。

(17) 排出管及排水横干管在穿越建筑物承重墙或基础时，要预留孔洞，其管顶上部的净空高度不得小于房屋的沉降量，并且不小于0.15m。排出管穿过地下室外墙或地下构筑物的墙壁外，应采取防水措施。高层建筑的排出管，应采取有效的防沉降措施。

2. 铸铁排水管安装

(1) 立管安装

1) 根据施工图校对预留管洞尺寸有无差错，如系预制混凝土楼板则需剔凿楼板洞，应按位置画好标记，对准标记剔凿。如需断筋，必须征得土建单位有关人员同意，按规定要求处理。

2）立管检查口设置按设计要求。如排水支管设在吊顶内，应在每层立管上均装检查口，以便做闭水试验。

3）立管支架在核查预留洞孔无误后，用吊线锤及水平尺找出各支架位置尺寸，统一编号进行加工，同时在安装支架位置进行编号以便支架安装时，能按编号进行就位，支架安装完毕后进行下道工序。

4）安装立管须两人上下配合，一人在上一层楼板上，由管洞内投下一个绳头，下面一人将预制好的立管上半部拴牢，上拉下托将立管下部插口插入下层管承口内。

5）立管插入承口后，下层的人把甩口及立管检查口方向找正，上层的人用木楔将管在楼板洞处临时卡牢，打麻、吊直、捻灰。复查立管垂直度，将立管临时固定卡牢。

6）立管安装完毕后，配合土建用不低于楼板强度的混凝土将洞灌满堵实，并拆除临时固定。高层建筑或管井内，应按照设计要求设置固定支架，同时检查支架及管卡是否全部安装完毕并固定。

7）高层建筑管道立管应严格按设计装设补偿装置。

8）高层建筑采用辅助透气管，可采用辅助透气异型管件。

（2）支立管安装

1）安装支立管前，应先按卫生器具和排水设备附件的种类及规格型号，检查预留孔洞的位置尺寸是否符合图纸和规范要求；如不符合，则应进行清洗和扩孔，直至符合要求。先在地面上按正确尺寸画出大于管径的十字线，修好孔洞后，可按此十字线中心尺寸配制支立管。若上层墙面和下层墙面在同一平面内时，可直接按标准图尺寸配制支立管。若上下墙面不在一平面或无法确定时，则应进行实际测量，按实际尺寸进行配制。

2）在配制支立管时，要和土建密切配合，并按卫生器具的种类增加或减少一定数量的尺寸。如地漏应低于地面5～10mm，坐式大便器落水口处的铸铁管应高出地面 10mm 等。

3）在吊装立管时，可在管件的承口位置绑上铁丝吊在楼板上作为临时吊卡，调整好坡度和垂直度后，捻口将其固定于横托管上，最后将楼板孔洞和墙洞用砖塞牢，并填入水泥砂浆固定，使补洞的水泥砂浆表面低于建筑表面 10mm 左右，以利建筑最后完成表面装饰。

（3）横管安装

1）先将安装横管尺寸测量记录好，按正确尺寸和安装的难易程度在地面进行预制（若横管过长或吊装有困难时可分段预制和吊装），然后将吊卡装在楼板上，并按横管的长度和规范要求的坡度调整好吊卡高度，再开始吊管。吊横托管时，要将横管上的三通口或弯头的方向及坡度调好后，再将吊卡收紧，然后打麻和捻口将其固定于立管上，并应随手将所有管口堵好。

2）横管与立管的连接和横管与横管的连接，应采用45°三通或四通和90°斜三通或斜四通，不得采用90°正三通或四通连接。吊卡的间距不得大于 2m，且必须装在承口部位。

（4）灌水试验

1）对标高低于各层地面的所有管口，接临时短管直至某层地面上。接管时，对承插接口的管道应用水泥捻口，对于横管上、地下（或楼板下）管道清扫口应加垫、加盖正式封闭。

2）通向室外的排出管管口，用大于或等于管径的橡胶堵管管胆，放进管口充气堵严。灌一层立管和地下管道时，用堵管管胆从一层立管检查口将上部管道堵严，再灌上层时，依此类推，按上述方法进行。

3）用胶管从便于检查的管口向管道内灌水。

4）从灌水开始应设专人检查监视出户排水管口、地下扫除口等易跑水部位，发现堵盖不严或管道出现漏水时均应停止向管内灌水，立即进行整修，待管口堵塞，封闭严密或管道接口达到强度后，再重新开始灌水。

5）管内灌水水面高出地面以后，停止灌水，记下管内水面位置和止灌水时间，并对管道、接口逐一进行观察。

6）停止灌水 15min 后在未发现管道及接口渗漏的情况下再次向管道内灌水，使管内水面回复到停止灌水时的位置后第二次记下时间。

7）施工人员、施工技术质量管理人员、建设单位有关的人员在第二次灌满水 5min 后，对管内水面共同进行检查，水面位置没有下降则管道灌水试验合格，应立即填写好排水管道灌水试验记录，有关检查人员签字盖章。

8）检查中若发现水面下降则灌水试验没有合格，应对管道及各接口、堵口全面细致的检查、修复，排除渗漏因素后重新按上述方法进行灌水试验，直至合格。

9）灌水试验合格后，从室外排水口放净管内存水。拆除灌水试验临时接的短管，恢复各管口原标高。用木塞、草绳等将管口临时堵塞封闭严密。

3. 塑料排水管安装

（1）管道配管及粘接工艺

1）锯管及坡口

①锯管长度应根据实测并结合连接件的尺寸逐层决定；

②锯管工具宜选用细齿锯、割刀和割管机等机具，断口平整并垂直于轴线，断面处不得有任何变形；

③插口处可用中号锉刀锉成 15°～30°坡口，坡口厚度宜为管壁厚度的 1/3～1/2，长度一般不小于 3mm，坡口完成后，应将残屑清除干净。

2）管材或管件在粘合前应用棉纱或干布将承口内侧和插口外侧擦拭干净，使被粘接面保持清洁，无尘砂与水迹。当表面粘有油污时，需用棉纱蘸丙酮等清洁剂擦净。

3）粘接前应对承插口与管材试插一次，并在其表面划出标记。管件插入的深度一般为承口的 3/4 深度。

4）试插合格后用油刷蘸胶黏剂涂刷被粘接插口外侧及粘接承口内侧。胶黏剂涂刷时，应轴向涂刷，动作迅速，涂抹均匀，且涂刷的胶黏剂应适量，不得漏涂或涂抹过厚。冬季施工时尤需注意，应先涂承口，后涂插口。

5）胶黏剂涂刷后，立即找正方向将管子插入承口，使其准直，再加以挤压。应使管端插入深度符合所划标记，并保证承插接口的直度和接口的位置正确，还应静置 2～3min，防止接口滑脱；预制管段节点间误差应不大于 5mm。

6）承插接口插接完毕后，应将挤出的胶黏剂用棉纱或干布蘸清洁剂擦拭干净。根据胶黏剂的性能和气候条件静置至接口处固化为止。冬季施工时，固化时间应适当延长。

（2）干管安装　首先根据设计图纸要求的坐标标高预留槽洞或预埋套管。埋入地下时，按设计坐标、标高、坡向、坡度开挖槽沟并夯实。采用托吊管安装时应按设计坐标、标高、坡向做好托、吊架。施工条件具备时，将预制加工好的管段，按编号运至安装部位进行安装。各管段粘连时也必须按粘接工艺依次进行。全部粘连后，管道要直，坡度均匀，各预留口位置准确。安装立管需装伸缩节，伸缩节上沿距地坪或蹲便台70～100mm。干管安装完后应做闭水试验，出口用充气橡胶堵封闭，达到不渗漏，水位不下降为合格。地下埋设管道应先用细砂回填至管上皮 100mm，上覆过筛土，夯实时勿碰损管道。托吊管粘牢后再按水流方向找坡度。最后将预留口封严和堵洞。

（3）立管安装　首先按设计坐标要求，将洞口预留或后剔，洞口尺寸不得过大，更不可损伤受力钢筋。安装前清理场地，根据需要支搭操作平台。将已预制好的立管运到安装部位。首先清理已预留的伸缩节，将锁母拧下，取出 U 形橡胶圈，清理杂物。复查上层洞口是否合适。立管插入端应先划好插入长度标记，然后涂上肥皂液，套上锁母及U形橡胶圈。安装时先将立管上端伸入上一层洞口内，垂直用力插入至标记为止（一般预留胀缩量为20～30mm）。合适后即用自制U形钢制抱卡紧固于伸缩节上沿。然后找正找直，并测量顶板距三通口中心是否符合要求。无误后即可堵洞，并将上层预留伸缩节封严。

(4) 支管安装　首先剔出吊卡孔洞或复查预埋件是否合适。清理场地，按需要支搭操作平台。将预制好的支管按编号运至场地。清除各粘接部位的污物及水分。将支管水平初步吊起，涂抹粘接部位的污物及水分。将支管水平初步吊起，涂抹粘结剂，用力推入预留管口。根据管段长度调整好坡度。合适后固定卡架，封闭各预留管口和堵洞。

(5) 闭水试验　排水管道安装后，按规定要求必须进行闭水试验。凡属蔽暗装管道必须按分项工序进行。卫生洁具及设备安装后，必须进行通水试验，且应在油漆粉刷最后一道工序前进行。

4. 排水用附件及安装

室内排水用附件，主要有存水弯、检查口、清扫口、检查井、地漏、通气管等。

(1) 存水弯　存水弯是设置在卫生洁具排水管上和生产污废水受水器的泄水口下方的排水附件（坐便器除外）。在弯曲段内存有60～70mm深的水，称作水封。其作用是利用一定高度的静水压力来抵抗排水管内气压变化，隔绝和防止排水管道内所产生的难闻有害气体和可燃气体及小虫等通过卫生器具进入室内而污染环境。存水弯有带清通丝堵和不带清通丝堵的两种，按外形不同，还可分为P形和S形两种。水封高度与管内气压变化，水蒸发率，水量损失，水中杂质的含量及比重有关，不能太大也不能太小。若水封高度太大，污水中固体杂质容易沉积在存水弯底部，堵塞管道；水封高度太小，管内气体容易克服水封的静水压力进入室内，污染环境。

(2) 检查口　检查口是一个带盖板的开口短管，拆开盖板即可进行疏通工作。检查口设在排水立管上及较长的水平管段上，可双向清通。其设置规定为立管上除建筑最高层及最底层必须设置外，可每隔两层设置1个，平顶建筑可用伸顶通气管顶口代替最高层检查口。当立管上有乙字管时，在乙字管的上部应设检查口。若为二层建筑，可在底层设置。检查口的设置高度一般距地面1m，并应高出该层卫生洁具上边缘0.15m，与墙面成45°夹角。

(3) 清扫口　当悬吊在楼板下面的污水横管上有两个及两个以上的大便器或3个及3个以上的卫生洁具时，应在横管的起端设清扫口，清扫口顶面宜与地面相平，也可采用带螺栓盖板的弯头、带堵头的三通配件作清扫口。清扫口仅单向清通。为了便于拆装和清通操作，横管始端的清扫口与管道相垂直的墙面距离，不得小于0.15m；采用管堵代替清扫口时，与墙面的净距不得小于0.4m。在水流转角小于135°的污水横管上，应设清扫口或检查口。直线管段较长的污水横管，在一定长度内也应设置清扫口或检查口，其最大间距见表3-10。排水管道上设置清扫口时，若管径小于100mm，其口径尺寸与管道同径；管径等于或大于100mm时，其口径尺寸应为100mm。

表3-10　污水横管的直线管段上检查口或清扫口之间的最大间距

管径（mm）	生产废水	生活污水和与生活污水成分接近的生产污水	含有大量悬浮物和沉淀物的生产污水	清扫设备的种类
	距离（m）			
50～75	15	12	10	检查口
	10	8	6	清扫口

表 3-10（续）

管径（mm）	生产废水	生活污水和与生活污水成分接近的生产污水	含有大量悬浮物和沉淀物的生产污水	清扫设备的种类
	距离（m）			
100～150	20	15	12	检查口
	15	10	8	清扫口
200	25	20	15	检查口

（4）检查井　为了便于启用埋地横管上的检查口，在检查口处应设置检查井，其直径不得小于 0.7m。对于不散发有害气体或大量蒸汽的工业废水的排水管道，在管道转弯、变径处、坡度改变处和连接支管处，可在建筑物内设检查井。在直线管段上，排除生产废水时，检查井的距离不宜小于 30m；排除生产污水时，检查井的距离不宜大于 20m。对于生活污水排水管道，在室内不宜设检查井。

（5）地漏　地漏主要设置在厕所、浴室、盥洗室、卫生间及其他需要从地面排水的房间内，用以排除地面积水。地漏一般用铸铁或塑料制成，在排水口处盖有箅子，用来阻止杂物进入排水管道，有带水封和不带水封两种，布置在不透水地面的最低处，箅子顶面应比地面低 5～10mm，水封深度不得小于 50mm，其周围地面应有不小于 0.01 的坡度坡向地漏。

（6）通气管　通气管是指最高层卫生器具以上至伸出屋顶的一段立管。

通气管作用是使室内外排水管道中的各种有害气体排到大气中，保证污水流动通畅，防止卫生器具的水封受到破坏。要求生活污水管道和散发有害气体的生产污水管道，均应设通气管。

通气管必须伸出屋面，其高度不得小于 0.3m，但应大于最大积雪厚度。在通气管出口 4m 以内有门窗时，通气管应高出窗顶 0.6m 或引向无门窗的一侧；在经常有人停留的屋面上，通气管应高出屋面 2m。通气管不得与建筑物的通风道、烟道连接，不可设在建筑物的屋檐檐口、阳台或雨篷下。如果立管接纳卫生器具的数量不多时，可将几根通气管接入一根通气管并引出屋顶，以减少立管穿过屋面的数量。

在冬季室外采暖温度高于－15℃的地区，可设铅丝球；低于－15℃的地区应设通气帽，避免结冰时堵塞通气管口。

对于底层建筑的生活污水系统，在卫生器具不多，横支管不长的情况下，可将排水立管向上延伸出屋面的部分作为通气管，见图 3-10。

对于卫生器具在 4 个以上，且距立管大于 12 米或同一横支管连接 6 个及 6 个以上大便器时，应设辅助通气管，见图 3-11。辅助通气管是为平衡排水管内的空气压力而由排水横管上接出的管段。

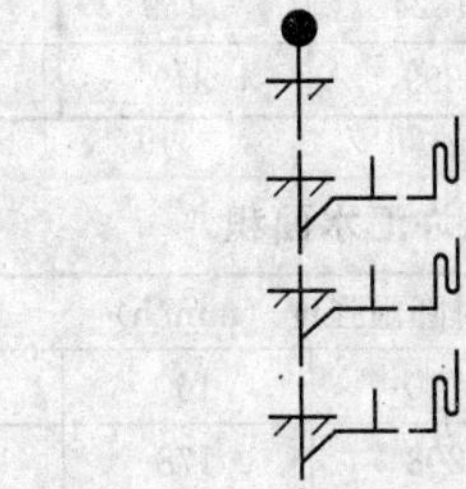

图 3-10　通气立管

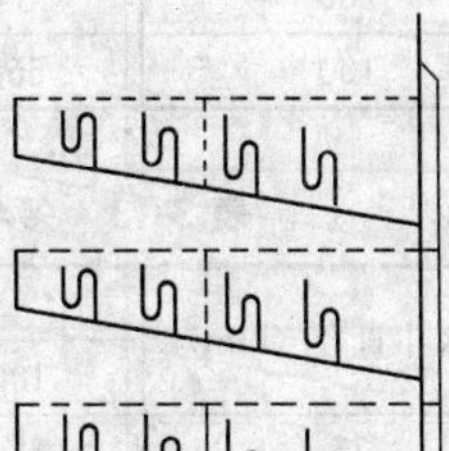

图 3-11　辅助通气管

辅助通气管的管径规定如下：

（1）辅助通气管管径应根据污水支管管径确定，当污水支管管径为 50mm、75mm 和 100mm 时，可分别采用 25mm、32mm 和 40mm 的辅助通气管。

（2）辅助通气立管管径应按表 3-11 规定采用。

表 3-11 辅助通气立管管径 (mm)

污水立管管径	50	75	100	125	150
辅助通气立管管径	40	50	75	75	100

（3）专用通气立管管径应比最底层污水立管管径小一号。

技能要点 3：雨水管道及配件安装

1. 雨水斗安装

（1）雨水斗的设置

1）雨水斗位置布置　雨水斗的布置位置，要考虑集水面积比较均匀和便于与悬吊管及雨水立管的连接，以确保雨水能通畅流入。布置雨水斗时，应首先考虑以伸缩缝或沉降缝作为分水线。在有伸出屋面的防火墙时，由于其隔断了天沟，因此可考虑将防火墙作为天沟排水分水线，否则应在伸缩缝、沉降缝或防火墙的两侧各设两个雨水斗。伸缩缝或沉降缝两侧的两个雨水斗，如连接在一根立管或总的悬吊管上时，应采用伸缩接头并保证密封，但防火墙两侧的雨水斗如连接在一根立管或总悬吊管上时，可不必考虑设置伸缩接头和固定支点。雨水斗的位置不宜太靠近变形缝，以免遇暴雨时，天沟水位涨高，从变形缝上部流入车间内。

2）雨水斗间距计算　一般屋面天沟中每隔一定距离装一个雨水斗，雨水斗的布置既要考虑屋面和天沟的构造，又要保证流水畅通。雨水斗的间距过小会增大工程造价；间距过大则汇水面积过大，会因排放量不足致使屋面积水，甚至造成屋面漏水。在工业厂房中，常采用管径为 100mm 的雨水斗，其间距为 12～24m，并与柱距相配合。

雨水斗的间距按计算决定，一般为 12～24m，天沟坡度用 0.003～0.006。一个雨水斗的最大允许汇水面积见表3-12和表 3-13。

表 3-12 单斗系统一个雨水斗最大允许汇水面积 (m^2)

雨水斗形式	雨水斗直径（mm）	降雨强度（mm/h）					
		100	120	140	160	180	200
79 型	75	342	285	244	214	190	171
	100	553	465	399	349	310	279
	150	1134	945	810	709	630	567
	200	1854	1545	1324	1159	1030	927
65 型	100	558	465	399	349	310	279

表 3-13 多斗系统一个斗的最大允许汇水面积 (m^2)

雨水斗形式	雨水斗直径（mm）	小时降雨强度（mm/h）					
		100	120	140	160	180	200
79 型	75	284	237	203	178	158	142
	100	464	387	332	290	253	232
	150	932	777	666	583	518	466
	200	1411	1176	1008	882	784	706
65 型	100	464	387	332	290	258	232

（2）雨水斗制作

1）划线：依照图纸尺寸、材料品种、规格进行放样划线，经复核与图纸无误，进行裁剪；为节约材料宜合理进行套裁，先划大料，后划小料，划料形状和尺寸应准确，用料品种、规格无误。

2）划线后，先裁剪出一套样板，裁剪尺寸准确，裁口垂直平正。

3）成形：将裁好的块料采用电焊对口焊接，焊接之后经校正符合要求。

4）刷防锈层：加工制作好的雨水斗（包括铸铁雨水斗）应刷防锈层。

铸铁雨水口应刷防锈漆，先除掉焊缝熔渣，用钢丝刷刷掉锈斑，均匀刷防锈漆一道。

镀锌白铁雨水斗，应涂刷磷化底漆。

（3）水落口构造

1）挑檐板雨水斗　挑檐板雨水斗，按设计要求，先剔出挑檐板钢筋，找好雨水斗位置，核对标高，装卧雨水斗，用 $\phi6$ 钢筋架固，支好底托模板，用与挑檐同强度等级的混凝土浇筑密实，雨水口上平不能突出找平层面，其构造见图 3-12。

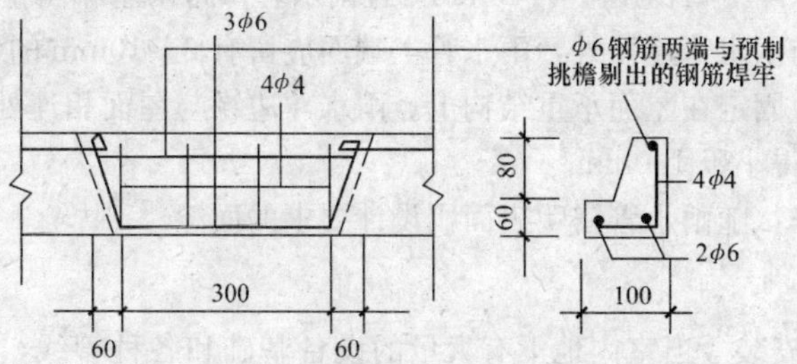

图 3-12　挑檐水落口处做法

2）女儿墙雨水斗口　根据设计位置及要求，在施工结构时，预留出水落口孔洞，水落口的雨水斗安装前应弹出雨水斗的中心线，找好标高，将雨水斗用水泥砂浆卧稳，用细石混凝土嵌固，填塞严密，外侧为砌筑清水墙时，应按砌筑排砖贴砌与外墙缝子一致，其构造见图 3-13。

3）内排直式雨水斗口　宜采用铸铁，埋设标高应考虑水落口防水层增加的附加层、柔性密封、保护面层及排水坡度，水落口周围直径 500mm 范围内坡度不应小于 5%，并应用防水涂料或密封材料涂封，其厚度不应小于 2mm，见图 3-14。

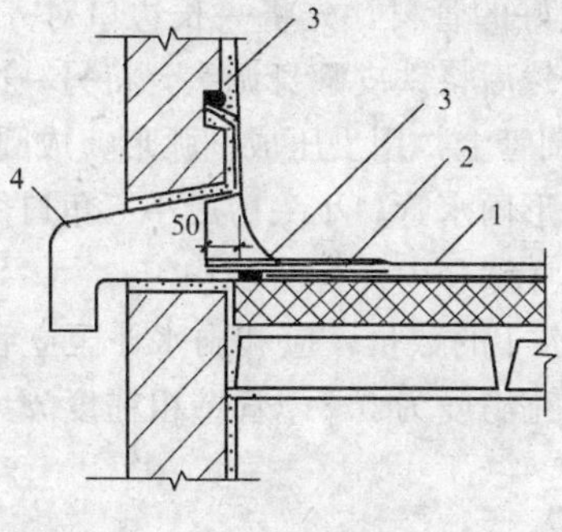

图 3-13　横式水落口

1—防水层；2—附加层；3—密封材料；4—水落口

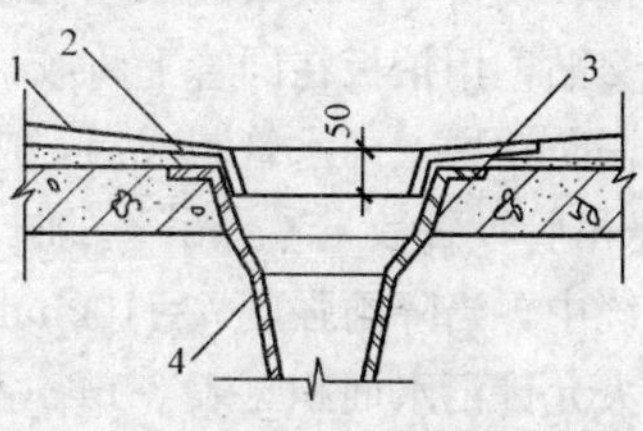

图 3-14　直式水落口

1—防水层；2—附加层；

3—密封材料；4—水落口杯

（4）雨水斗安装　安装雨水斗时，是将其安放在事先预留的孔洞内。屋面防水层应伸入环形筒下，雨水斗四周防水油毡弯折应平缓；雨水斗下的短管应牢固固定在屋面承重结构上，以防止由于屋面水流冲击以及连接管自重的作用而削弱或破坏雨水斗与天沟沟体连接处的强度，造成接缝处漏水。雨水斗的安装如图 3-15 所示。

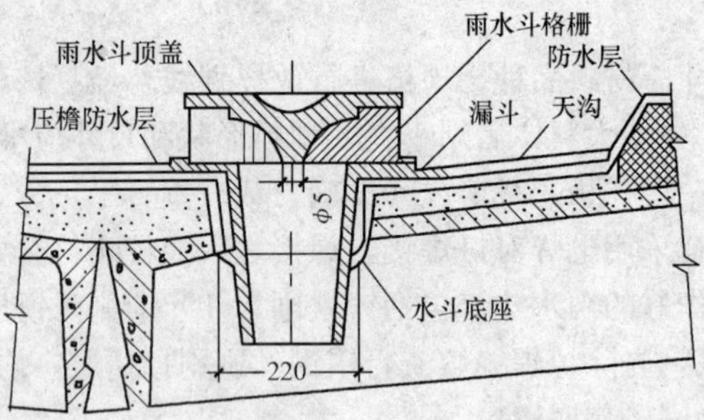

图 3-15　雨水斗安装

雨水斗安装应符合下列规定：

1）雨水斗水平高差应不大于 5mm。设置在阳台的雨水斗，上口距阳台板底应为 180～400mm。

2）雨水管伸入雨水斗上口深度 30～40mm，且雨水管口距雨水斗内壁不小于 20mm。

3）雨水斗排水口与雨水管连接处，雨水管上端面应留有 6～10mm 的伸缩余量。

4）雨水斗的连接应固定在屋面承重结构上。雨水斗边缘与屋面相连处应严密不漏。连接管管径当设计无要求时，不得小于 100mm。

5）雨水斗安装完毕，随雨水管露明表面刷设计要求的面漆。

2. 雨水管安装

（1）悬吊式雨水管安装　当室内地下有大量的设备基础和各种管线，或生产工艺不允许设置埋地雨水横管时，需设悬吊管。悬吊管常固定在厂房的桁架上，可接纳一个或几个（不超过 4 个）雨水斗的流量，再经立管输送至室外排水管网。悬吊管应避免从不允许有滴水的生产设备的上方通过。

1）雨水管制作　雨水管管材多用镀锌白铁管，铸铁管、硬塑料管。镀锌白铁管一般为施工单位用镀锌白铁制作；铸铁、硬塑料管为购置工业品。

①划线　镀锌白铁雨水管，根据设计指定的圆形直径，一般用 26 号白铁，咬口成形制作，也有方形断面的雨水管，加工方法相同。加工时，用钢针划出标点，大小头周长差5～6mm，根据标点划出裁板线，大小头互为颠倒，依次划线，经校核无误，先裁出样板，成形两节试装。

②咬口成形　雨水管（圆形）一般为平咬口，裁好的管材，先将一长边口对齐方钢角，推至先划好的咬口线，用方木向下轻打，形成折弯咬口，然后将铁皮翻身调头，将另一边的咬口敲出，并将两端正、反折弯依次敲成 90°，此时将铁皮放在圆管上，用手压成圆弧形，成圆状，使其正反咬口边相交贴，用拍板在圆管上将咬口敲紧，即成圆形雨水管，小头剪成小三角口做标记。

③涂刷防锈层　雨水管制成后，应里外涂刷磷化底漆，内外应涂刷均匀。

2）悬吊管设置数量　悬吊管的排水量与连接雨水斗的数量，应和雨水斗至立管的距离有关。在多斗系统中，当降雨强度 h=100mm/h，管中水流充满度为 0.8，管壁粗糙度 n=0.013 时，悬吊管的最大允许汇水面积见表 3-14。

表 3-14　多斗悬吊管最大允许汇水面积　（m^2）

坡度 \ 管径 d（mm）	75	100	150	200	250	300
0.008	75	163	430	1034	1872	3046
0.009	80	172	509	1097	1986	3231
0.010	84	182	536	1156	2093	3406
0.012	92	199	587	1266	2293	3731
0.014	100	215	634	1368	2477	4030

表 3-14（续）

坡度 \ 管径 d（mm）	75	100	150	200	250	300
0.016	107	230	678	1462	2648	4308
0.018	113	244	719	1551	2800	4569
0.020	119	257	758	1635	2960	4816
0.022	125	270	795	1715	3105	5052
0.024	131	281	831	1791	3243	5276
0.026	136	293	865	1864	3375	5492
0.028	141	304	897	1935	3503	5699
0.030	146	315	929	2002	3626	5899

注：表中数值是按降雨强度 $h=100$mm/h 计算的。

如降雨强度与此不同，则应按下式换算成 100mm/h 后再查表 3-16。

换算系数 $K=\frac{h}{100}=0.01h$

换算后的面积（m^2）为　$F_{100}=F_h\times0.01h=0.01F_h\cdot h$

3）悬吊管安装　悬吊管一般采用铸铁管石棉水泥接口，但在管道可能受到震动的地方，或跨度过大的厂房，应采用焊接钢管焊接接口。安装时，先按施工图的位置、标高及坡度安装好支吊架，坡度一般取 0.003 并坡向立管。悬吊管如管径小于或等于 150mm、长度超过 15m 时，应设检查口；如管径为 200mm、长度超过 20m 时，也应设检查口；悬吊管检查口间距不得大于表 3-15 的规定。

表 3-15　悬吊管检查口间距

悬吊管直径（mm）	检查口间距（m）
小于或等于　150	不大于 15
200	不大于 20

（2）雨水立管安装　雨水立管的作用是承接从悬吊管或直接从雨水斗流来的水，并将其输送至地下排水管网中。雨水立管一般沿墙壁或柱布置，其管径不能小于与其相连接的悬吊管管径，也不宜大于 300mm。每隔 2m 设夹箍固定。不同高、低跨的悬吊管，应单独设置立管。但当立管排泄的雨水总量即设计泄流量，不超过表 3-16 中同管径立管最大设计泄流量时，不同高度悬吊管的雨、雪水也可排入同一根立管。立管距地面 1m 处应设检查口，以便清通。雨水管下半部因排水时处于正压状态，所以不应接入排水支管。立管管材同悬吊管。

表 3-16　雨水立管最大设计泄流量

管　径（mm）	最大设计泄流量（L/s）
100	19
150	42
200	75

注：雨水设计泄流量 q_y（L/s）的计算公式为 $q_y=k\frac{Fq_5}{10000}$，式中 F 为汇水面积，应按屋面的水平投影面积计算。窗井、贴近高层建筑外墙的地下汽车库出入口坡道、高层建筑裙房还应附加高层侧墙面积的 1/2 折算成的屋面汇水面积，单位为 m^2；q_5 为当地降雨历时为 5min 的降雨强度，单位为 L/（s·ha）；k 为屋面宣泄能力的系数，当设计重现期为 1 年时，屋面坡度＜2.5%，$k=1$；屋面坡度≥2.5%，$k=1.5\sim2.0$。

为便于对管道进行清扫检查，在雨水立管上宜设置检查口，检查口中心距地面高度一般为 1m。立管一般采有铸铁管石棉水泥接口与悬吊管一样，在可能受到震动的地方要采用钢管焊接接口。

3. 地下雨水管安装

地下雨水管道接纳各立管流来的雨水，并将其排至室外雨水管道中去。厂房内地下雨水管道大都采用暗管式，其管径不得小于与其连接的雨水立管管径，且不小于 200mm，也不得大于 600mm，因管径太大时，埋深增大且与弯支管连接困难。埋地管应有不小于 0.003 的坡度，坡向同水流方向。

埋地雨水管道一般采用混凝土管或钢筋混凝土管，亦可采用带釉陶土管或石棉水泥管等。在车间内，当敷设暗管受到限制或采用明沟有利于生产工艺时，则地下雨水管道也可采用有盖板的明沟排水。

埋地横管将室内雨水管道汇集的雨、雪水，排至室外雨水管渠。其排水能力远小于立管，所以最小管径不宜小于 200mm。埋地管的最小坡度和最大计算充满度分别见表3-17和表 3-18。在敞开式系统中，埋地管宜采用非金属管材，如混凝土管、钢筋混凝土管、缸瓦管、石棉水泥管等。在密闭式系统中，埋地管宜采用承压铸铁管。

表 3-17　室内雨水管道最小坡度

管　径（mm）	150	200	250	300
最小坡度	0.005	0.004	0.0035	0.003

表 3-18　埋地雨水管道的最大计算充满度

管道名称	管径（mm）	最大计算充满度
密闭系统的埋地管		1.0
敞开系统的埋地管	≤300	0.5
	350～450	0.65
	≥500	0.80

技能图解 23　室内热水供应系统安装

技能结构框线图

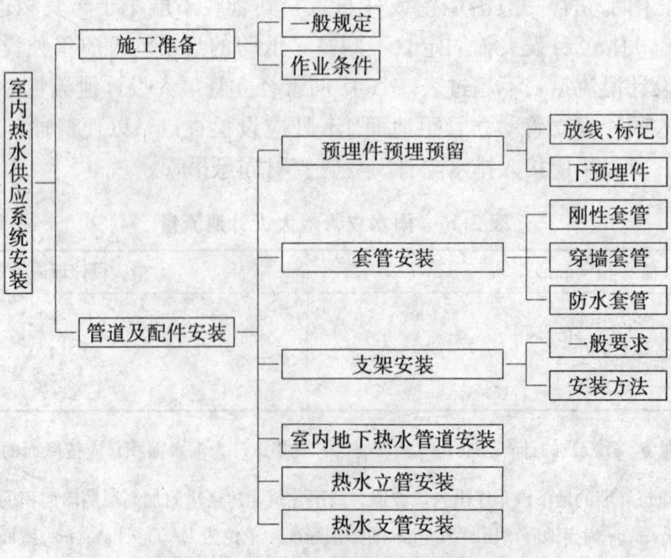

图 3-16　室内热水供应系统安装（一）

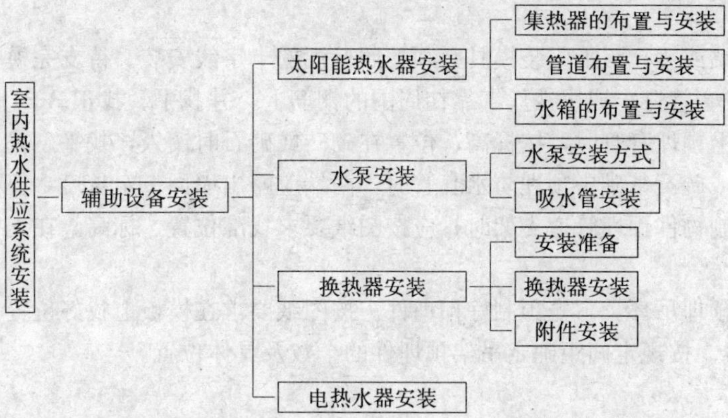

图 3-16　室内热水供应系统安装（二）

技能要点 1：施工准备

1. 施工一般规定

（1）热水供应系统的管道应采用塑料管、复合管、镀锌管和铜管。

（2）热水供应系统管道及配件安装应按本书的相关规定执行。

2. 施工作业条件

（1）所有安装项目的设计图纸已经过图纸会审和设计交底。施工方案已编制。

（2）施工运输道路畅通，施工照明、水源、电源已备齐。

（3）安装用起重运输设备具备使用条件，并备有零部件、配件及工具等贮存设施。

（4）管道油漆作业条件

1）管道试压完成，管壁表面无潮湿。

2）施工场地清洁无尘，通风良好。施工时无其他工序或自然因素（雨、雪、风沙等）污染，否则应有可靠的防护措施。

3）室内施工时，环境温度在 0℃以上；室外施工环境温度为 5～38℃之间，相对湿度不大于 85%。雨天或管件表面有结露时不宜作业。各季应在保暖条件下进行，室温必须保持均衡。

（5）管道保温作业条件

1）管道已试压合格；

2）管道已按设计规定完成防腐；

3）绝热材料应符合无腐蚀性、热阻大、耐热持久、性能稳定、质量轻、有足够强度、吸湿性小、易于施工成型、成本低等要求。

（6）采用湿法保温工程，宜在环境温度不低于＋5℃时施工。如低于＋5℃，应采取防冻措施。

（7）用沥青玛瑞脂块状制品作保温层，可在环境温度不低于－20℃的条件下施工。

技能要点 2：管道及配件安装

1. 预埋件预埋预留

（1）放线、标记

1）在钢筋绑扎前，按图纸要求的规格、位置、标高预留槽洞或预埋套管、铁件。

若设计无规定，可先在钢筋下方的模板上按已知轴线及标高量尺并画出十字标记。两条十字标记拉线的交点即为预留孔洞、下木盒、套管及铁件的中心。

2）在砖墙上预留孔洞或预留管槽时，应根据管的位置和标高及轴线量出准确位置，以免出错。

（2）下预埋件

1）在混凝土墙或梁、板上安装模具必须按照标注的十字线安装。待支完模板后，在模板上锯出孔洞，将模具或套管钉牢或用铁丝绑靠在周围的钢筋上，并找平、找正。

2）在基础墙上预埋套管时，按标高、位置在砌砖或砌石时镶入，找平、找正，用砂浆稳固。

3）在混凝土或砖石基础中预埋防水套管时，两端应露出墙面一定长度，但不得小于30mm。

4）混凝土捣制构件预埋管道支架时，应按图纸要求找准位置、标高。在支模时，将预埋件找平后固定在模板上。

5）在楼板上预埋吊环，事先预制好预埋件。按图纸要求在模板上找好位置、尺寸，画出管路与墙相平行的直线。按规定间距确定吊架预埋件的个数及具体位置。

2. 套管安装

套管应随同干管、立管、支管的安装，将预制好的套管套在管道上，放在指定位置。过楼板的套管在套管上焊一横钢筋棍，担在预留孔的地面上，防止脱落。待干管、立管安装完找正后再调整好间隙加以固定，进行封固。楼板、隔墙和墙内的穿管孔隙在安完管道后按相关工艺支模进行填塞封堵。铜管过墙及穿楼板应加钢套管，套管内填加绝缘物。

（1）刚性套管安装：根据所穿构筑物的厚度及管径尺寸确定套管规格、长度，下料后套管内刷防锈漆一道。待主体结构钢筋绑扎好后，按照图纸几何尺寸找准位置，然后将套管准确定位，套管与附加筋焊接，附加筋与主筋绑扎牢，并作好套管的防堵工作。

（2）穿墙套管安装：在结构专业砌筑隔墙时，按专业施工图坐标、标高尺寸将套管置于隔墙中，用砌块找平后用砂浆固定，然后交给结构专业继续施工。

（3）防水套管：根据构筑物及不同介质的管道，按照设计及施工安装图册中的要求进行预制加工，将预制加工好的套管在浇注混凝土前按设计要求部位固定好，校对坐标、标高，平正合格后一次浇注，待管道安装完毕后把填料塞紧捣实。

3. 支架安装

（1）一般要求

1）支架是承托管道用的，是管道安装中的重要构件之一。根据作用特点分为活动式和固定式两种。从结构形式上可分为托架、吊架和管卡三种。

2）管道支架、吊架的结构尺寸，应满足设计要求。

3）支架的横梁应牢固地固定在墙、柱或其他构筑物上。槽梁长度方向应水平，顶面应与管子中心线平行，与管壁面接触。

4）吊架的吊杆应牢固地固定在楼板、梁或其他构筑物上。没有热伸长的管道的吊杆应垂直安装；有热伸长的管道的吊杆，应考虑伸长值，并倾向与位移方向相反一侧安装。

5）固定支架必须安装在设计规定的位置上，不得任意移动，并使管道牢固地固定在支架上，用于抵抗管道的水平推力。活动支架不应妨碍管道由于热伸长所引起的位移。管道滑动时，支架不应偏斜或被滑托卡住。靠近补偿器两侧的几个支架应安装导向支架。弹簧支（吊）架应有能够调整弹簧压缩度的结构，弹簧下的支承结构，应与作用力的方向垂直。支架的受力部件，如横梁、吊杆及螺栓等的规格，应符合设计或有关标准图的规定。

（2）支架安装方法

1）埋入式支架：在土建施工时，一次埋入或预留孔洞；支架埋入深度不少于120mm或按照设计及有关标准图确定。

2）焊接式支架：在钢筋混凝土构件上预埋钢板，然后将支架焊接在上面。

3）射钉和膨胀螺栓安装支架：在没有预留孔洞和预埋钢板的砖墙或混凝土墙上，用射钉枪将射钉射入墙内，然后用螺母将支架固定在射钉上，此法用于安装负荷不大的支架。用膨胀螺栓安装支架，先在墙上按支架螺孔的位置钻孔，然后将套管套在螺栓上，带上螺母一起打入孔内，用扳手拧紧螺母，使螺栓的锥形尾部把开口管尾部胀开，使支架固定于墙上。

4）包柱式支架：沿柱子敷设管道可采用包柱式支架。放线后，用长杆螺栓将支架角钢把紧即可。

5）立管卡：这种管卡用于室内小口径管道安装。作管道的支托，立管卡埋入深度不应小于100mm。

热水供应立管管卡安装，层高小于或等于5m，每层须安装一个；层高大于5m，每层不得小于两个。

管卡安装高度，距地面为1.5～1.8m，两个以上管卡可匀称安装。

4. 室内地下热水管道安装

（1）定位　依据土建给定的轴线及标高线，结合立管坐标，确定地下热水管道的位置。根据已确定的管道坐标与标高，从引入管开始沿管道走向，用米尺量出引入管至干管及各立管间的管段尺寸，并在草图上做好标注。

（2）热水管道安装

1）对选用的管材、管件做相应的质量检查，合格后清除管内污物。管道上的阀门，当管径小于或等于50mm时，宜采用截止阀；大于50mm时，宜采用闸阀。

2）根据各管段长度及排列顺序，预制地下热水管道。预制时注意量准尺寸，调准各管件方向。

3）引入管直接和埋地管连接时应保证必要的埋深，塑料管的埋深不能小于300mm。其室外部分埋深由土的冰冻深度及地面荷载情况决定，一般埋深应在冰冻线以下20cm，且管顶覆土厚度不小于0.7～1.0m。

4）引入管穿越基础孔洞时，应按规定预留好基础沉降量（≥100mm），并用黏土将孔洞空隙填实，外抹M5水泥砂浆封严。塑料管在穿基础时应设置金属套管。套管与基础预留孔上方净空高度不小于100mm。

5）地下热水管道宜有0.002～0.005的坡度，坡向引入管入口处。引入管应装有泻水阀门，一般泄水阀门设置在阀门井或水表井内。

6）管段预制后，待复核支、托架间距、标高、坡度、塞浆强度均满足要求时，用绳索或机具将其放入沟内或地沟内的支架上，核对管径、管件及其朝向、坐标、标高、坡度无误后，由引入管开始至各分岔立管阀门止，连接各接口。

7）在地沟内敷设时，依据草图标注，装好支、托架。

8）立管甩头时，应注意立管外皮距墙装饰面的间距。

（3）试压隐蔽

1）地下给水管道全部安装完，进行水压试验后方可隐蔽。对于塑料管水压试验必须在安装24h后进行。

2）稳压1h后补压至试验压力值，钢管或复合管道系统试验压力下10min内压力降不大于0.02MPa，然后降至工作压力检查，压力应不降，且不渗、不漏；塑料管道系统在试验压力下稳压1h，压力降不得超过0.05MPa，然后在工作压力1.15倍状态下稳压2h，压力降不得超过0.03MPa，连接处不渗漏为合格。

3）经质量检查员会同有关人员对地下管道的材质、管径、坐标、标高、坡度及坡向、防腐、管沟基础等全面核验，确认符合设计要求及规范规定后填写隐蔽工程记录，方可进行管沟回填。

5. 热水立管安装

（1）量尺、下料　确定各层立管上所带的各横支管位置。根据图纸和有关规定，按土建给定的各层标高线来确定各横支管位置与中心线，并将中心线标高划在靠近立管的墙面上。用木尺杆或米尺由上至下，逐一量准各层立管所带各横支管中心线标高尺寸，然后记录在木尺杆或草图上直至一层甩头阀门处。按量记的各层立管尺寸下料。

（2）预制安装　预制时尽量将每层立管所带的管件、配件在操作台上安装。在预制管段时要严格找准方向。在立管调直后可进行主管安装。安装前应先清除立管甩头处阀门的临时封堵物，并清净阀门丝扣内和预制管腔内的污物泥砂等。按立管编号，从一层阀门处往上，逐层安装给水立管。并从 90℃的两个方向用线坠吊直给水立管，用铁钎子临时固定在墙上。

（3）装立管卡具、封堵楼板眼　按管道支架制作安装工艺装好立管卡具。对穿越热水立管周围的楼板孔隙可用水冲洗湿润孔洞四周，吊模板，再用不小于楼板混凝土强度等级的细石混凝土灌严、捣实，待卡具及堵眼混凝土达到强度后拆模。在下层楼板封堵完后可按上述方法进行上一层立管安装。如遇墙体变薄或上下层墙体错位，造成立管距墙太远时，可采用冷弯灯叉弯或用弯头调整立管位置。再逐层安装至最高层给水横支管位置处。

6. 热水支管安装

（1）量尺、下料

1）由每个立管各甩头处管件起，至各横支管所带卫生器具和各类用水设备进水口位置上，量出横支管个 2 管段间的尺寸，记录在草图上。

2）按设计要求选择适宜管材及管件，并清除管腔内污杂物。

3）根据实际测量的尺寸下料。

（2）预制安装

1）根据横支管设计排列情况及规范规定，确定管道支吊托架的位置与数量。

2）按设计要求或规范规定的坡度、坡向及管中心与墙面距离，由立管甩头处管件口底皮挂横支管的管底皮位置线。再依据位置线标高和支吊托架的结构型式，凿打出支吊托架的墙眼。一般墙眼深度不小于 120mm。应用水平尺或线坠等，按管道底皮位置线将已预制好的支吊托架涂刷防锈漆后，将支架栽牢，找平，找正。

3）按横支管的排列顺序，预制出各横支管的各管段，同时找准横支管上各甩头管件的位置与朝向。

4）待预制管段预制完及所栽支、吊托架的塞浆达到强度后，可将预制管段依次放在支、吊托架上，连接、调直好接口，并找正各甩头管件口的朝向，紧固卡具，固定管道，将敞口处做好临时封堵。

5）用水泥砂浆封堵穿墙管道周围的孔洞，注意不要突出抹灰面。

（3）短支管安装

1）安装各类用水设备的短支管时，应从热水横支管甩头管件口中心吊一线坠，再根据用水设备进水口需要的标高量取短管尺寸，并记录在草图上。

2）根据量尺记录选管下料，接至各类用水设备进水口处。

3）栽好必需的管道卡具，封堵临时敞口处。

技能要点 3：辅助设备安装

1. 太阳能热水器安装

（1）集热器的布置与安装

1）集热器的安装方位：在北半球，集热器的最佳布置方位是朝正南，如客观条件不允许时，可以在偏东或偏西 15°范围内安装。

2）集热器安装倾角（与地面夹角）：池式、袋式（薄膜式）集热器只能水平设置。其他型式的集热器，最佳设置夹角应根据热水器使用季节和当地的地理纬度来确定。当春夏秋三季度使用时，集热器夹角等于当地纬度；仅在夏季使用时，集热器夹角可比当地纬度少10°左右；全年使用或仅在冬季使用时，集热器夹角可比纬度多10°左右。如北京地区的纬度为39°，则集热器的最佳夹角为：春秋季均为39°，仅夏季使用为29°，全年使用为49°。

3）热水器的设置应避开其他建筑物的阴影。为了减少热损失，热水器的位置应避开风口，同时也应避免设在烟囱或其他产生烟尘设施的下风口，以防止烟尘污染透明罩（或玻璃），影响透光。

4）制作吸热钢板槽时，其圆度应准确，间距一致。安装集热排管时，应用卡箍和铅丝紧固在钢板凹槽内。

5）集热器玻璃，宜采用3～5mm厚的含铁量少的钢化玻璃，安装宜顺水流方向搭接或框式连接。

6）集热器布置在屋面，距屋面檐口距离应在1.5m以上，集热器之间应留有0.2～0.5m的间距，以便维修和管理。

(2) 管道布置与安装

1）管道布置应以管线短，转弯少，便于安装和维修为原则。水平敷设的管道，应有不小于0.005的坡度，坡向集热器。在系统的最低点应设排水装置，以便检修时排放系统内存水。

2）循环管道的管材宜采用镀锌钢管和螺纹连接。填料也宜采用聚四氟乙烯生料带。管道要固定在支架上面。

3）管路上不宜设置阀门。

4）在设置几台集热器时，集热器可以并联、串联或混联，但要保证循环流量均匀分布，为防止短路和滞流，循环管路要对称安装，各回路的循环水头损失平衡。

5）集热器与循环总管连接时，为便于检修拆卸，宜采用活接头连接。循环水管的出水管上应设置阀门，以便控制水量和水温。

6）管道全部安装完毕，应进行通水试验，试验压力为其工作压力的1.5倍，以不泄漏为合格。试验后的管道要进行保温。

(3) 水箱的布置与安装

1）循环水箱和补给水箱一般布置在建筑物的屋面上。如果是强制循环式系统也可以布置在低于集热器的场所。当屋面结构是空心楼板时，就不能直接在屋面上装设水箱。水箱可布置在集热器的一侧或中间，不管布置在什么位置，都要考虑水箱所产生的阴影不要投在集热器上，以免影响集热器的集热效果。

2）水箱应牢固地安装在钢筋混凝土或钢支架上，循环水箱底应高出集热器中心线，以确保系统的正常循环。循环水箱与补给水箱之间的连接管道上应装设止回阀，防止循环水箱的热水在补给水箱浮球阀发生故障时，倒流入补给水箱内，补给水箱的进水管上应有阀门的装置。循环水箱和补给水箱的溢水管和泄水管可分别连接，连接后的管道直径要比原管径大1～2号，溢水管和泄水管可经隔断水箱排入排水管道，也可直接排入屋面天沟内。

3）有条件时循环水箱要保温防护。

2. 水泵安装

(1) 水泵安装方式　适合于室内热水供应系统的泵有立式、卧式、角式、管道泵等。

1）立式泵：有刚性连接安装和柔性连接安装两种方式，每种又各有两种不同的安装组合。

①刚性连接安装

a. 直接安装：将泵直接安装在水泥基础上。

b. 配连接板安装：将泵装在连接板上，再一起安装在基础上。

②柔性连接安装

a. 配连接板加隔振器安装：将泵装在连接板上，连接板与隔振器用螺栓连接在一起，隔振器用膨胀螺栓固定在水泥基础上。

b. 配连接板加隔振垫安装：将泵装在连接板上，连接板用螺栓固定在基础上，连接板与基础中间放隔振垫，适用于<7.5kW 电动机的泵。

2）卧式泵：可以直接安装在水泥基础上，也可以采用隔振器安装。安装方法同立式泵。

3）角式泵：安装方式同立式泵。

（2）吸水管安装

1）为防止吸水管中积存空气而影响水泵运转，吸水管的安装应具有沿水流方向连接上升的坡度接至水泵入口，坡度应不小于 0.005。

2）吸水管靠近水泵进口处，应有一长为 2～3 倍管道直径的管段，避免直接安装弯头，否则水泵进口处流速分布不均匀，使流量减少。

3）吸水管应设支撑，以保证应有的吸水坡度。

4）吸水管要短，配件及弯头要少，力求减少管道损失。

5）对水泵出水管要求管路短捷，出水管阀门处应设支墩，避免泵体受力；并应设置逆止阀。

3. 换热器安装

（1）安装准备

1）换热器进场后应进行本体水压试验，试验压力应为 1. 5 倍的工作压力。蒸汽部分应不低于蒸汽压力加0.3MPa；热水部分应不低于 0.4MPa。在试验压力下 10min 内压力不下降，不渗漏为合格。

2）施工安装单位应按设备基础设计图预制混凝土基础，一般采用 C15 素混凝土，并需要预埋地脚螺栓，在安装前再在支座表面抹 M10 水泥砂浆找平，待基础强度达到要求后再进行设备安装。

（2）安装　热水供应系统使用的换热器一般均为整体式安装，即换热器由生产厂家整体运输进场的，施工安装单位组织检查验收后临时存放在现场。当需要安装时，还应进行复查，检查无损伤后方可组织安装。

整体换热器安装就位的一般做法：

1）用滚杠法将换热器运到安装部位；

2）将随设备进场的钢支座按定位要求固定在混凝土底座或地面上；

3）根据现场条件采用拨杆（人字架）、悬吊式滑轮组等设备工具，将换热器吊到预先准备好的支座上，同时进行设备定位复核，直至合格。

（3）换热器附件安装

1）换热器的安全阀、压力表、温度计及设计要求安装的温度控制器等附件安装，应符合设计要求。

2）安全阀的安装，必须按下列规定进行：

①安装前，必须核对安全阀上的铭牌参数和标记是否符合设计文件的规定。安全阀安装前须到规定检测部门进行测试定压。

②安全阀必须垂直安装，其排出口应设排泄管，将排泄的热水引至安全地点。

③安全阀的压力必须与热交换器的最高工作压力相适应，其开启压力一般为热水系统工作压力的 1.1 倍。

④安全阀的安装应符合劳动人事部《压力容器监察规程》的规定，并经劳动部门试验调试后才能使用。

⑤安全阀开启压力、排放压力和回座压力调整好后，应进行铅封，以防止随意改动调整好的状态，并做好调试记录。

3）温度控制器（阀）安装要求

①温度控制器（阀）的进出口方向应与被调热源流向一致。

②温包应全部浸没在被调介质中，并水平或倾斜向下安装。

③导压管的最小弯曲半径不小于75mm，最大长度3000min，并确保导压管在自然状态下，以防折断。

④在不用热水时，应关闭温度控制器（阀）前的阀门。

4. 电热水器安装

（1）电热水器必须按设计或产品要求有安全可靠的接地措施。

（2）电加热器应有符合设计或产品要求的过热安全保护措施，以防止热水温度过高和出现出水烘干现象。

（3）如无压力安全措施装置时，电加热器的热水出口不得装设阀门，以防压力过高发生事故。

（4）电加热器应有必要的电源开关指示灯、水温指示等装置。

（5）电热水器型号、规格极多，安装时必须符合产品安装说明书的有关规定和要求。

技能图解24　卫生器具安装

技能结构框线图

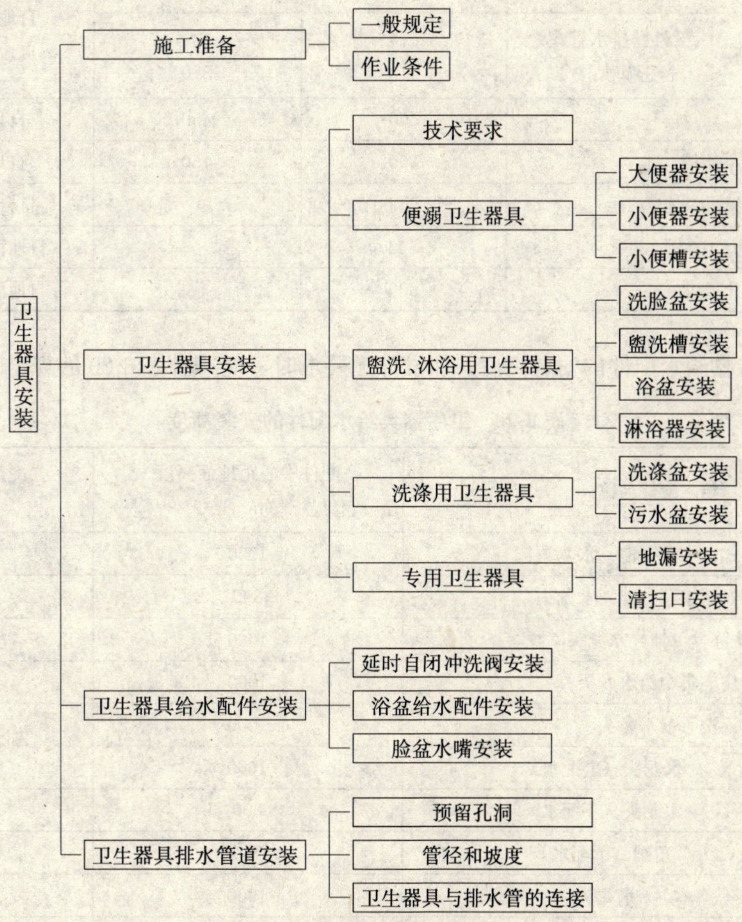

图3-17　卫生器具安装

技能要点 1：施工准备

1. 施工一般规定

（1）卫生器具的安装应采用预埋螺栓或膨胀螺栓安装固定。

（2）卫生器具安装高度如设计无要求时，应符合表 3-19 的规定。

表 3-19　卫生器具的安装高度

<table>
<tr><th colspan="3" rowspan="2">卫生器具名称</th><th colspan="2">卫生器具安装高度（mm）</th><th rowspan="2">备注</th></tr>
<tr><th>居住和公共建筑</th><th>幼儿园</th></tr>
<tr><td rowspan="2">污水盆（池）</td><td colspan="2">架空式</td><td>800</td><td>800</td><td rowspan="6">自地面至器具上边缘</td></tr>
<tr><td colspan="2">落地式</td><td>500</td><td>500</td></tr>
<tr><td colspan="3">洗涤盆（池）</td><td>800</td><td>800</td></tr>
<tr><td colspan="3">洗脸盆、洗手盆（有塞、无塞）</td><td>800</td><td>500</td></tr>
<tr><td colspan="3">盥洗槽</td><td>800</td><td>500</td></tr>
<tr><td colspan="3">浴　盆</td><td>≤520</td><td></td></tr>
<tr><td rowspan="2">蹲式大便器</td><td colspan="2">高水箱</td><td>1800</td><td>1800</td><td>自台阶面至高水箱底</td></tr>
<tr><td colspan="2">低水箱</td><td>900</td><td>900</td><td>自台阶面至低水箱底</td></tr>
<tr><td rowspan="3">坐式大便器</td><td colspan="2">高水箱</td><td>1800</td><td>1800</td><td rowspan="3">自地面至高水箱底
自地面至低水箱底</td></tr>
<tr><td rowspan="2">低水箱</td><td>外露排水管式</td><td>510</td><td></td></tr>
<tr><td>虹吸喷射式</td><td>470</td><td>370</td></tr>
<tr><td>小便器</td><td colspan="2">挂　式</td><td>600</td><td>450</td><td>自地面至下边缘</td></tr>
<tr><td colspan="3">小便槽</td><td>200</td><td>150</td><td>自地面至台阶面</td></tr>
<tr><td colspan="3">大便槽冲洗水箱</td><td>≥2000</td><td></td><td>自台阶面至水箱底</td></tr>
<tr><td colspan="3">妇女卫生盆</td><td>360</td><td></td><td>自地面至器具上边缘</td></tr>
<tr><td colspan="3">化验盆</td><td>800</td><td></td><td>自地面至器具上边缘</td></tr>
</table>

（3）卫生器具给水配件的安装高度，如设计无要求时，应符合表 3-20 的规定。

表 3-20　卫生器具给水配件的安装高度

<table>
<tr><th colspan="2">给水配件名称</th><th>配件中心距地面高度（mm）</th><th>冷热水龙头距离（mm）</th></tr>
<tr><td colspan="2">架空式污水盆（池）水龙头</td><td>1000</td><td>—</td></tr>
<tr><td colspan="2">落地式污水盆（池）水龙头</td><td>800</td><td>—</td></tr>
<tr><td colspan="2">洗涤盆（池）水龙头</td><td>1000</td><td>150</td></tr>
<tr><td colspan="2">住宅集中给水龙头</td><td>1000</td><td>—</td></tr>
<tr><td colspan="2">洗手盆水龙头</td><td>1000</td><td>—</td></tr>
<tr><td rowspan="3">洗脸盆</td><td>水龙头（上配水）</td><td>1000</td><td>150</td></tr>
<tr><td>水龙头（下配水）</td><td>800</td><td>150</td></tr>
<tr><td>角阀（下配水）</td><td>450</td><td>—</td></tr>
<tr><td rowspan="2">盥洗槽</td><td>水龙头</td><td>1000</td><td>150</td></tr>
<tr><td>冷热水管上下并行 其中热水龙头</td><td>1100</td><td>150</td></tr>
</table>

表 3-20（续）

给水配件名称		配件中心距地面高度（mm）	冷热水龙头距离（mm）
浴盆	水龙头（上配水）	670	150
淋浴器	截止阀	1150	95
	混合阀	1150	
	淋浴喷头下沿	2100	—
蹲式大便器（台阶面算起）	高水箱角阀及截止阀	2040	
	低水箱角阀	250	—
	手动式自闭冲洗阀	600	—
	脚踏式自闭冲洗阀	150	—
	拉管式冲洗阀（从地面算起）	1600	—
	带防污助冲器阀门（从地面算起）	900	—
坐式大便器	高水箱角阀及截止阀	2040	—
	低水箱角阀	150	—
大便槽冲洗水箱截止阀（从台阶面算起）		≥2400	—
立式小便器角阀		1130	—
挂式小便器角阀及截止阀		1050	—
小便槽多孔冲洗管		1100	—
实验室化验水龙头		1000	—
妇女卫生盆混合阀		360	—

注：装设在幼儿园内的洗手盆、洗脸盆和盥洗槽水嘴中心离地面安装高度应为 700mm，其他卫生器具给水配件的安装高度，应按卫生器具实际尺寸相应减少。

2. 施工作业条件

(1) 蹲式大便器应在其台阶砌筑前安装，坐式大便器和妇女卫生盆应在其台阶砌好后安装。

(2) 连接卫生器具的给排水、热水等管道已经敷设好。

(3) 卫生器具除蹲式大便器和浴盆外，均应待土建抹灰、喷白、镶贴瓷砖等工作完毕，再行安装。

(4) 按施工方案要求的安装条件已经具备，施工的房间达到关、锁的条件。

技能要点 2：卫生器具安装

1. 安装技术要求

(1) 木砖和支托架防腐要良好，埋设平整牢固，器具放置平稳，并加橡胶垫紧固牢靠。

(2) 排水栓、地漏安装应平整、牢固、低于排水地面，无渗漏现象。

(3) 卫生器具排水出口与排水管连接应严密，无渗漏，且均匀一致，不应有凹凸缺陷。

(4) 安装好的卫生器具应采取有效措施搞好成品保护，以防损坏和堵塞。

(5) 卫生器具的安装高度如设计无要求时，应符合表 3-19 要求。

(6) 卫生器具的给水配件的安装应完好无损，接口严密，启闭灵活。

(7) 卫生器具给水配件的安装高度，如设计无规定时，应符合表 3-20 要求。

2. 便溺卫生器具安装

(1) 大便器安装

1) 坐式大便器　坐式大便器本身带有存水弯，多用于住宅、宾馆、医院。坐式大便器分低水箱坐式大便器和高水箱坐式大便器两种。低水箱坐式大便器安装如图 3-18 所示；高水箱坐式大便器安装如图 3-19 所示。

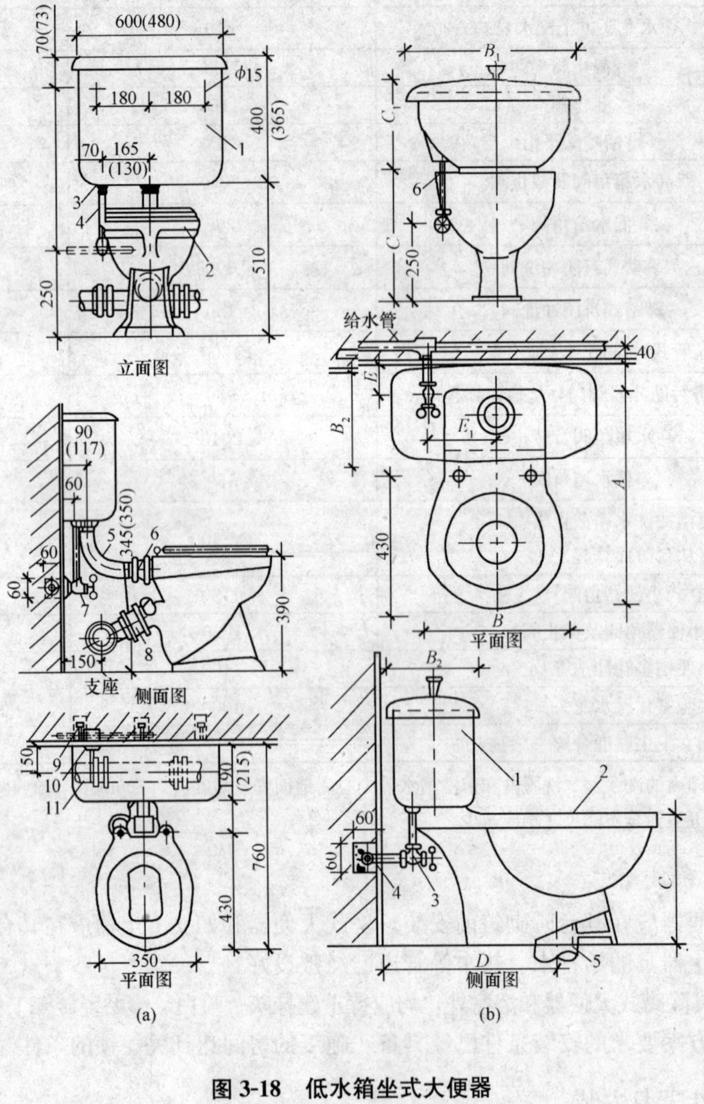

图 3-18　低水箱坐式大便器

（a）低水箱坐式大便器安装图

1—低水箱；2—坐式大便器；3—浮球阀配件；4—水箱进水管；5—冲洗管及配件；6—胶皮碗；7—角型截止阀；8—三通；9—给水管；10—三通；11—排水管

（b）带水箱坐式大便器安装图

1—低水箱；2—坐式大便器；3—角式截止阀；4—三通；5—排水管；6—水箱进水管

2）蹲式大便器　蹲式大便器常用于住宅、公共建筑卫生间及公共厕所内。蹲式大便器本身不带水封，需要另外装置铸铁或陶瓷存水弯。铸铁存水弯分为 S 形和 P 形，S 形存水弯一般用于低层，P 形存水弯用于楼间层。为了装置存水弯，大便器一般都安装在地面以上的平台上。高水箱冲洗管与大便器连接处，扎紧皮碗时一定用 14# 铜丝，禁用铁丝，以防生锈渗漏，并且此处应留出小坑，填充砂子，上面装上铁盖，便于以后更换或检修。大便器的排水接口应用油灰将里口抹平挤实，接口处应用白灰麻刀及砂子混合物填充，保证接口的严密性，以防渗漏。蹲式大便器有低水箱蹲式大便器及高水箱蹲式大便器，其安装分别如图 3-20 及图 3-21 所示。

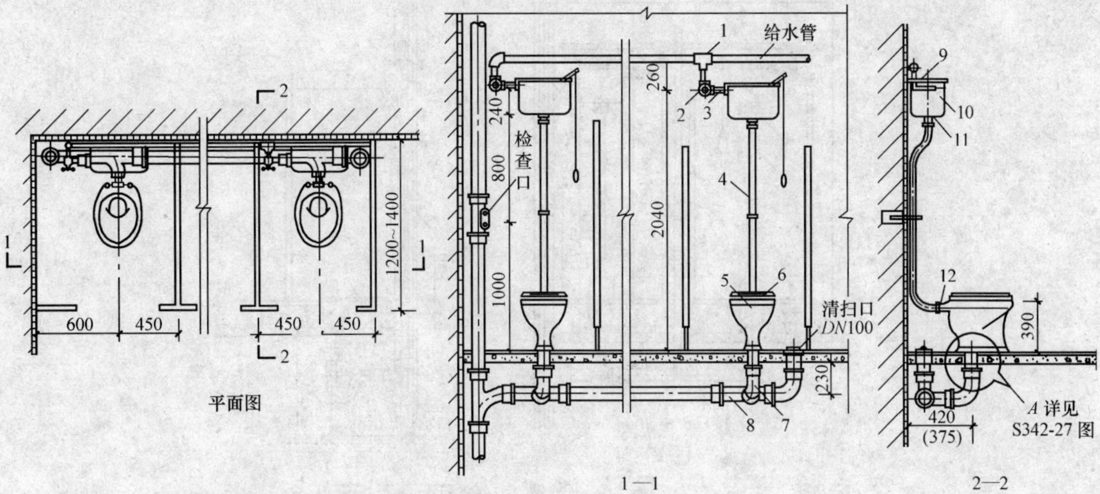

图 3-19　高水箱坐式大便器安装图

1—三通；2—角式截止阀；3—浮球阀配件；4—冲洗管；5—坐式大便器；
6—盖板；7—弯头；8—三通；9—弯头；10—高水箱；11—冲洗管配件；12—胶皮碗

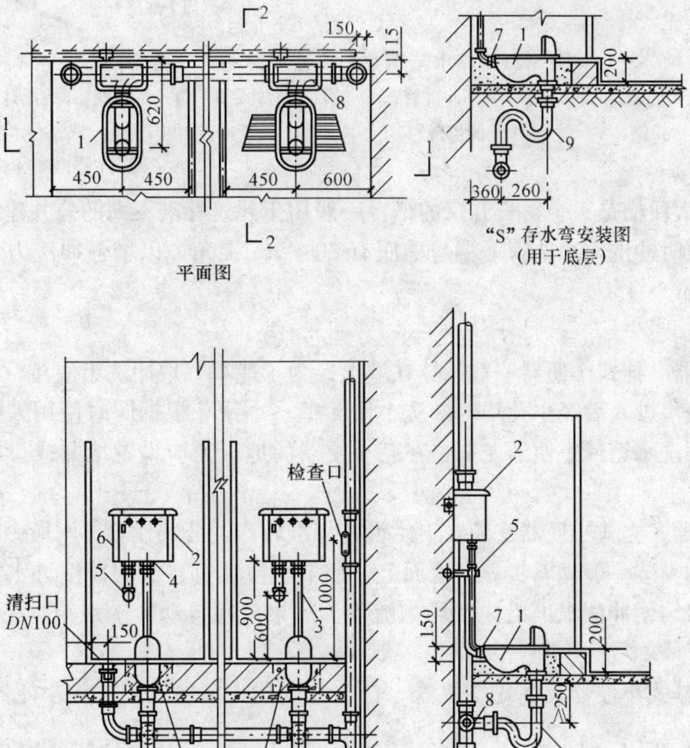

图 3-20　低水箱蹲式大便器安装图（一台阶）

1—蹲式大便器；2—低水箱；3—冲洗管；4—冲洗管配件；
5—角式截止阀；6—浮球阀配件；7—胶皮碗；8—90°三通；9—存水弯

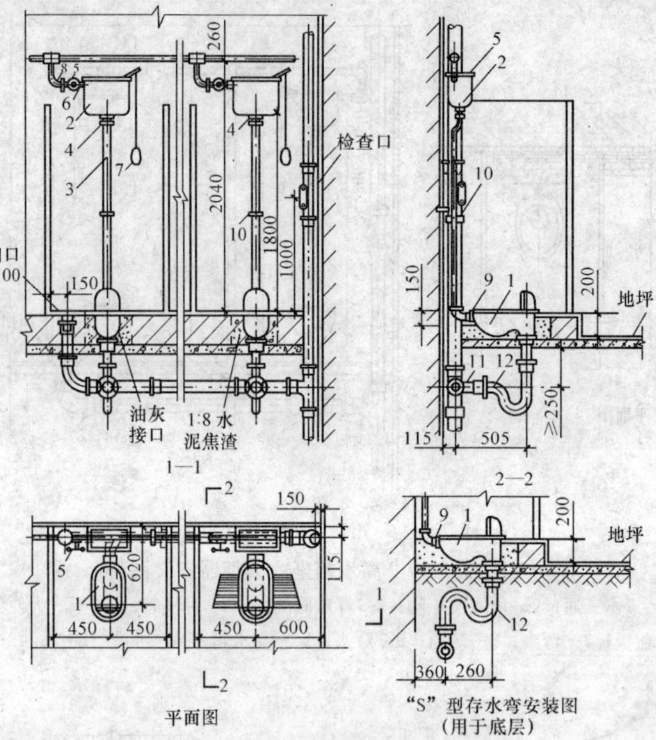

图 3-21　高水箱蹲式大便器安装图（一台阶）

1—蹲式大便器；2—高水箱；3—冲洗管；4—冲洗管配件；5—角式截止阀；6—浮球阀配件；7—拉链；8—弯头；9—胶皮碗；10—单管立式支架；11—90°三通；12—存水弯

3）大便槽　大便槽是一个狭长开口的槽。一般用于建筑标准不高的公共建筑或公共厕所。一般采用自动水箱定时冲洗，冲洗管下端与槽底有 30°～45°夹角，以增强冲洗力。排出管径及存水弯一般采用 150mm。

（2）小便器安装

1）挂式小便器　挂式小便器一般悬挂在墙上。为了能很好地冲洗小便斗，在其内部进水孔处设有一排小孔，使水进入后经小孔均匀淋洗小便斗壁。小便斗根据同时使用人数的多少，其冲洗设备可采用自动冲洗水箱或小便器龙头，在有小便器的地板上应设置地漏或排水沟，其安装如图 3-22 所示。

2）立式小便器　立式小便器安装在卫生设备标准较高的公共建筑男厕所中，多为成组装置。

立式小便器的安装一般靠墙竖立在地面上，每个小便器有自己的冲洗进水进口，在进水口下方设有扇形布水口，使冲洗水可沿内壁均匀流下。如果采用自动冲洗水箱，一般每隔 15～20min 冲洗一次。

3）自动冲洗挂式小便器及立式小便器　自动冲洗挂式小便器及立式小便器安装如图 3-23 及图 3-24 所示。

（3）小便槽安装

小便槽为用瓷砖沿墙砌筑的浅槽，建造简单，占地小，成本低，可供多人使用。广泛用于工业企业、公共建筑、集体宿舍的男厕所中。

小便槽可用普通阀门控制多孔冲洗管进行冲洗，应尽量采用自动冲洗水箱冲洗。多孔冲洗管安装于距地面 1.1m 高度处。多孔冲洗管管径≥15mm，管壁上开有 2mm 小孔，孔间距为 10～12mm，安装时应注意使一排小孔与墙面成 45°角。

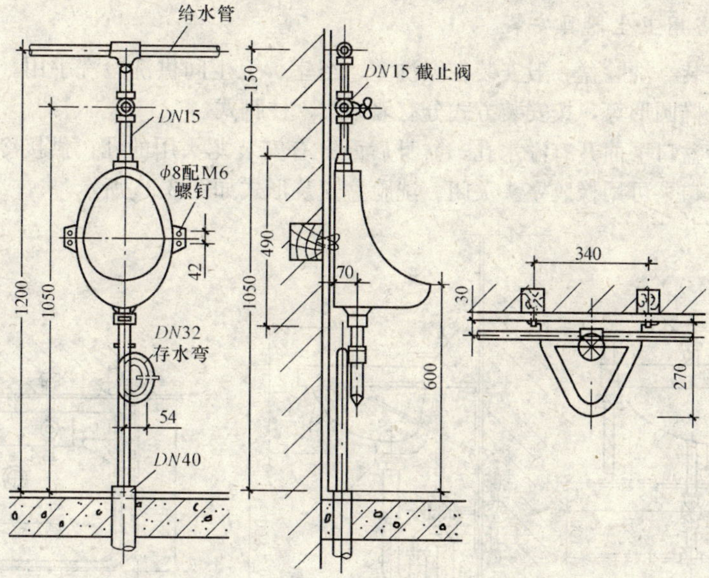

图 3-22　挂式小便器安装图

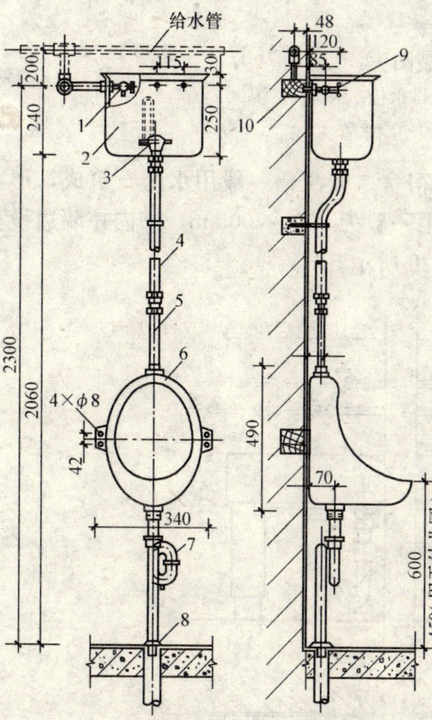

图 3-23　自动冲洗挂式小便器安装图

1—水箱进水阀；2—高水箱；3—自动冲洗阀；4—冲洗管及配件；5—连接管及配件；6—挂式小便器；7—存水弯；8—压盖；9—角式截止阀；10—弯头

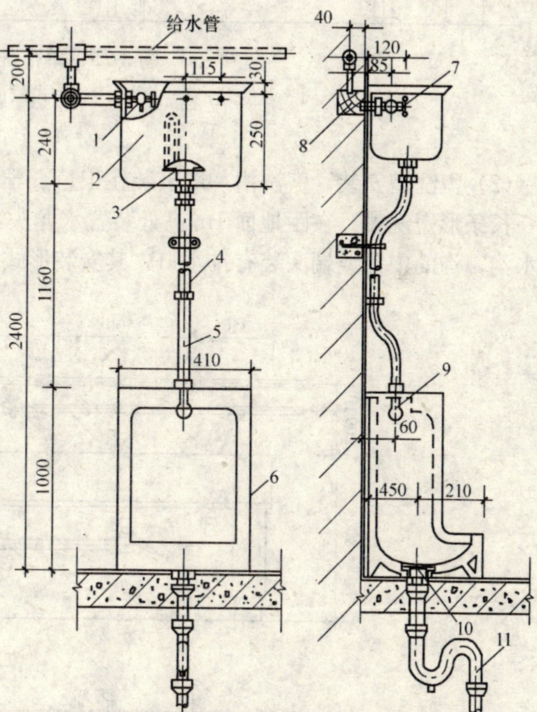

图 3-24　自动冲洗立式小便器安装图

1—水箱进水阀；2—高水箱；3—自动冲洗阀；4—冲洗管及配件；5—连接管及配件；6—立式小便器；7—角式截止阀；8—弯头；9—喷水鸭嘴；10—排水栓；11—存水弯

3. 盥洗、沐浴用卫生器具安装

（1）洗脸盆安装　洗脸盆一般安装在盥洗室、浴室、卫生间供洗脸洗手用。按其形状来分有长方形、三角形、椭圆形等，按安装方式分有墙架式、柱脚式。

在洗脸盆后壁盆口下面开有溢水孔，盆身后面开有安装龙头用的孔，供接冷、热水管用，底部有带栏栅的排水口，可用橡胶塞头关闭。洗脸盆安装形式如图3-25所示。

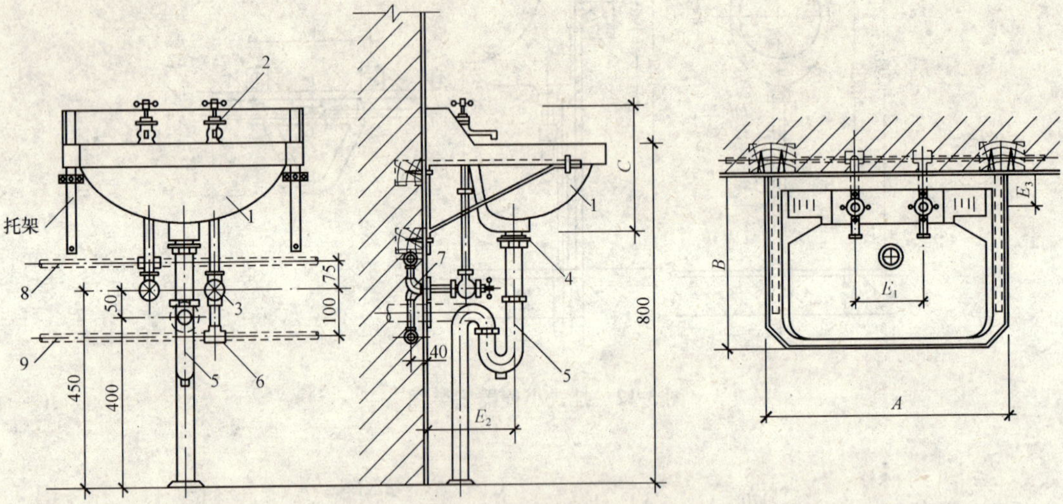

图3-25　单个洗脸盆安装图

1—洗脸盆；2—龙头；3—角式截止阀；4—排水栓；5—存水弯；6—三通；7—弯头；8—热水管；9—冷水管

（2）盥洗槽安装　盥洗槽一般安装在工厂、学校集体宿舍。盥洗槽一般用水磨石筑成，形状为一长条形盥洗槽。在距地面1m高处装置水龙头，其间距一般为600～700mm，槽内靠墙边设有泄水沟，沟的中部或端头装有排水口，其安装形式如图3-26所示。

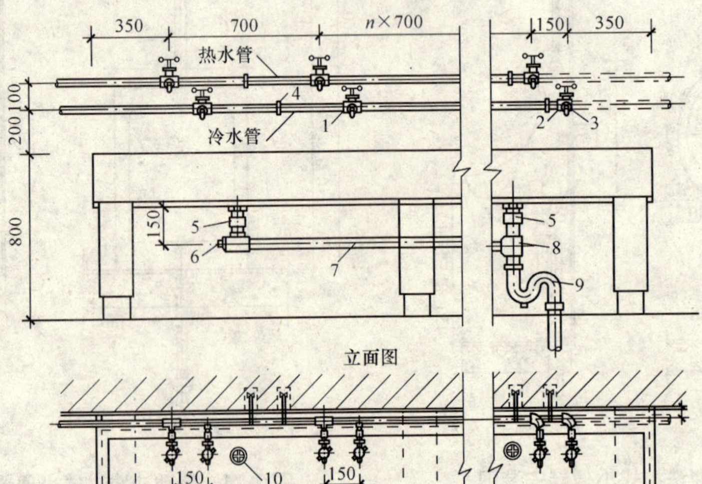

图3-26　盥洗槽安装图

1—三通；2—弯头；3—龙头；4—管接头；5—管接头；6—管塞；7—排水管；8—三通；9—存水弯；10—排水栓

(3) 浴盆安装　浴盆安装在住宅、宾馆、医院等卫生间及公共浴室内。

浴盆上配有冷热水管或混合龙头，其混合水经混合开关后流入浴盆，管径为 20mm。浴盆的排水口及溢水口均设置在龙头一端，浴盆底有 0.02 的坡度，坡向排水口。有的浴盆还配置固定式或软管式活动淋浴莲蓬喷头，浴盆安装如图 3-27 所示。

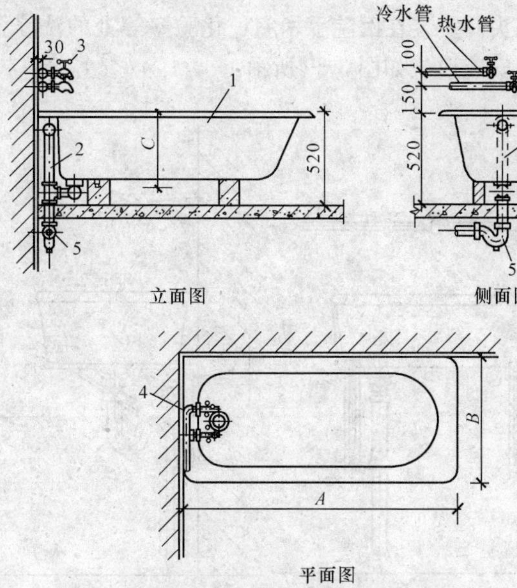

图 3-27　冷热水龙头浴盆安装图

1—浴盆；2—排水配件；3—龙头；4—弯头；5—存水弯

(4) 淋浴器安装　淋浴器占地面积小，成本低，清洁卫生，广泛用于集体宿舍、体育馆场及公共浴室中。

淋浴器有成品件，也有在现场组装的。莲蓬喷头下缘距地面高度为 2.0～2.2m，给水管管径为 15mm，其冷热水截止阀离地面 1.15m，相邻两淋浴头间距为 900～1000mm。地面上应有 0.005～0.01的坡度坡向排水口。淋浴器安装如图 3-28 所示。

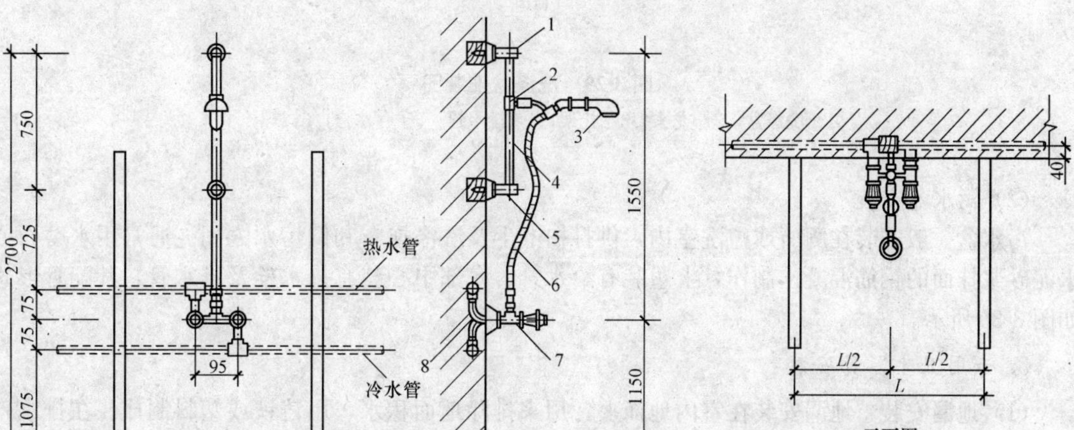

图 3-28　移动式淋浴器安装图

1—上支架；2—调节架；3—莲蓬头；4—滑杆；5—下支架；6—蛇皮管；7—混合阀；8—弯头

4. 洗涤用卫生器具安装

(1) 洗涤盆安装

洗涤盆一般安装在厨房或公共食堂内，供洗涤碗碟、蔬菜等食物用。以安装形式分有墙架式、柱脚式，又有单格、双格之分等。洗涤盆可设置冷热水龙头或混合水龙头，排水口在盆底的一端，口上有十字栏栅，备有橡胶塞头。安装在医院手术室、化验室等处的洗涤盆因工作需要常设置肘式开关或脚踏开关。洗涤盆的安装形式如图 3-29 所示。

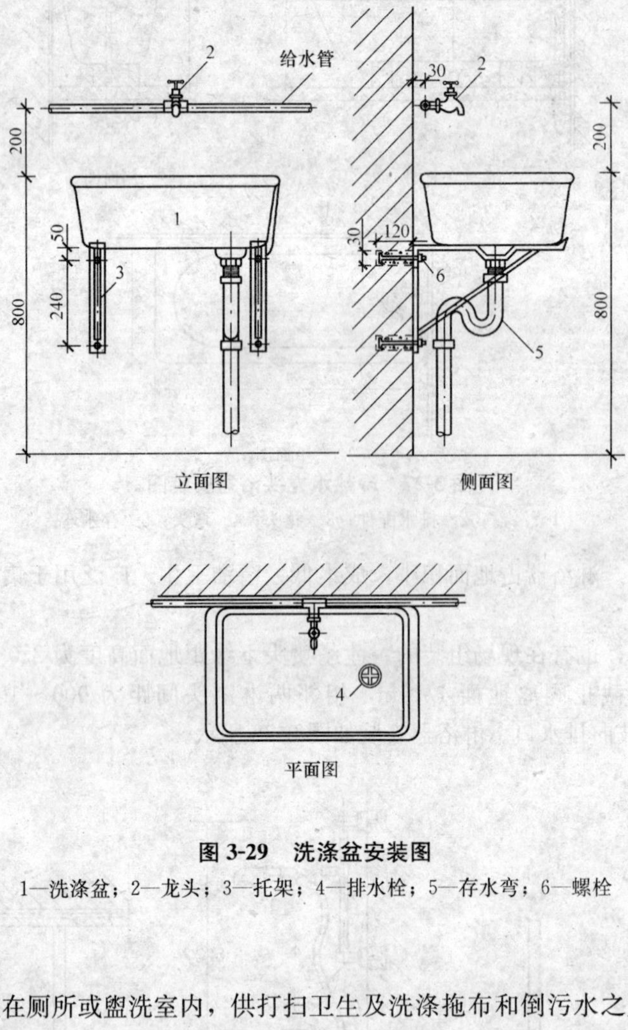

图 3-29　洗涤盆安装图

1—洗涤盆；2—龙头；3—托架；4—排水栓；5—存水弯；6—螺栓

(2) 污水盆安装

污水盆一般安装在厕所或盥洗室内，供打扫卫生及洗涤拖布和倒污水之用。通常用水磨石或水泥砂浆抹面的钢筋混凝土制作，上边装有给水管、底部中心装有排水栓及排水管，其配管形式如图 3-30 所示。

5. 专用卫生器具安装

(1) 地漏安装　地漏安装在室内地面上，用来排除地面积水，用铸铁或塑料制成。在排水口上盖有箅子，以阻止杂物落入管网。地漏安装在地面的最低处，其箅子顶比设置地面低 5mm，便于排水，室内地面应有不小于 0.01 的坡度，坡向地漏，其构造及安装见图 3-31 及图 3-32。

(2) 清扫口安装　清扫口一般安装在排水横管的末端，便于清除横管内的污物。清扫口在安装时盖子应与地面相平，先将清扫口扣在铸铁管的承口里，进行捻口密封。然后装于管子末端或引到上一层楼板上，如图 3-33 所示。

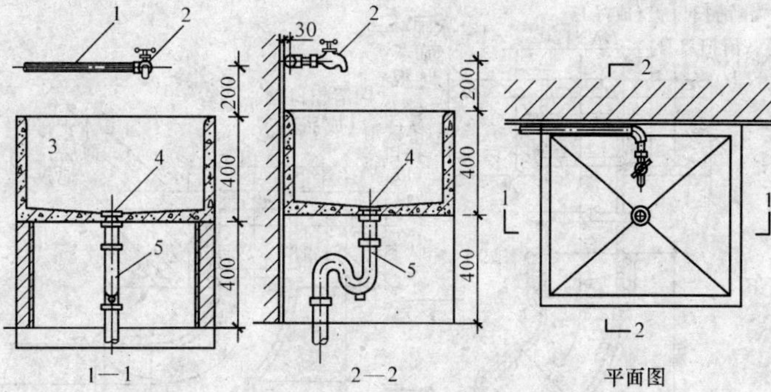

图 3-30　污水盆安装图

1—给水管；2—龙头；3—污水池；4—排水栓；5—存水弯

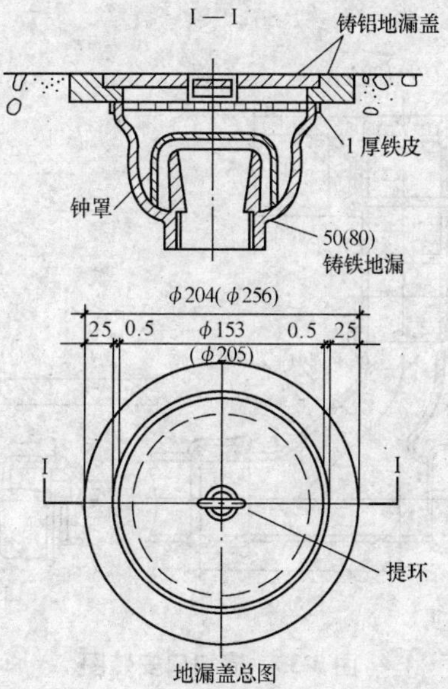

图 3-31　地漏的构造

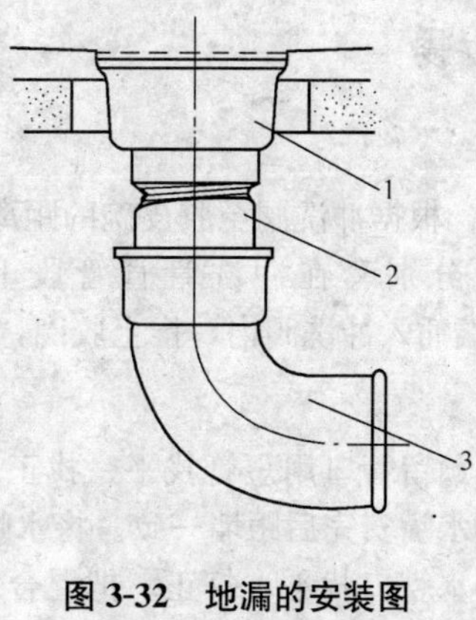

图 3-32　地漏的安装图

1—地漏；2—钢管；3—铸铁管

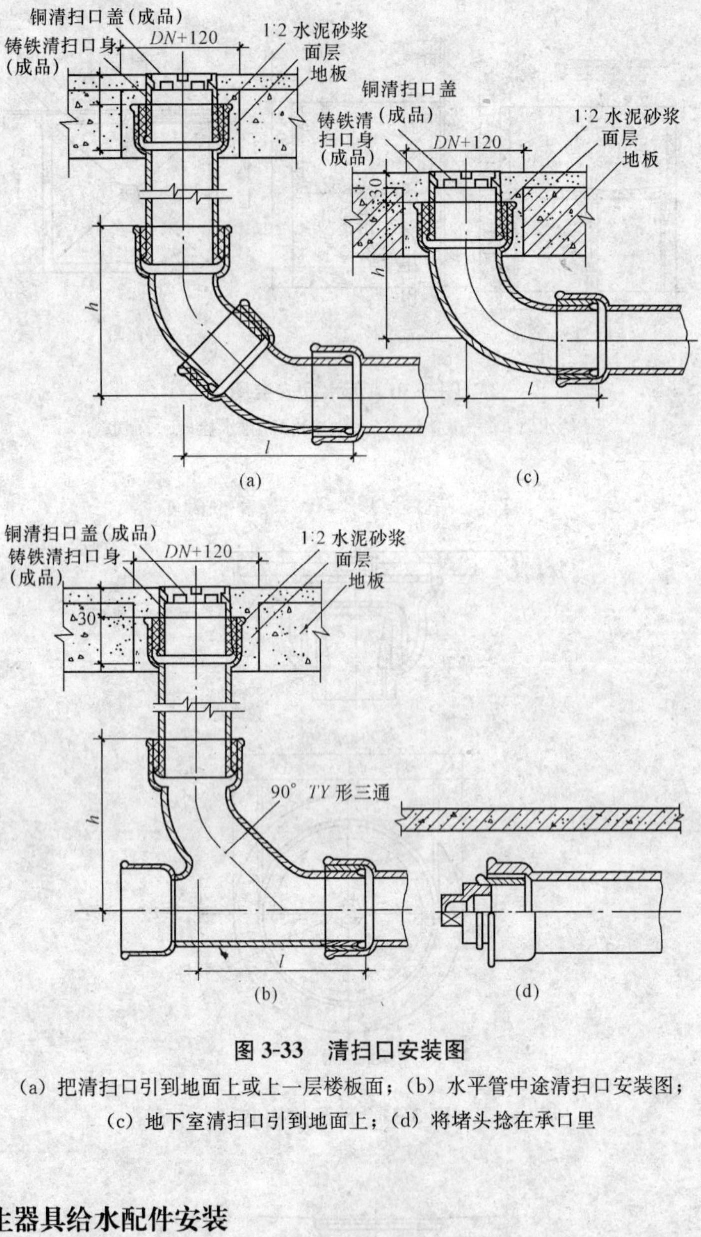

图 3-33　清扫口安装图

(a) 把清扫口引到地面上或上一层楼板面；(b) 水平管中途清扫口安装图；
(c) 地下室清扫口引到地面上；(d) 将堵头捻在承口里

技能要点 3：卫生器具给水配件安装

1. 延时自闭冲洗阀的安装

冲洗阀的中心高度为 1100mm，根据冲洗阀至胶皮碗的距离，断好 90°弯的冲洗管，使两端合适，将冲洗阀锁母由胶圈卸下，分别套在冲洗管直管段上，将弯管的下端插入胶皮碗内 40～50mm，用喉箍卡牢。再将上端插入冲洗阀内，推上胶圈，调直找正，将锁母拧至松紧适度。

2. 浴盆给水配件安装

(1) 水嘴安装　先将冷、热水预留管口用短管找平、找正。如暗装管道进墙较深者，应先量出短管尺寸，套好短管，使冷、热水嘴安完后距墙一致。将水嘴拧紧找正，除净外露麻丝。

(2) 混合水嘴安装　将冷、热水管口找平、打正。把混合水嘴转向对丝抹铅油，缠麻丝，带好护口盘，用自制扳手（俗称钥匙）插入转向对丝内，分别拧入冷、热水预留管口。校好尺寸，找平、找正。命名护口盘紧贴墙面。然手将混合水嘴对正转向对丝，加垫后拧紧锁母找平、找正。用扳手拧至松紧适度。

3. 脸盆水嘴安装

先将水嘴根母、锁母卸下，在水嘴根部热好油灰，插入脸盆给水孔眼，下面看套上热眼圈，带上根母后左手按住水嘴，右手用自制八字死扳将锁母紧至松紧适度。

技能要点 4：卫生器具排水管道安装

1. 预留孔洞

(1) 卫生洁具排水管距墙距离参见表 3-21。

表 3-21　卫生洁具排水管距墙距离

<table>
<tr><th colspan="4">卫生洁具名称</th><th>排水管距墙距离（mm）</th></tr>
<tr><td rowspan="6">坐便器</td><td colspan="3">挂箱虹吸式S形
挂箱冲落式S形
自闭式冲洗阀虹吸式S形
百闭式冲洗阀冲落式S形</td><td>420
272
340
192</td></tr>
<tr><td rowspan="2">坐箱虹吸式S形</td><td>国　标
坐便器
高　度</td><td>340
360
390</td><td>300
420
480</td></tr>
<tr><td colspan="2">建陶前进1号
建陶前进2号
太平洋
广州华美</td><td>490
500
270
305</td></tr>
<tr><td colspan="3">挂箱虹吸式P形</td><td>横支管在地坪上85穿入管道井</td></tr>
<tr><td colspan="2">挂箱冲落式P形</td><td>硬管连接
软管连接</td><td>横支管在地坪上150
软管在地坪上100与污水立管相连接</td></tr>
<tr><td colspan="3">坐箱冲落式P形
高水箱虹吸式S形

旋涡虹吸连体型</td><td>横支管在地坪上85穿入管道井
与排水横支管为顺水正三通连接时为420
与排水横支管为斜三通连接时为375
太平洋245</td></tr>
<tr><td>蹲便器</td><td colspan="3">平蹲式后落水
前落水
前落水</td><td>石湾、建陶295
620
660</td></tr>
<tr><td rowspan="3">浴盆</td><td colspan="3">裙板高档铸铁搪瓷</td><td>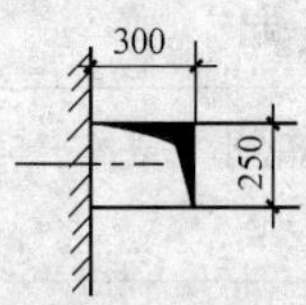</td></tr>
<tr><td colspan="3">普通型，有溢流排水管配件</td><td>靠墙留100×100见方的孔洞</td></tr>
<tr><td colspan="3">低档型，无溢流排水管配件</td><td>200（如浴盆排水一侧有排水立管，则应从浴盆边缘算起）</td></tr>
<tr><td>大便槽</td><td colspan="3">排水管径为100mm时
排水管径为150mm时</td><td>距墙420×580
距墙420×670</td></tr>
<tr><td>小便槽</td><td colspan="3"></td><td>125</td></tr>
<tr><td>小便器</td><td colspan="3">立式（落地）
挂式小便斗
半挂式小便器</td><td>150
以排水距墙70为圆心，以128为半径
510标高穿入墙内暗敷</td></tr>
</table>

（2）卫生洁具排水管穿越楼板留洞尺寸参见表 3-22。

表 3-22　卫生洁具排水管穿越楼板留洞尺寸

卫生洁具名称		留洞尺寸（mm）
大便器		200×200
大便槽		300×300
浴　盆	普通型	100×100
	裙边高级型	250×300
洗脸盆		150×150
小便器（斗）		150×150
小便槽		150×150
污水盆、洗涤盆		150×150
地　漏	50～70	200×200
	100	300×300

注：如留圆形洞，则圆形洞内切于方洞尺寸。

（3）各种立管穿越楼板、排水管穿越基础留洞位置参见表 3-23。

表 3-23　各种立管穿越楼板、排水管穿越基础留洞尺寸

管道名称	明　管	暗　管
	留孔尺寸（mm）（长×宽）	墙槽尺寸（mm）（宽×深）
采暖或给水立管（管径小于或等于 25mm） （管径 32～50mm） （管径 70～100mm）	100×100 150×150 200×200	130×130 150×130 200×200
一根排水立管（管径小于或等于 50mm） （管径 70～100mm）	150×150 200×200	200×130 250×200
二根采暖（管径小于或等于 32mm）或给水立管	150×100	200×130
一根给水立管（管径小于或等于 50mm）和一根排水立管（管径 70～100mm）在一起	200×150 250×200	200×130 250×200
二根给水立管（管径小于或等于 50mm）和一根排水立管（管径 70～100mm）在一起	200×150 350×200	250×130 380×200
给水支管（管径小于或等于 25mm）或散热器支管（32～40mm）	100×100 150×130	60×60 150×100
排水支管（管径小于或等于 80mm） （管径 100mm）	250×200 300×250	— —
采暖或排水主干管（管径小于或等于 80mm） （管径 100～125mm）	300×250 350×300	— —
给水引入管（管径小于或等于 100mm）	300×200	—

表 3-23（续）

管道名称	明　管	暗　管
	留孔尺寸（mm）（长×宽）	墙槽尺寸（mm）（宽×深）
排水排出（管径小于或等于 80mm） 管穿基础（管径 100～150mm）	300×300 （管径+300）× （管径+200）	—

注：1. 给水引入管，管顶上部净空一般小于 100mm。
　　2. 排水排出管，管顶上部净空一般不小于 150mm。

2. 排水管道管径和坡度

连接卫生器具的排水管管径和最小坡度，如设计无要求时，应符合表 3-24 的规定。

表 3-24　连接卫生器具的排水管管径和最小坡度

卫生器具名称		排水管管径/mm	管道的最小坡度/‰
污水盆（池）		50	25
单、双格洗涤盆（池）		50	25
洗手盆、洗面器		32～50	20
浴盆		50	20
淋浴器		50	20
大便器	高、低水箱	100	12
	自闭式冲洗阀	100	12
	拉管式冲洗阀	100	12
小便器	手动、自闭式冲洗阀	40～50	20
	自动冲洗水箱	40～50	20
化验盆（无塞）		40～50	25
净身器		40～50	20
饮水器		20～50	10～20
家用洗衣机		50（软管为 30）	

注：成组洗脸盆接至公用水封的排水管的坡度为 0.01。

连接卫生器具的铜管应保持平直，尽可能避免弯曲，如需弯曲，应采用冷弯法，并注意其椭圆度不大于 10%；卫生器具安装完毕后，应进行通水试验，以无漏水现象为合格。

3. 卫生洁具与排水管的连接

大便器、小便器的排水出口承插接头应用油灰填充，不得用水泥砂浆填充，见图 3-34。

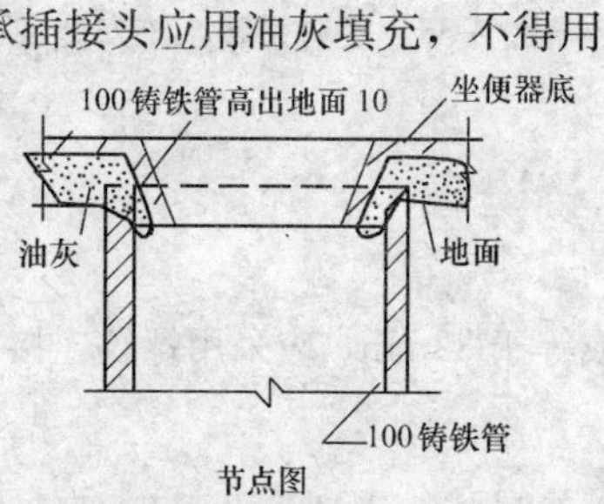

图 3-34　大便器与铸铁排水管连接

技能图解 25　室内采暖系统安装

技能结构框线图

图 3-35　室内采暖系统安装

技能要点 1：施工准备

1. 施工一般规定

焊接钢管的连接，管径大于或等于 32mm，应采用螺纹连接；管径大于 32mm，采用焊接。

2. 材料要求

(1) 建筑采暖工程所使用的主要材料、成品、半成品、配件、器具和设备必须具有中文质量合格证明文件，规格、型号及性能应符合国家技术标准或设计要求。进场时应做检查验收，并经现场监理工程师核查确认。

（2）所有材料进场时应对品种、规格、外观等进行验收。包装应完好，表面无划痕及外力冲击破损。

（3）管道及配件材料要求同室内给水系统中的“给水管道及配件安装”及室内热水供应系统中的“管道及配件安装”要求。

（4）辐射板的材质应符合设计要求。

3. 施工作业条件

（1）安装部位或房间内部的装修工作已经完成。

（2）散热器及热水器的气源、水源已安装完毕。

（3）根据设计要求，已准备好各种规格要求的管材、阀门、暖气片（散热器）、管件、加工件（立管卡、暖气钩子等）。

（4）检查各种管材、散热器、热水器、暖风机等器材的表面不应有明显的腐蚀、裂纹、重皮和压延不良等现象。暖气片不能有砂眼、破损等疵病。

技能要点2：散热器的安装

1. 支、托架安装

安装散热器前，应先在墙上划线，确定支、托架的位置，再进行支、托架的安装。铸铁散热器支、托架安装如图3-36所示。

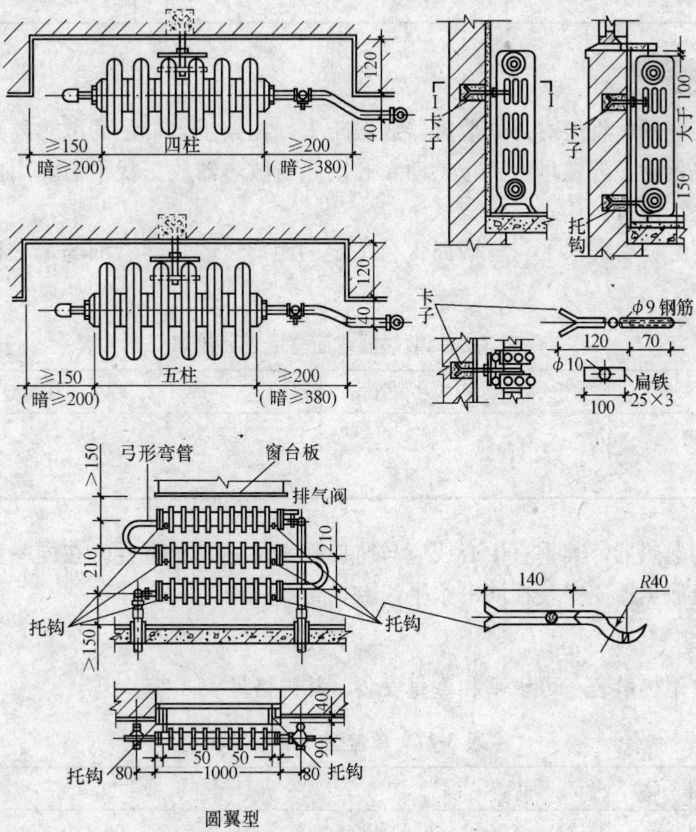

图3-36　铸铁散热器支托架安装图

安装好的支、托架应位置正确、平整牢固。

散热器支、托架数量应符合表 3-25 的规定。

表 3-25 散热器支架、托架数量

散热器型式	安装方式	每组片数	上部托钩或卡架数	下部托钩或卡架数	合 计
长翼型	挂墙	2～4	1	2	3
		5	2	2	4
		6	2	3	5
		7	2	4	6
M132 柱 型 柱翼型	挂墙	3～8	1	2	3
		9～12	1	3	4
		13～16	2	4	6
		17～20	2	5	7
		21～25	2	6	8
M132 柱 型 柱翼型	带足落地	3～8	1	—	1
		8～12	1	—	1
		13～16	2	—	2
		17～20	2	—	2
		21～25	2	—	2

2. 散热器安装

支、托架安装好后，将组对好的散热器放置于支、托架上。带足的散热器组，将它放于安装位置上，上好散热器的拉杆螺母，防止晃动和倾倒。当散热器放正找平后，用白铁皮或铅皮将散热器足下塞实、垫稳即可。

安装好的散热器应垂直水平、与墙面保持一定的距离。散热器背面与墙表面安装距离，见表 3-26。

表 3-26 散热器背面与墙表面距离

散热器型式	闭式串片、板式、偏管式	M132、柱型、柱翼型、长翼型
散热器背面与墙表面距离（mm）	30	40

靠窗口安装的散热器，其垂直中心线应与窗口垂直中心线相重合。在同一房间内，同时有几组散热器时，几组散热器应安装在同一水平线上，高低一致。

3. 热量表安装

（1）单流型户用热量表　可水平和垂直安装，其规格见表 3-27。

表 3-27 单流型户用热量表

公称流量	Q_n	m^3/h	0.6		1.5		2.5
工作温度	—	℃	90/120		90/120		90/120
流量计接口螺纹	D_1	—	G3/4B	G/B	G3/4B	G/B	G/B
接管螺纹	—	mm	15	20	15	20	20

表 3-27（续）

公称流量	Q_n	m^3/h	0.6		1.5		2.5
工作温度	—	℃	90/120		90/120		90/120
公称口径	DN	mm	15	15	20		
外形长度	L	mm	110	130	110	130	130
高　度	H	mm	100				

（2）管网热力表　可水平和垂直安装，其规格见表3-28。

表 3-28　管网热力表（WP1－X 型）

公称流量	Q_n	m^3/h	15	25	40	60	100	150	250
公称口径	DN	mm	50	65	80	100	125	150	200
示值范围	max	m^3	999999						9999999
示值范围	min	L	5						50
外形长度	L	m	200		225	250		300	350

（3）户用型超声波热量表　其技术参数见表 3-29。

表 3-29　户用型超声波热量表

公称流量（m^3/h）	安装尺寸（mm）	最小流量（L/h）	ΔP（bar）
0.75	G3/4×110（DN15）	2	0.06
1.50	G3/4×110（DN15）	5	0.22
0.75	G1×130（DN20）	2	0.06
1.50	G1×130（DN20）	5	0.22
2.50	G1×130（DN20）	6	0.22
0.75	G3/4×165（DN15）	2	0.05
1.50	G3/4×165（DN15）	5	0.18

（4）机械式户用热量表　其技术参数见表 3-30。

表 3-30　机械式户用热量表

公称尺寸	DN15	DN15	DN20
压力级别	P_N16	P_N16	P_N16
公称流量 Q_N（m^3/h）	0.6	1.5	2.5
最大流量 Q_{max}（m^3/h）	1.2	3.0	5.0
最小流量 Q_{min}（L/h）	12	30	50
起始流量（L/h）	4	6	10
最高介质温度（℃）	90	90	90
0.1bar 压力损失下的流量（m^3/h）	0.4	0.9	1.6
安装长度（表室）L（mm）	110	110	130
安装长度（整体连接）（mm）	190	190	228
表室连接螺纹	G3/4B	G3/4B	G/B
整体连接螺纹（mm）	15	15	20

（5）热量表安装前，厂方应提供对温度传感器进行校核的资料。

（6）用户热量表的流量传感器宜装在供水管上，且热量表前应设置除污装置。

（7）安装不同厂家的热力表，应满足各厂家安装使用说明书的要求。

4. 热力入口布置

(1) 低温热水采暖系统热力入口。低温热水采暖系统热力入口布置见图 3-37。

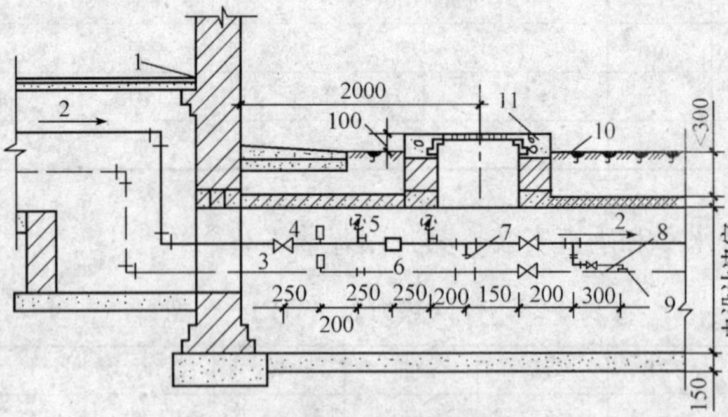

图 3-37　低温热水采暖系统入口图

1—室内地坪；2—坡向；3—有调压板时阀门不装；4—温度计；5—压力表；6—调压板；7—*DN*25 泄水堵；8—闸阀；9—*DN*25 循环管；10—室外地坪；11—C10 素混凝土

1）热力入口管道系统应有方便拆卸的管道配件。

2）热力入口处有膨胀水箱的膨胀管和循环管接入时，应在切断阀外与外管线相接。

3）热力入口处压力表的选择，应以运行状态时的压力为主，压力表的量程宜为运行时压力的 2 倍。

4）热力入口处宜设检查井，井内应考虑人员操作的便利。

(2) 低压蒸汽采暖系统入口见图 3-38。

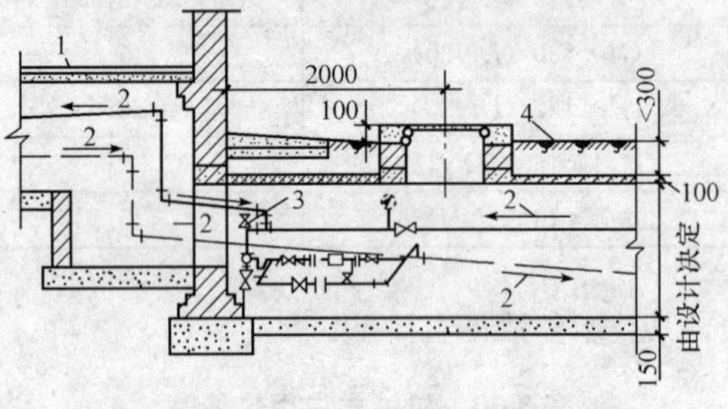

图 3-38　低压蒸汽采暖系统入口图

1—室内地坪；2—坡向；3—DN15 截止阀；4—室外地坪

(3) 高压蒸汽采暖系统入口，见图 3-39。高压蒸汽采暖系统入口减压阀后应安装安全阀，其起跳压力为工作压力 0.02MPa。安全阀在安装前需经国家技术监督检查部门校核、铅封，并记入技术档案。

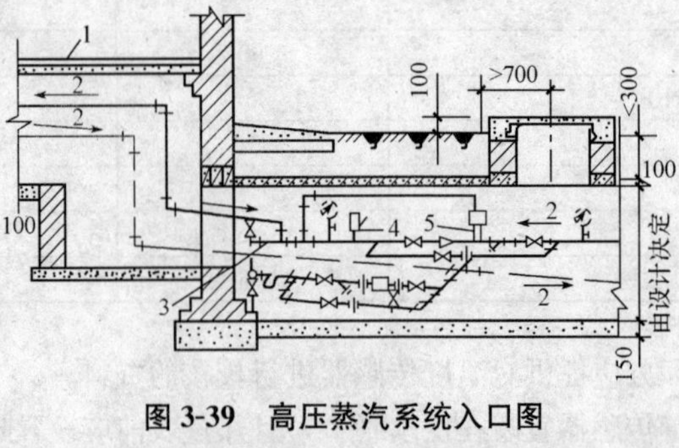

图 3-39　高压蒸汽系统入口图

1—室内地坪；2—坡向；3—此段管径比减压后管径大一号；4—安全阀；5—减压阀

技能要点 3：金属辐射板制作与安装

1. 辐射板制作

辐射板制作简单，将几根 $DN15$、$DN20$ 等管径的钢管制成钢排管形式，然后嵌入预先压出与管壁弧度相同的薄钢板槽内，并用 U 形卡子固定；薄钢板厚度为 0.6～0.75mm 即可，板前可刷无光防锈漆，板后填保温材料，并用铁皮包严。当嵌入钢板槽内的排管通入热媒后，很快就通过钢管把热量传递给紧贴着它的钢板，使板面具有较高的温度，并形成辐射面向室内散热。辐射板散热以辐射热为主，还伴随一部分对流热。

2. 金属辐射板安装

（1）按设计要求，制作与安装辐射板的支吊架。一般支吊架的形式按其辐射板的安装形式分类为三种，即垂直安装、倾斜安装、水平安装。带型辐射板的支吊架应保持 3m 一个。

1）水平安装：板面朝下，热量向下侧辐射。辐射板应有不小于 0.005 的坡度坡向回水管，坡度的作用是：对于热媒为热水的系统，可以很快地排除空气；对于蒸汽，可以顺利地排除凝结水。

2）倾斜安装：倾斜安装在墙上或柱间，倾斜一定角度向斜下方辐射。

3）垂直安装：板面水平辐射。垂直安装在墙上、柱子上或两柱之间。安装在墙上、柱上的，应采用单面辐射板，向室内一面辐射；安装在两柱之间的空隙处时，可采用双面辐射板，向两面辐射。

（2）辐射板用于全面采暖，如设计无要求，最低安装高度应符合表 3-31 的要求。

表 3-31 辐射板的最低安装高度 (m)

热媒平均温度（℃）	水平安装		倾斜安装与垂直面所成角度			垂直安装（板中心）
	多管	单管	60°	45°	30°	
115	3.2	2.8	2.8	2.6	2.5	2.3
125	3.4	3.0	3.0	2.8	2.6	2.5
140	3.7	3.1	3.1	3.0	2.8	2.6
150	4.1	3.2	3.2	3.1	2.9	2.7
160	4.5	3.3	3.3	3.2	3.0	2.8
170	4.8	3.4	3.4	3.3	3.0	2.8

注：1. 本表适合于工作地点固定、站立操作人员的采暖；对于坐着或流动人员的采暖，应将表中数字降低 0.3m。
2. 在车间外墙的边缘地带，安装高度可适当降低。

（3）辐射板的安装可采用现场安装和预制装配两种方法。块状辐射板宜采用预制装配法，每块辐射板的支管上可先配上法兰，以便于和干管连接。带状辐射板由于太长可采用分段安装。

块状辐射板的支管与干管连接时应有两个 90°弯管。

（4）块状辐射板不需要每块板设一个疏水器。可在一根管路的几块板之后装设一个疏水器。每块辐射板的支管上也可以不装设阀门。

（5）接往辐射板的送水、送汽和回水管，不宜和辐射板安装在同一高度上。送水、送汽管宜高于辐射板，回水管宜低于辐射板，并且有不少于 0.005 的坡度坡向回水管。

（6）背面需做保温的辐射板，保温应在防腐、试压完成后施工。保温层应紧贴在辐射板上，不得有空隙，保护壳应防腐。安装在窗台下的散热板，在靠墙处，应按设计要求放置保温层。

技能要点 4：低温热水地板辐射采暖安装

为了保证低温地板辐射采暖系统的安装质量及运行后严密不漏和畅通无阻。安装时必须按照以下程序进行：材料的选择和准备→清理地面→铺设保温板→铺试交联管→试压冲洗→回填豆石混凝土→人工夯实→接通分水器、回水器→通水试验，初次启运。在整个施工过程中，施工人员应经过专业岗位培训、持证上岗是保证施工质量的关键。

1. 清理地面

在铺设贴有铝箔的自熄型聚苯乙烯保温板之前，将地面清扫干净，不得有凹凸不平的地方，不得有砂石碎块、钢筋头等。

2. 铺设保温板

保温板采用贴有铝箔的自熄型聚苯乙烯保温板，必须铺设在水泥砂浆找平层上，地面不得有高低不平的现象。保温板铺设时，铝箔面朝上，铺设平整。凡是钢筋、电线管或其他管道穿过楼板保温层时，只允许垂直穿过，不准斜插，其插管接缝用胶带封贴严实、牢靠。

3. 铺设塑料管

交联塑料管铺设的顺序是从远到近逐个环圈铺设，凡是交联塑料管穿地面膨胀缝处，一律用膨胀条将分割成若干块地面隔开来，交联塑料管在此处均须加伸缩节，伸缩节为交联塑料管专用伸缩节，其接口用热熔连接，施工中须由土建施工人员事先划分好，相互配合和协调，见图3-40所示。

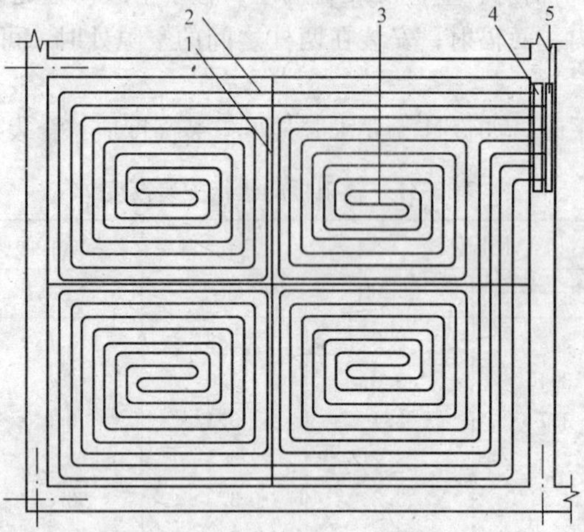

图 3-40　地热管路平面布置图

1—膨胀带；2—伸缩节（300mm）；3—交联管（$\phi 20$、$\phi 15$）；

4—分水器；5—集水器

交联塑料管铺设完毕，采用专用的塑料 U 形卡及卡钉逐一将管子进行固定。U 形卡距及固定方式如图 3-41 所示。若设有钢筋网，则应安装在高出塑料管的上皮 10～20mm 处。铺设前如果规格尺寸不足整块铺设时应将接头连接好，严禁踩在塑料管上进行接头。

敷设在地板凹槽内的供回水干管，若设计选用交联塑料软管，施工结构要求与地热供暖相同。

4. 试压、冲洗

安装完地板上的交联塑料管应进行水压试验。首先接好临时管路及水压泵，灌水后打开排气阀，将管内空气放净后再关闭排气阀，先检查接口，无异样情况方可缓慢地加压，增压过程观察接口，发现渗漏立即停止，将接口处理后再增压。增压至 0.6MPa 表压后稳压 10min，压力下降≤0.03MPa为合格。由施工单位、建设单位双方检查合格后作隐蔽记录，双方签字验收，作为工程竣工验收的重要资料。

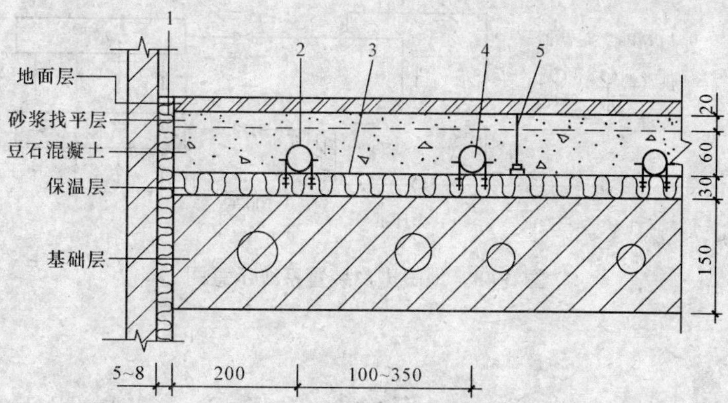

图 3-41　地板辐射供暖剖面

1—弹性保温材料；2—塑料固定卡钉（间距直管段 500mm；弯管段 250mm）；3—铝箔；4—塑料管；5—膨胀带

5. 回填豆石混凝土

试压验收合格后，立即回填豆石混凝土。试压临时管路暂不拆除，并且将管内压力降至 0.4MPa 稳住、恒压。由土建进行回填，填充的豆石混凝土中必须加进 5%的防龟裂的添加剂。回填过程中，严禁踩压交联环状管路，严禁用振捣器振捣作业，必须用人工捣固密实。人工捣固时也要防止对管道碰撞或加力。

6. 分水（回水）器制作、安装、连接

（1）先按设计图纸进行钢制分水（回水）器的放样、下料、划线、切割、坡口、焊制成形，按工艺标准中各工序严格操作。如设计无规定，可参照图 3-42 中所示制作、安装。分水器或回水器上的分水管和回水管，与埋地交联塑料管的连接采用热熔接口。

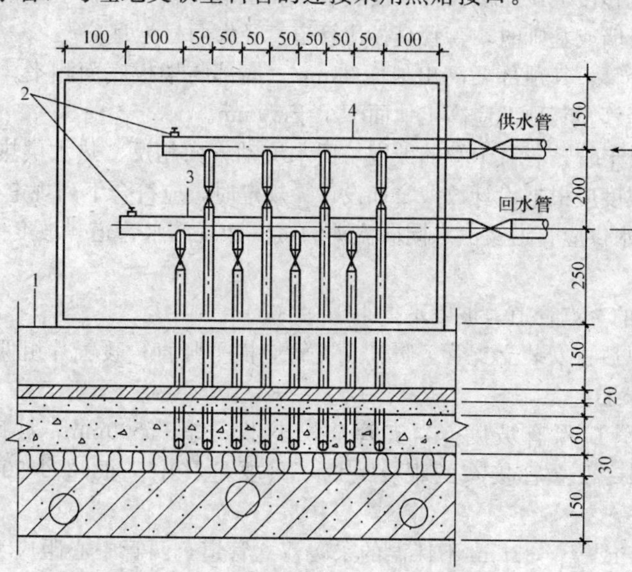

图 3-42　分（集）水器正视图

1—踢脚线；2—放风阀；3—集水器；4—分水器

（2）将进户装置系统管道安装完，见系统示意图（图3-43），其仪表、阀门、过滤器、循环泵安装时，不得安反。

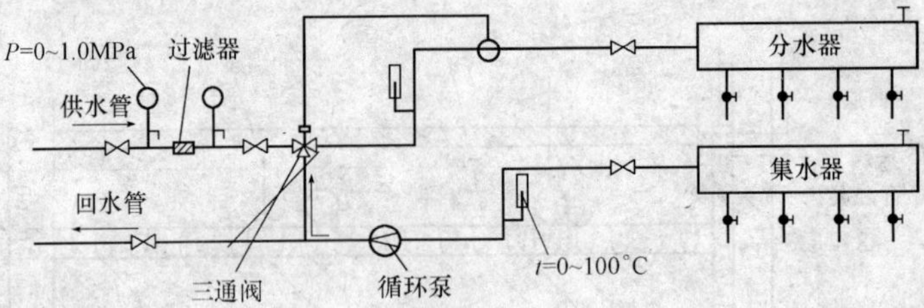

图 3-43　地暖进户装置系统示意图

7. 通热

通热水、初次启运。初次启运通热水时，首先将烧至25～30℃水温的热水通入管路，循环一周，检查地上接口无异样，将水温提高 5～10℃，再运行一周后重复检查，照此循环，每隔一周温度提高 5～10℃，直到供水温度为 60～65℃为止。地上各接口不渗不漏为全部合格，经施工、建设单位双方检查，最后验收，双方签字。

技能要点 5：采暖管道与设备安装

1. 一般要求

（1）使用的材料和设备在安装前，应该按设计要求检查规格、型号和质量。安装前，必须清除内部污垢和杂物。

（2）暖气管道的安装顺序，一般是先安装室外干管，然后再装室内干管、立管和支管。

（3）安装天棚或地下室内的暖气管道时，要根据实际尺寸，事先下料进行组装，管道安装前要先完成管段的除锈刷漆。

（4）把组对好的暖气片组搬到要安装的房间内，并将暖气片组稳装到暖气片托钩上。

（5）管道穿过墙壁和楼板，应该设置铁皮套管或钢套管。安装在内墙壁的套管，其两端应与饰面相平。管道穿过外墙或基础时，套管直径比管道直径大两号为宜。

安装在楼板内的套管，其顶部要高出地面 20mm，底部与楼板底面相平。管道穿过容易积水的房间楼板，加设钢套管，其顶部应高出地面不小于 30mm。

（6）安装蒸汽供气干管，蒸汽干管的坡度与回水流动方向相反，热水供热干管的坡度与热水流动方向相同，管道坡度应根据设计放线。如设计无规定时，应符合下列规定：

1）热水采暖和热水供应管道及汽水同向流动的蒸汽和凝结水管道，坡度一般为 0.003，但不得不小于 0.002；

2）汽水逆向流动的蒸汽管道，坡度不得小于 0.005。

（7）干管安装好以后再安装立支管，暖气立支管应横平竖直；暖气片组保持水平；在立管上每层要安设一个立管卡子。

连接散热器的支管应保有坡度。当支管全长小于或等于 500mm，坡度值为 5mm；大于 500mm，为 10mm。当一根立管接有两根支管时，只要是其中一根超过 500mm，其坡度值均为 10mm。

（8）安装管径小于或等于 32mm 不保温的采暖双立管道，两管中心距应为 80mm，允许偏差 5mm。热水或者蒸汽立管应该置于面向的右侧；回水立管置于左侧。

（9）管道支架附近的焊口，距支架净距大于 50mm，最好位于两个支座间距的 1/5 位置上。

2. 支架安装

（1）位置应正确，埋设应平整牢固。

（2）与管道接触应紧密，固定应牢靠。

（3）滑动支架应灵活，滑托与滑槽两侧间应留有3～5mm的间隙，并留有一定的偏移量。

（4）无热伸长管道的吊架，吊杆应垂直安装；有热伸长管道的吊杆，应向热膨胀的反方向偏移。

（5）固定在建筑结构上的管道支、吊架，不得影响结构的安全。

3. 管子调直与连接

（1）钢管安装前要注意清理内部污物；在安装前和连成管路时要进行调直；施工过程中要防止砖、石、铁块等杂物掉进管口。

（2）对于低压蒸汽采暖系统和热水采暖系统，当管径 $DN>32$mm时，一般采用焊接连接；当管径 $DN\leqslant32$mm时，可采用螺纹连接。

（3）室内管道安装要注意坡向、坡度，管路布置要平直、合理，不能出现水封和气塞。对于蒸汽采暖，管路布置要有利于排除凝结水；对于热水采暖，管路布置要有利于排除系统内的空气，分别防止水击和气塞，保证系统正常运行。

（4）室内蒸汽管和回水管的坡度、坡向要求和热力管道基本相同。

（5）在蒸汽喷射式热水采暖系统中，水平热水管的坡向是从集气罐的连接点开始，坡向两边；回水管的坡向是从第一组散热器坡向喷射器。

（6）连接散热器与干管的支管应有0.01的坡度，介质进口管应坡向散热器；介质出口管应坡向回水干管。

（7）散热器间的水平串联管要水平安装。但每根支管都应安装一个活接头，便于拆修。

4. 干管安装

（1）干管安装应从进户或分支路点开始，装管前要检查管腔并清理干净。在丝头处涂好铅油缠好麻，一人在末端扶平管道，一人在接口处把管相对固定对准丝扣，慢慢转动入扣，用一把管钳咬住前节管件，用另一把管钳转动管至松紧适度，对准调直时的标记，要求丝扣外露2～3扣，并清掉麻头依此方法装完为止（管道穿过伸缩缝或过沟处，必须先穿好钢套管）。

（2）制作羊角弯时，应煨两个75°左右的弯头，在连接处锯出坡口，主管锯成鸭嘴形，拼好后即应点焊、找平、找正、找直后，再进行施焊。羊角弯接合部位的口径必须与主管口径相等，其弯曲半径应为管径的2.5倍左右。

（3）分路阀门离分路点不宜过远。如分路处是系统的最低点，必须在分路阀门前加泄水丝堵。集气罐的进出水口，应开在偏下约为罐高的1/3处。丝接应与管道连接调直后安装。其放风管应稳固，如不稳可装两个卡子，集气罐位于系统末端时，应装托、吊卡。

（4）采用焊接钢管，先把管子选好调直，清理好管膛，将管运到安装地点，安装程序从第一节开始；把管就位找正，对准管口使预留口方向准确，找直后用气焊点焊固定（管径≤50mm以下点焊2点，管径≥70mm以上点焊3点），然后施焊，焊完后应保证管道正直。

（5）遇有伸缩器，应在预制时按规范要求做好预拉伸，并作好纪录。按位置固定，与管道连接好。波纹伸缩器应按要求位置安装好导向支架和固定支架。并分别安装阀门、集气罐等附属设备。

（6）管道安装完，检查坐标、标高、预留口位置和管道变径等是否正确，然后找直，用水平尺校对复核坡度，调整合格后，再调整吊卡螺栓U形卡，使其松紧适度，平正一致，最后焊牢固定卡处的制动板。

（7）摆正或安装好管道穿结构处的套管，填堵管洞口，预留口处应加好临时管堵。

5. 立管安装

（1）核对各层预留孔洞位置是否垂直，吊线、剔眼、栽卡子。将预制好的管道按编号顺序运到安装地点。

（2）安装前先卸下阀门盖，有钢套管的先穿到管上，按编号从第一节开始安装。涂铅油缠麻将立管对准接口转动入扣，一把管钳咬住管件，一把管钳拧管，拧到松紧适度，对准调直时的标记要求，丝扣外露2～3扣，预留口平正为止，并清净麻头。

（3）检查立管的每个预留口标高、方向、半圆弯等是否准确、平正。将事先栽好的管卡子松开，把管放入卡内拧紧螺栓，用吊杆、线坠从第一节管开始找好垂直度，扶正钢套管，最后填堵孔洞，预留口必须加好临时丝堵。

（4）立管遇支管垂直交叉时，立管应该设半圆形让弯绕过支管。

（5）主立管用管卡或托架安装在墙壁上，其间距为3～4m，主立管的下端要支撑在坚固的支架上。管卡和支架不能妨碍主立管的胀缩。

（6）当立管与预制楼板的主要承重部位相碰时，应将钢管弯制绕过，或在安装楼板时，把立管弯成乙字弯（也叫来回弯），也可以把立管缩到墙内。

6. 支管安装

（1）检查散热器安装位置及立管预留口是否准确。量出支管尺寸和灯叉弯的大小（散热器中心距墙与立管预留口中心距墙之差）。

（2）配支管，按量出支管的尺寸，减去灯叉弯的量，然后断管、套丝、煨灯叉弯和调直。将灯叉弯两头抹铅油缠麻，装好活接头，连接散热器，把麻头清净。

（3）暗装或半暗装的散热器灯叉弯必须与炉片槽墙角相适应，达到美观。

（4）用钢尺、水平尺、线坠校对支管的坡度和平行距墙尺寸，并复查立管及散热器有无移动。按设计或规定的压力进行系统试压及冲洗，合格后办理验收手续，并将水泄净。

（5）立支管变径，不宜使用铸铁补芯，应使用变径管箍或焊接法。

7. 补偿器安装

采暖系统的热补偿器有弯管补偿器、套管式补偿器、波形和球形补偿器四大类。

（1）弯管补偿器安装　弯管补偿器：有方形（⎍）和∩形，通常采用方形补偿器较多。

1）方形补偿器根据臂长和宽度的不同分为Ⅰ、Ⅱ、Ⅲ、Ⅳ型，见图3-44。

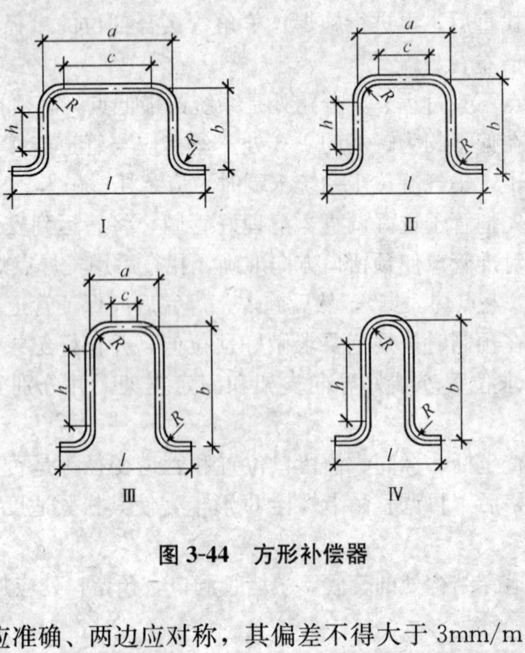

图3-44　方形补偿器

2）方形补偿器尺寸应准确、两边应对称，其偏差不得大于3mm/m，垂直臂长度偏差不应大于10mm，弯头必须是90°。

3）补偿器安装就位时，起吊点应为3个，以保持补偿器的平衡受力，以防变形。

4）作为采暖系统的补偿器，安装时应预拉伸。对室内采暖系统推荐采用撑顶装置，拉伸长度应为该段最大膨胀变形量的2/5。

5）方形补偿器应安装在两固定支架中间，其顶部应设活动支架或吊架。

6）方形补偿器垂直安装时，应加装排气及流水装置。

（2）套管式补偿器安装　套管式补偿器分单向和双向补偿器两种。单向补偿器应安装在固定支架旁边的平直管道线上，双向补偿器应安装在两固定支架中间。安装前应将补偿器拆开，检查内部零件及填料是否齐备，质量是否符合要求。安装时要求补偿器中心线和直管段中心线一致，不得偏斜，并在靠近补偿器两侧各设置一个导向支架（导向支架可参照弧形板滑动支架形式进行制作），以免管道运行时偏离中心位置。

套管式补偿器在安装时，也应进行预拉，其预拉后的安装长度，应根据管段受热后的最大补偿量来确定。同时还应考虑到管道低于安装温度下运行的可能性，其导管支撑环和外壳支撑环之间，应留有一定间隙。其预留间隙的最小尺寸可参见表3-32，也可按下式计算：

表3-32　套管式补偿器的安装间隙（Δ值）

两固定支架间直管段长度（m）	在下列温度下安装时，其间隙量Δ的最小值（mm）		
	＜－5℃	5～20℃	＞20℃
100	30	50	60
70	30	40	50

$$\Delta=\Delta_i\frac{t_2+t_1}{t_3-t_1}$$

式中　Δ——导管支撑环与外壳支撑环间剩余的可伸缩长度（mm）；

Δ_i——补偿器最大可伸缩范围（mm）；

t_1——室外最低计算温度（℃）；

t_2——安装时气温（℃）；

t_3——管内输送介质的最高温度（℃）。

安装套筒式补偿器还应符合下列要求：

1）与管道保持同心，不得歪斜。

2）在靠近补偿器两侧，至少各有一个导向支座，保证运行自由伸缩，不偏离中心。

3）按设计规定的安装长度并应考虑气温变化，留有剩余的收缩量（Δ），允许偏差为±5mm。

4）插管应安装在介质流入端。

5）填料石棉绳应涂石棉粉，并逐圈装入，逐圈压紧，各圈接口应相互错开。

（3）波形补偿器安装　波形补偿器安装前，先在其两端接好法兰短管，然后用拉管器拉伸（或压缩）到预定值，再整体放到管道上焊接，最后拆下拉管器。

波形补偿器的预拉量和预压量见表3-33。

表3-33　波形补偿器的预拉量和预压量

实际安装温度（℃）	－20	－10	0	10	20	30	40	50	60	70	80
预拉量（mm）	0.5ΔL	0.4ΔL	0.3ΔL	0.2ΔL	0.1ΔL	0					
预压量（mm）							0.1ΔL	0.2ΔL	0.3ΔL	0.4ΔL	0.5ΔL

注：ΔL为一个波的补偿量（mm）。

预拉时，其偏差值不大于5mm。作用力分2～3次，逐次加大，尽量使每个波节的四周受力均匀。当拉伸（或压缩）达到要求的数值时立即安装固定。

装有波形补偿器的管路在水压试验时，绝不允许超过规定的试验压力，以免伸缩节被过分拉长而失去弹性。为避免拉过头，一般在试压前，将补偿器用固定架夹牢。

安装波形补偿器，应符合下列要求：

1）按设计规定进行预拉伸（或预压缩），应使受力均匀；

2）波形补偿器内套有焊缝的一端，水平管道应迎介质流向安装，垂直管道应置于上部；

3）应与管道保持同心，不得偏斜；

4）安装波形补偿器时，设临时固定，待管道安装固定后，再拆除临时固定。

（4）球形补偿器安装

1）用于三向位移的管道。其折曲角一般不大于30°。

2）球形补偿器不能单个使用，根据管路系统可由2～4个配套使用。

3）补偿量的计算采用下式：

$$\Delta L = 2R\sin\theta/2$$

式中 ΔL——需要的补偿量（mm）；

R——补偿器两球中心间距离（mm）；

θ——折曲角度（°）。

4）球形补偿器两侧管支架，宜用滚动支架。

5）用作采暖管道的球形补偿器安装时，需进行预压缩，其折曲角应向反方向偏转。

8. 疏水器安装

疏水器安装时，应根据设计图纸要求的规格组配后再进行安装。组配时，其阀体应与水平回水干管相垂直，不得倾斜，以利于排水；其介质流向与阀体标志应一致；同时安排好旁通管、冲洗管、检查管、止回阀、过滤器等部件的位置，并设置必要的法兰、活接头等零件，以便于检修拆卸。

疏水装置一般靠墙布置，安装时先在疏水器两侧阀门以外适当处设置型钢托架，托架栽入墙内的深度不得小于120mm。经找平找正，待支架埋设牢固后，将疏水装置搁在托架上就位。有旁通管时，旁通管朝室内侧卡在支架上。疏水器中心离墙不应小于150mm。

疏水装置的连接方式一般为：当疏水器的公称直径$DN\leqslant$32mm，压力$PN\leqslant$0.3MPa；公称直径DN=40～50mm时，压力$PN\leqslant$0.2MPa，可以采用螺纹连接，其余均采用法兰连接。

9. 法兰盘安装

采暖管道安装，管径小于或等于32mm宜采用螺纹连接；管径大于32mm宜采用焊接或法兰连接。所用法兰一般为平焊钢法兰。

平焊钢法兰一般适用于温度不超过300℃，公称压力不超过2.5MPa，通过介质为水、蒸汽、空气、煤气等中低压管道。一般用A3或20号钢制作。

安装法兰时，应将两法兰盘对平找正，先在法兰盘螺孔中顶穿几根螺栓（如四孔法兰可先穿三根，如六孔法兰可先穿四根），将制备好的垫插入两法兰之间后，再穿好余下的螺栓。把衬垫找正后，即可用扳手拧紧螺钉。拧紧顺序应按对角顺序进行，见图3-45（a），不应将某一螺钉一次拧到底，而应是分成3～4次拧到底。这样可使法兰衬垫受力均匀，保证法兰的严密性。

采暖和热水供应管道的法兰衬垫，宜采用橡胶石棉垫。

法兰中间不得放置斜面衬垫或几个衬垫。连接法兰的螺栓，螺杆伸出螺母的长度不宜大于螺杆直径的 1/2。

蒸汽管道绝不允许使用橡胶垫。垫的内径不应小于管子直径，以免增加管道的局部阻力，垫的外径不应妨碍螺栓穿入法兰孔。

法兰衬垫的外像应带“柄”，见图 3-45（b），“柄”可用于调整衬垫在法兰中间的位置，另外，也是与不带“柄”的“死垫”相区别。

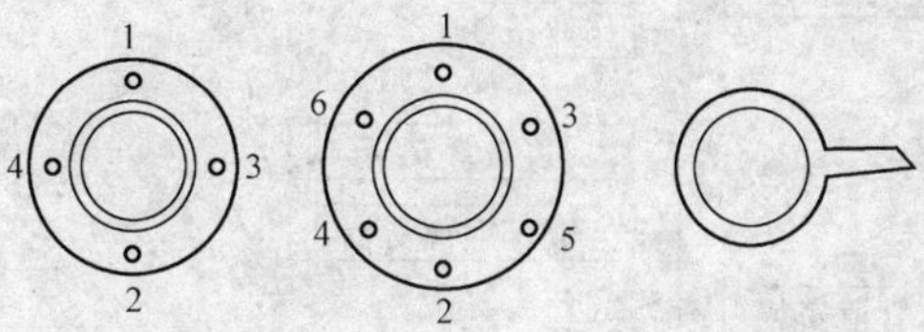

(a)　　　　　(b)

图 3-45　法兰螺栓拧紧顺序与带“柄”垫圈

（a）螺栓拧紧顺序；（b）带“柄”垫圈

“死垫”是一块不开口的圈形垫料，它和形状相同的铁板（约 3mm 厚）叠在一起，夹在法兰中间，用法兰压紧后能起堵板作用。但需注意：“死垫”的钢板要加在垫圈后方（从被隔离的方向算起），如果把两者的位置搞颠倒了，容易发生事故。

10. 管道试压

管道系统安装完毕后，必须进行水压试验，试验压力根据设计要求确定。若设计无规定时，可按下列要求进行：

（1）工作压力不大于 0.07MPa（表压，下同）的蒸汽采暖系统，应以系统顶点工作压力的两倍作水压试验，同时在低点不得小于 0.25MPa。

（2）热水采暖或工作压力超过 0.07MPa 的蒸汽采暖系统，应以系统顶点工作压力加 0.1MPa 作水压试验，同时在系统顶点的试验压力不得小于 0.3MPa。

（3）高温（110～150℃）热水系统，工作压力小于 0.43MPa，试验压力等于工作压力的两倍；工作压力为0.43～0.71MPa，试验压力等于工作压力的 1.3 倍，外加 0.3MPa。

（4）采暖系统作水压试验，其系统低点如大于散热器所能承受的最大试验压力，则应分层作水压试验。

（5）室内采暖系统试压程序

1）首先检查整个系统中的所有控制阀门是否打开，系统与外管网应隔开，打开集气罐的放气阀或散热器上的手动放风门。

2）将给水干管、试压泵等临时用的试压管道接在回水总干管上，并向系统内灌水，待系统灌满水并将管道系统内的空气排净后（放风门或放气阀流出水为止），关闭放气阀。

3）操作试压泵进行升压，升压过程中应注意检查管道、管件及配件是否有渗漏处，如渗漏严重应停止打压，并且降压后进行修理、换垫、拧紧等工作。

4）系统无渗漏后，必须打压并升压到试验压力，停泵检查，并观察压力表，要求 10min 内压降不超过 0.05MPa，即为合格。

（6）热水系统试验压力不应小于 0.6MPa。

技能图解 26　室外给水管网安装

技能结构框线图

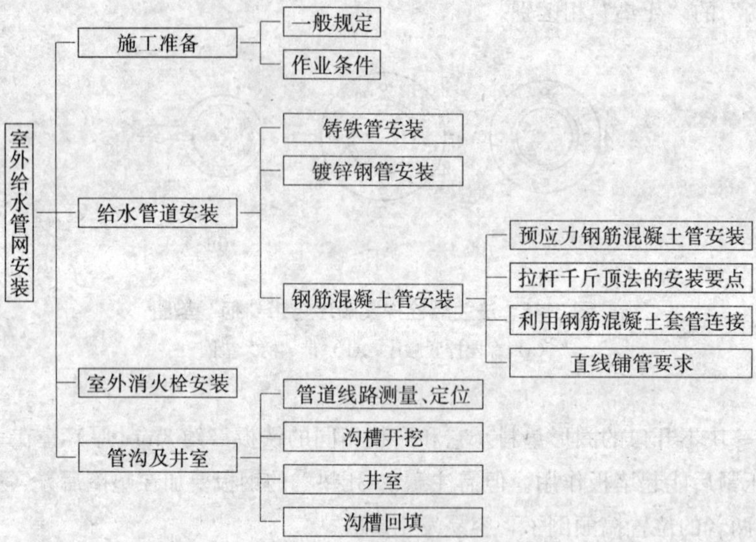

图 3-46　室外给水管网安装

技能要点 1：施工准备

1. 施工一般规定

（1）输送生活给水的管道应采用塑料管、复合管、镀锌钢管或给水铸铁管。塑料管、复合管或给水铸铁管的管材、配件，应是同一厂家的配套产品。

（2）架空或在地沟内敷设的室外给水管道其安装要求按室内给水管道的安装要求执行。塑料管道不得露天架空铺设，必须露天架空铺设时应有保温和防晒等措施。

（3）消防水泵接合器及室外消火栓的安装位置、型式必须符合设计要求。

2. 施工作业条件

（1）管道施工区域内的地面要进行清理，杂物、垃圾弃出场地。管道走向上的障碍物要清除。

（2）在饮用水管道附近的厕所、粪坑、污水坑和棺木等应在开工前迁至业主指定的地方。并将脏物清除干净后进行消毒处理，方可将坑填实。

（3）在施工前应摸清地下高、低压电缆、电线、煤气、热力等管道的分布情况，并作出标记。

技能要点 2：给水管道安装

1. 铸铁管安装

（1）铸铁管断管

1）一般采用大锤和剁子进行断管。

2）断管量大时，可用手动油压钳铡管器铡断。该机油压系统的最高工作压力为 60MPa，使用不同规格的刀框，即可用于直径 100～300mm 的铸铁管切断。

3）对于 $\phi>560$mm 的铸铁管，手工切断相当费力，根据有关资料介绍，用黄色炸药（TNT）爆炸断管比较理想，而且还可以用于切断钢筋混凝土管，断口较整齐，无纵向裂纹。

（2）给水铸铁管青铅接口　给水铸铁管青铅接口时，必须由有经验的工人指导进行施工。

1）准备好化铅工具（铅锅、铅勺等），铅应用6号铅。

2）熔铅（化铅）。熔铅时要掌握火候，一般可根据铅溶液的液面颜色判断其热熔温度，如呈白色则温度低了，呈紫红色则说明温度合适。同时用一根铁棒（严禁潮湿或带水）插入到铅锅内迅速提起来，观察铁棒是否有铅熔液附着在棒的表面上，如没有熔铅附着，则说明温度适宜即可使用。在向已熔融的铅液中加入铅块时，严禁铅块带水或潮湿，避免发生爆炸事故；熬铅时严禁水滴入铅锅内。

3）灌注铅口时，将管口内的水分及污物擦干净，必要时用喷灯烘干；挖好工作坑。

4）将灌铅卡箍贴承口套好，开口位于上方，以便灌铅。卡箍应贴紧承口及管壁，可用粘泥将卡箍与管壁接缝部位抹严，防止漏铅，卡子口处围住粘泥。

5）灌铅。取铅溶液时，应用漏勺将铅锅中的浮游物质除去，将铅液掐到小铅桶内，每次取一个接口的用量；灌铅者应站在管顶上部，使铅桶的口朝外，铅桶距管顶约20cm，使铅液慢慢地流入接口内，目的是为了便于排除空气；如管径较大时铅流也可大些，以防止溶液中途凝固。每个铅口应不断地一次灌满，但中途发生爆炸应立即停止灌铅。

6）铅凝固后，即可取下卡箍，用剁子或扁铲将铅口毛刺铲去，然后用铅錾子贴插口捻打，直至铅口打实为止，最后用錾子将多余的铅打掉并錾平。

铅接口本身的刚性及抗震性能较好，施工完毕又不需要进行养护就可以通水，因此在穿越铁路及振动性较大的部位使用或用于抢修管道均有优越性，但青铅接口造价高，用量大，不适合全部采用青铅接口。

（3）安装要点

1）安装前，应对管材的外观进行检查，查看有无裂纹、毛刺等，不合格的不能使用。

2）插口装入承口前，应将承口内部和插口外部清理干净，用气焊烤掉承口内及承口外的沥青。如采用橡胶圈接口时，应先将橡胶圈套在管子的插口上，插口插入承口后调整好管子的中心位置。

3）铸铁管全部放稳后，暂将接口间隙内填塞干净的麻绳等，防止泥土及杂物进入。

4）接口前挖好操作坑。

5）如口内填麻丝时，将堵塞物拿掉，填麻的深度为承口总深的1/3，填麻应密实均匀，应保证接口环形间隙均匀。

6）打麻时，应先打油麻后打干麻。应把每圈麻拧成麻辫，麻辫直径等于承插口环形间隙的1.5倍，长度为周长的1.3倍左右为宜。打锤要用力，凿凿相压，一直到铁锤打击时发出金属声为止。

采用胶圈接口时，填打胶圈应逐渐滚入承口内，防止出现“闷鼻”现象。

7）将配置好的石棉水泥填入口内（不能将拌好的石棉水泥用料超过半小时再打口），应分几次填入，每填一次应用力打实，应凿凿相压；第一遍贴里口打，第二遍贴外口打，第三遍朝中间打，打至呈油黑色为止，最后轻打找平，见图3-47。如果采用膨胀水泥接口时，也应分层填入并捣实，最后捣实至表层面返浆，且比承口边缘凹进1～2mm为宜。

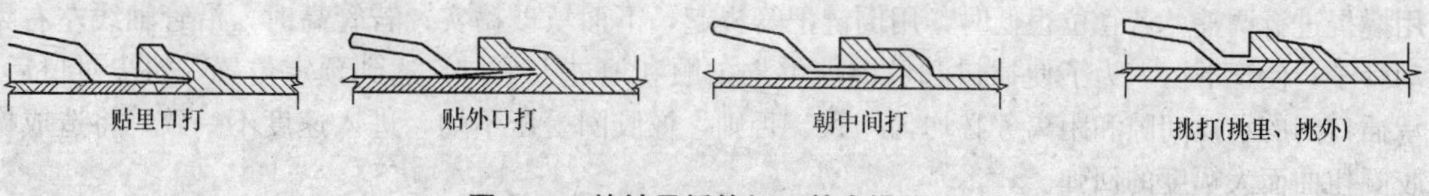

图3-47　铸铁承插管打口基本操作法

8）接口完毕，应速用湿泥或用湿草袋将接口处周围覆盖好，并用虚土埋好进行养护。天气炎热时，还应铺上湿麻袋等物进行保护，防止热胀冷缩损坏管口。在太阳暴晒时，应随时洒水养护。

2. 镀锌钢管安装

（1）镀锌钢管安装要全部采用镀锌配件变径和变向，不能用加热的方法制成管件，加热会使镀锌层破坏而影响防腐能力。也不能以黑铁管零件代替。

（2）铸铁管承口与镀锌钢管连接时，镀锌钢管插入的一端要翻边防止水压试验或运行时脱出。另一端要将螺纹套好。简单的翻边方法可将管端等分锯几个口，用钳子逐个将它翻成相同的角度即可。

（3）管道接口法兰应安装在检查井和地区内，不得埋在土壤中；如必须将法兰埋在土壤中，应采取防腐蚀措施。

给水检查井内的管道安装，如设计无要求，井壁距法兰或承口的距离为：

管径 $DN \leqslant 450$mm，应不小于 250mm；

管径 $DN > 450$mm，应不小于 350mm。

3. 钢筋混凝土管安装

（1）预应力钢筋混凝土管安装　当地基处理好后，为了使胶圈达到预定的工作位置，必须要有产生推力和拉力的安装工具，一般采用拉杆千斤顶，即预先于横跨在已安装好的 1～2 节管子的管沟两侧安装一截横木，作为锚点，横木上拴一钢丝绳扣，钢丝绳扣套入一根钢筋拉杆，每根拉杆长度等于一节管长，安装一根管，加接一根拉杆，拉杆与拉杆间用 S 型扣连接。这样一个固定点，可以安装数十根管后再移动到新的横木固定点。然后用一根钢丝绳兜扣住千斤顶头连接到钢筋拉杆上。为了使两边钢丝绳在顶装过程中拉力保持平衡，中间应连接一个滑轮，如图 3-48 所示。

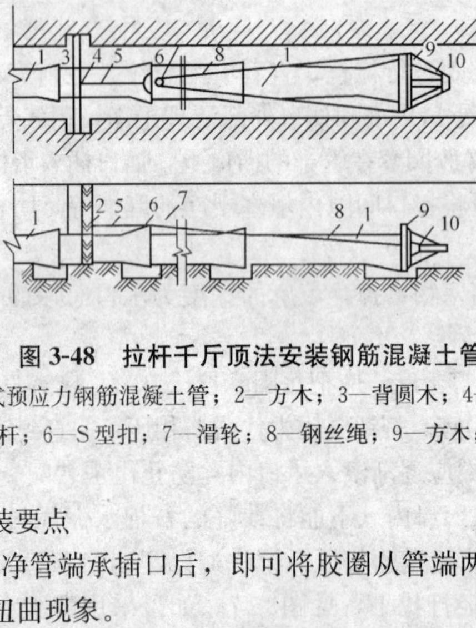

图 3-48　拉杆千斤顶法安装钢筋混凝土管

1—承插式预应力钢筋混凝土管；2—方木；3—背圆木；4—钢丝绳扣；
5—钢筋拉杆；6—S 型扣；7—滑轮；8—钢丝绳；9—方木；10—千斤顶

（2）拉杆千斤顶法的安装要点

1）套橡胶圈：在清理干净管端承插口后，即可将胶圈从管端两侧同时由管下部向上套，套好后的胶圈应平直，不允许有扭曲现象。

2）初步对口：利用斜挂在跨沟架子横杆上的倒链把承口吊起，并使管段慢慢移到承口，然后用撬棍进行调整，若管位很低时，用倒链把管提起，下面填砂捣实；若管高时，沿管轴线左右晃动管子，使管下沉。为了使插口和胶圈能够均匀顺利地进入承口，达到预定位置，初步对口后，承插口间的承插间隙和距离务必均匀一致。否则，橡胶圈受压不均，进入速度不一致，将造成橡胶圈扭曲而大幅度的回弹。

3）顶装：初步对口正确后，即可装上千斤顶进行顶装。顶装过程中，要随时沿管四周观察橡胶圈和插口进入情况。当管下部进入较少时，可用倒链把承口端稍稍抬起；当管左部进入较少或较慢时，可用撬棍在承口右侧将管向左侧拨动。进行矫正时则应停止顶进。

4）找正找平：把管子顶到设计位置时，经找正找平后方可松放千斤顶。相邻两管的高度偏差不超过±2cm。中心线左右偏差一般在 3cm 以内。

（3）利用钢筋混凝土套管连接

1）填充砂浆配合比：水泥：砂＝1：1～1：2，加水14％～17％；

2）接口步骤：先把管的一端插入套管，插入深度为套管长的一半，使管和套管之间的间隙均匀，再用砂浆充填密实，这就是上套管，做成承口。上套管做好后，放置两天左右再运到现场，把另一管插入这个承口内，再用砂浆填实，凝固后连接即告完毕。

（4）直线铺管要求　预应力钢筋混凝土管沿直线铺设时，其对口间隙应符合表3-34的规定。

表3-34　预应力钢筋混凝土管对口间隙　(mm)

接口形式	管　径	沿直线铺设间隙
柔性接口	300～900	15～20
	1000～1400	20～25
刚性接口	300～900	6～8
	1000～1400	8～10

技能要点3：室外消火栓安装

（1）严格检查消火栓的各处开关是否灵活、严密、吻合，所配带的附属设备配件是否齐全。

（2）室外地下消火栓应砌筑消火栓井，室外地上消火栓应砌筑消火栓闸门井。在高级和一般路面上，井盖上表面同路面相平，允许偏差±5mm，无正规路时，井盖高出室外设计标高50mm，并应在井口周围以0.02的坡度向外做护坡。

（3）室外地下消火栓与主管连接的三通或弯头下部带座和无座的，均应先稳固在混凝土支墩上，管下皮距井底不应小于0.2m，消火栓顶部距井盖底面，不应大于0.4m，如果超过0.4m应增加短管。

（4）按本标准有关工艺要求，进行法兰闸阀、双法兰短管及水龙带接扣安装，接出的直管高于1m时，应加固定卡子一道，井盖上铸有明显的“消火栓”字样。

（5）室外消火栓地上安装时，一般距地面高度为640mm，首先应将消火栓下部的弯头带底座安装在混凝土支墩上，安装应稳固。

（6）安装消火栓开闭闸门，两者距离不应超过2.5m。

（7）地下消火栓安装时，如设置闸门井，必须将消火栓自身的放水口堵死，在井内另设放水门。

（8）按本标准有关工艺要求，进行消火栓闸门短管，消火栓法兰短管，带法兰闸门的安装。

（9）使用的闸门井井盖上应有消火栓字样。

（10）管道穿过井壁处，应严密不漏水。

技能要点4：管沟及井室

1. 管道线路测量、定位

（1）测量之前先找好固定水准点，其精确度不应低于Ⅲ级，在居住区外的压力管道则不低于Ⅳ级。

（2）在测量过程中，沿管道线路应设临时水准点，并与固定水准点相连。

（3）测定出管道线路的中心线和转弯处的角度，使其与当地固定的建筑物（房屋、树木、构筑物等）相连。

（4）若管道线路与地下原有构筑物的交叉，必须在地面上用特别标志表明其位置。

（5）定线测量过程应作好准确记录，并记明全部水准点和连接线。

（6）给水管道坐标和标高偏差要符合标准规定，从测量定位起就应控制偏差值符合偏差要求，见表3-35。

表 3-35 沟底宽度

管径（mm）	50～75	100～300	350～600	700～1000
沟底宽（m）	0.5	D+0.4	D+0.5	D+0.6

（7）给水管道与污水管道在不同标高平行铺设，其垂直距离在500mm以内，给水管道管径不大于200mm，管壁间距不得小于1.5mm，管径大于200mm时，管壁间距不得大于3m。

2. 沟槽开挖

（1）沟槽的断面形式要符合设计要求，施工中常采用的沟槽断面形式有直槽、梯形槽、混合槽等。选择沟槽的断面形式通常根据土的种类、地下水情况、现场条件及施工方法决定，并按照设计规定的基础、管道的断面尺寸，长度和埋设深度选择断面形式。

（2）沟槽开挖深度按管道设计纵断面图确定。应满足最小埋设深度的要求，避免让管道布置在可能受重物压坏处。

（3）沟槽底部工作宽度应根据管径大小、管道连接方式和施工工艺确定。

（4）为便于管段下沟，挖沟槽的土应堆放在沟的一侧，且土堆底边与沟边应保持一定距离。

（5）机械挖槽应确保槽底上层结构不被扰动或破坏，用机械挖槽或开挖沟槽后，当天不能下管时，沟底应留出0. 2m左右一层不挖，待铺管前用人工清挖。

（6）沟槽开挖时，如遇有管道、电缆、建筑物、构筑物或文物古迹，应予保护，并及时与有关单位和设计部门联系，严防事故发生造成损失。

（7）沟底要求是坚实的自然土层，如果是松散的回填土或沟底有不易清除的块石时，都要进行处理，防止管子产生不均匀下沉而造成质量事故。松土层应夯实，加固密实，对块石则应将其上部铲除，然后铺上一层大于150mm厚度的回填土整平夯实或用黄砂铺平。管道的支撑和支墩不得直接铺设在冻土和未经处理的松土上。

3. 井室

（1）井室的尺寸应符合设计要求，允许偏差为±20mm（圆形井指其直径；矩形井指内边长）。

（2）安装混凝土预制井圈，应将井圈端部洗干净并用水泥砂浆将接缝抹光。

（3）砖砌井室。地下不位较低，内壁可用水泥砂浆勾缝；水位较高，井室的外壁应用防水砂浆抹面，其高度应高出最高水位200～300mm。含酸性污水检查井，内壁应用耐酸水泥砂浆抹面。

（4）排水检查井内需作流槽，应用混凝土浇筑或用砖砌筑，并用水泥砂浆抹光。流槽的高度等于引入管中的最大管径，允许偏差为±100mm。流槽下部断面为半圆形，其直径同引入管管径相等。流槽上部应作垂直墙，其顶面应有0.05的坡度。排出管同引入管直径不相等，流槽应按两个不同直径作成渐扩形。弯曲流槽同管口连接处应有0.5倍直径的直线部分，弯曲部分为圆弧形，管端应同井壁内表面齐平。管径大于500mm，弯曲流槽同管口的连接形式应由设计确定。

（5）在高级和一般路面上，井盖上表面应同路面相平，允许偏差为±5mm。无路面时，井盖应高出室外设计标高500mm，并应在井口周围以0.02的坡度向外作护坡。如采用混凝土井盖，标高应以井口计算。

（6）安装在室外的地下消火栓、给水表井和排水检查井等用的铸铁井盖，应有明显区别，重型与轻型井盖不得混用。

（7）管道穿过井壁处，应严密、不漏水。

4. 沟槽回填

（1）沟槽在管道敷设完毕应尽快回填，一般分为两个步骤：

1）管道两侧及管顶以上不小于0.5m的土方，安装完毕即行回填，接口处可留出，但其底部管基必须填实；在此同时，要办理“隐蔽工程记录”签证。

2）沟槽其余部分在管道试压合格后及时回填。如沟内有积水，必须全部排尽，再行回填。

（2）管道两侧及管顶以上 0.5m 部分的回填，应同时从管道两侧填土分层夯实，不得损坏管子及防腐层。沟槽其余部分的回填，也应分层夯实。分层夯实时，其虚铺厚度如设计无规定，应按下列规定执行：

使用动力打夯机：≤0.3m；

人工打夯：≤0.2m。

（3）位于道路下的管段，沟槽内管顶以上部分的回填应用砂土或分层充分夯实。

（4）用机械回填管沟时，机械不得在管道上方行走。距管顶 0.5m 范围内，回填土不允许含有直径大于 100mm 的块石或冻结的大土块。

（5）地下水位以下若是砂土，可用水撼砂进行回填。

（6）沟槽如有支撑，随同填土逐步拆下，横撑板的沟槽，先拆撑后填土，自下而上拆除支撑。若用直撑板或板桩时，可在填土过半以后再拔出，拔出后立即灌砂充实。如因拆除支撑不安全可保留。

（7）雨后填土要测定土壤含水量，如超过规定不可回填。槽内有水则须排除后，符合规定方可回填。

（8）雨季填土，应随填随夯，防止夯实前遇雨。填土高度不能高于检查井。

（9）冬季填土时，混凝土强度达到设计强度 50%后准许填土，当年或次年修建的高级路面及管道胸腔部分不能回填冻土。填土高出地面 200～300mm，作为预留沉降量。

技能图解 27　室外排水管网安装

技能结构框线图

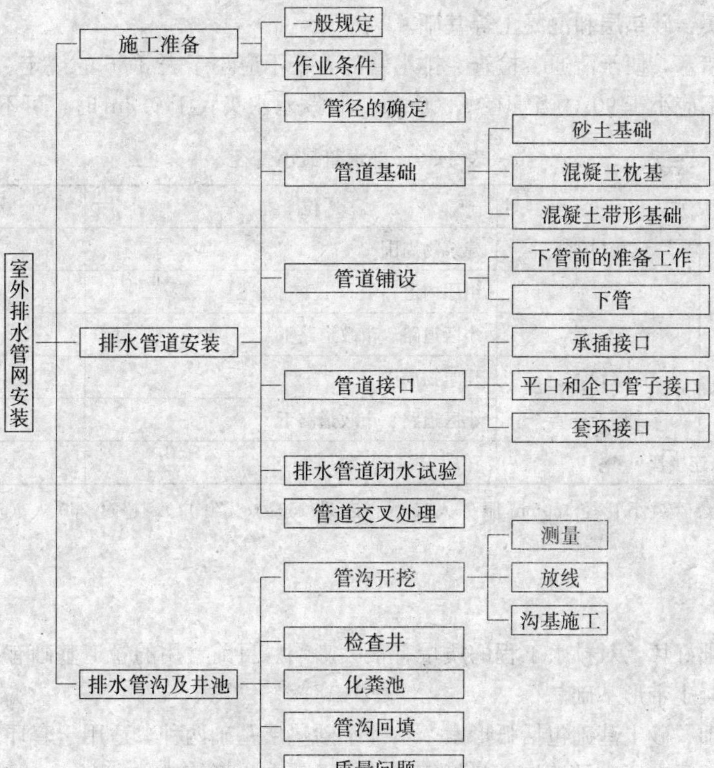

图 3-49　室外排水管网安装

技能要点1：施工准备

1. 施工一般规定

(1) 室外排水管道应采用混凝土管、钢筋混凝土管、排水铸铁管或塑料管。其规格及质量必须符合现行国家标准及设计要求。

(2) 排水管沟及井池的土方工程、沟底的处理、管道穿井壁处的处理、管沟及井池周围的回填要求等，均参照给水管沟及井室的规定执行。

(3) 各种排水井、池应按设计给定的标准图施工，各种排水井和化粪池均应用混凝土做底板（雨水井除外），厚度不小于100mm。

2. 施工作业条件

(1) 管材、管件均已检验合格，并具备所要求的技术资料。

(2) 暂设工程已搭设可用，水源、电源均具备。

(3) 室外地坪标高已基本定位。

(4) 非安装单位开挖沟槽，沟槽应验收合格。

(5) 室外排水管是在雨季施工时，应挖好排水沟槽、集水井，准备好水泵（最好是潜水泵）、胶管等抽水设备，以便抽水，要严防雨水泡槽。

技能要点2：排水管道安装

1. 管径的确定

为防止管道损坏，管顶应有一定的覆土厚度，当管道不受冰冻或外部荷载影响时宜≥0.3m，埋设在车行道下时宜≥0.7m。且应根据管道布置位置，地质条件和地下水位等具体情况，分别采用素土或灰土夯实、砂垫层和混凝土等基础。

为防止管道堵塞，便于清通、检查、排水管的管径不应小于表3-36的规定。排水管转弯或交汇处，水流转弯不应小于90°，当管径≤300mm，且跌水水头大于0.3m时，可不受此限制。

表3-36 排水管最小管径

管别		位置	最小管径（mm）
污水管道	接户管	建筑物周围	150
	支管	组团内道路下	200
	干管	小区道路、市政道路下	300
雨水管和合流管道	接户管	建筑物周围	200
	支管及干管	小区道路、市政道路下	300
雨水连接管			200

注：污水管道接户管最小管径150mm服务人口不宜超过250人（70户），超过250人（70户），最小管径宜用200mm。

2. 管道基础

排水管道基础好坏，对排水工程的质量有很大影响。目前常用的管道基础有三种：砂土基础、混凝土枕基，混凝土带形基础。

(1) 砂土基础　砂土基础包括弧形素土基础及砂垫层基础两种。适用于套环及承插接口管道。

弧形素土基础是在原土层上挖一弧形管槽，管子落在弧形管槽内。

砂垫层基础是在挖好的弧形槽内铺一层粗砂，砂垫层厚度通常为100～150mm。

（2）混凝土枕基　混凝土枕基是设置在管接口处的局部基础。通常在管道接口下用C7.5混凝土做成枕状垫块，适用于管径$d \leqslant 600$mm的承插接口管道及管径$d \leqslant 900$mm的抹带接口管道。枕基长度取等于管子外径，宽度为200～300mm。

（3）混凝土带形基础　混凝土带形基础是沿管道全长铺设的基础。按管座形式分为90°、135°、180°三种。施工时，先在基础底部垫100mm厚的砂砾石，然后在垫层上浇灌混凝土。混凝土带形基础的几何尺寸应按施工图的要求确定。

管道施工究竟选用哪种形式的基础，皆应根据施工图纸的要求而定。在管道基础施工时，同一直线管段上的各基础中心应在一直线上，并根据设计标高找好坡度。采用预制枕基时，其上表面中心的标高应低于管底皮10mm。

3. 管道铺设

（1）下管前的准备工作

1）检查管材、套环及接口材料的质量。管材有破裂、承插口缺肉、缺边等缺陷不允许使用。

2）检查基础的标高和中心线。基础混凝土强度须达到设计强度等级的50%和不小于5MPa时方准下管。

3）管径大于700mm或采用列车下管法，须先挖马道，宽度为管长300mm以上，坡度采用1∶15。

4）用其他方法下管时，要检查所用的大绳、木架、倒链、滑车等机具，无损坏现象方可使用。临时设施要帮扎牢固，下管后座应稳固牢靠。

5）校正测量及复核坡度板，是否被挪动过。

6）铺设在地基上的混凝土管，根据管子规格量准尺寸，下管前挖好枕基坑，枕基低于管底皮10mm。

（2）下管

1）根据管径大小，现场的施工条件，分别采用压绳法、三角架、木架漏大绳、大绳二绳挂钩法、倒链滑车、列车下管法等。

2）下管前要从两个检查井的一端开始，若为承插管铺设时以承口在前。

3）稳管前将管口内外全刷洗干净，管径在600mm以上的平口或承插管道接口，应留有10mm缝隙，管径在600mm以下者，留出不小于3mm的对口缝隙。

4）下管后找正拨直，在撬杆下垫以木板，不可直插在混凝土基础上。待两窨井间全部管子下完，检查坡度无误后即可接口。

5）使用套环接口时，稳好一根管子，再安装一个套环。铺设小口径承插管时，稳好第一节管后，在承口下垫满灰浆，再将第二节管插入，挤入管内的灰浆应从里口抹平。

4. 管道接口

排水管道的接口形式有承插口、平口管子接口及套环接口三种。

（1）承插接口　带有承插接头的排水管道连接时，可采用沥青油膏或水泥砂浆填塞承口。沥青油膏的配合比（质量比）为：6号石油沥青100，重松节油11.1，废机油44.5，石棉灰77.5，滑石粉119。调制时，先把沥青加热至120℃，加入其他材料搅拌均匀，然后加热至140℃即可使用。施工时，先将管道承口内壁及插口外壁刷净，涂冷底子油一道，再填沥青油膏。采用水泥砂浆作为接口填塞材料时，一般用1∶2水泥砂浆，施工时应将插口外壁及承口内壁刷净，然后将和好的水泥砂浆由下往上分层填入捣实，表面抹光后覆盖湿土或湿草袋养护。

敷设小口径承插管时，可在稳好第一节管段后，在下部承口上垫满灰浆，再将第二节管插入承口内稳好。挤入管内的灰浆用于抹平里口，多余的要清除干净。接口余下的部分应填灰打严或用砂浆抹严。按上述程序将其余管段敷完。

（2）平口和企口管子接口　平口和企口管子均采用1∶2.5水泥砂浆抹带接口。抹带工作必须在八字枕基或包接头混凝土浇注完后进行。操作前应将管接口处进行局部处理，管径 $d \leqslant 600$mm时，应刷去抹带部分管口浆皮；管径 $d > 600$mm时，应将抹带部分的管口凿毛刷净，管道基础与抹带相接处混凝土表面也应凿毛刷净，使之粘接牢固。抹带时，应使接口部位保持湿润状态，先在接口部位抹上一层薄薄的素灰浆，并分两次抹压，第一层为全厚的1/3，抹完后在上面割划线槽使其表面粗糙，待初凝后再抹第二层，并赶光压实。抹好后，立即覆盖湿草袋并不断洒水养护，以防龟裂。

排水管道抹带接口操作中，如遇管端不平，应以最大缝隙为准；接口时不应往管缝内填塞碎石、碎砖，必要时应塞麻绳或在管内加垫托，待抹完后再取出。抹带时，禁止在管上站人、行走或坐在管上操作。

（3）套环接口　采用套环接口的排水管道下管时，稳好一根管子，立即套上一个预制钢筋混凝土套环。接口一般采用石棉水泥作填充材料，接口缝隙处填充一圈油麻。接口时，先检查管子的安装标高和中心位置是否符合设计要求管道是否稳定，然后调节套环，使管子接口处于套环正中，套环与管外壁间的环形间隙应均匀，套环和管子的接合面用水冲刷干净，将油麻填入套环中心，把和好的石棉灰用灰钎子自下而上填入套环缝内。石棉灰的配合比（质量比）为水∶石棉∶水泥＝1∶3∶7。水泥强度等级不得低于42.5，且不得采用膨胀水泥，以防套环胀裂。打灰口时，应使每次灰钎子重叠一半。打好的灰口与套环边口取平。管径 $d > 700$mm的管道，对口处缝隙较大时，应在管内临时用草绳填塞，待打完外部灰口后，再取出内部草绳，用1∶3水泥砂浆将内缝抹严。打完的灰口应立即用潮湿草袋盖好，并定期洒水养护2～3d。

采用套环接口的排水管道应先作接口，后作接口处混凝土基础。

敷设在地下水位以下且地基较差，可能产生不均匀沉陷地段的排水管，在用预制套环接口时，接口材料应采用沥青砂。沥青砂的配制及接口操作方法应按施工图纸要求。

排水管道接口完毕，填料强度达到要求后，即可进行充水试验及回填。在安装过程中，一定要做好管道安装标高和位置检查及充水试验记录，以便于交工验收及存档。

5. 排水管道闭水试验

（1）将被试验的管段起点及终点检查井（又称为上游井及下游井）的管子两端用钢制堵板堵好；

（2）在上游井的管沟边设置一试验水箱，如管道设在干燥型土层内，要求试验水位高度应当高出上游井管顶4m；

（3）将进水管接至堵板的下侧，下游井内管子的堵板下侧应设泄水管，并挖好排水沟。管道应严密，并从水箱向管内充水，管道充满水后，一般应浸泡1～2昼夜再进行试验；

（4）量好水位，观察管口接头处是否严密不漏，如发现漏水应及时返修，做闭水试验，观察时间不应少于30min，水渗入和渗出量应不大于表3-37的规定。

表3-37　1000m长的管道在一昼夜内允许的渗出或渗入水量

管径 DN（mm）	＜150	200	250	300	350	400	450	500	600
钢筋混凝土管、混凝土管、石棉水泥管（t）	7.0	20	24	28	30	32	34	36	40
陶土管（缸瓦管）（t）	7.0	12	15	18	20	21	22	23	23

测量渗水量时，可根据表3-37计算出30min的渗水量是多少，然后求出试验段下降水位的数值（事先已标记出的水位为起点）即为渗水量；

（5）闭水试验完毕应及时将水排出；

(6) 如污水管道排出有腐蚀性水时，管道不允许有渗漏；

(7) 雨水管和与其性质相似的管道，除湿陷性黄土及水源地区外，可不作渗水量试验；

(8) 排出腐蚀性污水管道，不允许有渗漏。

6. 管道交叉处理

(1) 排水管道施工时若与其他管道交叉，应按设计规定进行处理，当设计无规定时，应按施工规范规定处理并通知有关单位。

(2) 排水管道与其下方的钢管道或铸铁管道交叉且同时施工时，对下方的管道宜加设套管或管廊，套管或管廊长度不宜小于上方排水管道基础宽度加管道交叉高差的 3 倍，且不宜小于基础宽度加 1m。套管与管廊之间的孔隙应封堵严密。

(3) 当排水管道与其上方的电缆管块交叉时，宜在电缆管块基础以下的沟槽中回填低强度等级的混凝土、石灰土或砌砖。沿管道方向的长度不应小于管块基础宽度加 300mm。

(4) 当排水管道与电缆管块同时施工时，可在回填材料上铺设一层中砂或粗砂，其厚度不宜小于 100mm。当电缆管块已建时，采用混凝土回填时应回填到电缆管块基础底部，其间不得有空隙；当采用砖砌回填时，砖砌体的顶面宜在电缆管基础底面以下不小于 200mm，再用低强度等级的混凝土填至电缆管块基础底部，其间不得有空隙。

技能要点 3：排水管沟及井池

1. 管沟开挖

(1) 测量

1) 找到当地准确的永久性水准点。将临时水准点设在稳固和僻静之处，尽量选择永久性建筑物，距沟边大于 10m，对居住区以外的管道水准点不低于 N 级，一般不低于Ⅲ级。

2) 水准点闭合差不大于 4mm/km。

3) 沿着管线的方向定出管道中心和转线角出检查井的中心点，并与当地固定建筑物相连。

4) 新建排水管及构筑物与地下原有管道或构筑物交叉处，要设置特别标记示众。

5) 确定堆土、堆料、运料、下管的区间或位置。

6) 核对新排水管道末端接旧有管道的底标高，核对设计坡度。

(2) 放线

1) 根据导线桩测定管道中心线，在管线的起点、终点和转角处，钉一较长的大木桩作中心控制桩。用两个固定点控制此桩将窨井位置相继用段木桩钉出。

2) 根据设计坡度计算挖槽深度、放出上开口挖槽线。

3) 测定雨水井等附属构筑物的位置。

4) 在中心桩钉个小钉，用钢尺量出间距，在窨井中心牢固埋设水平板，不高出地面，将平板测为水平。板上钉出管道中心标志作挂线用，在每块水平板上注明井号、沟宽、坡度和立板至各控制点的常数。

5) 如图 3-50 所示，图中 H 为常数；h_2 值即为高程差，也即为管线坡降。

6) 用水准仪测出水平板顶标高，以便确定坡度。在中心定一 T 形板，使下缘水平。且和沟底标高为一常数，在另一窨井的水平板同样设置，其常数不变。

(3) 沟基施工

1) 挖沟时沟底的自然土层被扰动，必须换以碎石或砂垫层。被扰动土为砂性或砂砾土时，铺设垫层前先夯实；黏性土则须换土后再铺碎石砂垫层。事先须将积水或泥浆清除出去。

2) 基础在施工前，清除浮土层、碎石铺填后夯实至设计标高。

3) 铺垫层后浇灌混凝土，可以窨井开始，完成后可进行管沟的基础浇灌。

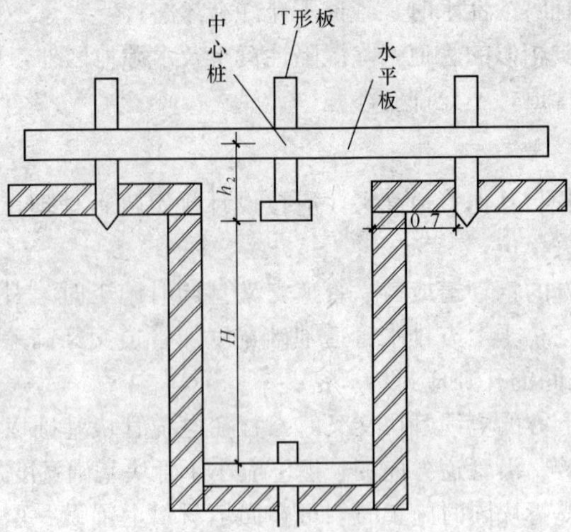

图 3-50　中心桩示意图

4）在下列情况之一，采用混凝土整体基础：雨水或污水管道在地下水位以下；管径在 1.35m 以上的管道；每根管长在 1.2m 以内的管道；雨水或污水管道在地下水位以上，覆土深大于 2.5m 或 4m 时。

2. 检查井

在排水管与室内排出管连接处，管道交汇、转弯、管道管径或坡度改变、跌水处和直线管段上每隔一定距离，均应设置检查井，最大井距见表 3-38。不同管径的排水管在检查井中宜采用管顶平接。

表 3-38　检查井最大间距

管　径（mm）	最大间距（m）	
	污水管道	雨水管和合流管道
150	20	—
200～300	30	30
400	30	40
≥500	—	50

3. 化粪池

（1）砖砌体材料宜采用烧结普通砖。

（2）砖砌体的转角处和交接处应同时砌筑。对不能同时砌筑而又必须留置的临时间断处应砌成斜槎，斜槎水平投影长度不应小于高度的2/3。

（3）竖向灰缝不得出现透明缝、瞎缝和假缝。

（4）混凝土应采用普通混凝土或防水混凝土。

（5）施工缝的位置应在混凝土浇筑前按设计要求和施工技术方案确定。施工缝的处理应按施工技术方案执行。

（6）混凝土中掺用外加剂的质量及应用技术应符合现行国家标准《混凝土外加剂》（GB 8076）、《混凝土外加剂应用技术规范》（GB 50119）等和有关环境保护的规定。

（7）当地下水位高于基坑底面时，应采用地面截水、坑内抽水、井点降水等有效措施来降低地下水位。同时及时观察坑内、坑外降水的标高，以确定对周围环境的影响程度，并及时采取措施，防止降水而产生的影响，如坑内降水、坑外回灌等。

(8) 冬雨期施工措施按相关方案执行。

(9) 井室的尺寸应符合设计要求，允许偏差±20mm（圆形井指其直径；矩形井指其边长）。

(10) 安装混凝土预制井圈，应将井圈端部洗干净并用水泥砂浆将接缝抹光。

(11) 砖砌井室。地下水位较低，内壁可用水泥砂浆勾缝；水位较高，井室的外壁应用防水砂浆抹面，其高度应高出最高水位200～300mm。含酸性污水检查井，内壁应用耐酸水泥砂浆抹面。

(12) 排水检查井需作流槽，应用混凝土浇筑或用砖砌筑，并用水泥砂浆抹光。流槽的高度等于引入管中的最大直径，允许偏差±10mm。流槽下部断面为半圆形，其直径同引入管管径相等。流槽上部应作垂直墙，其顶面应有0.05的坡度。排除管同引入管直径不相等，流槽应按两个不同直径作成渐扩形。弯曲流槽同管口连接处应有0.5倍直径的直线部分，弯曲部分为圆弧形，管端应同井壁内表面齐平。管径大于500mm，弯曲流槽同管口的连接形式应由设计确定。

(13) 在高级和一般路面上，井盖上表面应同路面相平，允许偏差为±5mm。无路面时，井盖应高出室外地平设计标高50mm，并应在井口周围以0.02的坡度向外作护坡。如采用混凝土井盖，标高应以井口计算。

(14) 安装在室外的地下消火栓、给水表井和排水检查井等用的铸铁井盖，应有明显区别，重型与轻型井盖不得混用。

(15) 管道穿过井壁处，应严密、不漏水。

4. 管沟回填

在闭水试验完成，并办理“隐蔽工程验收记录”后，即可进行回填土。

(1) 管顶上部500mm以内不得回填直径大于100mm的块石和冻土块；500mm以上部分回填块石或冻土不得集中；用机械回填，机械不得在管沟上行驶。

(2) 回填土应分层夯实。虚铺厚度如设计无要求，应符合下列规定：

1) 机械夯实：不大于300mm；

2) 人工夯实：不大于200mm；

3) 管子接口坑的回填必须仔细夯实。

5. 应注意的质量问题

(1) 排水管道漏水

1) 管沟超挖后，填土不实，或沟底石头未打平，管道局部受力不均匀而造成管材或接口处断裂活动。

2) 预制管时，接口养护不好，强度不够而又过早摇动，使接口产生裂纹而漏水。

3) 未认真检查管材是否有裂纹、砂眼等缺陷，施工完毕又未进行闭水试验，造成通水后渗水、漏水。

4) 地下管道施工完毕，回填土应进行分层夯实，可采用原土，有特殊要求用三七灰土时，未严格执行回填土操作程序，随便回填而造成局部土方塌陷或硬土块砸裂管道。

5) 冬季施工作完闭水试验后，未能及时放净水，以致冻裂管道造成通水后漏水。

(2) 排水管变径时，在检查井内要求管顶标高相同，这样小管的水位高于大管水位，由于充满度（一般不超过0.6）限制，在任何情况下，大管水位不会高于小管的水位，水可顺利排入大管内。

(3) 排水管道在直管段处为了定期维修及清理疏通管道，每隔50m左右设置一处检查井；在改变流动方向、会合支流处、变径处以及改变坡度处，均应加设排水检查井，它们分别起到弯头、三通、变径管的作用，施工时要严格保证质量，不可忽视。

技能图解 28　室外供热管网安装

技能结构框线图

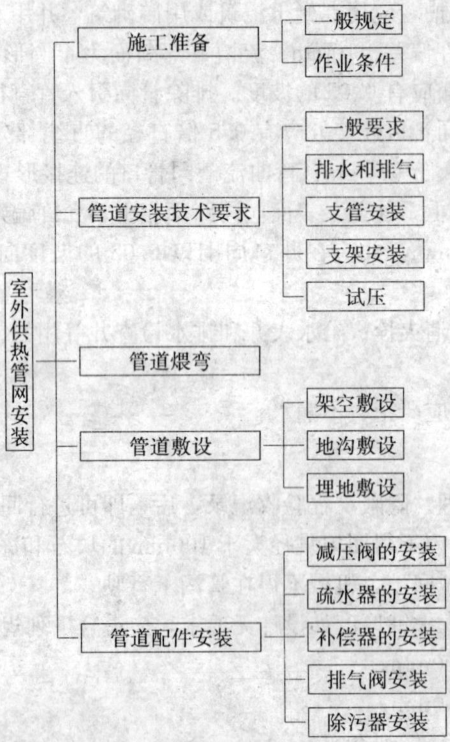

图 3-51　室外供热管网安装

技能要点 1：施工准备

1. 施工一般规定

（1）供热管网的管材应按设计要求。当设计未注明时，应符合下列规定：

1）管径小于或等于 40mm 时，应使用焊接钢管。

2）管径为 50～200mm 时，应使用焊接钢管或无缝钢管。

3）管径大于 200mm 时，应使用螺旋焊接钢管。

（2）室外供热管道连接均应采用焊接连接。

2. 施工作业条件

（1）有安装项目的设计图纸，并且经过图纸会审、设计交底，施工方案已编制好。

（2）管子、管件及阀门均已检验合格，并具有技术资料，与设计核对正确无误。

（3）外管基础（土建单位施工的支柱式地沟）均符合设计要求，几何尺寸在允许偏差范围内，并且已办理交接手续。

（4）施工所需临时设施及“三通一平”已经解决，包括现场各种预制场地已落实，且应离现场近，运输方便，在雨季不会造成积水等。

（5）管道两端起止点的设备已安装好，并且设备的二次灌浆的强度已经达到要求。

技能要点 2：管道安装技术要求

1. 热力管道安装的一般要求

热力管道的管材一般选用焊接钢管或无缝钢管。连接形式有焊接连接和螺纹连接。当管径大于 32mm 时宜采用焊接连接或法兰连接，当管径小于或等于 32mm 时宜采用螺纹连接。

热力管道一般采用架空敷设或地沟敷设。敷设在不通行地沟内的供热管道，除安装阀门处采用法兰连接外，其他接口均应焊接。在分支管路有阀门的地方，应设检查井。

供热管道的热水、蒸汽管，应敷设在载热介质前进方向的右侧。

地沟内的管道（包括保温层）位置与沟壁净距为 100～150mm，与沟底净距为 100～200mm；不通行地沟与沟顶的净距为 50～100mm；半通行和通行地沟与沟顶净距为 200～300mm。

架空供热管道的高度：人行地区不应低于 2.5m；通行车辆地区，不应低于 4.5m；跨越铁路地区，距轨顶不应低于 6m。

2. 热力管道的排水和排气

热力管道安装时，水平管道应具有一定的坡度：一般为 0.003，但不能小于 0.002。蒸汽管道的坡向最好与介质流向相同，这样管内蒸汽与凝结水流动方向相同，以避免噪声。热水管道的坡向最好与介质流向相反，这样管内热水和空气流动方向相同，减少了热水流动的阻力，也有利于排气，防止噪音。热力管道的每段管道最高点或最低点应分别安装排气和泄水装置。方形补偿器水平安装时，应与管道坡度和坡向一致；垂直安装时，最高点应安装排气阀，在最低点应安装排水阀，便于排水和放水。

水平热力管道的变径一般采用偏心变径。蒸汽管的变径以管底相平安装在水平管路上，以利于排除管内凝结水；热水管的变径以管顶相平安装在水平管路上，以利于排除管内空气。

3. 热力管道的支管安装

蒸汽管道的支管应从主管上方或两侧接出；以防止凝结水流入支管；热水管道的支管应从主管的下方或两侧接出，以防止空气流入支管。不同压力或不同介质的疏、排水管不能接入同一排水干管。

4. 热力管道的支架安装

热力管道的热胀冷缩量较大，故支架种类多，要求不一。热力管道中最常用的有固定支架、活动支架及导向支架等。固定支架用于两个补偿器中间，同一管道两个补偿器中间只能安一个固定支架，而在每个补偿器的另一侧，与中间固定支架等距离的点上，也各安装一个固定支架。因为固定支架受力很大，安装必须牢固，应保证管子在这点上不能移动。热力管道两个固定支架之间应设置导向支架，导向支架应能保证管子沿着规定的方向作自由伸缩。补偿器两侧的第一个支架，宜设置在距补偿器弯头起弯点0.5～1m 处，而且应设活动支架，不得设置导向支架或固定支架。补偿器平行臂上的中点应设置活动支架。

为了使热力管道伸缩时不致破坏保温层，管道的底部应用点焊形式安装高滑动托架，托架高度应稍大于保温层的厚度。安装托架两侧的导向支架时，应使滑槽与托架之间有3～5mm的间隙。

为了保证管道运行时，支架中心与滑托中心不致偏移过大，靠补偿器两侧的几个滑托应相对于支架偏心安装。其偏心距离应是该点距固定点之间管道热伸长量的一半，即$\frac{\Delta L}{2}$。其偏心位置应在管道热膨胀方向相反的一侧。补偿器两侧滑托偏心安装如图 3-52 所示。

在设置吊架的热力管道中，邻近补偿器的吊架也应倾斜安装。倾斜位置与管道热膨胀的方向相反，倾斜的距离等于设吊架处管道热膨胀量的一半，即$\frac{\Delta L}{2}$。

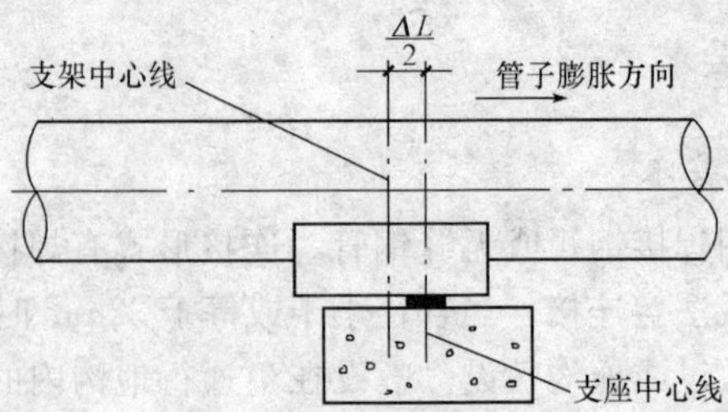

图 3-52 补偿器两侧活动支架偏心安装示意图

5. 热力管道的试压

热力管道安装完毕后，应按设计要求进行强度试验及严密性试验。试压介质一般采用清洁水。水压试验宜在环境温度 5℃以上进行，否则须有防冻措施。

试压前，将管道系统中阀门全部打开，将通向大气的管口堵封，最高点装置放空阀，最低点装置排水阀。首先打开放空阀，关闭排水阀，向管道系统注水。待放空阀出水时，证明空气排净，关闭放空阀。对系统全面检查，无漏水现象才能升压，否则应及时修复。

强度试验时，升压应缓慢。达到试验压力后，停压 10min，以无泄漏、目测无变形为合格。然后降至工作压力，对管道系统进行全面检查，以无泄漏为合格。

试压合格后要及时放净系统内的水，以防冻裂管道。

技能要点 3：管道煨弯

(1) 装砂石填料应预先加热干燥，在粗砂及豆石中应掺入 30%的细砂，使其组配均匀适度，以加强其密实度：灌砂石应边灌边敲击。为了保证管道煨弯部位的椭圆度要求，一定要振实。在弯管量多和条件允许的情况下，可组装一常用的打砂台。

(2) 管子加热应均匀，避免加热不匀而产生表面不平现象，一般温度保持在800～900℃左右，不宜超过 1000℃。

(3) 煨弯时，管子应放平，拉管时拉力应均匀平直，不宜向上使力。

(4) 为了控制管子弯曲程度和弯曲范围，可采用浇洒冷水的方法，哪个部位弯曲度已够，可用冷水浇洒使其定位。

(5) 弯管时随时用样扳检查，一般考虑煨弯后管身还会回弹一些，可比煨制的要求角度大 3°～5°。

(6) 冷却后侧砂应干净，防止砂子粘贴于管壁上。

技能要点 4：管道敷设

1. 供热管道架空敷设

(1) 按设计规定的安装位置、坐标，量出支架上的支座位置，安装支座。

架空敷设的供热管道安装高度，如设计无要求，应符合下列规定：

1) 人行地区不应低于 2.5m。

2) 通行车辆地区，不应低于 4.5m。

3) 跨越铁路距轨顶不应低于 6m。

4) 安装高度以保温层外表面计算。

(2) 支架安装牢固后，进行架设管道安装，管道和管件应在地面组装，长度以便于吊装为宜。

(3) 按预定的施工方案进行管道吊装。架空管道的吊装使用机械或桅杆。绳索绑扎管子的位置要尽可能使管子不受弯曲或少弯曲。架空敷设要按照安全操作规程施工。吊上去还没有焊接的管段，要用绳索把它牢固地绑在支架上，避免管子从支架上滚下来发生事故。

(4) 管道安装的坡度要求

1) 热水采暖和热水供应的管道及汽水同向流动的蒸汽和凝结水管道，坡度一般为0.003，但不得小于0.002。

2) 汽水逆向流动的蒸汽管道，坡度不得小于0.005，以有利于系统排水和放气。

(5) 采用丝扣连接的管道，吊装后随即连接；采用焊接时，管道全部吊装完毕后再焊接。焊缝不许设在托架和支座上，管道间的连接焊缝与支架间的距离应大于150～200mm。

(6) 按设计和施工各规定位置，分别安装阀门、集气罐、补偿器等附属设备并与管道连接好。

(7) 管道安装完毕，要用水平尺在每段管上进行一次复核，找正调直，使管道在一条直线上。

(8) 摆正或安装好管道穿结构处的套管，填堵管洞，预留口处应加好临时管堵。

(9) 按设计或规定的要求压力进行冲水试压，合格后办理验收手续，把水泄净。

(10) 管道防腐保温，应符合设计要求和施工规范规定，注意做好保温层外的防雨，防潮等保护措施。

2. 供热管道地沟敷设

(1) 在不通行地沟安装管道时，应在土建垫层完毕后立即进行安装。

(2) 土建打好垫层后，按图纸标高进行复查并在垫层上弹出地沟的中心线，按规定间距安装支座及滑动支架。

(3) 管道应先在沟边分段连接，管道放在支座上时，用水平尺找平找正。安装在滑动支架上时，要在补偿器拉伸并找正位置后才能焊接。

(4) 通行地沟的管道应安装在地沟的一侧或两侧，支架应采用型钢，支架的间距要求见表3-39。管道的坡度应按设计规定确定。

表3-39　支架最大间距

管径（mm）		15	20	25	32	40	50	70	80	100	125	150	200
间距（m）	不保温	2.5	2.5	3.0	3.0	3.5	3.5	4.5	4.5	5.0	5.5	5.5	6.0
	保　温	2.0	2.0	2.5	2.5	3.0	3.5	4.0	4.0	4.5	5.0	5.5	5.5

(5) 支架安装要平直牢固，同一地沟内有几层管道时，安装顺序应从最下面一层开始，再安装上面的管道，为了便于焊接，焊接连接口要选在便于操作的位置。

(6) 遇有伸缩时，应在预制时按规范要求做好预拉伸并作好支撑，按位置固定，与管道连接。

(7) 管道安装时坐标、标高、坡度、甩口位置、变径等复核无误后，再把吊卡架螺栓紧好，最后焊牢吊卡处的制动板。

(8) 冲水试压，冲洗管道办理隐检手续，把水泄净。

(9) 管道防腐保温，应符合设计要求和施工规范规定，最后将管沟清理干净。

3. 供热管道埋地敷设

(1) 根据设计图纸的位置，进行测量，打桩、放线、挖土、地沟垫层处理等。

(2) 为便于管道安装，应将挖出来的土堆放在沟边一侧，土堆底边应与沟边保持0.6～1m的距离，沟底要求找平夯实，以防止管道弯曲受力不均。

(3) 管道下沟前，应检查沟底标高沟宽尺寸是否符合设计要求，保温管应检查保温层是否有损伤，如局部有损伤时，应将损伤部位放在上面，并做好标记，便于统一修理。

(4) 管道应先在沟边进行分段焊接，每段长度在25～35m范围内。

(5) 采用人工或机械方法下管，注意保护好管道保温层，避免损坏保温层。按照设计要求，进行排管、对口、找坡。复查合格后，管口进行点焊。

(6) 沟内管道焊接，连接前必须清理管腔，找平找直，焊接处理要挖出操作坑，其大小要便于焊接操作。

(7) 阀门、配件、补偿器支架等，应在施工前按施工要求预先放在沟边沿线，并在试压前安装完毕。

(8) 管道水压试验，应按设计要求和规范规定，办妥检试压手续，把水泄净。

(9) 管道防腐，应预先集中处理，管道两端留出焊口的距离，焊口处的防腐在试压完后再处理。

(10) 回填土时要在保温管四周填100mm细砂，再填300mm素土，用人工分层夯实，管道穿越马路处埋深少于800mm时，应做简易管沟，加盖混凝土盖板，沟内填砂处理。

技能要点5：管道配件安装

1. 减压阀的安装

为了降低蒸汽的压力，使其压力符合用气设备的要求，在热力管道上往往需要装置减压阀

减压阀应安装在振动小、不易受冲击、周围较空之处，以便于检修。阀体应垂直地安装在水平管道上，使介质方向与阀体上箭头方向一致。两端应设置切断阀，最好采用法兰截止阀。一般减压阀前的管径应与减压阀的公称直径相同；减压阀后的管径应比减压阀的公称直径大1～2号。阀组前后都应安装压力表，以便调节压力。减压阀后的低压管道上应安装安全阀，当超压时，可起泄压与报警作用，保证压力稳定。安全阀的排气管应接至室外。减压阀应设置旁通管路。

2. 疏水器的安装

为了排除蒸汽管道中的冷凝水，提高蒸汽品质，在蒸汽管道容易积水的地方，都应安装疏水器，疏水器应安装在便于检修的地方，并尽量靠近用热设备或管道及凝结水排出器之下；疏水阀门的中心线与水平面应互相垂直，不可倾斜，以利于阻气排水，并使介质流动方向与阀体一致。疏水器组装时应设置冲洗管、检查管、止回阀、过滤器等，并装置必要的法兰或活接头，以便检修时拆卸。疏水器安装分为带旁通管和不带旁通管，水平安装或垂直安装。

冲洗管的作用是用来冲洗管路的；检查管的作用是检查疏水器的工作情况的；止回阀的作用是防止回水管网窜汽后压力升高；过滤器的作用是阻挡污物进入疏水器；旁通管的作用是在管道开始运行时，用来排放大量凝结水。

3. 补偿器安装

补偿器的安装详见本书室内采暖系统管道及配件安装中有关内容，这里重点介绍常用波纹管补偿器的安装方法和注意事项。

(1) 安装要点　补偿器接口有法兰连接和焊口连接两种形式，安装方法一种是随着管道敷设同时安装补偿器；也可以先安管道，系统试压冲洗后，再安装补偿器。视条件和需要确定。前者安装方法较为简单，与阀类安装相同。后者安装方法叙述如下：

1) 先丈量好波纹补偿器的全长，在管道波纹补偿器安装位置上，划出切断线。

2) 依线切断管道。

3) 焊接接口的补偿器：先用临时支、吊架将补偿器支吊好，使两边的接口同时对好口，同时点焊。检查补偿器安装是否合适，合适后按顺序施焊。焊后拆除临时支吊架。

4) 法兰接口的补偿器：先将管道接口用的法兰、垫片临时安到波纹管补偿器的法兰盘上，用临时支、吊架将补偿器支、吊就位，补偿器两端的接口要同时对好管口，同时将法兰盘点焊。检查补偿器位置合适后，卸下法兰螺栓，卸下临时支、吊架和补偿器。然后对管口法兰盘对称施焊，按照焊接质量要求清理焊渣，检查焊接质量，合格后对内外焊口进行防腐处理。最后将波纹补偿

器吊起进行法兰正式连接。

(2) 安装注意事项

1) 在订购补偿器时，应向厂家提供介质温度、安装时环境温度和补偿器布置图，以便厂家了解所需的补偿能力，或向厂家提出补偿能力的要求。

2) 若补偿器的构造不对称，应将内套有焊缝的一侧放置迎向流体流动方向，安装时不得装反。

3) 导向支架必须按照设计要求进行制作和安装。强度达到设计要求后，再安装补偿器。

4) 吊装时，不得将吊索绑扎在波节上，安装时要对波纹补偿器进行保护，可用石棉布或其他不燃物品覆盖，避免焊渣飞溅到波纹上。

4. 排气阀安装

热水管网中，也要设置排气和放水装置。排气点应放置在管网中的高位点。一般排气阀门直径值选用 15～25mm。在管网的低位点设置放水装置，放水阀门的直径一般选用热水管直径的 1/10左右，但最小不应小于 20mm。

5. 除污器安装

热介质应从管板孔的网格外进入。除污器一般用法兰与干管连接，以便于拆装检修。安装时应设专门支架，但所设支架不能妨碍排污，同时需注意水流方向与除污器要求方向相同，不得装反。系统试压与清洗后，应清扫除污器。

技能图解 29　建筑中水系统及游泳池水系统安装

技能结构框线图

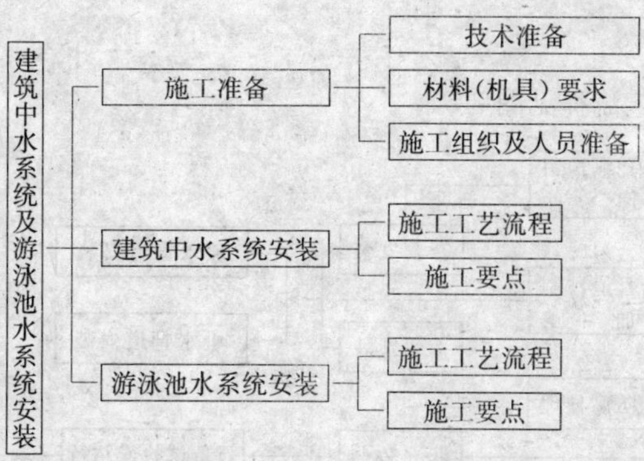

图 3-53　建筑中水系统及游泳池水系统安装

技能要点 1：施工准备

1. 技术准备

(1) 首先进行图纸审查，掌握图纸内容。

(2) 根据工程内容了解管线、设备等所处空间附近的结构、土建、电气、通风空调等专业情况，进行充分沟通，看是否存在不合理、冲突的问题，如有这些问题，通过图纸会审或设计变更解决。

(3) 根据图纸要求、工程内容确定应当采用的标准、规范、规程、标准图集等，包括质量、技术、安全、环保等方面，并配备到项目部。

（4）熟悉合同内容，根据会审过的图纸、工程实际情况、公司资源配备情况、标准、规范、规程、已审批的施工组织设计等编制详细的施工方案，并向上级报审，向业主及监理报批。内容应有相应的质量、技术、工期、安全、环保等措施。

（5）根据审批的施工方案对作业班组进行详细的技术交底、安全交底，交底应按分项工程进行，当面交底进行双向沟通，并书面签字。

（6）确定每个分项工程的检验批。

2. 材料（机具）要求

（1）工程所使用的主要材料、成品、半成品、配件、器具和设备必须具有中文质量合格证明文件，规格、型号及性能检测报告应符合国家技术标准或设计要求。进场时应完好，并经监理工程师核查确认。

（2）所有材料进场时应对品种、规格、外观等进行验收。包装应完好，表面无划痕及外力冲击破损。包装上应标有批号、数量、生产日期和检验代码。

（3）主要器具和设备必须有完整的安装使用说明书。在运输、保管和施工过程中，应采取有效措施防止损坏或腐蚀。

3. 施工组织及人员准备

（1）项目部管理层应针对技术、质量、安全、成本等方面对施工人员进行书面交底。

（2）施工班组各工种应搭配合理，符合施工项目实际施工需要。

（3）本专业班组需要：管道工、钳工、电焊工、气焊工、起重工、机械操作工、油漆工、保温工等主要工种，各工种皆需持证上岗，特殊工种上岗还应持安全操作证、职业健康证等。

（4）班组人员进驻现场前，必须接受系统的培训教育——治安保卫教育、技术培训考核、安全教育、文明施工教育、环境保护教育等。

技能要点2：建筑中水系统安装

1. 施工工艺流程

建筑中水系统安装工艺流程见图3-54。

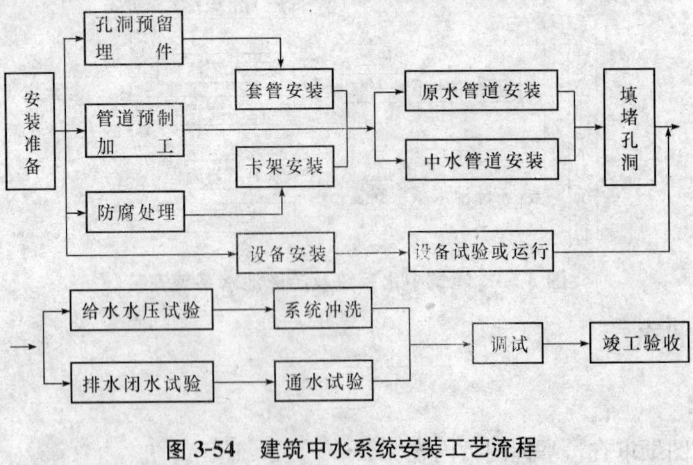

图3-54 建筑中水系统安装工艺流程

2. 施工要点

（1）中水原水管道系统安装要求

1）中水原水管道系统宜采用分流集水系统，以便于选择污染较轻的原水，简化处理流程和设备，降低处理经费。

2）便器与洗浴设备应分设或分侧布置，以便于单独设置支管、立管，有利于分流集水。

3）污废水支管不宜交叉，以免横支管标高降低过多，影响室外管线及污水处理设备的标高。

4）室内外原水管道及附属构筑物均应防渗漏，井盖应做“中”字标志。

5）中水原水系统应设分流、溢流设施和跨越管，其标高及坡度应能满足排放要求。

(2) 中水供水系统是给水供水系统的一个特殊部分，所以其供水方式与给水系统相同。主要依靠最后处理设备的余压供水系统、水泵加压供水系统和气压罐供水系统等：

1）中水供水系统必须单独设置。中水供水管道严禁与生活饮用水给水管道连接，并应采取下列措施。

①中水管道及设备、受水器等外壁应涂浅绿色标志。

②中水池（箱）、阀门、水表及给水栓均应有“中水”标志。

2）中水管道不宜暗装于墙体和楼板内。如必须暗装于墙槽内时，必须在管道上有明显且不会脱落的标志。

3）中水管道与生活饮用水管道、排水管道平行埋设时，其水平净距离不得小于0.5m，交叉埋设时，中水管道应位于生活饮用水管道下面，排水管道的上面，其净距离不应小于0.15m。

4）中水给水管道不得装设取水水嘴。便器冲洗宜采用密闭型设备和器具。绿化、浇洒、汽车冲洗宜采用壁式或地下式的给水栓。

5）中水高位水箱应与生活高位水箱分设在不同的房间内，如条件不允许只能设在同一房间时，与生活高位水箱的净距离应大于2m。止回阀安装位置和方向应正确，阀门启闭应灵活。

6）中水供水系统的溢流管、泄水管均应采取间接排水方式排出，溢流管应设隔网。

7）中水供水管道应考虑排空的可能性，以便维修。

(3) 为确保中水系统的安全，试压验收要求不应低于生活饮用给水管道。

(4) 原水处理设备安装后，应经试运行检测中水水质符合国家标准后，方办理验收手续。

技能要点3：游泳池水系统安装

1. 施工工艺流程

游泳池水系统安装工艺流程见图3-55。

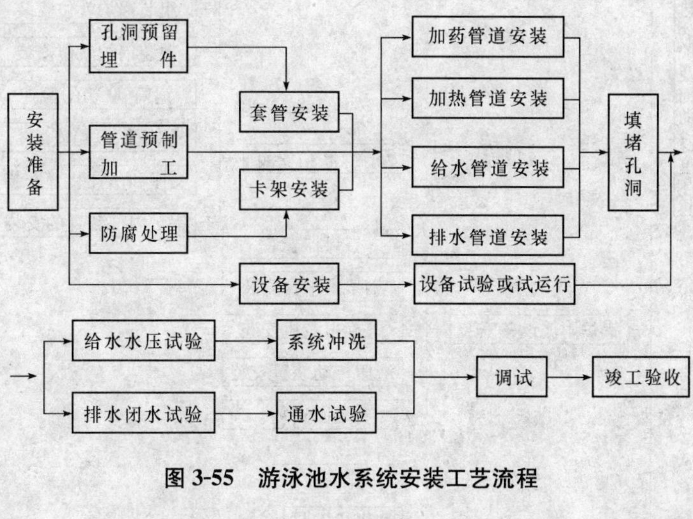

图3-55　游泳池水系统安装工艺流程

2. 施工要点

(1) 游泳池水系统包括给水系统、排水系统及附属装置，另外还有跳水制波系统。游泳池给水系统分直流式给水系统、直流净化给水系统、循环净化给水系统三种。一般应采用循环净化给水系统。

（2）循环净化给水系统包括充水管、补水管、循环水管和循环水泵、预净化装置（毛发聚集器）、净化加药装置、过滤装置（压力式过滤器等）、压力式过滤器反冲洗装置、消毒装置、水加热系统等。

（3）游泳池水系统的安装须严格按照设计要求进行。

（4）循环水系统的管道，一般应采用给水铸铁管。如采用钢管时，管内壁应采取符合饮用水要求的防腐措施。

（5）循环水管道，宜敷设在沿游泳池周边设置的管廊或管沟内。如埋地敷设，应采取防腐措施。

（6）游泳池地面，应采取有效措施防止冲洗排水流入池内。冲洗排水管（沟）接入雨污水管系统时，应设置防止雨、污水回流污染的措施。

（7）重力泄水排入排水管道时，应设置防止雨、污水回流污染的措施。

（8）机械方法泄水时，宜用循环水泵兼作提升泵，并利用过滤设备反冲洗排水管兼作泄水排水管。

（9）游泳池的给水口、回水口、泄水口、溢流槽、格栅等安装时其外表面应与池壁或池底面相平。

技能图解 30　供热锅炉及辅助设备安装

技能结构框线图

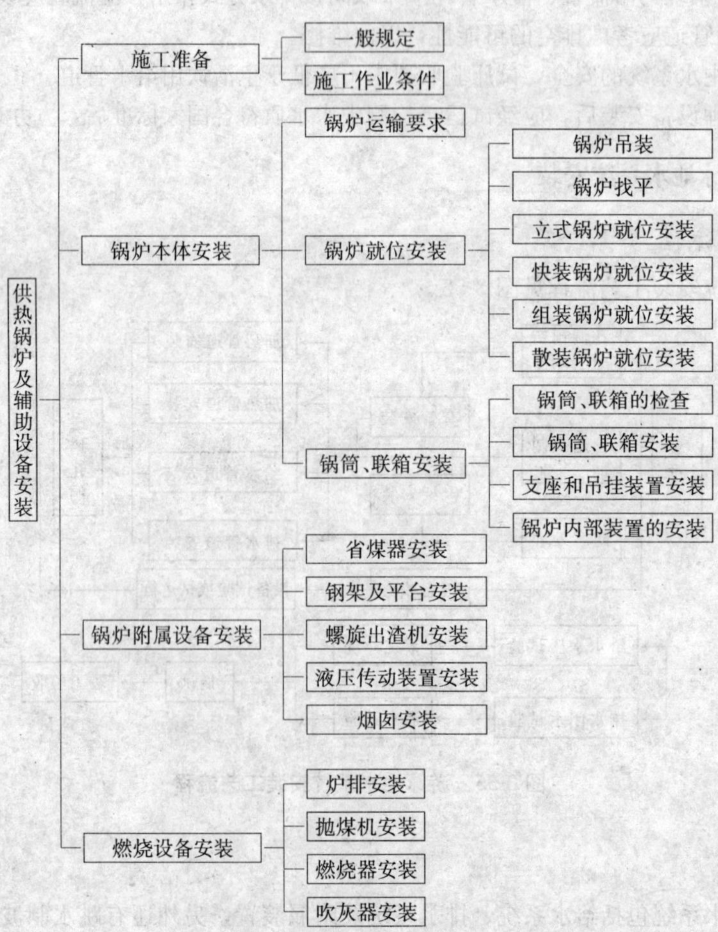

图 3-56　供热锅炉及辅助设备安装

技能要点 1：施工准备

1. 一般规定

（1）管道、设备和容器的保温，应在防腐和水压试验合格后进行。

（2）保温的设备和容器，应采用粘接保温钉固定保温层，其间距一般为 200mm。当需采用焊接勾钉固定保温层时，其间距一般为 250mm。

2. 施工作业条件

（1）对设计的规定。全国性锅炉定型设计，需经国务院主管部门和国家劳动总局锅炉压力容器安全监察局审查批准；非全国性的锅炉定型设计，需经省、自治区、直辖市主管部门和劳动局（厅）锅炉压力容器安全监察处审查批准。设计图纸上应有审查批准字样。

（2）对锅炉制造厂家的要求。制造锅炉单位，应具有国家劳动总局批准发给的制造许可证。

（3）安装单位应具备条件。承担安装锅炉的施工单位，必须经过省、自治区、直辖市锅炉压力容器安全监察处审查批准，并发给施工许可证明。

（4）锅炉安装前，需将锅炉平面布置图及标明与有关建筑距离的图纸，送当地锅炉压力容器安全监察机构审查同意。否则，不准施工。

（5）土建工程除保留的设备拖运孔道外，已基本完工，尤其是锅炉基础已验收合格。

（6）施工方案已经编制。

（7）从事锅炉安装中焊接受压元件工作的焊工，必须有当地劳动局颁发的焊工合格证件。

（8）根据施工人员提出的设备、材料计划，核对实物准确无误，并且具备有合格证及有关技术资料。

（9）根据设计图纸要求，核对各附件的规格、型号要符合设计要求，并具有合格证及有关技术资料。

（10）附件前面的设备、管道已安装完竣。

技能要点 2：锅炉本体安装

1. 锅炉运输要求

（1）锅炉在水平运输时，必须使道木高于锅炉基础，保证基础不受损坏。

（2）立式锅炉、快装锅炉、组装锅炉的水平和垂直运输。根据施工场地的具体情况和施工单位的条件，选择运输工具。水平运输可利用吊车、排架（也可利用原包装底架）、滚杠、道木、绞磨运至锅炉房内。最简单的方法，可以在路面上垫上厚度大于 25mm 的道木及滚杠，用绞磨拖或用撬棍靠人力向前撬动，使锅炉随着滚杠在道木上滚动，木板和滚杠交替使用、向前搬运，如图 3-57 所示。

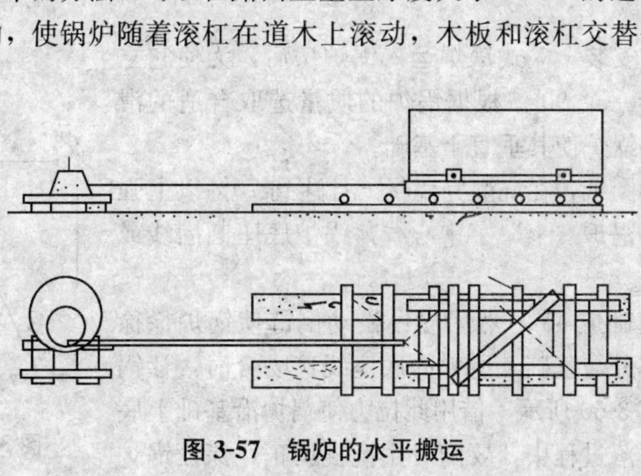

图 3-57 锅炉的水平搬运

（3）当锅炉运到基础上面以后，快装锅炉可以不撤滚杠进行初步找正，并应达到下列要求：

1）锅炉炉排前轴中心线应与基础前轴中心基准线相吻合，允许偏差为±2mm。

2）锅炉纵向中心线应与基础纵向中心基准线相吻合；或锅炉支架纵向中心线与条形基础纵向中心线相吻合，允许偏差为±10mm。

2. 锅炉就位安装

（1）锅炉吊装。

1）锅炉安装时的起吊高度一般很小。垂直运输可采用吊车、起重机、桅杆等进行垂直吊装，如图 3-58 所示。

2）组装锅炉为上、中、下三层组装型时，锅炉房往往为多层锅炉房，其附属设备均设于附跨各层地坪上。此时一般可采用旋转悬臂式起重机，起重机的主杆也可以用锅炉房的建筑骨架（使用前必须在施工组织设计中进行承载力的计算）进行运输、吊装、测平、找正，见图 3-59 所示。

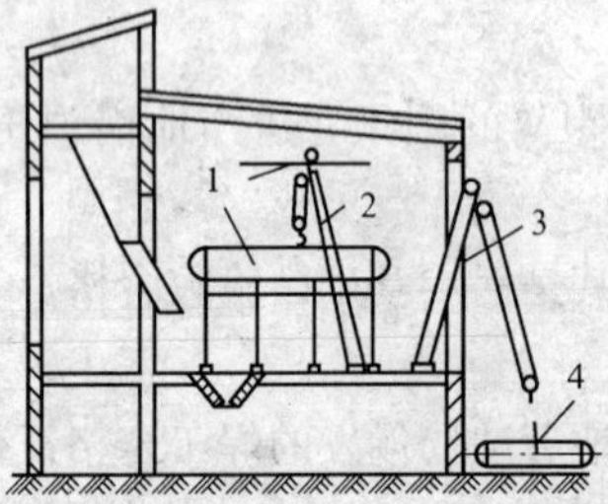

图 3-58　双层式锅炉房锅筒的吊装

1—上汽包；2—独立桅杆起重机；
3—人字桅杆起重机；4—下汽包

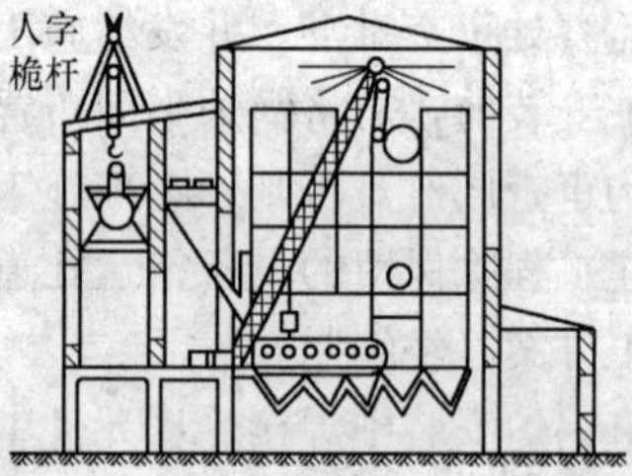

图 3-59　多层锅炉房锅筒的吊装

（2）锅炉找平　经水准仪测量锅炉基础的纵向和横向水平度，其水平度不小于或等于 4mm 时，可免去锅炉的找平。

1）锅炉纵向找平：用水平尺（水平尺的长度不小于 600mm）间接放在炉排的纵排面上，检查炉排面的水平度。检查点最少为炉排前后两处。水平度要求为：炉排面纵向应水平或炉排面略坡向锅筒排污管一侧为合格。

2）锅炉横向找平：用水平尺（水平尺长度不小于 600mm）间接放在炉排的横排面上，检查点最少为炉排前、后两处，炉排的横向倾斜度不得大于 5mm 为合格，炉排的横向倾斜过大会导致炉排跑偏。

（3）立式锅炉就位安装　立式锅炉运入锅炉房后，为使它立起，需将锅炉从卧状转一个 90°。根据锅炉的质量选取合适的滑轮和钢丝绳，以备吊起锅炉使其垂直于基础。

事先按锅炉房设计图纸，在浇灌完混凝土且达到 70%以上强度的锅炉基础上，弹出锅炉“十”字中心线，锅炉底座圆周线或地脚螺栓方位中心线。

将锅炉吊起后与基础成 45°，然后慢慢松动倒链使锅炉徐徐落下，待锅炉底的一部分与基础上所弹的底座线迹吻合时，让锅炉顶部缆绳受力，如图 3-60 所示。借用此拉力使锅炉沿基础上底座线迹就位。在锅炉下落过程中，要随时用撬棍调正，保证锅炉准确就位。

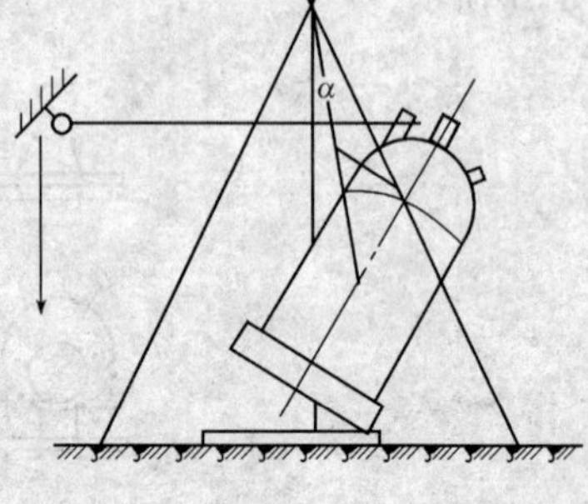

图 3-60　立式锅炉就位

若锅炉底基为螺栓孔，须将三角架的高度抬高，足以平吊起锅炉或用人字架桅杆起吊。对准锅炉基础上预埋的地脚螺栓，然后再徐徐落下至基础上，用线坠吊正，找垂直后戴上螺垫和螺帽。

（4）快装锅炉就位安装　快装锅炉结构紧凑，整装成为一体。运输方便，安装简单，底基为条状形，目前快装锅炉的第三代产品称为组装锅炉，已有蒸发量为 6～8t/h 的蒸汽锅炉；热功率 4.2～5.6MW/h（相当于旧式的 6～8t/h，360～480 万 kcal/h）的热水锅炉多个品种。一般民用供暖大多采用快装锅炉和组装锅炉。

1）安装前应先检查锅炉、附属设备和附件是否齐全，锅炉型号与设计图纸上的规定是否一致，各部件是否好用，然后对照设备说明书逐个验收，并与建设单位办理设备移交验收手续。

2）安装锅炉前在现场放置地点，应尽量靠近锅炉房，并考虑到安装的搬运方便。锅炉放置的地方要防雨。保管人员要经常检查各部件设备有无损坏等。

3）安装锅炉前，应用水平仪对锅炉基础面找平，然后在基础面上标明锅炉安装的位置，锅炉基础可以是素混凝土地平面。

4）根据锅炉本身质量选用钢丝绳，并绑扎在预先选好的部位上，用绞磨滑轮等搬动锅炉至安装位置。移动时在锅炉底部放置钢管以便于滚动减少搬动时所需要的动力。

5）锅炉的后烟箱、煤闸门及后烟箱检查门等所需异型砖均由锅炉设备随带，在安装其他设备前应先砌筑，砌筑按锅炉的图纸技术要求进行，并注意砌筑必须严密。

6）安装锅炉时，应尽量堵塞一切漏风的部位。水、汽管路应正确、通畅，各个阀门要灵活好用，如果阀门漏水和漏汽应该更换合格的阀门，对不合格的阀门要进行研磨，直至密封圈严密为止。当发现阀门压盖漏水时，要修理压盖并加垫盘根。

7）锅炉安装完毕，要对锅炉的各部分进行检查，无误后才可以上水，水位上到低水位时为止，同时开启排气阀门。

（5）组装锅炉就位安装　目前双锅筒纵向 A 型布置水管式自然循环锅炉系列，蒸汽锅炉从 6～20t/h，热水锅炉从 4.2～14MW/h（相当 6～20t/h，3600000～12000000kcal/h），均已在锅炉厂内组装成上部受热面本体、上部炉墙、钢架及保温层和下部燃烧设备即链条炉排、煤斗、看火门、拨火门两大部件出厂（20t/h 锅炉组装成三大部件）。受热面本体前端由四周布置的水冷壁管上升至锅筒组成燃烧室，在其后端上下锅筒间布置了密集的对流管束，锅炉尾部单独设置铸铁省煤器。炉排采用大块活芯炉排片，主炉排片中间加滚轮支承。炉排用分仓通风结构，调节灵活，炉膛采用新型炉拱强化燃烧新技术，是新世纪的换代产品。

组装锅炉安装时，水平和垂直运输采用适合安装场地的机具以及因地制宜的安装顺序。

（6）散装锅炉就位安装　以蒸发量 20～35t/h，蒸汽温度为饱和温度 400℃左右为主，重点供中小型电站和工矿企业工业生产用，即一般称为工业锅炉安装。

一般在基础划线验收后，进行锅炉的钢架及钢平台的安装，其中主要包括钢柱、钢架的组合、焊接、吊装、就位、找正、固定；进行锅筒、集箱的安装；再进行受热面管子和水冷壁管的胀接或焊接；再将省煤器、过热器、空气预热器、炉排进行就位找正。

3. 锅筒、联箱安装

（1）锅筒、联箱的检查　锅筒、联箱是锅炉的主要部件，如果制造质量有问题或在运输过程中碰伤，都会影响锅炉的安装质量。因此在锅筒、联箱吊装之前，应对外观质量进行全面检查，检查结果应符合以下要求：

1）锅筒、联箱表面和焊接短管应无机械损伤，各焊缝应无裂纹、气孔和分层等缺陷。

2）锅筒、联箱两端水平和垂直中心线的标记位置应准确，必要时应根据管孔中心线重新标定或调整。

3）胀接管孔的表面粗糙度不应大于 R_a12.5，且不应有凹痕、边缘毛刺和纵向刻痕，少量管孔的环向或螺旋形刻痕深度不应大于 0.5mm，宽度不应大于 1mm，刻痕至管孔边缘距离不应小于 4mm。

4）检查测量胀接管孔的直径，并做好记录。胀接管孔的直径与允许偏差应符合表 3-40 的规定。

表 3-40　胀接管孔的直径与允许偏差　　(mm)

<table>
<tr><td colspan="2">管子公称外径</td><td>32</td><td>38</td><td>42</td><td>51</td><td>57</td><td>60</td><td>63.5</td><td>70</td><td>76</td><td>83</td><td>89</td><td>102</td></tr>
<tr><td colspan="2">管孔直径</td><td>32.3</td><td>38.3</td><td>42.3</td><td>51.3</td><td>57.5</td><td>60.5</td><td>64.0</td><td>70.5</td><td>76.5</td><td>83.6</td><td>89.6</td><td>102.7</td></tr>
<tr><td rowspan="3">管孔允许偏差</td><td>直径</td><td colspan="3">+0.34
0</td><td colspan="6">+0.40
0</td><td colspan="3">+0.46
0</td></tr>
<tr><td>圆度</td><td colspan="3">0.14</td><td colspan="6">0.15</td><td colspan="3">0.19</td></tr>
<tr><td>圆柱度</td><td colspan="3">0.14</td><td colspan="6">0.15</td><td colspan="3">0.19</td></tr>
</table>

(2) 锅筒、联箱安装

1）锅筒、联箱的安装就是将其吊放在设计图样规定位置的支承物上。不是由钢梁直接支持的锅筒，应安设牢固的临时性搁架，临时性搁架应保持锅筒就位后稳定，且应在锅炉水压试验灌水前拆除。

2）锅筒、联箱吊装时，绑扎要牢固可靠，钢丝绳的绑扎位置不得妨碍锅筒、联箱就位；严禁将钢丝绳穿过锅筒上的管孔；在绑扎钢丝绳的位置上应垫上木板或麻布。锅筒、联箱起吊时应由专人指挥。

3）当锅筒、联箱就位找正时，应根据纵、横向安装基准线和标高基准线对锅筒、联箱中心线进行测量，其允许偏差应符合表 3-41 规定。

表 3-41　锅筒、集箱安装的允许偏差　　(mm)

项　　目	允许偏差
主锅筒的标高	±5
锅筒纵、横向中心线与安装基准线的水平方向距离	±5
锅筒、集箱全长的纵向水平度	2
锅筒全长的横向水平度	1
上、下锅筒之间水平方向距离（a）和垂直方向距离（b）	±3
上锅筒与上集箱的轴心线距离（c）	±3
上锅筒与过热器集箱的距离（d，d'） 过热器集箱间距离（f，f'）	±3
上、下集箱之间的距离（g）、集箱与相邻立柱中心距离（h，l）	±3
上、下锅筒横向中心线相对偏移（e）	2
锅筒横向中心线和过热器集箱横向中心线相对偏移（s）	3

注：锅筒纵、横向中心线两端所测距离的长度之差不应大于 2mm。

(3) 支座和吊挂装置安装

1）接触部位圆弧应吻合，局部间隙不宜大于 2mm。

2）支座与梁接触应良好，不得有晃动现象。

3）吊挂装置应牢固，弹簧吊挂装置应整定，并应临时固定。

4）临时支架应稳定，用完后拆除时应注意不能摇动锅筒，以免胀口松弛。

（4）锅炉内部装置的安装

1）零部件的数量不得缺少。

2）蒸汽、给水连接隔板的连接应严密不漏，焊缝应无漏焊和裂纹。

3）法兰接合面应严密。

4）连接件的连接应牢固，且有防松装置。

锅筒、联箱安装位置正确与否，直接关系到下道工序能否顺利进行。所以锅筒、联箱安装就位尺寸必须经过质量员检查验收。确认无误后，方可进行下道工序。挂管前还应进行复核，达不到设计及规范要求千万不要盲目挂管、连接，以免造成不良后果。

技能要点3：锅炉附属设备安装

1. 钢架及平台安装

锅炉钢架安装质量直接影响到锅筒、联箱的安装质量。要确保钢架安装质量，首先必须保证钢架构件几何尺寸的正确。所以钢架构件在安装前，应严格检查各单独构件的几何尺寸、变形情况，并清点构件数量。

（1）检查钢架的几何尺寸　钢架的允许偏差必须符合表3-42的规定。

表3-42　钢架安装前的允许偏差

项　目		允许偏差（mm）
柱子的长度（m）	≤8	0 −4
	>8	+2 −6
梁的长度（m）	≤1	0 −4
	>1~3	0 −6
	>3~5	0 −8
	>5	0 −10
柱子、梁的直线度		长度的1/1000，且不大于10

对变形尺寸较大的钢架构件要进行校正。校正的方法一般有冷压校正、热压校正和火焰校正等。

（2）钢架的安装　安装钢架前应先修整基础，将已划出的每个钢柱底板轮廓线以内的地方凿平。一般凿至略低于设计标高或正好在标高线上，便于对钢柱进行调整。钢架的安装方法分组合法安装和分件安装。

1）组合安装　采用组合法安装钢架时，将组合件中各钢柱的底板对准基础上的轮廓线就位，初调整后用带有花篮螺栓的钢丝绳拉紧，待各组合件全部拼装完毕后，再进行调整。调整合格的组合件应予以点焊加固。待全部调整合格后，并检查符合图样和规范要求后，才可进行焊接。

2）分件安装　采用分件安装时，应先装钢柱，后装横梁。将钢柱的底板对准基础上印轮廓线就位，然后用带有花篮螺栓的钢丝绳拉紧，经初调后即可用螺栓将横梁装上，再进行调整。每调整合格一件，就立即点焊加固。接着将立柱、联梁等按要求的位置点焊上，经全部复查符合规范要求时，才能进行焊接。钢架安装的允许偏差和检测方法应符合表3-43的要求。

表 3-43 钢架安装的允许偏差和检测方法

项　　目	允许偏差（mm）	检　测　方　法
各柱子的位置	±5	—
任意两柱子间的距离（宜取正偏差）	间距的 1/1000，且不大于 10	—
柱子上的 1m 标高线与标高基准点的高度差	±2	以支承锅筒的任一根柱子作为基准，然后用水准仪测定其他柱子
各柱子相互间标高之差	3	—
柱子的垂直度	高度的 1/1000，且不大于 10	—
各柱子相应两对角线的长度之差	长度的 1.5/1000，且不大于 15	在柱脚 1m 标高和柱头处测量
两柱子间在垂直面内两对角线的长度差	长度的 1/1000，且不大于 10	在柱子的两端测量
支承锅筒的梁的标高	0 −5	—
支承锅筒的梁的水平度	长度的 1/1000，且不大于 3	—
其他梁的标高	±5	—

3）钢架立柱与基础固定方法　钢架立柱与基础固定有三种方式：第一种方法是用地脚螺钉灌浆固定，这种方法要求立柱底板与基础表面之间应有不小于 50mm 的灌浆层，以保证二次灌浆的顺利进行；第二种方法是立柱底板与基础预埋钢板焊接固定，这种方法要求把立柱底板、预埋钢板和找平垫铁一起焊接牢固；第三种方法是立柱与预埋钢筋焊接固定，这种方法要求将钢筋加热弯曲并紧靠在柱脚上，其焊缝长度应为预埋钢筋直径的 6～8 倍，并应焊牢，钢筋转弯处不应有损伤。

4）平台的安装　平台、撑架、扶梯、栏杆、栏杆柱、挡脚等应安装平整，焊接牢固，栏杆柱的间距应均匀，栏杆接头焊缝处表面应光滑

安装时不应任意割短或接长扶梯，或改变扶梯的斜度和扶梯的上、下脚踏板与连接平台的间距。

在平台、扶梯、撑架等构件上，不应任意切割孔洞。当需要切割时，在切割后应加固。

对于有些妨碍施工的构件，可留到以后安装。

2. 省煤器安装

（1）省煤器支架安装　将支架上好地脚螺栓放在基础上。当烟管为现场制作时，支架可按基础图找平找正；当烟管为成品组件时，应等省煤器就位后，按照实际烟管位置尺寸找平找正。

（2）省煤器安装

1）省煤器安装前应进行水压试验。试验压力为 $1.25PN+5$（PN 为锅炉工作压力）无渗漏再进行安装。同时可以进行省煤器安全阀调整。省煤器安全阀的开启压力应为装置点工作压力的 1.1 倍，或为锅炉工作压力的 1.1 倍。

2）用人字扒杆或其他吊装设备将省煤器安装在支架上，并检查省煤器的进口位置、标高是否与锅炉烟气出口相符；以及两口的距离和螺栓孔是否相符。通过调整支架的位置和标高达到烟管的安装要求。

3）一切妥当后可将省煤器下部的槽钢与支架板焊在一起。

（3）灌注混凝土　支架的位置和标高找好后灌注混凝土。混凝土的标号应比基础标号高一级，应捣实和养护。

3. 螺旋出渣机安装

(1) 先将出渣机从安装孔斜放在基础坑内。

(2) 将漏灰接口板安装在锅炉底板下部。

(3) 安装锥形渣斗，上好渣斗与炉体的螺栓后，再将漏灰板与渣斗的连接螺栓上好。

(4) 吊起出渣机的筒体与锥形渣斗连接好。锥形渣斗的长方形法兰与筒体长方形法兰之间一定要加橡胶垫或浸油石棉盘根，不得漏水。

(5) 安装出渣机的吊耳和轴承底座；在安装轴承座时，要使螺旋轴保持同心并形成一条直线。

(6) 把安全离合器的弹簧调好，用扳手扳转蜗杆方形螺旋轴使其转动灵活。油箱内应注入符合要求的机械油。

(7) 安装稳妥后接通电源和水源，检查旋转方向是否正确，离合器弹簧是否跳动，冷态试车2h，无异常声响和不漏水为合格。应做好试运转记录。

4. 液压传动装置安装

(1) 对预埋板应进行清理和除锈。

(2) 检查和调整使铰链架纵横中心线与滑轨纵横中心线相符，以确保有较大的调节量；并将铰链架的固定螺栓稍加紧固。

(3) 把活塞杆全部提出（最大行程），并将活塞杆的长拉脚与摆轮连接好，再将活塞缸与铰链架连接好。然后根据摆轮的位置和图纸的要求把滑轨位置找好、焊牢。最后要认真调整一下铰链架的位置并把螺栓紧固。

(4) 液压箱安装：油压箱只需按设计位置放好即可。油箱内要清洗干净，经加油器，向油箱内加入10号（冬季）、20号（夏季）机械油。

(5) 地下油管安装：地下油管采用$\phi 22\times 3.5$mm的低压流体用无缝钢管，在现场煨弯和焊接管接头。钢管内要除锈，用破布拉拽干净。

(6) 高压软管安装：高压软管应安装在油缸与地下油管之间。安装高压软管时，应将丝头和管接头内的铁屑毛刺清除干净。为避免损坏油缸和油泵丝头连接处，应用聚四氟乙烯薄膜或麻丝白铅油作填料，将高压软管上好。

(7) 高压铜管安装：先将铜管截成适当长度。然后退火煨弯，用扩口工具扩口；再把管接头分别上在油箱和地下油管的管口上，最后把铜管上好。

(8) 电气部分安装：先将行程撞块安好，再安装行程开关。上行程开关的位置应是在摆轮拨爪略超过棘轮槽为宜，下行程开关的位置应定在能使炉排前进80mm或活塞不达到缸底为宜。最后进行电气配管、穿线，压接线鼻子及油泵电机接线。

(9) 油路管的冲洗和试压：把高压软管与油缸相接的一端卸开放在空油筒内，然后起动油泵调节溢流阀调压手轮，反时针旋转使油压维持在0.2MPa水平，再通过人工方法控制行程开关使油能对两条油管进行冲洗。冲洗时间为15～20min，每条油管至少冲洗2～3次，冲洗完毕后将高压软管与油缸连好。

油管试压，利用液压箱的油泵即可。起动油泵通过调压手轮使油压逐步升至3MPa，在此压力下活塞动作一个行程，检查油管及接头、油缸等处不漏油为合格。立即将油压调整到炉排工作压力，因油泵不得长时间超载。1～2t/h链条炉排油压为1.2MPa；4t/h链条炉排油压为1.5MPa。

(10) 摆轮内部应擦洗后加入适量的20#机油。

(11) 油压传动装置冲洗试压时应做好记录。

5. 烟囱安装

(1) 每节烟囱之间用$\phi 10$的石棉扭绳做垫料，连接头要严密牢固。组装好的烟囱应基本成直线。

（2）当烟囱的高度超过周围建筑物时应安装避雷针。

（3）在烟囱的适当高度处安装拉紧绳，最少三根。拉紧绳的固定装置焊接或安装要牢固。在拉紧绳距地面一定高度（不少于3m）处安装绝缘球。拉紧绳与地锚之间用花篮螺栓拉紧，锚点的位置要合理。

（4）用吊装设备把烟囱吊装就位，用拉紧绳调整烟囱的垂直度；垂直度要求达到1mm/m，全高不超过20mm。最后检查拉紧绳的松紧绳卡和基础螺栓。

技能要点4：燃烧设备的安装

1. 炉排安装

（1）手动炉排的安装　手动炉排安装的施工程序如下：

1）以锅炉基础的纵、横基准线为依据，定出炉排的位置中心线，划出炉门及横梁的安装位置线。

2）安装固定搁置炉排的横梁。

3）找正横梁的间距和水平　按设计图样的要求，找正相邻横梁之间的距离，使其偏差不大于2mm，同时还应找正横梁的标高和水平，使其在同一平面上，每米偏差不得大于2mm。

4）安装和调整炉排片　要按设计图样的要求，安放炉排片，充分估计炉片本身尺寸的偏差和热膨胀因素，调整好每孔炉排片之间的间隙，以防热膨胀卡住。当图样无具体规定时，整个炉排片之间的总间隙应保持在14～30mm，边部炉条和墙板之间应有膨胀间隙，不可过紧或过松，必要时要对炉排片进行选配、调整。

5）安装除灰摇杆，并调整使其转动灵活。

6）安装门框及炉门，并确保密封部位的严密。

（2）链条炉排安装　锅筒安装之后，即可进行链条炉排的安装，同锅炉本体受热面管子的安装交叉进行，以便锅炉本体水压试验时及链条炉排冷态试运转结束，为后面的锅炉砌筑创造条件。

链条炉排安装的施工程序如下：

1）链条炉排组装前，按照表3-44的规定，检查炉排构件的几何尺寸，不符合要求的应予以校正。

表3-44　链条炉排安装前的检查项目和允许偏差　(mm)

项　　目	允许偏差	备　　注
型钢构件的长度	±5	
型钢构件的直线度，每米	1	
各链轮与轴线中点间的距离 a，b	±2	
同一轴上的任意两链轮，其齿尖前后错位 Δ	3	

2）检查炉排基础上有关预埋钢板、预埋螺栓、预留孔，如有缺陷及时处理。炉排基础经检查验收合格后，在基础上划出炉排中心线、前轴中心线、后轴中心线、两侧墙板位置线，并用对角线检查画线的准确度。

3）安装墙板　墙板及其构件是炉排的骨架，在其前后各装一根轴。前轴和变速箱相连，轴上装有齿轮拖动全部链条炉排转动。安装时，应按设计要求留出轴向及径向热膨胀间隙，见图3-61。同时，应按规定标准调整前轴的标高、水平度、平行度及轴上齿轮和滑轮的位置。

4）炉排片组装不可过紧、过松，装好用手摇动，以松动灵活为宜。并对销轴、开口销全面检查，不得有缺少及未掰开情况。边部炉条与墙板之间应留有间隙。

5）对于鳞片或横梁式链条炉排在拉紧状态下测量，各链条的相对长度差不得大于8mm。

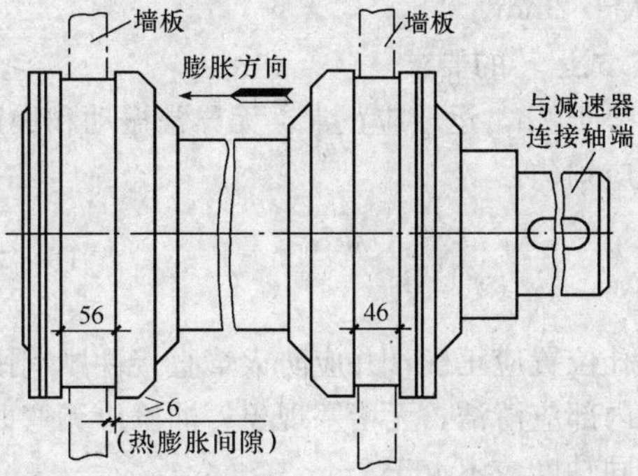

图 3-61　炉排前、后轴承预留热膨胀间隙

6）组装加煤斗时，应检查各机件无异常现象时，方可清干净进行安装。

7）组装挡渣门时，轴与轴之间和各出渣门之间，应按规定留出膨胀间隙。操纵机构和轴的转动均应灵活。

8）组装挡渣器，经调整后，两挡渣器之间应留有适当间隙，端部与墙体间应留出间隙。

(3) 往复炉排安装

1）炉排片安装前应进行检查，通风间为 1～2mm，配合部位应刨平，以便吻合。

2）炉排固定梁与炉排框架的连接必须牢固，各固定梁之间的间距、上下高度差，都应保持一致。

3）活动梁与固定梁之间的滚动装置要接触良好

4）推拉轴与变速装置连接后，应检查活动炉排运行情况正常后，方可将变速装置定位。

5）装炉片时，要留出 5～10mm 间隙，防止炉片受热膨胀后卡住。

6）煤斗闸板安装要操作灵活，防止漏风和阻碍炉排运行。

(4) 炉排试运转

1）炉排试运转宜在锅炉前进行，并应符合下列要求。

①冷态试运转运行时间，链条炉排不少于 8h；往复炉排不少于 4h。试运转速度不应小。于两级，在由低速到高速的调整阶段，应检查传动装置的保安机构动作。

②炉排运转应平稳、无异常声响、卡住、抖动和跑偏等现象。

③炉排片能翻转自如，且无突起现象。

④滚柱转动应灵活，与链轮啮合应平稳，无卡住现象。

⑤润滑油和轴承的温度均应正常。

⑥炉拉紧装置应留适当地调节余量。

2）煤闸门及炉排轴承冷却装置应作通水检查，且无泄漏现象。

3）煤闸门升降应灵活，开度应符合设计要求。煤闸门下缘与炉排表面的距离偏差应不大于 10mm。

4）挡风门、炉排风管及其法兰接合处、各段风室、落灰门等均应平整，密封良好。

5）挡渣铁应整齐地贴合在炉排面上，当炉排运转时不应有顶住、翻倒现象。

6）侧密封块与炉排间隙应符合设计要求，防止炉排卡住、漏煤和漏风。

2. 抛煤机安装

(1) 抛煤机的标高允许偏差为±5mm。

(2) 相邻两抛煤机的间距允许偏差为±3mm。

(3) 抛煤机采用串联传动时，相邻两抛煤机桨叶转子轴的同轴度应不大于 3mm；传动装置与第一个抛煤机轴同轴度应不大于 2mm。

(4) 抛煤机安装完毕后，试运转的要求

1) 空负荷运转时间不应小于 2h，运转应正常，无异常振动和噪声，冷却水路畅通。

2) 抛煤机试验，其煤层应均匀。

3. 燃烧器安装

(1) 燃烧器安装前的检查

1) 安装燃烧器的预留口孔位置应正确，并应防火焰直接冲刷周围的水冷壁管。

2) 油枪、油嘴和混合器内部应清洁，无堵塞现象；油枪应无弯曲变形。

3) 调风器喉口与油枪的同轴度应不大于 3mm。

(2) 燃烧器安装时的要求

1) 燃烧器标高允许偏差为±5mm。

2) 各燃烧器之间距离允许偏差为±3mm。

3) 调风装置调节应灵活。

4. 吹灰器安装

固定式吹灰器的安装应符合下列要求：

(1) 安装位置与设计位置的允许偏差为±5mm。

(2) 喷嘴全长的水平度不应大于 3mm。

(3) 各喷嘴应处在管排空隙中间。

(4) 吹灰器管路应有坡度，并能使凝结水通过疏水器流出；管路保温应良好。

第四章　通风与空调工程施工

技能要点 31　风管和部件的安装

技能图解框线图

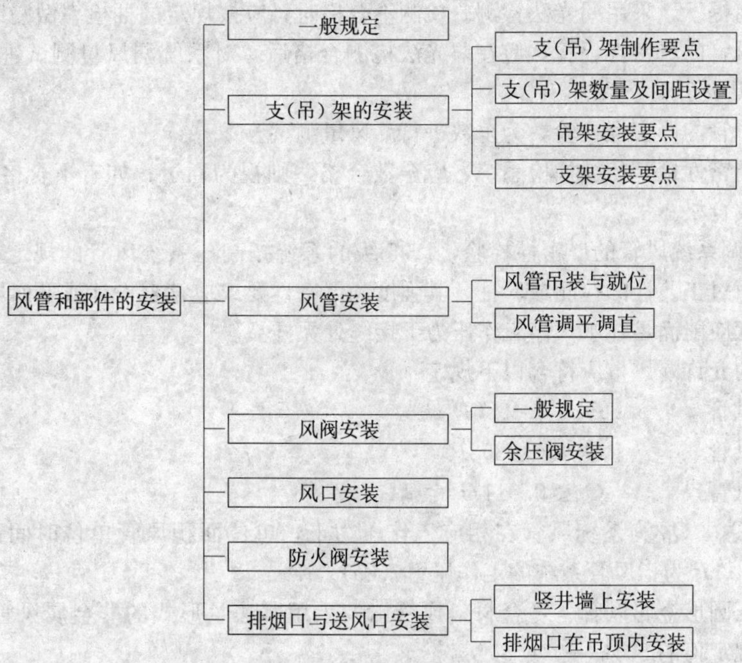

图 4-1　风管和部件的安装

技能要点 1：一般规定

(1) 在风管穿过需要封闭的防火、防爆的墙体或楼板时，应设预埋管或防护套管，其钢板厚度不应小于 1.6mm。风管与防护套管之间，应用不燃且对人体无危害的柔性材料封堵。

(2) 风管安装的规定

1) 风管内严禁其他管线穿越。

2) 输送含有易燃、易爆气体或安装在易燃、易爆环境的风管系统应有良好的接地，通过生活区或其他辅助生产房间时必须严密，并不得设置接口。

3) 室外立管的固定拉索严禁拉在避雷针或避雷网上。

(3) 输送空气温度高于 80℃的风管，应按设计规定采取防护措施。

(4) 风管部件安装的规定

1) 各类风管部件及操作机构的安装，应能保证其正常的使用功能，并便于操作。

2) 斜插板风阀的安装，阀板必须为向上拉启；水平安装时，阀板还应为顺气流方向插入。

3) 止回风阀、自动排气活门的安装方向应正确。

(5) 防火阀、排烟阀（口）的安装方向、位置应正确。防火分区隔墙两侧的防火阀，距墙表面不应大于 200mm。

（6）净化空调系统风管的安装规定

1）风管、静压箱及其他部件，必须擦拭干净，做到无油污和浮尘，当施工停顿或完毕时，端口应封好。

2）法兰垫料应为不产尘、不易老化和具有一定强度和弹性的材料，厚度为 5～8mm，不得采用乳胶海绵；法兰垫片应尽量减少拼接，并不允许直缝对接连接，严禁在垫料表面涂涂料。

3）风管与洁净室吊顶、隔墙等围护结构的接缝处应严密。

（7）风管系统安装完毕后，应按系统类别进行严密性检验，漏风量应符合设计规定。风管系统的严密性检验，应符合下列规定：

1）低压系统风管的严密性检验应采用抽检，抽检率为 5%，且不得少于 1 个系统。在加工工艺得到保证的前提下，采用漏光法检测。检测不合格时，应按规定的抽检率做漏风量测试。

中压系统风管的严密性检验，应在漏光法检测合格后，对系统漏风量测试进行抽检，抽检率为 20%，且不得少于 1 个系统。

高压系统风管的严密性检验，为全数进行漏风量测试。

系统风管严密性检验的被抽检系统，应全数合格，则视为通过；如有不合格时，则应再加倍抽检，直至全数合格。

2）净化空调系统风管的严密性检验，1～5 级的系统按高压系统风管的规定执行；6～9 级的系统风管必须通过工艺性的检测或验证，其强度和严密性要求应符合设计或下列规定：

风管的强度应能满足在 1.5 倍工作压力下接缝处无开裂。

矩形风管的允许漏风量应符合以下规定：

低压系统风管　　$Q_L \leqslant 0.1056P^{0.65}$

中压系统风管　　$Q_M \leqslant 0.0352P^{0.65}$

高压系统风管　　$Q_H \leqslant 0.0117P^{0.65}$

其中 Q_L、Q_M、Q_H 为系统风管在相应工作压力下，单位面积风管单位时间内的允许漏风量 [m^3/（h · m^2）]；P 为指风管系统的工作压力（Pa）。

低压、中压圆形金属风管、复合材料风管以及采用非法兰形式的非金属风管的允许漏风量，应为矩形风管规定值的 50%。

砖、混凝土风管道的允许漏风量不应大于矩形低压系统风管规定值的 1.5 倍。

排烟、除尘、低温送风系统按中压系统风管的规定，1～5 级净化空调系统按高压系统风管的规定。

（8）手动密闭阀安装，阀门上标志的箭头方向必须与受冲击波方向一致。

（9）风管的安装规定

1）风管安装前，应清除内、外杂物，并做好清洁和保护工作。

2）风管安装的位置、标高、走向，应符合设计要求。现场风管接口的配置，不得缩小其有效截面。

3）连接法兰的螺栓应均匀拧紧，其螺母宜在同一侧。

4）风管接口的连接应严密、牢固。风管法兰的垫片材质应符合系统功能的要求，厚度不应小于 3mm。垫片不应凸入管内，亦不宜突出法兰外。

5）柔性短管的安装，应松紧适度，无明显扭曲。

6）可伸缩性金属或非金属软风管的长度不宜超过 2m，并不应有死弯或塌凹。

7）风管与砖、混凝土风道的连接接口，应顺着气流方向插入，并应采取密封措施。风管穿出屋面处应设有防雨装置。

8）不锈钢板、铝板风管与碳素钢支架的接触处，应有隔绝或防腐绝缘措施。

(10) 无法兰连接风管的安装规定

1) 风管的连接处，应完整无缺损、表面应平整，无明显扭曲。

2) 承插式风管的四周缝隙应一致，无明显的弯曲或褶皱；内涂的密封胶应完整，外粘的密封胶带，应粘贴牢固、完整无缺损。

3) 薄钢板法兰形式风管的连接，弹性插条、弹簧夹或紧固螺栓的间隔不应大于150mm，且分布均匀，无松动现象。

4) 插条连接的矩形风管，连接后的板面应平整、无明显弯曲。

(11) 风管的连接应平直、不扭曲。明装风管水平安装，水平度的允许偏差为3/1000，总偏差不应大于20mm。明装风管垂直安装，垂直度的允许偏差为2/1000，总偏差不应大于20mm。暗装风管的位置，应正确、无明显偏差。

除尘系统的风管，宜垂直或倾斜敷设，与水平夹角宜大于或等于45°，小坡度和水平管应尽量短。

对含有凝结水或其他液体的风管，坡度应符合设计要求，并在最低处设排液装置。

(12) 风管支、吊架的安装规定

1) 风管水平安装，直径或长边尺寸小于等于400mm，间距不应大于4m；大于400mm，不应大于3m。螺旋风管的支、吊架间距可分别延长至5m和3.75m；对于薄钢板法兰的风管，其支、吊架间距不应大于3m。

2) 风管垂直安装，间距不应大于4m，单根直管至少应有2个固定点。

3) 风管支、吊架宜按国标图集与规范选用强度和刚度相适应的形式和规格。对于直径或边长大于2500mm的超宽、超重等特殊风管的支、吊架应按设计规定。

4) 支、吊架不宜设置在风口、阀门、检查门及自控机构处，离风口或插接管的距离不宜小于200mm。

5) 当水平悬吊的主、干风管长度超过20m时，应设置防止摆动的固定点，每个系统不应少于1个。

6) 吊架的螺孔应采用机械加工。吊杆应平直，螺纹完整、光洁。安装后各副支、吊架的受力应均匀，无明显变形。

风管或空调设备使用的可调隔振支、吊架的拉伸或压缩量应按设计的要求进行调整。

7) 抱箍支架，折角应平直，抱箍应紧贴并箍紧风管。安装在支架上的圆形风管应设托座和抱箍，其圆弧应均匀，且与风管外径相一致。

(13) 非金属风管的安装规定

1) 风管连接两法兰端面应平行、严密，法兰螺栓两侧应加镀锌垫圈。

2) 应适当增加支、吊架与水平风管的接触面积。

3) 硬聚氯乙烯风管的直段连续长度大于20m，应按设计要求设置伸缩节；支管的质量不得由干管来承受，必须自行设置支、吊架。

4) 风管垂直安装，支架间距不应大于3m。

(14) 复合材料风管的安装规定

1) 复合材料风管的连接处，接缝应牢固，无孔洞和开裂。当采用插接连接时，接口应匹配、无松动，端口缝隙不应大于5mm。

2) 采用法兰连接时，应有防冷桥的措施。

3) 支、吊架的安装宜按产品标准的规定执行。

(15) 各类风阀应安装在便于操作及检修的部位，安装后的手动或电动操作装置应灵活、可靠，阀板关闭应保持严密。

防火阀直径或长边尺寸大于等于630mm时，宜设独立支、吊架。

排烟阀（排烟口）及手控装置（包括预埋套管）的位置应符合设计要求。预埋套管不得有死弯及瘪陷。

除尘系统吸入管段的调节阀，宜安装在垂直管段上。

（16）风帽安装必须牢固，连接风管与屋面或墙面的交接处不应渗水。

（17）排、吸风罩的安装位置应正确，排列整齐，牢固可靠。

（18）风口与风管的连接应严密、牢固，与装饰面相紧贴；表面平整、不变形，调节灵活、可靠。条形风口的安装，接缝处应衔接自然，无明显缝隙。同一厅室、房间内的相同风口的安装高度应一致，排列应整齐。

明装无吊顶的风口，安装位置和标高偏差不应大于10mm。

风口水平安装，水平度的偏差不应大于3/1000。

风口垂直安装，垂直度的偏差不应大于2/1000。

（19）净化空调系统风口安装的规定

1）风口安装前应清扫干净，其边框与建筑顶棚或墙面间的接缝处应加设密封垫料或密封胶，不应漏风。

2）带高效过滤器的送风口，应采用可分别调节高度的吊杆。

技能要点2：支（吊）架的安装

1. 支（吊）架制作要点

（1）支架的悬臂、吊架的吊铁采用角钢或槽钢制成；斜撑的材料为角钢；吊杆采用圆钢；扁铁用来制作抱箍。

（2）支（吊）架在制作前，首先要对型钢进行矫正，矫正的方法分冷矫正和热矫正两种。小型钢材一般采用冷矫正。较大的型钢须加热到900℃左右后进行热矫正。矫正的顺序应该先矫正扭曲、后矫正弯曲。

（3）钢材切断和打孔，不应使用氧气－乙炔切割。抱箍的圆弧应与风管圆弧一致。支架的焊缝必须饱满，以保证其具有足够的承载能力。

（4）吊杆圆钢应根据风管安装标高适当截取。套丝不宜过长，丝扣末端不应超出托盘最低点。

（5）风管支（吊）架制作完毕后，应进行除锈，刷一遍防锈漆。

（6）用于不锈钢、铝板风管的支架，抱箍应按设计要求做好防腐绝缘处理，防止电化学腐蚀。

2. 支（吊）架数量及间距设置

（1）风管支（吊）架间距如无设计要求时，对于不保温风管应符合表4-1要求。对于保温风管，支（吊）架间距无设计要求时按表间距要求值乘以0.85。螺旋风管的支（吊）架间距可适当增大。

表4-1 支（吊）架间距

圆形风管直径或矩形风管长边尺寸（mm）	水平风管间距（m）（不大于）	垂直风管间距（m）（不大于）	最少吊架数（副）
≤400	4	4	2
400～1000	3	3.5	2
＞1000	2	2	2

（2）保温风管支（吊）架间距应按设计。如设计无要求，可按不保温风管的支架间距乘以0.85的系数。

(3) 风管转弯处两端加支架。

(4) 穿楼板和穿屋面处。因竖风管支架只起导向作用，所以穿楼板应加固定支架。

固定螺栓个数：D 或 A＜500mm　4 个

D 或 A＝500～1000mm　6 个

D 或 A＞1000mm　8 个

(5) 风管始端与通风机、空调器及其他振动设备连接的风管与设备的接头处。

(6) 干管上有较长的支管时，则支管上必须设置支、吊、托架，以免干管承受支管的质量而造成破坏现象。

(7) 支（吊）架的固定件及位置应符合设计规定，或符合下列要求：

1) 靠墙、靠柱的水平风管支架用悬臂或有支撑的支架，否则采用托底吊架。直径或边长＜400mm的风管采用吊带或吊架。

2) 靠墙、柱安装的垂直风管用悬臂托架或有斜撑的支架。穿过楼板不靠墙柱的风管用抱箍支架固定。室外立管用拉索固定。

3) 也可采用组合型通用构架新支（吊）架。

4) 支（吊）架的预埋件，射钉或膨胀螺栓位置经核对应正确、牢固、可靠。

5) 用钢卷尺排距，若发现有的支、吊架若设在风口、阀门、检查门或自控机构处时，要进行重新调整个别预埋件。

3. 吊架安装要点

风管敷设在楼板、屋面、桁架及梁下面并且离墙较远时，一般都采用吊架来固定风管。

矩形风管的吊架由吊杆和托铁组成，圆形风管的吊架由吊杆和抱箍组成。当吊杆（拉杆）较长时，中间加装花篮螺丝，以便调节各杆段长度，便于施工、套丝、紧固。

圆形风管的抱箍可按风管直径用扁钢制成。为了安装方便，抱箍做成两个半边。单吊杆长度较大时，为了避免风管摇晃，应该每隔两个单吊杆，中间加一个双吊杆。矩形风管的托铁一般用角钢制成，风管较重时也可以采用槽钢。铁托上穿吊杆的螺孔距离，应比风管宽 60mm（每边 30mm），如果是保温风管时为 200mm（每边宽 100mm），一般都使用双吊杆固定。为了便于调节风管的标高，吊杆可分节，并且在端部套有长 50～60mm 的丝扣，便于调节。

吊杆要根据建筑物的实际情况，电焊或螺栓连接固定于楼板、钢筋混凝土梁或钢梁上。安装时，需根据风管的中心线找出吊杆的敷设位置，单吊杆就在风管的中心线上，双吊杆可按托铁的螺孔间距或风管中心线对称安装。在楼板上固定吊杆时，应尽量放在楼板缝中，如果位置不合适，可用手锤和尖錾打洞。当洞快打穿时，不要再过大用力，以免楼板的下表面被打掉一大片而影响土建的施工质量。

安装立管卡时，应先在卡子半圆弧的中点划好线，然后按风管位置和埋进墙的深度，先把最上面的一个卡子固定好，再用线坠在中点处吊线，下面的卡子可按吊线进行固定，这样可使风管安装得较垂直。

4. 支架安装要点

(1) 一般情况下采用打洞的方法将支架用 C10 混凝土填埋，见图 4-2。所用固定风管的螺栓规格：如为圆形风管，$\phi \leqslant 800$mm 时用 M8，$\phi > 800$mm 时用 M10。风管下面的垫块，保温管垫泡沫塑料或软木块，非保温管可不垫；冷风管的垫块需采取防潮措施。

(2) 用穿心螺栓固定。当墙的厚度在 370mm 以下时，可采用打孔后用穿心螺栓固定的办法，见图 4-3。

(3) 利用金属膨胀螺栓或射钉枪进行固定支架。

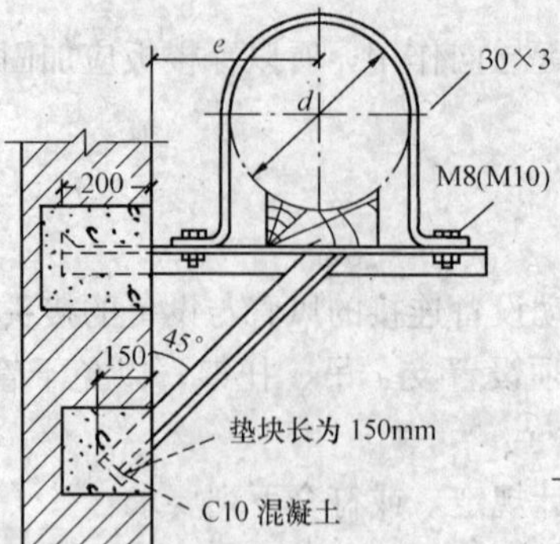

图 4-2　支架埋设示意

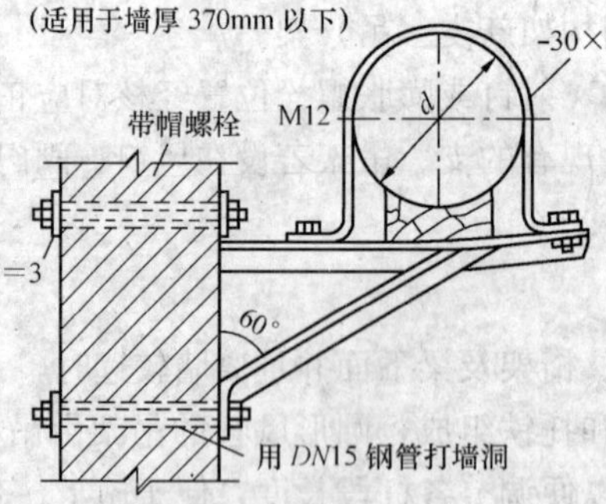

图 4-3　穿心螺栓安装支架示意

技能要点 3：风管系统的安装

1. 风管吊装与就位

(1) 风管安装前，先对安装好的支、吊（托）架进一步检查其位置是否正确，是否牢固可靠。根据施工方案确定的吊装方法（整体吊装或一节一节地吊装），按照先干管后支管的安装程序进行吊装。

(2) 吊装前，应根据现场的具体情况，在梁、柱的节点上挂好滑车，穿上麻绳，牢固地捆扎好风管，然后就可以吊装。

(3) 用绳索将风管捆绑结实。塑料风管、玻璃钢风管或复合材料管如需整体吊装时，绳索不得直接捆绑在风管上，应用长木板托住风管底部，四周应有软性材料做垫层，方可起吊。

(4) 开始起吊，先慢慢拉紧起重绳，当风管离地 200～300mm 时，应停止起吊，检查滑车的受力点和所绑扎的麻绳、绳扣是否牢固，风管的重心是否正确。当检查没问题后，再继续起吊到安装高度，把风管放在支、吊架，并加以稳固后，方可解开绳扣。

(5) 水平安装的风管，可以用吊架的调节螺栓或在支架上用调整垫块的方法来调整水平。风管安装就位后，可以用拉线、水平尺和吊线的方法来检查风管是否横平竖直。

(6) 对于不便悬挂滑车或固定地势限制，不能进行整体（即组合一定长度）吊装时，可将风管分节用麻绳拉到脚手架上，然后再抬到支架上对正法兰逐节进行安装。

(7) 风管地沟敷设时，在地沟内进行分段连接。地沟内不便操作时，可在沟边连接，用麻绳绑好风管，用人力慢慢将风管放到支架上。风管甩出地面或在穿楼层时甩头不少于200mm。敞口应做临时封堵。风管穿过基础时，应在浇灌基础前下好预埋套管，套管应牢固地固定在钢筋骨架上。

（8）特殊风管在安装就位中。输送易燃、易爆气体或有这种环境下的风管应设接地，并且尽量减少接口，当通过生活间或辅助间时不得设有接口。不锈钢与碳素钢支架间垫以非金属垫片；铝板风管支架、抱箍应镀锌；硬聚氯乙烯风管穿墙或楼板应设套管、长度＞20m设伸缩节；玻璃钢类风管树脂不得有破裂、脱落及分层，安装后不得扭曲；空气净化空调系统风管安装应严格按程序进行，不得颠倒。风管、静压箱及其他部件，在安装前内壁必须擦拭干净，做到无油污和浮尘，注意封堵临时端口；当安装在或穿过围护结构时，接缝应密封，保持清洁、严密。

2. 风管调平调直

（1）水平风管安装后的不水平度的允许偏差为每米不应大于3mm。总偏差不应大于20mm。垂直风管安装后的不垂直度允许偏差为每米不应大于2mm，总偏差不应大于20mm。输送产生凝结水或空气湿度较大的风管，应按设计要求的坡度安装。

为了保证风管安装后的上述要求，支、吊、托架按设计或规范要求的间距应等距离排列，但遇有风口、风阀等部件，应适当地错开一定距离。支、吊、托架的预埋件或膨胀螺栓的位置应正确牢固。各吊杆或支架的标高调整后应保持一致；对于有坡度要求的风管，其标高按其坡度保持一致。

（2）圆形风管用法兰管口翻边宽度调整风管的同心度。矩形风管可调整或更换法兰，使其对角线相等，并保证风管表面和平整度控制在5～10mm范围内。

在进行风管平整度检验时，对矩形风管应在横向拉线，用尺量其凹凸的高度；对圆形风管应纵向拉线，用尺量其凹凸的高度。

（3）法兰与风管垂直度可按实际偏差情况来处理。如偏差较小，可用增加法兰垫片厚度，并掌握法兰螺母拧紧度来调整；如偏差较大，法兰则需要返工重新找方，翻边铆接。

（4）法兰互换性差，可对螺栓孔进行扩孔处理，一般可扩大1～2mm。如误差过大，则另行钻孔。

法兰平整度差，可用增大法兰垫片厚度进行调整，但增厚的法兰垫片必须保证完整性，对接的垫片必须用密封胶粘接，以保证风管连接后的严密性。但各个螺栓的螺母必须保持松紧度一致。

技能要点4：一般风阀的安装

1. 一般规定

（1）阀门的制作应牢固，调节和制动装置应准确、灵活、可靠，并标明阀门启闭方向，在实际的工程中经常出现阀门卡涩现象。空调系统停止运行一段时间后，再使用时，阀门无法开启。有的用强力扳动，把手柄都扳断了。主要原因是转轴采用碳钢制作，很容易生锈，而且安装时又未采取防腐措施。如果对轴和轴承的材质，两者至少有一件用铜或铜锡合金制造，情况会大有改善。

（2）应注意阀门调节装置要设在便于操作的部位；安装在高处的阀门也要使其操作装置处于离地面或平台1～1.5m处。

（3）阀在安装完毕后，应在阀体外部明显地标出“开”和“关”方向及开启程度。对保温系统，应在保温层外面设法作标志，以便调试和管理。

（4）斜插板阀一般多用于除尘系统，安装阀门时应考虑不使积尘，因此对水平管上安装斜插板阀应顺气流安装；而在垂直管（气流向上）安装时斜插板阀就应逆气流安装。

（5）止回阀阀轴必须灵活，阀板关闭应严密，铰链和转动轴应采用不易锈蚀的材料制作。

（6）防爆系统的部件必须严格按照设计要求制作，所用的材料，严禁代用。

2. 余压阀的安装

余压阀多安装在洁净室的墙壁的下方，应保证阀体与墙壁连接后的严密性，而且注意阀板的位置处于洁净室的外墙，以使室内气流当静压升高时而流出。并且应注意阀板的平整和重锤调节杆不受撞击变形，使其重锤调整灵活。余压阀的安装如图 4-4 所示。

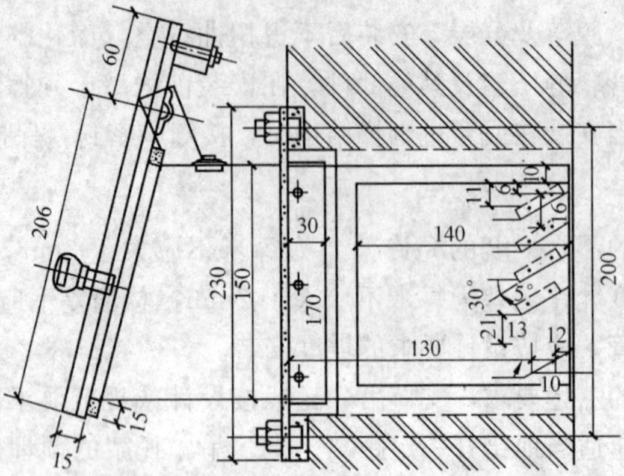

图 4-4　余压阀的安装

技能要点 5：风口的安装

（1）对于矩形风口要控制两对角线之差不应大于 3mm，以保证四角方正；对于圆形风口则控制其直径，一般取其中任意两互相垂直的直径，使两者的偏差不应大于 2mm，就基本上不会出现椭圆形状。

（2）风口表面应平整、美观，与设计尺寸的允许偏差不应大于 2mm。在整个空调系统中，风口是唯一外露于室内的部件，故对它的外形要求要高一些。

（3）多数风口是可调节的，有的甚至是可旋转的，凡是有调节、旋转部分的风口都要保证活动件应轻便灵活，叶片应平直，同边框不应有碰擦。风口调节不灵活的原因有：

1）加工制作粗糙，或运输中不慎使风口变形而造成不灵活。所以加工时应注意各部位的尺寸：如内部叶片尺寸与外框尺寸应正确，相互配合适度，不应有叶片与外框产生碰擦现象。

2）活动部分如轴、轴套的配合尺寸应松紧适当，装配好后应加注润滑油，以免生锈。百叶式风口两端轴的中心应在同一直线上。散流器的扩散环和调节环应同轴，轴向间距分布均匀。

3）涂漆最好在装配前进行，以免把活动部位漆住而影响调节。

4）插板式活动箅板式风口，其插板、箅板应平整，边缘光滑，抽动灵活。活动箅板式风口组装后应能达到完全开启和闭合。

5）风口安装前和安装后都应扳动一下调节柄或杆。因为在运输过程中和安装过程中都可能变形，即使微小的变形也可能影响调节。

（4）在安装风口时，应注意风口与所在房间内线条的协调一致。尤其当风管暗装时，风口应服从房间的线条。吸顶的散流器与平顶平齐。散流器的扩散圈应保持等距。散流器与总管的接口应牢固可靠。

技能要点 6：防火阀安装

（1）防火阀楼板吊架和钢支座安装见图 4-5 和图 4-6。

（2）风管穿越防火墙时防火阀安装见图 4-7，并要求防火阀单独设吊架，安装后应在墙洞与防火阀间用水泥砂浆密封。

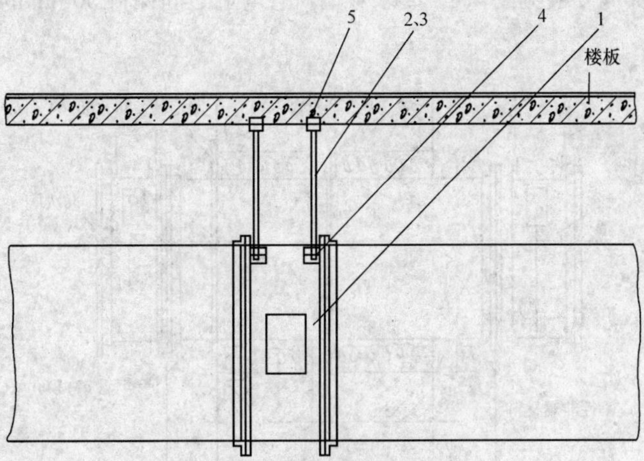

图 4-5　防火阀楼板吊架安装示意

1—防火阀；2、3—吊杆和螺母；4—吊耳；5—楼板吊点

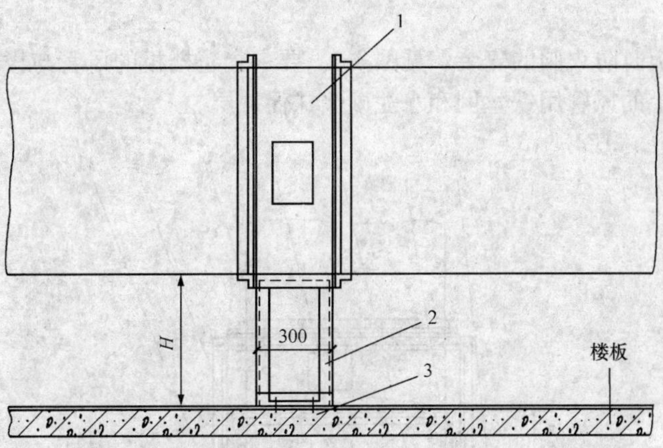

图 4-6　防火阀楼板钢支座安装示意

1—防火阀；2—钢支座；3—膨胀螺栓

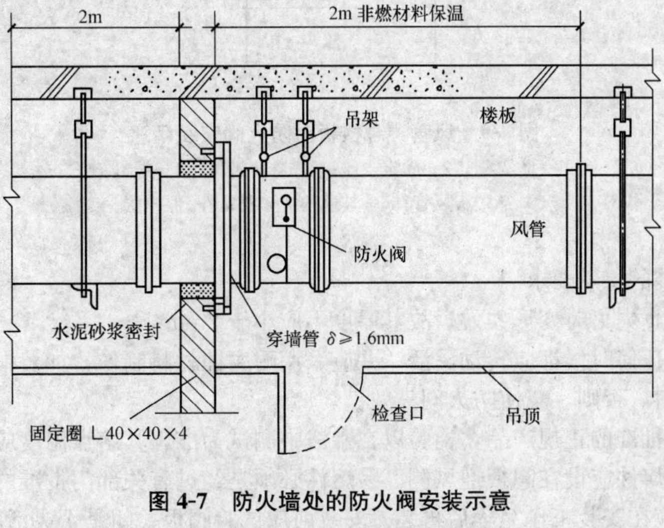

图 4-7　防火墙处的防火阀安装示意

(3) 变形缝处防火阀安装见图 4-8。要求穿墙风管与墙之间保持 50mm 的距离，并用柔性非燃烧材料充填密封。

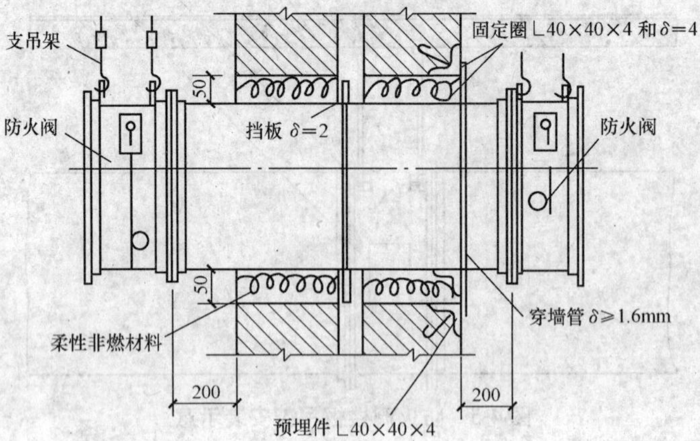

图 4-8　变形缝处的防火阀示意

(4) 风管穿越楼板时防火阀的安装，见图 4-9。要求穿越楼板的风管与楼板的间隙用玻璃棉或矿棉填充，外露楼板上的风管用铁丝网和水泥砂浆抹保护层。

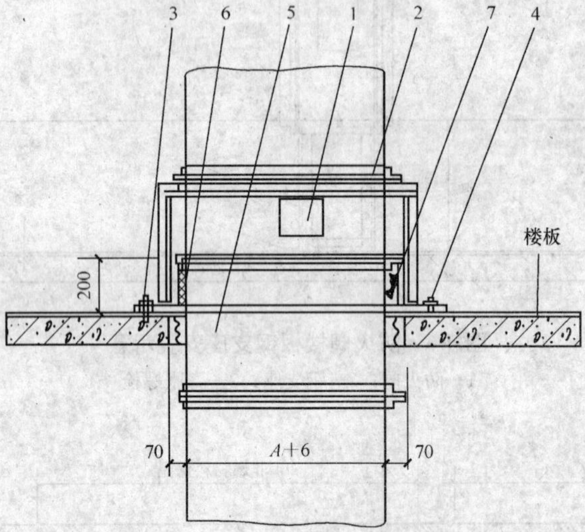

图 4-9　风管穿越楼板时防火阀安装示意

1—防火阀；2—固定支座；3—膨胀螺栓；4—螺母；
5—穿楼板风管；6—玻璃棉或矿棉；7—保护层

(5) 防火阀安装的特殊要求

1) 外壳应能防止失火时变形失效，故其厚度不应小于 2mm。

2) 转动部件在任何时候都应转动灵活，并应采用耐腐蚀材料制作，如黄铜、青铜、不锈钢和镀锌铁件等金属材料。否则，会使防火阀失效。

3) 易熔件应为批准的正规产品，检验以在水浴中测试为准，其熔点温度应符合设计要求，允许偏差为－2℃，易熔件应设在阀板迎风侧。易熔件必须是经过有关部门批准的正规产品，不允许随便代用。易熔件应在安装工作完毕后再装。安装前应试验阀板关闭是否灵活和严密。

4）防火阀门有水平安装和垂直安装，除此之外还有左式和右式之分，在安装时务必注意不能装反。

技能要点 7：排烟口与送风口安装

1. 竖井墙上安装

排烟口与送风口在竖井墙上安装前，在混凝土框内应预埋角钢框，预留洞尺寸如表 4-2 所列，其预留洞如图 4-10 所示。

表 4-2　排烟口、送风口预留洞尺寸　(mm)

排烟口、送风口规格 $A\times B$	500×500	630×630	700×700	800×630	1000×630	1250×630
预留洞尺寸 $a\times b$	765×515	895×645	965×715	1065×645	1265×645	1515×645
排烟口、送风口规格 $A\times B$	800×800	1000×800	1000×1000	1250×1000	1600×1000	—
预留洞尺寸 $a\times b$	1065×815	1265×815	1265×1015	1515×1015	1865×1015	—

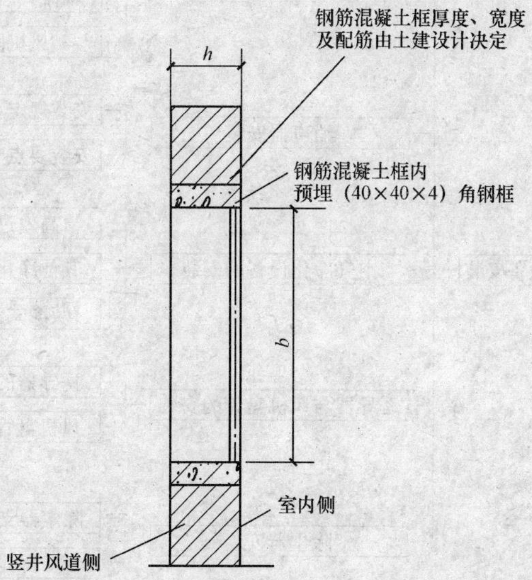

图 4-10　排烟口、送风口预留洞示意

2. 排烟口在吊顶内安装

排烟口在吊顶内安装示意可参见图 4-11。

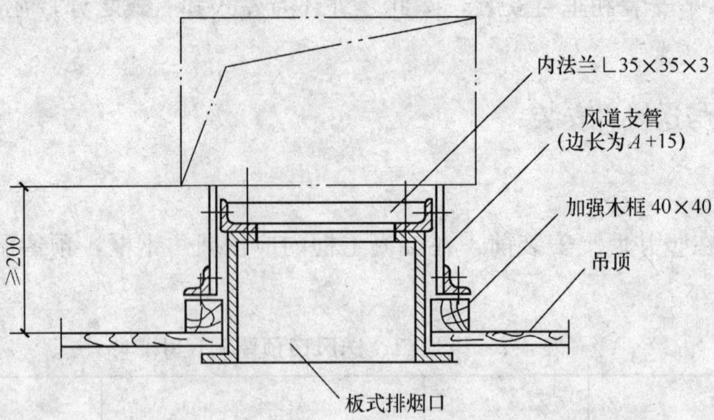

图 4-11　排烟口在吊顶内安装

技能图解 32　通风与空调设备安装

技能结构框线图

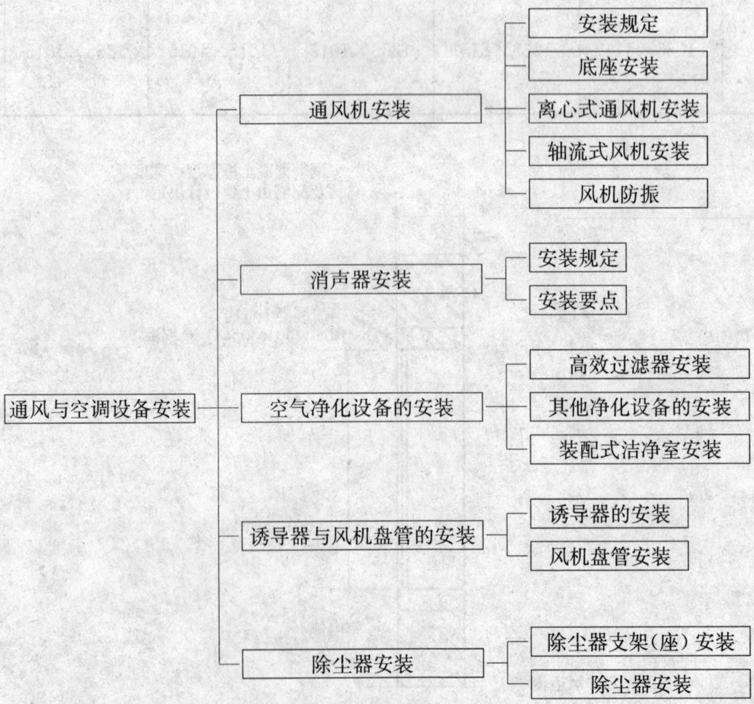

图 4-12　通风与空调设备安装

技能要点 1：通风机安装

1. 通风机安装规定

（1）通风机的安装规定

1）型号、规格应符合设计规定，其出口方向应正确。

2）叶轮旋转应平稳，停转后不应每次停留在同一位置上。

3）固定通风机的地脚螺栓应拧紧，并有防松动措施。

（2）通风机传动装置的外露部位以及直通大气的进、出口，必须装设防护罩（网）或采取其他安全设施。

（3）通风机安装的要求。

1）通风机的安装允许偏差，应符合表 4-3 的规定，叶轮转子与机壳的组装位置应正确；叶轮进风口插入风机机壳进风口或密封圈的深度，应符合设备技术文件的规定，或为叶轮外径值的 1/100。

表 4-3　通风机安装的允许偏差

<table>
<tr><th>项次</th><th colspan="2">项　目</th><th>允许偏差</th><th>检验方法</th></tr>
<tr><td>1</td><td colspan="2">中心线的平面位移</td><td>10mm</td><td>经纬仪或拉线和尺量检查</td></tr>
<tr><td>2</td><td colspan="2">标高</td><td>±10mm</td><td>水准仪或水平仪、直尺、拉线和尺量检查</td></tr>
<tr><td>3</td><td colspan="2">皮带轮轮宽中心平面偏移</td><td>1mm</td><td>在主、从动皮带轮端面拉线和尺量检查</td></tr>
<tr><td>4</td><td colspan="2">传动轴水平度</td><td>纵向 0.2/1000
横向 0.3/1000</td><td>在轴或皮带轮 0°和 180°的两个位置上，用水平仪检查</td></tr>
<tr><td rowspan="2">5</td><td rowspan="2">联轴器</td><td>两轴芯径向位移</td><td>0.04mm</td><td rowspan="2">在联轴器互相垂直的四个位置上，用百分表检查</td></tr>
<tr><td>两轴线倾斜</td><td>0.2/1000</td></tr>
</table>

2）现场组装的轴流风机叶片安装角度应一致，达到在同一平面内运转，叶轮与筒体之间的间隙应均匀，水平度允许偏差为 1/1000。

3）安装隔振器的地面应平整，各组隔振器承受荷载的压缩量应均匀，高度误差应小于 2mm。

4）安装风机的隔振钢支、吊架，其结构形式和外形尺寸应符合设计或设备技术文件的规定；焊接应牢固，焊缝应饱满、均匀。

2. 风机的底座安装

（1）垫铁布置　通风机底座直接安置在基础上时，安装前应对基础各部尺寸进行检查，合格后方可就位安装。就位后应用成对斜垫铁找平。放垫铁的目的是通过调整垫铁的厚度，使安装的通风机达到要求的标高和水平度，以便于二次灌浆。

垫铁一般都放在地脚螺栓的两侧。垫铁间的距离一般为 500～1000mm。为了便于调整，垫铁要露出机座外边约 25～30mm，垫铁距离地脚螺栓 1～2 倍螺杆直径。垫铁高度一般为 30～60mm。每组垫铁一般不超过 3～4 块。厚的放下面，薄的放在上面，最薄的夹在中间。同一组垫铁的尺寸要一样，放置必须整齐。设备安好后，同一组垫铁应点焊在一起，以免受力时松动。

预留孔灌浆前应清除杂物，用碎石混凝土灌浆。其强度等级应比基础的混凝土高一级，并捣固密实。垫铁组与混凝土表面应平整，贴合良好，接触紧密。

（2）地脚螺栓安装　地脚螺栓应垂直，螺母必须拧紧，并有防松装置，可防止运行时的振动将螺母振松。防松装置可采用双螺母、防松螺母或加弹簧垫圈。

3. 离心式通风机的安装

（1）三角皮带轮找正　用三角皮带轮传动的通风机，在安装电动机时，要对电动机上的皮带轮进行找正，以保证电动机和通风机的轴线相互平行，要使两个皮带轮的中心线相重合，三角皮带被拉紧。其找正方法可按以下顺序进行：

1）把电动机用螺栓固定在电动机的两根滑轨上，注意不要把滑轨的方向装反。将两根滑轨相互平行并水平放在基础上。

2）移动滑轨，调整皮带的松紧程度。

3）两人用细线拉直，使线的一端接触图4-13中通风机皮带轮轮缘的A、B两点。调整电动机滑轨，使细线的另一端也接触电动机皮带轮轮缘的C、D两点。这样A、B、C、D四点同在一条直线上，通风机的主轴中心线和电动机轴的中心线平行。两个皮带轮的中心线亦可重合。

4）电动机可在滑轨上进行调整，使三角皮带松紧程度适宜。一般用手敲打已装好皮带的中间，稍有弹跳，或用手指压在两个皮带上，能压下2cm左右就算合格。

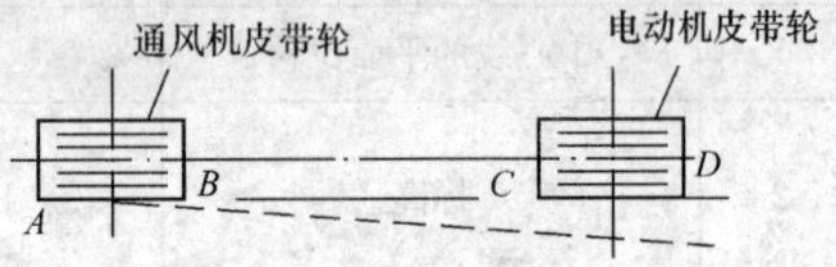

图4-13　皮带轮找正

皮带轮找正后的允许偏差，必须符合表4-4的规定。三角皮带传动的通风机和电动机轴的中心线间距和皮带的规格应符合设计要求。

表4-4　风机安装允许偏差　(mm)

中心线的平面位移	标高	皮带轮轮宽中心平面位移	传动轴水平度		联轴器同心度	
			纵　向	横　向	径向位移	轴向倾斜
10	±10	1	0.2/1000	0.3/1000	0.05	0.2/1000

（2）联轴器安装　联轴器连接通风机与电动机时，两轴中心线应该在同一直线上，其轴向倾斜允许偏差为0.2‰，其径向位移的允许偏差为0.05mm。

找正联轴器的目的是为要消除通风机主轴中心线和电动机传动轴中心线的不同心度和不平行度。否则，将会引起通风机振动，电动机和轴承过热等现象。

联轴器找正方法可按下列步骤进行：

1）将两半联轴器用键分别安装在通风机和电动机轴上。在通风机联轴器上将轴中心线找平。

2）粗找：以通风机为准，移动电动机和在电动机下加垫铁与通风机轴对中，进行联轴器的初步找正。找正时，可以不转动两个轴，以角尺的一边紧靠在联轴器的外圆表面上，按上、下、左、右四个位置进行检查，直到两联轴器的外圆表面基本平齐。

3）细找：在两半轴器上用螺栓固定两个夹具，见图4-14。夹具上装有中心卡和测点螺栓。检查时，转动联轴器，在上、下、左、右四个相互垂直的位置，用测点螺丝和塞尺同时测量联轴器的径向间隙a和轴向间隙b，直到满足要求为止。如有百分表时，可把测点螺丝换成百分表来进行检查，这样就更为方便和准确。

（3）离心式通风机的进出口接管　离心式通风机进、出口处的动压较大，动压值越大，局部阻力就越大，因此进出口接管的做法对通风机效率影响是很明显的。

1）通风机出口接管。通风机出口应顺通风机叶片转向接出弯管，如图4-15所示。在现场条件允许的情况下，还应保证通风机出口至弯管的距离A最好为风机出口长边的1.5～2.5倍。但在实际工程中往往由于现场条件的限制，不能按规定去做，应采取其他措施，如弯管内设导风叶片等予以弥补。

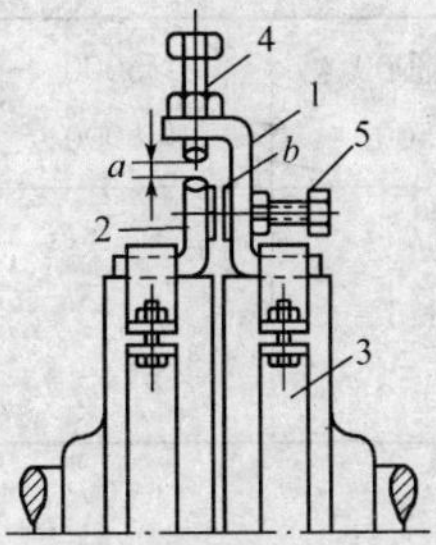

图 4-14　联轴器找正

1、2—卡子；3—夹箍；
4、5—测量螺丝

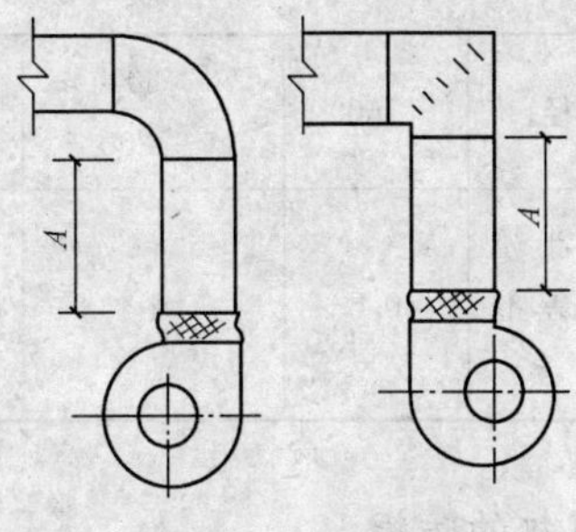

图 4-15　通风机出口接管示意

2）通风机进口接管口。在实际工程中，常因各种具体情况或条件限制，有时采取一种不良的接口，而造成涡流区，增加了压力损失。可在弯管内增设导风叶片以改善涡流区。

3）通风机的进风口或进风管路直通大气时，应加装保护网或采取其他安全措施。

4）通风机的进风管、出风管等应有单独的支撑，并与基础或其他建筑物连接牢固；风管与风机连接时，法兰面不得硬拉，机壳不应承受其他机件的质量，防止机壳变形。

4. 轴流式风机的安装

（1）轴流式通风机在墙上安装　如图 4-16 所示，支架的位置和标高应符合设计图纸的要求。支架应用水平尺找平，支架的螺栓孔要与通风机底座的螺孔一致，底座下应垫 3～5mm 厚的橡胶板，以避免刚性接触。

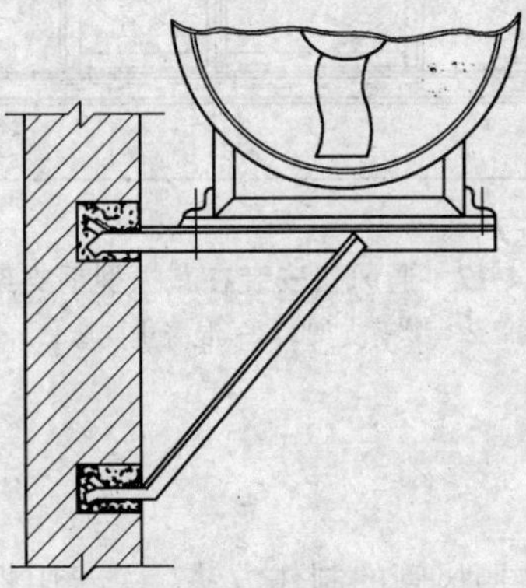

图 4-16　墙上安装轴流式通风机示意

（2）轴流式通风机在墙洞内或风管内安装　墙的厚度应为 240mm 或 240mm 以上。土建施工时应及时配合留好孔洞，并预埋好挡板的固定件和轴流风机支座的预埋件。

（3）轴流式通风机在钢窗上安装　在需要安装通风机的窗上，首先应用厚度为 2mm 的钢板封闭窗口，钢板应在安装前打好与通风机框架上相同的螺孔，并开好与通风机直径相同的洞。洞内安装通风机（图 4-16），洞外装铝质活络百叶格，通风机关闭时叶片向下挡住室外气流进入室内；通风机开启时，叶片被通风机吹起，排出气流。有遮光要求时，在洞内安装带有遮光百叶排风口。

（4）大型轴流风机组装间隙允差　大型轴流风机组装，叶轮与机壳的间隙应均匀分布，并符合设备技术文件要求。叶轮与进风外壳的间隙允差见表 4-5。

表 4-5　叶轮与主体风筒对应两侧间隙允差　　(mm)

叶轮直径	≤600	>600～1200	>1200～2000	>3000～3000	>3000～5000	>5000～8000	>8000
对应两侧半径径间隙之差不应超过	0.5	1	1.5	2	3.5	5	6.5

5. 风机的防振

减振器安装，除要求地面平整外，应注意各组减振器承受荷载的压缩量应均匀，不得偏心；安装后应采取保护措施，防止损坏。每组减振器间的压缩量如相差悬殊，风机启动后将明显失去减振作用。减振器受力不均的原因，主要是由于减振器位置不当，安装时应按设计要求选择和布置；如安装后各减振器仍有压缩量或受力不均匀，应根据实际情况移动到适当的位置，见图 4-17。

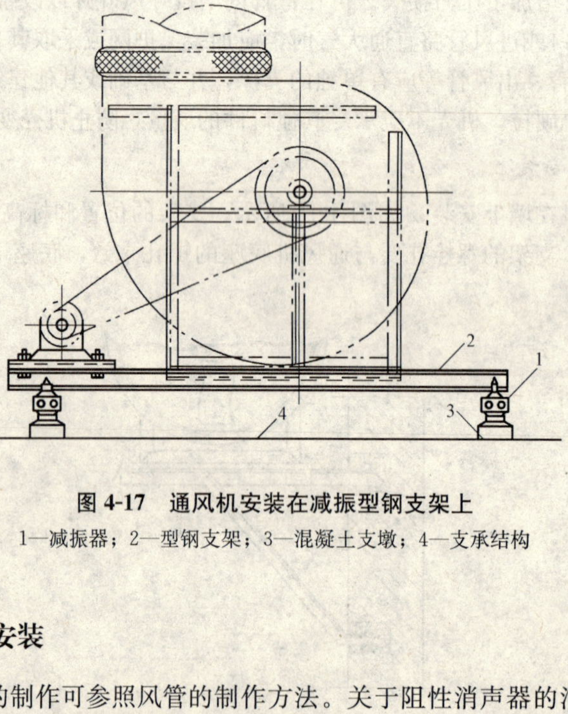

图 4-17　通风机安装在减振型钢支架上

1—减振器；2—型钢支架；3—混凝土支墩；4—支承结构

技能要点 2：消声器的安装

消声器、消声弯头的制作可参照风管的制作方法。关于阻性消声器的消声片和消声壁；抗性消声器的膨胀腔；共振性消声器中的穿孔板孔径和穿孔率、共振控；阻抗复合式消声器中的消声片、消声壁和膨胀腔等等有特殊要求的部位应参照设计和标准图进行制作加工、组装。

大量使用的消声器、消声弯头、消声风管和消声静压箱应选用专业设备生产厂的产品，并且该产品应具有经批准的企业标准、检测手段、检测报告和质量证明文件。

1. 消声器的安装规定

(1) 消声器安装前应保持干净，做到无油污和浮尘。

(2) 消声器安装的位置、方向应正确，与风管的连接应严密，不得有损坏与受潮。两组同类型消声器不宜直接串联。

(3) 现场安装的组合式消声器，消声组件的排列、方向和位置应符合设计要求。单个消声器组件的固定应牢固。

(4) 消声器、消声弯管均应设独立支、吊架。

2. 消声器的安装要点

(1) 消声器等消声设备运输时，不得有变形现象和过大振动，避免外界冲击破坏消声性能。

(2) 消声器在安装前应检查支、吊架等固定件的位置是否正确，预埋件或膨胀螺栓是否安装牢固、可靠。支、吊架必须保证所承担的荷载。消声器、消声弯管应单独设支架，不得由风管来支承。

(3) 消声器支、吊架的横托板穿吊杆的螺孔距离，应比消声器宽 40～50mm。为了便于调节标高，可在吊杆端部套50～80mm 的丝扣，以便找平、找正，并加双螺帽固定。

(4) 消声器的安装方向必须正确，与风管或管件的法兰连接应保证严密、牢固。

(5) 当通风、空调系统有恒温、恒湿要求时，消声器等消声设备外壳与风管同样作保温处理。

(6) 消声器等安装就位后，可用拉线或吊线尺量的方法进行检查，对位置不正、扭曲、接口不齐等不符合要求部位进行修整，达到设计和使用的要求。

技能要点 3：空气净化设备的安装

1. 高效过滤器安装

(1) 按出厂标志竖向搬运和存放，防止剧烈震动和碰撞。

(2) 安装前必须检查过滤器的质量，确认无损坏，方能安装。

(3) 安装时发现安装用的过滤器框架尺寸不对或不平整，为了保证连接严密，只能修改框架，使其符合安装要求。不得修改过滤器，更不能发生因为框架不平整而强行连接，致使过滤器的木框损裂。

(4) 过滤器的框架之间必须作密封处理，一般采用闭孔海绵橡胶板或氯丁橡胶板密封垫，也有的不用密封垫，而用硅橡胶涂抹密封。密封垫料厚度为 6～8mm，定位粘贴在过滤器边框上，安装后的压缩率应大于 50%。密封垫的拼接方法采用榫形或梯形。若用硅橡胶密封时，涂抹前应先清除过滤器和框架上的粉尘，再饱满均匀地涂抹硅橡胶。

另外，高效过滤器的保护网（扩散板）在安装前应擦拭干净。

(5) 高效过滤器的安装条件：洁净空调系统必须全部安装完毕，调试合格。并运转一段时间，吹净系统内的浮尘。洁净室房间还需全面清扫后，方能安装。

(6) 对空气洁净度有严格要求的空调系统，在送风口前常用高效过滤器来消除空气中的微尘。为了延长使用寿命，高效过滤器一般都与低效与中效（中效过滤器是一种填充纤维滤料的过滤器，其滤料一般为直径≤18μm 的玻璃纤维）过滤器串联使用。

(7) 高效过滤器的密封垫的漏风，是造成过滤总效率下降的主要原因之一。密封效果的好坏与密封垫材料的种类、表面状况、断面大小、拼接方式、安装的好坏、框架端面加工精度和光洁度等都有密切关系。实验资料证明，带有表皮的海绵密封垫的泄漏量比无表皮的海绵密封垫泄漏量要大很多。

2. 其他净化设备的安装要求

(1) 与洁净室围护结构相连的设备或其排风，排水管道在必须与围护结构同时施工安装时，与围护结构连接的接缝应采取密封措施，做到严密而清洁；设备或其管道的送、回、排风（水）口应暂时封闭，每台设备安装完毕后，洁净室投入运行前，均应将设备的送、回、排风口封闭。

(2) 设备在安装就位后应保持其纵轴垂直、横轴水平并有防移位措施。

(3) 带风机的气闸室或空气吹淋室与地面之间应垫隔振层。

(4) 凡有机械联锁或电气联锁的设备，安装调试后应保证联锁处于正常状态。

(5) 凡有风机的设备，安装完毕后风机应进行试运转，试运转时叶轮旋转方向必须正确；试运转时间按设备的技术文件要求确定，当无规定时，则不应少于 2h。

（6）安装生物安全柜时的规定

1）生物安全柜在安装搬运过程中，严禁将其横倒放置和拆卸，宜在搬入安装现场后拆开包装。

2）生物安全柜安装位置在设计未指明时应避开人流频繁处，并应避免房间气流对操作口空气幕的干扰。

3）安装的生物安全柜背面、侧面离墙距离应保持在80～300mm之间。对于底面和底边紧贴地面的安全柜，所有沿地边缝应加以密封。

4）生物安全柜的排风管道的连接方式，必须以更换排风过滤器方便确定。

5）生物安全柜在每次安装、移动之后，必须进行现场试验，并符合设计要求；当设计无规定时，Ⅱ级生物安全柜的试验应符合下列规定：

①压力渗漏试验，应确认所有接缝的气密性及整个设备没有漏气。

②高效空气过滤器的渗漏试验，应确认高效过滤器本身及其安装接缝没有渗漏。

③操作区气流速度试验，应确认整个操作区气流速度均满足规定的要求。

④操作气流速度试验，应确认整个操作口的气流速度均满足规定的要求。

⑤操作口负压试验，应确认整个操作口的气流流向均指向柜内。

⑥洗涤盆漏水程度试验，应确认盛满水的洗涤盆经过1h后无漏水现象。

⑦接地装置的接地线路电阻试验，应确认接地分支线路在接线及插座处的电阻不超过规定值。

（7）净化空调设备的安装规定

1）净化空调设备与洁净室围护结构相连的接缝必须密封；

2）风机过滤器单元（FFU与FMU空气净化装置）应在清洁的现场进行外观检查，目测不得有变形、锈蚀、漆膜脱落、拼接板破损等现象；在系统试运转时，必须在进风口处加装临时中效过滤器作为保护。

3. 装配式洁净室安装

（1）安装规定

1）洁净室的顶板和壁板（包括夹芯材料）应为不燃材料。

2）洁净室的地面应干燥、平整，平整度允许偏差为1/1000。

3）壁板的构配件和辅助材料的开箱，应在清洁的室内进行，安装前应严格检查其规格和质量。壁板应垂直安装，底部宜采用圆弧或钝角交接；安装后的壁板之间、壁板与顶板间的拼缝，应平整严密，墙板的垂直允许偏差为2/1000，顶板水平度的允许偏差与每个单间的几何尺寸的允许偏差均为2/1000。

4）洁净室吊顶在受荷载后应保持平直，压条全部紧贴。洁净室壁板若为上、下槽形板时，其接头应平整、严密；组装完毕的洁净室所有拼接缝，包括与建筑的接缝，均应采取密封措施，做到不脱落，密封良好。

（2）安装要点

1）装配式洁净室的安装，应在装饰工程完成后的室内进行。室内空间必须清洁、无积尘，并在施工安装过程中对零部件和场地随时清扫、擦净。

2）施工安装时，应首先进行吊挂、锚固件等与主体结构和楼面、地面的连接件的固定。

3）壁板安装前必须严格放线，墙角应垂直交接，防止累积误差造成壁板倾斜扭曲，壁板的垂直度偏差不应大于0.2%。

4）吊顶应按房间宽度方向起拱，使吊顶在受荷载后的使用过程中保持平整。吊顶周边应与墙体交接严密。

5）需要粘贴面层的材料、嵌填密封胶的表面和沟槽必须严格清扫清洗，除去杂质和油污，确保粘贴密实，防止脱落和积灰。

6）装配式洁净室的安装缝隙，必须用密封胶密封。

技能要点4：诱导器与风机盘管的安装

1. 诱导器的安装

（1）诱导器安装前必须逐台进行质量检查，检查项目如下：

1）各连接部分不能松动、变形和产生破裂等情况；喷嘴不能脱落、堵塞。

2）静压箱封头处缝隙密封材料，不能有裂痕和脱落；一次风调节阀必须灵活可靠，并调到全开位置。

（2）按设计要求的型号就位安装，并注意喷嘴型号。

（3）诱导器与一次风管连接处要密闭，防止漏风。

（4）暗装卧式诱导器应由支、吊架固定，并便于拆卸和维修。

（5）诱导器水管接头方向和回风面朝向符合设计要求。立式双面回风诱导器，应将靠墙一面留 50mm 以上的空间，以利回风；卧式双面回风诱导器，要保证靠楼板一面留有足够的空间。

（6）诱导器的出风口或回风口的百叶格栅有效通风面积不能小于 80%。凝结水盘要有足够的排水坡度，保证排水畅通。

（7）冷热媒水管与风机盘管、诱导器连接宜采用钢管或紫铜管，接管应平直。紧固时应用扳手卡住六方接头，以防损坏铜管。凝结水管宜软性连接，软管长度不大于 300mm 材质宜用透明胶管，并用喉箍紧固严禁渗漏，坡度应正确、凝结水应畅通地流到指定位置，水盘应无积水现象。

2. 风机盘管安装

（1）风机盘管在安装前应检查每台电机壳体及表面交换器有无损伤、锈蚀等缺陷。

（2）风机盘管和诱导器应每台进行通电试验检查，机械部分不得摩擦，电气部分不得漏电。

（3）风机盘管应逐台进行水压试验，试验强度应为工作压力的 1.5 倍，定压后观察 2～3min 不渗不漏。

（4）卧式吊装风机盘管，吊架安装平整牢固，位置正确。吊杆不应自由摆动，吊杆与托盘相连应用双螺母紧固找平正。

（5）暗装卧式的风机盘管应由支、吊架固定，并使其便于拆卸和维修。

（6）水管与风机盘管连接宜采用软管，接管应平直，严禁渗漏。目前应用较多的是金属软管（包括软铜管）和非金属软管。橡胶软管只能用于管压较低并且是单冷工况的场合。紧固螺栓时应注意不要用力过大，同时要用双套工具二人对称用力，以防损坏设备。凝结水管宜选用透明塑料管，并用卡子卡住设备凝水盘一端，另一端应插入 *DN*20 的凝结水支管，进入量应大于 5cm，要找好坡度，凝结水应畅通地流到指定位置，凝水盘应无积水现象。或者设紫铜管接头，以免接管时损坏盘管，同时也便于维修。

（7）风机盘管与风管，回风室及风口连接处应严密。

（8）排水坡度应正确，凝结水应畅通地流到指定位置。

（9）风机盘管同冷热媒管道应在管道清洗排污后连接，以免堵塞热交换器。

技能要点5：除尘器的安装

1. 除尘器支架（座）安装

除尘器安装时需要用支架或其他结构物来固定。支架按除尘器的类型、安装位置不同而异，可分为墙上、柱上、立架上安装等三类。

（1）在砖墙上安装　在砖墙上安装支架一般为根据墙壁所能承受力的情况来确定，墙厚

240mm 及其以上方能设支架，支架应平整牢固，待水泥达到规定的强度后方可安装除尘器。

（2）在混凝土柱及钢柱上安装　一般用抱箍或长螺栓把型钢紧固在柱上，在钢柱上固定采用焊接还是螺栓连接的方式，应按设计要求进行。

（3）在砖砌支座上安装　建筑结构如平台、楼板等处（包括储尘室）安装均应在除尘器固定部位设置预埋件（或预埋圈），预埋件上的螺孔位置和直径应与除尘器一致，并在预埋前加工好。砖砌结构支座及除灰门等的缝隙应严密。

（4）立架安装　用立架固定除尘器这类支架一般用于安装在室外的除尘器，支架的设置应便于泄水、泄灰和清理杂物。支架的底脚下面常设有砖砌或混凝土浇注的基础，支架应用地脚螺栓固定在基础上。中小型除尘器可整体安装，大型除尘器可以分段组装。

2. 安装要点

（1）型号、规格、进出口方向必须符合设计要求。

（2）现场组装的除尘器壳体应做漏风量检测，在设计工作压力下允许漏风率为 5%，其中离心式除尘器为 3%。

（3）布袋除尘器、电除尘器的壳体及辅助设备接地应可靠。

（4）除尘器的安装位置应正确、牢固平稳，允许误差应符合表 4-6 的规定。

表 4-6　除尘器安装允许偏差和检验方法

项次	项目		允许偏差（mm）	检验方法
1	平面位移		≤10	用经纬仪或拉线、尺量检查
2	标高		±10	用水准仪、直尺、拉线和尺量检查
3	垂直度	每米	≤2	吊线和尺量检查
		总偏差	≤10	

（5）除尘器的活动或转动部件的动作应灵活、可靠，并应符合设计要求。

（6）除尘器的排灰阀、卸料阀、排泥阀的安装应严密，并便于操作与维护修理。

（7）现场组装静电除尘器的安装，还应符合设备技术文件及下列规定：

1）阳极板组合后的阳极排平面度允许偏差为 5mm，其对角线允许偏差为 10mm。

2）阴极小框架组合后主平面的平面度允许偏差为 5mm，其对角线允许偏差为 10mm。

3）阴极大框架的整体平面度允许偏差为 15mm，整体对角线允许偏差为 10mm。

4）阳极板高度小于或等于 7m 的电除尘器，阴、阳极间距允许偏差为 5mm。阳极板高度大于 7m 的电除尘器，阴、阳极间距允许偏差为 10mm。

5）振打锤装置的固定，应可靠；振打锤的转动，应灵活。锤头方向应正确；振打锤头与振打砧之间应保持良好的线接触状态，接触长度应大于锤头厚度的 0.7 倍。

（8）现场组装布袋除尘器的安装规定

1）外壳应严密、不漏，布袋接口应牢固。

2）分室反吹袋式除尘器的滤袋安装，必须平直。每条滤袋的拉紧力应保持在 25～35N/m；与滤袋连接接触的短管和袋帽，应无毛刺。

3）机械回转扁袋袋式除尘器的旋臂，转动应灵活可靠，净气室上部的顶盖，应密封不漏气，旋转应灵活，无卡阻现象。

4）脉冲袋式除尘器的喷吹孔，应对准文氏管的中心，同心度允许偏差为 2mm。

（9）除尘器在工厂制作应有产品合格证。除尘器运往安装现场后应按图纸查对型号、规格；检查除尘器本体和配套件是否齐全、完整；并对外观进行检查，确认后并填写“设备开箱检查记录”后方可安装。如有损坏应修复合格，如果损坏严重应更换。

（10）除尘器安装时，要弄清进、出口方向，因除尘器有的设计在风机负压端，有时在正压端，不能装反。并且对照图纸验收基础。

（11）除尘器涡旋方向要与风机涡旋方向配套一致，即右旋除尘器配用右旋引风机，左旋除尘器配用左旋引风机。

（12）安装连接各部法兰时密闭垫应加在螺栓内侧，以保证密封。

（13）进行焊接操作时，宜先段焊后满焊，以避免通焊后产生有害变形，进而影响焊接强度。

（14）组装时除尘器的进出口应平直，筒体排出管与锥体下口应同轴，其偏心不得大于 2mm。

（15）旋风除尘器的进口短管应与筒体内壁成切线方向；螺旋导流板应垂直于筒体，螺距应均匀一致。

（16）除尘器安装时，按说明书的安装方式进行安装、找平找正。

技能图解 33　空调制冷系统的安装

技能结构框线图

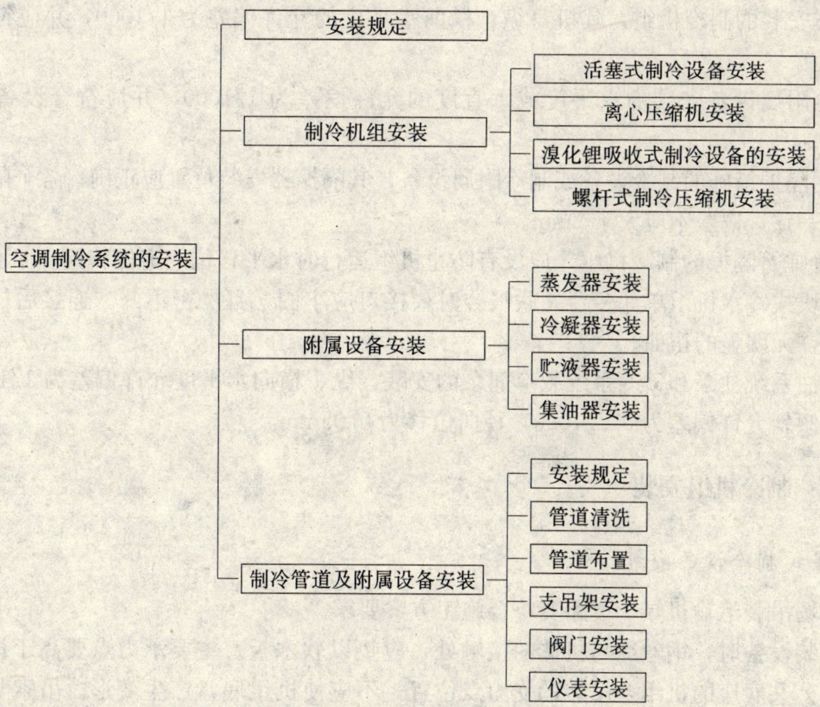

图 4-18　空调制冷系统的安装

技能要点 1：安装规定

（1）制冷设备与制冷附属设备的安装规定

1）制冷设备、制冷附属设备的型号、规格和技术参数必须符合设计要求，并具有产品合格证书、产品性能检验报告；

2）设备的混凝土基础必须进行质量交接验收，合格后方可安装；

3）设备安装的位置、标高和管口方向必须符合设计要求。用地脚螺栓固定的制冷设备或制冷附属设备，其垫铁的放置位置应正确、接触紧密；螺栓必须拧紧，并有防松动措施。

（2）直接膨胀表面式冷却器的外表面应保持清洁，空气与制冷剂应呈逆向流动；表面式冷却器与外壳四周的缝隙应堵严，冷凝水排放应通畅。

（3）燃油系统的设备与管道，以及储油罐及日用油箱的安装、位置和连接方法应符合设计与消防要求。

燃油系统的调压装置、过滤器的安装和调节应符合设备技术文件的规定，且应可靠接地。

（4）制冷设备的各项严密性试验和试运行的技术数据，均应符合设备技术文件的规定。对组装式的制冷机组和现场充注制冷剂的机组，必须进行吹污、气密性试验、真空试验和充注制冷剂检漏试验，其相应的技术数据必须符合产品技术文件和有关现行国家标准、规范的规定。

（5）制冷机组与制冷附属设备的安装规定

1）制冷设备及制冷附属设备安装允许偏差及检验方法，应符合表 4-7 的规定。

表 4-7　制冷设备与制冷附属设备安装允许偏差和检验方法

项次	项　目	允许偏差（mm）	检验方法
1	平面位移	10	经纬仪或拉线和尺量检查
2	标　高	±10	水准仪或经纬仪、拉线和尺量检查

2）整体安装的制冷机组，其机身纵、横向水平度的允许偏差为 1/1000，并应符合设备技术文件的规定。

3）制冷附属设备安装的水平度或垂直度的允许偏差为 1/1000，并应符合设备技术文件的规定。

4）采用隔振措施的制冷设备或制冷附属设备，其隔振器安装位置应正确；各个隔振器的压缩量，应均匀一致，偏差不应大于 2mm。

5）设置弹簧隔振的制冷机组，应设有防止机组运行时水平移位的定位装置。

（6）模块式冷水机组单元多台并联组合时，接口应牢固，且严密不漏。连接后机组的外表应平整、完好，无明显的扭曲。

（7）燃油系统油泵和蓄冷系统载冷剂泵的安装，纵、横向水平度允许偏差为 1/1000，联轴器两轴芯轴向倾斜允许偏差为 0.2/1000，径向位移为 0.05mm。

技能要点 2：制冷机组安装

1. 活塞式制冷设备安装

（1）现场吊装运输机具、道路要符合施工方案要求。

（2）吊装设备时，钢丝绳与机体的接触处，应垫以软木板。主要承力点要高于设备重心，以防倾倒。有公共底座的机组，吊装的受力点位置，不应使机组底盘产生变形。吊索与设备接触部位，要用软质材料撑垫，防止设备机体、管路、仪表及其他附件瘦损或擦伤表面油漆。

（3）设备基础检查验收合格后，在设备基础上放出纵横中心线，然后将制冷机组或制冷压缩机吊放在基础上，调整设备使之与中心线相符，再用垫铁粗平设备。

（4）两台以上同型号机组，应在同一标高，允许偏差为±10mm。

（5）机组找平应在汽缸等加工面上进行找平，应根据具体的情况，参照下列方法进行。

1）有直立汽缸压缩机（如立式或 W 型）的找平，可在直立汽缸的端面或飞轮外缘上找平，如 W 型压缩机汽缸直径较大，也可在直立汽缸的内壁上找平。在找平过程中应调换几个测量位置以达到所要求的水平度。

2）无直立汽缸的 V 型及 S 型压缩机的找平，可用铅垂线挂于飞轮的外侧，在飞轮外侧正上方选一测点，并用塞尺测出此点与垂线间的间距，这两间距如不等，再调整垫铁的高度，直至两个间距相等。对无直立汽缸的压缩机找平，也可测量飞轮外缘的水平，或用角度水平尺测量。

3）对于共同底座的压缩机和电机，安装时，仅需在公用底座上找水平。这类机组的压缩机与底座的水平度，厂家已在设备出厂前进行过水平度的校核。

制冷压缩机纵横向水平度的允许偏差为0.2‰。地脚螺栓孔浇灌混凝土后要拧紧各地脚螺栓，并应再找平校核，使之达到允许的偏差范围。

(6) 清洗：用油封的活塞式制冷机，如在制造厂技术文件规定期限内，而且外观完好、无损伤和锈蚀时，可只洗缸盖、活塞、汽缸内壁、吸排气阀、曲轴箱等，并检查所有紧固件及油路，更换曲轴箱润滑油。充有保护性气体的机组，在技术文件规定的期限内，压力无变化，且外观完好，可不做内部清洗，严禁混入水分。

(7) 装配

1）装配顺序为先拆后装，先内后外，先装成部件后总装的次序。

2）装配的零部件应涂冷冻油，各部件配合间隙应符合表4-8的要求。装配好后应转动灵活。

表4-8　各主要部位配合间隙

序　号	部　位	允许间隙（mm）
1	活塞与汽缸配合	0.30～0.45
2	活塞环、油杯、锁口	0.40～0.60
3	活塞环与环槽轴间隙配合	0.05～0.095
4	连杆大头瓦与曲轴径配合	0.10～0.18 根据轴径定
5	活塞上死点（用垫片调整后）	0.70～1.60
6	连杆小头轴承孔与销配合	0.04～0.066

3）各部位间隙的测量，可用千分尺、千分表（百分表）、塞尺等量具直接测得，也可用透光、着色等方法间接测得。

4）所有紧固件应均匀紧固，所有锁紧件应锁紧。开口销、弹簧卡、石棉垫片，均应按原规格更换。丝扣连接，可用氧化铅、甘油或聚四氟乙烯带、密封胶等密封。

5）机组其他部件应清洁干净，开启灵活可靠，如供液阀、电磁阀、膨胀阀、回油阀等。各种指标调节仪表应经过校验。

6）设有减振基础的机组，冷却水管、冷冻水管及电气管路也必须设置减振装置。

7）油箱内注入符合设备技术文件上所要求的冷冻油。

8）机组组装完毕后，应盘动灵活，油、气、水路畅通。

2. 离心压缩机安装

(1) 拆箱应自上而下的顺序进行。拆箱时应注意保护机组的管路、仪表及电器设备不受损，拆箱后清点附件的数量及机组充气有无泄漏等现象。机组充气内压应符合设备技术文件规定的压力。

(2) 拆箱后应连同原有底排子，拖运到安装地点，吊装的钢丝绳应设于蒸发器筒体支座外侧，并注意钢丝绳不要使仪表板、油水管路等受力，钢丝绳与设备接触点，应垫以软木板。

(3) 机组吊装就位后，中心应与基础轴线重合。两台以上并列的机组，应在同一基准标高线上，允许偏差±10mm。

(4) 机组找平

1）制冷机组应在与压缩机底面平行的其他加工平面上找正水平，其纵、横向不水平度均不应超过0.1/1000。

2）离心式制冷压缩机应在主轴上找正纵向水平，其不水平度不应超过 0.03/1000；在机壳中分面上找正横向水平，其不水平度不应超过 0.1/1000。

（5）机组的法兰连接处，应使用高压耐油石棉橡胶垫片；丝扣连接处，使用氧化铅甘油、聚四氟乙烯薄膜等填料。

（6）清洗：半封闭离心压缩机，一般可不解体清洗，但应把油箱、油路清洗干净，使其畅通。

如需清洗时，可按下列程序进行：

1）拆掉与机组串联的仪表管路。

2）拆卸吸气弯管、执行机构、蜗壳盖、导叶机构，松开螺母拆下叶轮、蜗壳。

3）拆开增速器、齿轮、轴、挡、油杯、油封、联轴器等。

4）拆开油箱盖、电机轴承盖。

5）打开筒体下部阀门、法兰，清理蒸发器内杂物，并吹扫干净。

6）零星部件全部解体后，应彻底清洗，油孔畅通。对每个零部件要认真检查测量。清洗后，应涂以冷冻油，妥为保管，所有密封衬垫均应按原材料的材质、尺寸制作新的衬垫。

（7）组装

1）按先拆后装，先内后外，先装成部件后总装的顺序，依次仔细装配。

2）装配转动部分，应装一件，盘动一下，再装一件，经检查测量无误后，再继续装配。主要装配间隙要求见表 4-9。

表 4-9　离心式压缩机安装间隙

序　号	间隙部位	允许偏差（mm）
1	叶轮与蜗壳轴向间隙	1.20～1.30
2	叶轮外径与蜗壳径向间隙	2
3	叶轮轴向位移	0.20～0.40
4	齿轮轴与轴承的径向间隙	ϕ80～ϕ100 为 0.10～0.18 ϕ55～ϕ70 为 0.08～0.14 ϕ40 以下为 0.08～0.12
5	油封与轴的径向间隙	0.25～0.35
6	浮环密封径向间隙	0.07～0.09
7	联轴器同心度（FLZ－1000 型）	0.02

3）机组本体组装好后，组装仪表、安全保护、自控管路、水冷却管路及其他零部件。紧固件应均匀紧固，锁紧止推件应能起作用。

4）连接压缩机进气管前，应通过收气口观察导向叶片和执行机构，以及叶片开度和仪表指示位置，并应按有关设备技术文件的要求调整一致、定位，然后连接电动执行机构。

5）向油箱内注油至油面，油质应符合说明书的规定。

3. 溴化锂吸收式制冷设备的安装

溴化锂吸收式制冷装置有整体设备和组装设备两种。整体设备可进行整体吊装，再找平找正，其方法和离心式制冷机组基本相同；而组装式设备的安装，应按下列顺序安装：

（1）下筒体（蒸发器与吸收器）。

（2）上筒体（发生器与冷凝器）。

（3）热交换器。

（4）屏蔽泵。

（5）真空泵。

(6) 与设备连接的各种管道和部件。

具体安装步骤如下：

1) 根据设计要求，设备应安放在垫有硬橡胶板的基础上，硬橡胶板可按地脚位置分布安放，其厚度为 10mm 为宜。

2) 机组安装前，设备的内压应符合设备技术文件规定的出厂压力。

3) 设备就位后，应按设备技术文件规定的基准面（如管板上的测量标记孔或其他加工面）找正水平，其纵向、横向不水平度均不应超过 0.5/1000；双筒吸收式制冷机应分别找正上下筒的水平。

4) 真空泵就位后，应找正水平。抽气连接管应采用金属管，其直径应与真空泵的进口直径相同；如果必须采用橡胶管作吸气管时，应采用真空胶管，并对管接头处采取密封措施。

5) 屏蔽泵应找正水平。电线接头处应做防水密封。

6) 制冷系统安装后，应对设备内部进行清洗。清洗时，将清洁水加入设备内，开动发生器泵、吸收器泵和蒸发器泵，使水在系统内循环，反复多次，并观察水的颜色直至设备内部清洁为止。

7) 热交换器安装时，应使装有放液阀的一端比另一端低约 20～30mm，以保证排放溶液时易于排尽。

8) 蒸汽管和冷媒水管应隔热保温，保温层厚度和材料应符合设计规定。

4. 螺杆式制冷压缩机安装

(1) 螺杆式制冷压缩机通过弹性联轴器与电动机直联，它与油分离器及油冷凝器等部件设置在同一支架上，出厂时即为螺杆式制冷压缩机组。

(2) 螺杆式制冷压缩机安装时，应对基础进行找平，其纵、横向不水平度不应超过 1/1000。

(3) 螺杆式制冷压缩机接管前，应先清洗吸、排气管道；管道应做必要的支承。连接时应注意不要使机组变形，而影响电机和螺杆式制冷压缩机的对中。

技能要点 3：附属设备安装

1. 蒸发器安装

(1) 安装准备蒸发器在安装前，水槽应做注水试验，以不渗漏为合格。蒸发器组用 1.2MPa 压力的压缩空气或氮气作严密性试验，稳压 12h 无渗漏为合格；用 0.6MPa 压力的压缩空气做排污工作，到无污物时为止。

(2) 立式蒸发器安装见图 4-19。设计有规定时，按设计施工。如设计无规定时可按下列方法进行：

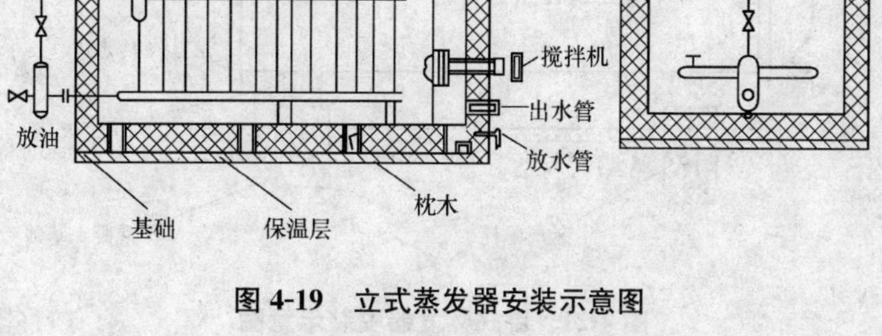

图 4-19　立式蒸发器安装示意图

1）检查基础表面，清理平整后，将尘土污物清理干净，刷一道沥青底漆，用热沥青油毡铺在基础上，在油毡上放好经防腐处理的枕木，间距一般为 1.2m 左右，厚度与保温层相同，以 1/1000的坡度，坡向泄水口，在枕木之间铺好保温层，用油毡热沥青封面，将水槽就位找正。

2）将蒸发器组作严密试验合格后，除锈刷油漆，然后将蒸发器吊入水槽中，将各小组用集气管连接成一个大组，间距均匀，将蒸发器垫实固定，以 1/1000 的坡度坡向集油器。

3）浮球阀安装：浮球阀与蒸发器的相对标高由蒸发温度而定，其安装示意及安装高度见图 4-20和表 4-10。

表 4-10　立式蒸发器浮球阀安装高度

蒸发温度（℃）	浮球阀中心高度
0	0.6H
−15	0.7H
−28	0.8H

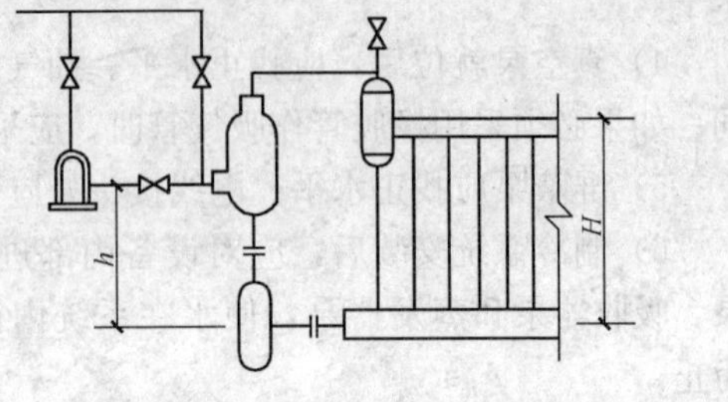

图 4-20　浮球调节阀安装示意图

浮球阀安装前，应清洗调整好，并加好冷冻油。

4）搅拌机安装：安装前应清洗检查，加好润滑油、填料并调整好，转动轻便不碰外壳，纵向不水平度允许偏差为 0.1/1000，搅拌机安装好后，注水检查法兰和填料处，以无渗漏为合格。

5）全部附件安装完毕后，经试验合格后进行冷水槽的保温工作。

（3）卧式蒸发器安装

1）按图 4-21 所示，用水平仪在蒸发器壳体上测量三点。

2）找平找正后，紧固地脚螺栓。先做气压试验，后做水压试验。

3）浮球阀应清洗调整好、加好冷冻油方可进行安装，浮球阀与蒸发器的相对标高由蒸发温度而定。其安装示意及高度见表 4-11 及图 4-20。

表 4-11　卧式蒸发器浮球阀安装高度

蒸发温度（℃）	浮球阀中心高度 h
0	0.50D
−15	0.62D
−28	0.75D

注：D 为蒸发器直径。

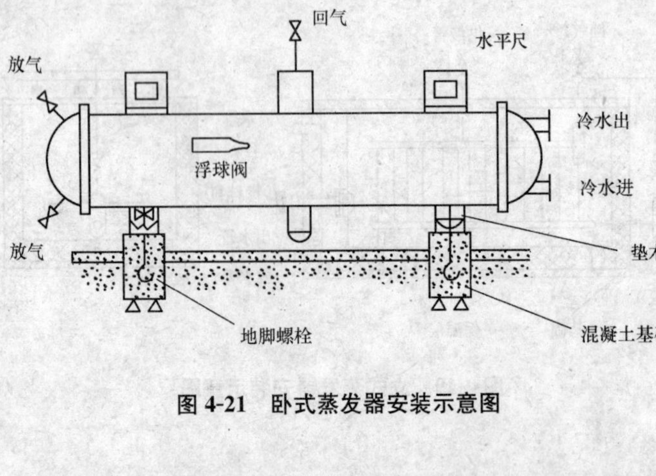

图 4-21　卧式蒸发器安装示意图

(4) 排管式蒸发器安装

排管式蒸发器多用于冷库，有顶排管、墙排管、阁架排管等。

1) 在库房内搭一个简易平台，在平台上焊制成组。但组焊前要对管道进行内外除锈至露出金属光泽，将管段外刷漆，刷漆时将管端留出 100mm 不刷漆，以利于焊接。组焊好后，用 1.2MPa 的压缩空气或氮气作严密性试验，稳压 12h 无渗漏为合格。如有条件时，可在水槽中试验，便于检查泄漏。

2) 试压合格后，将焊口部分补刷油漆。

3) 用起吊方法将排管吊装在支架上，墙排管可就地立起靠墙与固定支架连接。阁架排管可先将架子组装好，然后在架子上组对排管。

4) 试压前，要对排管进行排污清扫，将管内杂物吹净后再作严密性试验。

5) 在冬季，蒸发器做严密性试验时，在肥皂水中加入一定比例的酒精或白酒，防止肥皂水冻结影响检漏。试压介质不宜用水。

2. 冷凝器安装

冷凝器是制冷系统中主要设备之一，它是将制冷剂的热量传递给周围介质（水或空气）的热交换器，将压缩机排出来的过热蒸气被冷却成液体。常用的立式管壳式和卧式管壳式冷凝器的安装方法如下：

(1) 就位前，检查设备基础的平面位置、标高、表面平整度、预埋地脚螺栓孔的尺寸是否符合设备和设计要求。并填写“基础验收记录”。

(2) 垂直安装，不垂直度允许偏差应不大于 1/1000。但梯子、平台应水平安装，无集油器的不水平度不应超过 1/1000；集油器在一端的以 1/1000 坡度坡向集油器；集油器如在中间时，同水平安装的要求。

(3) 冷凝器在安装以前应作严密性试验，合格后才能安装。

(4) 基础孔中的杂物应清理干净，在基础上放好纵、横中心线，但应检查冷凝器与贮液器基础的相对标高要符合工艺流程的要求。

(5) 吊装时，不允许将索具绑扎在连接管上，应绑扎在壳体上，按已放好的中心线进行找平找正。

(6) 立式冷凝器找正方法。按图 4-22 所示测量上、中、下三个部位，a、b 位置各测一次，a_1、a_2、a_3 的值差应不大于 1/1000。

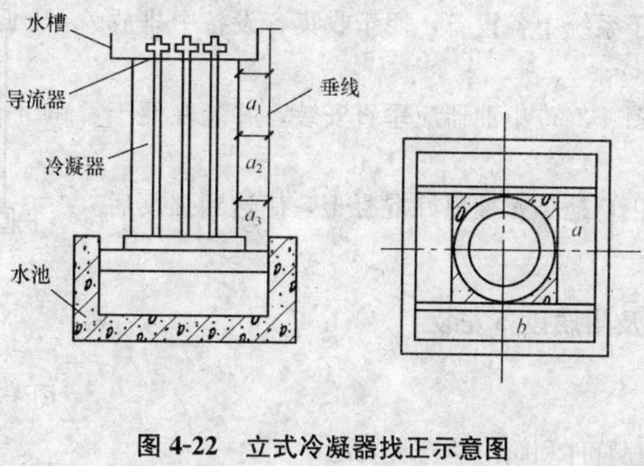

图 4-22　立式冷凝器找正示意图

用垫铁调整其垂直度，直至达到要求为止。

(7) 卧式冷凝器找正方法是用水平仪在壳体顶部测量三点（因壳体不是机加工面）取其平均值，用垫铁调整在允许偏差范围内即可。

(8) 设备如在两台以上时，应统一同时放好纵、横中心线，确保排列整齐、标高一致。

3. 贮液器安装

在制冷设备中，贮液器用来贮存和调节液态制冷剂的循环量，保证正常供液量及压缩机的可靠运行。根据功用不同，贮液器可分为高压贮液器和低压贮液器两大类，它们结构上大体相同，都用钢板卷制焊成的圆柱形容器。

(1) 就位前，检查设备基础的平面位置、标高、表面平整度，预埋地脚螺栓的尺寸是否符合设备和设计要求，并清理基孔中的杂物。

(2) 设备吊装就位后，按图 4-23 所示的方法找平找正。在壳体上最少测量三点，用以确定贮液桶的水平度。无集油器和集油器在中间的贮液桶，应水平安装，水平度允许偏差为 1/1000；集油器在一端的，应以 1/1000 的坡度，坡向集油器。

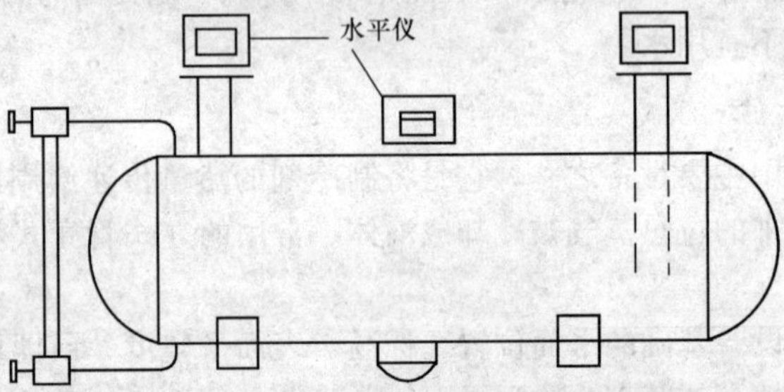

图 4-23　贮液器找平示意图

(3) 将地脚螺栓灌好混凝土，待混凝土达到强度的 75%后，进行精平并紧固地脚螺栓。

(4) 两台以上时，应同时放好纵、横中心线，保证排列整齐，标高一致。

(5) 进出液管不得装错（进液管是焊在壳体表面的，出液管是插入桶内的），以防止不能供液。

4. 集油器安装

集油器又称贮油器，是收集系统中各设备放出的润滑油，并将油中的制冷剂回收，以减少制冷剂的损失。

(1) 检查核对基础孔的尺寸与设备尺寸是否相符。集油器一般安装在地面上，应低于系统中各设备，便于收集各设备中排放出的润滑油。

(2) 设备就位，见图 4-24。集油器应垂直安装，并装在便于操作的地方。

(3) 对设备进行找正，地脚螺栓灌好混凝土，待达到强度后再安装附件。

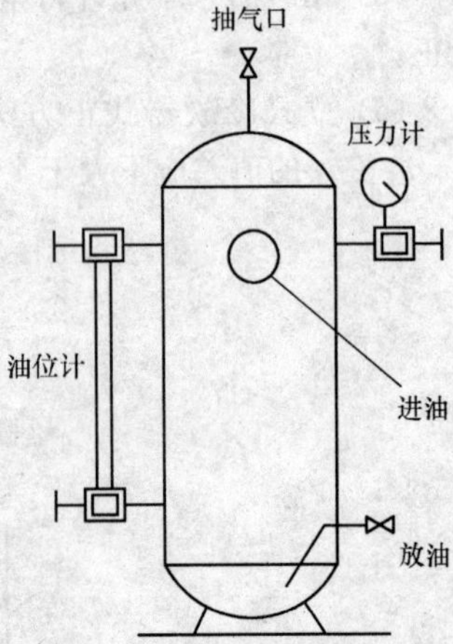

图 4-24　集油器安装示意图

技能要点 4：制冷管道及附属设备安装

1. 安装规定

(1) 制冷系统管道、管件和阀门的安装规定

1) 制冷系统的管道、管件和阀门的型号、材质及工作压力等必须符合设计要求，并应具有出厂合格证、质量证明书。

2) 法兰、螺纹等处的密封材料应与管内的介质性能相适应。

3) 制冷剂液体管不得向上装成“Ω”形。气体管道不得向下装成“Ʊ”形（特殊回油管除外）；液体支管引出时，必须从干管底部或侧面接出；气体支管引出时，必须从干管顶部或侧面接出；有两根以上的支管从干管引出时，连接部位应错开，间距不应小于 2 倍支管直径，且不小于 200mm。

4）制冷机与附属设备之间制冷剂管道的连接，其坡度与坡向应符合设计及设备技术文件要求。当设计无规定时，应符合表 4-12 的规定。

表 4-12　制冷剂管道坡度与坡向

管道名称	坡　向	坡　度
压缩机吸气水平管（氟）	压缩机	≥10/1000
压缩机吸气水平管（氨）	蒸发器	≥3/1000
压缩机排气水平管	油分离器	≥10/1000
冷凝器水平供液管	贮液器	（1～3）/1000
油分离器至冷凝器水平管	油分离器	（3～5）/1000

5）制冷系统投入运行前，应对安全阀进行调试校核，其开启和回座压力应符合设备技术文件的要求。

（2）燃油管道系统必须设置可靠的防静电接地装置，其管道法兰应采用镀锌螺栓连接或在法兰处用铜导线进行跨接，且接合良好。

（3）燃气系统管道与机组的连接不得使用非金属软管。燃气管道的吹扫和压力试验应为压缩空气或氮气，严禁用水。当燃气供气管道压力大于 0.005MPa 时，焊缝的无损检测的执行标准应按设计规定。当设计无规定，且采用超声波探伤时，应全数检测，以质量不低于Ⅱ级为合格。

（4）氨制冷剂系统管道、附件、阀门及填料不得采用铜或铜合金材料（磷青铜除外），管内不得镀锌。氨系统的管道焊缝应进行射线照相检验，抽检率为 10%，以质量不低于Ⅲ级为合格。在不易进行射线照相检验操作的场合，可用超声波检验代替，以不低于Ⅱ级为合格。

（5）输送乙二醇溶液的管道系统，不得使用内镀锌管道及配件。

（6）制冷管道系统应进行强度、气密性试验及真空试验，且必须合格。

（7）制冷系统管道、管件的安装应符合下列规定：

1）管道、管件的内外壁应清洁、干燥；铜管管道支吊架的型式、位置、间距及管道安装标高应符合设计要求，连接制冷机的吸、排气管道应设单独支架；管径小于等于 20mm 的铜管道，在阀门处应设置支架；管道上下平行敷设时，吸气管应在下方。

2）制冷剂管道弯管的弯曲半径不应小于 3.5D（管道直径），其最大外径与最小外径之差不应大于 0.08D，且不应使用焊接弯管及皱褶弯管。

3）制冷剂管道分支管应按介质流向弯成 90°弧度与主管连接，不宜使用弯曲半径小于 1.5D 的压制弯管。

4）铜管切口应平整，不得有毛刺、凹凸等缺陷，切口允许倾斜偏差为管径的 1%，管口翻边后应保持同心，不得有开裂及皱褶，并应有良好的密封面。

5）采用承插钎焊焊接连接的铜管，其扩口深度应符合表 4-13 的规定，承插的扩口方向应迎介质流向。当采用套接钎焊焊接连接时，其插接深度应不小于承插连接的规定。

采用对接焊缝组对管道的内壁应齐平，错边量不大于 0.1 倍壁厚，且不大于 1mm。

表 4-13　承插式焊接的铜管承插的扩口深度表　　(mm)

铜管规格	≤*DN*15	*DN*20	*DN*25	*DN*32	*DN*40	*DN*50	*DN*65
承插口的扩口深度	9～12	12～15	15～18	17～20	21～24	24～26	26～30

(8) 制冷系统阀门的安装规定

1) 制冷剂阀门安装前应进行强度和严密性试验。强度试验压力为阀门公称压力的1.5倍，时间不得少于5min；严密性试验压力为阀门公称压力的1.1倍，持续时间30s不漏为合格。合格后应保持阀体内干燥。如阀门进、出口封闭破损或阀体锈蚀的还应进行解体清洗。

2) 位置、方向和高度应符合设计要求。

3) 水平管道上的阀门的手柄不应朝下；垂直管道上的阀门手柄应朝向便于操作的地方。

4) 自控阀门安装的位置应符合设计要求。电磁阀、调节阀、热力膨胀阀、升降式止回阀等的阀头均应向上；热力膨胀阀的安装位置应高于感温包，感温包应装在蒸发器末端的回气管上，与管道接触良好、绑扎紧密。

5) 安全阀应垂直安装在便于检修的位置，其排气管的出口应朝向安全地带，排液管应装在泄水管上。

(9) 制冷系统的吹扫排污应采用压力为0.6MPa的干燥压缩空气或氮气，以浅色布检查5min，无污物为合格。系统吹扫干净后，应将系统中阀门的阀芯拆下清洗干净。

2. 管道清洗

制冷管道（制冷剂、润滑油管道）与压缩机、冷凝器、蒸发器等连接后形成一密闭的循环制冷系统。管道系统内若有细小的杂物存在，会被带入压缩机的汽缸内，磨损活塞和汽缸壁。所以在安装前要将管道内外壁的铁锈、污物清除干净。管道的清洗方法如下：

(1) 钢管：可用人工方法用钢丝刷子（圆通刷）在管道内部拖拉数十次，直到将管内污物及铁锈等物彻底清除，再用干净的抹布蘸煤油擦净。然后用干燥的压缩空气吹除管道内部，直到管口喷出的空气在白纸上无污物时为合格。对清洗后的干净管子，必须采取妥善的防潮措施，即将管口封闭好，待安装时启用。

(2) 对小口径的管道、弯头或弯管，可用干净的抹布浸蘸煤油将管道内壁擦净。

(3) 化学清洗法：对大直径的钢管，可灌入四氯化碳溶液处理，经15～20min后，倒出四氯化碳溶液（以后再用），再按以上方法将管内擦净、吹干，然后封存。

(4) 对钢管内残留的氧化皮等污染物用上法不能完全清除时，可以用20%的硫酸溶液使其在温度40～50℃的情况下进行酸洗，一直酸洗到氧化皮完全清除净为止，一般情况所需时间为10～15min。

酸洗后对管道进行光泽处理。光泽处理溶液成分如下：

铬干为100g；硫酸为50g；水为150g。

溶液的温度不应低于15℃，处理时间一般为0.5～1min。

光泽处理后的管道，必须先进行冷水冲洗，再用3%～5%的碳酸钠溶液中和，然后再用冷水冲洗干净。最后对管道进行加热、吹干和封存。

(5) 紫铜管在摵弯时应进行烧红退火。退火后铜管内壁产生的氧化皮，要用下述两种方法予以清除：

1) 酸洗：把紫铜管放在浓度为98%的硝酸（占30%）和水（占70%）的混合液中浸泡数分钟，取出后再用碱中和，并用清水洗净烘干；

2) 用纱头拉洗：将干净的纱布绑扎在铁丝上，浸上汽油，从管子一端穿入再由另一端拉出，纱头要在管内进行多次拉洗，每拉一次都要将纱头在汽油中清洗过，这样直到洗净为止，最后用干纱头再拉净一次。

(6) 氟利昂制冷管道：摵弯时，最好不采用填砂方法。如必须填砂摵弯时，就要采用下列步骤将砂清除干净：

1) 铜管：先用喷击速度为10～15m/s的压缩空气吹扫，再用浓度为15%～20%的氟氢酸灌入管内，停留 3h，砂粒就被腐蚀。接着用 10%～15%的苏打水中和，以干净热水冲洗后，并在 120～150℃的温度下烘烤 3～4h 即可。为除掉水蒸汽，管内用干燥空气吹干。

2）钢管：可向管内灌入浓度为 5%的硫酸溶液，静置1.5～2h，再用 10%的无水碳酸钠溶液中和，并以清水冲洗干净，用干燥空气吹干，最后用 20%的亚硝酸钠钝化。

3. 管道布置

(1) 管道布置应考虑操作和检修方便、经济合理、阻力小。管道的布置应不妨碍正常的观察和运行维护压缩机及其他设备，不妨碍设备的检修和门窗的开关。

机房内的管道布置采用架空式和地沟式两种。架空式布置将管道分别排列在走道上方或临近墙壁，并以吊（支）架固定在平顶上或墙上。

(2) 管道与墙和天花板，以及管道与管道之间应有适当间隔，一般以管道的零件或阀门（包括保温层）的最高点离墙 1～3cm 为宜，以便于管道安装、保温和建筑墙面的装饰。

(3) 为了防止吸气管和排气管在压缩机运转时引起振动，应设置一定数量的固定支架或坚固的吊架。

(4) 管道穿墙或楼板时设置套管。管子与套管间应留有 10mm 左右的空隙。管道焊缝不得置于套管内。钢制套管应与墙面或楼板底面平齐，但应比地面高出 20mm。管道与套管的空隙应用隔热或其他不燃材料填塞，并不得作为管道的支撑。

(5) 在金属支架、吊架上安装吸气管道时，应根据保温层厚度设置木垫块，木垫块应作防腐处理。

(6) 吸气管和排气管安装在同一支架（吊架）上时，吸气管应放在排气管的下方。平行布置的管道之间应有一定的间距，以利于安装和维修。

管子的中心距，应视管径大小和是否有保温层而定，通常不小于 200～250mm。

(7) 在布置管道和支架时，应考虑排气管的热膨胀，一般均利用管道的弯曲部分的自然补偿，不单独设置伸缩器。

(8) 从压缩机到冷凝器的排气管道，在通过易燃墙壁的楼板时，应采用不燃烧材料进行隔离。

(9) 从液体主管接出支管时，支管宜从主管底部接出。从气体主管接出支管时，支管宜从主管上方或侧旁接出。

(10) 制冷系统的供液管的布置不应有局部向上凸起的弯曲现象，吸气管不应有局部向下凹的弯曲现象，以避免产生“气囊”和“液囊”，阻碍液体或气体通过。

(11) 为防止液滴进入压缩机汽缸，吸气管应设有不小于 0.003 的坡度，坡向蒸发器。

为了使润滑油和可能冷凝下来的液体不致返回压缩机，排气管应有不少于 0.01 的坡度，坡向氨油分离器或冷凝器。

(12) 冷凝器的出液管与贮液器之间的高差应保证氨液靠重力流入贮液器中。

(13) 制冷系统管道的坡度及坡向，如设计无明确规定应满足要求，并符合以下规定：

1）氟利昂制冷压缩机的吸、排气管道敷设：吸气管道水平管段的坡向应与气体流动方向一致（顺向），以便使润滑油能流回压缩机的曲轴箱内。

2）氨系统制冷压缩机的吸、排气管道敷设：由于氨的难溶性，所以氨系统吸气管的坡度与吸气方向相反，应坡向蒸发器。

(14) 管道成三通连接时，应将支管按制冷剂流向弯成弧形再行焊接，当支管与干管直径相同且管道内径小于 50mm 时，则需在干管的连接部位换上大一号管径的管段，再按以上规定进行焊接。

(15) 不同管径的管子直线焊接时，应采用同心异径管。

(16) 紫铜管连接宜采用承插口焊接，或套管式焊接，承口的扩口深度不应小于管径，扩口方向应迎介质流向。

(17) 紫铜管切口表面应平齐，不得有毛刺、凹凸等缺陷。切口平面允许倾斜偏差为管子直径的1%。

(18) 紫铜管煨弯可用热弯或冷弯，椭圆率不应大于8%。

4. 支吊架安装

(1) 操作人员熟悉图纸、技术资料，进一步明确工艺流程、施工程序及技术质量要求。按施工图所示管道的位置、标高进行测量放线。查找出支吊架的预埋件。

(2) 按照设计规定和实测结果，预制加工支吊架。需保温的管道，支架与管子接触处应用经过防腐处理的木垫隔垫。木垫厚度应与保温层厚度相同。

5. 阀门安装

(1) 氨制冷系统制冷管道用的各种阀门（截止阀、节流阀、止回阀、浮球阀和电磁阀等）必须采用专用产品。

(2) 安装前阀门应逐个拆卸清洗，除去油污和铁锈。并应检查密封效果，必要时应做研磨，并检查填料密封是否良好，对密封性不好的填料应更换或修理。阀门清洗装配好后，应启闭4～5次，然后关闭阀门注入煤油进行试漏，经过2h后如无渗漏现象认为合格。

(3) 阀门的安装位置、方向、高度应符合设计要求。应注意各种阀门的进出口和介质流向，切勿装错。如阀门上有流向标记则应按标记方向安装，如无标记则以“低进高出”的原则安装。安装时，阀门不得歪斜。禁止将阀门手轮朝下或置于不易操作的部位。

(4) 安装带手柄的手动截止阀，手柄不得向下。电磁阀、调节阀、热力膨胀阀、升降式止回阀等的阀头均应向上竖直安装。

(5) 热力膨胀阀的安装位置应高于感温包。感温包应安装在蒸发器末端的回气管上，与管道接触良好、绑扎紧密，并用隔热材料密封包扎，其厚度与保温层相同。

6. 仪表安装

(1) 一般规定

1) 所有测量仪表，按设计要求均需采用专用产品。压力测量仪表须用标准压力表作校正，温度测量仪表须用标准温度计校正，校正时均应做好记录。

2) 所有仪表应安装在照明良好并便于观察且不妨碍操作检修的部位。

3) 装在室外的仪表应增设保护罩，防止日光曝晒和雨淋。

4) 压力继电器和温度继电器应装在不受震动的地方。

(2) 弹簧管压力表

1) 弹簧管压力表应经过校验，并带有铅封方允许安装。

2) 弹簧管压力表应安装便于观察、维护，并力求避免振动和高温影响，且应安装在与介质流向呈平行方向的管道上，不得安装在管道弯曲、拐角、死角和流线呈漩涡状态处；取压管与管道或设备连接处的内壁应保持平齐，不应有凸出物或毛刺，保证测值的准确性。

3) 压力表与被测介质之间应装有盘管或U形管，以此起缓冲作用；在压力表与盘管之间应安装三通旋塞，以便通大气与切断。

4) 对有腐蚀性的介质，应加装有中性介质的隔离罐及切断阀。并根据介质的不同性质采取相应的防热、防腐、防冻、防堵等措施。

5) 应在管通试压、吹洗前将压力表安装孔钻好，保证孔边无毛刺、光滑、平整。

(3) U形管压力计

1) U形管压力计的安装位置力求避免振动和高温影响，并应便于观察和维护。

2) 安装时必须使压力计垂直，引压管的根部阀与U形管压力计之间的连接软管不宜过长，以减少压力指示的迟缓。

技能图解 34　空调水系统安装

技能结构框线图

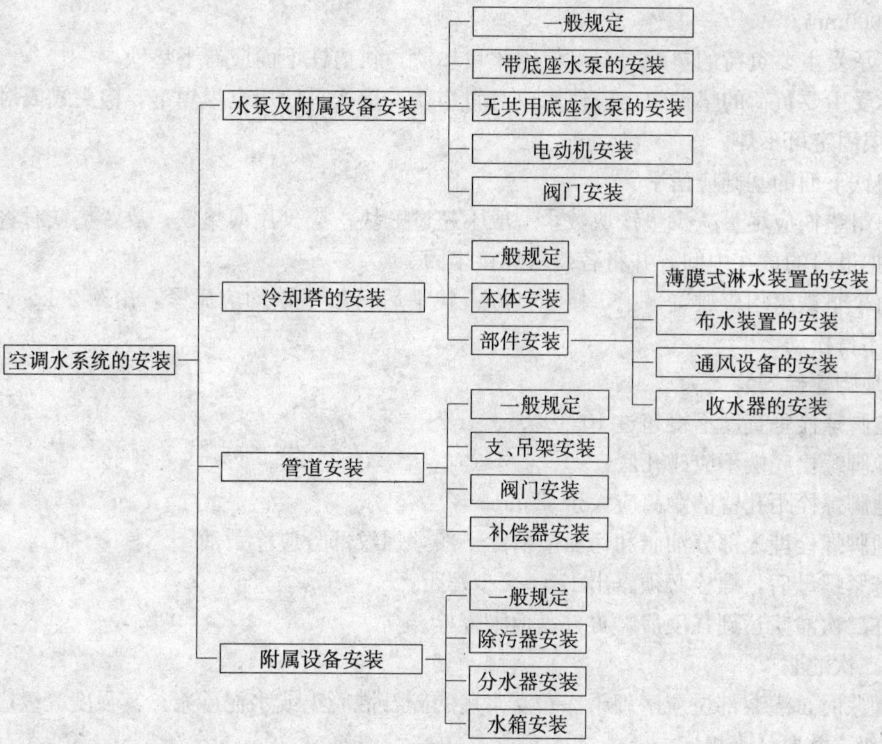

图 4-25　空调水系统安装

技能要点 1：水泵及附属设备安装

1. 一般规定

(1) 水泵的平面位置和标高允许偏差为±10mm，安装的地脚螺栓应垂直、拧紧，且与设备底座接触紧密。

(2) 垫铁组放置位置正确、平稳，接触紧密，每组不超过 3 块。

(3) 整体安装的泵，纵向水平偏差不应大于 0.1/1000，横向水平偏差不应大于 0.20/1000；解体安装的泵纵、横向安装水平偏差均不应大于 0.05/1000。

水泵与电机采用联轴器连接时，联轴器两轴芯的允许偏差，轴向倾斜不应大于 0.2/1000，径向位移不应大于 0.05mm。

小型整体安装的管道水泵不应有明显偏斜。

(4) 减震器与水泵及水泵基础连接牢固、平稳、接触紧密。

2. 带底座水泵的安装

安装带底座的小型水泵时，先在基础面和底座面上划出水泵中心线，然后将底座吊装在基础上，套上地脚螺栓和螺母，调整底座位置，使底座上的中心线和基础上的中心线一致。然后，用水平仪在底座加工面上检查是否水平。不水平时，可在底座下承垫垫铁找平。

垫铁的平面尺寸一般为 60mm×80mm～100mm×150mm，厚度为 1～20mm。垫铁一般放置在底座的四个角下面，每处叠加的数量不宜多于三块。垫铁找平后，拧紧设备地脚螺栓上的螺母，并对底座水平度再进行一次复核。底座装好后，把水泵吊放在底座上，并对水泵的轴线、进出水口中心线和水泵的水平度进行检查和调整。

（1）垫铁安装

1）水泵的负荷由垫铁组承受，每个地脚螺栓近旁至少有一组垫铁，相邻两垫铁组间的距离应为 500～1000mm。

2）不承受主要负荷的垫铁组，可使用单块垫铁，斜垫铁下面应有平垫铁。

3）承受主要负荷的垫铁组，应使用成对斜垫铁，待找平后用电焊焊牢，钩头式成对斜垫铁组能用灌浆层固定可不焊。

4）垫铁下面的基础应凿平。

5）每组垫铁应尽量减少垫铁块数，一般不超过三块；应少用薄垫铁；放置垫铁时将最厚的放在下面，把最薄的放在中间，并将各垫铁焊接牢固。

6）每个垫铁组均应放置平稳，接触良好；找平后每组垫铁均应压紧，用 0.25kg 手锤逐组轻轻检查，不得松动。

（2）地脚螺栓安装

1）地脚螺栓垂直度不得超过 10/1000；

2）地脚螺栓底端不应碰孔底；

3）地脚螺栓距孔壁的距离应大于 15mm；

4）地脚螺栓埋入部分油脂和污垢应清除干净，螺纹部分应涂黄油；

5）拧紧螺母后，螺栓必须露出 1.5～5 个螺距；

6）在二次灌浆达到强度后，再拧紧地脚螺栓。

（3）二次灌浆

1）灌浆时，灌浆部位应清理干净，灌浆用的碎石混凝土或水泥砂浆，其强度等级应比混凝土基础高一级，并要认真捣实。

2）灌浆前应安设外模板，而外模板距设备底座底面外缘的距离应大于 100mm，并且不应小于底座底面边宽，其宽度应约等于底座底面边宽，其高度应约等于底座底面至基础的距离。

如果底座上已装有水泵和电动机时，可以不卸下水泵和电动机而直接进行安装，其安装方法参见无共用底座水泵的安装方法。

3. 无共用底座水泵的安装

无共用底座水泵的安装顺序是先安装水泵，待其位置与进出水管的位置找正后，再安装电动机。吊装水泵可采用三角架。起吊时一定要注意，钢丝绳不能系在泵体上，也不能系在轴承架上，更不能系在轴上，只能系在吊装环上。

4. 电动机安装

安装电动机时以水泵为基准，将电动机轴中心调整到与水泵的轴中心线在同一条直线上。通常是靠测量水泵与电动机连接处两个联轴器的相对位置来完成，即把两个联轴器调整到既同心又相互平行。调整时，两联轴器间的轴向间隙，应符合下列要求：

小型水泵（吸入口径在 300mm 以下）间隙为 2～4mm；

中型水泵（吸入口径 350～500mm）间隙为 4～6mm；

大型水泵（吸入口径在 600mm 以上）间隙为 4～8mm。

两联轴器的轴向间隙，可用塞尺在联轴器间的上、下、左、右四点测得；各处间隙相等，表示两联轴器平行。测定径向间隙时，可把直角尺一边靠在联轴器上，并沿轮缘圆周移动。如直角尺各点都和两个轮缘的表面靠紧，则表示联轴器同心。

电动机找正后，拧紧地脚螺栓和联轴器的连接螺栓，水泵机组即安装完毕。

水泵在安装过程中，应同时填写“水泵安装记录”。

5. 阀门安装

(1) 泵进口管线上的隔断阀直径应与进口管线直径相同。

(2) 泵出口管线上隔断阀的直径：当泵出口直径与出口管线直径相同时，阀门直径与管线直径相同；当泵出口直径比出口管线直径小一级时，阀门直径应和泵出口直径相同；当泵出口直径比出口管线直径小二级或更多时，则阀门直径按表 4-14 选用。

表 4-14　泵出口直径小于出口管径时阀门直径　(mm)

出口管直径	50	80	100	150	200	250
阀门直径	40	50	80	100	150	200

(3) 离心泵出口管线上的旋启式止回阀，一般应装在出口隔断阀后面的垂直管段上，止回阀的直径与隔断阀的直径相同。两台互为备用的离心泵共用一个止回阀时，应装在两泵出口汇合管的水平管段上，其位置应尽量靠近支管。止回阀直径应与管线直径相同。

(4) 泵的进出口阀门中心标高以 1.2～1.5m 为宜，一般不应高于 1.5m。

技能要点 2：冷却塔的安装

1. 一般规定

(1) 基础标高应符合设计的规定，允许误差为±20mm。冷却塔地脚螺栓与预埋件的连接或固定应牢固，各连接部件应采用热镀锌或不锈钢螺栓，其紧固力应一致、均匀。

(2) 冷却塔安装应水平，单台冷却塔安装水平度和垂直度允许偏差均为 2/1000。同一冷却水系统的多台冷却塔安装时，各台冷却塔的水面高度应一致，高差不应大于 30mm。

(3) 冷却塔的出水口及喷嘴的方向和位置应正确，积水盘应严密无渗漏；分水器布水均匀。带转动布水器的冷却塔，其转动部分应灵活，喷水出口按设计或产品要求，方向应一致。

(4) 冷却塔风机叶片端部与塔体四周的径向间隙应均匀。对于可调整角度的叶片，角度应一致。

(5) 冷却塔的安装，应特别注意其中心线应垂直于地面，以免影响布水器及电动机风机的正常工作。还要特别注意风机叶片与风筒部分的间隙要一致，不允许相差过大。以上两项必须有施工测试记录存档。

(6) 安装中央进水管时，一定要保证布水器位于冷却塔的中心，进水管要垂直，这样才能保证布水管处于水平位置。

(7) 安装填料前，应在布水器下面与塔体用三根拉绳固定住，以防安装填料时，离开中心位置。

(8) 布水管按名义流量开孔，如使用的冷却水量与名义流量相差较大时，在现场通过扩孔或堵孔的办法解决。要达到布水器转速合适，布水均匀，塔下各点的冷却后水温接近即可。

2. 本体安装

冷却塔必须安装在通风良好的场所。以提高其冷却能力，冷却塔通常高置形成一高压头，用来克服冷凝器的阻力损失。水泵将需要处理的冷却水从水池抽出送至冷却塔，经冷却降温后从塔底集水盘向下自流压入冷凝器中，并继而靠水头压差自流入水池，以此循环。

安装时，应根据施工图纸的坐标位置就位，并应找平找正，设备要稳定牢固，冷却塔的出水管口及喷嘴方向、位置应正确。

3. 部件安装

（1）薄膜式淋水装置的安装

1）石棉水泥板膜板式淋水装置应安装在支架梁上，每4片联成一组，板间用塑料管及橡胶垫圈隔成一定间隙，中间用镀锌螺栓固定。

2）纸蜂窝淋水装置，可直接架于角钢或扁钢支架上，亦可直接架于混凝土小支架梁上。

3）点波淋水装置的单元高度为150～600mm，小点波一般为250mm。

点波的框架单元或粘接单元直接架设于支撑架或支撑梁上。

4）斜波纹淋水装置的单元高度为300～400mm，其安装总高度为800～1200mm。

（2）布水装置的安装

1）固定管式布水器的喷嘴按梅花形或方格形向下布置，具体的布置形式应符合设备技术条件或设计要求。一般喷嘴间的距离按喷水角度和安装的高度来确定，要使每个喷嘴的水滴相互交叉，做到向淋水装置均匀布水。

2）旋转管式布水器的喷水口的安装可采用装配开有条缝的配水管，条缝宽一般为2～3mm，条缝水平布置；或装配开圆孔的配水管，其孔径为3～6mm，孔距8～16mm。单排安装时孔与水平方向的夹角60°；双排安装时上排孔与水平方向夹角为60°，下排与水平方向夹角为45°。开孔面积为配水管总截面积的50%～60%。

（3）通风设备的安装

1）对采用抽风式冷却塔，电动机盖及转子应有良好的防水措施。通常采用封闭式鼠笼型电机，并确保接线端子用松香或其他密封绝缘材料严格密封。

2）对采用鼓风式冷却塔，为防止风机溅上水滴，风机与冷却塔体距离一般不小于2m。

（4）收水器的安装

收水器一般装在配水管上、配水槽中或槽的上方，阻留排出塔外空气中的水滴，起到水滴与空气分离的作用。在抽风式冷却塔中，收水器与风机应保持一定的距离，以防止产生涡流而增大阻力，降低冷却效果。

技能要点3：管道安装

1. 一般规定

（1）管道安装的规定

1）隐蔽管道在隐蔽前必须经监理人员验收及认可签证。

2）焊接钢管、镀锌钢管不得采用热煨弯。

3）管道与设备的连接，应在设备安装完毕后进行，与水泵、制冷机组的接管必须为柔性接口。柔性短管不得强行对口连接，与其连接的管道应设置独立支架。

4）冷热水及冷却水系统应在系统冲洗、排污合格（目测：以排出口的水色和透明度与入水口对比相近，无可见杂物），再循环试运行2h以上，且水质正常后才能与制冷机组、空调设备相贯通。

5）固定在建筑结构上的管道支、吊架，不得影响结构的安全。管道穿越墙体或楼板处应设钢制套管，管道接口不得置于套管内，钢制套管应与墙体饰面或楼板底部平齐，上部应高出楼层地面20～50mm，并不得将套管作为管道支撑。

保温管道与套管四周间隙应使用不燃绝热材料填塞紧密。

（2）钢制管道的安装规定

1）管道和管件在安装前，应将其内、外壁的污物和锈蚀清除干净。当管道安装间断时，应及时封闭敞开的管口。

2）管道弯制弯管的弯曲半径，热弯不应小于管道外径的 3.5 倍、冷弯不应小于 4 倍；焊接弯管不应小于 1.5 倍；冲压弯管不应小于 1 倍。弯管的最大外径与最小外径的差不应大于管道外径的 8/100，管壁减薄率不应大于 15%。

3）冷凝水排水管坡度，应符合设计文件的规定。当设计无规定时，其坡度宜大于或等于 8‰；软管连接的长度，不宜大于 150mm。

4）冷热水管道与支、吊架之间，应有绝热衬垫（承压强度能满足管道质量的不燃、难燃硬质绝热材料或经防腐处理的木衬垫），其厚度不应小于绝热层厚度，宽度应大于支、吊架支承面的宽度。衬垫的表面应平整、衬垫接合面的空隙应填实。

5）管道安装的允许偏差和检验方法应符合表 4-15 的规定。在吊顶内等暗装管道的位置应正确，无明显偏差。

表 4-15　管道安装的允许偏差和检验方法

<table>
<tr><th colspan="3">项　目</th><th colspan="2">允许偏差
（mm）</th><th>检查方法</th></tr>
<tr><td rowspan="3">坐标</td><td rowspan="2">架空及地沟</td><td>室外</td><td colspan="2">25</td><td rowspan="6">按系统检查管道的起点、终点、分支点和变向点及各点之间的直管
用经纬仪、水准仪、液体连通器、水平仪、拉线和尺量检查</td></tr>
<tr><td>室内</td><td colspan="2">15</td></tr>
<tr><td>埋　地</td><td colspan="3">60</td></tr>
<tr><td rowspan="3">标高</td><td rowspan="2">架空及地沟</td><td>室外</td><td colspan="2">±20</td></tr>
<tr><td>室内</td><td colspan="2">±15</td></tr>
<tr><td>埋　地</td><td colspan="3">±25</td></tr>
<tr><td colspan="2" rowspan="2">水平管道平直度</td><td colspan="2">DN≤100mm</td><td>2L‰，最大 40</td><td rowspan="2">用直尺、拉线和尺量检查</td></tr>
<tr><td colspan="2">DN＞100mm</td><td>3L‰，最大 60</td></tr>
<tr><td colspan="2">立管垂直度</td><td colspan="2">5L‰，最大 25</td><td colspan="2">用直尺、线锤、拉线和尺量检查</td></tr>
<tr><td colspan="2">成排管段间距</td><td colspan="2">15</td><td colspan="2">用直尺尺量检查</td></tr>
<tr><td colspan="2">成排管段或成排阀门在同一平面上</td><td colspan="2">3</td><td colspan="2">用直尺、拉线和尺量检查</td></tr>
</table>

注：L 为管道的有效长度（mm）。

（3）管道系统安装完毕，外观检查合格后，应按设计要求进行水压试验。当设计无规定时，应符合下列规定：

1）冷热水、冷却水系统的试验压力，当工作压力小于等于 1.0MPa 时，为 1.5 倍工作压力，但最低不小于 0.6MPa；当工作压力大于 1.0MPa 时，为工作压力加 0.5MPa。

2）对于大型或高层建筑垂直位差较大的冷（热）媒水、冷却水管道系统宜采用分区、分层试压和系统试压相结合的方法。一般建筑可采用系统试压方法。

分区、分层试压：对相对独立的局部区域的管道进行试压。在试验压力下，稳压 10min，压力不得下降，再将系统压力降至工作压力，在 60min 内压力不得下降、外观检查无渗漏为合格。

系统试压：在各分区管道与系统主、干管全部连通后，对整个系统的管道进行系统的试压。试验压力以最低点的压力为准，但最低点的压力不得超过管道与组成件的承受压力。系统压力升至试验压力后，稳压 10min，压力下降不得大于 0.02MPa，再将系统压力降至工作压力，外观检查无渗漏为合格。

3）凝结水系统采用充水试验，应以不渗漏为合格。

（4）钢塑复合管道的安装，当系统工作压力不大于 1.0MPa 时，可采用涂（衬）塑焊接钢管螺纹连接，与管道配件的连接深度和扭矩应符合表4-16的规定；当系统工作压力为1.0～2.5MPa时，可采用涂（衬）塑无缝钢管法兰连接或沟槽式连接，管道配件均为无缝钢管涂（衬）塑管件。

表4-16　钢塑复合管螺纹连接深度及紧固扭矩

公称直径（mm）		15	20	25	32	40	50	65	80	100
螺纹连接	深度（mm）	11	13	15	17	18	20	23	27	33
	牙数	6.0	6.5	7.0	7.5	8.0	9.0	10.0	11.5	13.5
扭矩（N·m）		40	60	100	120	150	200	250	300	400

2. 支、吊架的安装

金属管道的支、吊架的型式、位置、间距、标高应符合设计或有关技术标准的要求。设计无规定时，应符合下列规定：

（1）支、吊架的安装应平整牢固，与管道接触紧密。管道与设备连接处，应设独立支、吊架。

（2）冷（热）媒水、冷却水系统管道机房内总、干管的支、吊架，应采用承重防晃管架；与设备连接的管道管架宜有减振措施。当水平支管的管架采用单杆吊架时，应在管道起始点、阀门、三通、弯头及长度每隔15m设置承重防晃支、吊架。

（3）无热位移的管道吊架，其吊杆应垂直安装；有热位移的，其吊杆应向热膨胀（或冷收缩）的反方向偏移安装，偏移量按计算确定。

（4）滑动支架的滑动面应清洁、平整，其安装位置应从支承面中心向位移反方向偏移1/2位移值或符合设计文件规定。

（5）竖井内的立管，每隔2～3层应设导向支架。在建筑结构负重允许的情况下，水平安装管道支、吊架的间距应符合表4-17的规定。

表4-17　钢管道支、吊架的最大间距

公称直径（mm）		15	20	25	32	40	50	70	80	100	125	150	200	250	300
支架的最大间距（m）	L_1	1.5	2.0	2.5	2.5	3.0	3.5	4.0	5.0	5.0	5.5	6.5	7.5	8.5	9.5
	L_2	2.5	3.0	3.5	4.0	4.5	5.0	6.0	6.5	6.5	7.5	7.5	9.0	9.5	10.5
	对大于300mm的管道可参考300mm管道														

注：1. 适用于工作压力不大于2.0MPa，不保温或保温材料密度不大于200kg/m³的管道系统。

2. L_1用于保温管道，L_2用于不保温管道。

（6）管道支、吊架的焊接应由合格持证焊工施焊，并不得有漏焊、欠焊或焊接裂纹等缺陷。支架与管道焊接时，管道侧的咬边量，应小于0.1倍管壁厚。

3. 阀门安装

（1）空调工程水系统的设备与附属设备、管道、管配件及阀门的型号、规格、材质及连接形式应符合设计规定。

（2）阀门的安装规定

1）阀门的安装位置、高度、进出口方向必须符合设计要求，连接应牢固紧密。

2）安装在保温管道上的各类手动阀门，手柄均不得向下。

3）阀门安装前必须进行外观检查，阀门的铭牌应符合现行国家标准《通用阀门标志》的规定。对于工作压力大于1.0MPa及在主干管上起到切断作用的阀门，应进行强度和严密性试验，合格后方准使用。其他阀门可不单独进行试验，可在系统试压中检验。

强度试验时，试验压力为公称压力的1.5倍，持续时间不少于5min，阀门的壳体、填料应无渗漏。

4）阀门安装的位置、进出口方向应正确，并便于操作；连接应牢固紧密，启闭灵活；成排阀门的排列应整齐美观，在同一平面上的允许偏差为3mm；

5）电动、气动等自控阀门在安装前应进行单体的调试，包括开启、关闭等动作试验。

（3）阀门安装前，必须先对阀门进行强度和严密性试验，不合格的不得进行安装。阀门试验的规定如下：

1）低压阀门应从每批（同制造厂、同规格、同型号、同时到货）中抽查10%（至少一个），进行强度和严密性试验。若有不合格，再抽查20%，如仍有不合格则需逐个检查。

2）高、中压阀门和输送有毒（有毒、剧毒物质的规定见国家劳动总局颁发的《压力容器安全监察规程》）及甲、乙类火灾物质（见《建筑设计防火规范》）的阀门均应逐个进行强度和严密性试验。

3）阀门的强度和严密性试验应用洁净水进行，当工作介质为轻质石油产品或温度大于120℃的石油蒸馏产品的阀门，应用煤油进行试验。

4）阀门的强度试验规定

公称压力小于或等于32MPa的阀门其试验压力为公称压力的1.5倍。

公称压力大于或等于32MPa的阀门其试验压力按表4-18执行。

表4-18 大于32MPa的阀门强度试验压力

公称压力（MPa）	试验压力（MPa）
40	56
50	70
64	90
80	110
100	130

试验时间不少于5min，壳体、填料无渗漏为合格。

5）除蝶阀、止回阀、底阀、节流阀外的阀门，严密性试验一般应以公称压力进行，在不能够确定工作压力时，也可用1.1倍的工作压力进行试验，以阀瓣密封面不漏为合格。公称压力小于或等于2.5MPa的冷冻水用的铸铁、铸铜闸阀允许有不超过表4-19的渗漏量。

表4-19 闸阀密封面允许渗漏量

公称直径（mm）	渗漏量（cm^3/min）	公称直径（mm）	渗漏量（cm^3/min）	公称直径（mm）	渗漏量（cm^3/min）
≤40	0.05	350	2.00	900	25
50～80	0.10	400	3.00	1000	30
100～150	0.20	500	5.00	1200	50
200	0.30	600	10.00	1400	75
250	0.50	700	15	≥1600	100
300	1.50	800	20		

6）公称压力小于1MPa，且公称直径大于或等于600mm的闸阀可不单独进行水压强度和严密性试验。强度试验在系统试压时按管道系统的试验压力进行，严密性试验可用色印等方法对闸板密封面进行检查，接合面应连续。

7）对焊阀门的严密性试验单独进行，强度试验一般可在系统试验时进行。

8）严密性试验不合格的阀门，须解体检查并重做试验。

9）合金钢阀门应逐个对壳体进行光谱分析，复查材质。合金钢及高压阀门每批取10%，且不少于一个，解体检查阀门内部零件，如不合格则需逐个检查。

10）解体检查的阀门质量要求

①合金钢阀门的内部零件进行光谱分析，材质正确。

②阀座与阀体结合牢固。

③阀芯与阀座的接合良好，并无缺陷。

④阀杆与阀芯的连接灵活、可靠。

⑤阀杆无弯曲、锈蚀，阀杆与填料压盖配合适度，螺纹无缺陷。

⑥阀盖与阀体接合良好。

⑦垫片、填料、螺栓等齐全，无缺陷。

（4）水平管道上的阀门，阀杆宜垂直或向左右偏45°，也可水平安装，但不宜向下；垂直管道上阀门阀杆，必须顺着操作巡回线方向安装。

（5）阀门安装时应保持关闭状态，并注意阀门的特性及介质流向。

（6）阀门与管道连接时，不得强行拧紧法兰上的连接螺栓；对螺纹连接的阀门，其螺纹应完整无缺，拧紧时宜用扳手卡住阀门一端的六角体。

（7）安装螺纹阀门时，一般应在阀门的出口处加设一个活接头。

（8）对具有操作机构和传动装置的阀门，应在阀门安装好后，再安装操作机构和传动装置，且在安装前先对它们进行清洗，安装完后还应将它们调整灵活，指示准确。

4. 补偿器安装

（1）方形补偿器的安装

1）补偿器预拉伸或预压缩值必须符合设计的规定，允许偏差为±10mm。

2）安装补偿器时，把撑拉补偿器用的螺丝撑杆和补偿器一起安装好。在补偿器撑拉好以后并把管道紧固到固定支架上以后再从补偿器上取下。

使用撑拉螺丝杆时，只要旋动螺母使其顺螺杆前进或后退，就能使补偿器的两臂受到压缩或拉伸。

3）方形补偿器的安装距离必须在三个活动支架以上。当其安装在有坡度的管线上时，补偿器的两侧垂直臂应以水平仪测量安装成水平；补偿器的中间水平臂及与管道段连接的端点允许有坡度。

4）在设置固定支架时，还必须考虑到支管的位移，一般不得使支管的位移超过50mm。

5）安装补偿器应当在两个固定支架之间的管道安装完毕后进行。

6）补偿器配置好后，将焊接对口予以点焊或将其连接到法兰上，待整个管段装配好并予以调整找正后，再把焊口满焊或将法兰上的螺栓全部拧紧。

7）如几条管道上的方形补偿器配置在同一平面（一个套装在另一个里面）时，这些补偿器先不作预拉伸，而是最后再将补偿器同管道一起进行拉伸。这样，可用通常的方法装配管道，即先用螺栓把法兰连起来或将焊口作点焊定位，但留一个接口不连而保留适当的空隙，此空隙值就等于补偿器的规定拉伸值。然后装配补偿器并将其两端与两侧的管段连接。安装补偿器时，应使其所在的对称面朝固定支点的方向偏移其工作位置等于1/4管道热伸长值。此时，须预先将固定支点与补偿器之间的接口全部焊牢。

8）法兰连接的管道，在法兰对（不装垫片）中间垫装垫圈，用加长螺栓从四个方角上拉紧，留下的其余法兰螺孔则穿上永久用的螺栓。冷拉用的加长螺栓的直径和数量在施工图上注明，也可以按拉紧时形成5.0～6.0MPa的应力进行计算。当把管道段紧固到固定支架后，从法兰对的接口中取下夹圈，上紧加长双头螺栓两端的螺母，这时即可将补偿器张紧。用永久螺栓把法兰接头把紧后，就可以取下临时用的加长双头螺柱，而代之以永久螺栓或螺柱。

9）安装在负温下运行的管道时，则补偿器须进行压紧以代替拉伸。

10）补偿器的拉伸值和压缩值须做好记录，其中包括补偿器在拉伸前及拉伸后、压缩前及压缩后的长度值。

（2）波形补偿器的安装

1）波形补偿器多用于工作压力不超过 0.7MPa，温度为－30～450℃的管道上，在直径较大的碳钢、不锈钢和铝板卷焊管道比较常用。

2）在水平敷设的空调水系统管道段通常采用带疏水器的补偿器，并将疏水管引到专设的集水器内，将水排到指定地点。

3）安装波形补偿器时应设临时固定，待管道安装固定后再拆除临时固定。

4）安装波形补偿器应根据补偿零点温度定位。补偿零点温度就是管道设计考虑达到最高温度和最低温度的中点。在环境温度等于补偿零点温度时安装，补偿器可不进行预拉或预压。

①安装时的环境温度高于补偿零点温度，应预先压缩。

②如安装时的环境温度低于补偿零点温度，则应预先拉伸。

5）波形补偿器的预拉或预压，应当在平地上进行。作用力应分 2～3 次逐渐增加，尽量保证各波节的圆周面受力均匀。拉伸或压缩量的偏差应小于 5mm。当拉伸或压缩达到要求的数值时，应立即安装固定。

6）波形补偿器内套有焊缝的一端，水平管道应迎介质流向安装，垂直管道应置于上部。波形补偿器应与管道保持同心，不得偏斜。

7）吊装波形补偿器时，不能把吊索绑扎在波节上，也不能把支撑件焊接在波节上。

8）如管道内有凝结水产生时，应在波形补偿器每个波节的下方安装放水阀。并且安装时应将补偿器的导管与外壳焊接的一端朝向坡度的上方，以防凝结水大量流到波节里。

技能要点 3：附属设备安装

1. 一般规定

（1）集气罐、自动排气装置、除污器（水过滤器）等管道部件的安装应符合设计要求，并应符合下列规定：

1）冷冻水和冷却水的除污器（水过滤器）应安装在进机组前的管道上，方向正确且便于清污；与管道连接牢固、严密，其安装位置应便于滤网的拆装和清洗。过滤器滤网的材质、规格和包扎方法应符合设计要求。

2）闭式系统管路应在系统最高处及所有可能积聚空气的高点设置排气阀，在管路最低点应设置排水管及排水阀。

（2）水箱、集水器、分水器、储冷罐等设备的安装，支架或底座的尺寸、位置符合设计要求。设备与支架或底座接触紧密，安装平正、牢固。平面位置允许偏差为 15mm，标高允许偏差为±5mm，垂直度允许偏差为 1/1000。

膨胀水箱安装的位置及接管的连接，应符合设计文件的要求。

（3）水箱、集水缸、分水缸、储冷罐的满水试验或水压试验必须符合设计要求。储冷罐内壁防腐涂层的材质、涂抹质量、厚度必须符合设计或产品技术文件要求，储冷罐与底座必须进行绝热处理。

2. 除污器安装

（1）除污器应装有旁通管（绕行管），以便在系统运行时，对除污器进行必要的检修。

（2）因除污器质量较大，应安装在专用支架上；但安装的支架，不应妨碍除污器排污工作的进行。

(3) 除污器的安装，热介质应从管孔的网格外进入。系统试压与冲洗后，应予清扫。

3. 分水器安装

(1) 通风、空调工程常用的分水器其外形示意见图 4-26 所示。分水器出厂时，应随设备提交附有材质、强度计算、无损探伤、水压试验和图纸等资料为内容的产品合格证。

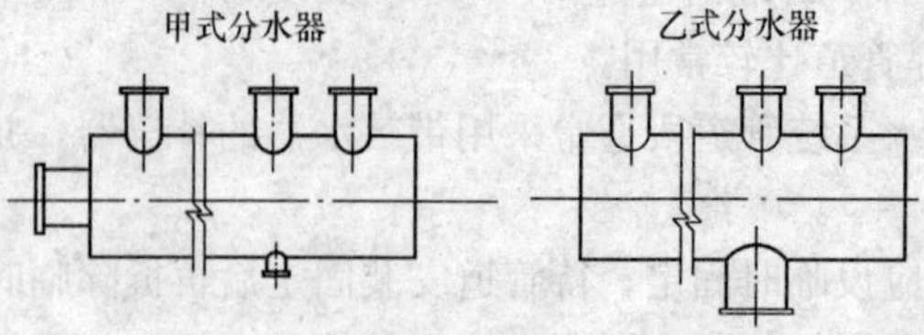

图 4-26　分水器示意

(2) 分水器一般安装在角钢支架上（图 4-27）。当分水器直径 $D \geqslant 350$mm 时，应从地面加∟50×50×5 角钢立柱支撑。有时也安装在混凝土基础的角钢支架上，用圆钢制的 U 形卡箍固定。

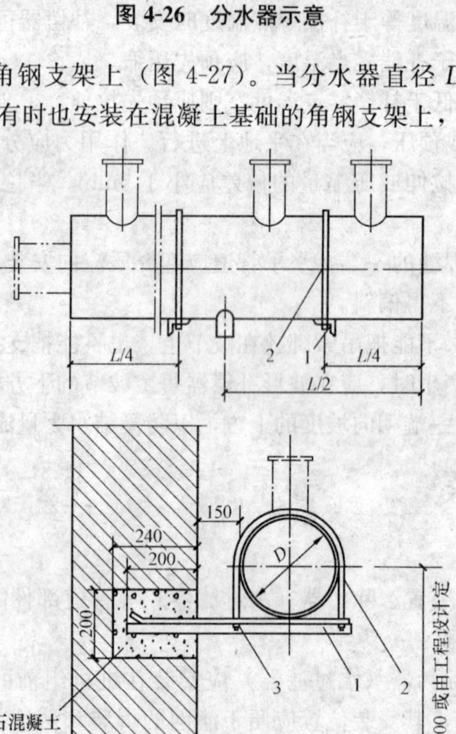

图 4-27　分水器支架

1—支架；2—夹环；3—螺母

(3) 分水器安装的位置应有 0.005 的坡度，分汽缸的最低点应安装疏水器排放出的冷凝水。

(4) 和管道系统一道试压。

(5) 保温可按以下程序进行：

1) 除锈后，刷两道樟丹。

2) 包扎铁丝网。

3) 将石棉灰和成泥状，均匀抹在铁丝网上，厚度约 50mm。

4) 最外部抹 10mm 厚的石棉水泥保护壳，压光抹实，厚度均匀。

4. 水箱安装

(1) 验收基础，并填写“设备基础验收记录”。

(2) 作好设备检查，并填写“设备开箱记录”。水箱如在现场制作，应按设计图纸或标准图进行。

(3) 设备吊装就位，进行校平找正工作。

(4) 现场制作的水箱，按设计要求制作成水箱后须作盛水试验或煤油渗透试验。

1) 盛水试验：将水箱完全充满水，经 2～3h 后用锤（一般为 0.5～15kg）沿焊缝两侧约 150mm 的部位轻敲，不得有漏水现象；若发现漏水部位须铲去重新焊接，再进行试验。

2) 煤油渗漏试验：在水箱外表面的焊缝上，涂满白垩粉或白粉，晾干后在水箱内焊缝上涂煤油，在试验时间内涂2～3 次，使焊缝表面能得到充分浸润，如在白垩粉或白粉上没有发现油迹，则为合格。试验要求时间为：对垂直焊缝或煤油由下往上渗透的水平焊缝为 35min；对煤油由上往下渗透的水平焊缝为 25min。

3) 敞口箱、罐安装前，应做满水试验，以不漏为合格。密闭箱、罐，如设计无要求，应以工作压力的 1.5 倍做水压试验，但不得小于 0.4MPa。

(5) 盛水试验后，内外表面除锈，刷红丹两遍。

(6) 整体安装或现场制作的水箱，按设计要求其内表面再刷汽包漆两遍；外表面如不作保温再刷油性调和漆两遍；水箱底部刷沥青漆两遍。

(7) 按图纸安装进水管、出水管、溢流管、排污管、水位讯号管等。

(8) 按系统进行水压试验。

(9) 需绝热的要进行保温处理。水箱保温适用泡沫混凝土及泡沫珍珠岩的板状保温材料。一般水箱的表面积大，受热膨胀（冷缩）的影响，保温层易与设备脱离。因此，在设备或水箱外部焊上钩钉以固定保温层；钩钉间距一般为 200～250mm；钩钉高度等于保温层厚度，外部抹保护壳。冷水箱也可采用泡沫塑料聚苯板或软木板用热沥青贴在水箱上，外包塑料布。

技能图解 35　非金属风管的安装

技能结构框线图

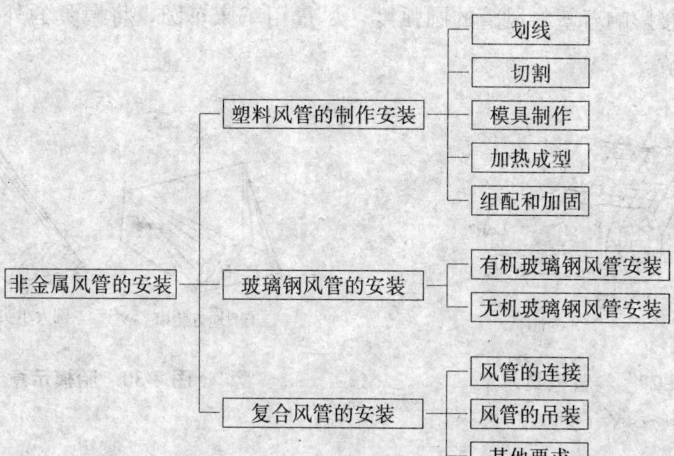

图 4-28　非金属风管的安装

技能要点 1：塑料风管的制作安装

1. 划线

塑料板内部由于存在残余应力，加热冷却后将产生收缩现象。为防止风管制作后收缩变形，划线放样前应对每批板材进行试验，确定其收缩量，以便划线放样时放出收缩量。

在聚氯乙烯板上划线放样应该用红铅笔，不要用锋利的划针，防止板材表面由于刻痕而产生折裂。

划线放样前，要对板材的规格、风管尺寸、烘箱及加工等机具大小全面考虑，合理安排，从而节省材料，减少切割和焊缝。同时还应使相邻的纵缝交错排列。不允许纵缝在同一条线上。如果制作的是矩形风管，风管的四角要加热折角，不应将焊缝留在转角处。板材中若有裂纹、离层等缺陷，划线时需避开不用。

塑料风管的部件、配件展开划线方法与金属风管制作相同。但要对板材四边用角尺划方，以免风管及部件下料加工成型后，产生扭曲翘角现象。

2. 切割

硬聚氯乙烯塑料板切割时，必须考虑其冲击韧性和温度的关系，以及导热系数较低的性能，以避免材料破裂或因加工过程中摩擦过热变形、烧焦变质，甚至使工具损坏等现象。

板材可用剪板机、圆盘锯或普通木工锯进行切割，还可以用手板锯切割。板材曲线的切割，可用手提式小直径圆盘锯或鸡毛锯进行。

锯切圆弧较小或在板内锯穿缝时，可用钢丝锯进行。

使用剪板机进行切割时，厚 5mm 以下的板材可在常温下进行。厚 5mm 以上的板材不能在气温较低时剪切，应把板材加热到 30℃左右，以免发生碎裂现象。

3. 模具制作

模具一般用钢管、薄钢板、木料等制作成，为便于脱膜均制作成可拆卸的内膜，如卷直管的木模，是选用红松木料做成空心圆形管，木模圆管的外径等于通风管的内径，其长度长出风管板宽的 100mm，如图 4-29 所示。异型管件还可按整体的 1/2～1/4 制作各种形状的木模，如图 4-30 至图 4-32 所示。

模具的质量直接影响着塑料风管的圆弧度，尽量用车床车圆，将模具的外表面打光，保证圆弧均匀、正确、光滑。

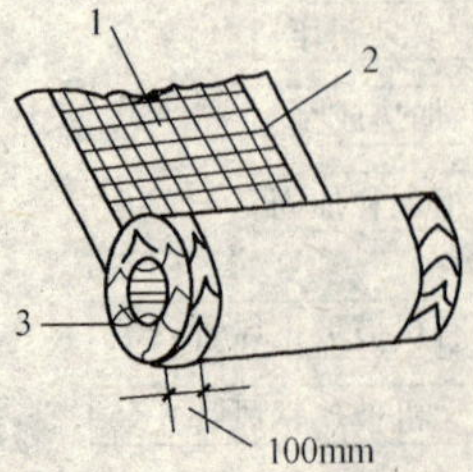

图 4-29　卷管模具示意

1—塑料板；2—帆布；3—木模

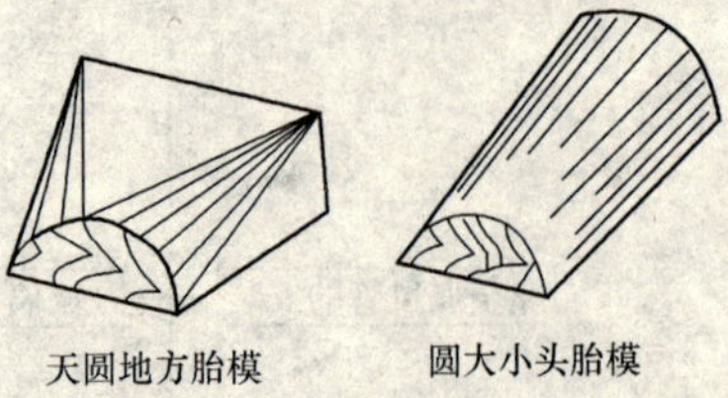

图 4-30　胎模示意

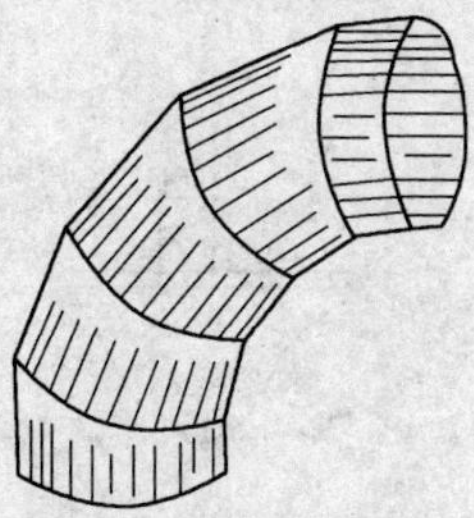

图 4-31　圆形弯头示意

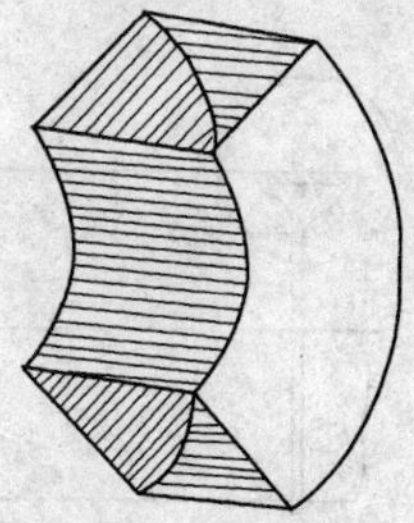

图 4-32　矩形弯头示意

4. 加热成型

由于硬聚氯乙烯板属于热塑性塑料，故可利用其热态下的可塑性，将已切割好的塑料板加热到 80～160℃。当塑料板处于柔软可塑状态时，按所需的形式进行整形，再将其冷却后即可形成整形后的固体状态，即热加工成各种规格的风管和各种形状的配件及管件。加热温度高，则塑料板的柔软性增加，整形加工容易，但硬聚氯乙烯塑料板随着加热温度的增高，其抗张强度会急剧下降，复杂形状的加工特别是进行压榨加工时，加热温度过高会使加工面损伤或破裂。

由于聚氯乙烯的导热系数较低，对热量吸收较慢，所以在加热时，应使板材的表面均匀受热，尤其是较厚的板，应加热透彻均匀，避免局部受热。板材不能较长时间处于 170℃以上，因为在这种温度下，会使塑料板形成韧性流动状态，并引起材料膨胀、起泡、分层现象。

聚氯乙烯塑料具有复原性，所以当达到加工的温度，进行整形冷却后，如再行加热到整形温度以上，它就会恢复原来（整形前）的形状。这个复原性，随着再次加热温度的增高而逐渐显著，当达到原来的加工温度时，则会完全恢复原来的形状。原来的加工温度越高，复原性则越低，因此，在热加工过程中，应趁热一次整形完毕。要尽量避免多次加热整形。

热加工得到所需要形状后，应迅速冷却，可从外部浇冷水或用压缩空气吹。为保证正确的形状，迅速且均匀冷却特别重要。

加热聚氯乙烯塑料板可用电加热（电热箱和塑料板折方用管式电加热器等）、蒸汽加热和空气加热等方法，也可用油漆加热槽和热水加热槽。

5. 塑料风管的组配和加固

为避免腐蚀介质对风管法兰金属螺栓的腐蚀和自法兰间隙中泄漏，管道安装尽量采用无法兰连接。加工制作好的风管应根据安装和运输条件，将短风管组配成 3m 左右的长风管。风管组配采取焊接方式。风管的纵缝必须交错，交错的距离应大于 60mm。圆形风管管径小于 500mm，矩形风管大边长度小于 400mm，其焊缝形式可采用对接焊缝；圆形风管管径大于 560mm，矩形风管大于 500mm，应采用硬套管或软套管连接，风管与套管再进行搭接焊接。并注意以下几点：

(1) 硬聚氯乙烯板风管及配件的连接采用焊接，可分别采用手工焊接和机械热对挤焊接。并保证焊缝应填满，焊条排列应整齐，不得出现焦黄、断裂等缺陷，焊缝强度不得低于母材的 60%。

(2) 硬聚氯乙烯板风管亦可采用套管连接。其套管的长度宜为 150～250mm，其厚度不应小于风管的壁厚。

(3) 硬聚氯乙烯板风管承插连接。当圆形风管的直径≤200mm 可采用承插连接，插口深度为 40～80mm。粘接处的油污应清除干净，粘接应严密、牢固。

(4) 为了增加风管的强度，应按图 4-33 和表 4-20 的尺寸进行加固。

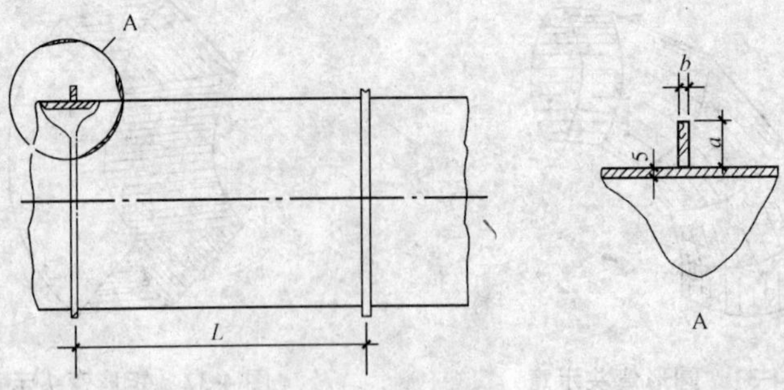

图 4-33 塑料风管的加固圈

表 8-20 塑料风管加固圈尺寸 （mm）

圆形				矩形			
风管直径	管壁厚度	加固圈		风管大边长度	管壁厚度	加固圈	
		规格 $a\times b$	间距 L			规格 $a\times b$	间距 L
100～320	3	—	—	120～320	3	—	—
360～500	4	—	—	400	4	—	—
560～630	4	40×8	～800	500	4	35×8	～800
700～800	5	40×8	～800	630～800	5	40×8	～800
900～1000	5	45×10	～800	1000	6	45×10	～400
1120～1400	6	45×10	～800	1250	6	45×10	～400
1600	6	50×12	～400	1600	8	50×12	～400
1800～2000	6	60×12	～400	2000	8	60×15	～400

（5）当风管直径或边长＞500mm 时，连接处加三角支撑，支撑间距为 300～400mm。连接法兰的两个三角支撑应对称，使其受力均匀。

（6）矩形风管四角应焊接成型，边长≥630mm 和煨角成型边长≥800mm 的风管、管段长度＞1200mm 时，应采取加固措施。加固措施可用与法兰同规格的加固框或加固筋，用焊接固定。

技能要点 2：玻璃钢风管的安装

1. 有机玻璃钢风管的安装

有机玻璃钢风管的安装应参照硬聚氯乙烯板风管。对于采用套管连接的风管，其套管厚度不能小于风管的壁厚。

2. 无机玻璃钢风管的安装

无机玻璃钢风管的安装方法与金属风管安装基本相同。由于自身的特点，在安装过程中应注意下列问题：

（1）在吊装或运输过程中应特别注意，不能强烈碰撞。不能在露天堆放，避免雨淋日晒，如发生损坏或变形不易修复，必须重新加工制作，因而造成不应有的损失。

（2）无机玻璃钢风管的自身质量与薄钢板负管相比重得多，在选用支、吊装时不能套用现行的标准，应根据风管的质量等因素详细计算确定型钢的尺寸。

（3）进入安装现场的风管应认真检验，防止不合格的风管进入施工现场。对风管各部位的尺寸必须达到要求的数值，否则组装后造成过大的偏差。

（4）在吊装时不能损伤风管的本体，不能采用钢线绳捆绑，可用棕绳或专用托架吊装。

技能要点 3：复合风管的安装

1. 风管的连接

（1）风管和带法兰的阀件、镀锌风管等连接见图 4-34，这里用到专用连接件，图中 2 为铝合金制成的型材。

（2）风管和风口连接一般在风口内侧壁用自攻螺丝连接。风管管端或风管开口端应镶上口形连接条，然后用自攻螺钉将其连接。

（3）主风管上开口连接支风管（图 4-35）。先用 art313 铝合金条镶嵌在开口处，开口尺寸要平直，尺寸误差在 1mm，支风管管头和主风管连接端镶上普通铝合金法兰条 art303 和主风管铝合金尘半条 art313 对上后，插入铝合金插条 art303。

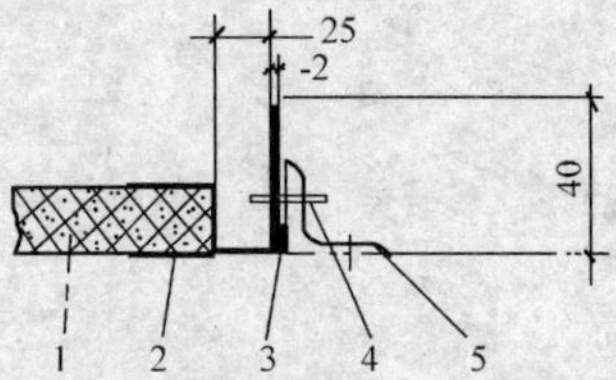

图 4-34　复合管与金属风管的连接

1—复合风管；2—铝合金法兰连接件；
3—密封垫；4—连接螺栓；
5—被连接风管（或阀件、消声器等）法兰

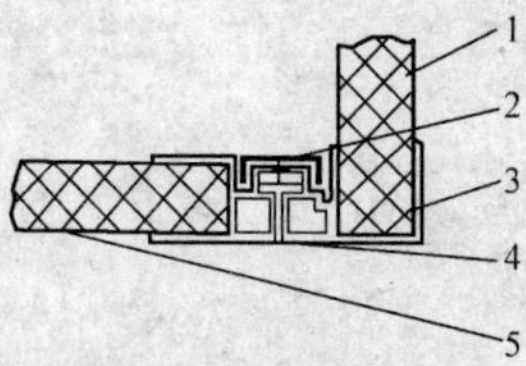

图 4-35　主管与支管的连接

1—主风管；2—插条；
3—主风管镶嵌 art313 铝合金法兰条；
4—支风管镶嵌普通风管连接法兰条 art303；
5—支风管

（4）风管连接插入插条后，应注意风管连接的四个角所留下的孔洞，应用密封胶将其封堵死。

2. 风管的吊装

（1）风管吊装一般均用角钢做横担，用圆钢作吊杆吊装。风管吊架的间距：当风管长边小于等于 400mm 时为 4m；当风管长边大于 400mm 时为 3m。

（2）吊架横担规格：当矩形风管长边小于等于 630mm，为∟25×3；当矩表风管长边大于 630mm 而又小于等于 1250mm 时，为∟30×4；当矩形风管长边大于 1250mm 时，应为∟40×4 角钢横担。对应三种规格圆钢吊杆分为别为 $\phi6$、$\phi8$、$\phi10$。吊杆对应的膨胀螺栓分别为 M6、M8、M10，如图 4-36 所示。

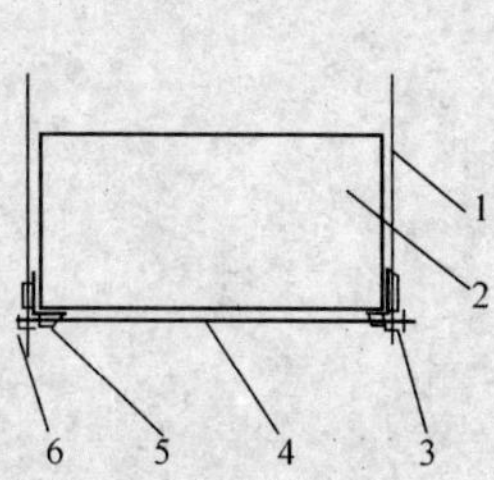

图 4-36　吊　架

1—吊杆；2—风管；
3—吊杆螺母；4—拉杆；
5—专用吊卡；6—拉杆螺母

（3）当风管长边小于等于 1250mm 时，风管吊装可用专用的吊装卡 art504，为了防止吊装卡角脱开风管而使风管掉下去，在卡角横向串一根 $\phi6$ 圆钢，两头均套丝，将吊装的一对卡角连起来。注意：吊装卡角分左、右，用时须一对一对用。

3. 风管安装的其他要求

（1）明装风管水平安装时，水平度每米不应大于 3mm，总偏差不应超过 20mm；垂直安装时，不垂直度每米不应大于 2mm，总偏差不应超过 10mm。暗装风管位置应准确，无明显偏差。

（2）风管的三通、四通一般采用分隔式或分叉式；若采用垂直连接时，其迎风面应设置挡风板，挡风板应和支风管连接口等长。其挡风面投影面积应和未被挡除面积之比与支风管、直通之风管面积之比相等。

(3) 风管严密性质量要求：由于铝箔风管的拼接组合均采用粘接，所以漏风缝隙较少。根据检测，铝箔复合风管的漏风量仅为镀锌风管的 1/7。所以一般制作水平就能达到规范中的中压风管标准要求。根据以上情况，施工中如无明显的施工工艺上的不当，低压风管可以不做漏风测试。但对该材料做的中、高压系统风管，仍需按规范要求的标准，作相应的检测。

第五章　电梯工程施工

技能图解 36　电力驱动的曳引式或强制式电梯安装

技能图解框线图

图 5-1　电力驱动的曳引式或强制式电梯安装

技能要点1：一般规定

1. 材料（设备）质量要求

电梯安装的材料主要是电梯产品本身，对主材的控制主要是通过开箱点件这一工序来完成。点件过程中应认真细致，查验配件的包装是否完好，铭牌与电梯型号是否相符；对缺损件认真登记，并及时请业主、厂家签字确认，施工过程中发现的不合格产品，要及时请厂家确认负责补齐，对安装过程中损坏的配件应按厂家要求购买指定的产品。

电梯安装过程中用的主要辅助材料为电焊条，采购电焊条时应要求供应商提供产品合格证、材质证明，选用信誉好、质量好的厂家的产品。

设备和器材到达现场后，应事先做好检验工作，为顺利施工提供条件。首先要检查包装及密封应良好，对有防潮要求的包装应及时检查，发现问题，采取措施。

由于电梯是散件出厂并在现场进行组装的机电合一的大型设备，因此在安装前必须进行认真的检查清点和验收。设备及器材规格应符合设计要求，附件、备件齐全，外观应完好。

2. 设备进场验收

(1) 检查土建布置图是否与井道实物尺寸相符，各相关联的尺寸是否有误差。

(2) 检查出厂产品合格证是否齐全，合格证上的型号、层站、速度、载重量等各参数是否相符，是否有产品检验合格章及检验人员盖章。

(3) 应对四大安全部件，即限速器、门锁装置、安全钳及缓冲器的型式试验证书复印件进行审查，审查其各安全参数是否符合标准及出具试验证书机构名称。

(4) 在设备进场时应随机检查其是否有装箱清单及安装、维护使用说明书、动力电路和安全电路的电气原理图。

(5) 设备开箱验收安装单位应会同建设单位或监理单位根据电梯安装清单及有关技术资料清点箱数，并核对箱内所有零部件及安装材料，凡发现缺件、破损及严重锈蚀，应及时与供货方联系，以免影响安装工期及质量。代用的材料与设备必须符合原设计要求，开箱记录表上应有建设方或监理方、供货方、施工方代表签字。

技能要点2：土建交接检验

1. 机房

(1) 机房地板应能承受6865Pa的压力。

(2) 机房地面应采用防滑材料。

(3) 曳引机承重梁如果埋入承重墙内，由支承长度应超过墙厚中心20mm，且不应小于75mm。

(4) 机房地面应平整，门窗应防风雨，机房入口楼梯或爬梯应设扶手，通向机房的道路应畅通，机房门应加锁，门的外侧应设有包括下列简短字句的须知“电梯曳引机——危险，未经许可禁止入内”。

(5) 机房内钢丝绳与楼板孔洞每边间隙应为20～40mm，通向井道孔洞四周应筑一高50mm以上、宽度适当的台阶。

(6) 当机房地面包括几个不同高度并相差大于0.5m时，应设置楼梯或台阶和护栏。

(7) 当机房地面有任何深度大于0.5m、宽度小于0.5m坑或任何槽坑时，均应盖住。

(8) 当建筑物（如住宅、旅馆、医院、学校、图书馆等）的功能有要求时，机房的墙壁、地板和房顶应能大量吸收电梯运行时产生的噪声。

(9) 机房必须通风，从建筑物其他部分抽出的陈腐空气，不得排入机房内。

(10) 机房应符合设计图纸要求，须有足够的面积、高度、承重能力。吊钩的位置应正确，且应符合设计的载荷承受要求，承重梁和吊钩上应标明最大允许载荷。

(11) 以电梯井道顶端，电梯安装时设立的样板架为基准，将样板架的纵向、横向中心轴线引入机房内，并有基准线来确定曳引机设备的相对位置，用其来检查机房地坪上曳引机，限速器等设备定位线的正确程度。各机械设备离墙距离应大于300mm，限速器离墙应大于100mm以上。

(12) 按照图纸要求来检查预留孔、吊钩的位置尺寸，曳引钢丝绳、限速钢丝绳在穿越楼板孔时，钢丝绳边与孔四边的间距均应有20～40mm的间隙，在机内通井道的孔应在四周筑有台阶，台阶的高度应在50mm以上，以防止工具、杂物、零部件、油、水等落入井道内。

2. 主电源开关

(1) 每台电梯应有独立的能切断主电源的开关，其开关容量应能切断电梯正常使用情况下的最大电源，一般不小于主电机额定电流的2倍。

(2) 主电源开关安装位置应靠近机房入口处，并能方便、迅速地接近，安装高度宜为1.3～1.5m处。

(3) 电源开关与线路熔断丝应相匹配，不应盲目用铜丝替代。

(4) 电梯动力电源线和控制线路应分别敷设，微信号及电子线路应按产品要求隔离敷设。

(5) 电梯动力电源应与照明电源分别敷设。

(6) 电梯主电源开关不应切断下列供电电源：

1) 轿厢照明与通风。

2) 机房与滑轮间的照明。

3) 机房内电源插座。

4) 轿顶与底坑的电源插座。

5) 电梯井道照明。

6) 报警装置。

(7) 如果机房内安装多台电梯时，各台电梯的主电源开关对该台电梯的控制装置及主电机应有相应的识别标志，且应检查单相三眼检修插座是否有接地线，接地线应接在上方，左零右相接线是否正确。

(8) 对无机房电梯的主电源除按上述条款外，该主电源开关应设置在井道外面，并能使工作人员较为方便接近的地方，且还应有安全防护措施，要有专人负责。

(9) 机房内应有固定式照明，用照度仪测量机房地表面上的照度，其照度应大于200lx，在机房内靠近入口（或设有多个入口）的适当高度设有一个开关，以便于进入机房时能控制机房照明，且在机房内应设置一个或多个电源检修插座，这些插座应是2P+PE型250V。

(10) 机房内零线与接地线应始终分开，不得串接，接地电阻值不应大于4Ω。

(11) 通往机房的通道和楼梯应有充分的照明，需使用楼梯运主机等时，应能承受主机的质量，并能方便地通过，此时楼梯宽度应不小于1.2m，坡度应不大于45°。

3. 井道和底坑

(1) 每一台电梯的井道均应有无孔的墙，底板和顶板完全封闭起来，只允许有下述开口。

1) 层门开口。

2) 通往井道的检修门、安全门及检修活板门的开口。

3) 火灾情况下，排除气体和烟雾的排气孔。

4) 通风孔。

5) 井道与机房之间的永久出风口。

(2) 井道的墙、底面和顶板应具有足够的机械强度，应用坚固、非易燃材料制造。而这些材料本身不应助长灰尘产生。

(3) 当相邻两层门地坎间的距离超过 11m 时，其间应设置安全门。安全门的高度不得小于 1.8m，宽度不得小于 0.35m，检修门的高度不得小于 1.4m，宽度不得小于 0.6m。且它们均不得朝里开启。检修门、安全门、活板门均应是无孔的，并具有与层门一样的机械强度。

(4) 门与活板门均有装有用钥匙操纵的锁，当门与活板门开启后不用钥匙亦能将其关闭和锁住，检修门和安全门即使在锁住的情况下，也应能不用钥匙从井道内部将门打开。井道检修门近旁应设有一须知指出“电梯井道——危险，未经许可严禁入内。”

(5) 规定的电梯井道水平尺寸是用铅垂测定的最小净空尺寸。其允许偏差值：

对高度≤30m 的井道为 0～+25mm；对 30m<高度≤60m 的井道为 0～+35mm；对 60m<高度<90m 的井道为 0～+50mm 。

(6) 采用膨胀螺栓安装电梯导轨支架的要求

1) 混凝土墙应坚固结实，其耐压强度应不低于 24MPa。

2) 混凝土墙壁的厚度应在 120mm 以上。

3) 所选用的膨胀螺栓必须符合国标要求。

(7) 当同一井道装有多台电梯时，(简称通井道) 在井道底部各电梯间应设置安全防护隔离栏，隔离栏底部离地坑地面的间距不应大于 0.3m，上方应至少延伸到最底层站楼面 2.5m 以上的高度，隔离栏宽度离井道壁的间距不应大于 0.15m。

(8) 在井道底部，不同的电梯运动部件（轿厢或对重装置）之间应设置安全护栏，高度从轿厢或对重行程最低点延伸到底坑地面以上 2.5m 的高度。

(9) 当轿顶边缘与相邻电梯的运动部件（轿厢或对重装置）水平距离在小于 0.5m 时，应加装安全护栏，且护栏应贯穿整个井道，其有效宽度应不小于被防护的运动部件（或其他部分）的宽度每边各加 0.1m。

(10) 当相邻两扇层门地坎间距大于 11m 时，其中间必须要设置安全检修门，此门严禁向内开启，且必须装有电气安全开关，只有在处于检修门关闭的情况下电梯才能起动。

(11) 当施工人员在进场安装电梯前，应对每层层门加装安全围护栏，其高度应大于 1.2m，且应有足够的强度。

(12) 井道顶部应设置通风孔，其面积不应小于井道水平断面面积的 1%，通风孔可直接通向室外，或经机房通向室外，除为电梯服务的房间外，井道不得用于其他房间的通风。

(13) 井道应为电梯专用，井道不得装有与电梯无关的设备、电缆等（井道内允许装置取暖设备，但不能用热水或蒸汽作为热源。取暖设备的控制与调节装置应设置在井道外面）。

(14) 井道内应设置永久性照明，在井道最高或最低点 0.5m 处各设一盏灯，中间每隔 7m（最大值）设一盏灯，其照明度应用照度仪测出其照度，井道内照度不应小于 50lx。其控制开关应分别设置在机房与底坑内。

(15) 电梯井道最好不设置在人们能到达的空间上面。如果轿厢或对重之下确有人能到达的空间存在，底坑的底面应至少按 5000Pa 载荷设计，并且将对重缓冲器安装在一直延伸到坚固地面上的实心桩墩上或对重侧应装有安全钳装置。

(16) 底坑内应装有不同电源电压插座，且必须应设有一个单相三眼抢修插座。

(17) 底坑底部与四周不得渗水与漏水，且底部应光滑平整。

(18) 在每一个层楼土建应标有一个最终地平面的标高基准线，便于安装层门地坎时识别。

技能要点 3：导轨架与导轨安装

1. 导轨支架安装

埋设或焊接导轨支架时，首先安装每边最下面的一挡，然后把工作线绑扎在支架上，使其与顶部样板架尺寸一致。所有支架应依照工作线埋设，支架面允许离工作线 0.5～1mm，安装导轨时在支架面上加垫片，以便调整轨距。

（1）导轨架的不水平度，不论其长度及种类，其两端的差值应小于5mm。

（2）由井道底坑向上第一个导轨支架距底坑地面应不大于1000mm，井道顶部向下第一个导轨支架距楼板不大于500mm。

（3）导轨架埋入深度不小于120mm。

（4）当墙厚小于100mm时，应采用大于M16的螺栓和厚度不小于16mm的钢板，将支架与井壁固定，也称穿墙方式。

（5）允许用等于导轨架宽度的方形铁片调整，调整垫的总厚度一般不应超过5mm。调整垫超过两片时，应焊接为一整体。

（6）用1∶2∶3的混凝土灌注导轨支架埋入孔时，应先用水冲净埋入孔内的杂物，混凝土应选用42.5级以上的优质水泥。灌注后阴干3～4d，待支架水泥牢固并将支架表面处理平光后方可进行下步工作。

（7）采用膨胀螺栓固定方式时，用冲击钻将墙打出与膨胀螺栓规格相匹配的孔，在孔内放入膨胀螺栓，将支架固定即可。

2. 导轨安装

（1）当导轨蹲底或撞顶时，导靴不应越出导轨。

（2）每根导轨至少应有两个支架，其间距不大于2.5m；导轨支架水平度偏差不大于5mm；导轨支架或地脚螺栓的埋入深度不应小于120mm。如采用焊接支架，其焊缝应是连续的，并应双面焊牢。

（3）每根导轨侧工作面对安装基准线的偏差，每5m不应超过0.7mm，相互偏差在整个高度上不应超过1mm。

（4）导轨接头处允许台阶 a 不大于0.05mm；如超过0.05mm则应修平。其导轨接头处的修光长度 b 为250～300mm，见图5-2，修平、修光采用手砂轮或油石磨。

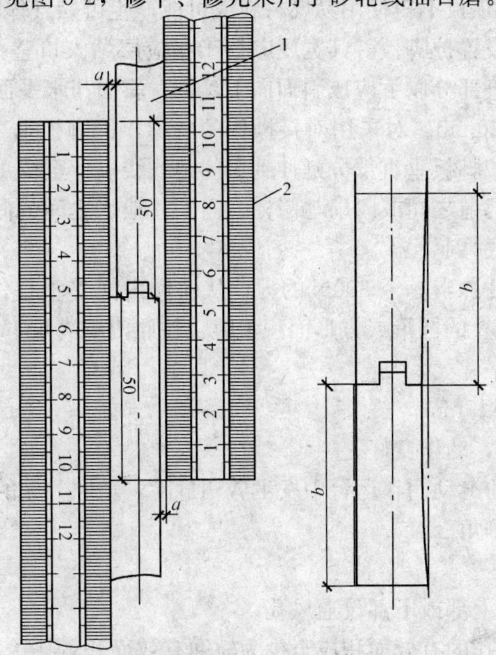

图5-2　导轨接头处台阶及修光长度

1—导轨；2—300mm钢尺

（5）导轨工作面接头处不应有连续缝隙，且局部缝隙不大于 0.5mm。

（6）导轨应用压板固定在导轨支架上，不应采用焊接或螺栓连接。

（7）两根轿厢导轨接头不应在同一水平面上，并且两根轿厢导轨下端距底坑地平面应有 60～80mm悬空。

技能要点 4：轿厢及对重安装

1. 轿厢安装

（1）轿厢内部净高度至少为 2m。

（2）轿厢有效面积应符合表 5-1 的规定。

表 5-1 轿厢最大有效面积

额定载重量（kg）	400	630	800	1000	1250	1600
轿厢最大有效面积（m^2）	1.17	1.66	2.00	2.40	2.90	3.56

对于中间载重量，可用线性插入法求其相应的面积。

（3）轿厢应完全封闭，只允许有下列开口：

1）使用者正常出入的进口。

2）安全门和应急活板门。

3）通风孔。

（4）轿厢壁、轿厢顶和轿厢底的机械强度要求

1）轿厢的每个侧壁应具有这样的机械强度，即当施加一个 300N 的力，从轿厢内向外垂直作用于轿壁的任何位置，并使该力均匀分布在面积为 5cm^2 的圆形或方形截面上时，轿厢壁能够承受住而没有永久变形；且承受住而没有大于 15mm 的弹性变形。

2）轿壁、轿厢地板和顶板不得使用易燃材料或可能产生可燃气体的材料制造。

（5）轿厢地坎下面应设置护脚板，其宽度应等于相应层站入口整个净宽度，护脚板垂直部分的高度至少为 0.75m，垂直部分以下应成斜面向下延伸，斜面与水平面夹角应大于 60°，该斜面在水平面上的投影不得小于 20mm。对采用对接操作的电梯，护脚板垂直部分的高度应满足在轿厢处于最高的装卸位置时，护脚板垂直部分延伸到层门地坎线以下至少 100mm。

（6）轿厢门关闭后，门扇之间或门扇与门柱、门楣、地坎之间的间隙应不超过 6mm，如果有凹处，间隙的测量应从凹底算起。

（7）轿厢门的机械强度：当一个 300N 的力，从轿厢内向外垂直作用于门的任何位置，并使该力均匀分布在面积为 5cm^2 的圆形或方形面积上时，轿厢门应满足下列要求：

1）无永久变形；

2）其弹性变形不超过 15mm；

3）试验后，功能正常，动作良好。

（8）为避免动力操纵的滑动门在运行中发生剪切危险，轿厢一侧的门表面不得有任何 3mm 的凹进和凸出，其边缘应予倒角。

（9）轿厢的通风规定

1）无孔门轿厢应在其上部或下部设通风孔。

2）位于轿厢上部通风孔的有效面积应至少为轿厢有效面积的 1%。对位于轿厢下部通风孔的要求也相同。轿门四周的间隙在计算通风面积时可以考虑进去，但不得超过所要求的有效面积的 50%。

3）通风孔应这样制造或布置：用一根直径为 10mm 的坚硬直棒，不可能从轿厢内穿过

轿厢壁。

(10) 轿厢的照明规定

1) 轿厢照明应装备永久性的电气照明，以确保地面与控制装置上至少有 50lx 的照度。

2) 如照明灯是白炽灯，至少要有两只并联灯泡。

3) 要有可自动再充电的紧急电源，在正常照明电源中断的情况下，应能至少供 1W 灯泡用电 1h。在正常照明电源一旦发生故障情况下，应自动接通照明电源。

4) 如上述电源也用于紧急报警装置，电源容量应与其相适应。

2. 对重安装

(1) 对重架用槽钢和钢板焊接组成，槽钢的型号要和对重轮块的规格相匹配。对重砣块用铸铁制成，其规格按电梯载重量、电梯类型和梯井规格不同配备，造型和质量以便于安装和维修人员搬动为宜。对重砣码入对重架后还要用压板压牢，防止电梯运行时的声响和窜动。对重架四角装有滑动导靴，以便与对重导轨接触滑动。对重架底梁上装有一块蹲簧板作为支点，在对重礅底时与坑底缓冲器接触。对重架上梁中间设一块绳头板或反绳轮用钢丝绳连接通过曳引机主绳轮与轿厢再连接。

(2) 对重设置要求

1) 如对重装有对重块，应采取必要的措施防止它们移位，因此应采取下列措施：

①对重块固定在一个框架内；

②如果对重块是用金属制成的，且电梯速度不超过 1m/s，则最少要用两根拉杆将对重砣紧固住。

2) 如对重装置上装有滑轮，应设置一种装置以避免：

①悬挂绳松弛时脱离绳槽；

②绳与绳槽之间进入杂物。

这些装置的结构应不妨碍对滑轮的检查和维修；采用链条的情况下，也要有类似的布置。

3) 对于卷筒式驱动，不应有对重装置。

技能要点 5：门系统安装

1. 层门安装

(1) 门关闭时，门扇之间或门扇与柱、门楣或地坎之间的缝隙应不超过 6mm，如有凹进部分，缝隙的测量应从凹底算起。

在水平滑动开启方向，以 150N 的人力（不用工具）施加在一个使缝隙最易增大的作用点上，共缝隙可以超过 6mm，但不得超过 30mm。

(2) 为了避免运行中发生剪切的危险，自动滑动门外表面不应有超过 3mm 的凹进或凸出部分，其边缘应予倒角。

(3) 层门与门锁的机械强度：当门在锁住位置时，用 300N 的力垂直作用在层门的任何面上，并使该力均匀分布在 $5cm^2$ 的面积上时，层门应满足下列要求：

1) 无永久变形。

2) 弹性变形不大于 15mm。

3) 试验后，功能正常，动作良好。

2. 门锁安装

(1) 安装前应对锁钩、锁臂、滚轮、弹簧等按要求进行调整，使其灵活可靠。

(2) 门锁和门安全开关要按图纸规定的位置进行安装。若设备上安装螺孔不符合图纸要求要进行修改。

（3）调整层门门锁和门安全开关，使其达到：锁钩必须动作灵活，在证实锁紧的电气安全装置动作之前，锁紧元件的最小啮合长度为7mm。如门锁固定螺孔为可调者，门锁安装调整就位后，必须加定位螺栓，防止门锁移位。

（4）当轿门与层门联动时，钩子锁应无脱钩及夹刀现象，在开关门时应运行平稳，无抖动和撞击声。

（5）在门扇装完后，应将强迫关门装置装上，使层门处于关闭状态。厅门应具有自闭能力，被打开的层门在无外力作用时，层门应能自动关闭，以确保层门口的安全。

（6）层门手动紧急开锁装置应灵活可靠，每个层门均应设置。

（7）凡是需埋入混凝土中的部件，一定要经有关部门检查办理隐蔽工程手续后，才能浇灌混凝土。不准在空心砖或泡沫砖墙上用灌注混凝土方法固定。

（8）厅门各部件若有损坏、变形的，要及时修理或更换，合格后方可使用。

（9）厅门与井道固定的可调式连接件，在厅门调好后，应将连接件长孔处的垫圈点焊固定，以防位移。

3. 轿厢门安装

（1）将带悬挂架的轿厢门的上梁安装到悬臂式角钢上的轿厢钢架前立柱上，悬挂架则装在导杆1上，见图5-3。梁的位置根据放到导杆上的水准器进行检测。导杆的水平度允许偏差为每米长度1mm以下，导杆的侧面应保持垂直。此项检测可以利用框形水准仪检查，也可用专用工具检查。

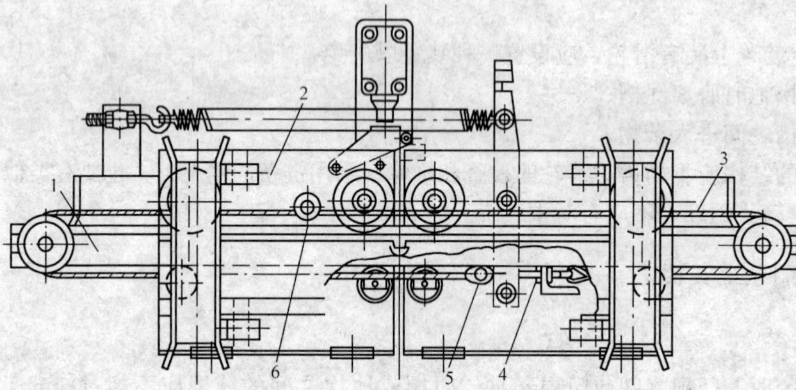

图5-3 带悬挂架的轿厢门上梁

1—导杆；2—悬挂架；3—钢绳；4—张紧螺栓；
5—扎固钢绳用的绳钩；6—压紧用的垫圈

（2）轿厢门的上梁安装好并调整导杆的位置后，就开始着手吊装轿厢的门扇。

（3）安装轿厢底上的门的传动装置，并安装联锁装置。传动装置安装在橡皮减震器上。拉杆轴线应位于与右悬挂架的横梁插头轴线的同一个垂直平面内。牵引拉杆与横梁插头相连，使其在左端位置时，门则关闭，而拉杆减震器与牵引杆（拉杆穿过牵引杆上的孔）的空隙应符合设计要求。应使此空隙只在触轮与相应的凸轮同时关闭且轿厢门锁打开时，门才开始打开。

（4）凸轮的开与闭在安装时的要求

1）当门全闭时，凸轮切断常闭触点；而当门全开时，打开凸轮则断开常开触点。

2）当轿厢门打开时，关门开关的终端触点要比门的对口缝处的常开触点早些闭合。

3）调整凸轮，沿着牵引杆的扇形槽按所需方向使其移位，并以制动螺栓固定在需要的位置上。

4）每个门扇的关闭控制联锁触点均安装在上梁。其位置应调整到当任何一扇门打开超过7mm时，触点动作而切断控制电路。

（5）轿厢门与梯井门的动力联系在整定电梯的过程中进行调节。其间的联系是由固定在轿厢和梯井门扇上的断电装置实现的。轿厢门扇上的断电装置须严格成垂直状。

（6）断电装置（图5-4中1）的辊轮（或断电装置的角钢）和断电装置2的内表面之间的空隙要对称配置，允许偏差为±1mm。间隙值从轿厢门扇的断电装置两端测量。

（7）起质量为500kg（5kN）的电梯轿厢门具有两扇不同宽度的门扇。在调整这些门的门扇的反衬辊轮位置时，反衬辊轮与导杆间的空隙应遵守下述要求：

1）宽门扇的反衬辊轮为0.1～0.2mm，窄门扇的反衬辊轮为0.02～0.05mm，间隙以塞规测定。

2）宽门扇打开使用的力值不超过10N，窄门扇则不超过40N。

3）施力点在门扇最高点以下500mm。

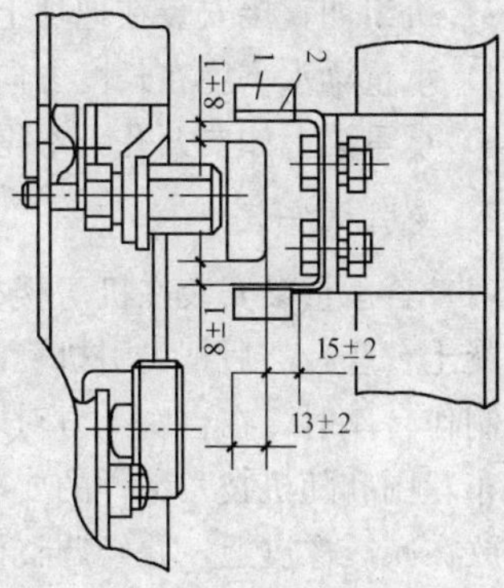

图5-4　梯井门与轿厢门断电装置间的空隙示意图

1—轿厢门断电装置；2—梯井门断电装置

技能要点6：驱动主机安装

1. 承重钢梁安装

（1）曳引机承重梁安装前要除锈并刷防锈漆，交工前再刷成与机器颜色一致的装饰漆。

（2）根据样板架、和曳引机安装图在机房画出承重钢梁位置。

（3）安装曳引机承重钢梁，其两端必须放于井道承重墙或承重梁上，如需埋入承重墙内，其搭接长度应超过墙中心20mm，且不应小于75mm。在曳引机承重钢梁与承重墙（或梁）之间，垫一块面积大于钢梁接触面、厚度不小于16mm的钢板，并找平垫实，如果机房楼板是承重楼板，承重钢梁或配套曳引机可直接安装在混凝土机墩上。

（4）承重钢梁安装方法

1）承重钢梁安装在楼板下。此方法由土建施工负责。承重钢梁必须与楼板浇筑成一体。

2）承重钢梁安装在机房楼板上。由于土建施工时承重钢梁未能及时埋设，或梯井上缓冲距离不符合要求的情况下，可采取将承重钢梁安装在楼板上的方法。这种方法首先采取承重钢梁沿地面安装。如仍不能满足要求时，允许采取将承重钢梁架起的安装方法，架起的高度应以抗绳轮底面与机房楼板底面取平的限度，不可再高，一般以30cm为限，但无论采取哪种方法，均应事先对曳引机的检修高度要求进行审核。钢梁两端必须架于承重结构上。沿地坪安装时，两端用钢板焊成一整体，并浇混凝土台与楼板连成一整体。

3）机房高度在2.5m以上时，还可以把3根钢梁预先组成一个整体，放在预先做好的两端的混凝土台座上，台座高度以500mm左右为宜，台座内的钢筋要与楼板内的钢筋连接，这种做法施工简便，有利于曳引机安装位置的调整，减少安装误差，还可以采取预制方法安装。但此种做法在机房高度为2.5m以下者不宜采用。

（5）在安装过程中，应始终使承重钢梁上下翼缘和腹板同时受垂直方向的弯曲载荷，而不允许其侧向受水平方向的弯曲载荷，以免产生变形。

（6）承重钢梁安装技术规定

1）承重梁两端应支架在建筑物承重梁（或墙）上时，所采用混凝土浇制，其混凝土强度等级应大于C20，厚度应大于100mm。

2）承重梁的底面应离开机房光地坪50mm以上，以减轻电机运行时共振和不使地坪受力。承重梁的底面在施工时应离机房毛地坪距离大于120mm，便于在安装电气配管后再浇地坪时，能保持承重梁底面距地坪高度大于50mm。

3）机组如直接安装在地坪上时，其混凝土地坪厚度应大于300mm，并应有减震橡胶垫装置。

4）承重梁水平度在长度方向应小于2/1000。

5）承重梁上如要开孔，不得采用气割，而必须采用钻孔的方式。

2. 曳引机安装

（1）若承重梁安装在机房楼板下时，多按曳引机的外轮廓尺寸，先制作一个高250～300mm的混凝土台座，然后把曳引机稳固在台座上。

制作台座时，在台座上方对应曳引机底盘上各固定螺栓孔处，预埋下地脚螺栓，然后按安装平面布置图和随机技术文件的要求，在承重梁的上方摆设好减震橡皮，待混凝土台座凝固后，将其吊放在减震橡皮上，并经调整校正校平后，把曳引机吊装在混凝土台座上，再经调整校正校平后把固定螺栓上紧，使台座和曳引机连成一体即可。为防止电梯在运行过程中，台座和曳引机产生位移，台座和曳引机两端还需用压板、挡板、橡皮等将台座和曳引机定位。

（2）承重梁在机房楼板上时，当2～3根承重梁在楼板上安装妥当后，对于噪声要求不太高的杂物电梯、货梯、低速病梯等，可以通过螺栓把曳引机直接固定在承重梁上。对于噪声要求严格的病梯、乘客电梯，在曳引机底盘下面和承重梁之间还应设置减震装置。老式减震装置主要由上、下两块与曳引机底盘尺寸相等，厚度为16～20mm厚的钢板和减震橡皮垫构成。下钢板与承重梁焊成一体，上钢板通过螺栓与曳引机连成一体，中间摆布着减震橡皮垫。为了防止电梯在运行时曳引机产生位移，同样需要在曳引机和上钢板的两端用压板、挡板、橡皮垫等将曳引机定位。新式减震装置是在曳引机和承重梁之间，用4只100mm×50mm的特制橡胶块，通过螺栓把曳引机稳装在承重梁上，结构简单，安装方便，效果也很好。

（3）曳引机安装技术规定

1）曳引轮的位置偏差，在前、后（向着对重）方向不应超过±2mm，在左、右方向不应超过±1mm。

2）曳引轮位置与轿厢中心，及轿厢中心线左、右、前、后误差应符合下列要求：

①当轿厢运行速度在2m/s以上时，前后方向误差为±2mm、左右方向误差为±1mm；

②当轿厢运行速度在1～1.75m/s时，前后方向误差为±3mm、左右方向误差为±2mm；

③当轿厢运行速度在1m/s以下时，前后方向误差为±4mm、左右方向误差为±2mm。

3）曳引轮垂直方向偏摆度最大偏差应不大于0.5mm。

4）在曳引轮轴方向和蜗杆方向的不水平度均不应超过1/1000。

蜗杆与电动机连接后的不同心度，刚性连接为0.02mm，弹性连接为0.1mm，径向跳动不超过制动轮直径的1/3000。如发现不符合本要求，必须严格检查测试，并调整电动机垫片以达到要求。

3. 限速器安装

（1）限速器应装在井道顶部的楼板上，如预留孔不合适，在剔楼板时应注意防止破坏楼板强度，剔孔不可过大，并应在楼板上，用厚度不小于12mm的钢板制作一个底座，将限速器和底座用螺栓固定。如楼板厚度小于120mm，应在楼板下再加一块钢板，采用穿钉螺栓固定限速器也可通过在其底座设一块钢板为基础板，固定在承重钢梁上，基础钢板与限速器底座用螺栓固定。

（2）限速器轮的垂直误差不得大于0.5mm，可在限速器底面与底座间加垫片进行调整。

（3）限速器就位后，绳孔要求穿导管（钢管）固定，并高出楼板50mm，同时找正后，钢丝绳和导管的内壁均应有5mm以上间隙。

（4）限速器上应标明与安全钳动作相应的旋转方向。

(5) 限速器在任何情况下，都应是可接近的。若限速器装于井道内，则应能从井道外面接近它。

(6) 查验限速器铭牌上的动作速度是否与设备要求相符。

(7) 限速器的整定值已由厂家调整好，现场施工不能调整。若机件有损坏或运行不正常，需送到厂家检验调整，或者换新。

4. 制动器安装

制动器是曳引电梯的重要安全装置之一，要求制动器闸瓦与制动轮保持同心圆，使松开时间隙各处相同和合闸时压力均匀分布。

(1) 制动器安装施工技术要求

1) 闭式制动器的闸瓦应紧密地贴合于制动轮的工作表面上，当松闸时，两侧闸瓦应同时从制动轮表面松开，间隙均匀。

2) 固定制动带的铆钉不允许与制动轮接触，制动带磨损量超过制动带厚度 1/3 时应更换。

3) 制动器线圈温升不超过 60℃。

(2) 制动器安装质量控制

1) 对制动轮与闸瓦间隙检查时，应将闸瓦松开，用塞尺测量，每片闸瓦两侧各测 4 点。

2) 制动器力矩的调整—主要是调整主弹簧的压缩量，将制动臂内侧的主弹簧压紧螺母松开，外侧螺母拧紧，可压缩弹簧长度，增大弹力，使制动力矩变大，反之制动力矩减小，调好后应拧紧内侧的压紧螺母。调整时使两边主弹簧长度相等，制动力矩大小适当。

3) 制动器的闸瓦与制动轮间隙的调整—用手动松闸装置，松开制动的闸瓦，反复调整闸瓦上下 2 只螺栓，用塞尺检查上下两侧共 4 处的间隙，直至符合要求为止。间隙初调时尽可能小一些，要调整得当，间隙可调到 0.2～0.4mm，最后须拧紧各部位的压紧螺母。

4) 制动器调整的最后结果应使电梯在额定负载、空载和超载 150%，特别是在满载下降情况下，都能有足够的制动作用。

5) 如制造厂未调整过或间隙过大，则要重新确定松闸轮的位置。

技能要点 7：安全部件安装

1. 限速器

(1) 限速器是电梯运行超速和失控保护的安全装置，安装前应检查限速器铭牌及技术说明书所标明的动作速度是否与所安装的电梯速度相符。

限速器的动作速度要求不低于轿厢额定速度的 115%，且又不大于表 5-2 所规定的数值。

表 5-2　限速器最大动作速度　(m/s)

额定速度	限速器最大动作速度	额定速度	限速器最大动作速度
≤0.50	0.85	1.75	2.26
0.75	1.05	2.00	2.55
1.00	1.40	2.50	3.13
1.50	1.98	3.00	3.70

(2) 限速器在出厂前，均进行过严格的检查和试验，由于限速器校验要求较高，所以运到施工现场后的限速器不许自行调节限速器的平衡弹簧，其动作速度整定封记必须完好，且无拆动痕迹。

(3) 轿厢运行速度是通过限速钢丝绳传递给限速器，限速钢丝绳的公称直径应不小于 6mm，安全系数应不小于 8。

（4）在电梯轿厢运行过程中，为防止安全钳动作，在安全钳之前设有限速器紧张装置与断绳限位开关，施工时应控制限速器钢丝绳的长度截取和限位开关安装的位置正确。

2. 安全钳

安全钳是重要的机械安全保护装置，安全钳与导轨的间隙应符合产品设计要求。为防止电梯在没有安全钳保护下行使，故应对配重轮的下落状态进行巡查。当配重轮下落高度大于50mm时，能立即断开限位开关。

（1）当限速器工作时，限速器钢丝绳的张紧力应为150～300N，或是安全钳装置起作用所需力的2倍。

（2）安全钳与导轨的间隙应符合产品设计要求。通常双楔块安全钳钳面到导轨侧面之间的间距为3～4mm，单楔块式安全钳钳座与导轨侧面的间隙为0.5mm；安全钳口与导轨顶面间隙应不小于3mm，间隙差值不大于0.5mm。

安全钳与导轨之间的间隙是通过调整楔块拉杆的高低来调整，待间隙调整完成后应将锁紧螺母锁紧，使其不能产生移位。

（3）安全钳调整后，应加铅封，交付使用时其整定封记应完好，且无拆动痕迹。

（4）安全钳的形式应根据电梯额定速度来确定，若电梯额定速度小于或等于0.63m/s，可采用瞬时式安全钳装置；若电梯额定速度大于0.63m/s，应采用渐进式安全钳装置。

（5）在装载额定荷载的轿厢被安全钳制动时的平均减速度应在（0.2～1.0）g（g=9.8m/s^2）之间安全钳制停距离应符合表5-3的规定。

表5-3 安全钳制停距离

电梯额定速度（m/s）	限速器最大动作速度（m/s）	制停距离（mm）	
		最小	最大
1.50	1.98	330	840
1.75	2.26	380	1020
2.00	2.55	460	1220
2.50	3.13	640	1730
3.00	3.70	840	2320

3. 缓冲器

（1）缓冲器安装应垂直，油压缓冲器活动柱塞铅垂度不应大于0.5%。缓冲器中心与轿厢架或对重架上相应碰板中心偏移不应超过20mm。油压缓冲器安装完成后应按要求选用不同油品规格的机械油。

（2）缓冲器安装须合乎设计图纸中关于越程距离要求或参照表5-4要求。

表5-4 缓冲器越程距离要求

额定速度（m/s）	缓冲器形式	轿厢、对重越程（mm）
0.5～1.0	弹簧	200～350
＞1.0～3.1	油压	150～400

在同一基础上安装2个缓冲器时，其顶面高度差＜2mm。

4. 安全开关

（1）按图纸观察检查各种安全保护开关固定是否可靠，严禁采用焊接方法固定安全开关。

（2）极限、限位，缓速安装位置是否正确，可用手动盘车和试慢车方式来确定开关位置，以保证在事故状态时不超越极限位置。

（3）轿厢安全窗开关保护可在电梯运行中，用力推动轿顶安全窗时，安全窗开启50mm，电梯应立即停止运行。

（4）急停、检修开关分别安装于轿厢操纵盘上、轿厢顶部或井道底坑。可通过电梯运行功能试验来验证。

（5）选层器钢带断带保护开关检验，在实际操作中用工具将钢带（绳、链）人为松弛，使带、绳、链的张紧轮下降到50mm时，保护开关动作，电梯停止运行为正确。

技能要点8：悬挂装置、随行电缆及补偿装置安装

1. 悬挂装置安装

（1）将连接板紧固在上梁的两个支承板上。板的位置是纵向符号必须与曳引轮平行（用来松紧钢丝开关的紧固孔是这样对准的；易于从入口侧面板触及开关）。

（2）安装钢绳套结。

（3）根据绳的数目，将螺纹螺栓穿过它们在板上相应的孔内（例如，对于6根绳；使用1号孔至6号孔）。用弹簧、螺母和开尾销紧固间隔套（仅对于$\phi 9$和$\phi 11$的钢绳）和松绳套。

（4）将整个松绳开关安装在板下面。

（5）安装防钢丝绳扭转装置。

（6）拆除脚手架。通过手盘车将轿厢降下，致使所有钢丝绳承受到负荷。把曳引轮上的夹绳装置拆除。用手盘车把对重向上提起约30mm。检查钢绳拉力是否均匀，然后重新将螺母锁紧。

（7）将防扭转装置穿过绳套并安装妥当。

2. 随行电缆的安装

（1）全行程随行电缆，井道电缆架应装在高出轿厢顶1.3～1.5m的井道壁上。半行程安装的随行电缆，井道电缆架应装在电梯正常提升高度的1/2处加1.5m的井道壁上。

（2）电缆安装前应预先自由悬吊，充分退扭，多根电缆安装后应长短一致。

（3）随行电缆的另一端绑扎固定在轿底下梁的电缆架上，称轿底电缆架。轿底电缆架安装位置应以下述原则确定：8芯电缆其弯曲半径应不小于250mm；16～24芯电缆的弯曲半径应不小于400mm；一般弯曲半径不小于电缆直径的10倍。

（4）多根电缆组成的随行电缆应从电缆架开始以1～1.5m间隔的距离用绑线进行交叉固定。

（5）在中间接线盒底面下方200mm处安装随缆架。固定随缆架要用不小于$\phi 16$的膨胀螺栓2条以上（视随缆质量而定），以保证其牢度。

（6）随行电缆的长度应使轿厢缓冲器完全压缩后略有余量，但不得拖地。也可根据中线盒及轿厢底接线盒实际位置，加上两头电缆支架绑扎长度及接线余量确定。保证在轿厢蹲底或撞顶时不使随缆拉紧，在正常运行时不蹭轿厢和地面，蹲底时随缆距地面100～200mm为宜。多根并列时，长度应一致。

（7）用塑料绝缘导线（BV1.5mm^2）将随缆牢固地绑扎在随缆支架上。

（8）随行电缆两端以及不运动部分应可靠固定。电缆入接线盒应留出适当余量，压接牢固，排列整齐。

（9）随行电缆在运动中有可能与井道内其他部件挂、碰时，必须采取防护措施。当随缆距导轨支架过近时，为了防止随缆损坏，可自底坑沿导轨支架焊$\phi 6$圆钢至高于井道中部1.5m处，或设保护网。

（10）随行电缆检查时，采用观察检查。在轿厢上下移动时，随行电缆无论在快、慢车时，都不可使其与电缆架、线槽等相擦或吊、卡。在轿底的支架处随行电缆应按要求进行绑扎，绑扎长度在30～70mm间，绑扎线应用1mm^{2}或0.75mm^{2}的铜芯塑料线绑扎。

使轿厢处于井道下部极限位置时，可用尺丈量电缆离地坑地面高度，电缆不应拖地；轿厢处于井道上部极限位置时，电缆不应张线。

3. 补偿装置安装

（1）当电梯额定速度小于 2.5m/s 时，应采用有消声措施的补偿链，补偿链固定在轿厢底部及对重底部的两端，且有防补偿链脱链的保险装置。当轿厢将缓冲器完全压缩后，补偿链不应拖地，且在轿厢运行过程中补偿链不应碰擦轿厢壁。

（2）当电梯额定速度大于 2.5m/s 时，应采用有张紧装置的补偿绳，并应设有防止该装置的防跳装置，当防跳装置动作时，应有一个电气限位开关动作，使电梯驱动主机停止运转，该开关应动作灵敏、安全可靠。

技能要点 9：电气装置安装

1. 电梯控制柜（屏）

电梯控制柜（屏）的安装位置应符合土建布置图中的要求。通常情况控制柜（屏）的正面距机房门窗距离不小于 600mm；检修侧面距墙面距离不小于 600mm；封闭侧面距墙面距离不小于 50mm；控制柜（屏）距机械设备距离不小于 500mm。

控制柜安装在型钢基座上，采用镀锌螺栓固定，螺栓应从下向上穿，螺母、垫圈和紧固件应齐全，固定应牢靠。不能采用电焊焊接固定。控制柜（屏）底应高出地面，但不宜超过 100mm。

2. 配管、配线

（1）护套电缆和橡套电缆明敷于井道或机房墙壁上时，应排列整齐、敷设平直、固定牢固，固定间距宜不大于 300～500mm，间距偏差不大于 30mm，距接线盒两侧 100～150mm 各固定一档。

（2）导管、线槽安装，在电梯井道内采用明装，在机房内导管一般采用暗敷。导管、线槽安装应平直、美观，固定牢靠。

井道内导管、线槽安装的中心线允许偏差为 5/1000，全长最大偏差不应大于 20mm；在机房内导管、线槽安装的垂直度和水平度允许偏差为 2/1000。

明装导管的固定间距见表 5-5，管卡距电气器具或接线盒边缘距离为 150～200mm，每根导管固定点不少于 2 处。轿厢配管固定点间距不大于 500mm。

表 5-5 明配敷设钢管卡最大允许距离

<table>
<tr><td rowspan="3">敷设方式</td><td rowspan="3">钢管名称</td><td colspan="4">钢管直径（mm）</td></tr>
<tr><td>15～20</td><td>25～30</td><td>40～50</td><td>65～100</td></tr>
<tr><td colspan="4">最大允许距离（m）</td></tr>
<tr><td>吊架式沿墙敷设</td><td>厚壁钢管</td><td>1.5</td><td>2.0</td><td>2.5</td><td rowspan="2">3.5</td></tr>
<tr><td>支架式沿墙敷设</td><td>薄壁钢管</td><td>1.0</td><td>1.5</td><td>2.0</td></tr>
</table>

金属线槽连接螺栓应由内向外穿，螺母在外侧；线槽安装支架的间距不应大于 2m；线槽需开孔或切断时，应采用机械方法加工，严禁采用电、气焊开孔或切断。

（3）电气装置部分的支架、导管、线槽都应进行防腐处理。如采用 PVC 硬塑料管或塑料线槽应是阻燃材料。

（4）线槽内导线总面积不应大于线槽净面积 60%；导管内导线总面积不应大于导管内净面积 40%。

（5）机房控制屏出线口管口高度应高出地面不小于 100mm。导线和无护套电缆进入导管和线槽后必须有护口保护，以防止导线破损。

(6) 金属软管安装的中间不应有接头，与设备及器具连接时，应采用三用接头；安装固定应牢固，固定点分布均匀，间距不应大于 1m，端头固定间距不应大于 0.1m；拐弯处两端应固定，弯曲半径不小于外径的 4 倍。

3. 导线敷设

(1) 穿线前将钢管或线槽内清扫干净，不得有积水、污物。

(2) 根据管路的长度留出适当余量进行断线。穿线时不能出现损伤线皮及扭结等现象，并留适当备用线（10～20 根备 1 根，20～50 根备 2 根，50～100 根备 3 根）。

(3) 导线要按布线图敷设，电梯的供电电源必须单独敷设，并应由建筑物配电间直接送至机房。动力和控制线路宜分别敷设。微信号及电子线路应按产品要求单独敷设或采取抗干扰措施。若在同一线槽中敷设，其间要加隔板。

(4) 截面 $6mm^2$ 以下铜线连接时，按冷压技术进行操作，也可本身自缠不少于 5 圈。缠绕后刷锡。多股导线（$10mm^2$ 及以上）与电气设备连接，使用连接卡或接线鼻子，使用连接卡时，多股铜线应先涮锡。

(5) 接头先用橡胶布包严，再用黑胶布包好放在盒内。

(6) 设备及盘柜压线前应将导线沿接线端子方向整理成束，然后用小线或尼龙卡子绑扎，以便故障检查。

(7) 导线终端应设方向套或标记牌，并注明该线路编号。

(8) 导线压接要严、实，不能有松脱、虚接现象。

(9) 动力线和控制线应隔离敷设。有抗干扰要求的线路应符合产品要求。

(10) 配线应绑扎整齐，并有清晰的接线编号。保护线端子和电压为 220V 及以上的端子应有明显的标记。

(11) 接地保护线宜采用黄绿相间的绝缘导线。

(12) 电线槽弯曲部分的导线、电缆受力处，应加绝缘衬垫，垂直部分应可靠固定。

(13) 敷设于电线槽内的导线总截面积不应超过电线管内截面积的 40%，敷设于电线槽内的导线总截面积不应超过电线槽内截面积的 60%。

(14) 线槽配线时，应减少中间接头。中间接头宜采用冷压端子，端子的规格应与导线匹配，压接可靠，绝缘处理良好。

(15) 配线应留有备用线，其长度应与箱、盒内最长的导线相同。

4. 主电源开关

主电源开关的规格、型号应符合电梯设计要求，其保护装置齐全，接线正确，并不得切断下列供电电路：

(1) 轿厢照明和通风。

(2) 机房和滑轮间照明。

(3) 机房、轿顶和底坑的电源插座。

(4) 井道照明。

(5) 报警装置。

技能要点 10：整机安装验收

1. 电气线路检查验收

(1) 电气系统的安装接线必须严格按照厂方提供的电气原理图和接线图进行，要求正确无误，连接牢固，编号齐全准确，不得随意变更线路标号，如发现错误或必须变更时，必须在安装图上标注并向生产厂家备案。

(2) 测试各有关电气设备、线路的绝缘电阻值均不应小于0.5MΩ，并做好测试记录（当电梯采用PC机、微机控制时，不得用摇表测试）。

(3) 所有电气设备的外露金属部分均应可靠接地。

(4) 曳引电动机过电流、短路等保护装置的整定值应符合设计和产品要求。

(5) 检查控制柜（屏）内各电器、元件应外观良好，标志齐全，安装牢固，所有接线接点应接触良好无松动，继电器、接触器动作灵活可靠。微机插件的电子元器件应不松动、无损伤，各焊点无虚焊、漏焊现象。插接件的插拔力适当，接触可靠，插接后锁定正常，标志符号清晰齐全。

(6) 在机房控制柜（屏）处，取掉曳引机连线，采用手动吸合继电器、短接开关、按钮开关控制导线等方法模拟选层按钮、开关门的相应动作，观察控制柜上的信号显示、继电器及接触器的吸合状况，检查电梯的选层、定向、换速、截车、平层、停止等各种动作程序是否正确；门锁、安全开关、限位开关是否在系统中起作用；继电器、接触器的机械、电气联锁是否正常；电动机启动、换速、制动的延时是否符合要求，以及电气元件动作是否正常可靠，有无不正常的振动、噪音、过热、粘接、接触不良等现象。

2. 安全保护验收

(1) 断相、错相保护装置或功能：当控制柜三相电源中任何一相断开或任何两相错接时，断相、错相保护装置或功能应使电梯不发生危险故障。当错相不影响电梯正常运行时可没有错相保护装置或功能。

当输入交流曳引电动机或直流电动机的交流原动机、主变压器接线端子前的热保护继电器、接触器的主触头、熔断器及电源总开关等，任一部分发生问题，均可导致断相，这样会给电梯运行造成危险，就应通过断相、错相保护继电器的制动而切断控制电路中的安全保护回路，使电梯强行停止运行。

错相主要是供电电网系统由于检修人员检修时不慎而造成三相动力线的相序与原相序不同，检修完成后未认真检查核对相序造成。错相会改变电梯原来运动方向，造成危险，因此要求在电梯控制系统中必须设置相序保护继电器。

(2) 短路、过载保护装置：动力电路、控制电路、安全电路必须有与负载匹配的短路保护装置；动力电路必须有过载保护装置。常用的短路、过载保护装置为熔断器，使用时熔断器规格应与负载匹配，与熔丝规格匹配。短路、过载保护装置还常采用热继电器保护，失压、短路、过载保护的空气自动开关。

(3) 限速器上的轿厢（对重、平衡重）下行标志必须与轿厢（对重、平衡重）的实际下行方向相符。限速器铭牌上的额定速度、动作速度必须与被检电梯相符。限速器必须与其型式试验证书相符。通常限速器的动作与限速器绳轮的运动方向有关，因此应保证限速器的下行标志与轿厢（对重、平衡重）的实际下行方向一致，否则会导致限速器的非正常动作或不起作用。

限速器出厂时设有铭牌，铭牌上标明以下内容：

1) 限速器制造厂名称；

2) 动作速度；

3) 电梯额定速度。

在限速器出厂前动作速度根据电梯额定速度已整定完成，为了避免多个子分部工程时，限速器相互混淆，或出厂时发错，要求检查限速器铭牌上的额定速度、动作速度，应与被检电梯相符合。

如果有对重（平衡重）安全钳，因对重（平衡重）限速器与轿厢限速器动作速度不同，现场安装时，还要注意将两者区分开，以避免错装。

(4) 安全钳必须与其型式试验证书相符。安全钳作为轿厢坠落及超速的安全保护装置，其性能直接关系到乘客的人身安全。

在安全钳的型式试验证书中，记录了安全钳的生产厂、型号和应用、导轨工作面宽度，以及额定速度或限速器最大动作速度、总容许质量（$P+Q$）的检测值，这些内容可直接作为安全钳选用的依据，因此要求安全钳应与其型式试验证书相符。总容许质量（$P+Q$）是指轿厢空载重量 P 与额定载重量 Q 总和。为了避免多个子分部工程时安全钳相互混淆，或出厂时发错，还应检查安全钳铭牌上的额定速度或限速器最大动作速度、总容许质量是否与被检电梯相符，以免错装。

对瞬时式安全钳装置，轿厢应载有均匀分布的额定载重量，以检修速度向下运行，进行试验。对渐进式安全钳装置，轿厢应载有均匀分布的125%的额定载重量，安全钳装置的动作应在减低的速度（即平层速度或检修速度）进行试验。

试验完成以后，各个电气开关应恢复正常，并检查导轨，必要时要修复到正常状态。

(5) 缓冲器——蓄能型缓冲器：轿厢以额定载重量，对轿厢缓冲器进行静压 5min，然后轿厢脱离缓冲器，缓冲器应回复到正常位置。耗能型缓冲器：轿厢或对重装置分别以检修速度下降将缓冲器全部压缩，从轿厢或对重开始离开缓冲器瞬间起，缓冲器柱塞复位时间不大于 120s。检查缓冲器开关，应是非自动复位的安全触点开关，电气开关动作时电梯不能运行。

(6) 门锁装置必须与其型式试验证书相符。为了保证层门的有效锁闭，避免由于层门的意外开启而造成人员剪切、坠落等危险，因此每个层门必须安装门锁装置。门锁装置是电梯的主要安全部件之一。在门锁装置的型式试验证书中，记录了门锁装置的生产厂、型号和应用，以及电路的类别（交流或直流）、额定电压、额定电流等技术内容，这些内容可直接作为门锁装置选用的依据，因此要求门锁装置应与其型式试验证书相符。

(7) 上、下极限开关必须是安全触点，在端站位置进行动作试验时必须动作正常。在轿厢或对重（如果有）接触缓冲器之前必须动作，且缓冲器完全压缩时，保持动作状态。

安全触点开关即安全触点的动作应由断路装置将其可靠地断开，甚至两触点熔接在一起也应断开。极限、缓速装置应保证电梯上、下两端站在事故状态时不超越极限位置，但不应取代电梯正常减速和平层装置的作用。极限、缓速开关的安装位置应控制在轿厢地坎超越上、下端站地坎 50～200mm 以内。上、下极限开关动作应正常且安全可靠，当轿厢或对重将缓冲器完全压缩时，该开关应保持动作状态。

(8) 位于轿顶、机房（如果有）、滑轮间（如果有）、底坑的停止装置的动作必须正常。工作人员需要在轿顶、机房（如果有）、滑轮间（如果有）、底坑进行电梯安装调试、检修或救援操作，为了在操作过程中发生意外情况时，及时地停止电梯，防止发生人身安全事故，上述区域应设置停止装置。停止装置应为双稳态的，误动作不应使电梯恢复服务，在其上或其附近应有“停止”字样的标识。另外，为了防止检修运行或对接操作时，电梯意外运动或发生异常情况，工作人员能迅速地将电梯停止，GB 7588—1995 还要求：电梯的检修控制装置上应有停止装置；对接操作的轿厢内应在距轿厢入口 1m 以内的位置设有易于识别的停止装置，且轿厢内停止装置只能用于对接操作。

(9) 下列安全开关，必须动作可靠

1) 限速器绳张紧开关。在底坑限速器绳张紧轮装置上应设有一安全开关，在限速器绳断裂或过度伸长时，该开关动作，使驱动主机的电动机停止运转。在限速器—安全钳联动系统中，保证限速器钢丝绳的张紧是非常重要的，因此在电梯安装工程整机检验中，应检查此开关的动作可靠性。

2) 液压缓冲器复位开关。液压缓冲器在动作后，在缓冲器没有恢复其正常伸长位置情况下，如果电梯还能运行，当轿厢或对重再次撞击缓冲器时，它将起不到缓冲作用。为了避免上述情况的发生，应设置一个安全开关，验证液压缓冲器动作后回复其正常伸长位置后，电梯才能运行。安装过程中应注意开关与其操作打板的相对位置应符合安装说明书要求。

3）有补偿张紧轮时，补偿绳张紧开关。若补偿装置采用补偿绳时，需在底坑中设置张紧轮（张紧装置），张紧轮由重力保持其张紧状态，以防止补偿绳摆动或缠扭在一起，保证电梯的安全、平稳运行。为了防止补偿绳过度伸长、松弛或断裂，应设置一电气安全开关验证补偿绳处于张紧状态，以保证电梯在补偿绳正确张紧状态运行。安装过程中，应注意此开关与其操作打板之间的间隙应在安装说明书要求的范围内，偏小时，由于补偿绳的热胀伸长，容易造成误动作，一些安装人员为了减少这种误动作，将间隙调大，此时一定要注意，应保证此开关在张紧装置接触地面或下落到极限位置以前动作。

4）当电梯速度较高时，可能出现张紧轮上下跳动现象，这会造成电梯系统强烈振动，引发安全事故，因此当电梯额定速度超过 3.5m/s 时，除应设有补偿绳张紧开关外，还应设置一个防跳装置，防跳装置动作时，应借助一个电气安全开关（防跳开关）使电梯驱动主机停止转动。安装过程中，应注意此开关与其操作打板之间的间隙应在安装说明书要求的范围内，偏小时，由于补偿绳的冷缩，容易造成误动作，一些安装人员为了减少这种误动作，将间隙调大，此时一定要注意，应保证此开关在张紧装置到达上限位位置以前动作。

5）如果轿顶设有救援和撤离乘客的轿厢安全窗，那么轿厢安全窗应设置一电气安全开关用来验证其锁紧状态，如果锁紧失效，该装置应使电梯停止，只有在重新锁紧后，电梯才能恢复运行。目的是为了防止救援人员正在轿顶救援轿厢内乘客时，轿厢意外运动，对工作人员和乘客造成危险，同时，也为了防止轿厢安全窗不在锁紧状态时，电梯启、制动时，产生噪声或振动。

6）当电梯设有安全门、底坑门、检修活板门时，设置电气安全开关验证其锁紧状态，以保证它们只有在锁紧状态，电梯才能运行。安全门是指轿厢安全门和井道安全门，轿厢安全门可设置在有相邻轿厢且两轿厢的水平距离不大于 0.75m 的情况；这里的检修活板门是指通往井道的检修活板门。

3. 整机功能试验

（1）层门与轿门试验　每层层门必须能够用三角钥匙正常开启。

当一个层门或轿门（在多扇门中任何一扇门）非正常打开时，电梯严禁启动或继续运行。

当电梯在运行而未停止站时，各层层门都被锁住，不被乘客从外面将门扒开；只有电梯停止站时，层门才能被安装在轿门上的开门刀片带动而开启。

（2）限速器安全钳联动试验　限速器与安全钳电气开关在联动试验中必须动作可靠，且应使驱动主机立即制动。

对瞬时式安全钳，轿厢应载有均匀分布的额定载重量，对渐进式安全钳，轿厢应载有均匀分布的 125％额定载重量。当短接限速器及安全钳电气开关，轿厢以检修速度下行，人为使限速器机械动作时，安全钳应可靠动作，轿厢必须可靠制动，且轿底倾斜度不应大于 5％。

（3）载荷运行试验　轿厢分别以空载、50％额定载荷和额定载荷三个工况，并在通电持续率 40％情况下，到达全行程范围，按 120 次/h，每天不少于 8h，往复升降各 1000 次（电梯完成一个全过程运行为一次，即关门→额定速度运行→停站→开门）。电梯在启动、运行和停止时，轿厢应无剧烈振动和冲击，制动可靠。制动器线圈、减速机油的温升均不应超过 60℃且温度不应超过 85℃。电动机温升不超过《交流电梯电动机通用技术条件》GB 12974—1991 的规定。曳引机减速器蜗杆轴伸出端渗漏油面积平均每小时不超过 150cm^2，其余各处不得有渗漏油。

（4）超载试验　轿厢加入 110％额定载荷，断开超载保护电路，通电持续率 40％情况下，到达全行程范围。往复运行 30 次，电梯应能可靠地启动、运行和停止，制动可靠，曳引机工作正常。

(5) 运行速度和平衡系数试验　对电梯运行速度，使轿厢载有50%的额定载重量下行或上行至行程中段时，记录电流、电压及转速的数值。

对平衡系数，宜在轿厢以额定载重量的0%、25%、40%、50%、75%、100%、110%时作上、下运行，当轿厢与对重运行到同一水平位置时，记录电流、电压及转速的数值（测量电流，用于交流电动机。当测量电流并同时测量电压时，用于直流电动机）。

平衡系数的确定，平衡系数用绘制电流一负荷曲线，以向上、向下运行曲线的交点来确定。

(6) 运行速度检验　轿厢加入平衡载荷（50%额定载荷），向下运行至行程中部（即轿厢与对重到同一水平位置时）的速度应不超过额定速度的92%～105%。

电梯的运行速度可以通过以下几种方法测得：

1）在机房（如果有）内，用测速装置测量悬挂绳的线速度，根据悬挂系统的绕绳比，按式(5-1)计算轿厢速度：

$$V=\frac{V_{绳}}{i} \tag{5-1}$$

式中　V——轿厢运行速度（m/s）；

$V_{绳}$——悬挂绳的线速度（m/s）；

i——悬挂系统的绕绳比。

2）在机房（如果有）内，用转速表测量电动机转速后，根据式（5-2）计算轿厢速度：

$$V=\frac{\pi\times D\times n}{60\times i_1\times i} \tag{5-2}$$

式中　V——轿厢运行速度（m/s）；

D——曳引轮节径（m）；

n——实测的电机转速（r/min）；

i_1——减速箱传动比；

i——悬挂系统的绕绳比。

3）采用测速装置在轿内直接测量。在测速装置经有关部门计量认可的情况下，可按仪器使用说明书进行检测。

上述3种方法，1）、2）适用于有机房电梯，由于方法2）便于操作，目前检验中使用较多。方法3）适用于有机房和无机房电梯，但应注意采用的测速装置需经有关部门计量认可。

电梯的运行速度偏差值可按式（5-3）计算：

$$速度差值=\frac{测得的运行速度-额定速度}{额定速度}\times 100\% \tag{5-3}$$

(7) 轿厢平层准确度检测　在空载和额定载荷的工况下分别测试。一般以达到额定速度的最小间隔层站为间距作向上、向下运行，测量全部层站，当额定速度≤1m/s时，上下逐层运行测试，其结果符合表5-6中的规定。

表5-6　平层精度允许偏差

类　别	交流双速 (V≤0.63m/s)	交流双速 (0.63<V≤1.0m/s)	调速电梯 V≤2.5m/s
偏差（mm）	±15	±20	±5

(8) 噪声检测　电梯的各构件和电气设备在工作时不得有异常震动或撞击噪声，噪声值符合表5-7中的规定。

表 5-7 电梯的噪声值 (dB)

项目	机房	运行中轿内	开关门过程
噪声值	平均	最大	
	≤80	≤55	≤65

注：1. 载货电梯仅考核机房噪声值。

2. 对于V＝2.5m/s的电梯，运行中轿内噪声最大值不应大于60dB（A）。

(9) 外观质量检验 检查轿厢、轿门、层门及可见部分的表面及装饰是否平整，涂漆是否达到标准要求。信号指示是否正确。焊缝、焊点及紧固件是否牢固。

(10) 部件试验 限速器、安全钳、缓冲器应符合 GB 7588—1997 的规定。

曳引机应符合 GB/T 13435 中的试验方法的规定。

门和开门机的机械强度试验和门运行试验。

技能图解 37 液压电梯安装

技能图解框线图

图 5-5 液压电梯安装

技能要点1：液压系统安装

1. 液压泵站及液压顶升机构

液压泵站及液压顶升机构的安装必须按土建布置图进行，其安装位置严禁随意更改，如确需更改，必须与电梯制造厂协商，并出变更设计图。

顶升机构必须安装牢固，缸体垂直度严禁大于0.4‰。顶升机构的支架应安装在混凝土墙上，采用膨胀螺栓固定，如井道采用砖墙结构时，膨胀螺栓不能直接固定在砖墙上，而应采用夹板螺栓固定法固定。

2. 液压管路

(1) 液压系统管路中的刚性管道应采用厚壁无缝钢管，用于液化缸与单向阀或下行阀之间的高压管，相对于爆破压力的安全系数不应小于8；胶管上应打有制造厂名、试验压力和试验日期标记，与液压缸相连的高压胶管使用期限为8年。

(2) 压力管路的油流速度不应大于5m/s，吸油管路不应大于1m/s。

(3) 液压站以外的液压管道的连接应可靠，且无渗漏现象。连接方式应采用焊接、焊接法兰或螺纹连接，不得采用压紧装配或扩口装配。

(4) 液压管道穿墙应设套管，套管内径应与液压管道直径相配，套管两端管口应密封。

3. 液压油箱

(1) 液压油的特性应符合系统元件正常工作的要求；液压系统应设有过滤精度不低于25μm的滤油器。

(2) 液压油箱应安装密闭顶盖，其上部应设有带过滤的注油器；对带过滤器的通气孔，其通气能力应满足流量的要求。

(3) 液压油箱的容量应能满足液压电梯正常运行的需要；液压油箱应设有显示最高和最低油面的液位计，其油位显示应清晰、准确。

4. 压力表

液压泵站应设有显示系统工作压力的压力表，其量程应不大于额定载荷压力的150%，并能清晰、准确地显示该系统的工作压力。压力表安装时，表面应对着液压泵站进门入口处，以方便工作人员一目了然地看清楚系统工作压力是否正常。

技能要点2：悬挂装置、随行电缆安装

1. 绳头组合

液压电梯如果有绳头组合，绳头组合必须安全可靠，且每个绳头组合必须安装防螺母松动和脱落的装置。

电梯悬挂装置通常由端接装置、钢丝绳、张力调节装置组成。绳头组合是指端接装置和钢丝绳端部的组合体。绳头组合必须安全可靠，其一指端接装置自身的结构、强度应满足要求；其二指钢丝绳与端接装置的结合处应至少能承受钢丝绳最小破断载荷的80%，以避免绳头组合断裂，导致重大伤亡事故。

由于绳头组合端部的固定通常采用螺纹连接，因此要求必须安装防止螺母松动以及防止螺母脱落的装置，绳头组合的松动或脱落将影响钢丝绳受力均衡，使钢丝绳和曳引轮磨损加剧，严重时同样会导致钢丝绳或绳头组合的断裂，造成严重事故。

钢丝绳与绳头组合的连接制作应严格按照安装说明书的工艺要求进行，不得损坏钢丝绳外层钢丝。钢丝绳与其端接装置连接必须采用金属或树脂充填的绳套、自锁紧楔形绳套、至少带有三

个合适绳夹的鸡心环套、手工捻接绳环、带绳孔的金属吊杆、环圈（套筒）压紧式绳环或具有同等安全的任何其他装置。

如采用钢丝绳绳夹，应把夹座扣在钢丝绳的工作段上，U形螺栓扣在钢丝绳尾段上；钢丝绳夹间的间距应为6～7倍的钢丝绳直径；离环套最远的绳夹不得首先单独紧固，离环套最近的绳夹应尽可能靠近套环。

绳头组合应固定在轿厢、对重或悬挂部位上。防螺母松动装置通常采用防松螺母，安装时应把防松螺母拧紧在固定螺母上，以使其起到防松作用。防螺母脱落装置通常采用开口销，防松螺母安装完成后，就应安装防螺母脱落装置。

2. 钢丝绳

电梯在检修状态下，使轿厢进行全行程运行，检查人员站在轿顶和机房内容易观察钢丝绳的位置，观察钢丝绳。

液压电梯如果有钢丝绳，严禁有死弯。

安装人员在搬运钢丝绳、量绳、裁绳、放绳，以及吊起轿厢和对重等操作时，应注意按照安装说明书（安装工艺、操作规程）进行，以防止钢丝绳出现死弯现象。

3. 钢丝绳、链条张力

液压电梯如果有钢丝绳或链条，每根张力与平均值偏差不应大于5%。

悬挂钢丝绳每根钢丝绳张力相差较大时，会使钢丝绳与绳轮的磨损不均，振动、噪声增加，对于曳引式电梯还会影响曳引能力，因此要求安装人员注意调整每根钢丝绳张力，使之满足本条要求。

检查人员到轿顶，在与电梯运行方向垂直的同一平面上用弹簧拉力计分别拉每根钢丝绳，并使位移量相同，计算拉力平均值，根据平均值计算偏差。测量也可使用张力计等其他测量仪器。

4. 轿厢悬挂

电梯以检修速度运行，人为使此开关动作，电梯应停止运行；用钢卷尺或钢板尺测量操作开关的打板与开关的位置。

当轿厢悬挂在两根钢丝绳或链条上，其中一根钢丝绳或链条发生异常相对伸长时，为此装设的电气安全开关必须动作可靠。对具有两个或多个液压顶升机构的液压电梯，每一组悬挂钢丝绳均应符合上述要求。

额定载重量较大的间接式液压电梯可能采用两个液压顶升机构或多个液压顶升机构来提升轿厢，对于任一组采用两根钢丝绳或链条的悬挂装置，均应设置监控其中一根钢丝绳或链条发生异常相对伸长的电气安全开关。

5. 随行电缆

电梯在检修状态，检查人员站在轿顶，将轿厢停在容易观察、检查随行电缆井道壁固定端的位置，检查随行电缆端部固定是否符合安装说明书的要求；检查人员进入底坑，将轿厢停在容易观察、检查随行电缆轿厢固定端的位置，检查随行电缆端部固定是否符合安装说明书的要求。

电梯在底层平层后，检查人员测量随行电缆最低点与底坑地面之间的距离，该距离应大于轿厢缓冲器撞板与缓冲器顶面之间的距离与轿厢缓冲器的行程两者之和的一半。

随行电缆应符合以下要求：

(1) 随行电缆严禁有打结和波浪扭曲现象。

(2) 随行电缆安装时，若出现打结和波浪扭曲，容易使电缆内芯线折断、损坏绝缘层；电梯运行时，还会引起随行电缆摆动，增大振动，甚至导致其刮碰井道壁或井道内其他部件，引发电梯故障。

(3) 随行电缆端部应固定可靠。

(4) 随行电缆在运行中应避免与井道内其他部件干涉。当轿厢完全压在缓冲器上时，随行电缆不得与底坑地面接触。

如果随行电缆与井道内其他部件干涉，会导致随行电缆被挂断或绝缘层损坏。同样，当轿厢完全压在缓冲器上时，随行电缆若与底坑地面接触，会磨损绝缘层，以及容易擦碰、挂在底坑内其他部件上，引发安全事故。

技能要点3：整机安装验收

1. 层门与轿门试验

每层层门必须能够用三角钥匙正常开启。

当一个层门或轿门（在多扇门中任何一扇门）非正常打开，电梯严禁启动或继续运行。

2. 超载试验

当轿厢载荷达到110%的额定载重量，且10%的额定载重量的最小值按75kg计算时，液压电梯严禁启动。

本规定主要是为了防止液压电梯在超载的状态下运行，引发安全事故。超载状态是指轿厢内载荷达到110%额定载重量，且10%的额定载重量至少为75kg的情况，也就是对于额定载重量大于等于750kg的液压电梯，轿厢内载荷达到110%额定载重量时为超载状态，对于额定载重量小于750kg的液压电梯，当轿厢内载荷达到额定载重量+75kg时为超载状态。

液压电梯设计时还应注意，当液压电梯处在超载状态时，超载装置应防止轿厢启动，以及在平层运行；自动门应处于全开位置；手动操纵门应保持在开锁状态；轿内应装设听觉信号（如蜂鸣器、警铃、简单语音等）或视觉信号（如为此设的警灯闪亮等）提示乘客。

3. 运行试验

液压电梯安装后应进行运行试验：轿厢在额定载重量工况下，按产品设计规定的每小时启动次数运行1000次（每天不少于8h），液压电梯应平稳、制动可靠、连续运行无故障。

液压电梯是在现场组装的产品，安装后的运行试验是检验液压电梯安装调试是否正确的必要手段。

规范要求运行在轿厢载有额定载重量工况下进行，主要是考虑轿厢满载工况，相对来说是液压电梯最不利的工况；从能够达到综合检验电梯安装工程质量的目的角度及考虑检验工作强度、时间等因素，要求在此工况下运行1000次，运行一次是指电梯完成一个启动、正常运行和停止过程；为了保证能够检验液压电梯连续运行能力、可靠性，及将整机运行试验持续的总时间控制在一个合理的范围内，规定每天工作时间不少于8h。

另外，与曳引式电梯不同的是，液压电梯轿厢上方向运行是通过电力实现，而下方向运行是通过轿厢和载荷的重力实现，因此为了避免过于频繁的启动对油泵电动机和控制系统造成损害，在进行液压电梯运行试验时，只要求以产品设计规定的每小时启动次数（一般为60次/h）进行，而对负载持续率没有要求。

4. 噪声检验

（1）液压电梯的机房噪声不应大于85dB（A）。

（2）乘客液压电梯和病床液压电梯运行中轿内噪声不应大于55dB（A）。

（3）乘客液压电梯和病床液压电梯的开关门过程噪声不应大于65dB（A）。

5. 平层准确度检验

液压电梯平层准确度应在±15mm范围内。

6. 运行速度检验

空载轿厢上行速度与上行额定速度的差值不应大于上行额定速度的8%；载有额定载重量的轿厢下行速度与下行额定速度的差值不应大于下行额定速度的8%。

液压电梯的运行速度可在轿顶上使用线速度表直接测得；也可使用电梯专用测试仪在轿内测量，在此种测速装置经有关部门计量认可的情况下，按仪器使用说明书进行检测。通常也可按下述方式进行检验和计算：

在液压电梯平稳运行区段（不包括加、减速度区段），事先确定一个不少于 2m 的试验距离。电梯启动以后，用行程开关或接近开关和电秒表分别测出通过上述试验距离时，空载轿厢向上运行所消耗的时间和额定载重量轿厢向下运行所消耗的时间，并按式（5-4）和式（5-5）计算速度（试验分别进行 3 次，取其平均值）：

$$v_1 = L/t_1 \tag{5-4}$$

$$v_2 = L/t_2 \tag{5-5}$$

式中 v_1——空载轿厢上行速度（m/s）；

t_1——空载轿厢运行时间（s）；

L——试验距离（m）；

v_2——额定载重量轿厢下行速度（m/s）；

t_2——额定载重量轿厢运行时间（s）。

空载轿厢上行速度对于上行额定速度的相对误差按式（5-6）计算：

$$\Delta v_1 = [(v_1 - v_m)/v_m] \times 100\% \tag{5-6}$$

式中 Δv_1——相对误差；

v_m——上行额定速度（m/s）。

额定载重量轿厢下行速度对下行额定速度的相对误差按式（5-7）计算：

$$\Delta v_2 = [(v_2 - v_d)/v_d] \times 100\% \tag{5-7}$$

式中 Δv_2——相对误差；

v_2——额定载重量轿厢下行速度；

v_d——下行额定速度。

测量和计算结果，分别记入表 5-8 中。

表 5-8 额定速度试验记录表

液压电梯型号		厂家		
工程名称		建设单位		
上行试验序号	1	2	3	平均
运行区段距离 L/m				
空载运行时间 t_1/s				
空载上行速度 v_1＝				
下行试验序号	1	2	3	平均
运行区段距离 L/m				
额定载荷下行运行时间 t_2/s				
额定载荷下行速度 v_2＝				
相对误差 ≤8%	$\Delta v_1 = [(v_1 - v_m)/v_m] \times 100\% =$			
	$\Delta v_2 = [(v_2 - v_d)/v_d] \times 100\% =$			

7. 额定载重量沉降量试验

载有额定载重量的轿厢停靠在最高层站时，停梯 10min，沉降量不应大于 10mm，但因油温变化而引起的油体积缩小所造成的沉降不包括在 10mm 内。

本项试验的目的主要是检查液压系统泄漏现象，防止其影响液压电梯性能和造成安全隐患。

由于油温度升高，油黏度会降低，泄漏的可能性会相应的增加，又因为我国不同地区同一季节环境温度可能差别较大，同一地区不同季节环境温度差别也较大，因此建议做此试验时，宜在油温不低于40℃的工况下进行，以尽量模拟不利工况和减少环境温度对此试验的影响。

8. 液压泵站溢流阀压力检查

液压泵站上的溢流阀应设定在系统压力为满载压力的140%～170%时动作。

溢流阀的作用是使液压系统压力限制在不高于预先设定值，以保护液压系统。它应设置在油泵和截止阀之间，溢流时液压油应直接返回油箱。通常溢流阀的设定压力应限定在满载压力的140%，只有当系统的内部压力损失较大时，溢流阀的设定压力可大于满载压力的140%，但不应超过170%。

应注意以下两点：其一，所测得的溢流阀的设定压力应在满载压力的140%～170%之间；其二，所测得的溢流阀的设定压力应与电梯产品设计值（即安装说明书或施工工艺中要求的值）相等。可按以下方法进行检验：

（1）当液压电梯上行时，逐渐地关闭截止阀，直至溢流阀开启。

（2）读取压力表上的压力值。

（3）此压力值应与产品安装说明书相符，且应为满载压力的140%～170%。

9. 压力试验

轿厢停靠在最高层站，在液压顶升机构和截止阀之间施加200%的满载压力，持续5min后，液压系统应完好无损。

本项试验可采用以下两种方法之一进行：

（1）关闭截止阀，将200%的额定载重量均匀分部在轿内并停靠在最高层站，持续5min，观察液压系统应无明显的泄漏和破损。

（2）将载有额定载重量的轿厢停靠在最高层站，操作手动油泵使轿厢上行至柱塞的极限位置，当系统压力达到200%的满载压力时，停止操作手动油泵，持续5min，观察液压系统应无明显的泄漏和破损。采用此种方法试验时，不应关闭截止阀。

进行本试验时，应将轿厢停靠在最高层站，目的是使液压系统处于最不利的状态。

在液压顶升机构和截止阀之间施加200%的满载压力，可通过以下两种方法实现：

1）使轿厢停靠在最高层站，将截止阀关闭，在轿内施加200%的额定载重量。对额定载重量较小的液压电梯，由于容易准备200%额定载重量的试验砝码，因此这种方法简单易行。

2）对额定载重量较大的液压电梯，如果难以准备200%额定载重量的试验砝码，采用第一种方法就有一定困难。如果液压电梯的液压泵站设有手动油泵，则可采用以下方法：将载有额定载重量的轿厢停靠在最高层站，操作手动油泵使轿厢上行至柱塞的极限位置，当系统压力达到200%的满载压力时，停止操作手动油泵，试验时不应关闭截止阀。这种方法适用于装设手动油泵的液压电梯；对于没有装设手动油泵的液压电梯，可使用仅用于试验的手动油泵，先将其溢流阀压力限制在满载压力的2.3倍，然后连接在泵站上的单向阀或下行阀与截止阀之间预留的接口处，完成此试验后，还要注意取下手动油泵时，应将预留接口处按安装说明书要求封好。

另外，为了防止本试验过程中发生安全事故，本试验应在防止轿厢自由坠落和超速下降的试验完成之后进行。

10. 外观质量检验

检查轿厢、轿门、层门及可见部分的表面及装饰是否平整，涂漆是否达到标准要求；信号指示是否正确；焊缝、焊点及紧固件是否牢固。

技能图解 38　自动扶梯、自动人行道安装

技能图解框线图

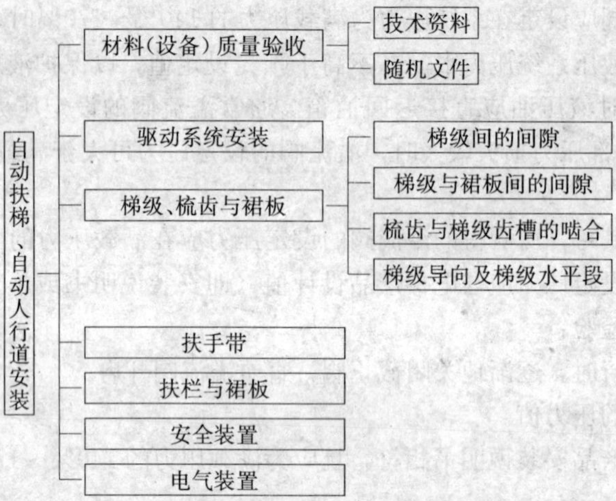

图 5-6　自动扶梯、自动人行道安装

技能要点 1：材料（设备）质量验收

自动扶梯、自动人行道安装材料（设备）质量要求及进场验收见表 5-9。

表 5-9　材料（设备）质量要求与验收

项　　目	质　量　要　求
主材要求	扶梯安装的材料主要是扶梯产品本身，对主材的控制主要是通过开箱点件这一工序来完成。点件过程中应认真细致，查验配件的包装是否完好，铭牌与电梯型号是否相符；对缺损件认真登记，并及时请业主、厂家签字确认，施工过程中发现的不合格产品，要及时请厂家确认负责补齐，对安装过程中损坏的配件应按厂家要求购买指定的产品
辅助材料要求	施工过程中用的主要辅助材料为电焊条、型钢，采购电焊条和型钢时应要求供应商提供产品合格证、材质证明，选用信誉好、质量好的厂家的产品
进场验收	（1）制造厂对自动扶梯、自动人行道的梯级或踏板应做静态和动态的两种试验，且应提供型式试验报告的复印件； （2）对自动扶梯或人行道的扶手带应作破断强度试验和扶手带表面受力试验，且应提供扶手带的断裂强度试验证明书复印件； （3）应对随机文件中提供的土建布置图与施工现场进行核对及测量，是否符合设计图纸要求，测量内容包括：机房内的平面尺寸、标高、提升高度、跨度、预埋件的设置及上、下支承梁与扶梯中心线是否保持垂直及有关的自动扶梯或自动人行道安装与土建的尺寸是否相符等； （4）图纸内容 1）制造厂应提供装箱清单及安装、维护使用说明书； 2）动力电路和安全电路的电气原理图及接线布置图； （5）开箱验收。安装前施工单位应派人员会同建设单位（或监理单位）、制造单位代表一起进行开箱验收，依据制造厂所提供的装箱清单逐一核对所有零部件及安装材料、备品备件等是否齐全，如在清点过程中发现实物与装箱清单不符或某些部件有损坏则应由三方代表当场签字，提请制造厂在限期内补齐缺损的部件

设备进场必须提供以下资料：

1. 技术资料

(1) 梯级或踏板的型式试验报告复印件，或胶带的断裂强度证明文件复印件。

(2) 对公共交通型自动扶梯、自动人行道应有扶手带的断裂强度证书复印件。

2. 随机文件：

(1) 土建布置图。

(2) 产品出厂合格证。

随机文件还应提供以下资料：

1) 装箱单。

2) 安装、使用维护说明书。

3) 动力电路和安全电路的电气原理图。

此外，设备零部件应与装箱单内容相符；设备外观不应存在明显的损坏。

技能要点 2：驱动系统安装

(1) 驱动链及扶手驱动链应保证合理的张紧度，其松弛下垂量为 10～15mm。

(2) 工作制动器在扶梯运行时，制动闸瓦与制动轮间隙应均匀，间隙不大于 3mm。

(3) 梯级链、驱动链与扶手驱动链应保证润滑良好。

(4) 链轮、链条及制动器工作表面应保持清洁。

(5) 驱动装置性能测试

1) 运行试验

①空载运行。驱动装置安装在试验台上，接通电源，然后正反转各连续运行 60min。运行过程中，减速器应平稳、无异常声响。

②负载运行。驱动装置在空载运行试验后，应进行负载试验。负载装置可以用磁粉加载器或其他耗能型负载器。负载量可以通过测定输入电机功率或输出轴的扭矩来确定。试验时，采用分级加载跑合的方法，先加 50%的额定载荷，正、反方向各连续运行 30min，然后再在额定载荷下正、反连续运行 60min。运行试验过程中，应检查驱动装置的运行平稳性及有无异常声响，各连接件、紧固件有无松动现象。运行试验停机 1h 后检查密封处、接合处的渗漏情况，如有渗漏油处，每小时渗漏出的油迹面积不得大于 150cm^2。

2) 温升试验可以和驱动装置的负载运行试验同时进行。试验时环境条件应尽量接近实际使用条件。测量时，将温度计浸没在油液中，每 5min 测量一次，待油温稳定后，至少再连续运行 30min，最后实测的稳定油温应不超过 85℃。

技能要点 3：梯级、梳齿与裙板

(1) 梯级间的间隙。在使用区域内的任何位置，测量两个连贯梯级的脚踏面，其间隙不应超过 6mm。

(2) 梯级与裙板间的间隙。扶梯的裙板设在梯级的两侧，任一侧的水平间隙不大于 4mm 或两侧间隙之总和不大于 7mm。

(3) 梳齿与梯级齿槽的啮合。梳齿与梯级脚踏板齿槽的啮合深度应不小于 6mm。

(4) 梯级导向及梯级水平段。梯级在进入梳齿前，应有导向，梯级在水平运动段内，连贯梯级之间高度误差应不大于 4mm，梯级水平段至少为 0.8m。

技能要点4：扶手带

（1）扶手带超出梳齿的延伸段，在扶梯出入口，延伸段的水平长度，自梳齿齿根起至少为0.3m。

（2）扶手带开口侧端缘与扶手导轨或扶手支架间的间距，在任何情况下不应大于8mm。

（3）扶手带中心线距离所超出裙板之间距离应不大于0.45m。

（4）扶手带入口保护装置。扶手带在扶手转向处的入口与楼层板的间距应不小于0.1m，不大于0.25m。扶手带在扶手转向处端部至扶手带入口处之间的水平距离，应不小于0.3m。扶手带的导向与张紧，应能使其在正常运行时不会脱离扶手导轨。扶手带距梯级脚踏面的垂直距离，应不小于0.9m，不大于1.1m。

技能要点5：扶栏与裙板

（1）朝向梯级一侧的扶栏应是光滑的。压条或镶条的装设方向与运行方向不一致时，其突出部分不应大于3mm，且应紧固和具有圆角或倒角边缘。此类压条或镶条不应装设在裙板上。

（2）裙板应垂直，上缘或内盖板折线处与梯级脚踏面之间垂直距离应不小于25mm。

（3）裙板应十分坚固、平整、光滑，相邻裙板应为对接，对接间隙应不大于1mm。

（4）内盖板和垂直栏板应具有与水平面不小于25°的倾角。

（5）内外盖板的对接处应平齐与光滑，颜色一致。

技能要点6：安全装置

（1）供电电源错相断相保护装置。将总电源输入线断去一相或交换相序，扶梯应不能工作。

（2）急停按钮。扶梯空载运行，人为动作入口或出口处的急停按钮，扶梯应立即停止运行。

（3）扶手带入口保护装置。用手指（或大小相近的物品）插入扶手带入口处，打板连接保护装置应动作，切断安全回路，扶梯应停止运行。

（4）扶手带断裂保护装置。扶梯空载运行时，人为动作扶手带断裂保护装置，扶梯应停止运行。

（5）防逆转保护装置。扶梯空载运行时，人为使防逆转保护装置动作，扶梯应立即停止运行，且制动器可靠地制动。

（6）超速保护装置。扶梯空载运行时，人为运作超速保护装置，扶梯应立即停止运行。

（7）裙板保护装置。扶梯空载运行时，在扶梯出入口处的裙板上施加一力，裙板保护装置应立即切断安全回路，扶梯立即停止运行。

（8）梳齿板保护装置。扶梯空载运行时，使用一专用工具卡入梳齿板，使其产生的位移超出与梯级的正常啮合范围，在梳齿不断裂的情况下，梳齿板保护装置应动作，扶梯停止运行。

（9）驱动链断裂保护装置。扶梯空载运行时，人为动作驱动链断裂保护装置，安全回路被切断，制动器立即动作，扶梯停止运行。

（10）梯级链断裂保护装置。扶梯空载运行时，人为动作梯级链断裂保护装置，切断安全回路，扶梯制动器立即制动，扶梯停止运行。

技能要点7：电气装置

（1）按照电气接线图的标号认真连接，线号与图纸要一致，不得随意变更。

（2）电气设备的外壳均需接地。

（3）电气连接有特殊要求的，应按照厂家的要求正确连接。

（4）动力和电气安全装置电路的绝缘电阻值不小于500kΩ；其他电路（控制、照明、信号）

的绝缘电阻值不小于 250kΩ。

（5）扶梯或人行道电源应为专用电源，由建筑物配电室送到扶梯总开关。

（6）电气照明、插座应与扶梯或人行道的主电路包括控制电路的电源分开。

（7）安装灯管接线时，必须牢固、可靠、安全。

（8）安装内盖板时，应将扶梯上下两个操作控制盘安装在端部的内盖板上。

（9）将各安全触点开关和监控装置的位置调整到位，并检查其是否正常工作。

（10）校核电气线路的连线，确保正确无误。

第六章　智能建筑工程施工

技能图解 39　建筑设备监控系统

技能结构框线图

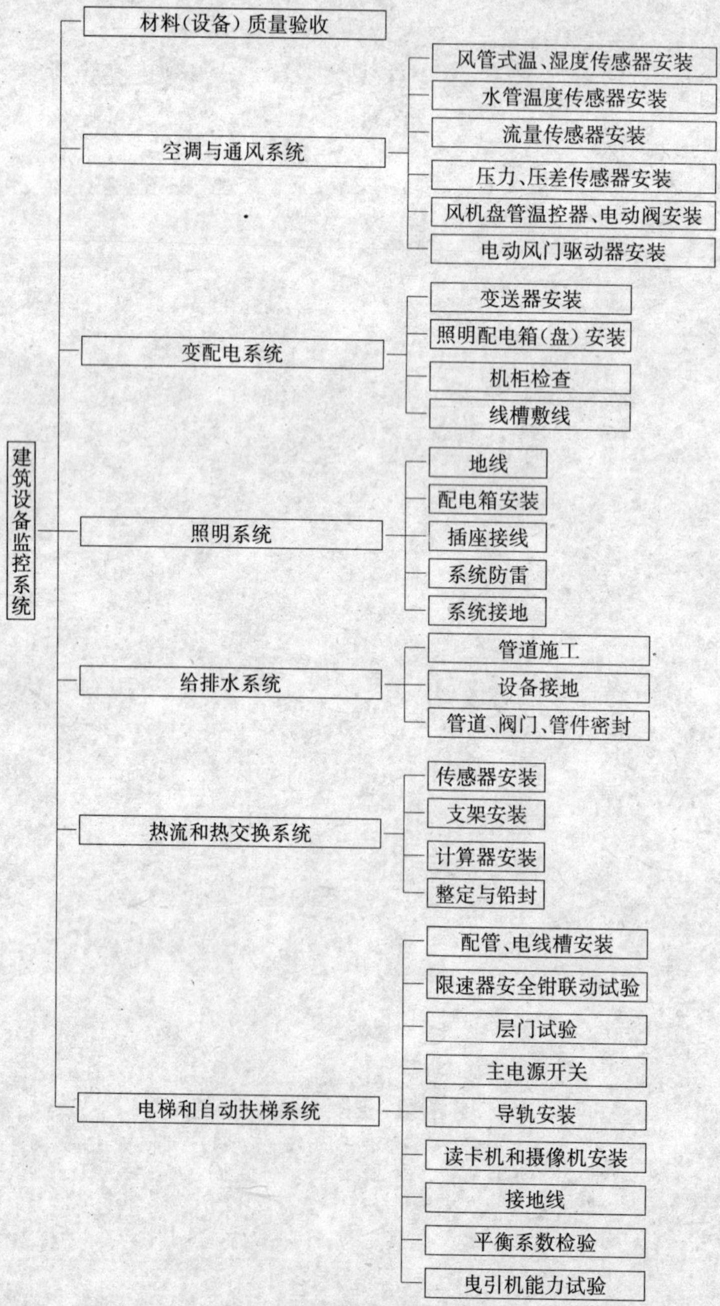

图 6-1　建筑设备监控系统（一）

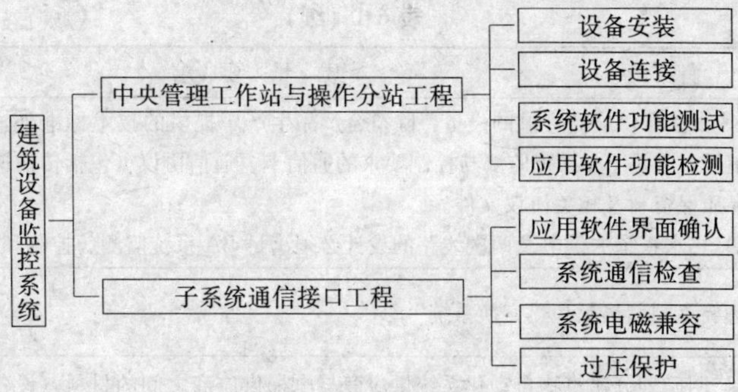

图 6-1　建筑设备监控系统（二）

技能要点 1：材料（设备）质量验收

建筑设备监控系统材料（设备）质量要求及进场验收见表 6-1。

表 6-1　材料（设备）质量要求与验收

项　目	质 量 要 求
通风与空调系统	（1）BAS 至受控设备之间的线槽、电管、电缆、电线材料与空调系统相连的应用软件。以上部品都应具有出厂合格证，详细的技术参数说明和质量保证书，并符合设计（或合同）要求及有关规范和标准。 （2）由空调系统供应商提供的设备与 BAS 相连的接口，则应提供设备的通信接口卡，通信协议和接口软件等产品质保资料及相关协议文件（含技术协调详细资料）。 （3）空调系统的供电及控制设备和二次线路设计必须满足 BAS 提出的监控、状态、报警、参数等要求
变配电系统	（1）以下产品均应具有出厂合格证，详细的技术参数说明和质量保证书，并符合设计（或合同）要求： 1）各种电量与非电量传感器； 2）脉冲式电度计量表（亦可由供配电供应商提供）； 3）BAS 至各供电柜的线槽、电缆等材料； 4）与供配电、照明相连的应用软件，包括计量统计软件； （2）产品应有出厂合格证，柜、屏、台、箱、盘上应有铭牌。型号、规格及电压等级须符合设计要求，随带技术文件齐全。实行生产许可证和安全认证制度的产品，有许可证编号和安全认证标志。不间断电源柜有出厂试验记录。 （3）柜、屏、台、箱、盘器面应涂层完整、无损伤和明显碰撞凹陷，尺寸正确无变形，柜内元器件无损坏丢失，接线无脱落脱焊，柜（盘）运到现场应存放在室内，或放在干燥的、能避雨雪、风沙的场所，对有特殊保管要求的电气元件，则按产品规定妥善保管
照明系统	（1）照明配电箱应有铭牌，回路编号齐全、正确并清晰。 （2）照明器具应有出厂合格证，并符合设计技术要求或合同要求。 （3）配电箱的器材一定符合合同要求（BAS 系统提出的开关控制信号，开关运行/手动和故障报警开关，电度计量器表）或双方技术协议要求。 （4）检查 BAS 控制照明回路（系统）有关供电容量规定，用电终端器具，线缆的配套性，应符合设计要求。查看产品技术说明书是否符合设计要求。 （5）灯具内配线严禁外露，灯具配件齐全，无机械损伤、变形，油漆剥落，灯罩破裂，灯箱歪翘等现象
排水系统	（1）由给排水系统供应商提供的设备如与 BA 系统以通信方式相连，则应提供满足监测和控制要求的通信卡、通信协议和接口软件。并符合双方的技术协议或合同的要求。 （2）给排水系统的供电设备及两次线路设计必须满足 BA 系统的监测和控制要求，并应有双方书面协议

表 6-1（续）

项　　目	质 量 要 求
热源和热交换系统	（1）由热源供应商提供的设备，除符合产品生产厂提供的技术标准外，还应提供 BA 系统监测要求的信号，满足 BA 系统监测与控制要求的通信卡、通信协议（包括传输速率、格式等）和接口软件等产品质保资料及相关协议文件。 （2）热水系统的供电及两次线路的设计必须满足 BA 系统监测、控制和要求
冷冻和冷却系统	监理要点同“热源和热交换系统”
电梯和自动扶梯系统	（1）明确划分建筑物自动化系统供应商与电梯供应商之间的材料（设备）供应界面，双方所供设备必须满足系统设计要求或双方签订的界面技术协议，应符合供应商提供的技术标准和有关的标准与规范。 （2）应由 BA 供应商提供的摄像机、楼层显示器、读卡机、电视机、控制信号模块和管线材料、喇叭等设备材料，应具有出厂合格证，详细的技术参数说明，并符合设计（或合同）要求及有关规范标准。 （3）由电梯供应商提供的供摄像机的视频线和电缆，为楼层显示器的干接点信号。读卡机信号电缆和电源线，电视机用的视频电缆和电源线，提供迫降和返回干接点及喇叭电缆。 （4）由电梯供应商提供的设备与 BA 相连的接口，则应提供接线图及线路走向，各种干接口信号（如运行状态、楼层（N）故障、运行、报警、上行、下行、停止及停层限制的干接点等信号），并有相关的产品质保资料及应符合双方的技术协议要求
中央管理工作站与操作分站	（1）处理机系统，显示设备，操作键盘，打印设备，存贮设备以及操作台等组成的管理工作站（中央与区域分站）的设备（包括软件、硬件）的品牌、型号规格、产地和数量应符合设计（或合同）要求。 （2）已经产品化的应用软件，对其使用范围及许可证进行验收，并进行必要的功能测试和系统测试。 （3）按合同或设计需求定制的软件，应按照软件工程规范要求进行验收。应提供软件资料，程序结构说明、安装调试说明、使用和维护说明书
子系统通信接口	（1）构成 BA 系统的各设备子系统硬件接口，通信线缆，信息传输及通信方式等确定必须相互匹配。它们的软、硬件产品的品牌、版本、型号、规格、产地和数量应符合设计及产品技术标准要求。并符合双方签订的技术协议要求。 （2）通信接口应符合智能建筑统一规划的要求，就是各子系统的信息接口、协议等应符合国家标准。在订货时统一预留，各子系统的供应商应共同遵守，承诺技术协议，为集成创造条件

技能要点 2：空调与通风系统工程监理与验收

1. 风管式温、湿度传感器安装

（1）应安装在风速平稳、能反映风温的地方。

（2）应在风管保温层完成后，安装在风管直管段或应避开风管死角的位置和蒸汽放空口位置。

（3）应安装在便于调试、维修的地方。

2. 水管温度传感器安装

（1）不宜在焊缝及其边缘上开孔和焊接。

（2）感温段大于管道口径的 1/2 时，可安装在管道的顶部。感温段小于管道口径的 1/2 时，应安装在管道的侧面或底部。

（3）开孔与焊接工作，必须在工艺管道的防腐，衬里，吹扫和压力试验前进行。

（4）安装位置应在水流温度变化灵敏和具有代表性的地方，不宜选择在阀门等阻力件附近和水流死角和振动较大的位置。

3. 流量传感器安装

(1) 流量传感器需要装在一定长度的直管上，以确保管道内流速平稳。上游应留有 $10d$ 的直管、下游有 $5d$ 长度的直管。

(2) 若传感器前后的管道中安装有阀门，管道缩径、弯管等影响流量平稳的设备，则直管段的长度还需相应增加。

(3) 信号的传输线宜采用屏蔽和有绝缘保护层的电缆，宜在 DDC 侧一点接地。

4. 压力、压差传感器安装

(1) 应安装在便于调试、维修的位置。

(2) 应安装在温、湿度传感器的上游侧，并应在风管保温层完成之前安装。

(3) 风管型压力、压差传感器应在风管的直管段，如不能安装在直管段，则应避开风管内通风死角和蒸汽放空口的位置。

(4) 水管型蒸汽型压力与压差传感器安装的开孔与焊接工作必须在工艺管道的防腐、衬里、吹扫和压力试验前进行，不宜安装在管道焊缝及其边缘处上开孔及焊接。其直压段大于管道口径的 2/3 时，可安装在管道顶部，小于管道径 2/3 时，可安装在侧面或底部和水流流速稳定的位置，不宜选在阀门等阻力部件的附近和水流流速死角及振动较大的位置。

5. 风机盘管温控器、电动阀安装

(1) 温控开关与其他开关并列安装时，高度差不应大于 1mm，在同一室内，其高度差不应大于 5mm，温控开关外形尺寸与其他开关不一样时，以底边高度为准。

(2) 电动阀阀体上箭头的指向应与水流方向一致。

(3) 风机盘管电动阀应安装于风机盘管的回水管上。

(4) 四管制风机盘管的冷热水管电动阀共用线应为零线。

(5) 客房节能系统中风机盘管温控系统应与节能系统连接。

6. 电动风门驱动器安装

(1) 安装前应先进行模拟动作　风阀控制器的输出力矩必须与风阀所需的相配，符合设计要求。它不能直接与风门挡板轴相连接时，可通过附件与挡板轴相连，其附件装置必须保证风阀控制器旋转角度的调整范围。

(2) 风阀控制器上的开闭箭头的指向应与风门开闭方向一致，宜面向便于观察的位置安装与风阀门轴的连接应固定牢固。

(3) 风阀的机械机构开闭应灵活，无松动或卡阻现象。

技能要点 3：变配电系统工程

1. 变送器安装

(1) 变送器接线时，严禁其电压输入端短路和电流输入端开路。通电前必须检查其通断否。

(2) 必须检查变送器的输入、输出端的范围与设计和 DDC 所要求的信号是否相符。

2. 照明配电箱（盘）安装

(1) 箱（盘）内配线整齐，无绞接现象。导线连接紧密，不伤芯线，不断股。垫圈下螺丝两侧压的导线截面积相同，同一端子上导线连接不多于 2 根，防松垫圈等零件齐全。

(2) 箱（盘）内开关动作灵活可靠，带有漏电保护的回路，漏电保护装置动作电流不大于 30mA，动作时间不大于 0.1s。

(3) 照明箱（盘）内，分别设置零线（N）保护地线（PE）汇流排，零线和保护地线经汇流排配出。

3. 机柜检查

（1）闭锁装置动作准确、可靠。主开关的辅助开关切换动作与主开关动作一致。

（2）柜、屏、台、箱、盘上的标识器件表明被控设备编号及名称，或操作位置，接线端子有编号。且清晰、工整、不易脱色。

（3）回路中的电子元件不应参加交流工频耐压试验，48V 及以下回路可不做交流工频耐压试验。

4. 线槽敷线

（1）电线在线槽内有一定余量，不得有接头。电线按回路编号分段绑扎，绑扎点间距不大于 2m。

（2）同一回路的相线和零线，敷设于同一金属线槽内。

（3）同一电源的不同回路无抗干扰要求的线路可敷设于同一线槽内。敷设于同一线槽内有抗干扰要求的线路用隔板隔离，或采用屏蔽电线且屏蔽护套一端接地。

技能要点 4：照明系统工程

1. 地线

（1）箱内地线排宜用软导线与盘接地端子相连。

（2）保护地线的截面应符合设计规定。如设计无规定，应符合以下要求：若相线截面为 S，则 $S \leqslant 16mm^2$ 时，保护地线截面为 S；$16mm^2 < S \leqslant 35mm^2$ 时，保护地线截面为 $16mm^2$；$S > 35mm^2$ 时，保护地线截面为 $S/2$。

（3）各保护地线应与接地母线相连，严禁串联。

（4）地线汇流排应用一根软铜线（黄绿花线）与壳体接地螺栓相连。

2. 配电箱安装

（1）配电箱体应安装牢固方正，倾斜度小于 1%，垂直偏差：体高 500mm 以下为 1.5mm；体高 500mm 以上为 3mm。保证箱门能开启自如。盘盖应紧贴墙面四周无缝隙。

（2）配电箱应有铭牌，回路编号齐全，正确并清晰，安装位置符合设计要求，箱体内外清洁，无损伤，施工质量员应严格把关，达不到要求的箱盒不许安装。箱盖板紧贴墙面，开闭灵活，箱体开孔合适，做到一管一孔，应利用敲落孔或用机械开孔，严禁用电焊或气割开孔。施工中，若导线被剪断，应将断线拉掉，重新穿线，总配电箱内应装设接地端子。

3. 插座接线

（1）单相两孔插座，插座孔垂直排列时，上孔接相线，下孔接零线，水平排列时，右孔接相线，左孔接零线。

（2）单相三孔插座，上孔接保护线（PE 线），右孔接相线，左孔接工作零线。插座的保护线必须单独敷设，不允许与工作零线混用。

（3）三相插座，保护线接正上方的上孔上，下孔从左到右分别接 A、B、C 相线，同样用途的三相插座，相序排列应一致。

4. 系统防雷

（1）避雷带应按设计要求，采用镀锌圆钢，并加以调直。若采用普通圆钢，截面应加大一级，且经设计同意。避雷脚应定位合理，以转角对称布置，直线段再按 1m 左右等分为原则。埋设成排脚头支架时，应弹线确保其直线度，并做到所有脚头端头平齐。

（2）引下线截面不得小于避雷带截面，搭接处焊缝应平整、饱满，不得有气孔、咬肉、夹渣等缺陷，且搭接倍数不小于 $6d$（d 为圆钢直径）。支持卡应固定牢固，间距均匀。避雷带跨越建筑物伸缩缝、沉降缝处，应设置补偿器。补偿器可用接地线本身弯成弧状代替。高出屋面的烟囱，透气管及铁爬梯，金属水箱等金属物体，应有防雷装置。

5. 系统接地

按规定接地体埋深应不小于 0.6m，间距不小于 5m。焊接面不小于扁钢宽度的 2 倍。焊好后，将药皮敲净，刷沥青防腐，重新调直扁钢，补齐接地端子弹簧垫子，断接卡连接应用不小于 M8 的镀锌螺栓，在变形缝处，利用本身材料做煨弯补偿。

技能要点 5：给排水系统工程

1. 管道施工

(1) 管道要按设计标准坡度进行施工，坡度应均匀，不准倒坡，房屋出口处的管道坡度要适当增大。排水栓、地漏的安装要平整、牢固，并要低于排水表面，没有渗漏现象；排水栓要低于盆，槽的底面 2mm，低于地平面 5mm；地漏必须低于安装处排水表面 5mm。

(2) 管道安装完毕，要及时做好室内给水，排水管道的通水试验和通球试验，不可遗漏任何一副管道。

(3) 在底层生活污水管不采取单独排出方式的情况下，施工时，应保证最低排水横支管与立管管底的垂直距离符合以下规定：立管连接卫生器具的层数，小于等于 4 层的，垂直不小于 45cm；小于 7 层大于 5 层的不小于 75cm；高层建筑不小于 300cm。

(4) 对埋地管道，埋地管及支座（墩），严禁铺设未经处理的松土上。当管道在基础下安装时，基础底面与管顶之间至少相距 100mm 或有相应的沉陷量，在此处要填软土，并在管道上面，基础下面设置过梁或分压拱。

2. 设备接地

(1) 各类水泵的电气控制柜箱内地线排宜用软线与盘壳接地端子连接。

(2) 保护地线的截面应符合规定。各保护地线应与接地母线相连，严禁串联。

3. 管道、阀门、管件密封

(1) 给水镀锌管采用螺纹连接，不允许焊接或使用黑管件。对铸铁排管和焊接钢管，首先要看管壁的厚度是否均匀，再看单管称重是否符合国家标准规定质量。如果管壁薄，质量轻则说明不合格，不过关。

(2) 承插排水管，承插接口及卫生器具与排水管接口结构和填料应符合设计与规范要求。在安装时，排水管道接口必须密实且有柔性。接口四周宜先填油麻，使管道四周缝隙均匀，打实固定，再用石棉水泥捻口。打口要求灰口密实饱满，平整光滑，填料凹入承口边缘不大于 5mm，且无抹口，养护良好。

技能要点 6：热流和热交换系统工程

1. 传感器安装

(1) 水管型压力和压差传感器的取压段大于管道口径的 2/3 时，可安装在管道顶部；如取压段小于管道口径的 2/3 时，应安装在管道的侧面或底部。另外，安装位置应选在水流流速稳定的地方，不宜选在阀门等阻力部件的附近和水流束呈死角处以及振动较大的地方。应安装在温、湿度传感器的上游侧。高压水管传感器应装在进水管侧，低压水管应装在回水管侧。

(2) 蒸汽压力传感器应安装在管道顶部或下半部与工艺管道水平中心线成 45°夹角的范围内；位置应选在蒸汽压力稳定的地方，不宜选在阀门等阻力部件的附近或蒸汽流动呈死角处以及振动较大的地方，另外，还应安装在温、湿度传感器的上游侧。

2. 支架安装

支架安装应机械开孔，不准使用电焊扩孔或气焊割孔。木砖支架和托架要求与器具接触紧密。

3. 计算器安装

（1）计算器的安装应便于读数与操作，可水平（从上面读数）或垂直（从前面读数）安装。注意液晶显示数据应始终保持水平正向。如果字符朝下，不仅影响查看，还会缩短电池寿命。

（2）计算器上配用的电源及通信模块一般都是即插式的，不需内部接线，也不需特别设定。

（3）如果热表采用外接电源或联网通信，必须严格按照说明书的要求进行外部接线。一般不需要额外的屏蔽、接地等保护措施，但对雷击多发区应注意热表外的防雷击措施。采用230V外接电源时，外接电源上必须设有相应的熔断保护，熔断器的负载大小应按厂家规定选取。

4. 整定与铅封

（1）热表安装后，应将热表前后的关断阀门完全打开对系统进行彻底的排气，避免热表流量、温度测量部件内集存空气。然后检查热表的温度及流量测量值是否大致与现场实际相符，必要时可相应调节系统流量。

（2）一般来说，热表的各种参数都是预先设定好了的，也不应随意改动。只有在一些特殊的情况下才需要进行一些整定。

（3）在热表正式投入使用前，一定要对所有可能影响计量的可拆卸部件进行封印保护。需要进行封印的部位一般包括温度传感器/流量传感器与管道的连接，计算器的接线端口、电源模块及外部连接，某些整定按钮或触点以及热表的面板等。

（4）记录下热表目前的热量、流量累计读数及运行时数等。

技能要点7：电梯和自动扶梯系统工程

1. 配管、电线槽安装

（1）配管、电线槽安装常有明装、暗敷之分，井道内配管，电线槽应注意平直、美观，电梯在井道内的配管、电线槽，一般采用明敷安装，机房内配管一般采用暗管方式安装，弯曲半径不小于管外径的6倍。机房地坪应将水泥地坪抹平，控制屏出线口管口的高度应不小于100mm。

（2）为了布局合理，使井道内配管和线槽便于检修，垂直总管（槽）宜装在离召唤按较近的墙上，金属电线管弯曲后，其夹角不应小于90°，应控制管路的弯曲质量，弯曲处不应有折扁和裂缝等现象。

（3）电管线槽安装垂直线路在井道内的中心线允许偏差为5/1000，全长最大偏差不应大于20mm。在机房内垂直、水平度允许偏差为2/1000。明配电管管卡与终端。电气器具或接线盒边缘距离为150～200mm。

2. 限速器安全钳联动试验

对渐进式安全钳和瞬时式安全钳，轿厢内应载有均匀分布125%的额定载荷，轿内无人，在机房操作轿厢以检修速度向下运行，人为让限速器动作，限速器上的限位开关应先动作，此时轿厢应立即停止运行，然后短接限速器与安全钳电气开关。轿厢继续向下运行，迫使限速器钢丝绳夹住拉动安全钳，并使安全钳可靠动作，安全钳楔块夹住导轨。使轿厢立即停止运行，此时测量对于原正常位置轿底倾斜度不应大于5%。

3. 层门试验

（1）门锁是锁住房门不被随便打开的重要保护机构，当电梯在运行而并未停止站时，各层层门都被锁住，不被乘客从外面将门扒开，只有当电梯停止站时，层门才能被安装在轿门上的开门刀片带动而开启。

（2）当电梯检修人员需要从外部打开层门时，需用一种符合安全要求的三角钥匙开关才能把门打开。如果是非三角钥匙开关的就不符合规定要求。

（3）当电梯层门中的任何一扇门没有关闭，电梯就不能启动和运行，严禁将层门门锁的电气开关短接。

4. 主电源开关

(1) 每台电梯应有独立的能切断主电源的开关，其开关容量应能切断电梯正常使用情况下的最大电源，一般不小于主电机额定电流的2倍。

(2) 主电源开关安装位置应靠近机房入口处，并能方便、迅速地接近，安装高度宜为1.3～1.5m处。

(3) 电源开关与线路熔断丝应相匹配，不应盲目用铜丝替代。

(4) 电梯动力电源线和控制线路应分别敷设，微信号及电子线路应按产品要求隔离敷设。

(5) 机房内应有固定式照明，用照度仪测量机房地表面上的照度，其照度应大于200lx，在机房内靠近入口（或设有多个入口）的适当高度设有一个开关，以便于进入机房时能控制机房照明，且在机房内应设置一个或多个电源检修插座，这些插座应是2P+PE型250V。

(6) 机房内零线与接地线应始终分开，不得串接，接地电阻值不应大于4Ω。

5. 导轨安装

(1) 每列导轨侧工作面及顶面，对安装基准线的偏差。在导轨支架处测量对于设有安全钳导轨每5m不应超过0.6mm。对不设安全钳的对重导轨每5m不应超过1mm。

(2) 导轨接口处应用塞尺检查，对设有安全钳的导轨接口处在全长上不应由于压板硬性固定而造成的连续缝隙，缝隙中更不允许有填充物。导轨接口处的局部缝隙不应大于0.5mm。对于不设安全钳的导轨接口处缝隙不应大于1.0mm。

(3) 导轨接口处允许有台阶，但对于设有安全钳的导轨接口处台阶不应大于0.05mm。其修光长度应大于150mm。对于不设安全钳的导轨接口处台阶不应大于0.15mm。

(4) 不设安全钳的对重导轨接头处缝隙不应大于1.0mm，导轨工作面接头处台阶不应大于0.15mm。

6. 读卡机和摄像机安装

(1) 按BA系统承包商提供的读卡机和摄像机的安装尺寸和安装示意图，设计所需控制电梯中的具体安装方式，负责将相应控制器，摄像机电缆引到接线端子板上。包括读卡机设备的电梯箱到电梯机房之间增加的RS－485通信线，线径≥0.5mm/芯线。

(2) 配合BA系统承包商对BA设备进行接线和测试工作。由读卡机控制的电梯的电梯机房的按键控制板上，所有的按键接线均预留并接端子排，以供BA系统连接。

7. 接地线

(1) 保护接地线截面积的规定

1) 即相线截面积在16mm^{2}及以下时，保护地线（PE）应与相应与相线截面积相等。

2) 相线截面积在16～35mm^{2}时，保护地线（PE）为16mm^2。

3) 相线截面积在大于35mm^{2}时，保护地线（PE）应为相线截面积的1/2。

(2) 电梯设备应有可靠保护地线，并应从控制柜接地排上引出。金属软管外壳应可靠，但不得作为电气设备的接地体。当采用塑包金属软管外壳可不作保护接地。

(3) 每个接地端子的每侧接线宜一根，不得超过两根，对于螺栓连接的端子，当接两个接地线时，中间应加平垫圈加以隔开。

(4) 保护地线桩头或端子连接应紧密、牢固，且应有垫片和紧固件（弹簧垫片）。

(5) 接地支线应采用黄绿双色的绝缘导线。

8. 平衡系数检验

(1) 在进行舒适感调试前进行平衡系数的测试，客梯的平衡系数一般取40%～45%，电梯平衡系数的测定可通过电流测量并结合速度测量（由于交流电动机）或电压测量（用于直流电动机）来确定。

(2) 通过电流、电压测量来确定平衡系数的方法是应在轿厢以空载和额定载荷0%、20%、

40%、60%、80%、100%、110%做上下运行。当轿厢与对重运行到同一水平位置时，记录电流，电压值，并绘制电流一负荷曲线图，或电压一负荷曲线图，以上、下运行曲线的交点的横坐标志值即为电梯的平衡系数，如平衡系数大于制造厂规定值，则应加大配重质量来使平衡系数符合规定范围内。

9. 曳引机能力试验

(1) 做125%超载试验的最重要一点是对曳引机能力的测试，也是对电梯的动态运行的试验，轿厢空载上行及行程下部范围125%额定载荷下行。分别停层三次以上，轿厢应被可靠地制动(空载上行工况应平层)，当在125%额定载荷以正常运行速度下行时，切断电动机与制动器供电，轿厢应被可靠制动。

(2) 应特别注意观察曳引钢丝绳无滑移现象，且应观察轿厢在最低层站时的起、制动状态。

(3) 应检查当对重支承在被其压缩的缓冲器上时，电动机向上运转空载轿厢是否不能再向上提起。

技能要点8：中央管理工作站与操作分站工程

1. 设备安装

(1) 应垂直、平正、牢固，其垂直度允许偏差为每米1.5mm；水平方向的倾斜度允许偏差为每米1mm。

(2) 相邻设备顶部高度允许偏差为2mm，相邻设备接缝处平面度允许偏差为1mm。

(3) 相邻设备接缝的间隙，不大于2mm；相邻设备连接超过五处时，平面度的最大允许偏差为5mm。

2. 设备连接

(1) 按系统设计图检查主机、网络控制设备、UPS、打印机、HUB集线器等设备之间的连接电缆型号，连接方式应正确，符合设计及产品设备的技术要求。

(2) 必须检查主机与DDC之间的通信线，且要有备用线。

3. 系统软件功能测试

(1) 报警、故障的提示和打印　对被监控设备的状态报警和故障，应具有报警画面弹出、音响提示、能打印报警和故障发生的时间、地点、类别、设备类型等功能。

(2) 报警处理　系统发生故障或异常报警，系统控制软件除了记录、提示、打印警报信息点以外，还将对警报进行处理。

(3) 系统应提供应用开发的工具软件。

(4) 多种控制方式　系统软件应提供多种控制方式，如直接数字控制模式，逻辑判断模式等。还应提供组合控制设定模式，可将需要同时控制的若干不同控制对象组合在一起。

(5) 辅助功能　提供采样点信息数据库，控制流程、报表文件的资料复制或储存。

4. 应用软件功能检测

(1) 采样和数据处理功能　对模拟量和开关状态按一定的速率进行采样，具有线性化，单位量转换、数字滤波等功能。

(2) 报警设定　对设备的状态、运行参数、上下限进行设定。

(3) 控制程序　根据设定参数、自动进行各种控制程序的运行，包括时间/事件的控制，区域控制，PID控制、焓值控制等等。

(4) 数学功能　提供供热、通风、空调等系统与设备各种不同类型的数学模型与功能软件。

(5) 通信控制　对现场控制站与其他设备（上位机或其他现场控制站）之间的通信进行管理。

技能要点 9：子系统通信接口工程

1. 应用软件界面确认

(1) 各子系统之间应用软件界面。如 BMS 中 BA 系统可以具备 FA、SA 的二次监控功能，除了 BA 与 FA、SA 之间具备硬件接口外，BA 系统还应具备二次监控的软件。

(2) 系统设备和子系统的应用软件的接口界面软件，如各供应商（冷冻机，锅炉，供电设备）将其设备的遥控，遥测和运行信号通过硬件和标准接口的数据通信方式向外传输，则子系统应用软件必须有一套与此相适应的接口界面软件。

(3) 新老界面　为保护原有设备不受损失，子系统应具进行二次开发软件的功能。

2. 系统通信检查

(1) 主机及其相应设备通电后，启动程序检查主机与本系统其他设备通信是否正常，确认系统内设备无故障。

(2) 本系统与其他子系统采取通信方式连接，则按系统设计要求进行测试。

(3) 通信的可靠性检查：应有较强的检错与纠错能力，挂在网络上的任一装置的任何部分的故障，都不应导致整个系统的故障。

3. 系统电磁兼容

检查电磁兼容问题（EMC 检查）。设备或系统在其电磁环境中能正常工作，且也不对该环境中任何事物构成不能承受的电磁骚扰的能力。这必须在滤波、接地、屏蔽等方面加强检查，有效解决电磁兼容问题。

4. 过压保护

系统应有过电压保护措施。因为计算机通信网络接口和数字逻辑控制的电子设备，对电源线的干扰与电压波动十分敏感。因计算机内工作电压一般只有 5V，所以一旦干扰串入电源，后果不堪设想。

技能图解 40　火灾自动报警及消防联动系统

技能结构框线图

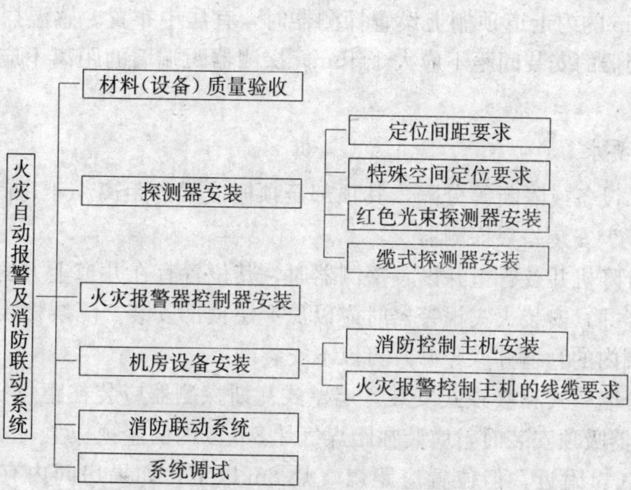

图 6-2　火灾自动报警及消防联动系统

技能要点 1：材料（设备）质量验收

(1) 安装的设备及器材运至施工现场后，应严格进行开箱检查，并按清单造册登记，设备及器材的规格型号应符合设计要求。产品的技术文件应齐全，具有合格证和铭牌。设备外壳、漆层及内部仪表、线路、绝缘应完好，附件、备件齐全。

(2) 控制器的型号、技术性能应符合设计要求和规范标准的规定，并有检验报告和出厂合格证书及技术说明书。消防主机应具有图形显示及中文屏幕菜单等功能，并进行操作试验。

(3) 备有电源（如镍镉电池、免维护碱性蓄电池、铅酸蓄电池等），应有质保资料或合格证及技术说明书。

(4) 对进口设备进行开箱全面检查。进口设备应有国家商检部门的有关检验证明。一切随机的原始资料，自制设备的设计计算资料、图纸、测试记录、验收鉴定结论等应全部清点、整理归档。还应提供原产地证明和商检证明。配套提供的质量合格证明、检测报告及安装、使用、维护说明书等文件资料应为中文文体（或附中文译文）。

(5) 火灾探测器（包括感烟式，感温式，感光式，可燃气体探测式和复合式等）接口模块和线缆等材料设备的型号、规格、材质应符合设计和国家现行技术标准的规定，并有出厂合格证。

(6) 进入现场的设备还应仔细、逐一验收，并作必要的检查，做好"两个核对"，即与订货合同相核对，与设计图纸相核对，做到正确无误。产品应具有详细的型号和技术参数及相关的测试报告，防止器件重复订货。设备器材外包装应完好无损。

(7) 把好设备入库关，检验关，做到不合格品不得投入使用，并对不合格品挂牌，单独存放，退回供方或维修后降级使用。

(8) 消防联动设备和控制装置应符合设计要求或双方签订的技术协议文件要求。

技能要点 2：探测器安装

1. 定位间距要求

(1) 探测器宜水平安装，当必须倾斜安装时，倾斜角不大于45°。

(2) 探测器周围0.5m内，不应有遮挡物。

(3) 探测器至空调送风口边的水平距离不应小于1.5m；至多孔送风顶棚孔口的水平距离不应小于0.5m。

(4) 探测器至墙壁、梁边的水平距离不应大于0.5m。

(5) 在宽度小于3m的内走道顶棚上设置探测器时，宜居中布置。感温探测器的安装间距不应超过10m；感烟探测器的安装间距不应大于15m。探测器距端墙的距离不应大于探测器安装间距的一半。

2. 特殊空间定位要求

(1) 房间被书架、设备或隔断等分隔，其顶部至顶棚或梁的距离小于房间净高的5%时，则每个被隔开的部分应至少安装一只探测器。

(2) 在电梯井、升降机井及管道井设置探测器时，其位置宜在井道上方的机房顶棚上。未按每层封闭的管道井（竖井）安装火灾报警器时应以最上层顶部安装。隔层楼板高度在三层以下且完全处于水平警戒范围内的管道井（竖井）可以不安装。

(3) 瓦斯探测器分墙壁式和吸顶式安装。墙壁式瓦斯探测器应装在距煤气灶4m以内，距地面高度为0.3m；探测器吸顶安装时，应装在距煤气灶8m以内的屋顶板上，当屋内有排气口，瓦斯探测器允许装在排气口附近，但位置应距煤气灶8m以上；如果房间内有梁时，且高度大于0.6m，探测器应装在有煤气灶的梁的一侧；探测器在梁上安装时距屋顶不应大于0.3m。

3. 红色光束探测器安装

(1) 发射器和接收器应安装在同一条直线上。

(2) 光线通路上不应有遮挡物。

(3) 相邻两组红外光束感烟探测器水平距离不应大于 14m，探测器距侧墙的水平距离不应大于 7m，且不应小于 0.5m。

(4) 探测器光束距顶棚一般为 0.3～0.8m，且不得大于 1m。

(5) 探测器发出的光束应与顶棚水平，远离强磁场，避免阳光直射，底座应牢固地安装在墙上。

4. 缆式探测器安装

(1) 缆式探测器用于监测室内火灾时，可敷设在室内的顶棚下，其线路距顶棚的垂直距离应小于 0.5m。

(2) 热敏电缆安装在电缆托架或支架上时，应紧贴电力电缆或控制电缆的外护套，呈正弦波方式敷设。

(3) 热敏电缆敷设在传送带上时，可借助 M 形吊线直接敷设于被保护传送带的上方及侧面。

(4) 热敏电缆安装于动力配电装置上时，应与被保护物有良好的接触。

(5) 热敏电缆敷设时应用固定卡具固定牢固，严禁硬性折弯、扭曲，防止护套破损。必须弯曲时，弯曲半径应大于 200mm。

技能要点 2：火灾报警控制器安装

(1) 火灾报警控制器（以下简称控制器）在墙上安装时，其底边距地（楼）面高度宜为 1.3～1.5m，落地安装时，其底宜高出地坪 0.1～0.2m。

(2) 控制器靠近其门轴的侧面距离不应小于 0.5m，正面操作距离不应小于 1.2m。落地式安装时，柜下面有进出线地沟；如果需要从后面检修时，柜后面板距离不应小于 1m，当有一侧靠墙安装时，另一侧距离不应小于 1m。

(3) 控制器的正面操作距离，设备单列布置时不应小于 1.5m，双列布置时不应小于 2m，在值班人员经常工作的一面，控制盘前距离不应小于 3m。

(4) 控制器应安装牢固，不得倾斜。安装在轻质墙上时应采取加固措施。

(5) 配线应整齐，避免交叉，并应固定牢固，电缆芯线和所配导线的端部均应标明编号，并与图纸一致。

(6) 端子板的每个接线端，接线不得超过两根。

(7) 导线应绑扎成束，其导线、引入线穿线后，在进线管处应封堵。

(8) 控制器的主电源引入线应直接与消防电源连接，严禁使用电源插头。主电源应有明显标志。

(9) 控制器的接地应牢固，并有明显标志。

(10) 竖向的传输线路应采用竖井敷设，每层竖井分线处应设端子箱，端子箱内的端子宜选择压接或带锡焊接的端子板，其接线端子上应有相应的标号。分线端子除作为电源线、故障信号线、火警信号线、自检线、区域号外，宜设两根公共线供给调试作为通信联络用。

(11) 消防控制设备的外接导线，当采用金属软管作套管时，其长度不宜大于 2m，且应采用管卡固定，其固定点间不应大于 0.5m。金属软管与消防控制设备的接线盒（箱）应采用锁母固定，并应根据配管规定接地。

(12) 消防控制设备外接导线的端部应有明显标志。

(13) 消防控制设备盘（柜）内不同电压等级、不同电流的类别的端子应分开，并有明显标志。

（14）控制器（柜）接线牢固、可靠，接触电阻小，而线路绝缘电阻要求保证不小于 20MΩ。

（15）手动火灾报警按钮外接导线应留有 100mm 的余量，且在端部应有明显标志。

技能要点 3：机房设备安装

1. 消防控制主机安装

（1）消防控制机柜槽钢基础应在水泥地面生根固定牢固。

（2）机柜按设计要求进行排列，根据柜的固定孔距在基础槽钢上钻孔，安装时从一端开始逐台就位，用螺栓固定，用小线找平找直后再将各螺栓紧固。

（3）消防控制机柜（台）前操作距离，单列布置时不小于 1.5m，双列布置时不小于 2m，在有人值班经常工作的一面，距墙的距离不应小于 3m，柜后维修距离不应小于 1m，控制柜排列长度大于 4m 时，控制柜（台）两端应设置宽度不小于 1m 的通道。

2. 火灾报警控制主机的线缆要求

（1）引入的线缆应进行校线，按图纸要求编号。

（2）线间、线对地绝缘电阻不应小于 20MΩ。

（3）摇测全部合格后按电压等级、用途、电流类别分别绑扎成束引到端子板，按接线图进行压线，每个接线端子上压线不应超过两根。

（4）线缆标识应清晰准确，不易褪色；配线应整齐，避免交叉，固定牢固。

（5）导线引入完成后，在进线管处应封堵，控制器主电源引入线应直接与消防电源连接，严禁使用插头连接，主电源应有明显标志。

技能要点 4：消防联动系统

（1）配电线路和控制线路在敷设时应尺量缩短线路长度，避免穿越不同的防火分区。

（2）配电线（或接线）箱内采用端子板汇接各种导线并应按不同用途、不同电压、电流类别等需要分别设置不同端子板，并将交直流不同电压的端子板加保护罩进行隔离，以保护人身和设备安全。

（3）箱内端子板接线时，应使用对线耳机，两人分别在线路两端逐根核对导线编号。将箱内留有余量的导线绑扎成束，分别设置在端子板两侧，左侧为控制中心引来的干线，右侧为火灾探测器及其他设备的控制线路，在连接前应再次摇测绝缘电阻值。每一回路线间的绝缘电阻值应不小于 10MΩ。

（4）单芯铜导线剥去绝缘层后，可以直接接入接线端子板，剥削绝缘层的长度，一般比端子插入孔深度长 1mm 为宜。对于多芯铜线，剥去绝缘层后应挂锡再接入接线端子。

（5）消防控制室专设工作接地装置时，接地电阻值不应大于 4Ω。采用共同接地时，接地电阻值不应大于 1Ω。

（6）当采用共同接地时，应用专用接地干线由消防控制室接地板引至接地体。专用接地干线应选用截面积不小于 $25mm^2$ 的塑料绝缘铜芯电线或电缆两根。

（7）由消防控制室接地板引至各消防设备的接地线，应选用铜芯绝缘软线，其线芯截面积不应小于 $4mm^2$。

（8）接地装置施工完毕后，应及时作隐蔽工程验收。

技能要点 5：系统调试

（1）对探测器进行模拟火灾试验，监测主机及现场报警状态、预设报警联动动作及反馈信号，并在现场逐一进行核实。

（2）使用火灾报警按钮模拟火灾状态，监测主机及现场报警状态、预设报警联动动作及反馈信号，并在现场逐一进行核实。

（3）使用消火栓按钮模拟火灾状态，监测主机及现场报警状态、消火栓泵运行状态，并在现场进行核实。

（4）喷淋系统末端进行放水模拟火灾状态，监测主机及现场报警状态、预设报警联动动作及反馈信号，并在现场逐一进行核实。

（5）手动拉动防火阀使其动作，模拟火灾状态，监测主机及现场报警状态、预设报警联动动作及反馈信号，并在现场逐一进行核实。

（6）系统应在连续试运行120h无故障后，填写火灾自动报警系统调试报告。

技能图解41　安全防范系统

技能结构框线图

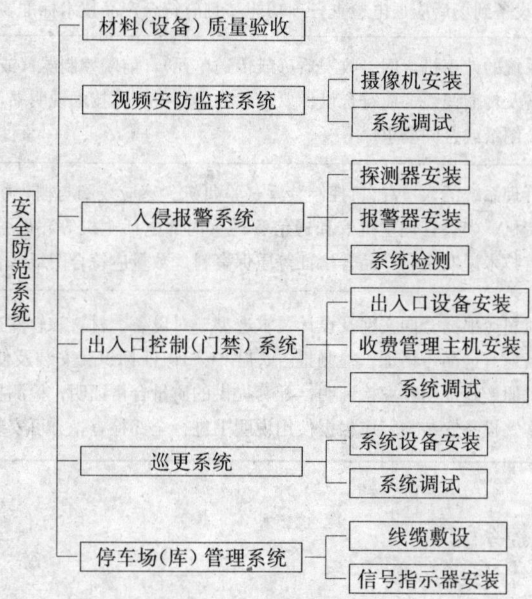

图6-3　安全防范系统

技能要点1：材料（设备）质量验收

安全防范系统工程材料（设备）质量要求及进场验收见表6-2。

表6-2　材料（设备）质量要求与验收

项　目	质　量　要　求
视频安防监控系统	（1）组成视频监控系统的前端设备、矩阵控制器、终端设备、传输缆线等器材设备应符合设计要求，且具有开箱清单、产品技术说明书、合格证等质保资料，数量符合图纸或合同的要求。 （2）摄像机的主要性能及技术参数应符合设计要求和产品技术指标要求。 （3）镜头的焦距、自动光圈、Cs/C接口标准、光通量等选择应符合设计要求。 （4）同轴电缆、双绞线等缆线符合设计或合同要求。其性能技术指标符合相关标准。 （5）黑白/彩色专用监视器、录像机（时滞录像机）、数码光盘记录、计算机硬盘录像应符合设计要求和产品技术标准

表 6-2（续）

项　目	质 量 要 求
视频安防监控系统	（6）控制设备，如视频矩阵切换器、双工多画面视频处理器、多画面分割器、视频分配器等应符合设计或合同要求，符合产品技术要求。 （7）设备产品的企业应提供“生产登记批准书”的批准文件或“安全认证”的有关文件
入侵报警系统	（1）各类报警器（开关、震动、超声波、次声、主动与被动红外、微波、激光、视频运动、多种技术复合等报警器），报警控制器及传输缆线，必须具备产品的技术说明书，质保资料包括合格证。并应符合设计要求和相关行业标准。数量符合图纸或合同的要求。设备进入现场，应具有开箱清单，产地证明等随机资料。 （2）微波入侵探测器，被动/主动红外入侵探测器和防盗报警器等产品在包装或说明书上标明生产许可证标记和编号及批准日期。标记和编号为 XKHZ。并提供相应的产品检验报告
出入口控制（门禁）系统	（1）构成出入口控制（门禁）系统的中央管理机，控制器，读卡器（门磁开关，电子门锁等），执行机构等器材设备必须具备产品技术说明书，产品合格证等质保资料，还应符合设计要求和相关行业标准。数量符合图纸或合同的要求。设备进入现场，应有开箱清单，产地证明等随机资料。 （2）产品外观应完整，无损伤和任何变形。 （3）有源设备到场后应通电检查各项功能，且应符合产品技术标准要求和设计要求
巡更管理系统	组成巡更系统的计算机，网络收发器（或传送单元），前端控制器（或手持读取器），巡更点（或编码片）等设备及传输线缆，应符合设计要求。必须具备产品技术说明书，产品合格证等质保资料。数量和备件符合图纸或合同要求
停车场（库）管理系统	构成停车管理系统的入口/出口控制装置（验票机、感应线圈与栅栏机）通道管理的引导系统及管理中心（收费机、中央管理主机）和通信管理（内部电话主机等）设备，传输线缆，应符合设计要求，产品应有技术说明书，产品合格证等质保资料。数量应符合图纸或合同要求
进场验收	上述设备材料应根据合同文件及设计要求选型，对设备、材料和软件进行进场检验，并填写进场检验记录。设备应有产品合格证、检测报告、“CCC”认证标识、安装及使用说明书等。如果是进口产品，则需提供原产地证明和商检证明，配套提供的质量合格证明，检测报告及安装、使用、维护说明书的中文文本。设备安装前，应根据使用说明书进行全部检查，方可安装

技能要点 2：视频安防监控系统

1. 摄像机安装

（1）安装前摄像机应逐一接电进行检测和调整，使摄像机处于正常工作状态。

（2）检查云台的水平、垂直转动角度和定值控制是否正常，并根据设计要求整定云台转动起点和方向。

（3）按施工图的要求牢固地固定在底座或支（吊）架上。

（4）从摄像机引出的电缆应至少留有 1m 的余量，以利于摄像机的转动。不得利用电缆插头和电源插头承受电缆的质量。

（5）摄像机宜安装在监视目标附近不易受到外界损伤的地方，室内安装高度以 2.5～5m 为宜；室外安装高度以 3.5～10m 为宜。电梯轿厢内的摄像机应安装在轿厢的顶部。摄像机的光轴与电梯轿厢的两个面壁成 45°角，并且与轿厢顶棚成 45°俯角为适宜。

（6）摄像机镜头应避免强光直射，应避免逆光安装，若必须逆光安装的场合，应选择将监视区的光对比度控制在最低限度范围内。

2. 系统调试

调试时，接通视频电缆对摄像机进行调试。合上控制器、监视器电源，若设备指示灯亮，则合上摄像机电源，监视器屏幕上便会显示图像。图像清晰时，可遥控变焦，遥控自动光圈，观察变焦过程中图像的清晰度。如果出现异常情况便应做好记录，并将问题妥善处理。若各项指标都能达到产品说明书所列的数值，便可遥控电动云台带动摄像机旋转。若在静止和旋转过程中图像清晰度变化不大，则认为摄像机工作情况正常，可以使用。云台运转情况平稳、无噪音，电动机不发热，速度均匀，可认为能够进行安装。

当各种设备单体调试完毕，便可进行系统调试。此时，按照施工图对每台设备（摄像机、云台等）进行编号，合上总电源开关，监控室同监视现场之间利用对讲机进行联系，做好准备工作，再开通每一摄像回路，调整监视方位，使摄像机能准确地对准监视目标或监视范围，通过遥控方式，变焦、调整光圈、旋转云台，扫瞄监视范围。如图像出现阴暗斑块，则应调整监视区域灯具位置和亮度，提高图像质量。在调试过程中，每项试验应做好记录，及时处理安装时出现的问题。当各项技术指标都达到设计要求时，系统并经过 24h 连续运行无事故，绘制竣工图，向业主提供施工质量评定资料，并提出交工验收请求。

技能要点 3：入侵报警系统

1. 探测器安装

（1）探测器安装时，应先将盒内的线缆引出，压接在探测器的接线端子上，将富余线缆盘回盒内，将探测器底座用螺栓固定在盒上，且固定一定要牢固可靠。

（2）周界入侵探测器的安装，位置要对准，防区要交叉。室外入侵探测器的安装应符合产品使用要求和防护范围。

（3）底座和支架应固定牢靠，其导线连接应采用可靠连接方式。

（4）外接导线应留有适当的余量。

2. 报警器安装

（1）为了防止误报警，不应将 PIR 探头对准任何温度会快速改变的物体，诸如电加热器，火炉，暖气，空调器的出风口，白炽灯等强光源以及受到阳光直射的门窗等热源，以免由于热气流的流动而引误报警。

（2）PIR 永远不能安装在某些热源（如暖气片、加热器、热管道等）的上方或其附近，否则也会产生误报警。PIR 应与热源保持至少 1.5m 以上的间隔距离，不要安装在强电设备附近。

（3）警戒区内注意不要有高大的遮挡物遮挡和电风扇叶片的干扰。PIR 一般安装在墙角，安装高度为 2～4m，通常为 2～2.5m。

3. 系统检测

（1）检查系统与计算机集成系统的联网接口，以及该系统对防盗防入侵报警的集中管理和控制能力。

（2）系统应能按时间，按区域（部位）任意编程，设防或撤防。

（3）系统应能显示报警部位、时间，并能记录及提供联动电视监控，灯光等控制接口信号。

（4）检查防盗报警控制器的自检功能，编程功能，布撤防及旁路功能以及报警发生时的声光显示与记录功能。

（5）检查报警系统的可靠度应满足相关标准及设计技术要求。

（6）测试紧急按钮到控制器的直接响应时间一般不大于 1s，到系统微机处理器的响应时间一般为 3s 以内。

（7）紧急按钮通过市话网至报警中心的响应时间不大于 20s（电话线路处于主叫状态）；检查

报警信号是否优先（即报警优先抢占话路），并有防破坏措施；检查当电话线破坏时系统是否另有辅助办法与报警中心联系。

（8）检查系统的主电源和备用电源，其容量应分别符合相关标准的要求。在备用电源连续充、放电 3 次后，主电源和备用电源能自动切换。

技能要点 4：出入口控制（门禁）系统

1. 出入口设备安装

（1）感应线圈安装方式检测

1）感应线圈应随管路敷设预埋施工，安装前应检查线圈规格型号、安装位置及埋深是否符合设计要求。

2）距离感应线圈水平 500mm、垂直 0.1m 内不应有任何金属物或其他的电气线缆。

3）两组感应线圈的距离应符合设计要求，如设计无要求时，两相一圈的间距宜大于 1m。

4）感应线圈安装可采用木楔固定，也可采用预留沟槽的方法安装。用木楔固定时，在基础垫层上先固定木楔，然后将感应线圈卡固在木楔上。

（2）红外光电式检测

1）检测设备的安装应按照厂商提供的产品说明书进行。

2）两组检测装置的距离及高度应符合设计要求，如设计无要求时，两组检测装置的距离一般为 1.5m±0.1m，安装高度一般为 0.7m±0.02m。

3）收、发装置应相互对准且光轴上不应有固定的障碍物，接收装置应避免被阳光或强烈灯光直射。

（3）读卡机安装

1）读卡机应安装在平整、坚固的水泥墩上，并保持水平，不能倾斜。

2）一般应安装在室内，安装在室外时，应考虑防水措施及防撞装置。

3）读卡机与闸门机安装的中心距一般为 2.4～2.8m。

在车库入口处可安装满位指示灯，落地式满位指示灯可用地脚螺栓或膨胀螺栓固定于混凝土基座上，壁装式满位指示灯安装高度宜大于 2.2m。

2. 收费管理主机安装

（1）在安装前对设备进行检验，设备外形尺寸、设备内主板及接线端口的型号、规格符合设计要求，备品配件齐全。

（2）按施工图压接主机、不间断电源、打印机、出入口读卡设备间的线缆，线缆压接准确、可靠。

3. 系统调试

系统调试应分别对入口管理系统、出口管理系统和管理中心的功能进行检测，检测项目如下：

（1）自动栅栏升降功能检测，防砸车功能检测。

（2）读卡器功能检测，对无效卡的识别功能；对非接触 IC 卡读卡器还应检测读卡距离和灵敏度。

（3）发卡（票）器功能检测，吐卡功能是否正常、入场日期、时间等记录是否正确。

（4）满位显示器功能是否正常。

（5）管理中心的计费、显示、收费、统计、信息储存等功能的检测。

（6）出/入口管理工作站及与管理中心站的通信是否正常。

（7）管理系统的其他功能，如“防折返”功能检测。

（8）对具有图像对比功能的停车场（库）管理系统，应分别检测出/入口车牌和车辆图像记录的清晰度、调用图像信息的符合情况。

(9) 检测停车场（库）管理系统与消防系统报警时联动功能，电视监视系统摄像机对进/出车库的车辆的监视等。

(10) 空车位及收费显示。

(11) 管理中心监控站的车辆出/入数据记录保存时间应满足管理要求。

技能要点5：巡更系统

1. 系统设备安装

(1) 有线巡更信息开关或无线巡更信息钮，应安装在各出入口，主要通道、各紧急出入口，主要部门或其他需要巡更的站点上，高度和位置按设计和规定要求设置。

(2) 安装应牢固，端正，户外应有防水措施。

(3) 前端设备安装

1) 离线式巡更系统现场的信息钮、IC卡安装在每个巡更点、离地面1.4m高处安装一个巡更信号器。详见产品安装技术资料。

2) 在线式巡更系统现场的读卡器的安装参见门禁系统。

(4) 前端设备安装质量的检测见表6-3。

表6-3　前端设备安装质量检测

项目	内容	抽查百分数（%）	检查记录					
			1	2	3	…	…	N
巡更钮、IC卡	安装设备位置 安装质量及外观	100						
读卡器/巡更开关	安装设备位置 安装质量及外观	100						
辅助电源	安装质量 接线引入电缆 接地线情况	100						

2. 系统调试

(1) 系统设置功能的调试：包括日期、时间、巡更员、巡更路线、班次设置、状态设置等。

(2) 系统数据采集功能的调试。

(3) 系统查询打印功能的调试。

(4) 系统维护功能的调试。

(5) 在线式巡更系统应调试实时监控界面、电子地图的显示功能；以及事故报警的功能。

技能要点6：停车场（库）管理系统

1. 线缆敷设

(1) 感应线圈埋设深度距地表面不小于0.2m，长度不小于1.6m，宽度不小于0.9m，感应线圈至机箱处的线缆应采用金属管保护，并固定牢固；应埋设在车道居中位置，并与读卡机、闸门机的中心间距保持在0.9m左右，且保证环形线圈0.5m平面范围内不可有其他金属物，严防碰触周围金属。

(2) 管路、线缆敷设应符合设计图纸的要求及有关标准规范的规定。有隐蔽工程的应办隐蔽验收。

2. 信号指示器安装

(1) 车位状况信号指示器应安装在车道出入口的明显位置，其底部离地面高度保持2.0～2.4m左右。

(2) 车位状况信号指示器一般安装在室内，安装在室外时，应考虑防水措施。

(3) 车位引导显示器应安装在车道中央上方，便于识别引导信号。

技能图解42　通信网络系统

技能结构框线图

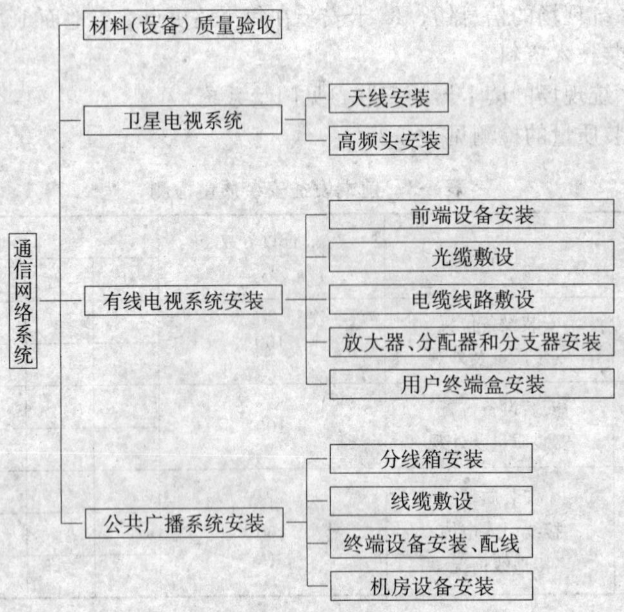

图6-4　通信网络系统

技能要点1：材料（设备）质量验收

通信网络系统材料（设备）质量要求及进场验收见表6-4。

表6-4　材料（设备）质量要求与验收

项　目	质　量　要　求
缆线	(1) 线料和电缆的塑料外皮应无老化变质现象，并应进行通、断和绝缘检查。 (2) 局内电缆、接线端子板等主要器材的电气应抽样测试。当时对湿度在75%以下，用250V兆欧表测试时，电缆芯线绝缘电阻应不小于200MΩ，接线端子板相邻端子的绝缘电阻应不低于500MΩ。 (3) 剥开电缆头，有A、B端要求的要识别端别，在缆线外端应标出类别和序号。 (4) 光缆开盘后应先检查光缆外表面有无损伤，光缆端封装是否良好。根据光缆出厂产品质量检验合格证和测试记录，审核光纤的几何、光学和传输特性及机械物理性能是否符合设计要求。 (5) 综合布线系统工程在使用62.5/125μm或50/125μm多模渐变折射率光纤光缆和单模光纤光缆时，应现场检验测试光纤衰减常数和光纤长度

表 6-4（续）

项　目	质量要求
型材、管材与铁件	（1）各种型材的材质、规格均应符合设计文件的规定，表面应光滑、平整，不得变形、断裂。 （2）管材采用钢管、硬聚氯乙烯管、玻璃钢管时，其管身应光滑无伤痕，管孔无变形，孔径、壁厚应符合设计要求。 （3）管道采用水泥管块时，应符合《通信管道工程施工及验收规范》（YDJ 39）中的相关规定。 （4）各种铁件的材质、规格均应符合质量标准，不得有歪斜、扭曲、飞刺、断裂或破损。 （5）铁件的表面处理和镀层应均匀完整，表面光洁、无脱落、气泡等缺陷
光纤调度软纤	（1）光纤调度软纤应具有经过 防火处理的光纤保护包皮，两端的活性连接器（活接头）端面应配有合适的保护盖帽。 （2）每根光纤调度软纤中光纤的类型应有明显的标记，选用应符合设计要求
扬声器箱	（1）扬声器箱的声压灵敏度（SPL）和最大声压级（SPL_{max}）。 （2）扬声器箱的指向特性。 （3）扬声器箱的单元的阻抗特性。 （4）功率放大器的阻尼系数 D
调音台	调音台的功能应满足使用功能和合同的要求，操作使用方便，工作稳定，接插件性能好，技术性能指标符合设计要求
周边器材	周边器材（如均衡器、压缩限幅器、反馈抑制器、电子分频器等）使用功能，技术性能指标，符合工厂的产品技术说明书
进场验收	（1）施工前对运到施工现场的器材，应进行清点及外观检查，检查各种器材的规格、型号及质量是否符合设计要求。 （2）在存储运输过程中，有无损坏变质等情况，如发现包装有损坏或外观有问题，应做详细检验。 （3）产品性能应符合相应的国家标准或行业标准的规定，并经国家规定的质检单位测试认定合格，产品的生产厂必须持有生产许可证。还须按施工材料表对系统进行清点、分类。 （4）产品附有铭牌（或商标），检验合格证和产品使用说明书、各种部件的规格、型号、质量应符合设计要求。产品外观应无变形、破损和明显脱漆现象。 （5）国外产品应符合中国广播电视制式和频率配置。 （6）在同一项目中，选用的主要部件和材料，具有性能和外观的一致性。 （7）选用的设备和部件的输入、输出标称阻抗，电缆的标称特性阻抗均为 75Ω。 （8）有源部件均应通电检查

技能要点 2：卫星电视系统

1. 天线安装

将天线连同支架安装在天线座架上。天线的方位通常有一定的调整范围，应保证在接收方向的左右有足够的调整余地。对于具有方位度盘和俯仰度盘的天线，应使方位度盘的 0°与正北方向、俯仰度盘的 0°与水平面保持一致。

天线馈源安装是否合理，对天线的增益影响极大。对于前馈天线，应使馈源的相位中心与抛物面焦点重合；对于后馈天线，应将馈源固定于抛物面顶部锥体的安装孔上，并调整副反射面的距离，使抛物面能聚焦于馈源相位中心上。天线的极化器安装于馈源之后。对于线极化（水平极化和垂直极化），应使馈源输出口的矩形波导窄边与极化方向平行；对于圆极化波（如左旋圆极化波），应使矩形导波口的两窄边垂直线与移相器内的螺钉或介质片所在平面相交成 45°角的位置。

2. 高频头安装

（1）将 LNB 插入馈源盘中央的大圆孔中（图 6-5）。

（2）根据天线参数 F/D 值，将馈源盘凸缘端面对准 LNBF 侧面的 F/D 相应刻度上（图 6-6）。

（3）使 LNBF 频端面上的“0”刻度垂直于水平面（图 6-7）。

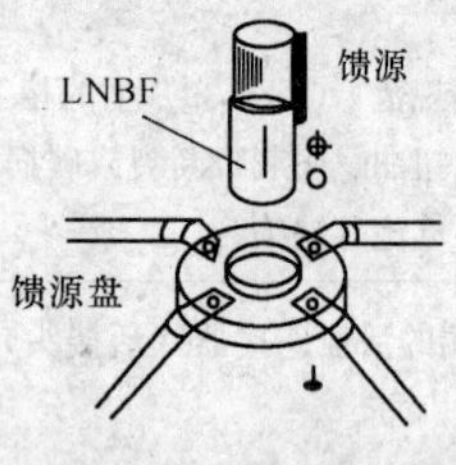

图 6-5　LNBF 插入

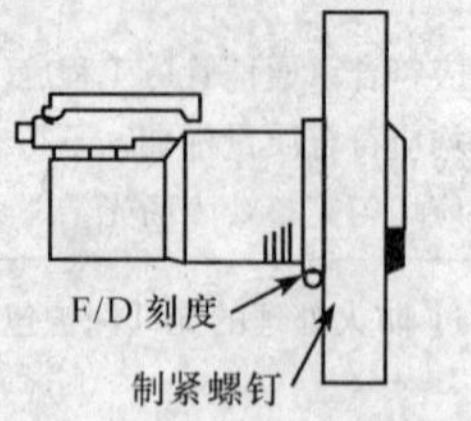

图 6-6　对准刻度

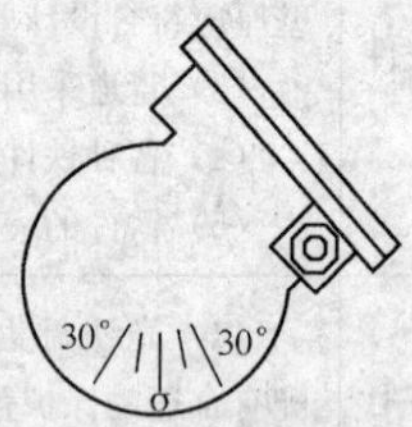

图 6-7　“0”垂直于水平面

（4）将馈源盘凸缘侧面的制紧螺钉稍微拧紧。

（5）把 LNBF 的 IF 输出电缆与接收机的 LNBF 输入端口连接好。

（6）高频头位置的调整

1）首先应检查馈源是否处于抛物面天线的中心，焦点是否正确，否则可以稍微调整馈源支撑杆：使之对准（以信号最大为准）。

2）检查 LNBF 侧面的 F/D 刻度是否按天线所给参数 F/D 对准，为此可略微前后调整，使 SL－1000 信号显示最大。

3）卫星发射的电视信号：只有在卫星所在经度的子午线上，其极化方向才完全是水平或垂直的，而在其他地区接收时，会略有偏差，在实际接收的情况下，应稍微旋转动 LNBF 的方向，以使信号最大，这时 LNBF 顶端面上的刻度“0”可能不完全是垂直于水平面。

4）按动卫星接收机 H/V 键，这时另一极化方向的信号亦应是最佳的。

技能要点 3：有线电视系统安装

1. 前端设备安装

设备安装要牢固、整体美观，设备不要随意排列，连接线应有序排列并用扎带固定，线的两端应写好节目来源和去向的编号，做好永久性记号以方便调试与维修。

设备布局在保证系统性能指标合理的前提下，注意操作方便、扩容方便，同时兼顾美观。射频信号的输入、输出电缆避免平行布线，射频电缆采用高屏蔽性、反射损耗小的电缆，以减少干扰，减少泄漏。尽量缩短信号连接电缆的长度。

在信号连线中，适当地留有备份，以便增容和维护。设备、连线设置标识，以方便调试和维修。合理捆扎连线，保证可靠性，增加美观。电源线、信号线做到分开布置。

另外，在接地线处理上，应注意到前端机房的地线直接从接地总汇集线上单独引入，距离不是太远，采用扁钢、铜线。机房内地线结构以一点接地，星型连接。连接到设备机架上的地线选用截面积 6mm^2 以上的多股铜线，并保证接触良好。

2. 光缆敷设

光缆敷设时，要求布放光缆的牵引力应不超过光缆允许张力的 80%，一般为 150～200kg，瞬时最大牵引力不得大于光缆允许张力，主要牵引力应加在光缆的加强构件上，光纤不应直接承受拉力。

光缆弯曲时不能低于最小曲率半径，施工过程中弯曲半径应不小于光缆外径的 20 倍，在安装敷设完工后，容许的最小曲率半径应不小于光缆外径的 15 倍。

施工前要对光缆的端别予以判定并确定 AB 端，A 端应是朝着网络枢纽的方向，B 端是用户一侧，敷设时端别方向应一致。

架空光缆经过十字形吊线连接或丁字形吊线连接处，光缆的弯曲应圆顺，并符合最小曲率半径的要求，光缆的弯曲部分应穿放聚乙烯管加以保护。其长度约为 30cm。架空光缆在配盘时，应将架空光缆的接头点放在电杆上或邻近电杆 1m 左右处，以利于施工和维护。接头处每侧预留长度 6～10m，如接有设备终端时，在设备侧应预留 10～20m。

3. 电缆线路敷设

架空电视电缆应用钢绳线敷设，采用挂钩时，其挂钩一般不小于 0.5m，挂钩要均匀。架空时中间不应有接头，不能打圈或用力过猛导致电缆受损。沿墙敷设电缆线路应横平竖直，电缆距地面应大于 2.5m，转弯处半径不得小于电缆外径的 6 倍。跨越距离不得大于 35m。沿墙水平走向电缆线卡距离一般为 0.4～0.5m，竖直线的线卡距离一般为 0.5～0.6m。电缆的接头应严格按照步骤和要求进行，放大器与分支器、分配器的安装要有统一性、稳固、美观、便于调试，整个电缆敷设应做到横平竖直、间距均匀、牢固、美观、调试方便等。

4. 放大器、分配器和分支器安装

在每栋楼房的进线处设有一个放大器箱，箱内用来安装均衡器、衰减器、分配器、放大器等部件。各分支电缆通过暗装的穿线管通向每个用户终端。

5. 用户终端盒安装

用户终端盒是系统向用户提供信号的装置，通过电缆与有线电视网络终端设备如电视机、机顶盒、PC 接收卡等的有线电视信号输入端相连，这样用户就可享受到有线电视系统提供的电视、数据等多媒体信息。用户终端盒分面板和底座两部分，底座是一种标准间，一般预埋在墙体内。面板又分单孔、双孔和三孔等，但所有面板的外形尺寸都是一样的，面板接好分配电缆就可以安装在底盒上了。

技能要点 4：公共广播系统安装

1. 分线箱安装

(1) 暗装箱体面板应与建筑装饰面配合严密。严禁采用电焊或气焊将箱体与预埋管口焊接。

(2) 分线箱安装高度设计有要求时以设计要求为准，设计无要求时，底边距地面不低于 1.4m。

(3) 明装壁挂式分线箱、端子箱或声柱箱时，先将引线与箱内导线用端子做过渡压接，然后将端子放回接线箱。找准标高进行钻孔，埋入胀管螺栓进行固定。要求箱底与墙面平齐。

(4) 线管不便于直接敷设到位时，线管出线口与设备接线端子之间，必须采用金属软管连接，不得将线缆直接裸露，金属软管长度不大于 1m。

2. 线缆敷设

(1) 布放线缆应排列整齐，不拧绞，尽量减少交叉，交叉处粗线在下，细线在上。

(2) 管内穿线不应有接头，接头必须在盒（箱）处接续。

(3) 进入机柜后的线缆应分别进入机架内分线槽或分别绑扎固定。

(4) 所敷设的线缆两端必须做标记。

3. 终端设备安装、配线

(1) 扬声器的安装应符合设计要求，固定要安全可靠，水平和俯、仰角应能在设计要求的范围内灵活调整。

(2) 吊顶内、夹层内利用建筑结构固定扬声器箱支架或吊杆时，必须检查建筑结构的承重能力，征得设计同意后方可施工；在灯杆等其他物体上悬挂大型扬声器时，也必须根据其承重能力，征得设计同意后安装。

(3) 以建筑装饰为掩体安装的扬声器箱，其正面不得直接接触装饰物。

(4) 具有不同功率和阻抗的成套扬声器，事先按设计要求将所需接用的线间变压器的端头焊出引线，剥去 10～15mm 绝缘外皮待用。

(5) 吸顶式扬声器，将扬声器引线用端子与盒内导线连接好（连接时软线应涮锡），然后将端子放回接线盒，使扬声器与顶棚贴紧，用螺钉将扬声器固定在吊顶支架板上。当采用弹簧固定扬声器时，将扬声器托入吊顶内再拉伸弹簧，将扬声器罩勾住并使其紧贴在顶棚上，并找正位置。

4. 机房设备安装

(1) 大型机柜采用槽钢基础时，应先检查槽钢基础的平直度及尺寸是否满足机柜安装要求。

(2) 根据机柜底座固定孔距，在基础槽钢上钻孔，用镀锌螺栓将柜体与基础槽钢固定牢固。多台机柜并列时，应拉线找直，从一端开始顺序安装，机柜安装应横平、竖直。

(3) 机柜上设备安装顺序应符合设计要求，设备面板排列整齐，带轨道的设备应推拉灵活。

(4) 安装控制台要摆放整齐，安装位置应符合设计要求。

技能图解 43　信息网络系统

技能结构框线图

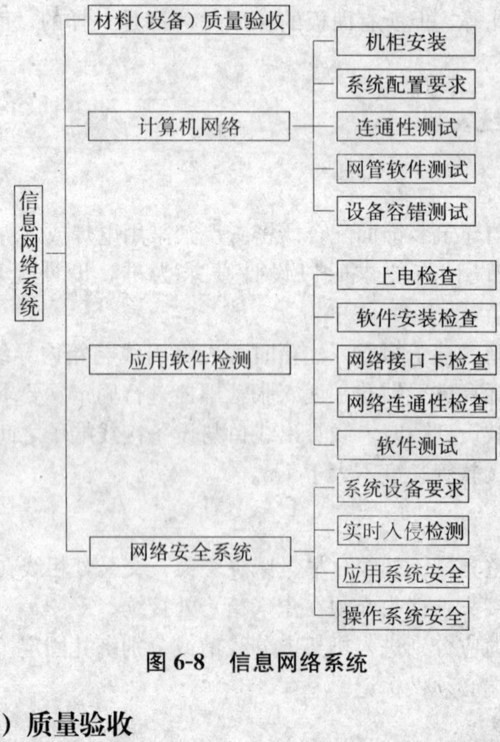

图 6-8　信息网络系统

技能要点 1：材料（设备）质量验收

(1) 材料、设备的品牌、型号、规格、产地和数量应与设计（或合同）相符。

1) 包装和密封良好，技术文件附件及随机资料应齐全、完好，并有装箱清单。

2) 做好外观检查，外壳、漆层应无损伤或变形。

3）内部插件等固紧螺钉不应有松动现象。

4）操作系统的型号、版本、介质及随机资料符合设计（或合同）要求。

（2）进行必要的环境检查，例如设备的供电、接地、温度、湿度、洁净度、安全、电磁环境、综合布线等，应符合设计要求，产品技术文件规定和安全技术标准。

（3）定购硬件和软件产品时，应遵循一定的指导方针，（如正版软件）确保安全。任何网络内产品的采购必须经过审批。对于所有的新系统和软件必须经过投资效益分析和风险分析。网络安全系统的产品均应符合设计（或合同）要求的产品说明书、合格证或验证书。防火墙和防病毒软件等产品必须通过公安部计算机信息系统安全产品质量监督检验中心检验，并具有公安部公共信息安全监察局颁发的“计算机信息系统安全专用产品销售许可证”；特殊行业有其他规定时，还应遵守行业的相关规定。

所有对外提供服务的服务器只能放在非军事化区，不允许放在内网；数据库服务器和其他不对外服务的服务器应放置在内网。

（4）进口产品除以上规定外，还应提供原产地证明和商检证明。配套提供的质量合格证明、检测报告及安装、使用、维护说明书等文件资料应为中文文本。

技能要点 2：计算机网络

1. 机柜安装

（1）计算网络及布线、跳线设备所需要的机柜空间，配备足够的机柜数量。

（2）机柜要求符合相关标准，尺寸准确无误，工艺精良，结构合理、牢固。

（3）机柜前面和后面留足够的空间以便进行维护维修。

（4）固定牢固，配备足够的机柜附件如螺丝螺母、隔板等。

（5）按照国家相关标准安装足够的标准电源插座，并固定在机柜内的合适位置，不影响其他设备的安装，连接电源线方便安全。

（6）保持机柜良好的通风、照明及温度环境，便于操作维护。

2. 系统配置要求

检查系统配置要求，包括对 ATM 和以太网交换机的配置。按各生产厂家提供的安装手册和要求，规范地编写或填写相关配置表格并应符合网络系统的设计要求。按照配置表，通过控制台或仿真终端对交换机进行配置，保存配置结果。

3. 连通性测试

连接相关的广域网接入线路（如 DDN，Frame－relay，ISDN，X. 25 等），观察接入设备运行状态及 IP 地址，确认正常连接及路由的配置正确。从接在网络集线器端口的站点上 Ping 接在另一端口站点的 IP 地址，检查网络集线器端口的连通性，确认所有的端口均应正常连通。连通性检测应符合如下要求：

（1）根据网络设备的连通图，网管工作站应能够和任何一台网络设备通信。

（2）各子网（虚拟专网）内用户之间的通信功能检测：根据网络配置方案的要求，允许通信的计算机之间可以进行资源共享和信息交换，不允许通信的计算机之间无法通信，并保证网络节点符合设计规定的通信协议和适用标准。

（3）根据配置方案的要求，检测局域网内的用户与公用网之间的通信能力。

（4）连通性检测方法可采用相关测试命令进行测试；或根据设计要求使用网络测试仪测试网络的连通性。

（5）路由检测方法可采用相关测试命令进行测试；或根据设计要求使用网络测试仪测试网络路由设置的正确性。

4. 网管软件测试

(1) 软件的版本及对应的操作系统平台与设计（或合同）相符。

(2) 配置一台网络管理软件所需的计算机，并安装好网络管理软件所需的操作系统。

(3) 按照网络管理软件的安装手册和随机文档，安装网络管理软件，并符合设计要求。网络管理软件应具备如下管理功能：

1) 网管系统应能够搜索到整个网络系统的拓扑结构图和网络设备连接图。

2) 网络系统应具备自诊断功能，当某台网络设备或线路发生故障后，网管系统应能够及时报警和定位故障点。

3) 应能够对网络设备进行远程配置，检测网络的性能，提供网络节点的流量、广播率和错误率等参数。

4) 网络管理软件功能测试，应符合设计和合同要求。确认网络管理软件能够监测所需管理的设备（如：交换机、路由器、服务器、PC 等）的状态和动态地显示网络流量，并据此设置这些设备的属性，使网络系统得到优化。

5. 设备容错测试

容错功能的检测方法应采用人为设置网络故障，检测系统正确判断故障及自动恢复的功能，切换时间应符合设计要求。检测内容应包括以下两个方面：

(1) 对具备容错能力的网络系统，应具有错误恢复和隔离功能，主要部件有备份，并在出现故障时可自动切换。

(2) 对有链路冗余配置的网络系统，当其中的某条链路断开或有故障发生时，整个系统仍应保持正常工作，并在故障恢复后应能自动切换回主系统运行。

技能要点 3：应用软件检测

1. 上电检查

(1) 执行上电开机程序，应正常完成系统自测试和系统初始化（或相应报告）。

(2) 执行服务器检查程序、包括对 CPU、内存、硬盘、I/O 设备、各类通信接口的测试，并给出正常运行结束的报告。

(3) 执行主机如服务器、客户机、外设主要性能的测试，给出服务器主要性能（主频、内存、容量、硬盘容量等）指标的报告。

(4) 外围设备提供的自测试程序，也应输出相应的报告信息，确认各类操作的运行正确性。

2. 软件安装检查

(1) 检查主机（服务器或客户机）与所安装的软件如操作系统、数据库是否相匹配，应符合设计或合同要求。

(2) 测试软件系统（操作系统或数据库软件等）要求

1) 常规测试：执行各类系统命令或系统操作（或语句），应完全正确。

2) 综合测试：执行软件（如操作系统或数据库的模板）与系统支撑软件及各类系统软件产品的连接测试，执行结果应完全正确。

3. 网络接口卡检查

(1) 网络接口卡的型号、品牌应符合接入网络的设计要求。

(2) 应有网络连接线缆测试合格证明。

(3) 网络接口卡驱动程序及有关资料应完全、完好，符合设计或产品技术说明。

(4) 网络接口卡与网络设备互联的端口相容（如 RJ45，QC3，QC12 等）。

4. 网络连通性检查

(1) 用操作系统发出 ping 服务器自身 IP 地址的命令，自检网络接口卡运行的正确性。

(2) 从网络系统的其他用户发 ping 命令给服务器，测试服务器网络卡接入网络工作的正确性。

(3) 客户机的检查同上类似。

(4) 非 TCP/IP 协议的局域网可参照上述方法进行。

5. 软件测试

(1) 按照"合同"或应用软件说明书进行功能测试，并提供功能测试报告。

(2) 采用渐增测试方法，测试应用软件各模块间的接口和各子系统之间的接口是否正确，并提供集成测试报告。

(3) 设置故障点及异常条件，测试应用软件的容错性和可靠性，并提供相应的测试报告。

(4) 按应用软件设计说明书的规定，逐条执行可维护性和可管理性测试，并提供相应的测试报告。

(5) 对应用软件的操作界面风格、布局、常用操作、屏幕切换及显示键盘及鼠标的使用等设计抽样，进行可操作性测试，且提供可操作性测试报告。

技能要点 4：网络安全系统

1. 系统设备要求

(1) 防火墙的设置。应阻挡外部网络的非授权访问和窥探，控制内部用户的不合理的流量，同时，它也能进一步屏蔽了内部网络的拓扑细节，便于保护内部网络的安全。

(2) 代理服务器的装置。应保证局域网用户可以安全地访问 Internet 提供的各种服务而局域网无需承担任何风险。

(3) 网络中要有备份与容错。

(4) 操作系统必须符合美国国家计算机安全委员会的 C2 级安全性的要求。

(5) 对网络安全防御的其他手段，如 IDS 入侵检测系统、密罐和防盗铃，E-mail 安全性、弱点扫描器、加密与网络防护等均应一一检查。

2. 实时入侵检测

(1) 必须具备丰富的攻击方法库，能够检测到当前主要的黑客攻击。

(2) 软件厂商必须定期提供更新的攻击方法库，以检测最新出现的黑客攻击方法。

(3) 必须能够在入侵行为发生之后，即时检测出黑客攻击并进行处理。

(4) 必须提供包括弹出对话窗口、发送电子邮件、寻呼等在内的多种报警手段。

(5) 发现入侵行为之后，必须能够及时阻断这种入侵行为，并进行记录。

(6) 不允许占用过多的网络资源，系统启动后，网络速度和不启动时不应有明显区别。

(7) 应尽可能与防火墙设备统一管理、统一配置。

3. 应用系统安全

(1) 身份认证：严格管理用户账号，要求用户必须使用满足安全要求的口令。

(2) 访问控制：必须在身份认证的基础上根据用户及资源对象实施访问控制；用户能正确访问其获得授权的对象资源，同时不能访问未获得授权的资源时，判为合格。应用系统安全主要针对应用系统，防止未授权用户的非法访问，保护应用系统数据的安全。并注意以下几点：

1) 数据完整性：保证数据在网络传输过程中，没有被篡改、破坏。

2) 数据保密性：保证数据在网络传输过程中，不会被非法用户获得。

3）数据在网上传输时，根据设计要求应使用必要的加密措施，并采用会话密钥、数字签名、时间戳等安全技术，保证传输数据的完整性和保密性；通过截取传输的数据包，实现了密文传输者判为合格。

4）安全审计：用户对应用系统的访问，应有必要的审计记录；检查应用系统审计记录，有正确记录者判为合格。

4. 操作系统安全

(1) 操作系统版本应使用经过实践检验的具有一定安全强度的操作系统。

(2) 使用安全性较高的文件系统，对 Windows NT 系列，必须采用 NFFS 格式，严禁使用 FAT 格式。

(3) 严格管理操作系统的用户账号，要求用户必须使用满足安全要求的口令：最少为 8 位的字母、数字和特殊符号的组合，同时要求用户必须定期（最长三个月）更换口令。

(4) 服务器应只提供必需的服务，其他无关的服务应关闭，对可能存在的漏洞的服务或操作系统，应更换或升级相应的补丁程序；扫描服务器，无漏洞判为合格。

(5) 认真设置并正确利用审计系统，对一些非法的侵入尝试必须有记录；模拟非法尝试，审计日志中有正确记录者判为合格。

技能图解 44　综合布线系统

技能结构框线图

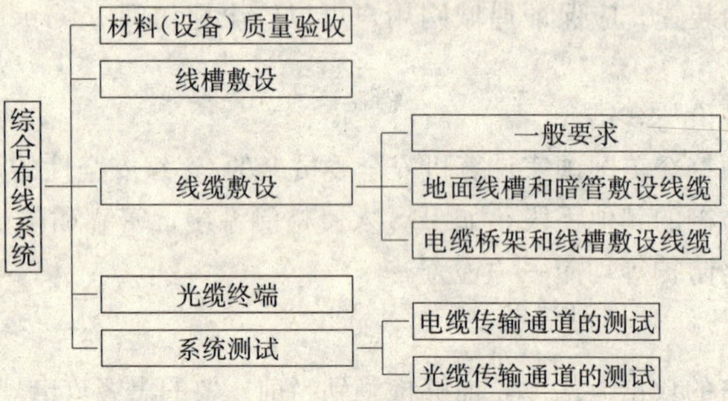

图 6-9　综合布线系统

技能要点 1：材料（设备）质量验收

综合布线系统分项工程施工材料（设备）质量要求及进场验收见表 6-5。

表 6-5　材料（设备）质量要求与验收

项　目	质 量 要 求
缆线	(1) 工程中使用的对绞线对称电缆和光缆的型号、规格和程式及数量应符合设计中的规定和合同要求。 (2) 根据材料运单对照检查对绞线对称电缆和光缆的包装标志或标签，要求内容应齐全，字迹应清晰。外包装应注明电缆或光缆的型号、规格、线径或芯数、端别、盘号和盘长等情况，并要与出厂产品质量合格证一致。 (3) 电缆和光缆的外包装应无外部破损，对缆身应检查外护套是否完整无损，有无压扁或裂纹等现象，如发现有上述现象，应做记录，以便抽样测试。对外包装有严重损坏或外护套有损伤时，要在测试合格后才允许在工程中使用，并应详细记录，以便查考。电缆和光缆均应附有出厂质量检验合格证。还应附有本批量电缆和电气性能检验报告和测试记录，供查阅检查

表 6-5（续一）

项　目	质 量 要 求
缆线	(4) 对于电缆或光缆有端别要求时，应剥开缆头，分清 A、B 端别，并在电缆或光缆的两端外部标记出端别和序号，以便敷设时予以识别。 (5) 根据光缆出厂产品质量检验合格证和测试记录，审核光纤的几何、光学和传输特性及机械物理性能是否符合设计要求。光缆开盘后，同时检查光缆外表有无损伤，光缆端头封装是否良好。 (6) 对于电缆的电气性能测试，应从本批量电缆的任意 3 盘中（目前电缆一般以 305m、500m、1000m 配盘）截出 100mm 的长度进行抽样测试，测试结果应符合工程验收基本连接要求。 (7) 一般使用现场五类以上电缆测试仪，对电缆的衰减和近端串音衰减的技术性能进行测试。其各电气性能指标应符合设计要求的有关标准
光纤	(1) 衰减测试。一般采用光时域反射仪（DTDR）进行测试。如测试结果超出标准，出现异常或与出厂测试数值相差很大时，应查找分析原因，可用光功率计测试，并加以比较，以便断定是测试误差还是光纤本身衰减过大。 (2) 长度测试。要求对每根光纤进行测试对比，测试结果应一致。如在同一盘光缆中，发现光纤的长度差异较大等现象，应从另一端进行复测或作通光检查，以判定是否有断纤现象。如有断纤，应进行处理，待检查合格后，才允许使用。光缆检查测试完毕后，光缆端头应密封固定，恢复外包装以便保护。 (3) 光纤跳线检验的要求 1) 光纤跳线外面应有经过防火处理的光纤保护外皮，以增强其保护性能，跳线的两端的活动连接器（活接头用）的端面应装配有合适的保护盖帽。 2) 每根光纤跳线应标有该光纤的类型等明显标记，以便选用
器材	(1) 各种型材的材质、规格、型号均应符合设计文件的规定，要求表面应光滑、平整，不得变形（如显著扭曲）、无断裂、破损现象。 (2) 采用钢管和硬聚氯乙烯塑料管较多，检验其管身应光滑、均匀、无伤痕和变形，管内壁光滑、孔径和壁厚均应符合设计要求。 (3) 各种铁件的材质和规格均应符合邮电部发布的通信行业标准《架空通信线路软件》（YD/T 206.1～29—1997）等标准中规定的质量要求，满足工程安装施工要求，不得有歪斜、扭曲、断裂、飞刺和破损等缺陷。 (4) 铁件的表面处理和镀锌层应均匀完整、光洁，牢固地附着在铁件表面，不应有气泡、脱落、砂眼、裂纹、针孔和锈蚀斑痕，其安装部位与其他接合处也不应有锌渣或锌瘤残存，以免影响安装施工质量
仪表	为了确保综合布线系统工程顺利进行，必须在事先对安装施工过程中需要的仪表进行全面的测试和检查。如发现问题应及早检修或更换，以保证工程质量和施工进度。 综合布线系统的测试仪表应能测试 3 类、4 类、5 类（含超 5 类）对绞线对称电缆的各种电气性能，其精度要求应按 TIA/EIA TSB67 中规定的二级精度要求考虑。 电气性能测试仪表应经过相关专业的计量部门进行检验，并在有效期内，取得确认的合格证后，方可在工程中使用
配线设备	(1) 电缆分线盒或交接箱以及各种配件的型号、规格、数量、性能及质量（包括材质）均必须符合设计要求，且是有关技术标准的定型设备和器材。国外产品也应按标准进行检测和鉴定，未经国家或有关部门的产品质量监督检验机构鉴定合格的设备和主要器材，不得在工程中使用。不符合规定的，未经设计单位同意，不应采用其他产品代用，并做好记录。 (2) 光、电缆交接设备的编排及标志名称应与设计相符，标志名称应统一，其位置应正确、清晰。发现有缺省，数量不符者，应做好记录。 (3) 箱体（柜架）外壳表面应平整、互相垂直、不变形、无裂损、发翘、潮、锈蚀现象。箱体（柜架）表面涂层应完整无损，无挂流、裂纹、起泡、脱落和划伤等缺陷，箱门开启、关闭或外罩装卸灵活。整体应密封防尘和防潮。 (4) 箱内的接续模块或接线端子及零部件（配件）应装配齐全（或符合设计、合同要求），牢固有效，所有配件应无漏装、松动、脱落、移位或损坏等现象发生

表 6-5（续二）

项　目	质 量 要 求
连接部件	(1) 综合布线系统中所有连接硬件、信息插座的电气性能、机械特性、光纤的传输特性等具体技术指标和要求应符合通信行业标准《大楼通信综合布线系统》（YD/T 926.1～3—1997）和设计标准规定。它们的塑料材质应具有阻燃性能。数量、规格、型号满足设计和施工图纸的要求。 (2) 保安接线排的保安单元，其过压、过流保护的各项性能指标应符合有关行业标准。 (3) 电缆的接线盒体和光纤插座的连接器使用的型号和规格，数量等应与设计及施工图纸中规定相符合。 (4) 电缆插座面板和光纤插座面板应有明显标志（如颜色、图形和文字符号）。光纤表明发射（TX）和接收（RX），以示区别而便于安装使用。 (5) 光缆接续盒及其附件的规格均应符合设计要求，各种粘接材料，粘结剂应检查其使用有效期，凡超过有效期的，一律不得在工程中使用，以保证粘接部分的质量

技能要点 2：线槽敷设

(1) 配线管路浇筑在楼层地坪及在抹灰层或垫层中，应尽量避免其他管线的交叉，管径一般不宜超过 32mm。

(2) 将管材浇筑或砌埋在墙壁内，应与建筑的墙壁同步施工，不得先后脱节；在墙壁内必须牢固可靠，应相隔一定距离（例如小于 1m）用木塞和木螺钉等把管路固定在墙上；在管路的外面应采用水泥砂浆或灰浆抹面层保护。

(3) 建筑内部装修时暗敷。可在吊顶、活动地板和木墙裙等装饰面内部安装暗敷管路，甚至安装桥架或槽道，也可将缆线直接敷设。

(4) 线槽在吊顶内敷设时，如果吊顶内无法上人操作，吊顶上应按规定留出检修孔，应方便安装维修工作进行。

(5) 桥架或线槽穿越楼板墙洞时，不应将其与洞口用水泥堵死，现浇时应按照设计，采用防火堵料进行封堵。

(6) 桥架或线槽经过建筑物的变形缝（伸缩缝、沉降缝）时，线槽本身应断开，槽内用条孔连接板搭接，不应紧固。跨接地线和槽内缆线均应留有补偿余量。

(7) 线槽安装位置应符合施工图规定。左右偏差最大不超过 50mm；水平度每米偏差不超过 2mm；垂直线槽应与地面保持垂直，并无倾斜现象，垂直度偏差不超过 3mm。

(8) 与其他弱电系统共用金属线槽时，应采用金属隔板隔开。线槽内，不同方向的信息缆线应分束捆扎，做好标记。

技能要点 3：线缆敷设

1. 一般要求

(1) 线缆的布放应自然平直，线缆间不得缠绕、交叉等。

(2) 线缆不应受到外力的挤压，且与线缆接触的表面应平整、光滑，以免造成线缆的变形与损伤。

(3) 线缆在布放前两端应贴有标签，以表明起始和终端位置，标签书写应清晰、正确。

(4) 对绞电缆、光缆及建筑物内其他弱电系统的线缆应分隔布放，且中间无接头。

(5) 线缆端接后应有余量。在交接间、设备间对绞电缆预留长度，一般为 0.5～1m；工作区为 10～30mm；光缆在设备端预留长度一般为 3～5m，有特殊要求的应按设计要求预留长度。

(6) 采用牵引方式敷设大对数电缆和光缆时，应制作专用线缆牵引端头。

(7) 布放光缆时，光缆盘转动应与光缆布放同步，光缆牵引的速度一般为 10m/min。

(8) 在光缆布线的牵引过程中，吊挂光缆的支点相隔间距不应大于 1.5m。

(9) 布放线缆的牵引力，应小于线缆允许张力的 80%，对光缆瞬间最大牵引力不应超过光缆允许的张力，主要牵引力应加在光缆的加强芯上。敷设对应控制光缆的敷设张力，避免使光纤受到过度的外力影响。

2. 地面线槽和暗管敷设线缆

(1) 敷设管道的两端应有标志，并做好带线。

(2) 敷设暗管宜采用钢管或阻燃硬质（PVC）塑料管，暗管敷设对绞电缆时，管道的截面利用率应为 25%～30%。

(3) 地面线槽应采用金属线槽，线槽的截面利用率不应超过 40%。

(4) 采用钢管敷设的管路，应避免出现超过 2 个 90°的弯曲（否则应增加过线盒），且弯曲半径大于管径的 6 倍。

3. 电缆桥架和线槽敷设线缆

(1) 桥架顶部距顶棚或其他障碍物不宜小于 300mm，桥架内横断面利用率不应超过 50%。

(2) 电缆桥架、线槽内线缆垂直敷设时，在线缆的上端和每间隔 1.5m 处，应将线缆固定在桥架内支撑架上；水平敷设时，线缆应顺直，尽量不交叉，进出线槽部位、转弯处的两侧 300mm 处设置固定点。

(3) 在水平、垂直桥架和垂直线槽中敷设线缆时，应对线缆进行绑扎。4 对对绞电缆以 24 根为束，25 对或以上主干对绞电缆、光缆及其他电缆应根据线缆的类型、缆径、线缆芯数分束绑扎。绑扎间距不宜大于 1.5m，绑扣间距应均匀、松紧适度。

技能要点 4：光缆终端

(1) 终端设备的机房内，光缆和光缆终端应布置合理有序，安全稳定，应无热源和易燃物质等可能有害它的外界设施。引出的尾巴光缆或单芯光缆的光纤所带的连接器，应按设计要求和规定插入光纤配线架上的连接硬件中。暂时不用的光纤连接器插头端应盖上塑料帽，以保持其清洁干净。

(2) 光纤在机架上或设备内（如光纤连接盒），应对光纤接续给予保护。光纤盘绕应有足够的空间，都应大于或符合标准规定的曲率半径，以保证光纤正常运行。

(3) 利用室外光缆中的光纤制作连接器时，其制作工艺应严格按照操作规程执行，光纤芯径与连接器接头的中心位置的同心度偏差应达到如下要求：

1) 多模光纤同心度偏差应小于或等于 3μm。

2) 单模光纤同心度偏差应小于或等于 1μm。

3) 连接的接续损耗应达到规定标准。

如上述几项用光显微镜或数字显微镜检查，达不到规定指标时不得使用，应重新制作，直到合格为止。

(4) 所有的光纤接续处应有切实有效的保护措施，并要妥善固定牢靠。

(5) 经检查光缆中的铜导线应分别引入业务盘或远供盘等进行终端连接，应符合规定。金属加强芯，金属屏蔽层（铝护层）以及金属铠装层均应按设计要求，采取接地或终端连接。并进行测试应符合有关规定。

(6) 连接器插头和耦合器或适配器内部，应用沾有试剂级的丙醇酒精的棉花签擦拭清洁干净，才能插接。并要求插入耦合器的 ST 连接器两个端面接触紧密。

技能要点5：系统测试

1. 电缆传输通道的测试

综合布线系统安装过程中和安装结束时，都需要对系统进行测试。施工过程中的测试称为验证测试，用以保证每一个连接的正确性。施工完毕后对系统依照某一标准进行逐项的比较，以便确定系统能否全部达到设计要求，这种测试称为认证测试，可以分为连接性能测试和电气性能测试。

对于这两种测试，监理都需参与，并要求施工单位提供相关测试记录。

（1）验证测试　对于验证测试，监理员可以抽查，抽查比例可以定为10%，可采用单端电缆测试仪进行检测，用以检查施工单位的施工质量。施工中最常见的错误是：电缆标签错、连接开路、双绞电缆接线错以及短路。

（2）认证测试　对采用的线缆及相关连接硬件以及施工工艺质量的检测，由认证测试完成。该认证测试可以分为两种模型：基本链路和通道。

基本链路用来测试综合布线中的固定链路部分。由于综合布线施工单位通常只负责这部分的链路安装，所以基本链路又被称作承包商链路。它包括最长90m的水平布线，两端可分别有一个连接点以及用于测试的两条各2m长的连接线。

通道用来测试端到端的链路整体性能，又被称作用户链路。它包括最长90m的水平布线、一个工作区附近的转接点、在配线架上的两处连接以及总长不超过10m的连接线和配线架跳线。

这两者最大的区别就是基本链路不包括用户端使用的电缆（这些电缆是用户连接工作区终端与信息插座或配线架与集线器等设备的连接线），而通道是作为一个完整的端到端链路定义的。它包括了连接网络站点、集线器的全部链路，其中用户的末端电缆必须是链路的一部分，必须与测试仪相连。

测试参数为：接线的线号正确与否、长度、衰减、近端串扰。

监理员应参与测试，查看测试结果能否达到产品和设计要求。

2. 光缆传输通道的测试

光纤或光纤传输系统，基本的测试内容有：连续性和衰减/损耗，光纤输入和输出功率，分析光纤的衰减/损耗，确定光纤连续性和发生光损耗的部位等。

用光纤测试仪完成测试后，施工单位需向监理提交光纤损耗测试数据单。

技能图解45　智能化系统集成

技能结构框线图

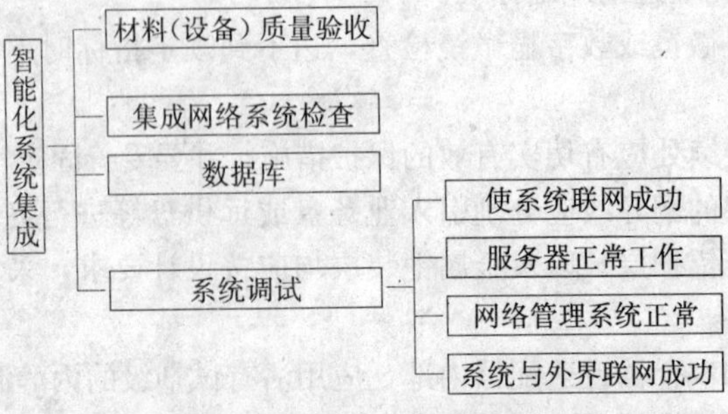

图6-10　智能化系统集成

技能要点1：材料（设备）质量验收

智能化集成系统安装材料（设备）质量要求及进场验收见表6-6。

表6-6　材料（设备）质量要求与验收

项　目	质　量　要　求
材料（设备）	（1）网络设备，包括中继器（多口中继器、模块中继器、缓冲中继器、多路复用器等）、网桥（或桥）、网卡、路由器、网关、各种接插件、集线器、交换机、电缆和各种设备（电机设备、通信设备、计算机及其外围设备、各类传感器、控制器等）等硬设备和部件，线材等产品必须有出厂合格证，产品标准和接口规范详细的技术资料或说明书；产品性能，软硬件特性都必须符合系统集成设计的要求。 （2）不同厂家的产品要有统一的软件通信协议标准，各种产品需提供标准化的系列接口。 （3）为便于实现软件系统和硬件系统等集成，软件产品和硬件设备应模块化设计。宜适应不同厂家的设备之间的无缝连接和互相替代。 （4）集成软件应能适应信息网络及先进适用的技术发展的要求。系统集成在使用和维护方面应尽可能简单化，界面应汉化。 （5）集成系统采用的接口协议必须标准化。例如设备的接口通信协议应符合国家现行的有关标准规定
进场验收	（1）保证外观完好，产品无损伤、无瑕疵，品种、数量、产地符合要求。 （2）设备和软件产品的质量检查应执行《智能建筑工程质量验收规范》（GB 50039—2003）第3.2节规定。 （3）依规定程序获得批准使用的新材料和新产品除符合本条规定外，尚应提供主管部门规定的相关证明文件。 （4）进口产品除应符合本规范规定外，尚应提供原产地证明和商检证明，配套提供的质量合格证明、检测报告及安装、使用、维护说明书等文件资料应为中文文本（或附中文译文）。 系统集成中使用的设备进场验收应参照以上《智能建筑工程质量验收规范》（GB 50039—2003）第3.2节的规定执行。产品的质量检查按《智能建筑工程质量验收规范》（GB 50039—2003）第3.2节的有关规定执行

技能要点2：集成网络系统检查

检查综合吊顶图是否由装修设计与智能化系统工程设计一起就设备（如灯位、消防喷淋、消防烟感、广播喇叭，无线通信放大系统的天线、安保摄像头等）的安装和定位予以协调，并最终反映在装修设计的综合吊顶图纸上。

装修时，若隔墙使用玻璃，一定要考虑弱电中设置在墙面的广播音控器、门禁设置、温控开关的摆放位置和排管途径，否则无法安装而达不到功能要求。吊顶开孔时必须有检修孔。

必须检查弱电接地系统，并注意以下几点：

（1）弱电的接地系统必须与强电的接地系统分开。

（2）接地干线截面要求

1）各个机房从接地极或联合接地系统的接地排引入的接地干线截面应不小于35mm²；

2）电脑机房应不小于50mm²；

3）UPS机房应不小于70mm²；

4）弱电井内，一般使用25×4（mm²）的接地铜排。

检查电源和用电量。一般在各个弱电终端附近都应设置电源插座。如无线通信系统的功分器安装在2m左右的高度，那么就应该在此高度设置电源点。所有机房的用电量，办公室或集中的计算机用户终端（如证券交易场地等）都应有一个完整的统一计算并检查强电供给回路是否满足需要。

技能要点 2：数据库

现场待安装的数据库软件必须有产品详细说明书，并符合设计要求，确认是否是原版，不允许用盗版版本。

数据库应与网络操作系统相匹配。例如在 Netware 网络操作系统时，应使用 Sybase 或 Oracle 数据库。在 Windows NT 网络操作系统时，应选用 MS、SQL Server。

应检查网络数据库的一致性，范围性，避免系统集成中出现不兼容等问题。例如一个用户的各部门之间或各个系统之间若网络数据库不一致，那么要实现系统集成以及网络数据库的分布结构将是非常困难的，若不能在大范围内实现网络数据库的分布结构，就没有充分发挥可选网络数据库的性能，更谈不上资源共享问题。

技能要点 4：系统调试

1. 使系统联网成功

各子系统与控制主机、服务器等联网成功，子系统与上位机可进行数据交换；控制主机可对相应的设备进行监视或控制，系统稳定，并且满足相应的传输速率。

2. 服务器工作正常

服务器中数据更新正常，可以做到资源共享。

3. 网络管理系统正常

网络管理系统运行正常，系统配置管理、性能管理、故障管理、计费管理和安全管理都能做到及时可靠。

4. 系统与外界联网成功

系统与 Internet/Intranet 联网成功，可以上网公布信息，收发电子邮件，并具有防火墙功能。

技能图解 46　电源与接地

技能结构框线图

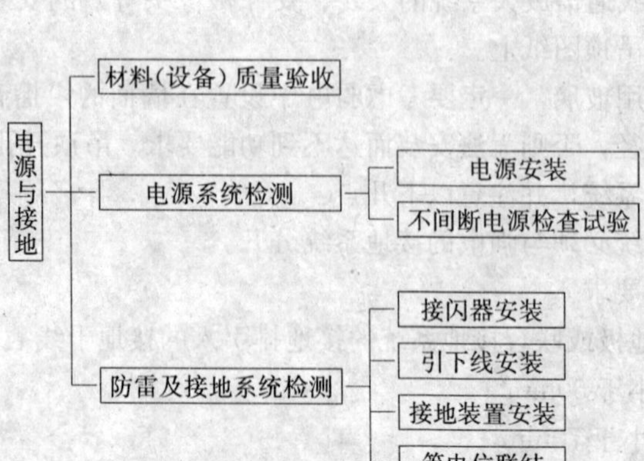

图 6-11　电源与接地

技能要点1：材料（设备）质量验收

(1) 智能建筑工程交直流供电设备，其产品资料（包括硬设备及其软件）应完整，质保资料齐全，主要设备和关键设备尚应提供主管部门规定的相关证明文件，进口产品应提供原产地证明和商检证明，配套提供质量合格证，检测报告及安装、使用、维护说明书等文件资料（应有中文文本或译文），所有设备及附件产品均应符合设计要求。

(2) 应检查进场设备及附件的外观是否完好，无损伤，无瑕疵，品种、数量、产地应符合设计（或合同）要求。

(3) 继电器、接触器和开关应动作灵活，接触紧密，无锈蚀、损坏。

(4) 紧固件、接线端子应完好无损，且无污物和锈蚀。

(5) 设备的附件齐全，性能符合安装使用说明书的规定。

(6) 稳压器在使用前应检查其稳压特性，电压波动值应符合设计要求和说明书的规定。

(7) 整流器的输出电压应符合设计要求和说明书的规定。

(8) 防雷与接地系统工程器材应符合设计要求，应有出厂检验证明、合格证等质量保证资料，主要技术参数均应符合国家标准和国际标准中的有关规定。

技能要点2：电源系统检测

1. 电源安装

(1) 设备的安装应牢固、整齐、美观；端子编号、用途、标牌及其他标志应完整无缺，书写正确清楚。

(2) 固定设备时，应使设备受力均匀。

(3) 仪表箱内安装的供电设备，其裸露带电体相互间或其他裸露导体之间的距离应不小于4mm。当无法满足时，相互间必须可靠绝缘。

(4) 供电箱安装在混凝土墙、柱或基础上时，宜采用膨胀螺栓固定，并应符合下列规定：

1) 箱体中心距地面的高度宜为1.3～1.5m。

2) 成排安装的供电箱，应排列整齐。

(5) 稳压器在使用前应检查其稳压特性，电压波动值应符合产品说明书的规定。

(6) 整流器在使用前应检查其输出电压，电压值应符合产品说明书的规定。

(7) 供电设备的带电部分与金属外壳间的绝缘电阻，用500V的兆欧表测量时，应不小于5MΩ，有特殊规定时，应符合规定。

(8) 供电系统送电前，系统内所有电源设备的开关均应处于“断”的位置，并应检查熔断器容量是否符合设计要求。

2. 不间断电源检查试验

(1) 不间断电源的整流、逆变、静态开关各个功能单元都要单独试验合格，才能进行整个不间断电源试验。

(2) 不间断电源的输入、输出各级保护系统和输出的电压稳定性、波形畸变系数、频率、相位、静态开关的动作等各项技术性能指标试验调整必须符合产品技术文件要求，且符合设计文件要求。

(3) 不间断电源试验，根据供货协议可以在工厂或安装现场进行，以安装现场试验为最佳选择，因为如无特殊说明，在制造厂试验一般使用的是电阻性负载。无论采用何种方式，都必须符合工程设计文件和产品技术条件的要求。

(4) 不间断电源装置间连线的线间、线对地间绝缘电阻值应大于0.5MΩ。

（5）不间断电源正常运行时产生的 A 声级噪声，不应大于 45dB，输出额定电流为 5A 及以下的小型不间断电源噪声，不应大于 30dB。对噪声的规定，既考核产品制造质量，又维护了环境质量，有利于保护有人值班的变配电室工作人员的身体健康。

技能要点 3：防雷及接地系统检测

1. 接闪器安装

（1）避雷针安装

1）避雷针安装应位置正确，焊接固定的焊缝饱满无遗漏，螺栓固定的应备帽等防松零件齐全，焊接部分补刷的防腐油漆完整。

2）避雷针要与引下线焊接牢固，屋面上若有避雷带（网）还要与其焊成一个整体。

（2）明装避雷带（网）安装

1）建筑物顶部的避雷带（网）等必须与顶部外露的其他金属物体连成一个整体的电气通路，形成等电位，可防静电危害，且与避雷引下线连接可靠。

2）避雷带（网）应平正顺直，固定点支持件间距均匀、固定牢靠，每个支持件应能承受大于 49N（5kg）的垂直拉力，不因受外力作用而发生脱落现象。

3）避雷带（网）应位置正确，焊接固定的焊缝饱满无遗漏，螺栓固定的应备帽等防松零件齐全，焊接部分补刷的防腐油漆完整。

4）避雷带（网）之间及与引下线的焊接，应采用搭接焊，搭接长度应符合接地装置安装中相关内容的规定。

（3）暗装避雷网安装

1）利用建筑物内的钢筋作避雷网，这是暗装避雷网的特点，无论哪一种屋面板内还是女儿墙内的钢筋形成的避雷网，必须与引下线焊接。

2）采用明装避雷带与暗装避雷网相结合的方法，是最好的防雷措施，即在女儿墙上部安装避雷带，与暗装避雷网再连接在一起。

3）建筑物屋面上部，往往有很多金属突出物，如金属旗杆、透气管、金属天沟、铁栏杆等，这些金属导体都必须与暗装避雷网焊接成一体作为接闪装置。

4）对高层建筑，一定要注意防备侧向雷击和采取等电位措施。应注意检查均压环，并与防雷装置的所有引下线连接。建筑物高度在 30m 以上的外墙上的栏杆、金属门窗等较大金属物应与防雷装置连接。

（4）半导体少长针消雷装置安装　半导体针下部的金属箍及电气连接，不得有松动和断开现象，应保证其接触电阻小于消雷装置要求接地装置的接地电阻值 $R \leqslant 30\Omega$。接地引下线应保持完好，接地电阻每年雨季前应测量一次。

2. 引下线安装

（1）引下线采用圆钢或扁钢、截面积不应小于如下数值：圆钢直径为 8mm 或 12mm，扁钢截面积为 $48mm^2$ 或 $100mm^2$，扁钢厚度为 4mm。

（2）引下线应镀锌，焊接处应涂防腐漆，但利用混凝土中钢筋作引下线除外（暗敷时其截面积应加大一级）。在腐蚀性较强的场所，还应增大截面积或采取其他防腐措施。

（3）一级（二级、三级）防雷建筑物专设引下线时，其根数不应小于两根，间距不应大于 18m（20m、25m）。

（4）引下线固定支架与其敷设方法不同，应据施工规范进行安装。

引下线路径尽可能短而直。当通过屋面挑檐板等处，在不能直线引下而要拐弯时，不应构成锐角转折，应做成曲径较大的慢弯，弯曲部分线段的总长度，应小于拐弯开口处距离的 10 倍。

（5）利用建筑物钢筋混凝土中的钢筋作为引下线时，引下线的数量不做具体规定。一级防雷建筑物引下线间距不应大于18m，但建筑外廓各个角上的柱筋应被利用；二级防雷建筑物引下线间距不应大于20m，但建筑物外廓各个角上的拉筋应被利用；三级防雷建筑物引下线间距不应大于25m，建筑物外廓易受雷击的几个角上的柱子钢筋宜被利用。

3. 接地装置安装

（1）人工接地装置安装

1）接地模块应集中引线，用干线把接地模块并联焊成一个环路，干线的材质与接地模块焊接点的材质应相同，钢制的采用热浸镀锌扁钢，引出线不少于2处。

2）人工接地装置或利用建筑物基础钢筋的接地装置必须在地面以上按设计要求位置设测试点。

由于人工接地装置、利用建筑物基础钢筋的接地装置或两者联合的接地装置，均会随着时间的推移、地下水位的变体、土壤导电率的变化，其接地电阻值也会发生变化，故要对接地电阻值进行检测监视，则每幢有接地装置的建筑物要设置检测点，通常不少于2个，施工中不可遗漏。

（2）建筑物基础接地装置安装

1）对于一些用防水水泥（铝酸盐水泥等）做成的钢筋混凝土基础，由于导电性能差，不宜独立作为接地装置。

2）利用钢筋混凝土基础内的钢筋作为接地装置时，敷设在钢筋混凝土中的单根钢筋或圆钢，其直径不应小于10mm。被利用作为防雷装置的混凝土构件内用于箍筋连接的钢筋，其截面积总和不应小于一根直径10mm钢筋的截面积。

3）利用建筑物基础内的钢筋作为接地装置时，应在与防雷引下线相对应的室外埋深0.8～1m处，由被利用作为引下线的钢筋上焊出一根ϕ12mm或40mm×4mm镀锌圆钢或扁钢，此导体伸向室外，距外墙皮的距离不宜小于1m。此圆钢或扁钢能起到摇测接地电阻和当整个建筑物的接地电阻值达不到规定要求时，给补打人工接地体创造条件。

4）为了防止反击，防雷接地装置宜和电气设备等接地装置共用。防雷接地装置宜与进出建筑物的埋地金属管道及不共用的电气设备的接地装置相连。

（3）接地装置焊接

接地装置的焊接应采用搭接焊，搭接长度应符合下列规定：

1）扁钢与扁钢搭接为扁钢宽度的2倍，不小于三面施焊。

2）圆钢与圆钢搭接为圆钢直径的6倍，双面施焊。

3）圆钢与扁钢搭接为圆钢直径的6倍，双面施焊。

4）扁钢与钢管、扁钢与角钢焊接，紧贴角钢外侧两面，或紧贴3/4钢管表面，上下两侧施焊。

5）除埋设在混凝土中的焊接头外，其他焊接头都要有防腐措施。

4. 等电位联结

（1）建筑物等电位联结干线应从与接地装置有不少于2处直接连接的接地干线或总等电位箱引出，等电位联结干线或局部等电位箱间的连接线形成环形网路，环形网路应就近与等电位联结干线或局部等电位箱连接。支线间不应串联连接。

（2）等电位联结的线路最小允许截面应符合表6-7的规定。

表6-7　线路最小允许截面　(mm^2)

材料	截面	
	干线	支线
铜	16	6
钢	50	16

（3）等电位联结的可接近裸露导体或其他金属部件、构件与支线连接应可靠，熔焊、钎焊或机械紧固应导通正常。

（4）需等电位联结的高级装修金属部件或零件，应有专用接线螺栓与等电位联结支线连接，且有标识；连接处螺帽紧固、防松零件齐全。

技能图解 47　环境与住宅智能化

技能结构框线图

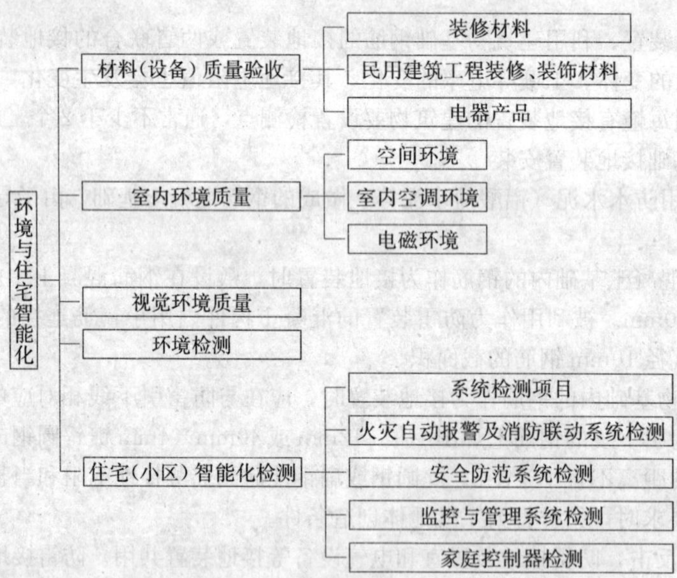

图 6-12　环境与住宅智能化

技能要点 1：材料（设备）质量验收

环境工程施工材料（设备）质量要求及进场验收见表6-8。

表 6-8　材料（设备）质量要求与验收

项　目	质量要求
装修材料	装修材料分类细、品种多、性能各异，设计图纸很难对材料的质地、色泽等作精确的定性。所以，现场进料必须由懂得该种材料的人员（或设计员）确认，最好有材料的详细性能、质量说明，出厂的合格证等质保资料，并完善装修材料进场检测制度，检查放射性检测报告（原件），必要时做抽样送检。尽量选用环保型材料，实施环保建材准入制度，材料验收应符合有关标准。对于质量不合格，技术指标不明确、达不到设计要求的材料，不予确认，消除材料质量隐患
民用建筑工程装修、装饰材料	（1）民用建筑工程中所采用的无机非金属材料和装修材料必须有放射性指标检测报告，并应符合设计要求。 （2）民用建筑工程室内饰面采用的天然花岗石石材作为饰面材料时，当总面积大于 200m² 时，应对不同材料产品分别进行放射性指标的复验。 （3）民用建筑工程室内装修中所采用的人造木板及饰面人造木板，必须有游离甲醛含量或游离甲醛释放量检测报告，并应符合设计要求。 （4）民用建筑工程室内装修中采用的某一种人造木板及饰面人造木板面积大于 500m² 时，应对不同产品进行游离甲醛含量或游离甲醛释放量的复验

表 6-8（续）

项　目	质 量 要 求
民用建筑工程装修、装饰材料	(5) 民用建筑工程室内装修中所采用的水性涂料、水性胶黏剂、水性处理剂必须有总挥发有机化合物（TVOC）和游离甲醛含量报告，游离甲苯二异氰酸酯（TDI）（聚氨酯类）含量检测报告，并应符合设计要求。 (6) 建筑材料或装修材料的检验项目不全或对检测结果有疑问时，必须将材料送有资格的检测机构进行检验，检验合格后方可使用
电器产品	电器产品（包括家电）应具有环保认证标志（通过 ISO14000）或性能好、噪声小、质量优的品牌产品。室内电磁环境涉及管线布置和用电设备，如空调、微波炉、电热水器、电热炊具、变频控制设备、开关电源、日光灯、荧光灯、开关等，这些器材和设备必须具有防电磁干扰或抗电磁干扰的性能指标，符合国家有关电磁辐射或防护的标准，符合设计要求。必要时，还应有相应的检测报告。产品有质量保证书、出厂合格证

技能要点 2：室内环境质量

智能办公环境、商务用房和私人住宅都有室内环境质量要求，所以室内环境设计质量的好坏，直接影响到工程实施的质量。

1. 空间环境

(1) 空间环境　天花板净高不小于 2.5m；楼板满足预埋管路的条件；架空地板、网络地板（静电地板）的铺设应符合设计要求；为网络布线留有足够的配线空间。

(2) 具体环境

1) 室内空气的清洁度要好，这对人身体健康至关重要。通过各种方式，保持正常的室内空气负离子的浓度应为 100～150 个负离子/cm^3。室内甲醛的含量应小于 0.08mg/m^3；室内氨气的含量应小于 30mg/m^3。

2) 门窗设置符合要求，室内净空高度应以 2.6～3m 为宜，窗台高度不宜超过 1m；居室保证换气 0.5 次/h。

3) 应有充足的日照，杀灭室内空气中致病微生物，提高人体的免疫能力。为此，外墙面积与窗户面积之比不应小于 5∶1，才能保证室内得到充足的日照和光线。同时，每天阳光照在室内的时间至少要在 2h 以上。

2. 室内空调环境

良好的空调环境必须有适当的室内温、湿度，较均匀的气流分布，设备能正常工作和噪声小等基本要求，而且还能根据办公功能或出租的要求，灵活改变空调分区。

3. 电磁环境

电磁环境的好坏影响信息（语音、数据、图像）的传递质量。信号的输入输出装置，包括进线管道及卫星接收天线，自动移动通信接收/发射装置、强弱电管走线方式及接地装置、电器设备安装位置等均可产生电磁干扰，在施工中应特别注意，要严格按照设计要求和有关标准规定进行。

技能要点 3：视觉环境质量

照明设计时对采用什么样的灯具，什么样的照明方式，灯具如何布置以及如何控制光源等都要综合考虑，质量控制时必须按设计要求，对每道工序严格把关。

(1) 照度　水平面照度应维持在 5001x 以上，不小于 3001x。

（2）灯具布置　灯具布置以线形为主，并保证桌面及其周围的照度差异不大。

（3）灯具　为下口开放型灯具，并且眩光指数大于Ⅱ级，要求灯具在办公室用途变动时，其格栅、反射板和灯管等也可变换，最好选用眩光指数大于Ⅰ级的灯具。灯具布置以线形为主，消除频闪。

（4）照明控制　在办公室间隔变化时，照明控制范围可以随之变动，应操作方便，控制灵活。

技能要点4：环境检测

（1）环境检测验收内容包括：空间环境、室内空调环境、视觉照明环境、室内噪声及室内电磁环境。

（2）室内噪声、温度、相对湿度、风速、照度、一氧化碳和二氧化碳含量等参数检测时，检测值应符合设计要求。

（3）环境检测时，主控项目按20%进行抽样检测，合格率达到100%时为该项检测合格；一般项目按10%进行抽样检测，合格率达到90%时为该项检测合格。系统检测结论应符合GB 50339—2003第3.4.4条的规定。

技能要点5：住宅（小区）智能化检测

1. 系统检测项目

住宅（小区）智能化的系统检测应以系统功能检测为主，结合设备安装质量检查、设备功能和性能检测及相关内容进行。检测验收项目见表6-9。

表6-9　住宅（小区）智能化检测项目表

序号	项　目	检测内容
1	火灾自动报警及消防联动系统	报警装置
		灭火装置
		疏散装置
		可燃气体报警
2	安全防范系统	视频安防监控系统
		入侵报警系统
		巡更管理系统
		出入口控制（门禁）系统
		停车场（库）管理系统
		访客对讲系统
3	通信网络系统	卫星接收系统
		有线电视系统
		电话系统
4	信息网络系统	计算机信息网络系统
		控制网络系统
5	监控与管理系统	表具数据自动抄收及远传
		建筑设备监控
		公共广播与紧急广播
		住宅（小区）物业管理系统

表 6-9（续）

序号	项　目	检测内容
6	家庭控制器	家庭报警
		家用电器监控
		家用表具数据采集及处理
		家庭紧急求助
		通信网络和信息网络的接口
7	综合布线与系统	综合布线系统
8	电源与接地	电源质量、等级
		系统接地
		系统防雷
9	环境	机房环境指标
10	室外设备及管网	室外设备安装
		室外缆线敷设
		室外缆线选型

2. 火灾自动报警及消防联动系统检测

火灾自动报警及消防联动系统功能检测除符合本章第二节相关规定外，还应符合下列要求：

(1) 可燃气体泄漏报警系统的可靠性检测。

(2) 可燃气体泄漏报警时自动切断气源及打开排气装置的功能检测。

(3) 已纳入火灾自动报警及消防联动系统的探测器不得重复接入家庭控制器。

3. 安全防范系统检测

视频安防监控系统、入侵报警系统、出入口控制（门禁）系统、巡更管理系统和停车场（库）管理系统的检测应按相关规定执行。

(1) 访客对讲系统的检测要求

1) 室内机门铃提示、访客通话及与管理员通话应清晰，通话保密功能与室内开启单元门的开锁功能应符合设计要求。

2) 门口机呼叫住户和管理员机的功能、CCD 红外夜视（可视对讲）功能、电控锁密码开锁功能、在火警等紧急情况下电控锁的自动释放功能应符合设计要求。

3) 管理员机与门口机的通信及联网管理功能，管理员机与门口机、室内机互相呼叫和通话的功能应符合设计要求。

4) 市电掉电后，备用电源应能保证系统正常工作 8h 以上。

(2) 访客对讲系统室内机还应具有自动定时关机功能，可视访客图像应清晰；管理员机对门口机的图像可进行监视。

4. 监控与管理系统检测

(1) 表具数据自动抄收及远传系的检测

1) 水、电、气、热（冷）能等表具应采用现场计量、数据远传，选用的表具应符合国家产品标准，表具应具有产品合格证书和计量检定证书。

2) 水、电、气、热（冷）能等表具远程传输的各种数据，通过系统可进行查询、统计、打印、费用计算等。

3) 电源断电时，系统不应出现误读数并有数据保存措施，数据保存至少 4 个月以上；电源恢复后，保存数据不应丢失。

4）系统应具有时钟、故障报警、防破坏报警功能。

（2）建筑设备监控系统除参照 GB 50339—2003 第 6 章有关规定外，还应具备饮用水蓄水池过滤设备、消毒设备的故障报警的功能。

（3）公共广播与紧急广播系统的检测应符合 GB 50339—2003 第 4.2.10 条的要求。

（4）住宅（小区）物业管理系统的检测除执行 GB 50339—2003 第 5.4 节规定外，还应进行以下内容的检测，使用功能满足设计要求的为合格，否则为不合格。

1）住宅（小区）物业管理系统应包括住户人员管理、住户房产维修、住户物业费等各项费用的查询及收取、住宅（小区）公共设施管理、住宅（小区）工程图纸管理等。

2）信息服务项目可包括家政服务、电子商务、远程教育、远程医疗、电子银行、娱乐等；应按设计要求的内容进行检测。

3）物业管理公司人事管理、企业管理和财务管理等内容的检测应根据设计要求进行。

4）住宅（小区）物业管理系统的信息安全要求应符合 GB 50339—2003 第 5.5 节的要求。

5. 家庭控制器检测

家庭控制器检测应包括家庭报警、家庭紧急求助、家用电器监控、表具数据采集及处理、通信网络和信息网络接口等内容。家庭控制器与表具数据抄收及远传系统、通信网络和信息网络的接口的检测应按 GB 50339—2003 第 3.2.7 条的规定执行。

（1）家庭报警功能的检测要求

1）感烟探测器、感温探测器、燃气探测器的检测应符合国家现行产品标准的要求。

2）入侵报警探测器的检测应执行 GB 50339—2003 第 8.3.7 条的规定。

3）家庭报警的撤防、布防转换及控制功能。

（2）家庭紧急求助报警装置的检测要求

1）可靠性：准确、及时的传输紧急求助信号。

2）可操作性：老年人和未成年人在紧急情况下应能方便地发出求助信号。

3）应具有防破坏和故障报警功能。

（3）家用电器的监控功能的检测应符合设计要求。

（4）家庭控制器应对误操作或出现故障报警时具有相应的处理能力。

（5）无线报警的发射频率及功率的检测。

6. 室外设备及管网

（1）安装在室外的设备箱应有防水、防潮、防晒、防锈等措施；设备浪涌过电压防护器设置、接地连接应符合国家现行标准及设计要求。

（2）室外电缆导管及线路敷设，应执行《建筑电气安装工程施工质量验收规范》GB 50303 中有关规定。

参考文献

[1] 中华人民共和国国家标准. GB 50303—2002 建筑电气工程施工质量验收规范 [S]. 北京：中国计划出版社，2002.

[2] 强十渤，程协瑞. 安装工程分项施工工艺手册（第二分册）·电气工程 [M]. 北京：中国计划出版社，1993.

[3] 陈连生编著. 电气装饰工程施工技术 [M]. 沈阳：辽宁科学技术出版社，1997.

[4] 中华人民共和国国家标准. GB 50242—2002 建筑给水排水及采暖工程施工质量验收规范 [S] 北京：中国建筑工业出版社，2002.

[5] 张国琮，白素洁. 建筑安装工程质量控制与检验评定手册 [M]. 北京：中国建筑工业出版社，1993.

[6] 朱维益，刘宪文，张玉凤. 建筑施工便携手册 [M]. 北京：机械工业出版社，2003.

[7] 中华人民共和国国家标准. GB 50243—2002 通风与空调工程施工质量验收规范 [S]. 北京：中国计划出版社，2002.

[8] 辽宁省建设厅. 暖、卫、燃气、通风空调建筑设备分项工艺标准 [M]. 2 版. 北京：中国建筑工业出版社，2001.

[9] 沈从周. 通风空调安装技术实用手册 [M]. 北京：中国建材工业出版社，1999.

[10] 张学助，张朝晖. 通风空调工长手册 [M]. 北京：中国建筑工业出版社，1998.

[11] 中华人民共和国国家标准. GB 50300—2001 建筑工程施工质量验收统一标准 [S]. 北京：中国建筑工业出版社，2001.

[12] 中华人民共和国国家标准. GB 50310—2002 电梯工程施工质量验收规范 [S]. 北京：中国建筑工业出版社，2002.

[13] 柴效增. 电梯工程施工工艺标准 [M]. 北京：中国建筑工业出版社，2003.

[14] 陈凤旺. 电梯工程施工质量验收规范实施指南 [M]. 北京：中国建筑工业出版社，2003.

[15] 潘延平. 建筑安装工程质量工程师手册 [M]. 上海：上海科学技术文献出版社，2001.

[16] 中华人民共和国国家标准. GB/T 50311—2000 建筑与建筑群综合布线系统工程设计规范 [S]. 北京：中国计划出版社，2000.

[17] 中华人民共和国国家标准. GB 50339—2003 智能建筑工程质量验收规范 [S]. 北京：中国建筑工业出版社，2003.

[18] 刘国林. 综合布线设计与施工 [M]. 广州：华南理工大学出版社，2001.

[19] 杨志，邓仁明，周齐图. 建筑智能化系统及工程应用 [M]. 北京：化学工业出版社，2002.

[20] 张瑞武. 智能建筑 [M]. 北京：清华大学出版社，1999.